Synergetic Emission Reduction Technology of Industrial Exhaust Gas

工业烟气
协同减排技术

彭 犇 高华东 张殿印 | 主编
杨 飏 | 主审

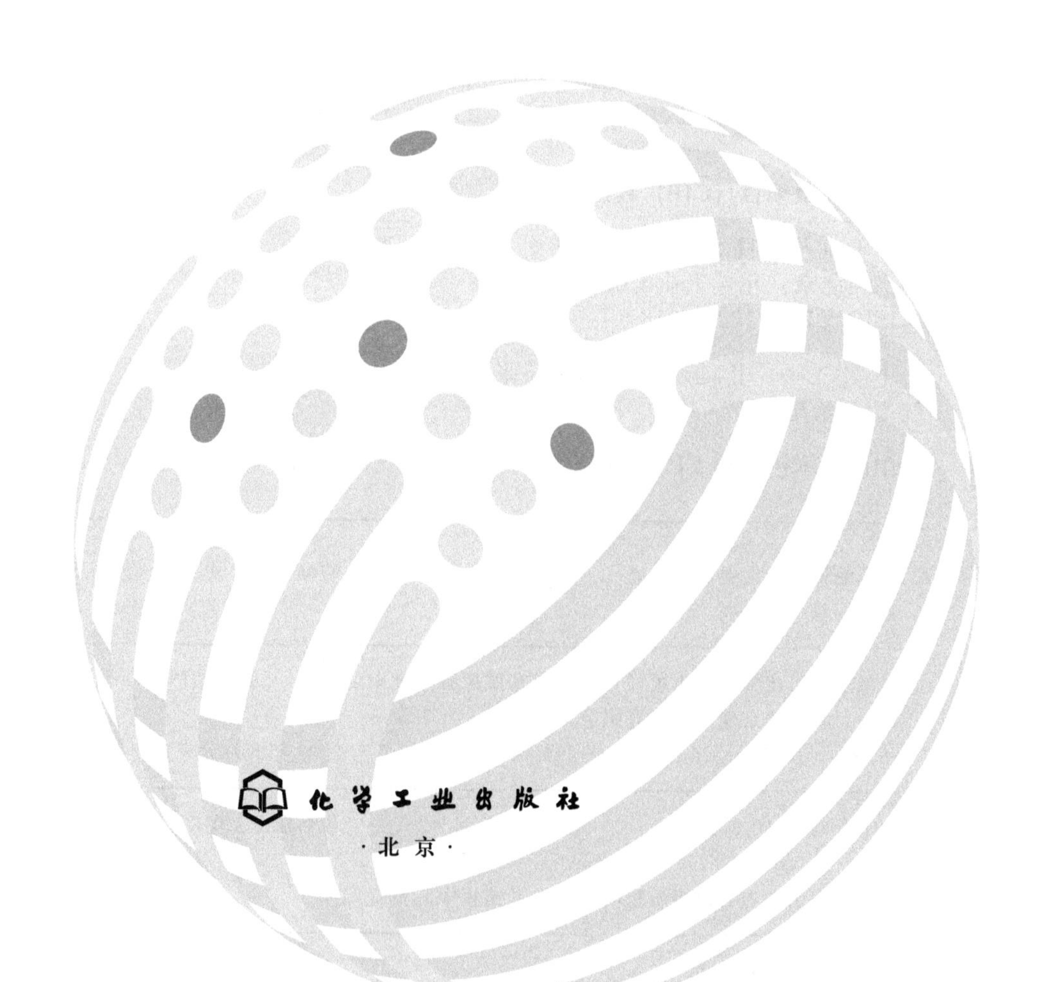

化学工业出版社
·北京·

内 容 简 介

本书以介绍工业烟气协同减排技术为主线，全书分为七章，内容包括工业烟气污染物协同减排技术分类和意义，污染物治理基本技术和协同减排新技术，燃煤电厂烟气协同减排技术，工业锅炉烟气协同减排技术，工业炉窑烟气协同减排技术，工业生产烟气协同减排技术，以及工业有机废气协同减排技术和其他烟气协同减排技术等。

本书内容全面，资料翔实，技术新颖，注重实用，可操作性强，可供大气污染环境治理领域的工程设计人员、科研人员和管理人员参考，也可供高等学校环境科学与工程、生态工程及相关专业师生参阅。

图书在版编目（CIP）数据

工业烟气协同减排技术/彭犇，高华东，张殿印主编. —北京：化学工业出版社，2020.8

ISBN 978-7-122-36918-5

Ⅰ.①工… Ⅱ.①彭…②高…③张… Ⅲ.①工业废气-废气治理-研究 Ⅳ.①X701

中国版本图书馆CIP数据核字（2020）第081551号

责任编辑：刘兴春 刘 婧　　装帧设计：史利平

责任校对：赵懿桐

出版发行：化学工业出版社（北京市东城区青年湖南街13号 邮政编码100011）

印　　装：北京建宏印刷有限公司

787mm×1092mm 1/16 印张29¾ 字数737千字 2023年5月北京第1版第1次印刷

购书咨询：010-64518888　　售后服务：010-64518899

网　　址：http://www.cip.com.cn

凡购买本书，如有缺损质量问题，本社销售中心负责调换。

定　　价：198.00元

《工业烟气协同减排技术》
编 委 会

主　　编： 彭　犇　高华东　张殿印

副 主 编： 肖　春　任同生　张立福　葛玉华　徐　琳

编写人员：（按姓氏笔画排序）

丁亚俭　王　珲　王　娟　任　旭　任同生
庄剑恒　刘　皓　刘德均　汤先岗　李　昆
李冬义　李洪全　肖　春　张义文　张立福
张学义　张挺峰　张殿印　陈　玲　周　然
孟　婧　孟令鹏　赵军杰　赵原林　闾　文
徐　飞　徐　琳　高华东　崔　璨　章敬泉
彭　犇　葛玉华

主　审： 杨　飏

前言

工业对国民经济和现代化建设的作用是显而易见的，但是工业又是资源、能源消耗量巨大的产业，而且在生产过程中产生种类多、量大的污染物。工业排放的烟气数量大、范围广、污染严重，因此大力推动工业大气污染治理、节能减排，发展低碳经济、保持生态平衡成为重大而艰巨的任务。然而，在大气污染治理领域，过去只重视单项治理，忽视协同净化，重视最终效果，忽视环境效益。编写本书的目的，在于填补环保领域污染物协同治理科技图书的不足，反映近年在工业环保行业出现的新技术、新装备、新成果，满足日益发展的大气污染控制技术需要，提高工业烟气协同治理技术水平，旨在为从事大气污染防控的科研人员、工程技术人员及管理人员提供技术支持和应用案例借鉴，从而有效推动环保事业的发展。本书编写侧重环保协同治理新技术的实用性和前瞻性，同时对协同治理的新思路、新方法和新设备做重要阐述，具有较高的实用性、可操作性和实践性，可供从事大气污染治理与管控等的工程技术人员、科研人员和管理人员参考，也供高等学校环境科学与工程、生态工程及相关专业师生参阅。

本书是一部环境工程新技术图书，专门介绍工业烟气协同减排技术。全书分为七章，内容包括工业烟气污染物协同减排技术分类和意义、污染物治理基本技术和协同减排新技术、燃煤电厂烟气协同减排技术、工业锅炉烟气协同减排技术、工业炉窑烟气协同减排技术、工业生产烟气协同减排技术、工业有机废气协同减排技术和其他烟气协同减排技术等。

本书具有较强的技术性、应用性和针对性，主要特点如下。

（1）内容全面　包括工业烟气的来源、性质，各种协同治理方法，主要设备、净化工艺、系统配置，并且分述生产各环节的污染物协同减排技术。

（2）注重实用　对叙述内容尽可能结合工业生产应用实际展开，例如对协同技术原理和基本方法予以细述，并列举许多工程应用案例。

（3）技术新颖　编写采用新规范、新术语，把近年出现的实践证明可行的协同减排新方法、新技术、新设备列在书中，尤其是近些年才开发和应用的协同技术，如烧结烟气协同减排、二噁英协同控制等。

本书由彭犇、高华东、张殿印主编，杨飚主审，肖春、任同生、张立福、葛玉华、徐琳任副主编；同时，得到了王海涛教授、王冠教授、李惊涛教授、安登飞教授等多位知名专家的鼎力相助，在此一并深表谢意。本书编写过程中参考和引用了一些科研、设计、教学和生产工作同行撰写的著作、论文、手册、教材、样本和学术会议文集等，在此对所有作者表示衷心感谢。

限于编者水平和编写时间，书中疏漏和不妥之处在所难免，殷切希望读者朋友批评指正。

编者

2020 年 6 月于北京

目录

第三章 工业锅炉烟气协同治理技术

第四章　工业炉窑烟气协同减排技术

第七章 其他烟气协同减排技术

参考文献

第一章

工业烟气协同控制技术基础

协同控制技术基础指污染物治理过程中经常采用的各种传统基本技术和近期开发的新技术。其中，基本技术包括各种气溶胶净化技术和气体污染物净化技术；新技术包括等离子体技术、光解技术等。

第一节 污染物协同控制技术分类和意义

一、协同控制的提出

1. 协同理论

协同理论（synergetics）亦称“协同学”或“协和学”，是20世纪70年代以来在多学科研究基础上逐渐形成和发展起来的一门新兴学科，是系统科学的重要分支理论。其创立者是联邦德国斯图加特大学教授、著名物理学家哈肯（Hermann Haken）。1971年他提出协同的概念，1976年系统地论述了协同理论。

概括地说，协同控制理论就是$1+1>2$的理论，协同理论提出后在环境工程、管理、交通等许多领域得到了应用。

2. 污染物协同控制

我国在“十二五”规划纲要中正式提出协同减排的概念，但并未明确原则，也缺乏实践指导，只能探索前行，本书的编撰和出版亦是一种探索前行。

多污染物协同控制指同时控制两种或者两种以上的有害污染物的控制措施。多污染物协同控制的效益高于单一污染物控制，且一种污染物的控制可能导致另一种污染物环境浓度的关联变化，一个综合涉及所有关联污染物的控制措施和控制体系能够有效降低污染减排成本，提高环境效益。例如，对燃煤火电厂的二氧化硫、氮氧化物、烟粉尘及汞等开展多种污染物一体化协同脱除。本书把一种污染物采用多种协同净化技术措施，以获得更优化、更节能的净化效果的控制也称为协同控制。

从工程必要性考虑，协同控制可采用$1+X$或$1+nX$的加成方式，而从综合节能与提效的可行性考虑则更应采用协同净化方式。

二、污染物协同控制分类

按控制方法不同，污染物协同控制可以分为 3 类。

① 用一种技术、方法或设备净化两种或两种以上污染物。例如，对烧结烟气可用活性炭吸附法协同处理二氧化硫、氮氧化物、二噁英等多种气态污染物。

② 用两种或两种以上的技术、方法或设备净化两种或两种以上污染物。例如，燃煤电厂通常采用的除尘、脱硫、脱硝等协同技术措施，脱除尘、硫、氮、汞等污染物。

③ 用两种或两种以上的协同技术、方法或设备净化一种污染物，以便达到更严格的标准或更优异的效果。例如，用多级净化材料处理焊接烟尘一种污染物的技术。

三、污染物协同控制的重要意义

工业烟气除了含有烟尘外，还含有 NO_x、SO_2、HF、二噁英（PCDD/Fs）、VOCs 等多种有害污染物。针对我国严峻的大气污染形势，要求工业烟气今后必须同时进行粉尘、SO_x、NO_x 和二噁英等多种污染物的脱除。

我国以前一直在实施单一污染物控制的策略，以阶段性重点污染物控制为主要特征，建立了总量控制与浓度控制相结合的大气污染物管理制度，已经先后开发了一系列较成熟的单独的除尘、脱硫的技术。但是，国内普遍采用的针对单项污染物的分级治理模式，使得工业烟气净化设备随着污染物控制种类的不断增加而增多。这不仅使设备投资和运行费用增加，而且使整个末端污染物治理系统庞大复杂，治污设备占地大、能耗高、运行风险大，副产物二次污染问题突出。烟气污染物单独脱除技术没有考虑到烟气中多种大气污染物之间相互关联、相互影响的因素。

单项治理往往有很多弊病。例如：SCR（选择性催化还原）使 SO_2/SO_3 的转化率从 1%提高到 3%，NH_3 逃逸（$\geqslant 3\times10^{-6}$）生成黏性硫酸氢铵（ABS），影响脱硫除尘效果：因 ESP（静电除尘器）除尘效率不稳定等问题，引起 WFGD（湿法烟气脱硫装置）喷嘴、塔壁及除雾器积垢堵塞，影响脱硫效应和石膏副产品的品质，产生 $PM_{2.5}$ 二次尘，烟囱排放“石膏雨”或蓝烟；业主多次重复立项投资，场地拥挤，建设费、运行能耗、维护检修费大幅度增加等。协同控制可以有效克服这些弊端，提高技术经济性价比，获取良好的环境、经济综合效益。

各种单独脱除技术除了能够有效脱除主要的对象污染物之外，还具备脱除其他类型污染物的潜力。单独脱除技术发展模式当中各项控制技术从设计、现场安装到运行均是分开实施，设备之间的不利因素没有得到克服，有利因素没有得到充分利用，技术经济性无法得到最大程度的优化。如何从整体系统的角度考虑烟气所带来的运行和环境问题，掌握工业烟气中各种污染物之间相互影响、相互关联的物理和化学过程，通过一项技术或多项技术组合，以及单元环节或单元环保设备链接、匹配耦合，达到对工业烟气多种污染物综合控制的目标，从而有效降低环境污染治理成本，是非常重要的问题。从国际技术发展来看，开发高效、经济的多污染物协同控制技术已成为一个热点。

多污染物协同控制是个大课题，不同行业工艺过程相异，排放源成分不同，应采用不同的组合方式；地区经济、能源条件不同也需要采用不一样的主流技术。近年来，我国已在烧结炉、水泥窑、垃圾焚烧炉、燃煤锅炉等多个领域开展了多污染物协同控制，并取得一定成绩，逐步形成了多种流派的协同控制技术。

我国创新发展的新思路推动大气污染治理模式从单项治理向协同控制转变，必将为烟气治理工作开创新局面。

第二节 工业烟气治理技术选用原则

一、治理技术分类

工业生产工艺过程中排出的废气往往含有某些污染物，所采用的净化技术基本上可以分为分离法和转化法两大类：分离法是利用外力等物理方法将污染物从废气中分离出来；转化法是使废气中污染物发生某些化学反应，然后分离或转化为其他物质，再用其他方法进行净化。

常见的废气净化方法见表 1-1。

表 1-1 废气的净化方法

净化方法			可净化污染物	备注
分离法	气固分离	机械力附尘	10μm 以上的烟尘	锅炉烟尘等
		湿式除尘	5μm 左右的烟尘	转炉烟气、高炉煤气等
		过滤除尘	0.1μm 以上的烟尘	石英粉尘、高炉粉尘等
		静电除尘	0.1μm 以上的烟尘	发电锅炉、烧结机粉尘等
	气液分离	机械力除雾	10μm 以上的雾滴	硫酸雾、铬酸雾等
		静电除雾	0.1μm 以上的雾滴	硫酸雾、沥青烟气等
	气气分离	冷凝法	蒸气状污染物	汞蒸气、萘蒸气等、HCl、HF、铅烟等 苯、甲苯、HF 等
		吸收法	气态污染物	
		吸附法	气态污染物	
转化法	气相反应	直接燃烧法	可燃烧的气态污染物	苯、沥青烟气等
		其他气相反应	气态污染物	NO_x 等
	气液反应	吸收氧化法	气态污染物	H_2S 等
		吸收还原法	气态污染物	NO_x 等
		其他化学吸收法	气态污染物	铅烟等
	气固反应	催化燃烧法 催化氧化法	气态污染物	CO、SO_2、苯等
		催化还原法	气态污染物	NO_x 等
		非催化气固反应法	气态污染物	Cl_2 等

二、设计和选用原则

烟气治理工程应遵循综合治理、循环利用、达标排放、总量控制的原则。治理工艺设计和选用应本着成熟可靠、技术先进、经济适用的原则，并考虑节能、安全和操作简便。

1. 技术先进

根据《中华人民共和国职业病防治法》和《中华人民共和国大气污染防治法》的规定，按作业环境卫生标准和大气环境排放标准规定，科学确定设备作用、方法、形式和指标，设计和选用具有自主知识产权的净化设备。

具体要求：a. 技术先进、造型新颖、结构优化，具有显著的高效、密封、强度、刚度等技术特性；b. 排放浓度符合环保排放标准或特定标准的规定，其粉尘或其他有害物的落地浓度不能超过卫生防护限值；c. 主要技术经济指标达到国内外先进水平；d. 具有配套的技术保障措施。

2. 运行可靠

保证净化设备连续运行的可靠性，是净化设备追求的终极目标之一。它不仅取决于设备设计的先进性，也涉及制造与安装的优质性和运行管理的科学性。只有设备完好、运行可靠，才能充分发挥净化设备的功能和作用，用户才能放心使用，而不是虚设；与主体生产设备具有同步的运转率才能满足环境保护的需要。

具体要求：a. 尽量采用成熟的先进技术，或经示范工程验证的新技术、新产品和新材料，奠定连续运行、安全运行的可靠性基础；b. 具备关键备件和易耗件的供应与保障基地；c. 编制净化设备运行规程，建立净化设备有序运作的软件保障体系；d. 培训专业技术人员和岗位工人，实施岗位工人持证上岗制度，科学组织设备的运行、维护和管理。

3. 经济适用

根据我国生产力水平和环境保护标准规定，在“简化流程、优化结构、高效净化”的基点上，把设备投资和运行费用综合降低为最佳水准，将是净化设备追求的“经济适用”目标。

具体要求：a. 依靠高新技术，简化流程，优化结构，实现高效，减少主体重量，有效降低设备造价；b. 采用先进技术，科学降低能耗，降低运行费用；c. 组织除尘净化的深加工，向综合利用要效益；d. 提升净化设备完好率和利用率，向管理要效益。

4. 安全环保

保证净化设备安全运行，杜绝二次污染和转移，防止意外设备事故，是设备的安全环保准则。

具体要求如下。

① 贯彻有关法规，设计和安装必要的安全防护设施：a. 走台、扶手和护栏；b. 安全供电设施；c. 防爆设施；d. 防毒、防窒息设施；e. 热膨胀消除设施；f. 安全报警设施。

② 贯彻《中华人民共和国职业病防治法》和《中华人民共和国大气污染防治法》，杜绝二次污染与转移：a. 设备排放浓度必须保证在环保排放标准以内，作业环境粉尘浓度在卫生标准以内；b. 净化设备噪声不能超过国家卫生标准和环保标准；c. 净化烟气中含有可利用物质时，应配套综合利用措施。

第三节 除尘设备

一、机械力除尘器

机械力除尘是利用粉尘的重力、惯性力和离心力等机械力，将粉尘从废气中分离出来的过程，利用机械力除尘的设备主要有重力除尘器、惯性除尘器和离心力除尘器 3 种。

（一）重力除尘器

重力沉降是利用含尘气体中粉尘本身的重力而自然沉降，从废气中分离出来的过程。由于粉尘沉降速度较慢，只适于分离粒径较大的粉尘。

1. 基本原理

根据斯托克斯（Stokes）公式，粉尘的自由沉降度与粉尘直径有关，见式(1-1)。

$$v_g=\frac{(\rho_s-\rho)g}{18\mu}D^2 \tag{1-1}$$

式中 v_g——粉尘的自由沉降速度，m/s；

ρ_s——粉尘的密度，kg/m^3；

ρ——气体的密度，kg/m^3；

g——重力加速度，m/s^2；

μ——气体的动力黏度，Pa·s；

D——粉尘的直径，m。

2. 重力除尘器构造

水平气流重力除尘器主要由室体、进气口、出气口和集灰斗组成。含尘气体在室体内缓慢流动，尘粒借助自身重力作用被分离而捕集下来。

为了提高重力除尘器的除尘效率，有的在室内加装一些底板，其目的是降低高度、加快尘粒沉降，使尘粒在重力作用下沉降下来。有的将水平重力除尘器改为垂直形式，如图 1-1 所示，其目的是使气体中的尘粒受到重力作用，与气体分开而沉降下来。

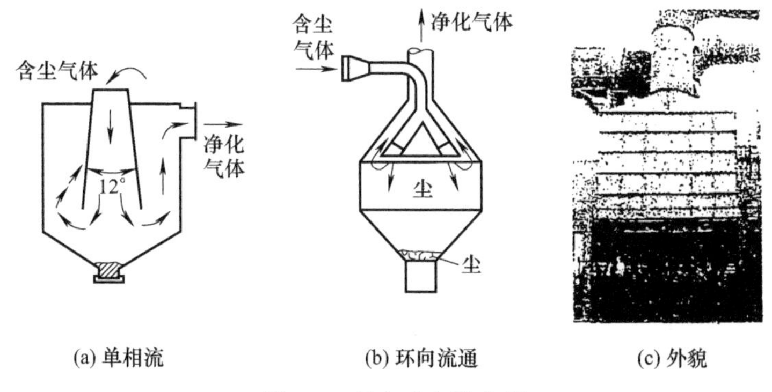

(a) 单相流　(b) 环向流通　(c) 外貌

图 1-1　垂直重力除尘器

3. 技术性能

重力除尘器的技术性能可按下述原则进行判定：a. 重力除尘器内被处理气体流速（基本流速）越低，越有利于捕集细小的尘粒，但装置相对庞大；b. 基本流速一定时，重力除尘器的纵深越长，则除尘效率也就越高，但不能延长至 10m 以上；c. 在气体入口处装设整流板，在重力除尘器内装设挡板，使沉降室内气流均匀化，增加惯性碰撞效应，有利于除尘效率的提高。

综上所述，通常基本流速选定为 1～2m/s，实用的捕集粉尘粒径在 40μm 以上，压力损失比较小，当气流温度为 250～350℃，气体在重力除尘器入口处和出口处的流速为 12～16m/s 时，重力除尘器总阻力损失为 100～120Pa。重力除尘器在许多情况下作为多级除尘的预除尘器使用。

4. 重力除尘器设计计算

在设计重力除尘器时应考虑如下两个问题。

① 重力除尘器内气流应呈层流（雷诺数 $Re<2000$）状态，因为紊流会使已降落的粉尘二次飞扬，破坏沉降作用，重力除尘器的进风管应通过平滑的渐扩管与之相连。如受位置限制，应装设导流板，以保证气流均匀分布。如条件允许，把进风管装在除尘器上部会收到意想不到的效果。

② 保证尘粒有足够的沉降时间。即在含尘气流流经整个除尘器长度的这段时间内，保证尘粒由上部降落到底部。

尘粒在除尘器内停留时间按式(1-2) 计算：

$$t=\frac{h}{v_s}\leqslant\frac{L}{v_0} \tag{1-2}$$

式中 t——尘粒在重力除尘器内停留时间，s；

h——尘粒沉降速度，m/s，可参考表 1-2 或由图 1-2 查出；

L——重力除尘器长度，m；

v_0——重力除尘器内气流速度，m/s。

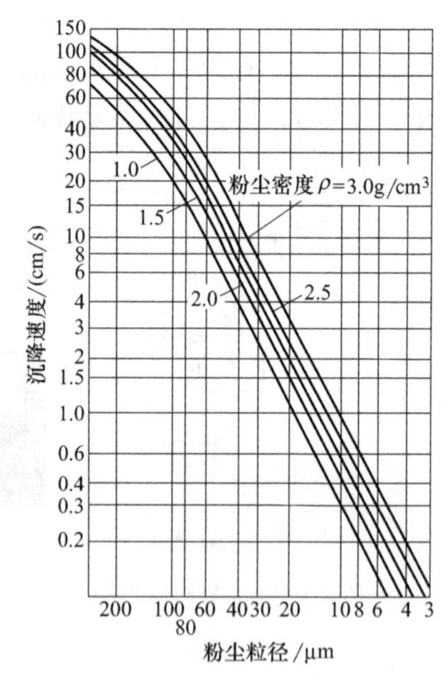

图 1-2 粉尘粒径与沉降速度的关系

表 1-2 空气中球形颗粒物的沉降末速度

粒径/μm	沉降末速度/(m/s)	粒径/μm	沉降末速度/(m/s)
0.1	8.7×10^{-7}	10.0	3.0×10^{-3}
0.2	2.3×10^{-6}	20.0	1.2×10^{-2}
0.4	6.8×10^{-6}	40.0	4.8×10^{-2}
1.0	3.6×10^{-6}	100.0	2.46×10^{-1}
2.0	1.19×10^{-4}	400.0	1.67
4.0	6.0×10^{-4}	1000.0	3.82

注：粉尘颗粒密度为 1000kg/m³，空气温度为 20℃，压力为 10^5Pa。

根据式(1-2)，重力除尘器的长度与尘粒在除尘器内沉降高度应满足如下关系：

$$\frac{L}{h} \geqslant \frac{v_g}{v_0} \tag{1-3}$$

重力除尘器的具体计算步骤如下所述。

（1）重力除尘器的截面积

$$S=\frac{Q}{v_0} \tag{1-4}$$

式中 S——重力除尘器截面积，m^2；

Q——处理气体量，m^3/s；

v_0——重力除尘器内气流速度，m/s，一般要求小于 0.5m/s。

（2）重力除尘器容积

$$V=Qt \tag{1-5}$$

式中 V——重力除尘器容积，m^3；

Q——处理气体量，m^3/s；

t——气体在重力除尘器内停留时间，s，一般取 30～60s。

（3）重力除尘器高度

$$h=v_g t \tag{1-6}$$

式中 h——重力除尘器高度，m；

v_g——尘粒沉降速度，m/s，对于粒径为 40μm 的尘粒可取 $v_g=0.2$m/s；

t——气体在重力除尘器内停留时间，s。

（4）重力除尘器宽度

$$b=\frac{S}{h} \tag{1-7}$$

式中 b——重力除尘器宽度，m；

S——重力除尘器截面积，m^2；

h——重力除尘器高度，m。

（5）重力除尘器长度

$$L=\frac{V}{S} \tag{1-8}$$

式中 L——重力除尘器长度，m；

V——重力除尘器容积，m^3；

S——重力除尘器截面积，m^2。

5. 设计计算注意事项

① 设计的重力除尘器具体应用时往往有许多情况和理想的条件不符。例如，气流速度分布不均匀，气流是紊流，涡流未能完全避免，在粒子浓度大时沉降会受阻碍等。为了使气流速度均匀分布，可采取安装逐渐扩散的入口、导流叶片等措施。为了使除尘器的设计可

靠，也有人提出把计算出来的末端速度减半使用。

② 除尘器内气流呈层流状态，比紊流会避免已降落的粉尘二次飞扬、破坏沉降作用，除尘器的进风管应通过平滑的渐扩管与之相连。如受位置限制，可在除尘器内设导流板，以保证气流速度均匀分布。

③ 保证尘粒有足够的沉降时间，即在含尘气流流经整个除尘器的这段时间内保证尘粒由上部降落到底部。

④ 所有排灰口、门和孔都必须密闭，除尘器才能发挥应有的作用。

⑤ 除尘器的结构强度和刚度按有关规范设计计算。

⑥ 重力除尘器内气体流速应低于表 1-3 的颗粒物初速度，如初速度未知可选用 3m/s。

表 1-3　一些常用物质的初速度

材　料	初速度/(m/s)	材　料	初速度/(m/s)
铝屑	4.3	淀粉	1.8
有色金属铸造粉末	5.7	钢粉	4.6
氧化铅	7.6	木屑	3.9
石灰石	6.4		

【例 1-1】 某含氧化锌悬浮物的空气，在高 5m 的重力除尘器内停留 20s。求能沉积于除尘器底的氧化锌最小颗粒的尺寸。

氧化锌颗粒的沉降速度，由气体在除尘器内停留的时间来计算。

$$v_s = H/t = 5/20 = 0.25(\mathrm{m/s})$$

查空气的动力黏度，50℃时 $\mu = 1.96 \times 10^{-5}\mathrm{Pa \cdot s}$，氧化锌的密度 $\rho_a = 5700\mathrm{kg/m^3}$，用式(1-1) 计算，即可得能沉积于重力除尘器底的氧化锌最小颗粒尺寸为

$$D = \sqrt{\frac{18\mu v_g}{(\rho_a - \rho_g)g}} = \sqrt{\frac{18 \times 1.96 \times 10^{-5} \times 0.25}{(5700 - 1.2) \times 9.81}} \approx 40(\mu\mathrm{m})$$

以上结果是以氧化锌颗粒从除尘器顶落到底计算的，大于 40μm 时颗粒均可落至底部，小于 40μm 的颗粒视其所处的高度而定，可能有极少数沉淀于除尘器底，大部分被气流带走。

(二) 挡板除尘器

挡板除尘器（亦称惯性除尘器）是利用粉尘在运动中惯性大于气体惯性的作用，将粉尘从含尘气体中分离出来的设备。这种除尘器结构简单，阻力小，但除尘效率较低，一般用于一级除尘。

1. 挡板除尘器工作原理

为了改善重力除尘器的除尘效果，可在除尘器内设置各种形式的挡板，使含尘气流冲击在挡板上，气流方向发生急剧转变，借助尘粒本身的惯性作用，使其与气流分离。图 1-3 所示为含尘气流冲击在两块挡板上时尘粒分离的机理。当含尘气流冲击到挡板 B_1 上时，惯性大的粗尘粒（d_1）首先被分离下来。由于挡板 B_2 使气流方向转变，被气流带走的尘粒 d_2（$d_2 < d_1$）借助离心力作用也被分离下来。若设该点气流的旋转半径为 R_2，切向速度为 μ_1，则尘粒 d_2 所受离心力与 $d_2^3 \cdot \frac{\mu_1^2}{R_2}$ 成正比。显然这种挡板除尘器除借助惯性力作用外，还利

用了离心力的作用。

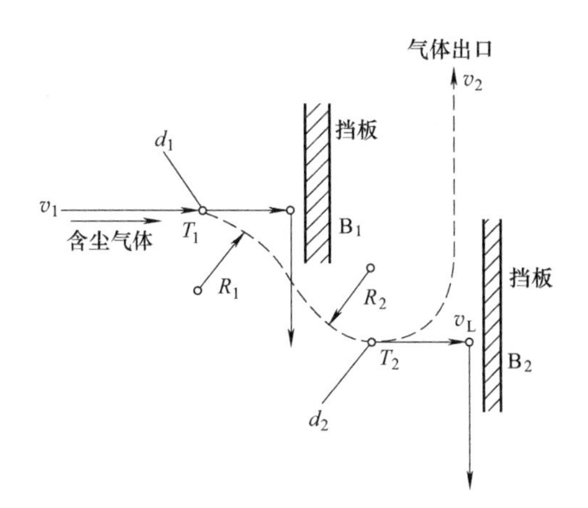

图 1-3 挡板除尘器的分离原理

2. 挡板除尘器的结构

在挡板除尘器内，主要是使气流冲击在挡板上再急速转向，其中颗粒由于惯性作用，其运动轨迹与气流轨迹不一样，从而使两者获得分离。气流速度高，这种惯性作用就大，所以这类除尘器的体积可以大大减少，占地面积也小，对细颗粒的分离效率也大为提高，可捕集到粒径为 10μm 的颗粒。阻损在 300～600Pa 之间。根据构造和工作原理，挡板除尘器分为单板式除尘器和多板式除尘器两种形式。

(1) 单板式除尘器结构　单板式除尘器的结构如图 1-4 所示，这种除尘器的特点是用一个或几个挡板阻挡气流的前进，使气流中的尘粒分离出来。该形式除尘器阻力较低，效率不高。

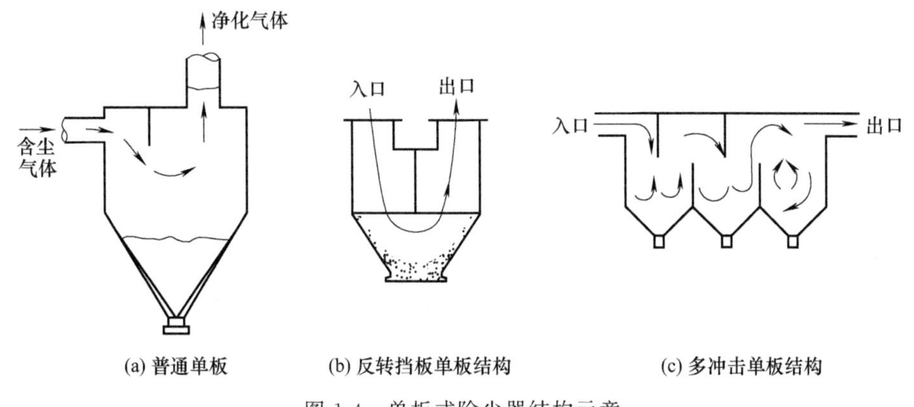

图 1-4 单板式除尘器结构示意

(2) 多板式除尘器结构　多板式除尘器特点是把进气流用多个挡板分割为小股气流。为使任意一股气流都有同样的较小回转半径及较大回转角，可以采用各种挡板结构，最典型的如图 1-5 所示。

百叶挡板能提高气流急剧转折前的速度，可以有效地提高分离效率；但气流速度过高，会引起已捕集颗粒的二次飞扬，所以进口气流速度一般都选用 12～15m/s。

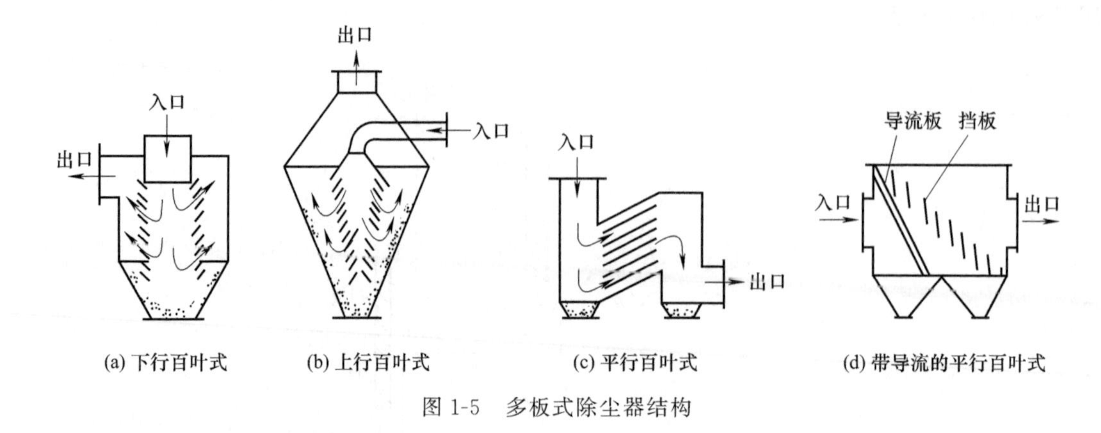

图 1-5 多板式除尘器结构

3. 挡板除尘器的技术性能

（1）设备压降 挡板式除尘器的设备压降依挡板的数量和形式不同而异，挡板除尘器压降按式(1-9) 计算：

$$\Delta p=\xi \frac{\rho_g v^2}{2} \tag{1-9}$$

式中 Δp——挡板除尘器压降，Pa；

ξ——阻力系数，可取1～4；

ρ_g——气体密度，kg/m^3；

v——除尘器入口速度，m/s。

（2）除尘效率 挡板除尘器效率比重力除尘器高，比离心式除尘器低，当设备内流速为1～2m/s时，对粒径为30～50μm的尘粒，其除尘效率可达50%～70%。挡板间隙不大，配置合理，除尘效率可到85%，甚至更高。

对大型挡板除尘器而言，为了提高除尘效率，往往在挡板前增设导流装置，以便使气流均匀到挡板。这样挡板除尘器因增设导流装置，会效率稳定，运行可靠。

（3）注意事项 a. 挡板除尘器可用于处理含尘气体在冲击或方向转变前的速度较高，方向转变的曲率半轻越小，其除尘效率越高，但阻力也随之而增大；b. 含尘气体流动转向次数越多，除尘效率越高，阻力随之增大；c. 挡板与气体流动方向夹角大，除尘效率高，除尘器阻力大。

（三）离心力除尘

离心力除尘是利用含尘气体带着粉尘旋转，由于粉尘密度大于气体密度，粉尘就会在离心力作用下沿切线方向被甩出，使粉尘在径向与气体发生相对运动，飞离中心的过程。利用离心力除尘的设备为旋风除尘器。

1. 旋风除尘器工作原理

旋风除尘器由筒体、锥体、进气管、排气管和卸灰管等组成，如图1-6所示。

旋风除尘器的工作过程是当含尘气体由切向进气口进入旋风除尘器时气流将由直线运动变为圆周运动。绝大部分旋转气流沿器壁自圆筒体呈螺旋形向下，朝锥体流动，通常称此为外旋气流。含尘气体在旋转过程中产生离心力，将密度大于气体的尘粒甩向器壁，尘粒一旦

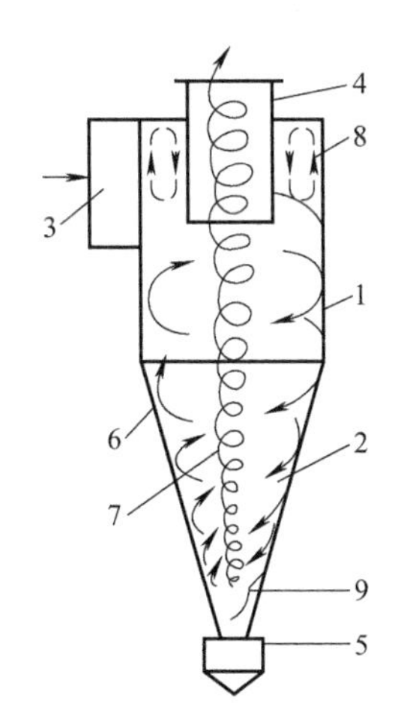

图 1-6　普通旋风除尘器的组成及内部气流

1—筒体；2—锥体；3—进气管；4—排气管；5—卸灰管；6—外旋流；7—内旋流；8—二次流；9—回流区

与器壁接触，便失去径向惯性力而靠向下的动量和重力沿壁面下落，进入排灰管。旋转下降的外旋气体到达锥体时，因圆锥形的收缩而向除尘器中心靠拢，根据“旋转矩”不变原理，其切向速度不断提高，尘粒所受离心力也不断加强。当气流到达锥体下端某一位置时，即以同样的旋转方向从旋风分离器中部由下反转向上，继续做螺旋性流动，即内旋气流。最后净化气体经排气管排出管外，一部分未被捕集的尘粒也由此排出。

自进气管流入的另一小部分气体则向旋风分离器顶盖流动，然后沿排气管外侧向下流动；当到达排气管下端时即反转向上，随上升的中心气流一同从排气管排出。分散在这一部分的气流中的尘粒也随同被带走。

2. 旋风除尘器类型

旋风除尘器主要类型有：a. 以切向或轴向进气、气流反转排气的切流反转式旋风除尘器及其组合式除尘器；b. 以切向或轴向进气、直接排气的直流式旋风除尘器及其组合式除尘器；c. 以多股切向气流加强主气流旋转的旋风除尘器。

这几种类型除尘器如图 1-7 所示。

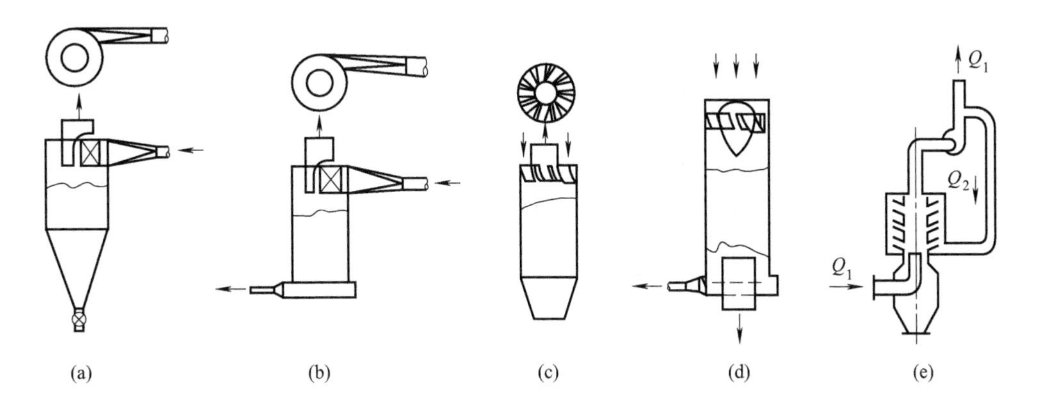

图 1-7　旋风除尘器的分类

Q_1—一次风风量；Q_2—二次风风量

图 1-7(a) 是采用切向进气获得较大的离心力，清除下来的粉尘由下部排出。这种除尘器是应用最多的旋风除尘器。

图 1-7(b) 是采用切向进气周边排灰，需要抽出少量气体另行净化，但这部分气量通常小于总气流量的 10%。这种旋风除尘器的特点是允许入口含尘浓度高，净化较为容易，总除尘效率高。

图 1-7(c) 形式的离心力较切向进气要小，但多个除尘器并联时（多管除尘器）布置很方便，因而多用于处理风量大的场合。

图 1-7(d) 这种除尘器既采用了并联，又有周边抽气排灰可提高除尘效率的优点，常用于卧式形式。

图 1-7(e) 是多股切向气流加强主气流旋转的旋风除尘器，它多用于化工生产中，很少用作预除尘器使用。

3. 旋风除尘器技术性能

(1) 设备阻力　旋风除尘器的流体阻力由进口阻力、旋涡流场阻力和排气管阻力三部分组成。通常按式(1-10) 计算：

$$\Delta P=\xi \frac{\rho_2 v^2}{2} \tag{1-10}$$

式中　ΔP——旋风除尘器的流体阻力，Pa；

ξ——旋风除尘器的流体阻力系数，无因次；

v——旋风除尘器的流体速度，m/s；

ρ_2——烟气密度，g/m^3。

(2) 除尘效率　分级效率是按尘粒粒径不同来表示的除尘效率。分级效率能够更好地反映除尘器对某种粒径尘粒的分离捕集性能。

离心式除尘器的分级效率按式(1-11) 估算，也可以按图 1-8 进行估算。

$$\eta_p=1-e^{-0.6932 \frac{d_p}{d_{c50}}} \tag{1-11}$$

式中　η_p——粒径为 d_p 的尘粒的除尘效率，%；

d_p——尘粒直径，μm；

d_{c50}——旋风除尘器的 50%临界粒径，μm。

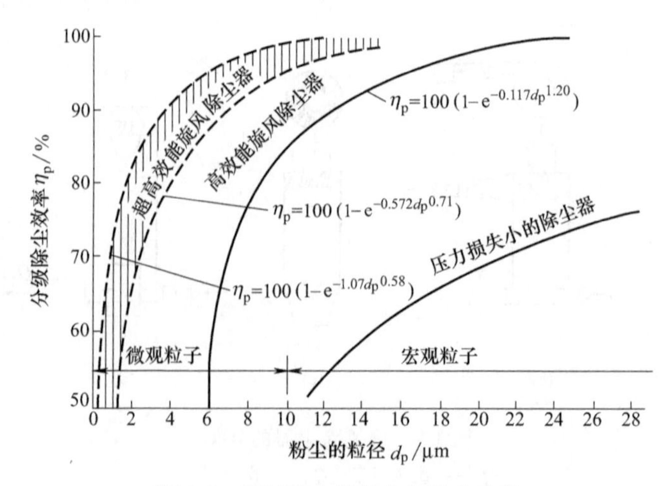

图 1-8　旋风除尘器的分级除尘效率

除尘器的总除尘效率可根据其分级除尘效率及粉尘的粒径分布计算。

对式(1-11)积分，得到除尘器总除尘效率的计算式为：

$$\eta=\frac{0.6932d_t}{0.6932d_t d_{c50}}\times 100\% \tag{1-12}$$

$$d_t=\frac{\sum n_i d_i^4}{\sum n_i d_i^3}$$

式中 η——除尘器的总除尘效率，%；

d_t——烟尘的质量平均直径，μm；

d_i——某种粒级烟尘的直径，μm；

n_i——粒径为 d_i 的烟尘的质量分数，%。

除尘器性能与各影响因素的关系见表1-4。

表1-4 旋风除尘器性能与各影响因素的关系

变化因素		性能趋向	
		流体阻力	除尘效率
烟尘性质	烟尘密度增大	几乎不变	提高
	烟尘粒度增大	几乎不变	提高
	烟气含尘浓度增加	几乎不变	略提高
	烟气温度增高	减少	提高
结构尺寸	圆筒体直径增大	降低	降低
	圆筒体加长	稍降低	提高
	圆锥体加长	降低	提高
	入口面积增大(流量不变)	降低	降低
	排气管直径增加	降低	降低
	排气管插入长度增加	增大	提高(降低)
运行状况	入口气流速度增大	增大	提高
	灰斗气密性降低	少增大	大大降低
	内壁粗糙度增加(有障碍物)	增大	降低

二、袋式除尘器

袋式除尘器（又称袋式收尘器、袋式过滤器）是指利用纤维性滤袋捕集粉尘的除尘设备。袋式除尘器的突出优点是除尘效率高，属高效除尘器，除尘效率一般大于99%，运行稳定，不受风量波动影响，适应性强，不受粉尘比电阻值限制。因此，袋式除尘器在实际应用中备受青睐。

(一) 袋式除尘器工作原理

1. 过滤机理

当含尘气体进入袋式除尘器通过滤料时，粉尘被阻留在滤料表面，干净空气则透过滤料的缝隙排出，完成过滤过程。过滤技术是袋式除尘器的基本原理，完成过滤的主要有纤维过滤、薄膜过滤和粉尘层过滤。袋式除尘器是纤维过滤、薄膜过滤与粉尘层过滤的组合，它的除尘机理是筛滤、碰撞、钩附、扩散、重力沉降和静电等效应综合作用的结果。

(1) 筛滤效应 当粉尘的颗粒直径较滤料纤维间的空隙或滤料上粉尘间的孔隙大时，粉尘被阻留下来，称为筛滤效应。对织物滤料来说，这种效应是很小的，只是当织物上沉积大量的粉尘后筛滤效应才充分显示出来。

(2) 碰撞效应　当含尘气流接近滤料纤维时，气流绕过纤维，但粒径在1μm以上的较大颗粒由于惯性作用而偏离气流流线，但仍保持原有的方向，撞击到纤维上，粉尘被捕集下来，称为碰撞效应。

(3) 钩附效应　当含尘气流接近滤料纤维时，细微的粉尘仍保留在流线内，这时流线比较紧密。如果粉尘颗粒的半径大于粉尘中心到达纤维边缘的距离，粉尘即被捕获，称为钩附效应，又称拦截效应。

(4) 扩散效应　当粉尘颗粒极为细小（粒径在0.5μm以下）时，在气体分子的碰撞下偏离流线做不规则运动（亦称布朗运动），这就增加了粉尘与纤维的接触机会，使粉尘被捕获。粉尘颗粒越小，运动越剧烈，与纤维接触的机会就越多。

碰撞、钩附及扩散效应均随纤维的直径减小而增加，随滤料的孔隙率增加而减少，因而所采用的滤料纤维越细，纤维越密实，滤料的除尘效率越高。

(5) 重力沉降　颗粒大、密度大的粉尘，在重力作用下而沉降下来，这与在重力除尘器中粉尘的运动机理相同。

(6) 静电效应　如果粉尘与滤料的荷电相反，则粉尘易吸附于滤料上，从而提高除尘效率，但被吸附的粉尘难以被剥落下来。反之，如果两者的荷电相同，则粉尘受到滤料的排斥，除尘效率会因此而降低，但粉尘容易从滤袋表面剥离。

2. 不同滤料除尘机理的差异

① 织物滤料的孔隙存在于经、纬纱之间（一般线径为300～700μm，间隙为100～200μm）以及纤维之间，而后者占全部孔隙的30%～50%。开始滤尘时，气流大部分从经、纬纱之间的小孔通过，只有小部分粉尘穿过纤维间的缝隙，粗颗粒尘便嵌进纤维间的小孔内，气流继续通过纤维间的缝隙，此时滤料即成为对粗、细粉尘颗粒都有效的过滤材料，而且形成称为“初次粉尘层”或“第二过滤层”的粉尘层，于是粉尘层表面出现以强制筛滤效应捕集粉尘的过程；此外，在气流中粉尘的直径比纤维细小时，碰撞、钩附、扩散等效应增强，除尘效率提高。

② 针刺毡或针刺毡滤料，由于本身构成厚实的多孔滤床，可以充分发挥上述效应，但“第二过滤层”的过滤作用仍很重要。

③ 覆膜滤料，其表面有一层人工合成的、内部呈网格状结构的、厚50μm、每平方厘米含有14亿个微孔的特制薄膜，显然其过滤作用主要是筛滤效应，故称为表面过滤。

3. 合理的清灰周期

袋式除尘器在实际运行中，随着滤袋粉尘层的增加，需要对滤料进行周期性的清灰。随着捕集粉尘量的不断增加，粉尘层不断增厚，其过滤效率随之提高，除尘器的阻力也逐渐增加，而通过滤袋的风量则逐渐减小，这时需要对滤袋进行清灰处理，既要及时、均匀地除去滤袋上的积灰，又要避免过度清灰，使其能保留“一次粉尘层”，保证工作稳定和高效率，这对于孔隙较大的或易于清灰的滤料更为重要。

（二）袋式除尘器分类

袋式除尘器的结构示意简图如图1-9所示。

袋式除尘器的分类，主要是依据其结构形式、除尘器内压力、滤袋形状，以及清灰方式进行分类。

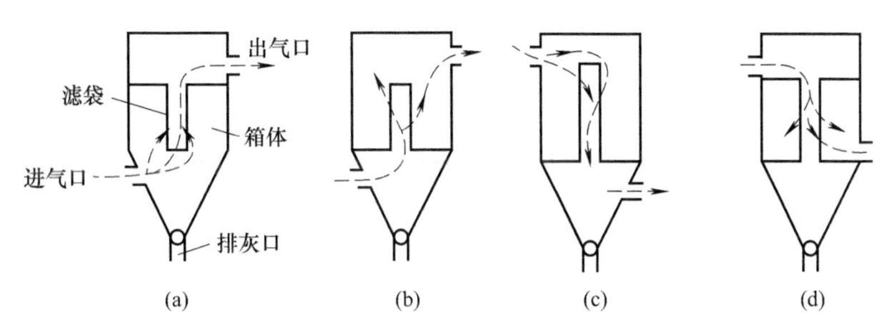

图 1-9 袋式除尘器的几种结构形式

1. 按除尘器的结构形式分类

(1) 按过滤方向分类 按过滤方向分类，除尘器可分为内滤式袋式除尘器和外滤式袋式除尘器两类。

① 内滤式袋式除尘器。图 1-9(b)、(d)为内滤式袋式除尘器，含尘气流由滤袋内侧流向外侧，粉尘沉积在滤袋内表面上。该类除尘器的优点是滤袋外部为清洁气体，便于检修和换袋，甚至不停机即可检修。一般机械振动、反吹风等清灰方式多采用内滤形式。

② 外滤式袋式除尘器。图 1-9(a)、(c)为外滤式袋式除尘器，含尘气流由滤袋外侧流向内侧，粉尘沉积在滤袋外表面上，其滤袋内要设支撑骨架，因此滤袋磨损较大。脉冲喷吹、回转反吹等清灰方式多采用外滤形式。扁袋式除尘器大部分采用外滤形式。

(2) 按进气口位置分类 按进气口位置分类，除尘器可分为下进风袋式除尘器和上进风袋式除尘器两类。

① 下进风袋式除尘器。图 1-9(a)、(b)为下进风袋式除尘器，含尘气体由除尘器下部进入，气流自下而上，大颗粒直接落入灰斗，减少了滤袋磨损，延长了清灰间隔时间，但由于气流方向与粉尘下落方向相反，容易带出部分微细粉尘，降低了清灰效果，增加了阻力。下进风袋式除尘器结构简单，成本低，应用较广。

②上进风袋式除尘器。图 1-9(c)、(d)为上进风袋式除尘器，含尘气体的入口设在除尘器上部，粉尘沉降与气流方向一致，有利于粉尘沉降，除尘效率有所提高，设备阻力也可降低 15%～30%。

2. 按除尘器内的压力分类

按除尘器内的压力分类，可分为正压式除尘器、负压式除尘器和微压式除尘器三类，见表 1-5。

(1) 正压式除尘器 正压式除尘器风机设置在除尘器之前，除尘器在正压状态下工作。由于含尘气体先经过风机，对风机的磨损较严重，因此不适用于高浓度、粗颗粒、高硬度、强腐蚀性的粉尘。

(2) 负压式除尘器 负压式除尘器风机置于除尘器之后，除尘器在负压状态下工作。由于含尘气体经净化后再进入风机，因此对风机的磨损很小，这种方式采用较多。

(3) 微压式除尘器 微压式除尘器在两台除尘器中间，除尘器承受压力低，运行较稳定。

表 1-5 袋式除尘器按工作压力分类

类别	图形	说明
正压式(压入式)	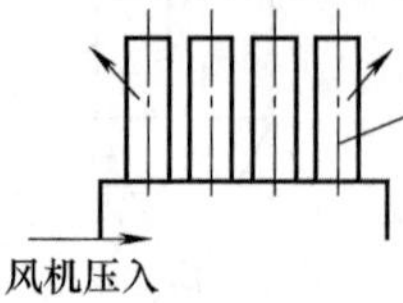 滤袋 风机压入	烟气由风机压入，除尘器呈正压，粉尘和气体可能逸出，污染环境，外壳可视情况考虑密闭或敞开，适用于含尘浓度很低的工况，否则风机磨损
负压式(吸出式)	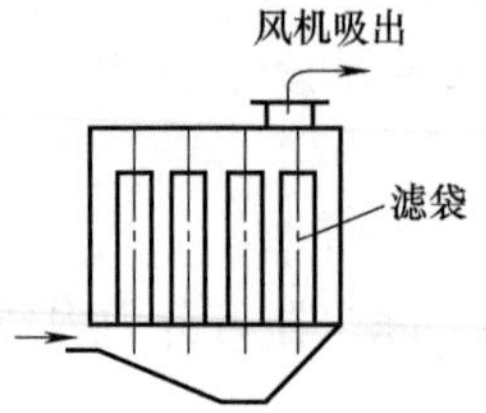 风机吸出 滤袋	烟气由风机吸出，除尘器呈负压，周围空气可能漏入设备，增加了设备和系统的负荷，外壳必须密闭，负压式是最常用的形式
微压式	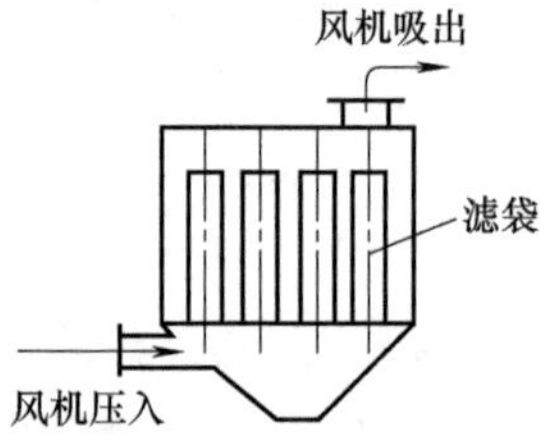 风机吸出 滤袋 风机压入	除尘器进出口均设风机，烟气由前风机压入，后风机吸出，除尘器呈微负压，有少量空气漏入设备，设备和系统的负荷增加不大。设计中应注意两台风机的匹配

3. 按滤袋形状分类

按滤袋形状袋式除尘器分为四类，即圆袋除尘器、扁袋除尘器、双层圆筒袋除尘器和菱形袋除尘器。

袋式除尘器类别及特点见表 1-6。

表 1-6 袋式除尘器按滤袋形状分类

类别	图形	特点
圆袋	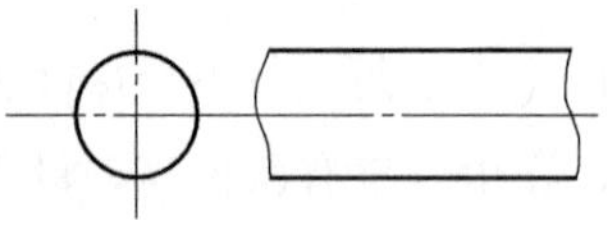	普通型，普遍使用，清灰较易，外滤式的直径为 ϕ120～160，内滤式的直径为 ϕ200～300 或更大，它是应用最广泛的滤袋形式
扁袋	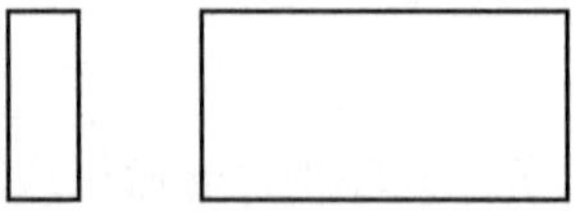	袋宽 35～50mm，面积 1～4m^2，可以排得较密，单位体积内过滤面积较大，为外滤式。有框架，主要用于回转反吹清灰方式和侧插袋安装方式
双层圆筒袋	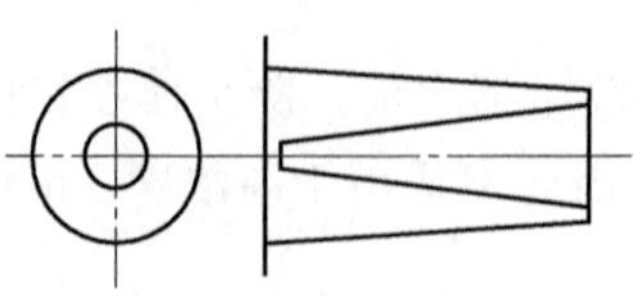	为在圆袋基础上增加过滤面积将长袋折成双层，可增加面积近 1 倍(主要用在脉冲袋上)。主要用于反吹清灰方式
菱形袋	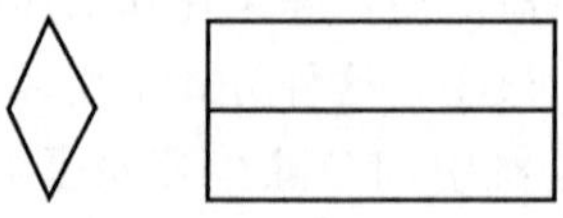	较普通圆形过滤体积小，可在同样箱体内增加过滤面积，只适用于外滤式

4. 按清灰方式分类

清灰方式是决定袋式除尘器性能的一个重要因素，它与除尘效率、压力损失、过滤风速及滤袋寿命均有关系。国家颁布的袋式除尘器的分类标准就是按清灰方式分类的。按照清灰方式，袋式除尘器可分为人工拍打类、机械振动类、反吹风类、脉冲喷吹类、复合清灰类五大类。

各类除尘器的特点见表1-7。

表1-7　袋式除尘器的特点

类别		优点	缺点	说明
人工拍打		设备结构简单，容易操作，便于管理	过滤速度低，滤袋面积大，占地大	滤袋直径一般为300～600mm，通常采用正压操作，捕集对人体无害的粉尘，多用于中小型厂
机械振动	机械凸轮(爪轮)振动	清灰效果好，与反气流清灰联合使用效果更好	不适于玻璃布等不抗褶的滤袋	滤袋直径一般大于150mm，分室轮流振打
	压缩空气振动	清灰效果好，维修量比机械振动小	不适于玻璃布等不抗褶的滤袋，工作受气流限制	滤袋直径一般为220mm，适用于大型除尘器
	电磁振动	振幅小，可用玻璃布	清灰效果差，噪声较大	适用于易脱落的粉尘和滤布
反吹风	下进风大滤袋	烟气先在斗内沉降一部分烟尘，可减少滤布的负荷	清灰时烟尘下落与气流逆向，又被带入滤袋，增加滤袋负荷	低能反吸(吹)清灰大型的为二状态清灰和三状态清灰，上部可设拉紧装置，调节滤袋长度，袋长8～12m
	上进风大滤袋	清灰时烟尘下落与气流同向，避免增加阻力	上部进气箱积尘需清灰	低能反吸，双层花板，滤袋长度不能调，滤袋伸长要小
	反吸风带烟尘输送	烟尘可以集中到一点，减少烟尘输送	烟尘稀相运输动力消耗较大，占地面积大	长度不大，多用笼骨架或弹簧骨架高能反吸
	回转反吹	用扁袋过滤，结构紧凑	机构复杂，容易出现故障，需用专门反吹风机	用于中型袋式除尘器，不适用于特大型或小型设备，忌袋口漏风
	停风回转反吹	离线清灰效果较好	机构复杂，需分室工作	用于大型除尘器，清灰力不均匀
脉冲喷吹	中心喷吹(行喷)	清灰能力强，过滤速度大，不需分室，可连续清灰	要求脉冲阀经久耐用	适于处理高含尘烟气，滤袋直径120～160mm，长度2000～6000mm或更长，需笼骨架
	环隙喷吹	清灰能力强，过滤速度比中心喷吹更大，不需分室，可连续清灰	安装要求更高，压缩空气消耗更大	适于处理高含尘烟气，滤袋直径120～160mm，长2250～4000mm，需笼骨架
	回转喷吹	滤袋长度可加大至9000mm，占地减少，过滤面积增大	消耗清灰高压空气量相对较大，要求脉冲阀要好	滤袋同心圆布置，多为扁形，用喷吹管喷吹，安装要求严格
	整室喷吹(气箱)	减少脉冲阀个数，每室1～2个脉冲阀，换袋检修方便	清灰能力稍差，不适合大型除尘器	喷吹在滤袋室排气清洁室，滤袋≤2450mm为宜，且每室滤袋数量不能多
复合清灰	振动与反吹复合	可保证除尘器，连续运行，避免停机	机构复杂，管理有难度	多用于需要连续工作的除尘场合
	声波与反吹复合	清灰效果好，降低除尘器阻力损失	不适用于新设计除尘器	常用于反吹风袋式除尘器升级改造工程中

(三) 袋式除尘器性能参数

袋式除尘器性能参数包括处理气体流量、除尘效率、排放浓度、压力损失（或称阻力）、漏风率、钢耗量等，见表1-8。若对除尘装置进行全面评价，除以上这些性能指标，还应包括除尘器的安装、操作、检修的难易、运行费用等。

表 1-8 袋式除尘器性能参数

序号	技术性能	检测方法	序号	技术性能	检测方法
1	处理气体流量/(m^3/h)	皮托管法	4	除尘效率/%	重量平衡法
2	漏风率/%	风量平衡法	5	排放浓度/(mg/m^3)	滤筒计重法
3	设备阻力/Pa	全压差法	6	钢耗量/(kg/m^2)	加工计重法

1. 处理气体流量

处理气体流量是表示除尘器在单位时间内所能处理的含尘气体的流量，一般用体积流量 Q（单位为 m^3/s 或 m^3/h）表示。处理气体流量可通过实际测量、相似工程类比、工况设计者计算或模拟试验等方式获得。

实际运行的除尘器由于不严密而漏风，使得进出口的气体流量往往并不一致。可以用两者的平均值作为设计除尘器的处理气体流量，即：

$$Q=\frac{1}{2}(Q_1+Q_2) \tag{1-13}$$

式中 Q——处理气体流量，m^3/h；

Q_1——除尘器进口气体流量，m^3/h；

Q_2——除尘器出口气体流量，m^3/h。

在选用除尘器时，其处理气体流量是指除尘器进口的气体流量，不考虑漏风率；在选择风机时，其处理气体流量对正压系统（风机在除尘器之前）是指除尘器进口气体流量；对负压系统（风机在除尘器之后）是指除尘器出口气体流量，此时已考虑漏风率。

2. 设备阻力

袋式除尘器的设备阻力是表示能耗大小的技术指标，可通过测定设备进口与出口气流的全压差而得到（单位为 Pa）。其大小不仅与除尘器的种类和结构形式有关，还与处理气体通过时的流速大小有关。通常设备阻力与进出口气流的动压成正比，即：

$$\Delta p=\xi\frac{\rho v^2}{2} \tag{1-14}$$

式中 Δp——含尘气体通过除尘器设备的阻力，Pa；

ξ——除尘器的阻力系数；

ρ——含尘气体的密度，kg/m^3；

v——除尘器进口的平均气流速度，m/s。

由于除尘器的阻力系数难以计算，且因除尘器的不同差异很大，所以除尘器设备阻力还常用式(1-15) 表示：

$$\Delta p=p_1-p_2 \tag{1-15}$$

式中 p_1——设备入口全压，Pa；

p_2——设备出口全压，Pa。

设备阻力实质上是气流通过设备时所消耗的机械能，它与通风机所耗功率成正比，所以设备的阻力越小越好。多数袋式除尘器的阻力损失在 2000Pa 以下。

3. 除尘效率

除尘效率是指含尘气流通过除尘器时，在同一时间内被捕集的粉尘量与进入除尘器的粉尘量之比，用百分率表示。除尘效率也称除尘器全效率，通常以 η 表示。除尘效率是除尘器的重要技术指标。

除尘器效率计算如图 1-10 所示。

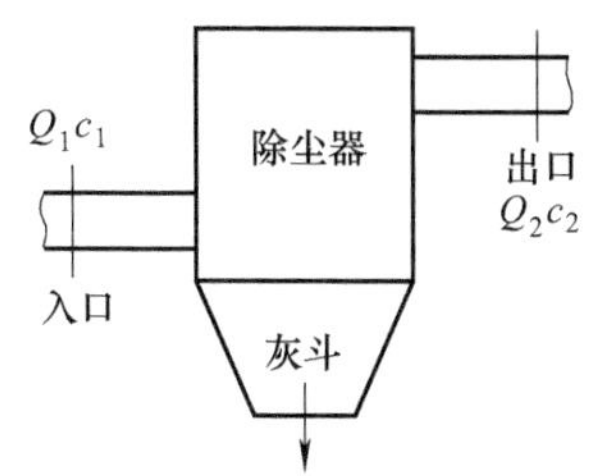

图 1-10　除尘器效率计算示意

Q_1、Q_2—除尘器进、出口风量，m^3/h；c_1、c_2—除尘器进、出口气体密度，kg/m^3

若除尘器本身的漏风率 φ 为零，即 $Q_1=Q_2$，效率计算式如下：

$$\eta=\left(1-\frac{p_1}{p_2}\right)\times 100\% \tag{1-16}$$

通过称重利用式(1-16) 可求得总除尘效率，这种方法称为质量法，在实验室以人工方法供给粉尘研究除尘器性能时，用这种方法测出的结果比较准确。在现场测定除尘器的总除尘效率时，通常先同时测出除尘器前后的空气含尘浓度，再利用式(1-16) 求得总除尘效率，这种方法称为浓度法。由于含尘气体在管道内的浓度分布既不均匀又不稳定，因此在现场测定含尘浓度要用等速采样的方法。

有时由于除尘器进口含尘浓度高，或者其他原因，在袋式除尘器前增设预除尘器时，根据除尘效率的定义，两台除尘器串联时的总除尘效率为：

$$\eta_{1\sim2}=\eta_1+\eta_2(1-\eta_1)=1-(1-\eta_1)(1-\eta_2) \tag{1-17}$$

式中　η_1——第一节除尘器的除尘效率；

η_2——第二节除尘器的除尘效率。

【例 1-2】 有一个两级除尘系统，除尘效率分别为 50%和 99%，用于处理起始含尘浓度为 $8g/m^3$ 的粉尘，试计算该系统的总除尘效率和排放浓度。

解： 该系统的总除尘效率为

$$\eta_{1\sim2}=\eta_1+(1-\eta_1)\eta_2=0.5+(1-0.5)\times0.99=0.995=99.5\%$$

根据上式，经两级除尘后，从第二级除尘器排入大气的气体含尘浓度为

$$\rho_2=\rho_1\times(1-\eta_{1\sim2})=8000\times(1-0.995)=40(mg/m^3)$$

4. 排放浓度、粉尘透过率和排放速率

(1) 排放浓度　当排放口前为单一管道时，取排气筒实测排放浓度为排放浓度。除尘器的排放浓度必须满足国家和地方环保标准所规定的要求，不允许超标排放。

(2) 粉尘透过率和排放速率　除尘效率是根据除尘器捕集粉尘的能力来评定除尘器性能的，在《大气污染物综合排放标准》(GB 16297) 中是用未被捕集的粉尘量（即 1h 排出的粉尘质量）来表示除尘效果。未捕集的粉尘量占进入除尘器粉尘量的百分数称为透过率（又称为穿透率或通过率）。

可见除尘效率与透过率是从不同的方面说明同一个问题，但是在某些情况下，特别是对高效除尘器，采用透过率可以得到更明确的概念。例如有两台在相同条件下使用的除尘器，

第一台除尘效率为 99.9%，第二台除尘效率为 99.0%，从除尘效率比较，第一台比第二台只高 0.9%；但从透过率来比较，第一台为 0.1%，第二台为 1%，相差达 10 倍，说明从第二台排放到大气中的粉尘量是第一台的 10 倍。因此，从环境保护角度来看，用透过率来评价除尘器的性能更为直观，用排放速率表示除尘器效果更实用。

5. 漏风率

袋式除尘器的漏风率可用式(1-18) 表示：

$$\varphi=\frac{Q_2-Q_1}{Q_1}\times100\% \tag{1-18}$$

式中 φ——除尘器的漏风率,%；

Q_1——除尘器的进口气体量，m^3/h；

Q_2——除尘器的出口气体量，m^3/h。

漏风率是评价除尘器结构严密性的指标，它是指设备运行条件下的漏风量与入口风量的比值。应指出，漏风率因除尘器内负压程度不同而各异，国内大多数厂家给出的漏风率是在任意条件下测出的数据，因此缺乏可比性，为此规定必须标定漏风率的条件。袋式除尘器标准规定：以净气箱静压保持在－2000Pa 时测定的漏风率为准。其他除尘器尚无此项规定。除尘器漏风率的测定方法有风量平衡法、碳平衡法等。

6. 壳体耐压强度

耐压强度作为指标在国外产品样本并不罕见。由于除尘器多在负压下运行，往往由于壳体刚度不足而产生壁板内陷情况，在泄压回弹时则砰砰作响。这种情况凭肉眼是可以觉察的，故袋式除尘器规定耐压强度即为操作状况下发生任何可见变形时滤尘箱体所指示的静压值，是除尘器设计必须考虑的问题。

除尘器耐压强度按最大负载压力的 1.2 倍设计，且应不小于风机铭牌全压值的 1.2 倍。这是因为除尘器工作压力虽然没有风机全压值大，但是考虑到除尘管道堵塞等非正常工作状态，所以设计和制造除尘器时应有足够的耐压强度。如果除尘器中粉尘、气体有燃烧、爆炸可能，则耐压强度还要更大。在标准中没有这些规定，在使用中则应注意这些问题。

7. 钢耗量

钢耗量是指除尘器本体每 $1m^2$ 过滤面积的钢材消耗量，也称钢耗率（单位为 kg/m^2）。耗钢量对不同的袋式除尘器是不一样的。钢耗量的多少与除尘器的结构设计、耐压程度、清灰方式等因素有关。但笔者认为应从工程实际出发，根据设计需要确定合适的钢耗量指标。因除尘器单薄引发的事故屡见不鲜。

三、电除尘器

电除尘器是利用电力（库仑力）将气体中的粉尘或液滴分离出来的除尘设备，也称静电除尘器、电收尘器。电除尘器在金属冶炼、水泥、煤气、电站锅炉、硫酸、造纸等工业中得到了广泛应用。电除尘器与其他除尘器相比其显著特点是：几乎对各种粉尘、烟雾等极其微小的颗粒都有很高的除尘效率，即使高温、高压气体也能应用；设备阻力低（100～300Pa)，耗能少；维护检修不复杂。在除尘工程改造中，电除尘器改造的主要任务是提高效率，满足排放要求，同时还有节约能源和安全运行。

（一）电除尘器工作原理

1. 电除尘器的种类和结构形式

电除尘器的种类和结构形式很多，但都基于相同的工作原理。图 1-11 是管式电除尘器工作原理示意。接地的金属管叫收尘极（或集尘极）。置于圆管中心，靠重锤张紧。含尘气体从除尘器下部进入，向上通过一个足以使气体电离的电场，产生大量的正负离子和电子并使粉尘荷电，荷电粉尘在电场力的作用下向收尘极运动并在收尘极上沉积，从而达到粉尘和气体分离的目的。当收尘极上的粉尘达到一定厚度时，通过清灰机构使灰尘落入灰斗中排出。电除尘的工作原理包括电晕放电、气体电离、粒子荷电、粒子的沉积、清灰等过程。

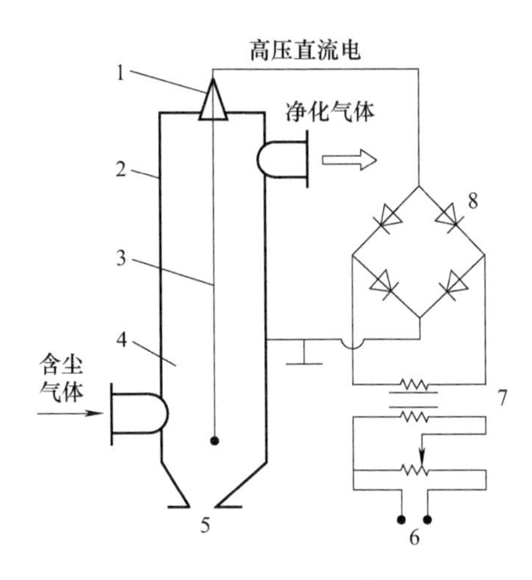

图 1-11 管式电除尘器工作原理示意

1—绝缘子；2—收尘极；3—电晕极；4—粉尘层；5—灰斗；6—电源；7—变压器；8—整流器

2. 电除尘器的除尘过程

电除尘器是利用电（库仑力）实现粒子（固体或液体粒子）与气流分离的一种除尘装置。电除尘基本过程如图 1-12 所示。

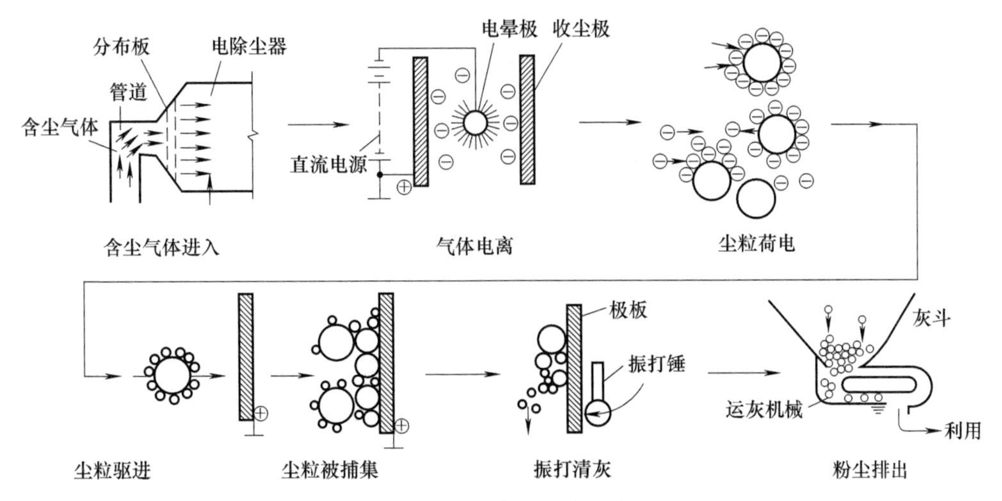

图 1-12 电除尘基本过程

（1）气体的电离　空气在正常状态下几乎是不能导电的绝缘体，气体中不存在自发的离子。它必须依靠外力才能电离，当气体分子获得能量时就可能使气体分子中的电子脱离而成为自由电子，这些电子是输送电流的媒介，气体就具有导电的能力。使气体具有导电能力的过程称为气体的电离。

（2）粉尘荷电　在放电极与收尘极之间施加直流高压电，使放电极发生电晕放电，气体电离，生成大量的自由电子和正离子，在放电极附近的所谓电晕区内正离子立即被电晕极（假定带负电）吸引过去而失去电荷。自由电子和随即形成的负荷离子则受电场力的驱使向收尘极（正极）移动，并充满两极间的绝大部分空间。含尘气流通过电场空间时，自由电子、负离子与粉尘碰撞并附着其上，便实现了粉尘的荷电。

（3）粉尘沉降　荷电粉尘在电场中受库仑力的作用被驱往收尘极，经过一定时间后达到收尘极表面，放出所带电荷而沉积其上。

（4）清灰　收尘极表面上的粉尘沉积到一定厚度后，用机械振打等方法将其清除掉，使之落入下部。放电极也会附着少量粉尘，每隔一定时间也需进行清灰。

可见，为保证电除尘器在高效率下运行，必须使上述 4 个过程有效进行。

（二）电除尘器分类

1. 按除尘器的清灰方式分类

按清灰方式不同分类，可分干式电除尘器、湿式电除尘器、雾状粒子电除雾器和半湿式电除尘器。

（1）干式电除尘器　其在干燥状态下捕集烟气中的粉尘，沉积在收尘极板上的粉尘借助机械振打、电磁振打声波灰等清灰的除尘称为干式电除尘器。这种除尘器，清灰方式有利于回收有价值粉尘，但是容易使粉尘二次飞扬，所以，设计干式电除尘器时，应充分考虑粉尘二次飞扬问题。现大多数除尘器都采用干式。

干式电除尘器示意见图 1-13。

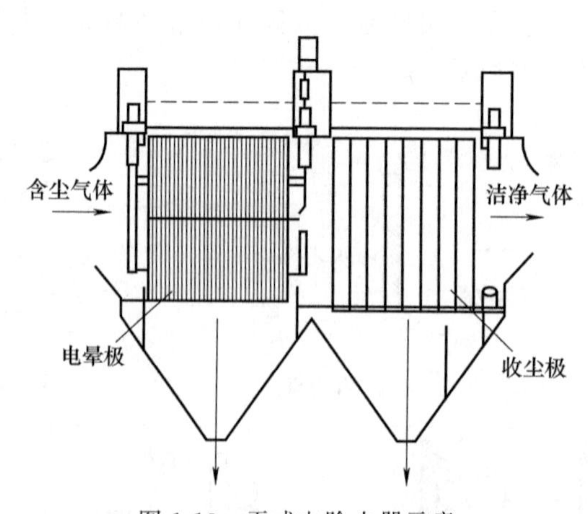

图 1-13　干式电除尘器示意

（2）湿式电除尘器　对收尘极捕集的粉尘，采用水喷淋溢流或用适当的方法在收尘极表面形成一层水膜，使沉积在除尘器上的粉尘和水一起流到除尘器的下部排出，采用这种清灰方法的称为湿式电除尘器（见图 1-14）。这种电除尘器不存在粉尘二次飞扬的问题，但是极板清灰排出水为二次污染，且容易腐蚀设备。

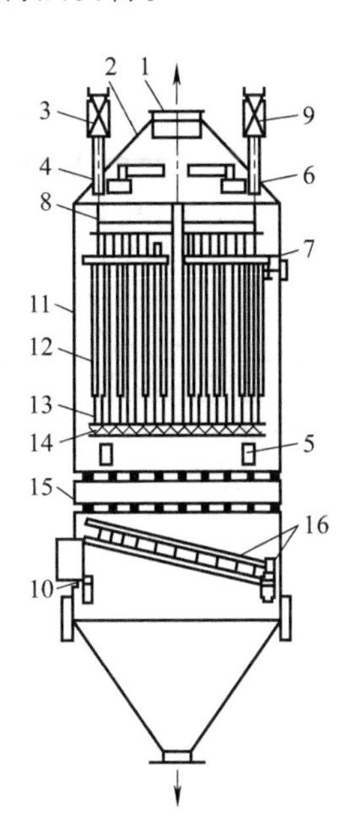

图 1-14 湿式电除尘器

1—节流阀；2—上部锥体；3—绝缘子箱；4—绝缘子接管；5—人孔门；
6—电极定期洗涤喷水器；7—电晕极悬吊架；8—提供连续水膜的水管；9—输入电源的绝缘子箱；
10—进风口；11—壳体；12—收尘极；13—电晕极；14—电晕极下部框架；15—气流分布板；16—气流导向板

（3）雾状粒子电除雾器 用电除尘器捕集像硫酸雾、焦油雾那样的液滴，摘集后呈液态流下并除去。这种除尘器如图 1-15 所示，它也属于湿式电除尘器的范围。

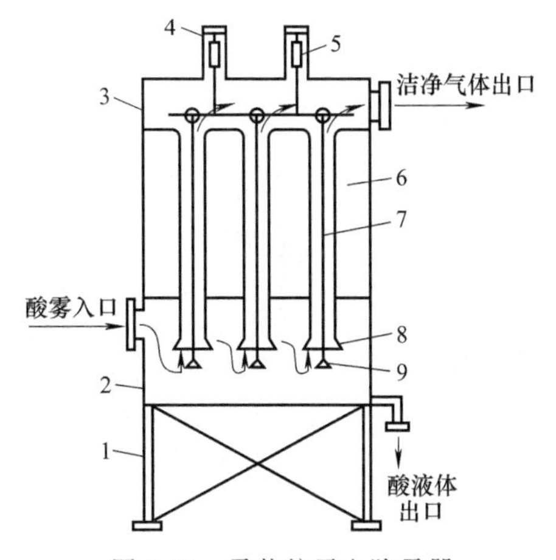

图 1-15 雾状粒子电除雾器

1—钢支架；2—下室；3—上室；4—空气清扫绝缘子室；5—高压绝缘子；
6—铅管；7—电晕线；8—喇叭形入口；9—重锤

（4）半湿式电除尘器 兼具干式和湿式电除尘器的优点，也称干、湿混合式电除尘器，其构造系统是高温烟气先经两个干式收尘室，再经湿式收尘室经烟囱排出。湿式收尘室的洗涤水可以循环使用，排出的泥浆经浓缩池浓缩后用泥浆泵送入泥浆干燥机烘干，烘干后的粉尘进入干式收尘室的灰排出，如图 1-16 所示。

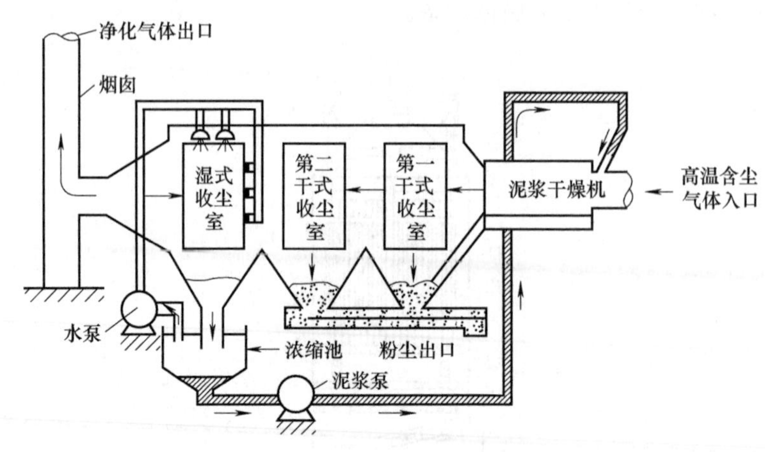

图 1-16　半湿式电除尘器系统

2. 按气体在电除尘器内运动方向分类

按气体在电除尘器内的运动方向分类，可分为立式电除尘器和卧式电除尘器。

（1）立式电除尘器　气体在电除尘器内自下而上做垂直运动的称为立式电除尘器。这种电除尘器适用于气体流量小，除尘效率要求不高，粉尘易于捕集和安装场地较狭窄的情况，如图 1-17 所示。实质上图 1-14 和图 1-15 也属于立式电除尘器的范围，一般管式电除尘器都是立式电除尘器。

（2）卧式电除尘器　气体在电除尘器内沿水平方向运动的称为卧式电除尘器。其简图如图 1-18 所示。图 1-13 也属于卧式电除尘器。

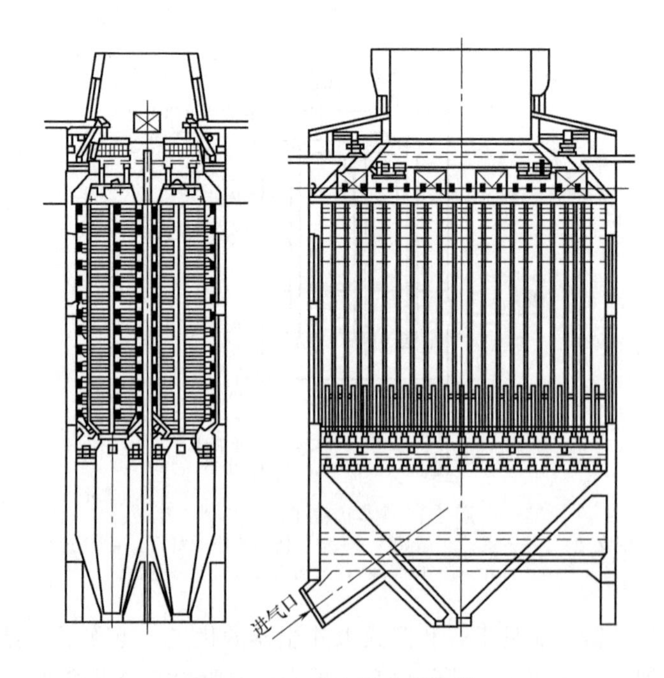

图 1-17　立式电除尘器简图

卧式电除尘器与立式电除尘器相比有以下特点。

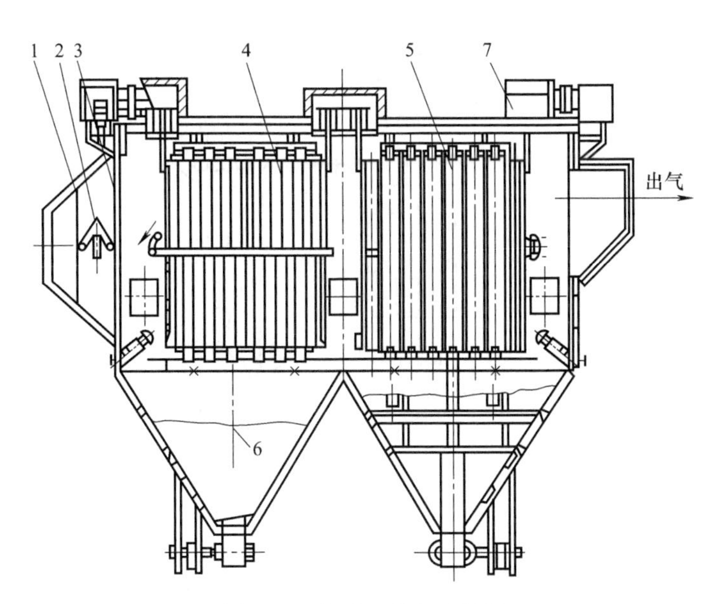

图 1-18 卧式电除尘器简图

1—气体分布板；2—分布板振打装置；3—气孔分布板；4—电晕极；5—收尘板；6—阻力板；7—保温箱

① 沿气流方向可分为若干个电场，这样可根据除尘器内的工作状态，各个电场可分别施加不同的电压以便充分提高电除尘的效率。

② 根据所要求达到的除尘效率，可任意延长电场长度，而立式电除尘器的电场不宜太高，否则需要建造高的建筑物，而且设备安装也比较困难。

③ 在处理较大的烟气量时，卧式除尘器比较容易保证气流沿电场断面均匀分布。

④ 各个电场可以分别捕集不同粒度的粉尘，这有利于有价值粉料的捕集回收。

⑤ 占地面积比立式电除尘器大，所以旧厂扩建或除尘系统改造时，采用卧式电除尘器往往要受到场地的限制。

3. 按除尘器收尘极的形式分类

按除尘极收尘极的形式分类，分为管式电除尘器和板式电除尘器。

(1) 管式电除尘器 管式电除尘器就是在金属圆管中心放置电晕极，而把圆管的内壁作为除尘的表面。管径通常为 150～300mm，管长为 2～5m。由于单根通过的气体量很小，通常是用多管并列而成。为了充分利用空间可以用六角形（即蜂房形）的管子来代替圆管，也可以采用多个同心圆的形式，在各个同心圆之间布置电晕极。管式电除尘器一般适用于流量较小的情况，其简图如图 1-19 所示。

(2) 板式电除尘器 这种电除尘器的收尘极板由若干块平板组成，为了减少粉尘的二次飞扬和增强极板的刚度，极板一般要轧制成各种不同的断面形状，电晕极安装在每排收尘极板构成的通道中间。

4. 按收尘极和电晕极的不同配置分类

按收尘极和电晕极的不同配置分类，分为单区电除尘器和双区电除尘器。

(1) 单区电除尘器 单区电除尘器的收尘极和电晕极都装在同一区城内，含尘粒子荷电和捕集也在同一区域内完成，单区电除尘器是应用较为广泛的除尘器。图 1-20 为板式单区电除尘器结构示意。

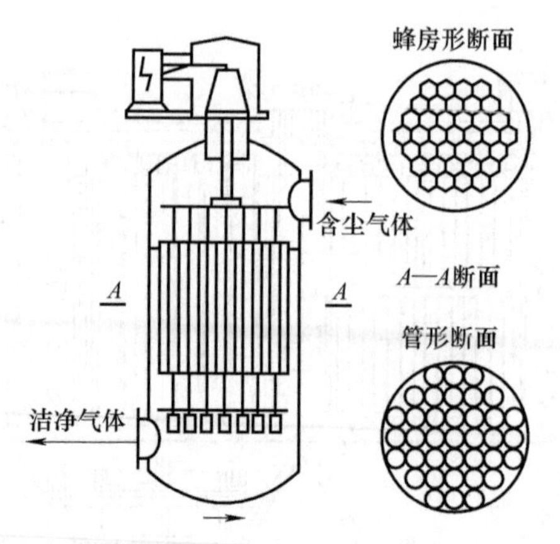

图 1-19　管式电除尘器

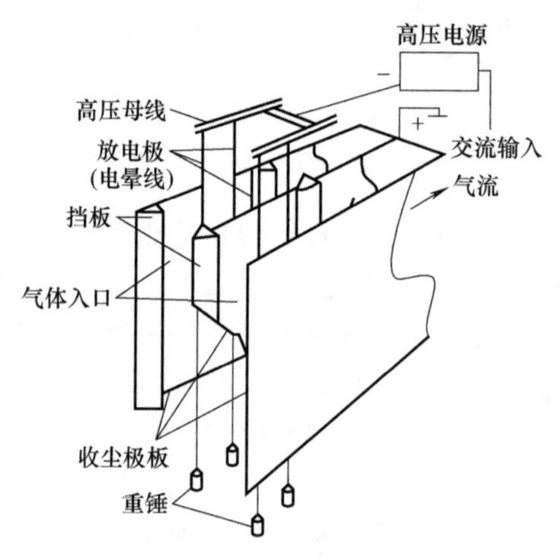

图 1-20　板式单区电除尘器结构示意

（2）双区电除尘器　双区电除尘器的收尘极系统和电晕极系统分别装在两个不同区域内，前区安装放电极称放电区，粉尘粒子在前区荷电；后区安装收尘极称收尘区，荷电粉尘粒子在收尘区被捕集。图 1-21 为双区电除尘器结构示意。双区电除尘器主要用于空调净化方面。

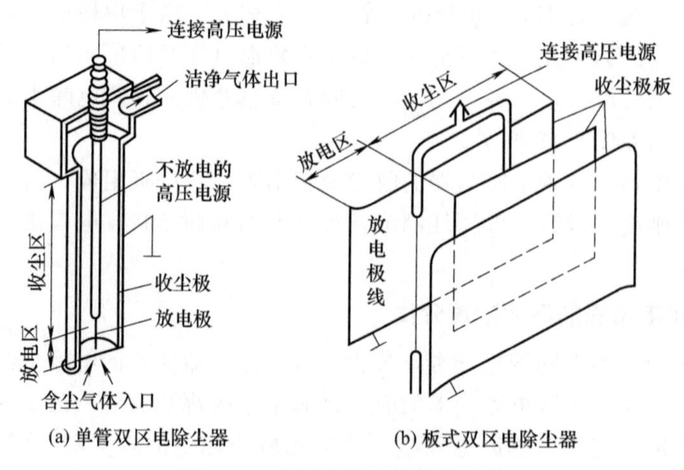

图 1-21　双区电除尘器结构示意

5. 按除尘器的振打方式分类

按振打方式分类，可分为侧部振打电除尘器和顶部振打电除尘器。

(1) 侧部振打电除尘器　这种除尘器的振打装置设置于除尘器的阴极或阳极的侧部，称为侧部振打电除尘器，应用较多的均为侧部挠臂锤振打，为防止粉尘的二次飞扬，在振打轴360°均匀布置各锤头以免造成同时振打引起的二次飞扬。该类除尘器的振打力的传递与粉尘下落方向成一定夹角。

(2) 顶部振打电除尘器　振打装置设在除尘器的阴极或阳极的顶部，称为顶部振打电除尘器。应用较多的顶部振打为刚性单元式，且引到除尘器顶部振打的传递效果好、运行安全可靠、检修维护方便。

BE型顶部电磁锤振打电除尘器如图1-22所示。

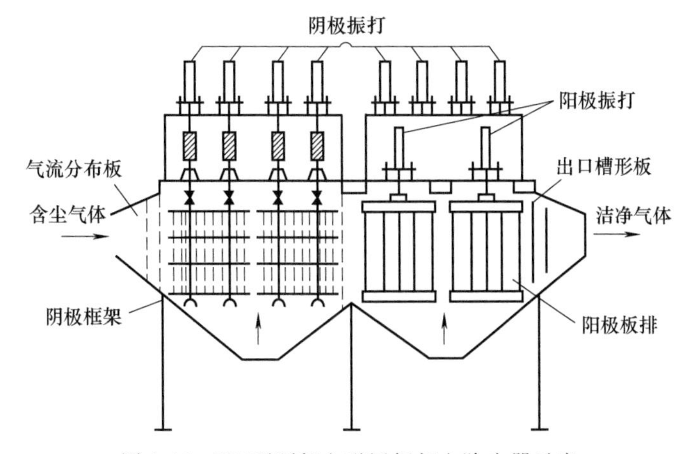

图1-22　BE型顶部电磁锤振打电除尘器示意

电除尘器的类型很多，但大多数是利用干式、板式、单区卧式，侧部振打或顶部振打电除尘器。电除尘器分类及应用特点如表1-9所列。

表1-9　电除尘器分类及应用特点

分类方式	设备名称	主要特性	应用特点
按除尘器清灰方式分类	干式电除尘器	收下的烟尘为干燥状态	(1)操作温度为250～400℃或高于烟气露点20～30℃； (2)可用机械振打、电磁振打和压缩空气振打等； (3)粉尘比电阻有一定范围
	湿式电除尘器	收下的烟尘为泥浆状	(1)操作温度较低，一般烟气需先降温至40～70℃，然后进入温式电除尘器； (2)烟气含硫酸等有腐蚀性气体时，设备必须防腐蚀； (3)清除粉尘电极上烟尘采用间断供水方式； (4)由于没有烟尘再飞扬现象，烟气流速可较大
	雾状粒子电除雾器	用于含硫烟气制硫酸过程捕集酸雾，收下物为稀硫酸和泥浆	(1)定期用水清除收尘电极和电晕电极上的烟尘和酸雾； (2)操作温度低于50℃； (3)收尘电极和电晕电极必须采取防腐措施
	半湿式电除尘器	收下粉尘为干燥状态	(1)构造比一般电除尘器更严格； (2)水应循环； (3)适用于高温烟气净化场合

续表

分类方式	设备名称	主要特性	应用特点
按烟气流动方向分类	立式电除尘器	烟气在除尘器中的流动方向与地面垂直	(1)烟气分布不易均匀; (2)占地面积小; (3)烟气出口设在顶部直接放空,可节省烟管
	卧式电除尘器	烟气在除尘器中的流动方向与地面平行	(1)可按生产需要适当增加电场数; (2)各电场可分别供电,避免电场间互相干扰,以提高除尘效率; (3)便于分别回收不同成分、不同粒级的烟尘,分类富集; (4)烟气经气流分布板后比较均匀; (5)设备高度相对低,便于安装和检修,但占地面积大
按收尘极形式分类	管式电除尘器	收尘电极为圆管,蜂窝管	(1)电晕电极和收尘电极间距相等,电场强度比较均匀; (2)清灰较困难,不宜用作干式电除尘器,一般用作湿式电除尘器; (3)通常为立式电除尘器
	板式电除尘器	收尘电极为板状,如网、棒状、槽形、波形等	(1)电场强度不够均匀; (2)清灰较方便; (3)制造、安装较容易
按收尘极和电晕极配置	单区电除尘器	收尘电极和电晕电极布置在同一区域内	(1)荷电和除尘过程的特性未充分发挥,除尘电场较长; (2)烟尘重返气流后可再次荷电,除尘效率高; (3)主要用于工业除尘
	双区电除尘器	收尘电极和电晕电极布置在不同区域内	(1)荷电和除尘分别在两个区域内进行,可缩短电场长度; (2)烟尘重返气流后无再次荷电机会,除尘效率低; (3)可捕集高比电阻烟尘; (4)主要用于空调空气净化
按极宽间距窄分类	常规极距电除尘器	极距一般为200~325mm,供电电压45~66kV	(1)安装、检修、清灰不方便; (2)离子风小,烟尘驱进速度低; (3)适用于烟尘比电阻为10^4~$10^{10}\Omega\cdot cm$; (4)使用比较成熟,实践经验丰富
	宽极距电除尘器	极距一般为400~600mm,供电电压70~200kV	(1)安装、检修、清灰不方便; (2)离子风大,烟尘驱进速度大; (3)适用于烟尘比电阻为10^2~$10^{14}\Omega\cdot cm$; (4)极距不超过500mm可节省材料
按其他标准分类	防爆式	防爆电除尘器有防爆装置,能防止爆炸	防爆电除尘器用在特定场合,如转炉烟气的除尘、煤气除尘等
	原式	原式电除尘器正离子参加捕尘工作	原式电除尘器是电除尘器的新品种
	移动电极式	可移动电极电除尘器顶都装有电极卷取器	可移动电极电除尘器常用于净化高比电阻粉尘的烟气

(三)电除尘器性能参数

电除尘器主要参数包括电场烟气流速、有效截面积、电场数、电场长度、极板间距、极线间距、除尘效率等。

1. 电场烟气流速

在保证除尘效率的前提下,电场烟气流速大可减小设备,节省投资。有色冶金企业电除尘器的烟气流速一般为0.4～1.0m/s，电力和水泥行业可达0.8～1.5m/s，烧结、原料厂取1.0～1.5m/s，化工厂为0.5～1m/s。选择流速也与除尘器结构有关，对无挡风槽的极板、挂锤式电晕电极，烟气流速不宜过大，对槽形极板或有挡风槽、框架式电晕电极，烟气流速大一些，其相互关系见表1-10。

表1-10 烟气流速与极板、极线形式的关系

收尘极形式	电晕电极形式	烟气流速/(m/s)
棒状、网状、板状	挂锤式电极	0.4～0.8
槽形(C型、Z型、CS型)	框架式电极	0.8～1.5
袋式、鱼鳞状	框架式电极	1～2
湿式电除尘器电除雾器	挂锤式电极	0.6～1

烟气流速影响所选择的除尘器断面，同时也影响除尘器的长度，在烟气停留时间相同时，流速低则需较长的除尘器，在确定流速时也应考虑除尘器放置位置条件和除尘器本身的长宽比。

电力和水泥行业有时按图1-23选取流速。

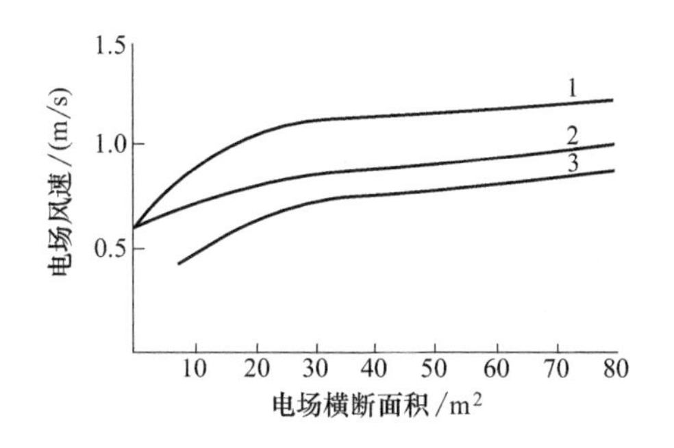

图1-23 电场风速的经验曲线

1—发电厂锅炉；2—湿式水泥窑及烘干机；3—干法窑

由于电场中烟气流速提高可以增加驱进速度，因此，烟气流速并非越低越好，烟气流速的确定应以达到最佳综合技术经济指标为准。

2. 电除尘器的截面积

电除尘器的截面积根据工况下的烟气量和选定的烟气流速按下式计算：

$$F=\frac{Q}{v} \tag{1-19}$$

式中 F——除尘器截面积，m^2；

Q——进入除尘器的烟气量（未考虑设备漏风），m^3/s；

v——除尘器面上的烟气流速，m/s。

电除尘器截面积也可按下式计算：

$$F=HBn \tag{1-20}$$

式中 F——除尘器截面积，m^2；

H——收尘电极有效高度，m；

B——收尘电极间距，m；

n——通道数。

电除尘器截面的高宽比一般为1～1.3，高宽比太大，气流分布不均匀，设备稳定性较差；高宽比太小，设备占地面积大；灰斗高，材料消耗多，为弥补这一缺点，可采用双进口和双排灰斗。

3. 电场数

卧式电除尘器常采用多电场串联，在电场总长度相同情况下，电场数增加，每一电场电晕线数量相应减少，因而电晕线安装误差影响概率也小，从而可提高供电电压、电晕电流和除尘效率。电场数多还可以做到当某一电场停止运行，对除尘器性能影响不大，由于火花和振打清灰引起的二次飞扬不严重。

电除尘器供电一般采用分电场单独供电，电场数增加也同时增加供电机组，使设备投资增加，因此电场数力求选择适当。串联电场数一般为2～5个，常用除尘器一般为3～4个，对于难除尘的场合用4～5个电场。

4. 电场长度

各电场长度之和为电场总长度。一般每个电场长度为2.5～6.2m，其中电场长度为2.5～4.5m的是短电场，电场长度为4.5～6.2m的是长电场。短电场振打力分布比较均匀，清灰效果好。长电场根据需要可采取打动振打，极板高的除尘器可采用多点振打。对处理气量大、环保要求高的场合用长电场，如矿石烧结厂和燃烧电厂。

5. 极距、线距、通道数

20世纪70年代，电除尘器极板间距一般为260～325mm，后来的宽极板电除尘器，极板间距为400～600mm，有的达1000mm。截面积相同时，极距加宽，通道数减少，收尘极面积亦减小，当提高供电电压后烟尘驱进速度加大，能够提高高比电阻烟尘的除尘效率，故对高比电阻烟尘可选用极距为450～500mm，配用27kV电源即能满足供电要求。

6. 除尘效率

电除尘器的除尘效率和其他除尘器一样，定义为除尘器捕集的粉尘量与进入除尘器烟气中含尘量之比率。捕集下来的粉尘量和粒度、电阻率、电场长度及电极的构造等因素有关。除尘效率的表达式如下。

① 对管式除尘器：

$$\eta = I - e^{\frac{4wLK}{v_p D}} \tag{1-21}$$

② 对板式除尘器：

$$\eta = I - e^{\frac{wLK}{v_p B}} \tag{1-22}$$

式中 w——粉尘驱进速度，cm/s；

v_p——含尘气体的平均流速，m/s；

L——气流方向收尘极的总有效长度，m；

B——收尘极和电晕极之间的距离，m；

D——管式收尘极的内径，m；

K——由电极的几何形状、粉尘凝聚和二次飞扬决定的经验系数。

由式(1-21)、式(1-22) 可以看出，电除尘器的效率与L/v_p关系甚大，或者说除尘效率与电除尘器的容积关系甚大。假如除尘效率为90%，除尘器的容积为1，则效率为99%的除尘器的容积将增大为2。

7. 影响电除尘器性能的因素

影响电除尘器性能有诸多因素，可大致归纳为烟尘性质、设备情况和操作条件三个方面。这些因素之间的相互联系如图 1-24 所示。

由图 1-24 可知，各种因素的影响直接关系到电晕电流、粉尘电阻率、除尘器内的粉尘收集和二次飞扬这三个环节，而最后结果表现为除尘效率的高低。

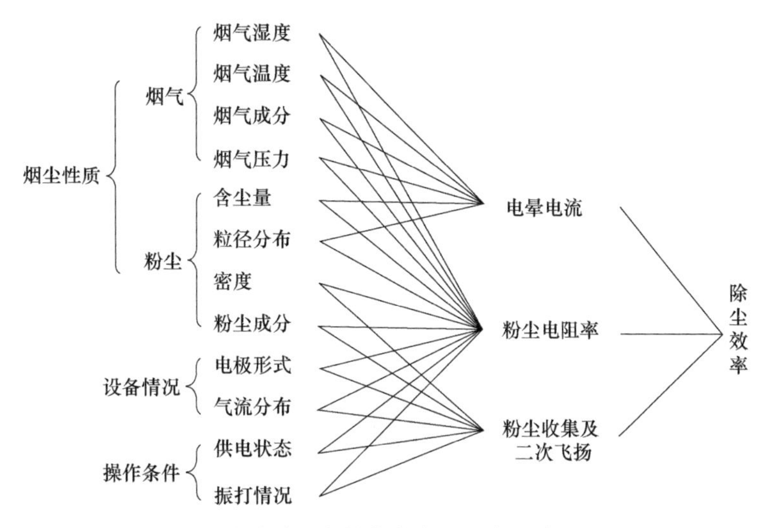

图 1-24 影响除尘器性能的主要因素及其相互关系

四、湿式除尘器

湿式除尘器是通过分散洗涤液体或分散含尘气流而生成的液滴、液膜或气泡，使含尘气体中的尘粒得以分离捕集的一种除尘设备。湿式除尘器在 19 世纪末钢铁工业开始应用，1892 年格·斯高柯（G. Zschhocke）被授予一种湿式除尘器专利权，之后在各行业有较多应用。

（一）湿式除尘器工作原理

湿式除尘是尘粒从气流中转移到一种液体中的过程。这种转移过程主要取决于 3 个因素：a. 气体和液体之间接触面面积的大小；b. 气体和液体这两种流体状态之间的相对运动；c. 粉尘颗粒与流体之间的相对运动。

1. 利用液滴收集尘粒

对于液滴收集尘粒过程需做如下假设：a. 气体和尘粒有同样的运动；b. 气体和液滴有同一速度方向；c. 气体和液滴之间有相对运动速度；d. 液滴有变形。

最简单类型流场中用液滴收集尘粒如图 1-25 所示。图中，实线表示气体流线，虚线表示尘粒运动轨迹。

图 1-25(a) 中流线和轨迹表示气体和尘粒的运动。由于惯性，接近液滴的尘粒将不随气流前进，而是脱离气体流线并碰撞在液滴上。尘粒脱离气体流线的可能性将随尘粒的惯性和减小流线的曲率半径而增加［图 1-25(b)］。一般认为所有接近液滴的尘粒如图 1-25(c) 所示，在直径 d_0 的面积范围内将与液滴碰撞。尘粒在吸湿性不良情况下将积累在液滴表面

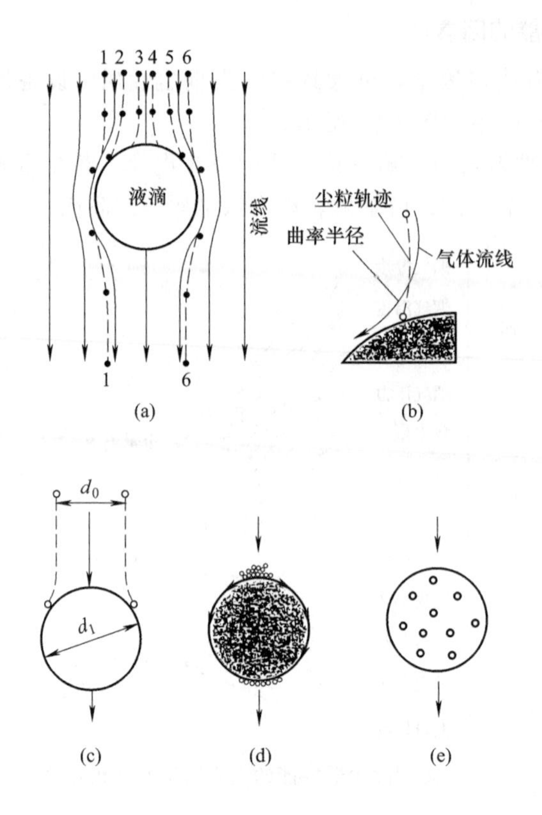

图 1-25 最简单类型流场中用液滴收集尘粒

[图 1-25(d)]，当吸湿性较好时则穿透液滴 [图 1-25(e)]。碰撞在液滴表面上的尘粒将移向背面停滞点，并积聚在那里 [图 1-25(d)]。而那些碰撞在接近液滴前面停滞点的尘粒将停留在此。因为靠近前面停滞点处，液滴分界面的切线速度趋向零。

2. 用高速气体和尘粒运动收集尘粒

尘粒与液滴的相互作用是发生在文氏管湿式除尘器喉口中的典型情况，文氏管湿式除尘器是最有效的湿式除尘器。图 1-26(a) 表示液滴、尘粒和气体以相差悬殊的速度平行地流动。在这种情况下，更确切地说是大的液滴在垂直方向上被推进到气流里。液滴的轨迹是从垂直于气流的方向改变为平行气流的方向。图 1-26(a) 描绘了大颗粒液滴运动的后一段情况。

由于高速气流摩擦力的作用，将迫使大颗粒液滴分裂成若干较小的液滴，这些液滴假设仍保留球面形状。这种分裂过程的中间步骤，说明见图 1-26(b)、(c)。这个过程包括了下面几个步骤：a. 球面液滴变形为椭球面液滴；b. 进一步变形为降落伞形薄层；c. 伞形薄层分裂为细丝状液体和液滴；d. 丝状液体分裂为液滴。

变形和分裂过程所需要的能量由高速气流供给。图 1-26(b) 是围绕着一个椭球面液滴的气体流和尘粒运动的情况。因为接近椭球面液滴上面的流线曲率半径很小，所以除尘效率很高。

3. 气体和液体间界面的形成

气体和液体间的界面具有一种潜在的吸收作用，它能否有效地收集尘粒取决于界面的大

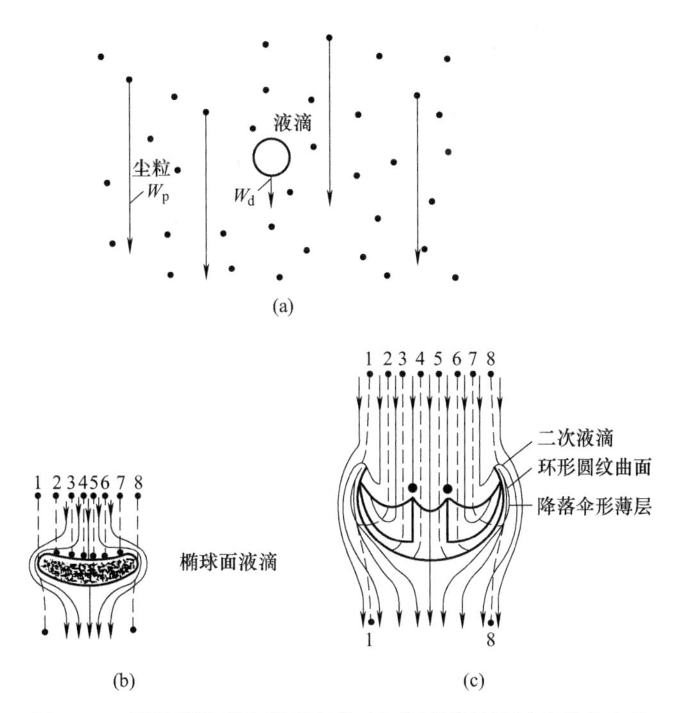

图 1-26 用低速液滴和高速气体/尘粒流平行地运动收集尘粒

小、在载尘气流中的分布和尘粒与界面的相对运动状况。在所有情况下，气-液界面的形成都密切地与它在空间里的分布有关。

含尘气流和液体间的界面的形成与液膜、射流、液滴和气泡的形成密切相关。

（二）湿式除尘器分类

湿式除尘器按照水气接触方式、除尘器构造或能耗不同有几种分类方法。

1. 按接触方式分类

按接触方式分类见表 1-11。

表 1-11 湿式除尘器按接触方式分类

分类	设备名称	主要特性
储水式	水浴式除尘器 卧式水膜除尘器 自激式除尘器 湍球塔除尘器	使高速流含尘气体冲入液体内，转折一定角度再冲出液面，激起水花、水雾，使含尘气体得到净化。压降为 100～500Pa，可清除粒径为几微米的颗粒或者在筛孔板上保持一定高度的液体层，使气体从下而上穿过筛孔鼓泡进入液层内形成泡沫接触，又分为无溢流及有溢流两种形式。筛板可有多层
淋水式	喷淋式除尘器 水膜除尘器 漏板塔除尘器 旋流板塔除尘器	用雾化喷嘴将液体雾化成细小液滴，气体是连续相，与之逆流运动或同相流动，气液接触完成除尘过程。压降低，液量消耗较大。可除去粒径大于几个微米的颗粒。也可以将离心分离与湿法捕集结合，可捕集粒径大于 1μm 的颗粒。压降为 750～1500Pa
压水式	文丘里式除尘器 喷射式除尘器 引射式除尘器	利用文氏管将气体速度升高到 60～120m/s，吸入液体，使之雾化成细小液滴，它与气体间相对速度很高，高压降文氏管（10^4Pa）可清除粒径小于 1μm 的亚微颗粒，很适用于处理黏性粉体

2. 按构造分类

按除尘器构造不同，湿式除尘器有七种不同的结构类别，如图 1-27 和表 1-12 所示。

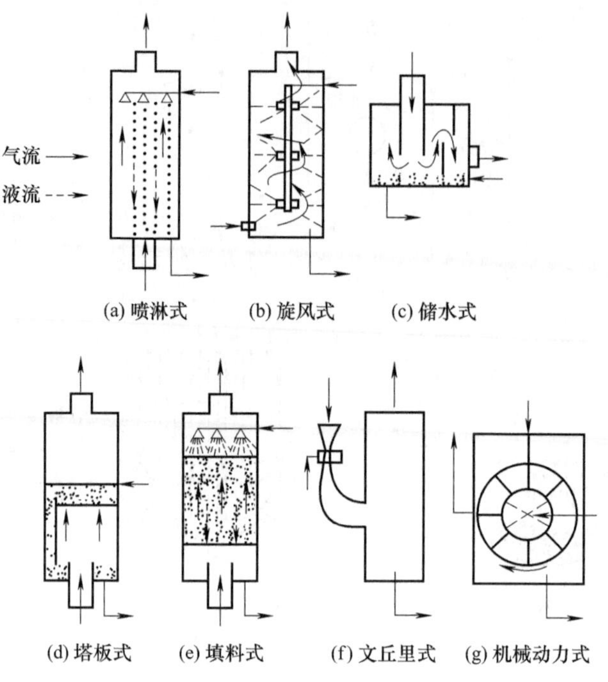

图 1-27 七种类型湿式除尘器的工作示意

表 1-12 七种湿式除尘器的相关参数

序号	湿式除尘器形式	对 5μm 尘粒的近似分级效率/%	压力损失/Pa	液气比/(L/m³)
(a)	喷淋式	80①	125～500	0.67～2.68
(b)	旋风式	87	250～1000	0.27～2.0
(c)	储水式	93	500～1000	0.067～0.134
(d)	塔板式	97	250～1000	0.4～0.67
(e)	填料式	99	350～1500	1.07～2.67
(f)	文丘里式	>99	1250～9000	0.27～1.34
(g)	机械动力式	>99	400～1000	0.53～0.67

① 近似值，文献给出的数值差别很大。

3. 按不同能耗分类

湿式除尘器分低能耗、中能耗和高能耗三类。压力损失不超过 1.5kPa 的除尘器属于低能耗湿式除尘器，这类除尘器有喷淋除尘器、湿式旋风除尘器、泡沫式除尘器；压力损失为 1.5～3.0kPa 的除尘器属于中能耗湿式除尘器，这类除尘器有动力除尘器和水浴除尘器；压力损失大于 3.0kPa 的除尘器属于高能耗湿式除尘器，这类除尘器主要有文丘里式除尘器和喷射式除尘器。

(三) 湿式除尘器性能

1. 消耗能量

实践表明，湿式除尘器的效率主要取决于净化过程的能量消耗。虽然这一关系缺严密的理论依据，但已被许多实验研究证明。

湿式除尘器中气体和液体接触能量 E_T，在一般情况下可能包含以下 3 个部分：a. 表征设备内气液流紊流程度的气流能；b. 表征液体分散程度的液流能；c. 动力气体洗涤器所显示的设备旋转构件的机械能。

接触能总是小于湿式除尘器的能耗总量，因为接触能不包含除尘器、进气和排气烟道、液体喷雾器、引风机、泵等各种设备内部摩擦所造成的能量损失。对于引射洗涤器来说，情况也是如此，这种除尘设备有部分能量被引入流体而不能用来捕集粉尘微粒。因为这部分能量传递给气流，保证气流通过除尘设备。因此，要精确计算接触能量对于所有湿式除尘器有一定困难。

通常假设气流能量值等于设备的流体阻力 Δp (Pa)，而实际上，如果计入干式除尘设备内的摩擦损耗，气流能量值应略小于流体阻力。

在高速湿式除尘器内，有效能量大大超过不洒水时的摩擦损耗，完全可以认为它等于 Δp。在低压设备中，这样的计算方法可能导致有效能量明显偏高。因此，很多专家学者认为，湿式除尘器能量计算法只适用于高效气体洗涤器。

在总能量 E_T 中，由于难以估算液体雾化摩擦损耗和这一能量部分地转化为气体通过设备的引力被液流和旋转装置带入的能量的精确计算变得十分复杂。所以，总能量 E_T 值一般按近似公式计算，该公式的通式为：

$$E_T \approx \Delta p + p_y \frac{V_y}{V_g} + \frac{N}{V_y} \tag{1-23}$$

式中 E_T——除尘器的总能量（按每 $1000m^3$ 气体计），$kW \cdot h/1000m^3$ （$1kW \cdot h/1000m^3 = 3600Pa$）；

Δp——气体通过除尘器的压力损失，Pa；

p_y——喷雾液压力，Pa；

V_y、V_g——液体和气体的体积流量，m^3/s；

N——旋转装置使气体和液体接触而需消耗的能量，W。

使气体与液体接触而需消耗的功率，功率的大小对该值的影响因设备类型不同而异。例如，在文丘里式除尘器内流体阻力是起决定性作用的，而在喷淋式除尘器内液体雾化压力大小是起决定性作用的。式(1-23) 的第三项只有在动力作用气体除尘器中才需加以计算。

由此可见，使用能量计算法，可按能量供给原理将湿式除尘设备分为 3 种基本类型：a. 借助气流能量实现除尘的除尘器如文丘里式除尘器、旋风喷淋式除尘器等；b. 利用液流能量的除尘器如空心喷淋除尘器、引射式除尘器等；c. 需提供机械能的除尘器如喷雾送风除尘器、湿式通风除尘器等。

2. 湿式除尘器净化效率

气体净化效率与能量消耗之间的关系可用式(1-24) 表达：

$$\eta = 1 - e^{-BE_T^k} \tag{1-24}$$

式中 η——除尘效率，%；

B、k——取决于粉尘分散度组成的常数。

η 值不能较好地反映在高值除尘效率 (0.98～0.99) 范围内的净化质量，所以在上述情况下常常使用转移单位数的概念，它与传热和传质有关工艺过程中使用的概念相似。

转移单位数可按式(1-25) 求出：

$$N = \ln(1-\eta)^{-1} \tag{1-25}$$

由式(1-24) 和式(1-25) 得出：

$$N=BE_{\mathrm{T}}^{k} \tag{1-26}$$

在对数坐标中，关系式(1-23) 为一直线，其倾角对横坐标轴的正切等于 k，当这条直线与 $E_{\mathrm{T}}=1.0$ 对应线相交时即得 B 值。实验证明，数值 B 和 k 只取决于被捕集的粉尘种类，而与湿式除尘器的结构、尺寸和类型无关。E_{T} 值考虑了液体进入设备的方法、液滴直径，以及像黏度和表面张力这样一些流体特性。

由此可见，在湿式除尘设备的除尘过程中能量消耗是决定性因素。设备结构起主要作用，且在每种具体情况下结构的选择应当根据除尘器的费用和机械操作指标来确定。

3. 湿式除尘器的流体阻力

湿式除尘器流体阻力的一般表示式为：

$$\Delta p \approx \Delta p_{i}+\Delta p_{o}+\Delta p_{p}+\Delta p_{g}+\Delta p_{y} \tag{1-27}$$

式中 Δp——湿式除尘器的气体总阻力损失，Pa；

Δp_{i}——湿式除尘器进口的阻力，Pa；

Δp_{o}——湿式除尘器出口的阻力，Pa；

Δp_{p}——含尘气体与洗涤液体接触区的阻力，Pa；

Δp_{g}——气体分布板的阻力，Pa；

Δp_{y}——挡板阻力，Pa。

Δp_{i}、Δp_{o}、Δp_{p}、Δp_{g}、Δp_{y} 可按张殿印、王纯主编《除尘工程设计手册》(第三版) 中有关公式进行计算。

只有空心喷淋式除尘器中装有气流分布板，在填料或板式塔中一般不装气体分布板。因为在这些塔中填料层和气泡层都有一定的流体阻力，足以使气体分布均匀，因而不需设置气流分布板。

含尘气体与洗涤液体接触区的阻力与除尘器结构形式和气液两相流体流动状态有关。两相流体的流动阻力可用气体连续相通过液体分散相所产生的压降来表示。此压降不仅包括由于气相运动所产生的摩擦阻力，而且还包括必须传给气流一定的压头以补偿液流摩擦而产生的压降。

第四节 有害气体净化技术及设备

一、吸收法

吸收法是净化气态污染物最常用的方法，它利用气体在液体中溶解度不同来分离和净化气态污染物，可净化含有 SO_2、NO_x、HF、SiF_4、HCl、Cl_2、NH_3、汞蒸气、酸雾、沥青烟和多种组分有机物的蒸气。

1. 基本原理

通常按吸收过程是否伴有化学反应将吸收分为化学吸收和物理吸收两大类，前者比后者复杂，根据 20 世纪 20 年代刘易斯 (W. K. Lewis) 和惠特曼 (W. G. Whitman) 提出的双膜理论，示意如图 1-28 所示，吸收速率表示式为：

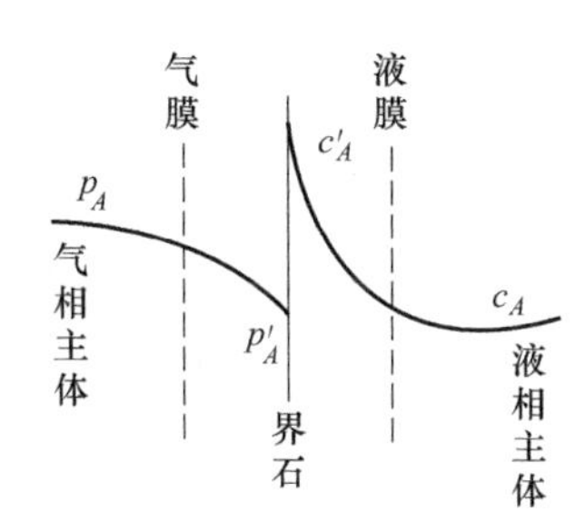

图 1-28 双膜理论示意

$$M_A=K_G(p_A-p'_A)=K_L(c'_A-c_A) \tag{1-28}$$

式中 M_A——溶解质 A 的吸收速率；

K_G——气膜传质系数；

K_L——液膜传质系数；

p_A——吸收质在气相中的分压力，Pa；

p'_A——与吸收质在液相中的浓度相平衡于气相分压力，Pa；

c'_A——与吸收质在气相中的分压力相平衡于液相浓度，$kmol/m^3$；

c_A——与吸收质在液相中的分压力相平衡于液相浓度，$kmol/(m^2 \cdot s)$。

所谓吸收速率是指气体在单位时间内通过单位相界而被吸收剂吸收的量。

吸收速率 M_A 是吸收设备设计计算的重要参数，根据双膜理论，它主要取决于分子扩散，然而实际情况比双膜理论假定复杂得多，当吸收过程伴有化学反应时，吸收速率不仅取决于传质速率，还与化学反应速率有关；此外，还与吸收设备的特性及操作运行特性有关。所以，实际设计时需根据试验结果或经验数据进行计算。

从上述分析可知，为了提高吸收速率，可采取以下措施：a. 提高气液相的相对速度，以减少气液膜的厚度；b. 增大供液量，降低液相吸收浓度，以增大 c'_A-c_A 的值；c. 选取对吸收质溶解度大的吸收剂；d. 增大气液接触面积。

2. 吸收剂（或吸收液）

在吸收操作过程中，正确选择适宜的吸收液是至关重要的，在净化气态污染物处理过程中往往成为处理效果好坏的关键。

目前，工程常用的吸收液主要有水、碱性溶液、酸性溶液和有机溶液 4 种。选择吸收液主要考虑以下几个因素。

① 选择性：对混合气体中有害组分溶解度尽可能大，其余则小。

② 溶解度：对混合气体中有害组分溶解度大，以减少吸收液用量。

③ 挥发性：吸收液挥发性要低，以减少吸收剂的损失。

④ 黏度：在工作温度时，吸收液黏度要低，以提高运动速度。

⑤ 稳定性：吸收液化学稳定性好、无毒、不发泡、难烧、价廉等。

⑥ 回收：应有利于被吸收物质的分离回收。

3. 典型净化流程和设备

吸收流程如图 1-29 所示。

常用吸收设备类型、结构及特点见表 1-13。

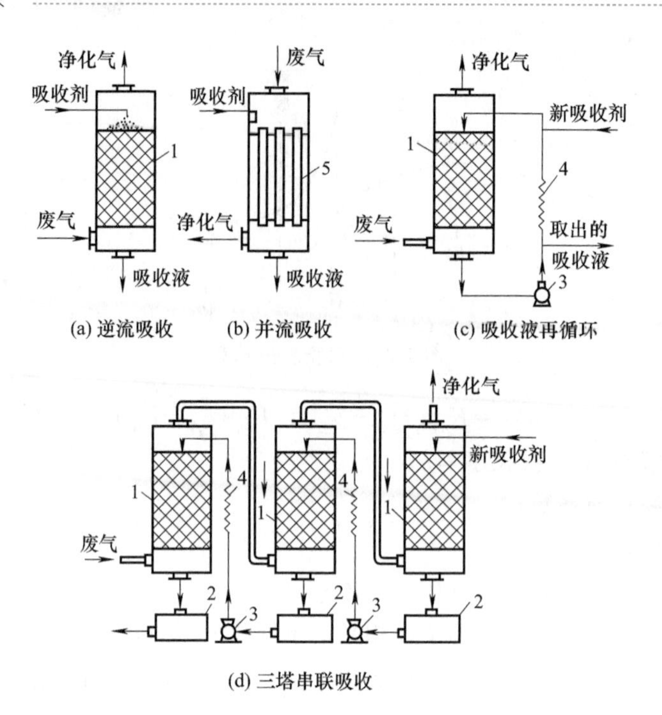

图 1-29 吸收流程

1—填料；2—循环槽；3—循环泵；4—换热器；5—降液管

表 1-13 吸收设备类型、结构及特点

类型	结构	特点
表面式吸收器	吸收坛（废气、净化气、吸收液）；降膜式吸收器（净化气、稀液、冷却水、废气、浓液）	液体静置或沿管壁流下，气体与液体表面或液膜表面接触进行传质。用于易溶气体如 HCl、HF 等的吸收
填料式吸收器	填料塔（净化气、吸收剂、液体分布器、填料支承、填料、废气、吸收液）；湍球塔（净化气、除雾器、吸收剂、喷嘴、上栅板、小球、下栅板、废气、吸收液）	液体沿填料表面流下，形成很大的表面积，气体通过填料层，与填料表面上的液膜接触传质。用于吸收 SO_2、NO_x、Cl_2、酸雾等
鼓泡式吸收器	鼓泡塔（净化气、液入口、废气、液出口）；板式塔（净化气、稀液、浓液、废气）	使气体分散通过液层，在气泡表面上进行气液接触并传质。用于吸收 SO_2、NO_x、NH_3、汞蒸气和铅烟等

续表

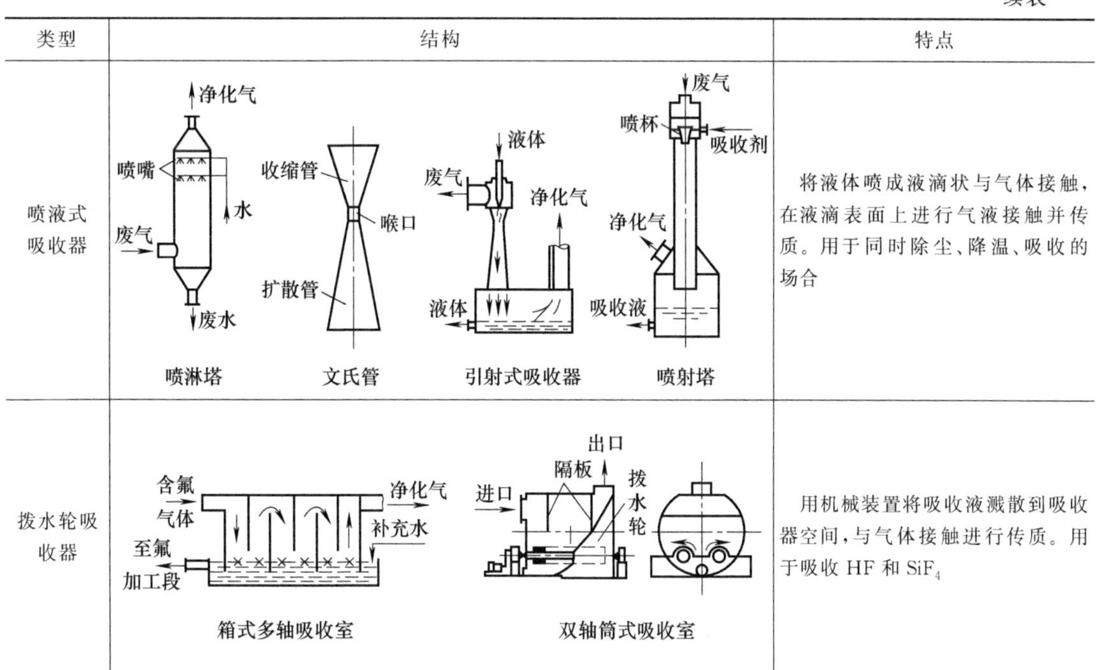

类型	结构	特点
喷液式吸收器	喷淋塔　文氏管　引射式吸收器　喷射塔	将液体喷成液滴状与气体接触，在液滴表面上进行气液接触并传质。用于同时除尘、降温、吸收的场合
拨水轮吸收器	箱式多轴吸收室　双轴筒式吸收室	用机械装置将吸收液溅散到吸收器空间，与气体接触进行传质。用于吸收 HF 和 SiF_4

常用吸收设备操作参数和优缺点见表 1-14。

表 1-14　常用吸收设备的操作参数和优缺点

名称	操作参数	优点	缺点
填料塔	(1)液气比 1～10L/m^3； (2)喷淋密度 6～8m^3/(m^2·h)； (3)每米填料的压力损失 500Pa； (4)空塔气速 0.5～1.2m/s	(1)结构简单，制造容易； (2)填料可用耐酸陶瓷，较易解决防腐蚀问题； (3)流体阻力较小，能量消耗低； (4)操作弹性较大，运行可靠	(1)气速过大会形成液泛，处理能力较低； (2)填料多、质量大，检修时劳动量大； (3)直径大时，气液分布不均匀，传质效率下降
湍球塔	(1)空塔气速 1.5～6.0m/s； (2)喷淋密度 20～110m^3/(m^2·h)； (3)压力损失 1500～3800Pa	(1)气液接触良好，相接触面不断更新，传质系数较大； (2)空塔气速大； (3)球体湍动，互相碰撞，不易结垢与堵塞	(1)气液接触时间短，不适宜吸收难溶气体； (2)需使小球浮起湍动，气速小时不能运转； (3)小球易损坏渗液，影响正常操作
鼓泡塔	(1)空塔气速 0.02～3.5m/s； (2)常用空塔气速<0.5m/s； (3)液层厚度 0.2～3.5m	(1)装置简单，造价低，易于防腐蚀； (2)塔内存液多，吸收容量大； (3)气液接触时间长，利于反应较慢的化学吸收	(1)空塔气速较低，不适于处理大气量； (2)液层厚、压力损失大，耗能多
筛板塔	(1)空塔气速 1.0～3.0m/s； (2)小孔气速 16～22m/s； (3)液层厚度 40～60mm； (4)单板阻力 300～600Pa； (5)喷淋密度 12～15m^3/(m^2·h)	(1)结构较简单，空塔速度高，处理气量大； (2)能够处理含尘气体，可以同时除尘，降温，吸收，大直径塔检修时方便	(1)安装要求严格，塔板要求水平； (2)操作弹性较小，易形成偏流和漏液，使吸收效率下降

续表

名称	操作参数	优点	缺点
斜孔板塔	(1)空塔气速1.5～3.0m/s; (2)液层厚度30～40mm; (3)单板阻力270～340Pa	(1)空塔速度高,处理能力大,气体交错斜喷,加强了气液接触和传质,吸收效率高; (2)可处理含尘气体,不易堵塞	(1)结构比筛板塔复杂,制造也较困难; (2)安装要求严格,容易偏流
喷淋塔	(1)空塔气速0.5～2.0m/s; (2)液气比0.6～1.0L/m^3; (3)压力损失100～200Pa	(1)结构简单,造价低,操作容易; (2)可同时除尘,降温,吸收,压力损失小	(1)气液接触时间短,混合不易均匀,吸收效率低; (2)液体经喷嘴喷入,动力消耗大,喷嘴易堵塞; (3)产生雾滴,需设除雾器
文氏管	(1)喉口气速30～100m/s; (2)液气比0.3～1.2L/m^3; (3)压力损失800～9000Pa; (4)水压0.2～0.5Pa	(1)结构简单,设备小,占空间少,气速高,处理气量大; (2)气液接触好,传质较易,可同时除尘,降温,吸收	(1)气液接触时间短,对于难溶气体或慢反应吸收效率低; (2)压力损失大,动力消耗多
引射式吸收器	(1)喉口气速20～50m/s; (2)液气比10～100L/m^3; (3)压力损失0～200Pa	(1)结构简单,体积小,占空间少; (2)利用液体引射,有时可省风机; (3)可同时除尘、降温、吸收	(1)气液接触时间短,对于难溶气体或慢反应吸收效率低; (2)处理气量小; (3)耗水多,喷水耗能大
喷射塔	(1)喷杯出口气速20～26m/s; (2)吸收气速3～6m/s; (3)喷杯与吸收段面积之比0.2～0.4	结构简单,阻力小,操作稳定,不易堵塞,维修方便	吸收效率(对SO_2)低
拨水轮吸收室	(1)气体流速1～3m/s; (2)压力损失300～500Pa	(1)吸收室可用砖石材料砌筑,制造方便,投资省; (2)阻力小; (3)不易堵塞,带雾沫量少	(1)吸收效率较低,一般作为含氟废气第一级吸收使用; (2)占地面积大,清理不便; (3)需用机械力将水拨起,消耗动力多

二、吸附法

吸附是使气态（或液态）混合物与多孔性固体物质（吸附剂）接触，使其中一种或者多种组分在固体表面未平衡的分子引力（或化学键力）的作用下，吸附在固体表面，而从气态（或液态）混合物中分离出来。

在废气处理过程中吸附法主要用于去除混合气体中的低浓度气态污染物。

1. 基本原理

吸附可以认为是某种固体能将某些物质从气体（或液体）分离到其表面的一种物理化学现象。吸附过程物质传递可分为4个阶段，即被吸附物质分子通过气（或液）膜扩散到吸附剂外表面、在微孔中扩散到内表面、被吸附于内表面的活性点上，以及由吸附剂内表面向晶格内扩散。

将污染物从气（或液）体混合物中吸附到吸附剂表面上的速度可用下式表达：

$$M_p = KV(c_A - c'_A) \tag{1-29}$$

式中 M_p——吸收速率，kg/h；

K——系数，1/h；

V——吸附剂床的体积，m^3；

c_A——要处理气（或液）体中污染物的浓度，kg/m^3；

c'_A——吸附达到平衡时污染物的浓度，kg/m^3。

系数 K 值取决于吸附剂和气（或液）体间的有效界面积和界面上气（液）膜阻力，由实验测得。要强化吸附过程，应采取以下主要措施：a. 增加吸附剂附近吸附质的浓度；b. 增加吸附剂表面积；c. 选择适当的吸附剂；d. 降低 c_A 的值；e. 使吸附剂再生。

2. 吸附剂

在吸附操作过程中，与吸收法相同，必须正确选择吸附剂，目前工程上常用的吸附剂主要有活性炭、硅胶、活性氧化铝、分子筛等，其物理化学性质见表 1-15。

表 1-15 常用吸附剂的物理化学性质

性质	吸附剂				
	活性炭		硅胶	活性氧化铝	分子筛
	粒状	粉状			
真密度/(g/cm^3)	2.0～2.2	1.9～2.2	2.2～2.3	3.0～3.3	1.9～2.5
粒密度/(g/cm^3)	0.6～1.0		0.8～1.3	0.9～1.9	0.9～1.3
充填密度/(g/cm^3)	0.35～0.6	0.15～0.6	0.5～0.85	0.5～1.0	0.55～0.75
孔隙率/%	0.33～0.45	0.45～0.75	0.4～0.45	0.4～0.45	0.32～0.42
细孔容积/(cm^3/g)	0.5～1.1	0.5～1.4	0.3～0.8	0.3～0.8	0.4～0.6
比表面积/(m^2/g)	700～1500	700～1600	200～600	150～350	400～750
平均孔径/nm	1.2～3	1.5～4	2～12	4～15	0.3～1
比热容/[kJ/(kg·℃)]	0.836～1.045		0.836～1.045	0.836～1.254	
流速(气)/(m/min)	6～36		7～36	7～30	<36

工程上应用的吸附剂应满足以下几个方面的要求：a. 比表面积和孔隙率大；b. 吸附能力大；c. 选择性好；d. 粒度均匀，有较好的机械强度；e. 良好的化学稳定性和热稳定性；f. 使用寿命长，易于再生；g. 制造简单、价格便宜。

用吸附法可除去的污染物见表 1-16。

表 1-16 用吸附法可除去的污染物

吸附剂	污染物
活性炭	苯、甲苯、二甲苯、丙酮、乙醇、乙醚、甲醛、煤油、汽油、光气、乙酸乙酯、苯乙烯、氯乙烯、恶臭物质、H_2S、Cl_2、CO、SO_2、NO_2、CS_2、CCl_4、$CHCl_3$、CH_2Cl_2
浸渍活性炭	烯烃、胺、酸雾、碱雾、硫醇、SO_2、Cl_2、H_2S、HF、HCl、NH_3、Hg、HCHO、CO
活性氧化铝	H_2S、SO_2、C_nH_m、HF
浸渍活性氧化铝	HCHO、Hg、HCl(气)、酸雾
硅胶	NO_x、SO_2、C_2H_2
分子筛	NO_x、SO_2、CO、CS_2、H_2S、NH_3、C_nH_m
泥煤、褐煤、风化煤	恶臭物质、NH_3
浸渍泥煤、褐煤、风化煤	NO_x、SO_2、SO_3、NH_3
焦炭粉粒	沥青烟
白云石粉	沥青烟
蚯蚓粪	恶臭物质

吸附剂先吸附一种物质，然后再用这种处理过的吸附剂去吸附特定的某种物质，使两者在吸附剂表面上发生化学反应，该处理过程称为吸附浸渍。例如，用吸附了氯气的活性炭去净化含汞废气，氯气与汞反应生成氯化汞而使含汞废气得到净化。

吸附浸渍的一些实例见表 1-17。

表 1-17　吸附浸渍的一些实例

吸附剂	浸渍物	污染物	化学变化
活性炭	溴	乙烯、其他烯烃	生成双溴化物
	氯、碘、硫	汞	生成卤化物、硫化物
	醋酸铅	硫化氢	生成硫化铅
	硅酸钠	氟化氢	生成氟硅酸钠
	磷酸	氨、胺类、碱雾	生成相应的磷酸盐
	碳酸钠、碳酸氢钠、氢氧化钠	酸雾、酸性气体	生成相应的氯酸盐
	氢氧化钠	氯	生成次氯酸钠
	氢氧化钠	二氧化碳	生成亚硫酸钠
	亚硫酸钠	甲醛	将甲醛氧化
	硫酸铜	硫化氢、氨	
	硝酸银	汞	生成银汞齐
活性氧化铝	高锰酸钾 碳酸钠、碳酸氢钠、氢氧化钠	甲醛 酸性气体、酸雾	将甲醛氧化生成相应的盐
泥煤、褐煤	氨	二氧化氮	生成硝基腐殖酸铵

3. 典型净化

吸附流程如图 1-30～图 1-32 所示，几种吸附流程比较见表 1-18。

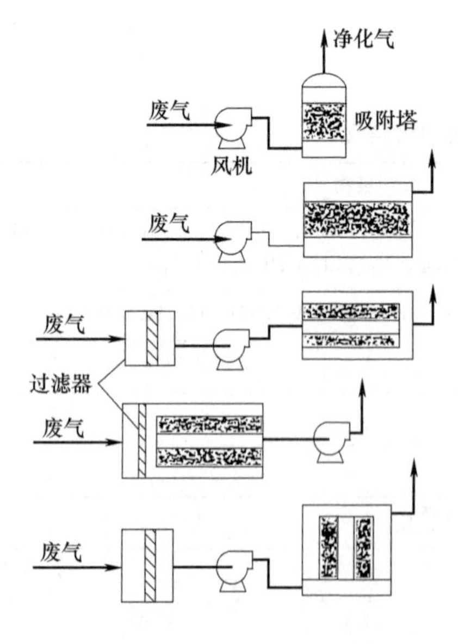

图 1-30　间隙式吸附流程

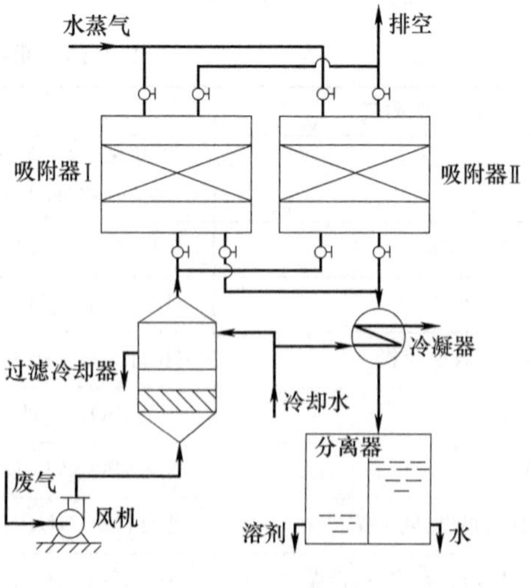

图 1-31　半连续式吸附流程

常用吸附设备如图 1-33～图 1-36 所示。

三、催化转化法

催化转化法就是利用催化剂的催化作用将废气中的污染物转化成无害的化合物或者转化成易于处理和回收利用的物质的方法。

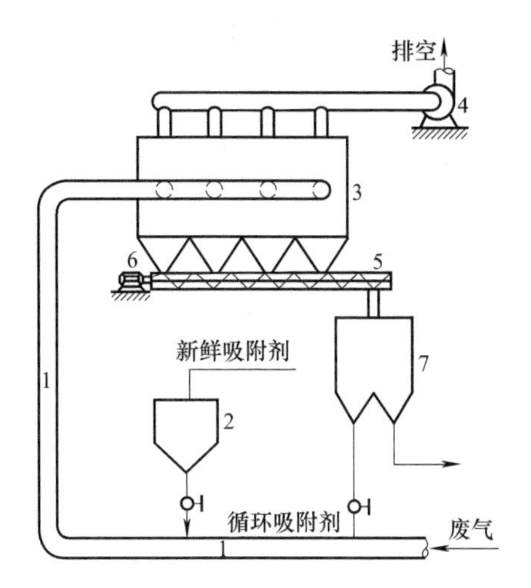

图 1-32 连续式吸附流程

1—吸附管；2—新鲜吸附剂储槽；3—袋滤器；4—风机；5—螺旋输送器；6—电机；7—循环吸附剂储槽

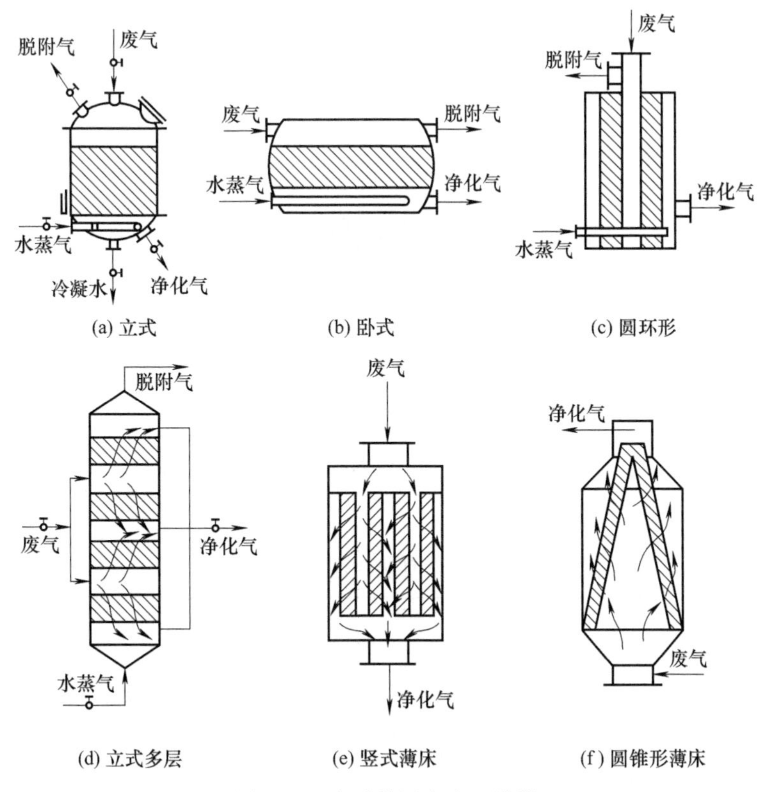

图 1-33 常见的固定床吸附器

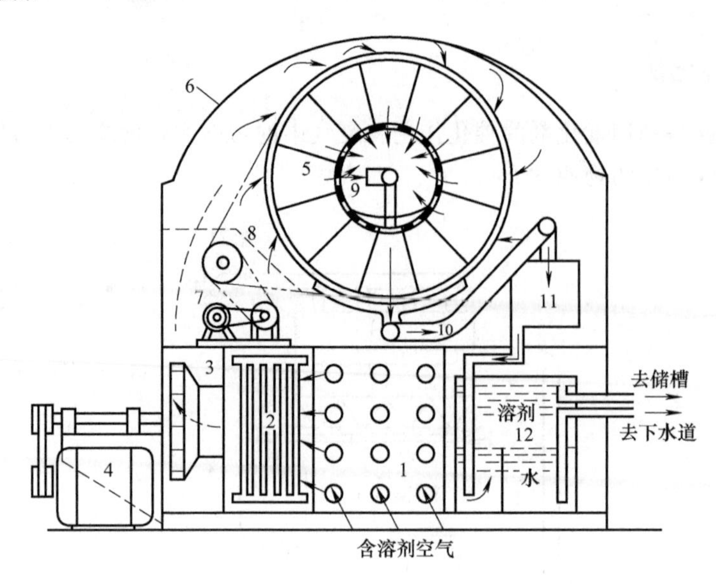

图 1-34　回转式吸附器

1—过滤器；2—冷却器；3—风机；4—电动机；5—吸附转筒；6—外壳；7—转筒电机；8—减速传动装置；9—水蒸气入口管；10—脱附器出口管；11—冷凝冷却器；12—分离器

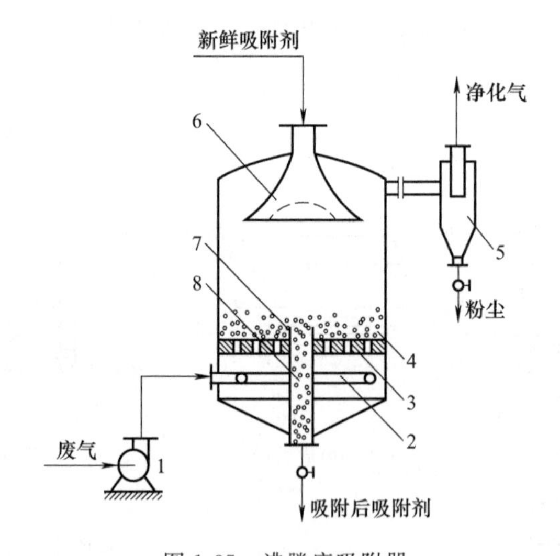

图 1-35　沸腾床吸附器

1—风机；2—气体分布器；3—筛板；4—沸腾床吸附剂层；5—旋风分离器；6—吸附剂分布器；7—溢流堰；8—溢流管

表 1-18　几种吸附流程的比较

流程	特点	应用
间歇式吸附流程	(1)吸附剂达到饱和后，即从吸附装置中移走，不必重复使用，或集中再生部分，装置简单，操作方便； (2)吸附质一般不回收	用于小气量或低浓度废气间断排出以及污染物不需回收的场合
半连续式吸附流程	(1)用两台以上吸附器交替吸附与再生，气体可连续通过吸附器，每台吸附器间断进行脱附再生； (2)吸附剂反复多次使用可回收吸附质	(1)用于废气连续排出及废气中污染物需要回收的场合； (2)气量大小，浓度高低均可应用

续表

流程		特点	应用
连续式吸附流程	回转床	(1)吸附剂不断回转，吸附剂在一些部位进行吸附，在另一些部位进行脱附再生； (2)吸附和再生均连续进行，可回收吸附质	(1)用于废气连续排出，污染物浓度较大需要回收的场合； (2)用于小气量或中等气量
	输送床	(1)粉状吸附剂加入废气气流中吸附污染物，吸附后吸附剂由除尘器捕集； (2)一般不再生	用于被吸附的污染物和吸附后的吸附剂可同时被利用的场合，气量大小均可应用

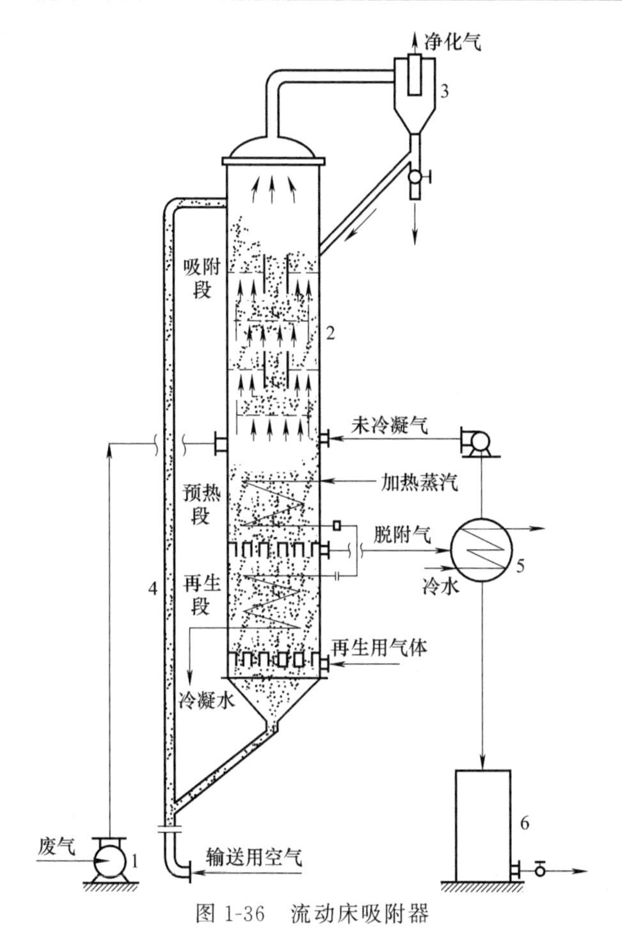

图 1-36　流动床吸附器

1—风机；2—吸附塔；3—旋风分离器；4—吸附剂提升管；5—冷凝冷却器；6—吸附质储槽

催化转化法与吸收和吸附法不同，它无需将污染物与气体分开，而是直接将有害物质转化成无害物质，避免二次污染，简化了操作过程。由于以上特点，催化转化法已成为大气污染控制的一种重要方法，表 1-19 所列为催化转化法在工程中的应用。

表 1-19　催化转化法的应用

方法	净化的废气	催化剂	备注
催化氧化法	有色冶炼烟气中的 SO_2	五氧化二钒催化剂	将 SO_2 氧化成 SO_3，再制成 H_2SO_4
	化纤生产中的 H_2S	铝矾土	将臭味大的 H_2S 氧化为 H_2O 和 Si 回收硫黄
	汽车排气中的烃类化合物 CO	铂-钯催化剂，稀土催化剂	将烃类化合物和 CO 氧化为 H_2O 和 CO_2
	漆包线生产中的含苯、甲苯废气	铂-钯催化剂	将苯、甲苯氧化为 CO_2 和 H_2O

续表

方法	净化的废气	催化剂	备注
催化还原法	硝酸生产和硝酸应用中产生的 NO_x	铜-铬催化剂	将 NO_2 还原为 N_2
	燃烧烟气中的 SO_2	钴-钼催化剂	将 SO_2 加氢还原为 H_2S，然后再除 H_2S

1. 基本原理

催化转化法是催化作用下的化学反应，催化作用是指化学反应的速度因加入某种物质（催化剂）而发生改变，而所加入物质的质量和化学性质却不变的作用。催化作用有正催化和负催化两种，气态污染物的净化仅能利用正催化作用；所用的催化剂多为固体，发生的化学反应一般分为催化氧化和催化还原两类。

2. 催化剂

催化剂种类较多，一般由活性组分、助催化剂和载体三类物质组成。

几种催化剂的组成和主要用途见表 1-20。

表 1-20 几种催化剂的组成和主要用途

用途	主要活性物质	载体	助催化剂
SO_2 氧化为 SO_3	V_2O_5 6%～12%	SiO_2	K_2O 或 Na_2O
烃类化合物和 CO 氧化为 CO_2 和 H_2O	Pt、Pd、Rh CuO、Cr_2O_3、Mn_2O_3 和稀土类氧化物	Ni、NiO Al_2O_3	
汽车排气中烃类化合物和 CO 的氧化	V_2O_5 4%～7% CuO 3%～7%	Al_2O_3-SiO_2	Pd 0.01%～0.015%
苯、甲苯氧化为 CO_2 和 H_2O	Pt、Pd 等	Ni 或 Al_2O_3	
	CuO、Cr_2O_3、MnO_2	Al_2O_3	
NO_x 还原为 N_2	Pt 或 Pd 0.5%	Al_2O_3-SiO_2、 Al_2O_3-MgO、Ni	
	$CuCrO_2$	Al_2O_3-SiO_2、Al_2O_3-MgO	

废气净化催化所用的催化剂应满足以下几点要求：a. 良好的选择性和活性；b. 足够的机械强度；c. 良好的热稳定性和化学稳定性。

3. 典型净化流程和设备

催化转化法主要净化流程如图 1-37 所示，主要设备如图 1-38～图 1-41 所示。

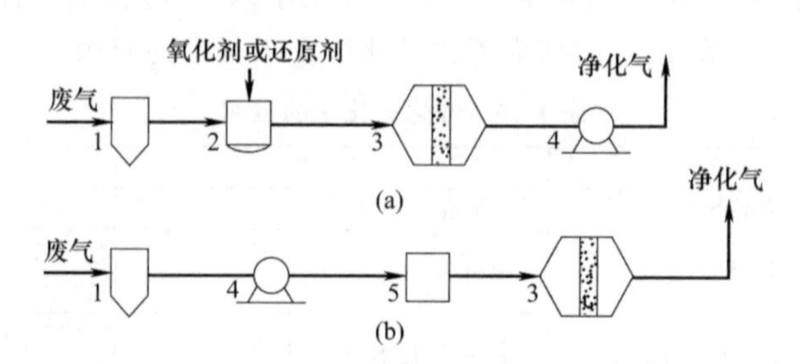

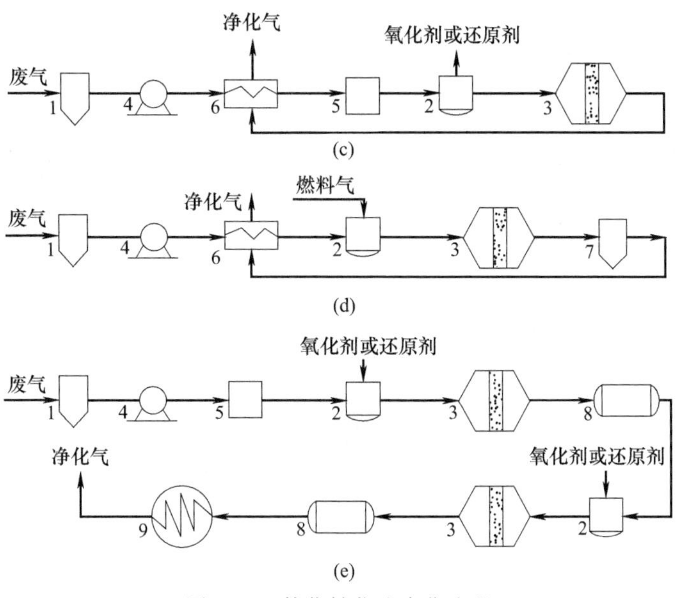

图 1-37 催化转化法净化流程

1—预处理；2—混合器；3—催化反应器；4—风机；5—预热器；
6—热交换器；7—后处理；8—废热锅炉；9—膨胀器

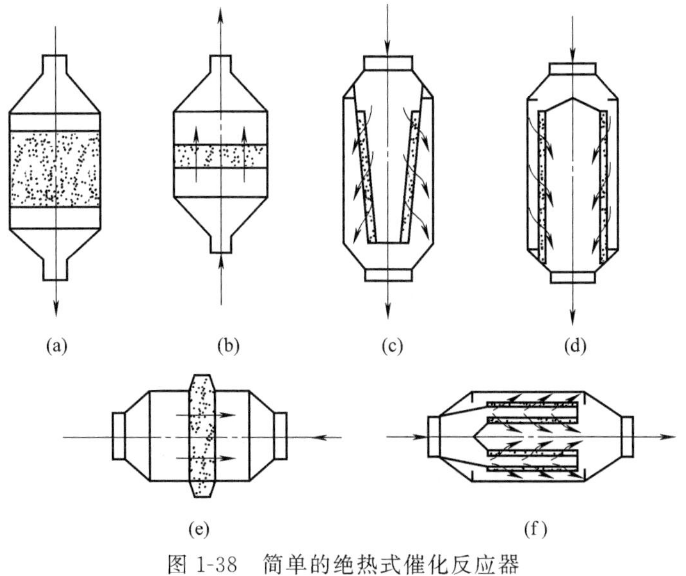

图 1-38 简单的绝热式催化反应器

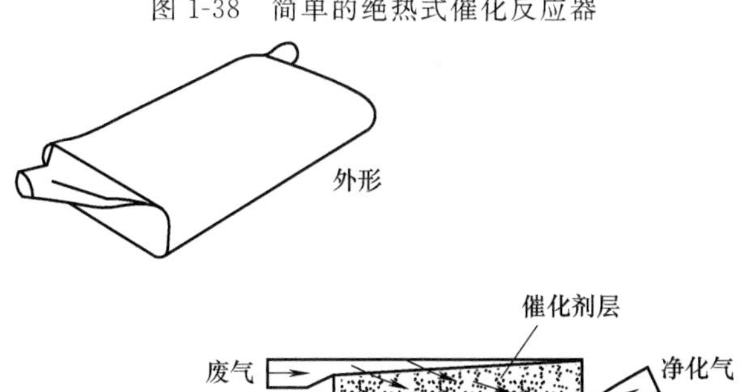

图 1-39 净化汽车排气的催化反应器

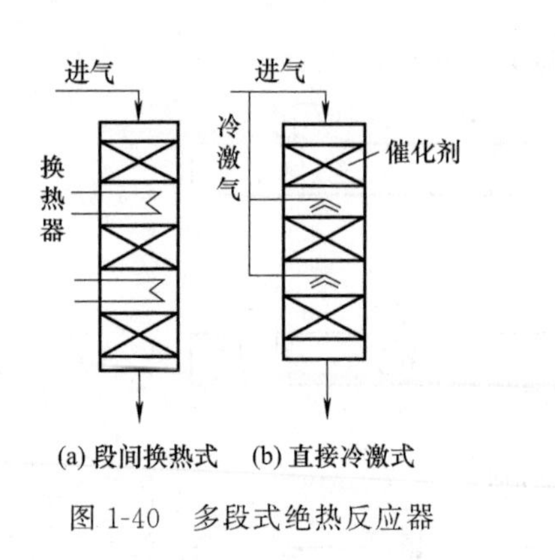

图 1-40　多段式绝热反应器

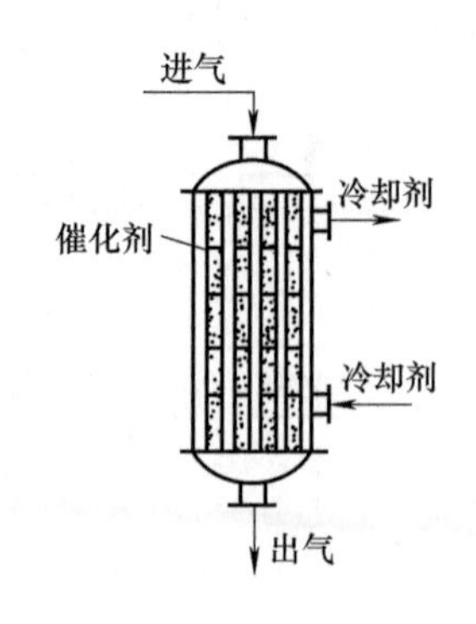

图 1-41　对外换热式反应器

简单的绝热式反应器的结构如图 1-38 所示，外形一般呈圆筒形，里面装着催化剂。催化剂的布置形式有多种，如图 1-37 所示。适用于热效应较小的反应过程，对温度变化不敏感的反应，也适用于副反应较少的简单反应。废气中污染物浓度浓度低时可用这种反应器。

如图 1-40 所示的多段式绝热反应器，用于废气中污染物浓度相当高的场合。可在上述简单的绝热式反应器中间设换热器。亦可将催化剂分成数层，在层间进行热交换。这种反应器分为段间换热式或直接冷激式，用以移去反应时放出大量热量。

当反应热很大时也可采用对外换热式反应器。催化剂装在列管内。在管间通入冷却介质进行冷却，以保持反应温度在一定范围内。

四、燃烧法

燃烧法用于净化含可燃物的废气，如某些有机物、一氧化碳和沥青烟气。一方面可尽量回收热量；另一方面可使废气得到净化。

1. 基本原理

燃烧法是将可燃物质加热后与氧化合进行燃烧，使其转化为 CO_2 和 H_2O 等，从而使废气净化。

燃烧法的分类见表 1-21。

表 1-21　燃烧法的分类

类型	直接燃烧法		催化燃烧法
	不加辅助燃料	加辅助燃料	
燃烧温度	800℃以上	600～800℃	200～480℃
燃烧装置	火炬、工业炉与民用炉灶	工业炉、热力燃烧炉	催化燃烧炉(器)
特点	废气中可燃污染物浓度高、热值大、仅靠燃烧废气即可维持燃烧温度	废气中可燃物浓度低、热值小、必须加辅助燃料维持燃烧	设置特殊的氧化催化剂，在较低温度下使废气中可燃物质进行催化氧化；不宜用于含尘的气体，否则易堵塞催化剂床层
	可燃烧掉可燃气态污染物和悬浮的炭粒及烟雾状等有机物		

2. 典型净化方法和设备

可燃烧废气根据其浓度和氧含量不同，采用不同方法进行净化（见表 1-22）；燃烧净化法应用实例见表 1-23。

表 1-22 含可燃物质的废气净化方法

<table>
<tr><th colspan="2">分类</th><th>废气状况</th><th colspan="2">净化方法</th><th>特点</th></tr>
<tr><td rowspan="4">直接燃烧</td><td rowspan="2">高浓度</td><td>气量较小，可贮存调节</td><td colspan="2">送锅炉及工业炉窑作燃料</td><td>热量可利用，不需专门净化设备</td></tr>
<tr><td>气量大，不能完全利用</td><td colspan="2">部分废气作为锅炉、工业炉窑和燃料燃烧，多余部分用火炬进行燃烧</td><td>热量不能全部利用，设备简单；风大时净化效果不好</td></tr>
<tr><td rowspan="2">低浓度</td><td>氧含量高（>16%）</td><td colspan="2">代替空气鼓入工业炉窑燃烧</td><td>回收热量，不需专门净化设备</td></tr>
<tr><td>氧含量低（<16%）</td><td colspan="2">加辅助燃料与辅助空气，在热力燃烧炉中燃烧</td><td>需催化剂和专门净化设备，热量可以利用</td></tr>
<tr><td rowspan="4">催化燃烧</td><td rowspan="2">高浓度</td><td>高温</td><td>废气不预热</td><td rowspan="2">通过催化剂床层，热气流进行循环或换热，必要时需补充空气</td><td rowspan="2">需催化剂和专门净化设备，热量可以利用</td></tr>
<tr><td>低温</td><td>废气经预热</td></tr>
<tr><td rowspan="2">低浓度</td><td>高温</td><td>废气不预热</td><td rowspan="2">通过催化剂床层，净化后气体排空；必要时需补充空气</td><td rowspan="2">需催化剂和专门净化设备，热量不利用</td></tr>
<tr><td>低温</td><td>废气经预热</td></tr>
</table>

表 1-23 燃烧净化法的应用实例

<table>
<tr><th colspan="3">方法</th><th>所净化的废气</th><th>净化装置</th></tr>
<tr><td rowspan="6">直接燃烧法</td><td rowspan="3">不加辅助燃料</td><td>不回收热量</td><td>炼油厂含烃类尾气
石油化工厂含烃类尾气
电石生产中含 CO 尾气</td><td>火炬</td></tr>
<tr><td>回收热量</td><td>碳铵生产中含 CO 尾气
合成氨释放气</td><td>工业炉</td></tr>
<tr><td>补充热量</td><td>烘箱含苯废气</td><td>治苯烘干箱</td></tr>
<tr><td colspan="2" rowspan="3">加辅助燃料</td><td>氧化沥青生产中含沥青烟气</td><td>生产用加热炉</td></tr>
<tr><td>烘箱含苯废气</td><td>锅炉燃烧室</td></tr>
<tr><td>柴油机排气
油储槽含烃类废气</td><td>再热式净化器
加热炉</td></tr>
<tr><td rowspan="4">催化燃烧法</td><td colspan="2">铂/镍合金催化剂</td><td>烘干漆包线的含苯废气</td><td>催化燃烧热风循环烘漆机</td></tr>
<tr><td colspan="2">PGC 型与 PLC 型铂系催化剂</td><td>柴油机排气</td><td>CJX-0407 型净化装置</td></tr>
<tr><td colspan="2">钯铂/镍铬带状催化剂</td><td>环氧乙烷生产尾气</td><td rowspan="2">固定床反应器</td></tr>
<tr><td colspan="2">铜/Y 型分子筛催化剂</td><td>有机溶剂蒸气苯酚、甲醛蒸气</td></tr>
</table>

燃烧净化法的操作数据见表 1-24。

表 1-24 燃烧净化法的操作数据

废气中污染物	燃烧温度/℃	滞留时间/s	净化效率/%
一般烃类化合物	590～680	0.3～0.5	>90
甲烷、苯、二甲苯	760～820	0.3～0.5	>90
烃类化合物、一氧化碳	680～820	0.3～0.5	>90
恶臭物质	540～650	0.3～0.5	50～90
恶臭物质	590～700	0.3～0.5	90～99
恶臭物质	650～820	0.3～0.5	>99
黑烟（含炭粒和油烟）	760～1100	0.7～1.0	>90

常用燃烧设备如图 1-42～图 1-44 所示。

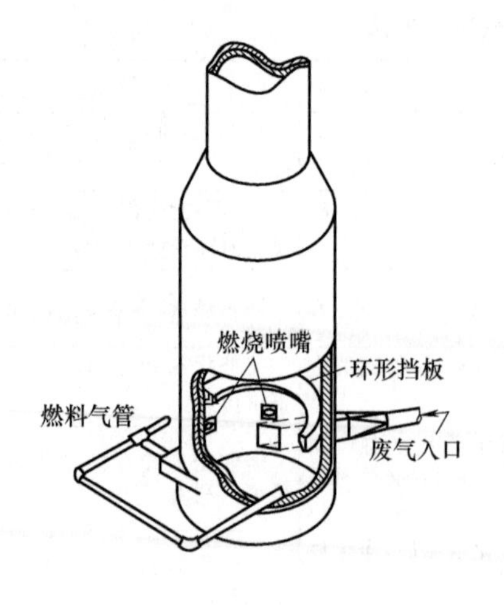

图 1-42　立式炉

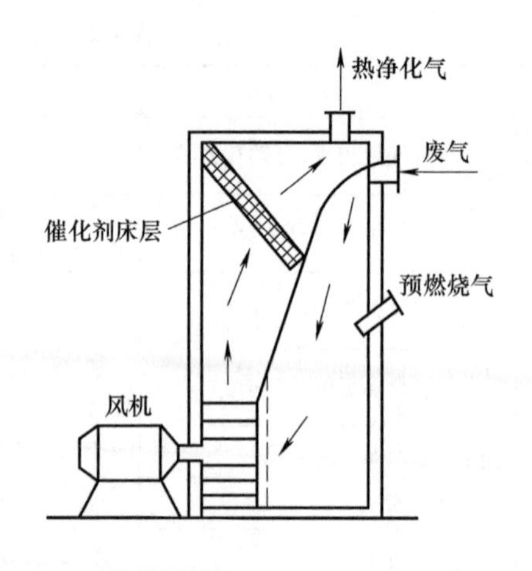

图 1-43　立式催化燃烧炉

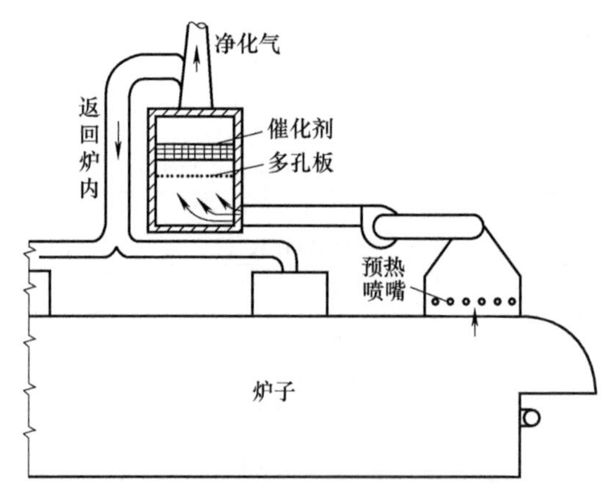

图 1-44　直接热回收式催化燃烧器

五、冷凝法

冷凝法可用于回收高浓度的有机蒸气和无机汞、砷、硫、磷等，通常用于高浓度废气的一级处理以及除去高湿废气中的水蒸气。

1. 基本原理

冷凝法是利用不同物质在同一温度下有不同的饱和蒸气压以及同一物质在不同温度下有不同的饱和蒸气压这一性质，将混合气体冷却或加压，使其中某种或某几种污染物冷凝成液体或固体，从而由混合气体中分离出来。

采用冷凝法处理废气时，冷凝出的污染物的量可由下式估算：

$$x_1 - x_2 = x_1 - \frac{M_n}{M_R} \times \frac{p_2}{p - p_2} \tag{1-30}$$

式中　x_1——处理前的污染物每千克载气在混合气体中的含量，kg；

x_2——处理后的污染物每千克载气在气体中的含量，kg；

M_n——污染物的分子量；

M_R——载气的平均分子量；

p——混合气体总压，Pa；

p_2——处理后温度下的污染物饱和蒸气压，Pa。

如果处理前污染物在废气中已处于饱和状态，则冷凝量为：

$$x_1-x_2=x_1-\frac{M_n}{M_R}\left(\frac{p_1}{p-p_1}-\frac{p_2}{p-p_2}\right) \tag{1-31}$$

式中 p_1——处理前温度下污染物的饱和蒸气压，Pa；

其余符号意义同前。

冷凝净化效率 η 可由下式估算：

$$\eta=\frac{x_1-x_2}{x_1}\times 100\% \tag{1-32}$$

降低温度和增加压力都可提高冷凝效率，但要消耗能量。通常只把废气冷却到常温，若在此温度下冷凝效率很低，则一般不采用冷凝净化法。对于可回收产品的某些工艺，经过技术经济比较后认为合理，也可采用加压和冷冻等方法来冷凝回收废气中的某些组分。

2. 典型净化流程和设备

（1）冷凝法净化流程 如图 1-45 所示。

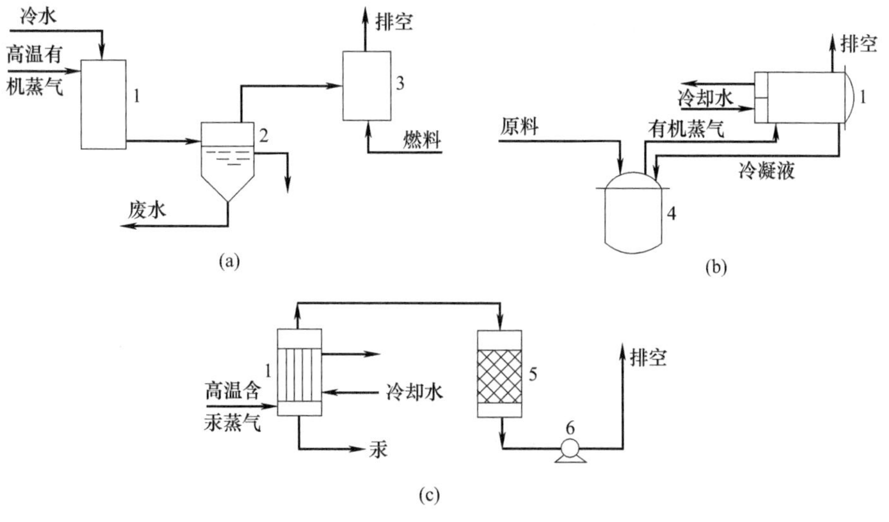

图 1-45 冷凝法净化流程

1—冷凝器；2—分离器；3—燃烧炉；4—反应器；5—吸附器；6—风机

（2）净化设备 主要分为接触冷凝器和表面冷凝器两类，分别如图 1-46 和图 1-47 所示。

六、生物法

气态污染物的生物处理是利用微生物的生命活动过程把废气中的污染物转化为低害甚至无害的物质的处理方法，生物处理过程适用范围广，处理设备简单，处理费用低，因而在废气治理中得到了广泛应用，特别适用有机废气的净化过程。生物净化法的缺点是不能回收污染物质，也不适于高浓度气态污染物的处理。

根据处理过程中微生物的种类不同，生物净化法可分为需氧生物氧化和厌氧生物氧化两大类，它们的处理原理与废水的生化处理法相同。

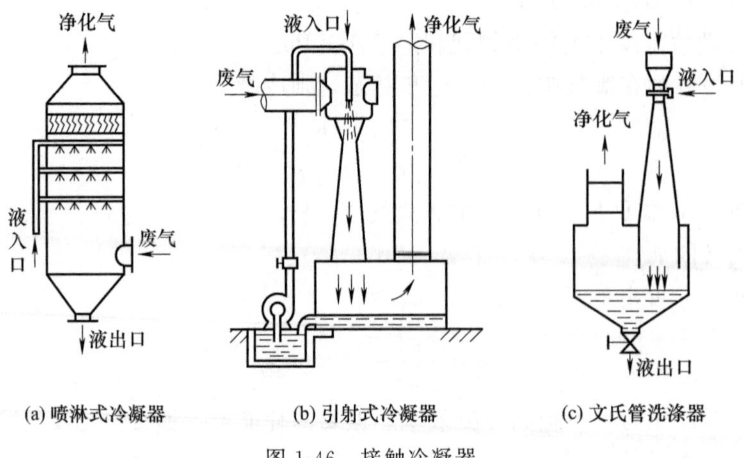

图 1-46 接触冷凝器

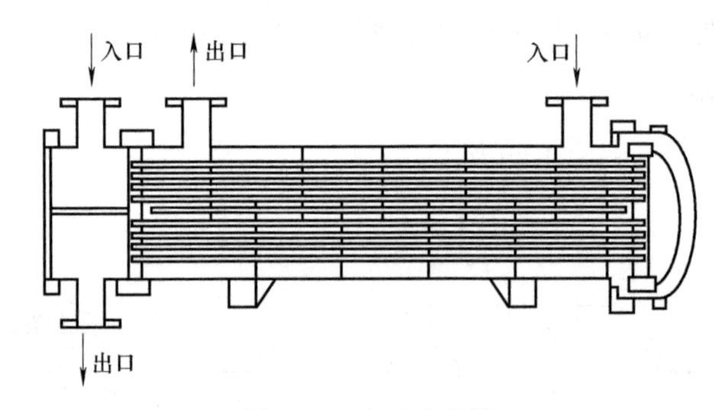

图 1-47 表面冷凝器

气态污染物的生物净化法主要有两种，即生物吸收法和生物过滤法。

1. 生物吸收法基本原理

生物吸收法是先把气态污染物用吸收剂吸收，使之从气相转移到液相，然后再对吸收液进行生物化学处理的方法。

生物吸收装置如图 1-48 所示。待处理废气从吸收器底部通入，与水逆流接触，气态污染物被水（或物质悬浮液）吸收，净化后的气体从顶部排出。含污染物的吸收液从吸收器的底部流出，送入生物反应器经微生物的生物化学作用使之得以再生，然后循环使用。

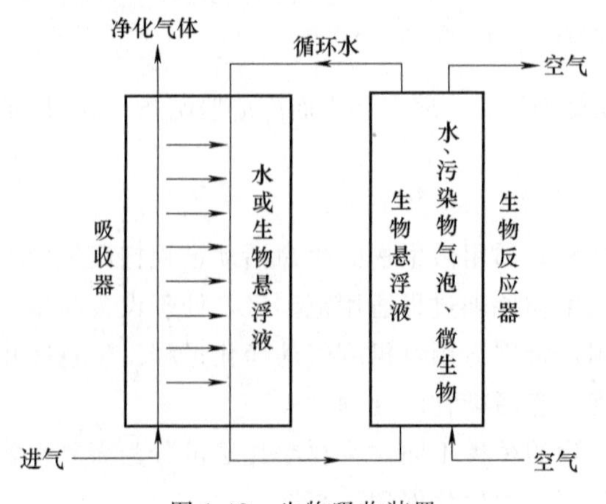

图 1-48 生物吸收装置

2. 生物过滤法基本原理

生物过滤法是利用附着在固体过滤材料表面的微生物的作用来处理污染物的方法，它常用于有臭味废气的处理。

采用生物过滤法处理废气必须满足以下几个条件：a. 废气中所含污染物必须能被过滤材料所吸附；b. 被吸附的污染物可被微生物降解，转化为低毒或无毒物质；c. 生物转化的产物不会影响主要的物质转化过程。

生物过滤法所用的过滤装置如图 1-49 所示。池的下部铺一层砾石，内设气体分配管，砾石层上堆放过滤材料，通常是可供微生物生长的培养基，如纤维泥炭、固体废物和堆肥。池底设有排水管，以排除多余的水。

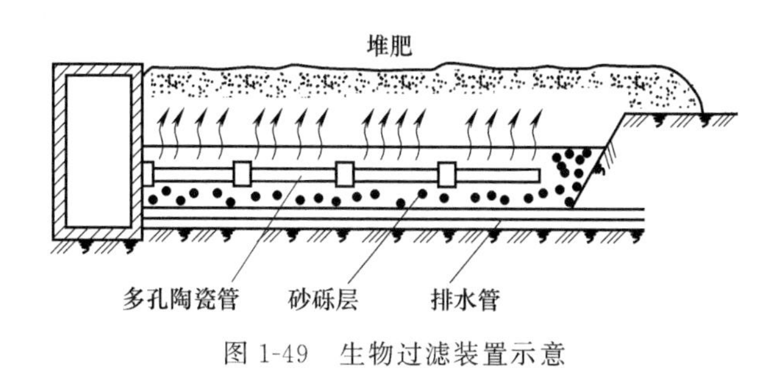

图 1-49 生物过滤装置示意

第五节 工业烟气协同减排新技术

一、电子束辐照法

电子束辐照法（Electron beam ammonia，EBA 法，电子束法）是一种物理与化学相结合的脱硫脱硝的高新技术，是利用电子加速器产生的等离子体氧化烟气中 SO_2 及 NO_x 并与加入的 NH_3 反应，以实现其脱硫脱硝的目的。电子束辐照法实质上是干式氨法，脱硫剂是液氨。用电子束辐照烟气就是利用高能电子的激发作用将烟气中 O_2、N_2、H_2O 等成分电离生成氧化性很强的活性基团，加速 SO_2 和 NO_x 的氧化转化，进而与添加的 NH_3 发生化学反应，最终产物是硫铵和硝铵。这个过程实际上是高能物理和辐照化学相结合的工艺，是烟气脱硫（Flue gas desulfurization，FGD）领域的高新技术。从总体上看，该工艺前景较好，是有竞争力的一项新技术。

1. 电子束辐照法沿革

早在 1970 年日本荏原制作所开始研发电子束处理烟气的技术。为探索电子束法脱硫的可行性，他们用电子束间歇照射燃油烟气。对温度 100℃、SO_2 浓度为 2860mg/m^3 的烟气，用剂量为 2.8Mrad 的电子束照射后，SO_2 几乎全部被除去。说明该技术用于燃油烟气脱硫是可行的。

1972 年荏原制作所与日本原子能研究所共同开展这一技术研究。连续照射流动态燃油烟气，处理气量（标态）60m^3/h。烟气温度 90～120℃，SO_2 浓度 1719～2574mg/m^3、NO_x 164mg/m^3；经 4Mrad 电子束照射后，SO_2 去除率为 80%；经 2Mrad 电子束照射，几乎99%的NO_x被除去，处理后烟气中的颗粒物，经分析测定含有硫和氮、证明SO_2和NO_x可同时被除去。

1974年荏原建立了一套移动式辐照装置，处理气量（标态）为$1000m^3/h$。锅炉燃烧重油的烟气中含SO_2 $629mg/m^3$和NO_x $429mg/m^3$，加入NH_3 $532mg/m^3$，烟气温度90℃，用1.8Mrad电子束照射，脱硫率75%，脱氮率80%；用3.6Mrad电子束照射，两者去除率都达到90%。加氨后产生干燥粉末。该粉末经X-射线衍射分析为硫酸铵$(NH_4)_2SO_4$和硫硝铵$(NH_4)_2SO_4 \cdot 2NH_4NO_3$的混合物。同时验证了系统中的S和N的平衡，由此确立了电子束照射加氨的干法脱硫脱硝技术。

1977年荏原在新日铁八幡制铁所建立1座用电子束照射-加氨法处理烟气的中间工厂。处理气量（标态）为$3000m^3/h$［最大处理气量（标态）达$10000m^3/h$］。经连续运转，脱硫率、脱硝率分别为95%和80%。经过中试，确认了用该方法能同时去除炼铁烧结炉排烟中的SO_2和NO_x。

1981年，美国能源部（DOE）组织了两个研究组，开展对电子束法的技术、经济评价研究。结论是，该工艺的综合经济性优于常规技术，建议建造一座规模更大的处理燃煤烟气中试厂。

1983年荏原与DOE合作，在印第安纳州（Indiana）的印第安纳波力斯（Indianapalis）的燃煤电厂建设示范工厂。目的是验证燃高硫煤烟气脱硫、脱硝的工业可行性，同时验证副产物作为农业肥料使用的可能性，并为工业锅炉烟气处理积累经验。1984年建成运转，处理气量（标态）为$24000m^3/h$。在烟气温度由150℃降至80℃时，加入按SO_2和NO_x化学计量的NH_3，用两台加速器（800kV，80kW）进行辐照处理试验。

1988年完成了考核验证，对该技术做了充分的肯定。

该装置处理烟气的流量（标态）为$6800 \sim 25496m^3/h$，烟气入口SO_2浓度$1144 \sim 8008mg/m^3$，NO_x浓度$410 \sim 1107mg/m^3$；烟气温度（反应器出口处）54～149℃，辐照剂量0～3Mrad，加NH_3的化学计量比为1.2。试验结果，脱硫率达100%；脱硝率90%以上，影响硫氮脱除率的主要因素是辐照剂量和温度。其中，辐照剂量由0升到0.9Mrad，脱硫率显著增加，当辐照剂量为0.6Mrad时，脱硫率接近90%；辐照剂量更高时，脱硫率趋于稳定。温度也是一个敏感的参数，温度每升高5℃，脱硫率约下降10%。NO_x的去除主要决定于辐照剂量，随着剂量增加脱硝率不断增加，向100%趋近；在辐照剂量为2.7Mrad时，脱硝率达90%。

到20世纪90年代初，国外（不包括俄罗斯）共建造了电子束脱硫中试装置14套，研究内容由工艺、机理到工程，规模由小到大，燃料包括重油、天然气和煤炭，处理对象遍及（热）电厂、垃圾焚烧和交通隧道等各种废气。日本东京大学、东京工业大学、东京农业大学等也开展了电子束脱硫脱硝的基础研究。有关该技术的发明专利，日本约有50项，在美、英、法、德等国也有多项。1992年，日本原子力研究所、中部电力公司和荏原共同决定在新名古屋电厂建造中试装置。主要目的是试验低硫煤烟气的处理效果，并进行工程试验（包括烟气冷却，加速器布置、副产品捕集、烟气再热等），为大型工程设计获取数据。从设计、建造、试验到最终评价历时33个月，其中试验15个月。主要技术参数及试验结果如下：烟气处理量（标态）$12000m^3/h$，入口SO_2平均浓度$2288mg/m^3$（$715 \sim 5720mg/m^3$）；NO_x平均浓度$461mg/m^3$（$308 \sim 492mg/m^3$）；辐照剂量0～1.3Mrad，反应温度65℃，加氨化学计量比为1.0；脱硫率达到94%；脱硝率80%。在工艺方面，主要考查了辐照剂量、入口浓度、温度及烟气量等对脱硫脱硝率的影响。

1982 年，德国也开始研究这一技术。首先由卡尔斯鲁厄核研究中心（KFK）和卡尔斯鲁厄大学联合进行脱硫脱硝工艺评价研究。研究指出，电子束法是当今最具有竞争力的低成本的处理工艺。1984 年，这两个单位分别建造处理燃油和燃气烟气的中试厂（烟气量 $1000m^3/h$），进行机理和副产品回收研究。为了进行工业应用验证，1985 年又在 Badenwerk 燃煤电厂建造了一个中试厂（烟气量 $20000m^3/h$）。日本、美国和德国都在积极谋求建造工业规模示范装置，力图走出商业化的第一步。

1993 年波兰在 $20000m^3/h$ 中试成功的基础上，继续与国际原子能机构（IAEA）合作，在华沙某燃煤电厂（100MW）建造 $270000m^3/h$ 工业示范装置，电子加速器单台功率达 300kW。该工程于 1997 年建成。这是世界上第一套建成的 100MW 级的 EBA 装置。

1995 年，日本荏原制作所与我国合作在成都热电厂（200MW）建造处理烟气量 $300000m^3/h$ 的工业示范装置。电子加速器 800keV，400mA×2，燃煤锅炉烟气 SO_2 设计浓度 $5200mg/m^3$（实际上只有 $3000mg/m^3$），脱硫效率 80%。1998 年投入运行。

1997 年日本中部电力在西名古屋电厂（220MW）燃油锅炉上建造大型电子束法 FGD (Flue gas desulfurization) 装置，处理烟气量为 $620000m^3/h$，电子加速器 800keV，500mA×2，烟气中 SO_2 浓度为 $4290mg/m^3$，设计脱硫效率 94%，脱硝效率 70%。1999 年建成并运行。

由此可见，电子束法的商业化进展并不慢，20 世纪 90 年代的 10 年内，不仅迈出了第一个 100MW 级台阶，而且即将跨过 200MW 级的台阶，正式走进 FGD 大市场。人们最终必将认识到，未来传统 FGD 可供选择的最佳更新和替代技术很可能就是 EBA。

2. EBA 法的技术特点

EBA 法之所以发展迅速，主要是因为它具有诱人的特点，尽管在进入市场之初还有许多不尽人意的地方，但行业专家们看到它的深远处，高新技术应用于环保，一定会在应用实践中不断改进和完善，就像 20 世纪 70 年代的湿式石灰石法一样也是不断优化、日臻完善的。

① 高效率，同时脱硫脱硝，脱除率一般分别在 90%和 80%以上，这是目前其他 FGD 方法难以达到的。现已确认 EBA 法可适用于高浓度 SO_2 $8008mg/m^3$、NO_x $882mg/m^3$ 的烟气处理。

② 干式操作运行，不产生废水废渣，完全消除二次污染。

③ 副产品硫硝铵是优质农用氮肥，与其他 FGD 工艺的副产品比较，不仅有持久销路，而且附加值较高。

④ 流程简单，运行可靠，操作方便，维修容易，无腐蚀、堵塞等常规脱硫工艺最令人困扰的问题，能稳定地适应锅炉负荷的波动。

⑤ 处理后的烟气可直接排放，无需再加热，省去昂贵的烟气换热器和运行费。

⑥ 占地面积小，不到常规湿法的 1/2。

⑦ 一次投资费用目前与传统湿式脱硫相当，完全有条件低于传统湿式脱硫。关键在于电子束发生装置造价高，要仰赖引进，只要组织攻关，加速国产化，就不难降低投资费用和能耗。必须说明的是传统湿式脱硫纯属“单脱”而 EBA 是“双脱”，它们的计算基础不同。

与目前已使用的石灰石-石膏法脱硫合并氨接触还原法脱硝的建设成本及运行费用相比，基于美国的验证项目试验结果进行的对比，建设成本可节省 20%～30%，运行费用可节省 10%。

3. 反应原理

烟气脱硫脱硝反应分为 4 个阶段。

（1）自由基即活性种生成　煤燃烧烟气由氮（N_2）、氧（O_2）、水蒸气（H_2O）、二氧化碳（CO_2）等主要成分及 SO_2、NO_x 等微量有害气体组成。向烟气照射电子束后，电子束的大部分能量被 N_2、O_2、H_2O 吸收并产生富有化学反应性的游离基（$\cdot OH$、$O\cdot$、$HO_2\cdot$、$N\cdot$）。

$$N_2、O_2、H_2O \xrightarrow{\text{电子束照射}} \cdot OH、O\cdot、HO_2\cdot、N\cdot$$

（2）SO_2 及 NO_x 的氧化　烟气中的 SO_2、NO_x 与照射电子束生成 $\cdot OH$、$O\cdot$、$HO_2\cdot$ 反应，分别被氧化成 H_2SO_4 及 HNO_3。

对于NO_x 反应如下：

$$NO+O\cdot \longrightarrow NO_2$$
$$NO+HO_2\cdot \longrightarrow NO_2+OH$$
$$NO+\cdot OH \longrightarrow HNO_2$$
$$NO_2+\cdot OH \longrightarrow HNO_3$$
$$NO_2+O\cdot \longrightarrow NO_3$$
$$HNO_2+O\cdot \longrightarrow HNO_3$$
$$NO_3+NO_2 \longrightarrow N_2O_5$$
$$N_2O_5+H_2O \longrightarrow 2HNO_3$$

对于SO_2 反应如下：

$$SO_2+OH \longrightarrow HSO_3$$
$$SO_2+O \longrightarrow SO_3$$
$$HSO_3+OH \longrightarrow H_2SO_4$$
$$SO_3+H_2O \longrightarrow H_2SO_4$$

图解示意如下：

$$SO_2 \xrightarrow{\cdot OH} HSO_3 \xrightarrow{\cdot OH} H_2SO_4$$
$$SO_2 \xrightarrow{O\cdot} SO_3 \xrightarrow{H_2O} H_2SO_4$$

$$NO \xrightarrow{\cdot OH} HNO_2 \xrightarrow{O\cdot} HNO_3$$
$$NO \xrightarrow{\cdot O_2H} NO_2+OH$$
$$NO \xrightarrow{O\cdot} NO_2 \xrightarrow{\cdot OH} HNO_3$$
$$NO_2 \xrightarrow{\cdot O} NO_3 \underset{}{\overset{NO_2}{\rightleftharpoons}} N_2O_5 \xrightarrow{H_2O} 2HNO_3$$

（3）硫酸铵及硝酸铵的生成　前阶段生成的 H_2SO_4、HNO_3 与预先添加的氨（NH_3）发生中和反应，生成微细粉粒的硫酸铵及硝酸铵。残存未反应的 SO_2 及 NH_3，在上述粉粒表面及除尘器内构造物表面继续进行热化学反应部分的 SO_2 及 NH_3 又生成硫酸铵和硝酸铵。

$$H_2SO_4+2NH_3 \longrightarrow (NH_4)_2SO_4$$
$$HNO_3+NH_3 \longrightarrow NH_4NO_3$$
$$SO_2+2NH_3+H_2O+\frac{1}{2}O_2 \longrightarrow (NH_4)_2SO_4$$

（4）NO 的还原　试验证明，电子束照射后可使烟气中 20%的 NO 与生成的 $N\cdot$ 反应而还原成 N_2。

$$NO+N\cdot \longrightarrow N_2+O\cdot$$

烟气脱硫脱硝上述 4 阶段反应机理模式如图 1-50 所示。

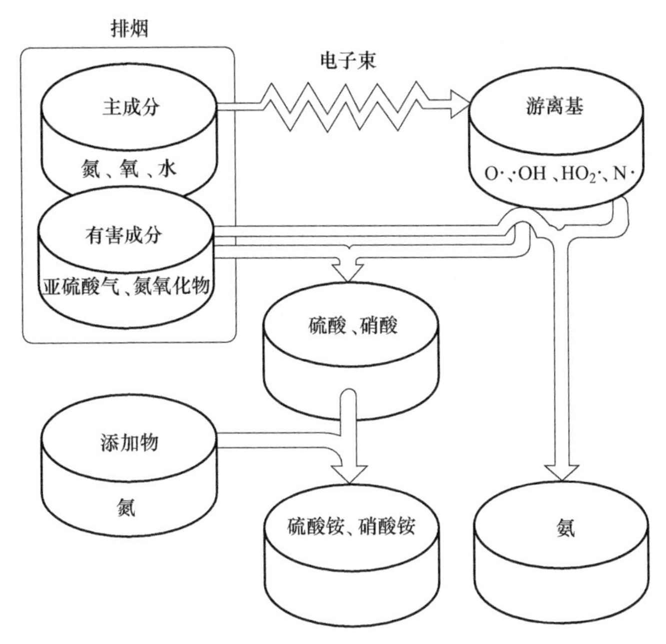

图 1-50 脱硫脱硝反应机理示意

4. 电子束发生装置、原理及反应器

图 1-51 示出了本工艺主要构成部分的电子束发生装置及反应器的关系。电子束发生装置由直流高电压发生装置及电子束加速部构成，两者用高电压电缆连接。电子束的发生原理，与用电场或磁场折曲产生的电子束角度并撞击荧光屏，发生辉点而映现画面的电视显像管原理类似。直流高电压发生装置是将输入的几百伏交流电压升压至几百至几千千瓦直流电压的装置，同于电集尘器等使用的构造。电子束加速部是在高真空状态中，由加速管端部的白热丝发热而生成小能量热电子后，再用直流高电压发生装置的直流电

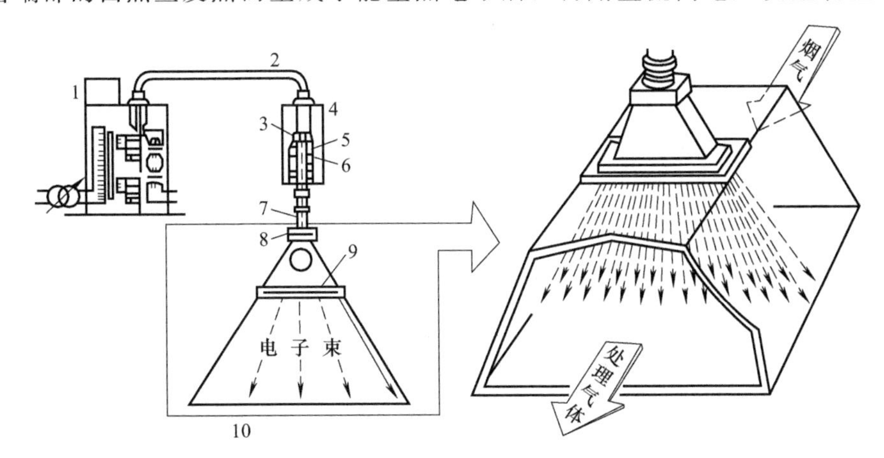

图 1-51 电子束加速器原理及安装在反应器后的外观

1—高压电源发生装置；2—高压电缆；3—白热丝；4—电子束加速器；5—加速管；6—加速电极；7—X 扫描线圈；8—Y 扫描线圈；9—照射窗；10—反应器

压加速的部位。被加速的高速电子束，又经扫描线圈向 X 方向及 Y 方向扫描，并通过照射窗射入反应器内。

如图 1-51 所示，反应器置于与电子束发生装置的照射窗直接相连的部位，又采用考虑电子束照射烟气的射程等因素的形状。因此，反应器能使烟气高效率地吸收来自电子束发生装置的电子束。

5. 影响性能因素

（1）电子束辐照量　如图 1-52 所示，脱硫及脱硝效率随辐射剂量的增加而提高；当辐照量达到 1.7kGy 时效率增长趋缓，分别达到 92%和 78%。图 1-52 中，入口质量浓度，SO_2 为 2930mg/m^3，NO_x 为 493mg/m^3，NH_3 为 1230mg/m^3；反应温度为 70℃。

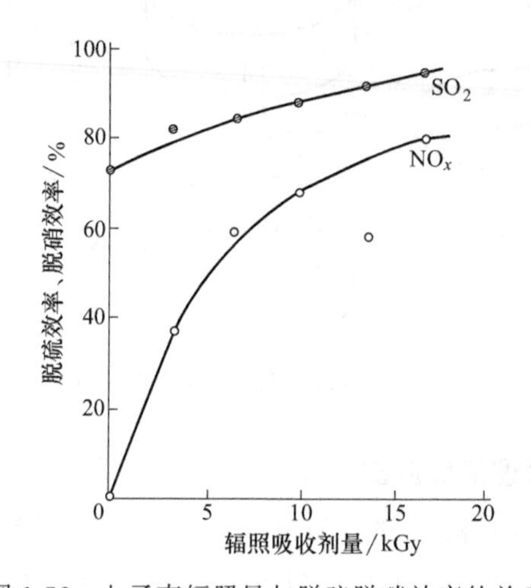

图 1-52　电子束辐照量与脱硫脱硝效率的关系

（2）烟气反应温度　烟气温度越低，脱硫效率越高，通常烟气反应温度于 70℃左右。

（3）加入氨量　当 NH_3 加量与 SO_2+NO_x 的化学计量比为 1∶1 时，去除率在 80%以上。

（4）入口 NO_x 质量浓度　在同等电子束辐照量下，入口质量 NO_x 浓度越低，其去除 NO_x 效率越高。

由此可见，脱硫效率取决于电子束辐照量、烟气反应温度及加入 NH_3 量，而与入口 SO_2 质量浓度无关。而脱除 NO_x 效率与电子束辐照量、入口 NO_x 质量浓度及加入 NH_3 量有关，而与烟气反应温度无关。

6. 工艺流程

本工艺适用于燃煤火力发电站烟气处理。其流程如图 1-53 所示。

本工艺由预除尘工序、烟气冷却工序、加氨工序、电子束照射工序及副产物分离工序构成。温度约 150℃的烟气首先由集尘装置粗滤飘尘后，在冷却塔喷水以冷却到适合于脱硫、脱硝反应的温度（约 70℃）。一般，烟气的露点约为 50℃，故喷水全部在冷却塔内气化，不会发生需处理的废液；其后，据烟气 SO_x 及 NO_x 浓度添加定量氨并送入反应器，在此受电子束照射。经电子束照射的烟气中 SO_x 及 NO_x，在极短时间被氧化而分别成为中间生成物的硫酸（H_2SO_4）及硝酸（HNO_3）。这些中间生成物又与共存的氨进行中和反应后，生成微细粉粒［硫酸铵 $(NH_4)_2SO_4$ 及硝酸铵 NH_4NO_3 的混合物］。微细粉粒经副产品集尘

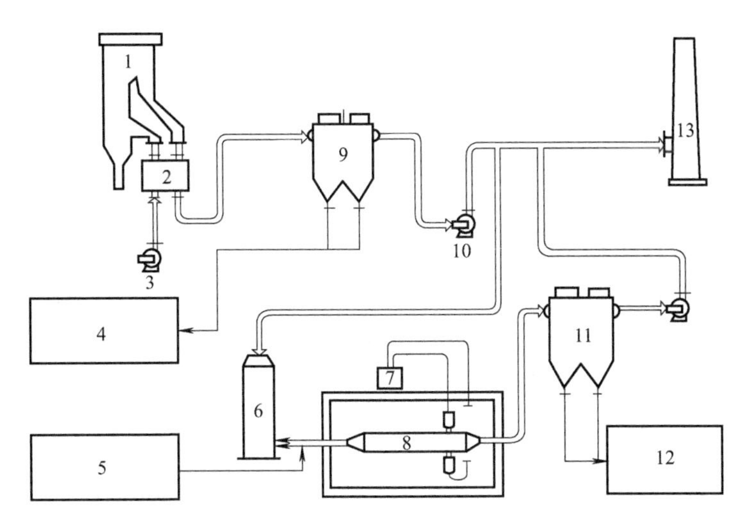

图 1-53 电子束法工艺流程

1—锅炉；2—空气预热器；3、10—风机；4—飘尘处理装置；5—供氨设备；
6—冷却塔；7—电子束照射装置；8—反应器；9—飘尘除尘器；11—副产物除尘器；12—副产物处理装置；13—烟囱

器分离、捕集后，清洁烟气从抽风机自烟囱排至大气。

7. 工艺操作指标

日本及我国应用该技术的两发电厂运行主要工艺操作指标见表 1-25。

表 1-25 工艺操作指标

工程名称		成都热电厂	日本新名古屋火力发电所
工艺操作指标	处理烟气量/(m^3/h)	300000	12000
	入口烟气温度/℃	150	110
	入口 SO_2 质量浓度②/(mg/m^3)	5148	2288
	入口 NO_x 质量浓度/(mg/m^3)	822	462
	入口烟尘质量浓度/(mg/m^3)	800	350
	NH_3 化学计量比	0.8	
	出口烟气温度/℃	61	65
	出口 SO_2 质量浓度②/(mg/m^3)	1030	143
	出口 NO_x 质量浓度/(mg/m^3)	734	92
	出口烟尘质量浓度/(mg/m^3)	200	10
	出口 NH_3 质量浓度/(mg/m^3)	38	
	脱硫效率/%	80	94
	脱硝效率/%	10①	80
电子束发生装置		800kV/400mA，1 台	800kV/45mA，3 台

① 本系统以脱 SO_2 为主，此效率是以脱 SO_2 处理条件得来的。

② NO_x 质量浓度按 NO_2 计算。

8. 工艺优缺点

① 优点：能同时高效地进行脱硫及脱硝，利用自由基离子反应，速度快、时间短，不

需排水设备，副产品是肥料，设备结构对烟气条件变动适应性强、占地少、便于操作及控制。

② 缺点：电子束发生装置设备制造技术要求高、寿命短，且有辐射作用，需设立屏蔽装置。

二、脉冲电晕等离子体法

脉冲电晕等离子体法（Pulse induce plasma chemical process，PPCP 法）是在电子束法的基础上发展起来的，用脉冲高压电源代替加速器产生的等离子体方法。由于它省去了昂贵的电子束加速器，避免了电子枪寿命短及 X 射线屏蔽等问题，因此脉冲电晕等离子体脱硫脱硝技术目前国外发展很快，今后几年将是该项脱硫技术高速发展并进入实用的关键时期。

脉冲电晕法是在直流高电压（例如 20～80kV）上叠加一脉冲电压（例如辐值为 200～250kV，周期为 20ms，形成超高压脉冲放电。由于这种脉冲前后沿陡峭、峰值高，使电晕极附近发生激烈、高频率的脉冲电晕放电，从而使基态气体得足够大能量，发生强烈的辉光放电，空间气体迅速成为高浓度等离子体。

为了减少能量消耗，可以选择使用催化剂，使烟气中分子化学键松动或削弱，降低气体分子活化能，加速裂解过程进行。

1. 反应原理

用脉冲高压电源来代替加速器产生等离子体，即用几万伏的高压脉冲放电得到 5～20eV 的高能电子，以打断周围气体分子的化学键而生成氧化性极强的 ·OH、O·、HO_2·、O_3 等自由原子、自由基等活性物种；在有氨注入下与 SO_2 反应生成氮肥。其反应方程及反应过程与电子束法相同。

2. 影响性能因素

（1）注入能量　如图 1-54 所示，随着供给烟气能量的增加，脱硫效率明显提高。通常单位能耗取值为 1.5W·h/m^3，其脱硫效率大于 94%。

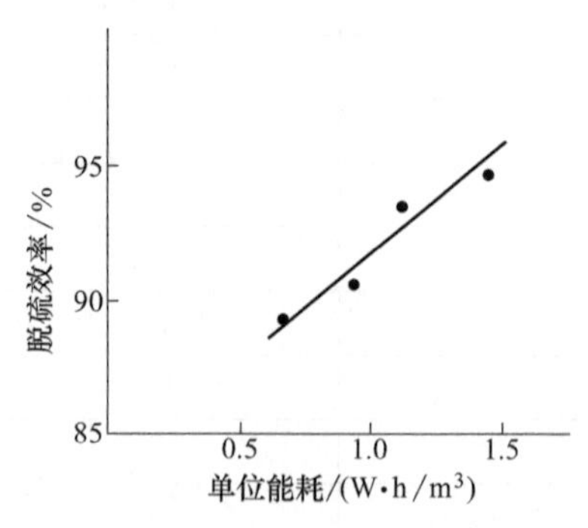

图 1-54　单位能耗与脱硫效率的关系

（NH_3 化学计量比为 2）

（2）NH_3 注入方式　当单位能耗为 1.5W·h/m^3 一定、氨的化学计量比一定（为 2）时，反应前注入 NH_3 的脱硫效率为 90.6%，而在电晕区注入 NH_3 有利于 NH_3 的活化，使脱硫效率提高为 94.7%。

（3）停留时间　如图1-55所示，停留时间长有利于反应进行，使脱硫效率提高。图1-55中，单位能耗2.5kW·h/m^3；入口SO_2质量浓度4290mg/m^3；相对湿度4%；NH_3化学计量比1∶1；温度60～70℃。

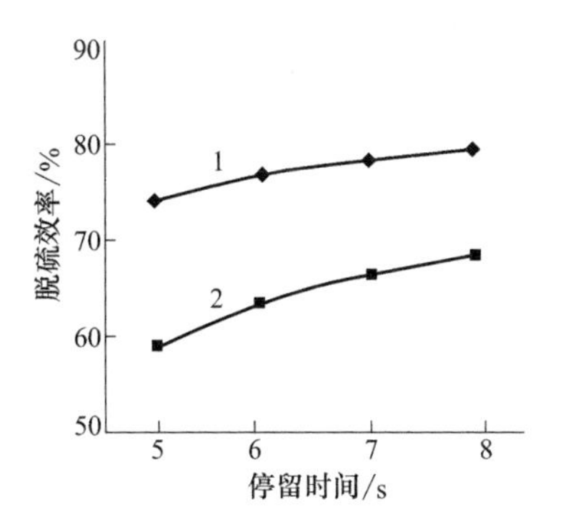

图1-55　停留时间与脱硫效率的关系

1—脉冲电晕；2—热化学反应

（4）烟气相对湿度　如图1-56所示，烟气相对湿度对脱硫效率影响较大。图1-56中，单位能耗2.5W·h/m^3；入口SO_2质量浓度5140mg/m^3；NH_3化学计量比1∶1；温度80～85℃。

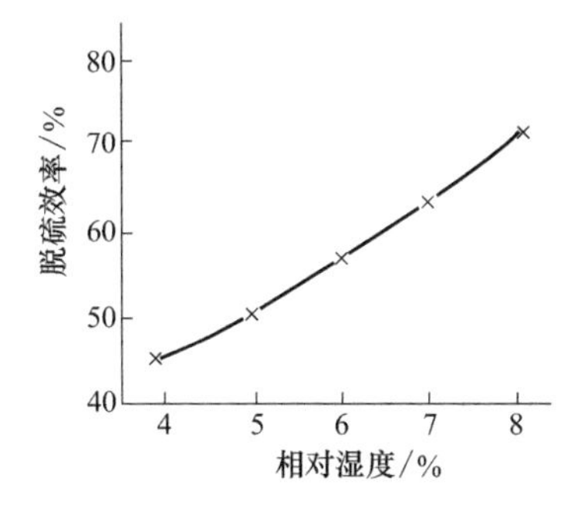

图1-56　烟气相对湿度与脱硫效率的关系

（5）入口SO_2质量浓度　如图1-57所示，入口SO_2质量浓度越高，脱硫效率越高。图1-57中，单位能耗2.5W·h/m^3；相对湿度4%；NH_3化学计量比1∶1；温度60～70℃。

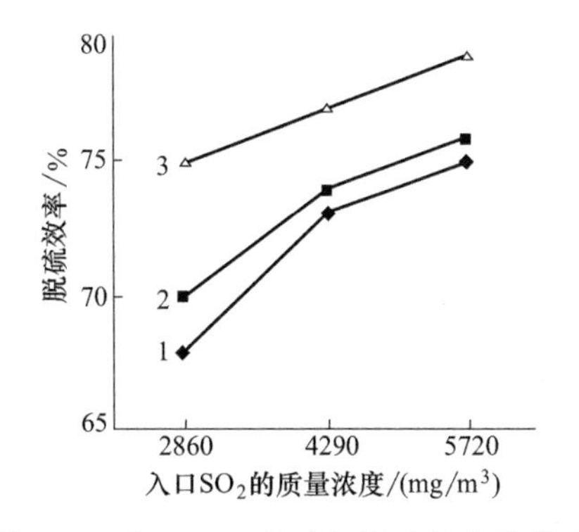

图1-57　入口SO_2浓度与脱硫效率的关系

1—处理风量1000m^3/h；2—处理风量1500m^3/h；3—处理风量2000m^3/h

(6) NH_3 浓度及脉冲电晕　从表 1-26 及表 1-27 中可以看出，在不加脉冲电晕电压时，加入一定浓度的 NH_3 也能得到较高的脱硫效率，但费用较高；而仅用脉冲电晕而不加 NH_3 的脱硫效率不高；当同时使用脉冲电晕及 NH_3 时，脱硫效率高且不受烟气温度的影响。但 NH_3 对脱硝效率影响极小，因为 NO 化学性质不活泼。通常选择在脉冲电晕作用下，NH_3 浓度为烟气中 SO_2 气体浓度 1～2 倍时，其运行费用低且脱硫效率高，同时副产品可作肥料。

表 1-26　氨与正脉冲电晕对 SO_2 的脱除

测次	烟气温度/℃	脉冲峰值电压/kV	输入电晕功率/W	注入 NH_3 质量浓度/(mg/m^3)	SO_2 入口质量浓度/(mg/m^3)	SO_2 出口质量浓度/(mg/m^3)	脱除 SO_2 效率/%
1	12.8	30	128	765	1910	0	100
2	15.7	29	112	1005	2782	529	81
3	112	23.6	66	922	1919	23	98.8
4	112	23.6	66	366	1896	709	62.6
5	85	26	104	0	2808	2282	18.8
6	16.7	0	0	386	1830	1138	37.8
7	16.7	0	0	487	1888	1007	46.7
8	16.7	0	0	1157	1830	60	96.7
9	16.7	0	0	895	1825	229	87.5
10	79	0	0	1107	1853	160	91.4
11	112	0	0	1472	1996	51	97.4
12	141	0	0	1119		20	98.9

表 1-27　氨和脉冲电晕对 NO 的脱除作用

测次	烟气温度/℃	脉冲电晕峰值/kV	注入 NH_3 质量浓度/(mg/m^3)	NO 入口质量浓度/(mg/m^3)	NO 出口质量浓度/(mg/m^3)	NO 脱除效率/%
1	18	+29		328	281	14.3
2	18	+29	152	327	279	14.7
3	18	+29	366	328	279	15.1
4	115	+28	0	335	295	12.0
5	115	+28	380	335	293	12.4
6	115	−33	0	295	250	15.0
7	115	−33	380	292	249	14.6
8	18	−34	0	297	252	15.3
9	18	−34	175	297	250	15.7
10	18	−34	370	295	249	15.5

3. 电晕放电装置

图 1-58 是一种静电吸附器的电晕放电装置。电晕放电装置具有多块互相平行等间隔的正极板，它采用铝合金材料制成。正极板的两端分别固连在两块相对的框板上，框板采用环氧树脂板。各正极板互相电连接在一起。在每相邻的两块正极板之间的中心面上至少有一根负极丝（图中有 3 根），负极丝采用钼丝，也可采用钨丝。负极丝的两端通过由陶瓷材料制成的穿心螺柱和螺母组成的两个连件分别固定在相对的框板上，所有负极丝互相电连接在一起。为减少钼丝的挠度，钼丝两端需要有一个张紧力，在钼丝每一端处的连接件与框板之间也就是在螺母与框板之间夹有一个弹性元件，该弹性元件采用鞍形弹性垫圈，也可采用锥形开花垫圈或波形弹性垫圈或压簧。

电晕放电装置在 70～ 80℃的热环境工作时，正极板和负极丝受热膨胀，正极板的铝合金材料热胀系数比负极板的钼丝的热胀系数大，由于铝合金板和钼丝的两端均固定在一对框

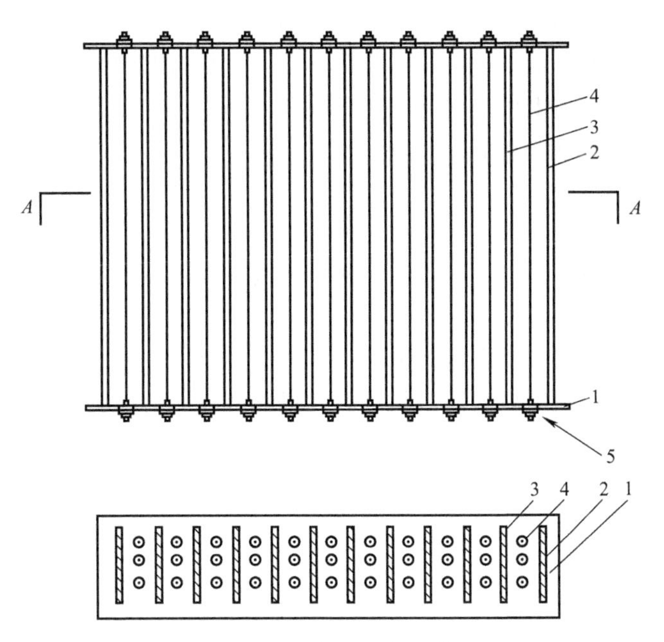

图 1-58 电晕放电装置

1—板框；2—正极板；3—相邻正极板；4—负极丝；5—板框

板上，当距离相等时工作区的温度也相等。由于热胀系数不同、铝合金的伸长量比钼丝的伸长量要大一点，这时钼丝将受到拉力而变形，但由于钼丝一端处的螺母和框板之间有一个弹性元件，弹性元件受力变形，使钼丝受的拉力得到缓冲而降低，缩径量很小，确保了钼丝放电性能稳定和延长了使用寿命。

图 1-59 是一种等离子体反应器，其缸体分别由绝缘的硼硅酸盐玻璃或石英和尾端件组成。缸体通过环形槽与尾端件相连，通过 O 形环来密封。反应器用夹具组合起来，尾端件

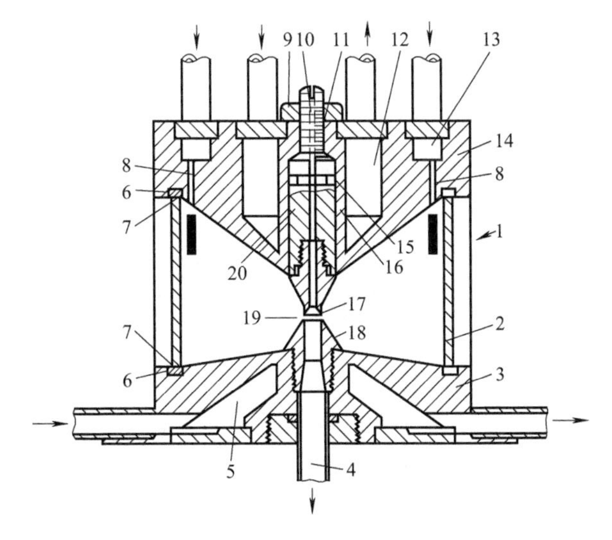

图 1-59 等离子体反应器

1—反应器；2—缸体；3—下端尾件；4—下端轴通道；5—冷却通道；6—环形槽；7—O 形环；8—输入管；9—螺母；10—通道；11—螺杆；12—冷却通道；13—增加室；14—上端尾件；15—O 形密封环；16—孔；17—上电极针；18—下电极针；19—空隙；20—塞

是圆锥体形式，上、下尾端件的圆锥角是不相同的，上尾端件比下尾端件要小一些。与尾端件旋在一起的是可替换的电极针。电极针与尾端件具有相同的圆锥角度。上电极针不直接与上尾端件旋在一起，而是与上尾端件相连的缸体塞相旋。塞与孔之间用O形环相连达到密封。两电极之间的空隙可以通过螺杆和螺母来调整，电极针的终端是很尖的环形口。上尾端件有一个冷却通道，周围有很多输入管，其中一反应气体可以通入反应器中。输入管与增压室相连，气体介质以旋涡运动形式进入反应器。上尾端件、缸体塞和电极针都有轴通道，另一反应气体可以通过此通道进入反应器。同样下尾端件和电极针也有一个轴通道，反应的产物可以从此通道抽出。

尾端件是由不锈钢做成的，电极针也可用不锈钢做成，也可用钨钢做。从反应源发出的微波辐射进入反应器，在两电极针头之间中形成很高微波能量区，等离子在此区域产生。

4. 半干式电晕放电烟气净化装置

近年来，燃烧产生的SO_2、NO_x等造成了严重的大气污染，人们一直在不断探索技术更先进、更经济的烟气净化方法。20世纪80年代，人们提出了脉冲电晕放电低温等离子体烟气净化技术。而半干式电晕放电烟气净化方法及装置解决了一些干法脉冲放电烟气脱硫技术中存在的问题。图1-60为半干式电晕放电烟气净化装置流程图。含有SO_2、NO_x的高温烟气从顶部入口进入增湿喷雾干燥塔，采用压力雾化方式喷入雾化液滴，使烟气温度降至60～80℃，相对湿度增加至10%左右。然后烟气进入电晕放电烟气净化器，净化器有4个电场，采用线板式结构，同极间距300mm。在净化器入口，由加氨喷嘴按NH_3与SO_2化学计量比略低于1∶1加入NH_3，净化器前两个场施加纳秒级100～125kV脉冲高电压，后两个电场施加器加上50～70kV直流电压，发生脉冲电晕放电，将SO_2和NO_x转化为铵盐颗粒，并捕集下来，净化后的烟气经烟囱排入大气。在电晕放电净化下面设置储液槽，供液泵将其中的水经管道抽到设在净化器上部的布水器中，布水器的喷嘴向极板喷雾，在极板上形成水膜，水膜向下流动，产物溶解到水膜中，随水膜流入储液槽，清洗液用供液泵再打到电晕放电净化器上，循环使用。干燥塔供液泵从储液槽抽取部分产物清洗液送到增湿降温喷雾干燥塔，雾化蒸发干燥形成较大的铵盐产物颗粒，从干燥塔底部取出，用做化肥。

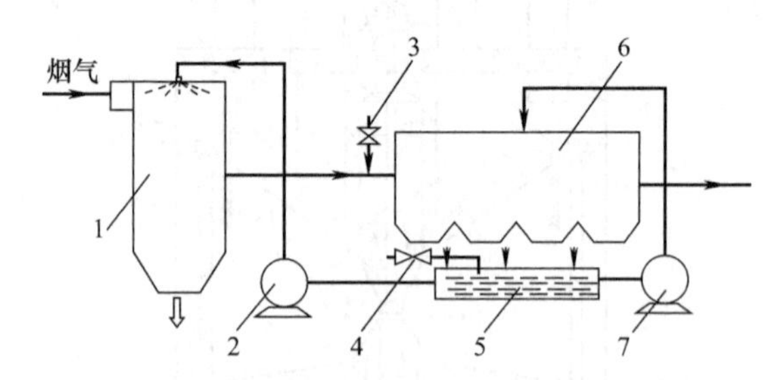

图1-60 半干式电晕放电烟气净化装置

1—增湿降温喷雾干燥塔；2—喷雾干燥塔供液泵；3—加氨喷嘴；4—补水管路；5—储液槽；6—电晕放电烟气净化器；7—净化器供液泵

本装置的有益效果是：采用湿式水膜清洗产物，可提高脉冲放电脱硫、脱硝中的相反应作用；SO_2、NO_x和NH_3在电晕风作用下随气流向极板移动，溶于水膜，进一步发生脱除反应；解决了产物黏结问题；反应器极板、极线清洁，供电系统运行稳定，放电状况良好；产物收集效率高，可以减小净化装置尺寸；减小NH_3和产物铵盐外排，避免产生二次污染；在产物溶液喷雾干燥过程中，雾滴与烟气传质效果好，O_2 和 SO_2 可进入雾滴液膜中，O_2 溶解有利于将产物 NO_x 中的亚硫酸铵转化为硫铵，稳定产物，同时也可发生直接的脱硫、脱硝化学反应。

图 1-61 为湿式水膜清洗产物循环系统。

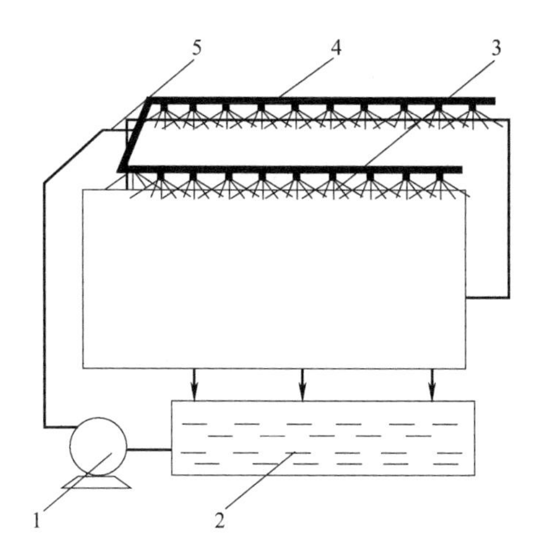

图 1-61 湿式水膜清洗产物循环系统

1—净化器供液泵；2—贮液槽；3—电晕放电净化器极板；4—形成水膜的布水器；5—管道

三、光催化氧化技术

光催化能降低化学反应所需要的能量，缩短反应时间而本身却不发生变化。在化学中，这种由催化剂参与的反应一般需要有较高的温度，催化剂大多为贵稀金属。

1972 年，日本 Fujishima 发现了光催化现象。1999 年由于纳米技术得到了突破性进展，光催化终于正式登上了国际研究舞台。经过多年的研究和积累，光催化技术与应用等已相当成熟。

1. 光催化和催化剂

（1）光催化定义　光催化指在特定波长光源（例如紫外线）作用下能在常温下参与催化反应的物质。二氧化钛（TiO_2）即为一种典型的光触媒物质。在特定波长光源（例如紫外线）作用下，光源的能量激发 TiO_2 周围的分子产生活性极强的自由基。这些氧化能力极强的自由基可以分解绝大部分有机物质与部分无机物质，形成对人体无害的 CO_2 与 H_2O。

光催化技术本身不是一种分离技术，它实际上是一种分解技术。目前，从纳米光催化技术在空气净化器中的大量研究与应用报道中看来，纳米光催化技术主要体现在将已经截获或固定的有机物或细菌进行连续地分解，直至成为无二次污染的小分子物质或二氧化碳和水。因此，可以认为：光催化剂分解空气中各种有害有机物，解决了许多传统空气净化方法存在的二次污染问题。

纳米光催化技术将净化的概念从以前的分离提升到分解的高度。以前的分离净化是不考虑污染物的分解的，有了纳米光催化技术，在实施高效分离净化的同时可以考虑如何进行分解的高级净化。

因此，开发多种技术组合、集约程度高的空气净化产品是空净行业发展的方向。

（2）光催化剂　光催化剂作为 21 世纪的新材料已引起了各方面的重视。目前，发达国家已将光催化技术用于去除高速公路上的氮氧化物、地下水中的致癌物，用于下水道、港湾的废油处理，也有用于居室空间的表面材料处理。这些处理方法是应用了光催化材料对有害物质具有长期的、缓慢的净化效应的性能。

常见的光催化剂多为金属氧化物和硫化物，如 TiO_2、ZnO、CdS、WO_3 等，其中 TiO_2 的综合性能最好，应用最广。

大多数挥发性有机化合物在这种紫外光能和纳米活性催化氧化的共同作用下能在 2～3s 内被充分降解，光催化氧化技术对挥发性有机废气污染物催化反应条件温和，有机物分解迅速，产物为 CO_2 和 H_2O 或其他小分子物质，而且适用范围广，包括烃、醇、醛、酮等有机物都能通过 TiO_2 光催化清除。

2. 光催化技术原理

半导体的能带结构通常是由一个充满电子的低价带和一个高空的高能导带构成，价带和导带之间的区域称为禁带，域的大小称为禁带宽度。半导体的禁带宽度一般为 0.2～3.0eV，是一个不连续区域。半导体的光催化特性就是由它的特殊能带结构所决定的。当用能量等于或大于半导体带隙能的光波辐射半导体时，处于价带上的电子就会被激发到导带上并在电场作用下迁移到离子表面，于是在价带上形成了空穴，从而产生了具有高活性的空穴电子对。空穴可以夺取半导体表面被吸附物质或溶剂中的电子，使原本不吸收光的物质被激活并被氧化，电子受体通过接受表面的电子而被还原。

TiO_2 属于一种 n 形半导体材料，它的禁带宽度为 3.2eV（锐钛矿），当它受到波长≤387.5nm 的光（紫外光）照射时，价带的电子就会获得光子的能量而跃迁至导带，形成光生电子（e^-）；而价带中则相应地形成光生空穴（h^+），如图 1-62 所示。

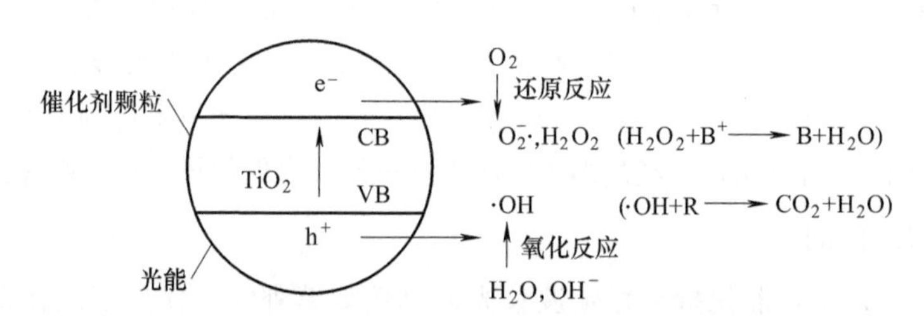

图 1-62　纳米 TiO_2 光催化降解污染物的反应示意

光催化是利用 TiO_2 作为催化剂的光催化过程，光催化是利用紫外光波照射 TiO_2，在有水分的情况下产生羟基自由基（·OH）和活性氧物质（O_2^-·、HO_2·），其中·OH 是光催化反应中一种主要的活性物质，对光催化氧化起决定作用。·OH 具有很高的反应能(120kJ/mol)，高于有机物中的各类化学键能，如 C—C（83kJ/mol）、C—H（99kJ/mol）、C—N（73kJ/mol）、C—O（84kJ/mol）、H—O（111kJ/mol）、N—H（93kJ/mol），因而能迅速有效地分解挥发性有机化合物和构成细菌的有机物，再加上其他活性氧物质（O_2^-·、HO_2·）的协同作用，其氧化更加迅速。能氧化绝大部分的有机物及无机污染物，将其矿化为无机小分子、CO_2 和 H_2O 等无害物质。反应过程如下：

$$TiO_2 + h\nu \longrightarrow h^+ + e^-$$

$$h^+ + e^- \longrightarrow 热能$$

$$h^+ + OH^- \longrightarrow \cdot OH$$

$$h^+ + H_2O \longrightarrow \cdot OH + H^+$$

$$e^- + O_2 \longrightarrow O_2^- \cdot$$

$$O_2 + H^+ \longrightarrow HO_2 \cdot$$

$$2H_2O \cdot \longrightarrow O_2 + H_2O_2$$

$$H_2O_2 + O_2 \longrightarrow \cdot OH + H^+ + O_2$$

$$\cdot OH + dye \longrightarrow \cdots \longrightarrow CO_2 + H_2O$$

$$H^+ + dye \longrightarrow \cdots \longrightarrow CO_2 + H_2O$$

由机理反应可知，TiO_2 光催化降解有机物实质上是一种自由基反应。

光催化技术是在设备中添加纳米级活性材料，在紫外光的作用下，产生更为强烈的催化降解功能。纳米活性材料光生空穴的氧化电位以标准氢电位为3.0V，比 O_3 的2.07V和 Cl_2 的1.36V高许多，具有很强的氧化性。在光照射下，活性材料能吸收相当于带隙能量以下的光能，使其表面发生激励而产生电子（e^-）和空穴（h^+），这些电子和空穴具有极强的还原和氧化能力，能与水或容存的氧反应，迅速产生氧化能力极强的羟基自由基（$\cdot OH$）和超氧阴离子（$O_2^- \cdot$）。$\cdot OH$ 具有很高的氧化电位，是一种强氧化基团，它能够氧化大多数有机污染物，使原本不吸收光的物度直接氧化分解。

3. 影响光催化性能的主要因素

（1）催化剂晶体结构的影响　以 TiO_2 为例，TiO_2 主要有两种晶型——锐钛矿型和金红石型。锐钛矿型和金红石型均属四方晶系，两种晶型都是由相互连接的 TiO_6 八面体组成的，每个Ti原子都位于八面体的中心，且被6个O围绕。两者的差别主要是八面体的畸变程度和相互连接方式不同。

金红石型的八面体不规则，微显斜方晶，其中每个八面体与周围10个八面体相连（其中两个共边，八个共顶角）；而锐钛矿型的八面体呈明显的斜方晶畸变，其对称性低于前者，每个八面体与周围8个八面体相连（4个共边，4个共顶角）。这些结构上的差异使得两种晶型有不同的电子能带结构。锐钛矿型 TiO_2 的禁带宽度 E_g 为3.3eV，大于金红石型 TiO_2 的禁带宽度（E_g 为3.1eV）。锐钛矿型 TiO_2 较负的导带对 O_2 的吸附能力较强，比表面积较大，光生电子和空穴容易分离，这些因素使得锐钛矿型 TiO_2 光催化活性高于金红石型 TiO_2 的光催化活性。

（2）催化剂颗粒粒径的影响　催化剂粒径的大小直接影响光催化活性。当粒子的粒径越小时，单位质量的粒子数越多，比表面积越大。对于一般的光催化反应，在反应物充足的条件下，当催化剂表面的活性中心密度一定时表面积越大吸附的 OH^- 越多，生成更多的高活性的 $\cdot OH$，从而提高了催化氧化效率。当粒子大小在1～100nm级时就会出现量子效应，成为量子化粒子，使得 h^+-e^- 对具有更强的氧化还原能力，催化活性将随尺寸量子化程度的提高而增加。另外，尺寸的量子化可以使半导体获得更大的电荷迁移速率，使 h^+ 与 e^- 复合的概率大大减小，因而提高催化活性。

（3）光源与光强的影响　光电压谱分析表明，由于 TiO_2 表面杂质和晶格缺陷影响，它在一个较大的波长范围里均有光催化活性。因此，光源选择比较灵活，如黑光灯、高压汞灯、中压汞灯、低压汞灯、紫外灯、杀菌灯等，波长一般在250～400nm范围内。应用太阳光作为光源的研究也取得一定的进展，实验发现有相当多的有机物可以通过太阳光实现降解。有资料报道，在低光强下降解速率与光强呈线性关系，中等强度的光照下降解速率与光强的平方根有线性关系。

（4）光催化剂用量的影响　TiO_2 在光催化降解反应中反应前后几乎没有消耗。TiO_2 的用量对整个降解反应的速率是有影响的，在 TiO_2 光催化降解有机磷农药研究结果中表明，有机磷农药降解速率开始随 TiO_2 用量的增加而提高，当量增加到一定时降解速率不再提高，反而有所下降。一开始速率提高是因为催化剂的增加，产生的·OH 增加，当催化剂增加到一定程度时会对光吸收有影响。

（5）有机物的种类、浓度的影响　H. Hidaka 等研究表明，阳离子、阴离子及非离子型表面活性剂如 DBS、SDS、BSD 等易于光催化降解，分子中芳香烃比链烃结构易于端裂而实现无机化。

4. 光催化氧化工艺过程

光催化氧化用作废气除臭的治理从工艺过程上分为光催化、氧化两个单元。

（1）光催化单元的作用

① 对废气分子的活化：采用能量极高的强紫外线真空波作为驱动光源照射在废气分子上，让废气分子具备催化氧化的活性。

② 对催化剂的电子激发：紫外光真空波对催化剂的有效照射可激发催化剂产生电子-空穴对，可将空气中的水分和氧气进行电离生成负价的氢离子和氧离子，由于氢离子和氧离子极不稳定，在瞬间结合成氧化性极强的羟基自由基（·OH）（·OH 的氧化电位为 2.80V）和超氧离子自由基（O_2^-·）（O_2^-·的氧化电位为 2.42V），由以上两点作用达到废气处理时必要光催化的效果。

（2）氧化单元的作用

① 超级氧化的·OH：·OH 在瞬间产生，由于结构不稳定、氧化性极强，其持续的时间比较短，将近 1s，但这 1s 的氧化完全可以称之为“超级氧化”，因为·OH 的氧化对象几乎没有选择性，可以跟任何物质发生反应，在瞬间将结构稳定的多元多重分子降解为单元分子。

② 后续清洁的 O_2^-·：O_2^-·的氧化作用是对·OH 未完全来得及反应降解的单元分子进行后续的氧化降解，直至氧化还原为水和二氧化碳为止，O_2^-·对氧化反应的辅助作用在氧化单元中堪称完美，以上可以看出光催化氧化在处理废气过程中有效的氧化剂是·OH 和 O_2^-·，二者相辅相成，缺一不可。

5. 光催化氧化的特点

① 光催化氧化适合在常温下将废臭气体完全氧化成无毒无害的物质，适合处理低浓度、气量大、稳定性强的挥发性有机化合物。

② 有效彻底净化：通过光催化氧化可直接将空气中的挥发性有机化合物完全氧化成无毒无害的物质。

③ 绿色能源：光催化氧化利用人工紫外线灯管产生的紫外光作为能源来活化光催化剂，驱动氧化-还原反应，而且光催化剂在反应过程中并不消耗，利用空气中的氧作为氧化剂，有效地降解有毒有害废臭气体成为光催化节约能源的最大特点。

④ 氧化性强：半导体光催化具有氧化性强的特点，其氧化性高于常见的臭氧、过氧化氢、高锰酸钾、次氯酸等，对臭氧难以氧化的某些有机物如三氯甲烷、四氯化碳、六氯苯都能有效地加以分解，所以对难以降解的有机物具有特别意义。

⑤ 广谱性：光催化氧化对从烃到羧酸的种类众多有机物都有效，即使对原子有机物如卤代烃、染料、含氮有机物、有机磷杀虫剂也有很好的去除效果，只要经过一定时间的反应可达到完全净化。

⑥ 寿命长：在理论上，光催化剂的寿命是无限长的，无需更换。

光催化氧化主要适用于化工厂、印染厂、制药厂、酒精厂、饲料厂、污水处理厂、垃圾处理站、垃圾发电厂等产生的多成分挥发性有机化合物的协同治理。

四、光解技术

光解（Photolysis）是指化合物被光分解的化学反应。

光解主要是利用波长为185nm和波长为2.54nm（$1nm=10^{-9}m$）的光波，使O_2结合产生的臭氧，对污染物进行分解。185nm紫外线是一种波长较短、能量较高的超紫外线，其能量相当于6.7eV，254nm波长的紫外线，其能量相当于4.88eV；这两种紫外线去除有机物，效果有所不同。

1. 光解技术的原理

光解是利用UV紫外光的能量使空气中的分子变成游离氧，游离氧再与氧分子结合，生成氧化能力更强的臭氧。近而破坏工业有机废气中的有机或无机高分子化合物分子链，使之变成低分子化合物，如CO_2、H_2O等。

由于UV紫外光的能量远远高于一般有机化合物的结合能，因此采用紫外光照射有机物可以将它们降解为小分子物质。

主要有机化合物分子结合能见表1-28。

表1-28 主要有机化合物分子结合能

分子键	结合能/(kJ/mol)	分子键	结合能/(kJ/mol)
H—H	432.6	C—H	413.6
C—C	347.6	C—O	351.6
C═C	607.0	C═O	742.2

由表1-28可知，大多数化学物质的分子结合能比高效紫外线的光子能低，能被有效分解。以苯分子的光解机理为例，苯（C_6H_6）是最简单的芳香烃，常温下为一种无色，有甜味的透明液体，并具有强烈的芳香气味。苯难溶于水，易溶于有机溶剂，也可用作有机溶剂，苯分子键结合能150kJ/mol。用高能紫外线647kJ/mol的分解力去裂解苯分子键结合能150kJ/mol，苯环将被轻易打开，形成离子状态的$C—C^+$和$H—H^+$并极易分别与臭氧发生氧化反应，将苯分子最终裂解氧化生成CO_2和H_2O。因此，可以经过紫外光的照射将污染物转化成简单的CO_2和H_2O（表1-29）。

表1-29 常见的废气污染物化学性质及物质光解氧化转换表

序号	名称	分子式	分子量	主要化学键	对应的化学键能/(kJ/mol)	光化学反应产物
1	苯	C_6H_6	78	C═C,C—H	611,414	CO_2,H_2O
2	甲苯	C_7H_8	92	C═C,C—H,C—C	611,414,332	CO_2,H_2O
3	二甲苯	$C_6H_4(CH_3)_2$	106	C═C,C—H,C—C	611,414,332	CO_2,H_2O

续表

序号	名称	分子式	分子量	主要化学键	对应的化学键能/(kJ/mol)	光化学反应产物
4	苯乙烯	C_8H_3	104	C═C,C—H,C—C	611,414,332	CO_2,H_2O
5	乙酸乙酯	$C_2H_4O_2$	88	C—H,C═O,C—O,C—C	414,326,728,332	
6	甲醇	CH_3OH	32	C—H,C—O,H—O	414,326,464	CO_2,H_2O
7	乙醛	C_2H_4O	44	C═O,C—O,C—H	611,326,414	CO_2,H_2O
8	丙烯醛	C_3H_4O	56	C═O,C—O,C—H	611,326,414	CO_2,H_2O

2. 光解工艺流程

(1) 水洗系统　设置水洗系统的目的主要是为了对废气进行预处理，其中包括除去粉尘和酸性气体，并进行降温处理等。

水洗装置主要分为雾化区、洗涤区、脱水除雾区。雾化区布有多组雾化喷头，喷射面覆盖整个过滤截面，喷射液滴较小，和杂质的接触性能好，起预过滤作用，去除杂质的同时对后续的洗涤区也起了补充布水的作用；酸性气体等易溶于水的气体，在洗涤区在多次通过液膜的过程中被去除，起到高效过滤的作用；而后有机废气再经水洗装置的脱水除雾区去除体积较大的液滴或水雾，再进入后续的净化装置。

对废气降温的目的，主要是预先除去一部分高沸点的 VOCs，这一点在采用光解法处理餐厨油烟时作用特别显著。

除此之外，在排气浓度和气量不稳定的场合还需设置废气缓冲装置，以获得稳定的废气流量和浓度，便于光解装置的正常工作。

(2) 净化系统　光解净化系统的设计比较简单，一般情况下，当废气的种类和浓度确定之后主要任务是选择合适的紫外光能，对于大部分 VOCs 来说当其浓度在 200μL/L 左右时选择 7kW 左右的紫外光基本可以满足要求。

3. 光解技术的联合应用

光解是通过紫外光冷燃烧的原理来处理废气，即 UV+O_3，通过强紫外光短波 185nm 波长对废气分子进行裂解，打断分子链，同时产生大量的臭氧对废气进行氧化处理，因为其主要的氧化剂是臭氧（臭氧的氧化电位为 2.07V），所以对一般有机废气成分处理有效果，但对结构稳定的原子有机物、卤化物不产生反应。

在实际应用中，为了达到更好的处理效果，往往会采用光解技术与光催化技术联合应用的方法，称作光解催化氧化技术。这就是人们往往会把光解与光催化相混淆的原因。实际上，光催化反应只是在光解技术中加入了催化剂，从而更加增强了对 VOCs 的氧化能力。

有时候，光解技术还与其他技术，如吸附等联合应用，使它们能够处理较高浓度的 VOCs。

4. 光解的应用领域

常用于喷涂、烤漆、塑料、印刷、食品、饲料、养殖、污水厂、垃圾站等行业中低浓度的 VOCs 处理。对于医疗、石油化工等行业超大风量、高浓度废气处理，建议通过催化燃烧、吸附等传统工艺处理，待风量与浓度降到低浓度时可采用 UV 光解来协同处理。

五、喷雾吸附技术

喷雾吸附器酸气净化系统是由喷雾吸附器、除尘器、风机及其他辅助设备组成，流程如图 1-63 所示。

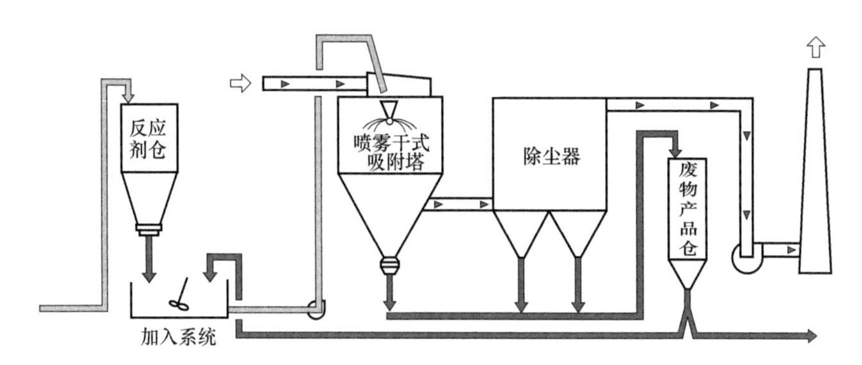

图 1-63 喷雾吸附器酸气净化系统

1. 工作原理

喷雾吸附器（干洗涤器）是在热烟气中喷射一种含水的溶液或泥浆，热烟气经绝热加湿（既没有失去也没有得到热）和冷却，泥浆或溶液明显地干燥蒸发，并通过化学吸附作用净化有害气体的一种设备。

喷雾吸附器是用碱性吸附剂（又称反应剂）对烟气进行喷雾，吸附剂不是一种以钙为基底的泥浆就是一种钠的溶液，它能与烟气中的酸气起反应，使烟气中的酸气转换成干的固体颗粒，该固体颗粒然后在袋式除尘器中进一步被净化清除掉。

喷雾吸附器是将粉末制成泥浆，泥浆中的含水量是控制好的，因此所有在溶液或泥浆中的水在进入袋式除尘器前就完全蒸发了，它对控制燃煤锅炉排放的尘粒物质和硫的化合物极为有效；目前在燃煤锅炉的烟气脱硫系统（FGD）中也已采用这种技术。

2. 喷雾吸附装置组成

喷雾吸附器（干式洗涤器）后面配置一台袋式除尘器，它不单纯只控制尘粒物质和 SO_2，而且也对 HCl、NO_x 和有毒气体（例如重金属成分和氯的烃类化合物，包括二噁英）提供良好的净化效果，被认为是固体废物焚烧炉污染物协同控制排放的有效技术。原因有以下 2 点：a. 干式洗涤过程同时促进酸成分水汽的冷凝并反应成为固体，如果理想地控制能将所有排出物转换成尘粒；b. 袋式除尘器是高效净化细尘粒最流行的可用技术。

利用喷雾吸附器作为烟气接触器，需要绝热加湿烟气，使烟气高于饱和温度一定度数。饱和温度是根据烟气的入口烟气温度、湿度和含酸程度来确定，水量在烟气中的蒸发可从热平衡中计算求得。

吸附剂的化学计量是根据泥浆中所含的吸附剂浓度的上升或降低来设定水量而变化，图 1-64 给出以熟石灰作为吸附剂的酸气净化效率与吸附剂化学计量之比。增加吸附剂化学计量能使酸气净化率上升，然而它受到以下 2 个因素的限制：

① 降低吸附剂的利用率，从而提高吸附剂和处理的成本。

② 吸附剂化学计量的上限受溶液中吸附剂的可溶性，或泥浆中固体吸附剂的质量百分数限制。

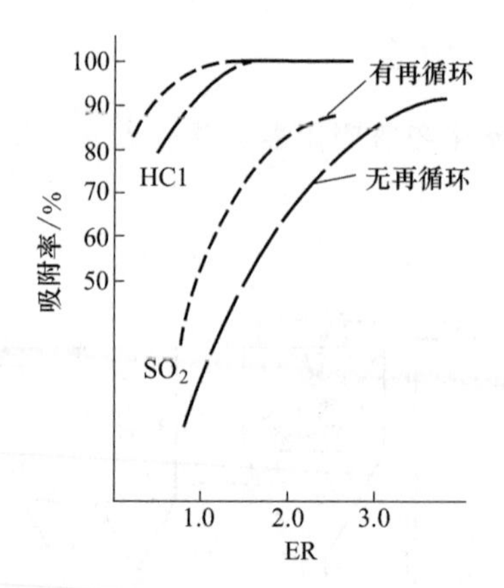

图 1-64 同时吸附 HCl 和 SO_2 的结果

图 1-64 中 ER（当量比）计算公式如下：

$$ER(当量比)=\frac{当量的构成起吸附作用的吸附剂}{当量的入口烟气}$$

为避免受到上述两种限制，有以下两种方法可以解决。

（1）吸附剂再循环　它是将从喷雾吸附器排出的，或从尘粒排出控制设备收集来的固体物质再循环，以增加飞灰中尚未被吸附的剩余碱的再利用。同时，如果它是直接再循环到吸附剂泥浆罐中去的话，再循环也会增加喷雾器泥浆中吸附剂的质量百分数。

（2）采用较低的喷雾吸附器出口温度（即接近饱和温度）　运行在这种情况下，它对液滴的停留时间和干固体的剩余湿度两者都会提高效果。由于接近饱和温度，酸气的净化率和吸附器的利用率通常会大大增加。

喷雾吸附器出口接近饱和状态后可避免下游设备的冷凝，以确保安全。当出口温度较低时，可用一些热烟气旁路来预热吸附器出口的烟气，但用旁路未经处理的烟气来加热将会使脱硫效率降低。

多年来，采用卵石石灰和在现场湿化（一般用于大多数大型系统）来替代熟石灰，它具有以下特点：

① 由于熟石灰在加工时要增加一些步骤，它比生石灰相比成本要高些。

② 纯生石灰（CaO）在每 1lb（1lb≈0.45kg，下同）生石灰中有 0.714lb 的钙。熟石灰在每 1lb 水合物［$Ca(OH)_2$］中有 0.541lb 的钙。

③ 熟石灰与生石灰相比是一种细的、低密度的产品（25～35lb/ft^3 或 400～560kg/m^3），它通常处理成块度 1/2in（1in≈25.4mm，下同），密度 55～60lb/ft^3（880～960kg/m^3）（1ft≈0.3m，下同）。

④ 熟石灰的上面几项要比生石灰贵 30%和运输费较高。生石灰是用于较大的设备，一般对于一个处理固体废物的氯含量为 1%，计量比为 2，每月运行 20d，容量为固体废物 250～300t/d 的焚烧炉，每月需要石灰 100～125t。

3. 喷雾吸附器的设计

通常喷雾吸附器的这种喷雾干燥技术用在大型垂直的或水平的管道上进行逆向混合。

一般含飞灰和酸气的烟气进入喷雾吸附器内，与非常细的雾化碱性泥浆或溶液接触。烟气在喷雾吸附器内停留大约 10s 时，经绝热加湿，使泥浆或溶液中的水蒸发。同时，烟气与碱类反应生成固体盐（如氯化钙和硫化钙），固体盐是干的，一般自由湿度<1%。烟气通常保持在饱和温度>20～50℉［换算公式摄氏 1℃ $=\frac{5}{9}$(℉－32)，下同］，通过喷雾吸附器的烟气进入尘粒控制装置，通常采用袋式除尘器。

在有些设计中，部分固体盐从喷雾吸附器内分离出来，随着飞灰被袋式除尘器处置，碱性物质和酸性烟气之间的反应在烟气通过管道和袋式除尘器时继续进行。

商业用的喷雾吸附系统可以设计成几种形式。虽然有些采用商业苏打灰，但大部分系统利用石灰作为吸附剂。

喷雾吸附系统大部分采用袋式除尘器净化飞灰和废的颗粒，少数采用电除尘（ESP）。袋式除尘器中，反吹风袋式除尘器被选作可用的除尘器，大部分工业系统则选用脉冲喷吹袋式除尘器。

颗粒大多采用再循环，主要是因为再循环改善了吸附剂的利用率，同时试剂价格较低。再循环的采用主要根据通过烟气的酸气净化需要来决定。

喷雾吸附运行中主要不同点是烟气停留时间和吸附器出口处的接近饱和温度。

烟气停留时间在大部分商业设计中一般为 7～20s，大部分为 10～12s。

吸附器出口处接近饱和温度。在干燥器出口，一些常见的商业系统设计要求烘干机出口比较接近饱和温度（即饱和温度>18～25℉）。另外一种是其酸气净化效率要求严格时需要一种较大的接近饱和（即饱和温度>30～50℉）。

（1）Niro 喷雾吸附反应器

Niro 喷雾吸附反应器（图 1-65）是作喷雾泥浆和烟气的均匀混合之用。

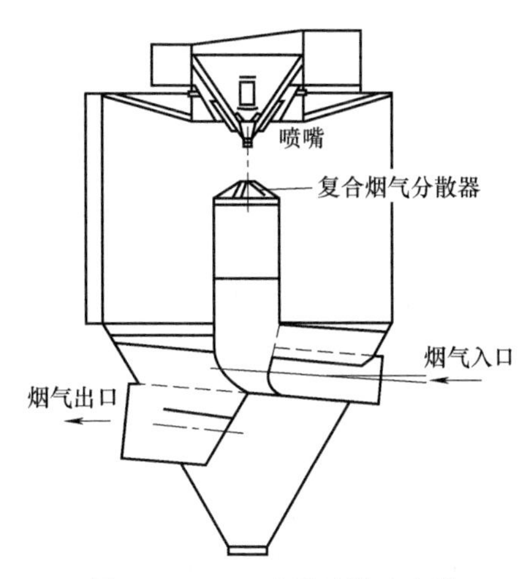

图 1-65 Niro 喷雾吸附反应器

Niro 喷雾吸附反应器是烟气通过一个复合烟气分散器，以旋涡流形式送入反应器，复合烟气分散器中心对准喷嘴中心，上下对称。

烟气分散器喷入的烟气控制雾化液滴云的形状，并提供烟气和吸附泥浆在喷雾器周围的狭窄区域内的有效混合，以完成吸附的主要反应。

烟气通过气体分散器形成一股旋风效应的螺旋气流，并通过吸附器底部的圆锥扩散，然后由出口管锥中心排出。

此时，积聚在壁上的所有物质可能会影响系统的正常运行，应避免烟气出口的堵塞。大约 30%的主要吸附剂干颗粒物质集中在容器的底部，并通过摆动阀（Rap valve）排出，剩下来的干颗粒物质随烟气带到除尘器中。

从吸附器排出的颗粒物质与除尘器回收的颗粒物质的比例，可以通过烟气出口管道的修改来改动。

Niro 喷雾吸附反应器的结构尺寸主要是按正常的停留时间确定，即烟气的气流量除以反应罐的体积。气流的停留时间一般范围为 7～12s，大部分在 10～12s 范围内。

采用回转喷雾器时，喷雾吸附器可采用长径比（L/D）小的垂直筒体。采用双流喷嘴时，通常筒体可采用垂直或水平形式，其长径比（L/D）可更大些，以使烟气和筒体内的吸附喷雾混合得更好。

关于回转喷嘴的设计，泥浆为放射形喷入，并要求喷入的泥浆必须在到达器壁前干燥，否则它就会在器壁上积聚干的泥浆。

通常，反应器的外壁应设保温，以减少热损失和避免冷凝。

（2）喷雾器

喷雾吸附器中的喷雾器有回转喷嘴、双流体喷嘴、雾化喷嘴三种。虽然有些设计采用雾化喷嘴，但大部分商业喷雾吸附系统采用回转雾化喷嘴。

4. 喷雾吸附试剂

（1）试剂种类　用于喷雾吸附过程的试剂有钠化合物和钙化合物两种。

1）钠化合物（如天然碱或苏打石）。钠化合物由于具有高溶解性，故容易加工。钠化合物的加工是在已知体积的水箱中加入称好重量的干的化合物，制成一种溶液，这种溶液经冲淡后作为喷雾器的喷雾剂。

为了根据喷雾吸附器出口所需的温度值来控制水量和根据酸气出口所需的含量程度来控制反应剂的量，故一般采用两级喷雾器喷入方式。

2）钙化合物（如卵石石灰（CaO））。常用的钙化合物的溶解性相对较低，卵石石灰的大小大约 0.5in，通常在加工中要困难些，所以卵石石灰制成泥浆要比溶液更好一些。

卵石石灰一般用气力输送从发送罐送到储仓，然后落入石灰消和器。

（2）石灰的煅烧　氧化钙（CaO）是一种苛性白色固体，是已知的石灰、烧石灰、矿灰（金属灰），生石灰或苛性石灰。

石灰在商业上是由石灰石在窑内烘焙或燃烧配置而成，它从碳酸钙（$CaCO_3$）在以下煅烧反应中制出二氧化碳：

$$CaCO_3(\text{固体}) \longrightarrow CaO(\text{固体}) + CO_2(\text{气体})$$

由于这种反应随时会逆转，因此对石灰在空气中的储藏和处理是至关重要。最切实可行的解决方法是：a. 使用 0.25in 大小或更大一些的颗粒，使石灰暴露在空气中的表面积相对缩小；b. 在任何时候石灰的储藏尽可能密封；c. 在可能情况下避免储藏时间过长。

根据石灰石的使用性质、窑炉的设计和运行温度以及煅烧的持续时间，石灰有各种等级。

① 软烧是石灰在相对短的时间内、在一个相对低的温度下煅烧。这种石灰具有高孔隙率和高反应率，能满足喷雾吸附过程的需要。

② 硬烧（或烧硬）是石灰在相对长的时间内在一个相对高的温度下煅烧。这种石灰被加热到一定温度，此时颗粒的孔隙趋向于熔融，减少了它的反应。硬烧是在立窑中制成 2～8in 的成块石灰，接近于烧硬，它在喷雾吸附系统制成的熟石灰泥浆品质太低，并需要在破

碎前湿化（熟化）。

卵石石灰通常是在回转窑内烧制，常用轻烧，是理想的适宜做泥浆或用于喷雾吸附过程的粒状石灰，为8～80号大小或更小，最常用的是0.25～2in大小的卵石石灰，就像地面生石灰，石灰粉分离得极细，可避免在大量储藏时大量碳化而不适用于喷雾吸附。

极透气的和高反应的石灰是由高钙石灰石的无固定形状的结构和鲕粒（贝壳化石）焙烧而成。这种形式的石灰石在美国大部分地区是极为丰富的。结晶灰岩、变质石灰岩和白云质石灰岩具有较低的钙含量，将产生少的石灰反应，因此应避免。

（3）石灰消和器　石灰消和器是一种用水混合石灰制成氢氧化钙的装置。

石灰消和器的设计和运行必须考虑以下因素：a. 石灰消和是一种放热过程，加工时有明显的、快速的发热；b. 加入的石灰中含有的细粒最好除去，以保护下游的泥浆处理设备；c. 消和过程的温度必须控制，以保持产品的质量。

不同的商业喷雾吸收系统用来消和石灰的方法有所不同，常用的有球磨消和机、糨糊消和机、缓和消和机。

球磨消和机和糨糊消和机是经常使用的，其优点是：a. 球磨消和机一般能产生出一种极细的和反应更强的泥浆；b. 糨糊消和机不需要清除和处理粗砂；c. 糨糊消和机的投资较低、噪声较低、动力需要较少；d. 糨糊消和机制成的泥浆，比球磨消和机制成的泥浆磨料少，它能减少磨损，以保护系统的泵和管道。

缓和消和机出口大约25%是固体，称为石灰乳，通常是送入一个或两个石灰乳储藏罐，以维持再循环时泥浆的均衡。它的运行很像钠化合物，石灰乳称量后进入喷雾器，石灰乳的称量常常是按出口SO_2检测器的反应和按维持喷雾吸附器出口温度的喷雾器冲淡水的水量检测确定。

（4）石灰的制浆　石灰制浆是水合石灰成氢氧化钙的过程，也像已知的熟石灰或消石灰那样。制浆是用过量的水进行放热反应：

$$CaO(固体)+H_2O(液体)\longrightarrow Ca(OH)_2(固体)$$

当高钙、软烧的卵石石灰用温和、干净的水，在水和石灰比为3～4情况下制成熟石灰，石灰卵石就快速瓦解在一种爆炸熟石灰链的反应中，制成一种极细的（1～3μm）悬浮熟石灰颗粒的泥浆，它用于喷雾吸附过程中是很理想的。这种理想的熟石灰在喷雾吸附过程中可以随时观察到以下几点：a. 完成全部熟石灰过程至少要3min；b. 在水和石灰比为3.5时其反应温度上升大约43℃；c. 制成的泥浆黏性非常高，其黏度为8～14Pa·s。

熟化时间长、温度上升少以及黏性低的泥浆就成为一种反应少的熟石灰泥浆。

5. 渣处置

灰斗用于暂时储藏从干洗涤器和袋式除尘器收集来的、处理以前的灰尘。

灰尘应尽可能地立即从灰斗内排除，以免堵塞。

灰斗的坡度通常设计成60°，以使灰尘可在灰斗内流动自由。

灰斗应具有挡板、多孔板、振动器和振打器，以防灰斗内壁积聚灰尘。灰斗加热器也能帮助避免灰尘粘贴在灰斗的内壁，引起灰尘搭桥。

所有灰斗需设灰斗指示器，它在堵塞问题出现危险之前，报警提示操作者。

灰斗底部的排灰装置通常采用细流阀、回转锁气器、螺旋输送机或气力输送器。

飞灰和/或失效的吸附反应剂物质必须处理到环境能接受的程度。

在喷雾干燥器内，如采用以钠为基础的反应剂时，由于钠化合物具有非常可溶性，能引起渣液的渗滤问题，但是内衬能帮助缓和这些渗滤问题。

如果收集的飞灰中有一部分是有毒金属，这些物质必须正确填埋，美国环境保护署（EPA）在不久的将来会对处理这些物质进行限制。

6. 喷雾吸附器和除尘器之间的相互作用

至今，在所有商业喷雾吸附系统中除尘器选择袋式除尘器多于电除尘器，其优点是：因为收集在滤袋表面的未曾反应的碱性物质和飞灰，在烟气通过滤袋时能进一步与剩余在烟气中的HCl和SO_2进行反应，有些报道提及通过袋式除尘器净化的SO_2，至少可提高大约10%。

喷雾吸附器酸气净化系统设计的袋式除尘器，主要不同的是滤袋、清灰频率和清灰形式。在喷雾吸附系统中，虽然亚克力滤袋的价格比较便宜，但大部分选用的是Teflon® 涂层的玻纤滤袋，亚克力滤袋只是在吸附器烟气温度较低时被替代。

袋式除尘器在喷雾吸附系统中主要应关注以下几点：

① 袋式除尘器内灰尘的含湿量过分潮湿时，将造成尘饼的清灰性能降低，引起袋式除尘器的压力降极度上升。

② 经验表明，一台成功的袋式除尘器，烟气的入口温度应高于绝热饱和温度20℉以上，如果低于这个温度，在运行时间较短时，由于原有滤料上的尘饼还是干灰，还能允许它继续在清灰循环中成功地清灰，对除尘系统还没有大的干扰；但是，当烟气湿度过高，就应在下一个清灰循环来到之前恢复干燥，否则会影响除尘器的正常运行。

六、干式喷射技术

干式喷射是在烟气进入袋式除尘器之前，用气流喷射一种干的、粉状的化合物，随后颗粒由袋式除尘器中收集的一种复合协同净化技术。

1. 干式喷射原理

干式喷射是用一种干粉喷入一个特殊混合容器（又称干喷粉器）内，或喷入袋式除尘器入口前的管道中。干粉的成分是多样化的，它将在干态下与有害气体起反应而达到净化，有时在干喷粉器之前喷入水以增加烟气中的湿度，以提高随后的化学反应。在喷粉器前面和后面产生的脱硫化学反应，然后给袋式除尘器所净化。

干式喷射的喷射形式可以有两种：一是将干粉喷入一个安置在袋式除尘器前面的混合容器内（又称干式喷射器）；二是将干粉直接喷入袋式除尘器上游的管道系统中。

干粉的成分是多样性的，它将在干态下与有害气体起化学反应，从而完成净化，化学反应后的尘粒随后为袋式除尘器所捕集。

有时在干式喷射器之前喷入一点水分，以增加烟气中的湿度，能提高随后的干式喷射器内的化学反应。

2. 干式喷射应用范围

干式喷射广泛用于酸性气体净化、沥青烟净化、酸雾净化等领域。

干式喷射过程在铝行业的生产过程中控制氟化氢（HF）的排放已用了很多年，并普遍认为可以用于燃煤锅炉和市政垃圾焚烧炉中。

一台22MW燃煤锅炉控制SO_2排放的干式喷射试验装置在Public Service of Colorado Cameo Station建成，采用的是美国西部低硫煤，烟气中SO_2浓度为450×10^{-6}，采用的天然碱和苏打石计量比分别为1.3和0.8。试验结果表明，SO_2的净化率为70%，干式喷射比喷雾吸附的试剂费用要便宜些。

虽然干灰喷射在袋式除尘器上游已试用过各种碱性反应剂（如石灰和石灰石），只有某些钠化合物在烟气中具有高的SO_2净化能力。

苏打石和天然碱矿含有天然的钠化合物，它们在干灰喷射中无论从反应和价格方面都是最有希望的反应剂。

苏打石含有超过70%的碳酸氢钠（$NaHCO_3$），它在烟气中与SO_2的反应更有效。

天然碱矿含有纯碱（Na_2CO_3）和碳酸氢三钠（$Na_2CO_3 \cdot NaHCO_3 \cdot 2H_2O$），它在美国的Wyoming和California找到大量的储量。

苏打石和天然碱矿影响SO_2净化的主要因素是：

① 喷射点的计量比（Na_2O与入口SO_2的摩尔比）。高的计量比能取得更高的SO_2净化率；同时，较高的计量比也会导致使用较少的反应剂。

② 烟气温度。在太低的温度下喷射反应剂将会降低SO_2的初始反应率，并限制整个SO_2的净化。对于苏打石，在喷射点温度低于270℉（135℃）时其脱硫效率显著下降。

③ 其他参数，包括反应剂的颗粒大小、喷射形式（批次、半批次或连续）、袋式除尘器的气布比和滤袋的清灰频率，在干灰喷射过程中也是极重要的。

干灰喷射技术于1990年由Public Service Company of Colorado在一台500MW设备上首次商业化应用，其情况为：a. 系统采用天然碱矿作为吸附剂；b. 炉子烧的是含0.4%硫的西部煤；c. SO_2的净化率设计为70%；d. 天然碱（trona）在袋式除尘器上游、烟气温度270～280℉（132～138℃）处喷入；e. 黏土和衬塑垃圾填埋场用作固体的处理。

在干灰喷射过程中（图1-66），做过袋式除尘器和电除尘器的试验。由于袋式除尘器滤袋表面积附着尚未吸附过的吸附剂，在烟气流过时吸附剂和烟气中的SO_2之间的反应进一步改善了SO_2的净化效率，为此绝大多数人都赞成用袋式除尘。

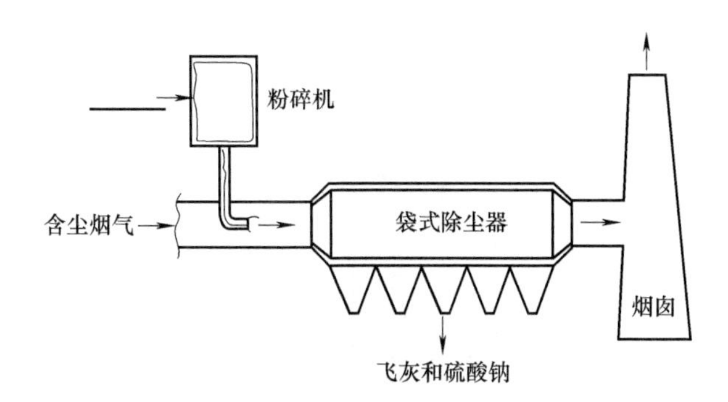

图1-66 协同净化有害气体和尘粒物质的干式喷射过程

由于大部分SO_2的净化反应出现在滤袋表面，吸附剂的喷入方法有好几种。

① 连续的：滤袋清灰后，吸附剂从除尘器上游喷射点连续喷入。

② 批次的：在滤袋清灰后，烟气恢复过滤前，一批吸附剂从袋式除尘器上游的喷射点喷入。

③ 半批次：这种喷入方法是方法①和②的折中。在滤袋清灰后，有一部分吸附剂从袋式除尘器上游的喷射点喷入而加到滤袋表面（如预涂层），剩余的在整个除尘器运行过程中从喷射点上游连续喷入。

试验这些技术是用苏打石，一种天然存在的含高碳酸氢钠的矿，对二氧化硫来说具有较好的净化效果。

在美国，采用含高碳酸氢钠的矿来净化二氧化硫存在以下两个问题：一是苏打石在美国科罗拉多州的油页岩矿床附近存在大量的储量，但尚未被大量开采；二是对所有高水溶性的钠化合物废物的处理。

由于上述理由，目前研究趋势是加强采用如石灰石和石灰等钙化合物的净化处理。

在干式过程净化二氧化硫时可以用增加烟气中的湿度来改善。

3. 干式喷射的形式

(1) 混合干式喷射　风动/机械混合的干式喷射过程如图 1-67 所示。

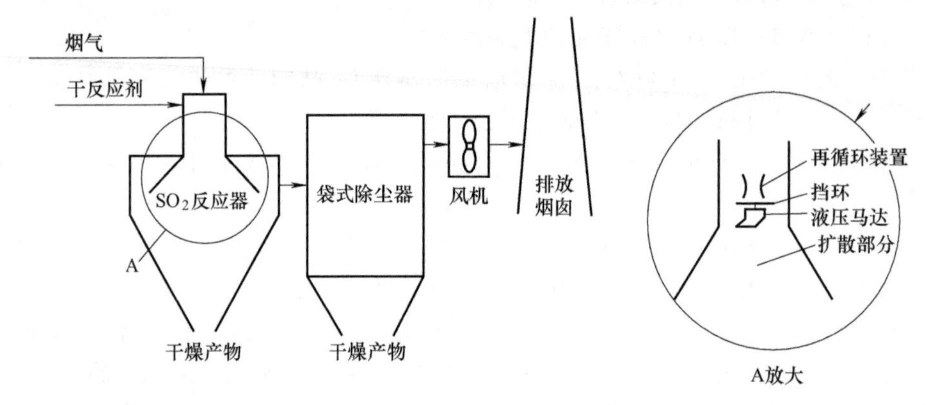

图 1-67　风动/机械混合的干式喷射过程

风动/机械混合过程是将反应剂经机械粉碎，以提高反应剂的表面积，然后与气流混合，以提高混合剂的净化性能。

这种系统在净化垃圾焚烧护排出烟气中的氯化氢时已显示出运行效果良好。

(2) ETS 干式反应器系统　ETS 干式反应器系统（图 1-68）的第一个商业装置是美国医疗垃圾中第一个酸气净化系统干式反应器。

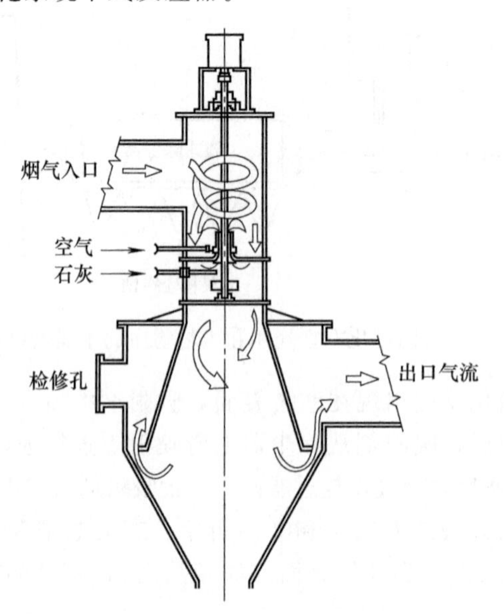

图 1-68　ETS 干式反应的空气污染控制（SO_2）反应器

这种干式 FGD 反应器是与袋式除尘器组合在一 起，形成工业应用上的一个完整的干式 FGD 系统。反应器设计成气旋式烟气气流，近似一种液力传动的抛投器。它将干的熟石灰逆向抛向烟气气流中，熟石灰是用一种商业可用的干化学剂喂料器喂入抛投器中。抛投器的上半部分是一个气动操作喷射器，它捕集和再循环少量使用过的吸附剂。反应器的下面再循环部分，一个圆锥扩散降低了气流速度，使烟气气流在到达袋式除尘器之前将重的颗粒物质排出。

4. 炉内喷射

吸附剂直接喷射到炉内，通过实验室的试验在有效的应用中能降低 50%二氧化硫（SO_2）或更多。

在这个过程中，煤粉吸附剂，如石灰石或氢氧化钙喷进炉腔上部热的区域（1093℃），吸附剂很快分解成石灰颗粒，并与 SO_2 反应成硫酸钙（$CaSO_4$）。这种产物（还带有一些尚未反应的石灰）与飞灰一起，在袋式除尘器或电除尘器中被清除。实质上，这个过程提供了燃煤锅炉的一种脱硫技术，它同样可用于流化床锅炉。

为求得影响吸附剂使用量的因素，Electric Power Research Institute（EPRI）和 Southern Company Services Inc. 合作，由 Southern Research Institute（SoRI）和 KV 在 Birmingham AL. 的 0.5MBtu/h（0.53GJ/h）和 1.0MBtu/h（1.1GJ/h）试验规模的炉子上进行试验。试验得出影响吸附剂使用量的因素主要有吸附剂形式、喷射点的烟气温度和焙烧（加热）吸附剂的表面积。

用各种形式的钙吸附剂净化 SO_2 效果如图 1-69 所示。

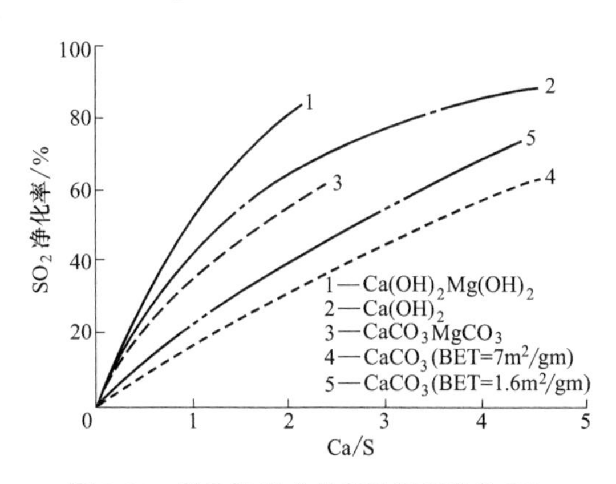

图 1-69 用各种形式的钙吸附剂净化 SO_2

从图 1-69 中可以看出：

① 一种典型的 Ca/S 值为 2，白云石氢氧化物（Dolomitic hydroxide）是净化 SO_2 较为有效的吸附剂。

② 然而，根据每小时使用的吸附剂，$Ca(OH)_2$ 相当好，$Ca(OH)_2$ 对 SO_2 净化效率的提高抵消了它的使用量增加造成的成本增加。

③ 显然，镁占白云石氢氧化物重量的 1/2，靠钙来提高 SO_2 的净化是没有任何作用的。这种吸附剂试验还显示，碳酸盐吸附剂的 SO_2 净化率比氢氧化物在可比的 Ca/S 值下少。就像白云石和钙质水合物、钙质和白云石碳酸盐在每小时所用的吸附剂重量是同样的。

对于一个给定的吸附剂，炉子吸附剂喷射点的烟气温度是最重要的变量。SO_2 的净化最高温度在 980～1200℃之间，每种试验的吸附剂其理想温度都有所变化。这个温度通常是发生在炉子的上部辐射和引起对流的部分，远高于火焰和燃烧区域之上，因此在最常用的锅炉中吸附剂从燃烧区喷入不是一种好方法。根据现有的酸雨立法，对于 pre-NSPS 锅炉，SO_2 和 NO_x 两者都有限制。结果也显示，在喷射点后面烟气冷却太快会降低 SO_2 的净化效率。

炉内喷射吸附剂是一种有前途的提高 SO_2 净化的技术，因为它与湿式洗涤器和喷雾干燥相比费用较低，特别是对现有电站。这种技术对老厂和目前还未处理的厂特别有吸引力。这使它除了可在改造时使用之外，也可以与其他 SO_2 控制措施一起使用以满足新厂严格的排放规定。

改善钙的利用率，选择炉内喷射吸附，从经济意义上看控制 SO_2 的费用优点显著增强。当前的典型钙利用率是 15％～40％，改善吸附剂会降低费用，减少吸附剂使用量，减少可能出现的锅炉结渣和对流管的积垢，缓解微粒控制负担并简化废物的处理。

在工业炉中应用吸附喷射能达到减少 50％二氧化硫（SO_2）或更多。在这个过程中研磨成粉的吸附，如石灰石或氢氧化钙是喷入炉内较热（约 1090℃）的区域，在那里它们迅速分解成石灰颗粒，并与 SO_2 反应形成硫酸钙（$CaSO_4$）。

硫酸钙（$CaSO_4$）和所有没有反应的石灰的烟气在袋式除尘器或电式除尘器中随飞灰一起被净化。实质上，这些过程像所有控制 SO_2 的化学作用一样用于流化床燃煤锅炉中。

因为使用费用低，炉内吸附喷射是一种专门的、有前途的技术。在现有的电力设备中，为了提高 SO_2 的净化率，所用的是一种替代湿式洗涤和干式喷雾的技术。这种技术虽是传统型，但它优势在于不需要控制设备，电耗较低，设备运转费用低；同时，这个过程可以应用在新设备上，与其他 SO_2 控制一起来适应严格的排放规定。

第二章

燃煤电厂烟气协同减排技术

电站锅炉指产生的蒸汽用于推动汽输发电机组产生电力的锅炉。

在燃煤电厂锅炉烟气综合治理工程中，从单一的污染物处理模式转向研究燃煤烟气多污染物协同控制成为该领域技术动向。随着我国环保政策和排放标准日趋严格，燃煤烟气治理重点已经开始转向烟气脱硫、脱硝、脱汞、除尘、多污染物协同治理，根据我国燃煤电厂情况实施多污染物协同减排技术。

第一节 电厂污染物来源与特点

一、污染物来源

燃煤发电厂的生产过程是：经过磨制的煤粉送到锅炉中燃烧放出热量，加热锅炉中的给水，产生具有一定温度和压力的蒸汽。这个过程是把燃料的化学能转换成蒸汽的热能。再将具有一定压力和温度的蒸汽送入汽轮机内冲动汽轮机转子旋转。这个过程是把蒸汽的热能转变成汽轮机轴的机械能。汽轮机带动发电机旋转而发电的过程是把机械能转换成电能。

根据上述火力发电厂的生产过程，其生产系统主要包括燃烧系统、汽水系统和电气系统，详见图 2-1。

① 燃烧系统包括锅炉的燃烧设备和除尘设备等，燃烧系统的作用是供锅炉燃烧所需用的燃料及空气进行完好的燃烧，产生具有一定压力和温度的蒸汽，并排出燃烧后的产物——粉煤灰和灰渣。

② 汽水系统由锅炉、汽轮机、凝汽器和给水泵等组成，它包括汽水循环系统、水处理系统、冷却系统等。

③ 电气系统由发电机、主变压器、高压配电装置、厂用变压器、厂用配电装置组成。

火力发电厂的电能生产过程是由发电厂的三大主要设备（锅炉、汽轮机、发电机）和一些辅助设备来实现的，即：a. 在锅炉中，将燃料的化学能转换为蒸汽的热能；b. 在汽轮机中，将蒸汽的热能转换为汽轮机轴的旋转机械能；c. 在发电机中将机械能转换为电能。

火力发电厂排放废气主要是指燃料燃烧产生的烟气。烟气中主要污染物包括：颗粒状的细灰（又称粉煤灰或飞灰）；气体状的 SO_x、NO_x、CO、CO_2、Hg、烃类等。

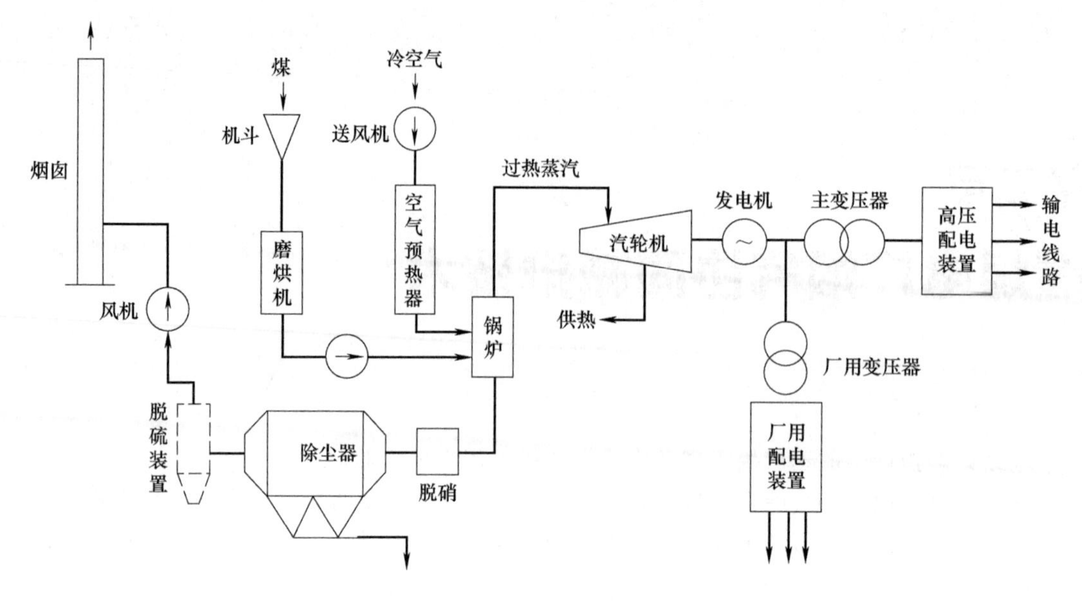

图 2-1 燃煤电厂工艺流程

二、火电厂烟气的特点

（1）排放量大　火力发电厂锅炉烟气量虽因煤种和锅炉设备状况不同有一定差别，但因其额定蒸发量大，故排放的烟气量远远大于其他工业炉窑。

（2）污染物主要是无机物　锅炉燃烧温度通常在 1200℃以上，煤炭中的有机物一般已经分解。烟气中的污染物，其中一类是飞灰，其主要成分是 SiO_2 和 Al_2O_3，两者之和一般大于 70%；此外，还有 Fe_2O_3、CaO、MgO、K_2O、Na_2O、TiO_2 及少量未燃尽的炭等。另一类是气态物质，如 SO_x、NO_x、CO、CO_2 等也基本上是无机物。由于锅炉设备多数不很严密，特别是尾部设备存在较大的负压，会漏入一定的空气，若空气中含有微量有机物，则因漏气使烟气中带有少量有机物，但这可通过测定环境空气本底值加以鉴别。

（3）气态污染物浓度低　由于全国火电厂燃煤含硫量在 0.5%～2.5%范围内，含氮量多在 0.5%～2.5%范围，加之烟气量大，故气态污染物浓度一般较低，在几百至几千 mg/m^3 数量级。因此，要对这些气态污染物进行处理和回收利用，设备投资和运行费用高，工作难度大。对燃高硫煤的电厂则应选择合理的脱硫工艺。

（4）烟气具有一定的温度和湿度　火力发电厂锅炉烟气的温度与湿度，视煤种、锅炉与除尘器类型等因素而异。对于最常用的固态排渣煤粉炉，空气预热器出口烟气湿度按理论计算一般为 3%～7%，高者如烧含水分较多的海煤，可达 15%左右。烟气温度一般为 120～150℃，高者可达 170～190℃。如果锅炉烟气采用湿式除尘器或湿法脱硫装置，装置出口烟气温度一般降至 60～90℃，烟气的湿度也将大大增加，以至接近于饱和。

（5）烟气抬升高、扩散远　通常火力发电厂采用高烟囱的进行高空排放，由于烟气量大，烟气温度高，因而烟气抬升高度大，扩散范围广，随风传输距离可达几百甚至几千千米。烟气中 SO_2 与 NO_x 的转化与沉降是一个缓慢的过程，因此可传输较远的距离。

三、污染物的排放量

1. 污染物的产生

常用的燃料，以其物理形态分为固体燃料（煤、焦炭等）、液体燃料（石油、汽油等）和气体燃料（天然气、煤气等）三大类；按其来源分为天然燃料、精制燃料和合成燃料三种；按化学成分分为有机燃料和无机燃料两类；按释放能量的原理分为化学燃料和电化学燃料两种。

煤、石油和天然气都是天然燃料，或称化石燃料。在化石燃料中，固体燃料包括烟煤、褐煤、泥煤、木材、石油沥青、油砂、油页岩等；液体燃料主要是石油类；气体燃料有天然气（包括页岩气）、煤层气、沼气等。所有化石燃料都含有处于化学结合态的C和H，此外还含有少量的N、S和其他元素，化石燃料可以作为化工生产的原料，冶金生产的还原剂，更多的则是用于燃烧，直接或间接获取能量。

石油和煤一样，组成极为复杂，通常并不直接用作燃料，而是经过加工精制成各种燃料产品。

火电厂是最大的大气污染源。这是因为火电厂大多以煤为燃料，煤是一种非清洁燃料，通常含硫0.5%～5%、灰分5%～20%，在燃烧过程中以SO_2和飞灰形式随烟气排出。一般火电厂排出的大气污染物总量是相当大的，其中各种污染物所占比例大致如下：SO_2 58%、颗粒物17%、NO_x 15%、CO 5%、烃类化合物5%。

煤燃烧所排放出的污染物有SO_2、SO_3、CO、CO_2、NO_x、烃类化合物和醛类等，此外还有由固体颗粒物组成的烟尘。烟尘是多种无机物的混合物，主要成分是SiO_2、Al_2O_3、FeO、CaO等。燃油排放的有害物质除烟尘较少外，大体与燃煤相同。

2. 燃煤电厂排烟量

燃煤电厂常规燃煤机组对应烟气量见表2-1。

表2-1 常规燃煤机组的烟气量

机组容量/MW	锅炉型式	最大连续蒸发量/(t/h)	最大耗煤量/(t/h)	除尘器入口过量空气系数	烟气量/($10^4m^3/h$)	烟气温度/℃
1000	超超临界燃煤锅炉，采用四角切向燃烧方式、单炉膛平衡通风、固态排渣	3100	300～360	1.2～1.4	450～550	120～150
600	亚临界参数汽包燃煤锅炉，采用四角切向燃烧方式、单炉膛平衡通风、固态排渣	2025	200～250	1.2～1.4	300～350	120～150
300	亚临界自然循环汽包燃煤锅炉，平衡通风、固态排渣	1025	130～160	1.2～1.4	180～220	120～150
200	超高压自然循环汽包燃煤锅炉，平衡通风、固态排渣	670	90～130	1.2～1.4	140～165	140～160
135	超高压自然循环汽包燃煤锅炉，平衡通风、固态排渣	440	60～80	1.2～1.4	85～95	140～150
	循环流化床	440	60～80	1.2～1.4	80～90	130～150
125	超高压自然循环汽包燃煤锅炉，平衡通风、固态排渣	420	55～75	1.2～1.4	80～90	140～150
	循环流化床	420	55～75	1.2～1.4	75～85	130～150
50	煤粉炉	220	30～40	1.2～1.4	40～50	140～160
	循环流化床	220	30～40	1.2～1.4	35～45	130～150
25	中温中压煤粉炉	130	25～35	1.2～1.4	28～32	150～160
	循环流化床	130	25～35	1.2～1.4	26～30	130～150

续表

机组容量/MW	锅炉型式	最大连续蒸发量/(t/h)	最大耗煤量/(t/h)	除尘器入口过量空气系数	烟气量/($10^4m^3/h$)	烟气温度/℃
12	中温中压煤粉炉	75	8～10	1.2～1.4	16～19	150～160
	循环流化床	75	8～10	1.2～1.4	15～18	130～150
6	煤粉炉	35	5～7	1.2～1.4	7～9	150～160
	循环流化床	35	5～7	1.2～1.4	7～9	130～150

3. 污染物发生量

(1) 三种常用化石燃料在典型锅炉中的污染物发生量　参见表2-2～表2-5。

表 2-2　典型燃煤锅炉的污染物发生量

炉种	容量/(GJ/h)	炉型	单位燃煤的污染物发生量/(g/kg)					
			颗粒物	硫氧化物(以SO_2计)	氮氧化物(以NO_2计)	烃类化合物(以CH_4计)	CO	醛类
大型锅炉	100	煤粉炉	8*A*	19*S*	9	0.15	0.5	0.0025
		旋风炉	1*A*	19*S*	27.5	0.15	0.5	0.0025
工业或商业用锅炉	10～100	下饲炉、链条炉	2.5*A*	19*S*	7.5	0.5	1	0.0025
		抛煤炉	6.5*A*	19*S*	7.5	0.5	1	0.0025
小型民用锅炉	<10	抛煤炉	1*A*	19*S*	3.0	5	5	0.0025
		手烧炉	20*A*	19*S*	1.5	45	45	0.0025

注:表中*A*为煤中灰分的质量分数,%;*S*为煤中硫分的质量分数,%。

表 2-3　典型燃油锅炉的污染物发生量(单位燃料的污染物发生量)　单位:g/L

炉种	燃料品种	颗粒物	SO_x(以SO_2计)	NO_x(以NO_2计)	烃类化合物(以CH_4计)	CO	醛类
大型锅炉	重油	1	19.2*S*	12.6	0.25	0.4	0.12
工业或商业锅炉	重油	2.75	19.2*S*	9.6	0.35	0.5	0.12
	重柴油	1.8	17.2*S*	9.6	0.35	0.5	0.25
小型民用锅炉	重柴油	1.2	17.2*S*	4.5	0.35	0.6	0.25

注:切向燃油炉的氮氧化物的发生量取表中数值的1/2;表中*S*为燃料含硫量,%(质量分数)。

表 2-4　典型燃气锅炉的污染物发生量(单位燃料的污染物发生量)

单位:天然气　g/km^3；石油气　g/L

炉种	燃料品种	颗粒物	CO	烃类化合物(以CH_4计)	SO_x(以SO_2计)	NO_x(以NO_2计)
大型锅炉	天然气	8～240	272	16	20.9*S* g/km^3	11200
工业或商业锅炉	天然气	8～240	272	48	20.9*S* g/km^3	1920～3680
	丙烷(液化石油气)	0.20	0.18	0.036	0.01*S* g/kL	1.35
	丁烷(液化石油气)	0.22	0.19	0.036	0.01*S* g/kL	1.45
小型民用锅炉	天然气	80～240	320	128	20.9*S* g/km^3	1280～1920
	丙烷(液化石油气)	0.22	0.23	0.084	0.01*S* g/kL	0.8～1.3
	丁烷(液化石油气)	0.23	0.24	0.096	0.01*S* g/kL	1.0～1.5

注:1. SO_x一栏的*S*为硫含量,对天然气为$g/100m^3$,对石油气为g/100L;2. 民用炉取低值,商业采暖锅炉取高值;3. 表中"m^3"均为标态下的"m^3"。

（2）大型火电厂以化石燃料为燃料时排放的污染物量见表 2-5。

表 2-5 1000MW 电厂的污染物排放量 单位：t/a

污染物	燃煤	燃油	天然气
飞灰	3000	1200	510
SO_x	100000	37000	20.4
NO_x	27000	24800	20000
CO	2000	710	—
烃类化合物	400	—	34

四、主要污染物的性质

1. 烟尘的性质

（1）烟尘物理性质 中国电厂粉煤灰物理性质见表 2-6。图 2-2 所示为日本煤粉锅炉粉尘的大量实测值中最粗和最细的粉尘分布。

表 2-6 中国电厂粉煤灰物理性质

项目	表观密度/(g/cm^3)	堆积密度/(g/cm^3)	真密度/(g/cm^3)	80μm 筛余量/%	45μm 筛余量/%	透气法比表面积/(cm^2/g)
范围	1.92～2.85	0.5～1.3	1.8～2.4	0.6～77.8	2.7～86.6	1176～6531
均值	2.14	0.75	2.1	22.7	40.6	3255

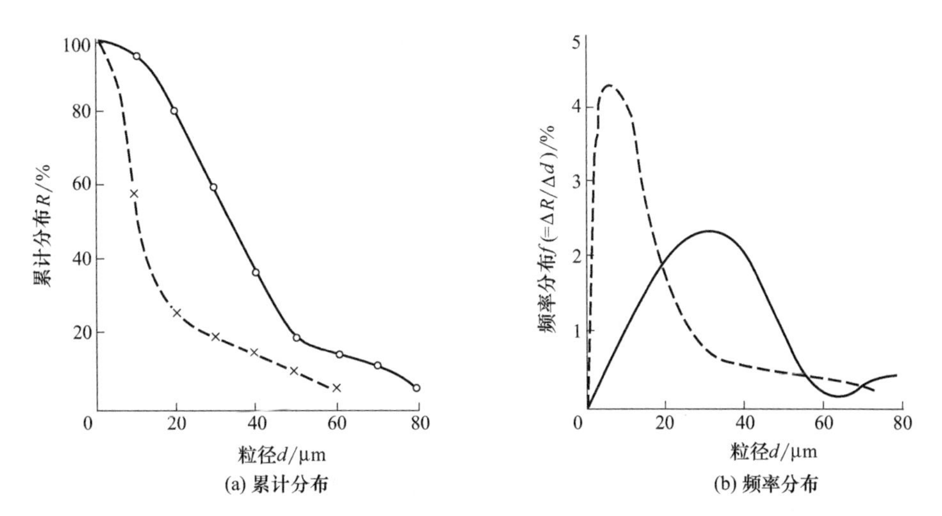

图 2-2 煤粉锅炉粉尘的粒径分布

（2）粉煤灰化学组成 粉煤灰的化学成分与黏土质相似，其中以二氧化硅（SiO_2）及三氧化二铝（Al_2O_3）的含量占大多数，其余为少量三氧化二铁（Fe_2O_3）、氧化钙（CaO）、氧化镁（MgO）、氧化钠（Na_2O）、氧化钾（K_2O）及三氧化硫（SO_3）等。粉煤灰的化学成分及其波动范围如下：二氧化硅 40%～60%，三氧化二铝 20%～30%，三氧化二铁 4%～10%（高者 15%～20%），氧化钙 2.5%～7%（高者 15%～20%），氧化镁 0.5%～2.5%（高者 5%以上），氧化钠和氧化钾 0.5%～2.5%，氧化硫 0.1%～1.5%（高者 4%～6%），烧失量 3.0%～30%；此外，煤粉灰中尚含有一些有害元素和微量元素，如铜、银、镓、铟、镭、钪、铌、钇、镱、镧族元素等。一般有害物质的质量分数低于允许值。

粉煤灰的矿物成分主要有莫来石、钙长石、石英矿物质和玻璃物质，还有少量未燃炭。玻璃物质是由偏高岭土（$Al_2O_3 \cdot 2SiO_2$）、游离酸性二氧化硅和三氧化二铝组成，多呈微珠状态存在。这些玻璃体占粉煤灰的50%～80%，它是粉煤灰的主要活性成分。粉煤灰的矿物组成主要取决于原煤的无机杂质成分（无机杂质成分主要指含铁高的黏土物质、石英、褐铁矿、黄铁矿、方解石、长石、硫等）与含量，以及煤的燃烧状况。

2. 二氧化硫主要性质

二氧化硫的主要物理性质及化学性质分别见表2-7及表2-8。

表2-7 二氧化硫的物理性质

分子式	分子量	颜色与状态	密度/(kg/cm^3)	熔点/℃	沸点/℃	溶解性	嗅味	空气稳定性
SO_2	64.06	无色气体	2.927(气) 1.434(液)	−77.5	−10.09	溶于水	刺鼻的窒息气味及强烈涩味	可缓慢氧化成SO_3

表2-8 二氧化硫的化学性质

化学反应	反应方程式及化学性质
与水反应	SO_2溶于水生成不稳定的H_2SO_3，溶液呈酸性，存在下列平衡式 $SO_2+H_2O \rightleftharpoons H_2SO_3 \rightleftharpoons H^+ + HSO_3^- \rightleftharpoons 2H^+ + SO_3^{2-}$
与碱或碱金属氧化物反应	SO_2溶于水后极易与碱性物质反应，生成亚硫酸盐。碱过剩时，生成正盐；SO_2过剩时生成酸式盐 $2MeOH+SO_2 \longrightarrow Me_2SO_3+H_2O$ $Me_2SO_3+SO_2 \longrightarrow Me_2S_2O_5$ $Me_2SO_3+SO_2+H_2O \longrightarrow 2MeHSO_3$ $MeHSO_3+MeOH \longrightarrow Me_2SO_3+H_2O$ （Me代表金属离子）
与氧化剂反应	$2SO_3+O_2+2H_2O \longrightarrow 2H_2SO_4$
与还原剂反应	SO_2在不同还原剂作用下，可被还原成H_2S或S $SO_2+2H_2 \longrightarrow S+2H_2O$，$SO_2+2CO \longrightarrow S+2CO_2$ $SO_2+3H_2 \longrightarrow H_2S+2H_2O$，$SO_2+2H_2S \longrightarrow 3S+2H_2O$
光化学反应	$SO_2 \xrightarrow{h\nu} SO_2^*$（激发态$SO_2$）$2SO_2^*+O_2 \longrightarrow 2SO_3$

3. 氮氧化物主要性质

氮氧化物即氮和氧的化合物，常用NO_x表示，其物理性质及化学性质见表2-9、表2-10。

表2-9 氮氧化物的物理性质

名称	氧化亚氮	一氧化氮	二氧化氮或四氧化二氮	三氧化二氮	五氧化二氮
化学式	N_2O	NO	NO_2或N_2O_4	N_2O_3	N_2O_5
颜色及状态	无色气体	无色气体	红褐色气体或黄色液体	红褐色气体或蓝色液体	白色晶体
嗅味	微甜味	无味	有刺激性气味	气相有刺激性气味	气相有刺激性气味
分子量	44.10	30.01	46.01或92.02	76.01	108.01
沸点/℃	−88.49	−151.8	21.3	3.5(分解)	47(分解)
熔点/℃	−90.8	−163.6	−11.2	−102	30
密度/(g/L)	(气)1.977(0℃，101325Pa)	(气)1.340 (液)1.269kg	(液)1.448(20℃)	(液)1.447(2℃)	(固)1.630(18℃)

续表

名称	氧化亚氮	一氧化氮	二氧化氮或四氧化二氮	三氧化二氮	五氧化二氮
溶解性	溶于水、乙醇和硫酸	稍溶于水、溶于乙醇和硝酸	溶于水且反应溶于硝酸	溶于水生成亚硝酸	溶于水生成硝酸
空气稳定性	稳定	可缓慢氧化为NO_2	常温下NO_2与N_2O_4共存。高温下为NO_2，低温下为N_2O_4	-20℃以下稳定，气态下分解为NO与NO_2	挥发到空气中即分解为O_2和NO_2

表 2-10　氮氧化物的化学性质

名称	氧化亚氮	一氧化氮	二氧化氮或四氧化二氮	三氧化二氮	五氧化二氮
化学式	N_2O	NO	NO_2或N_2O_4	N_2O_3	N_2O_5
与氧气反应	活性较差相当稳定	$2NO+O_2 \rightleftharpoons 2NO_2$ $NO+O_3 \longrightarrow NO_2+O_2$			
与氧化剂反应		$NO+2HNO_3 \longrightarrow 3NO_2+H_2O$ $2NO+NaClO_2 \longrightarrow 2NO_2+NaCl$			
与水反应			$2NO_2+H_2O \longrightarrow HNO_3+HNO_2$	$N_2O_3+H_2O \longrightarrow 2HNO$	$N_2O_5+H_2O \longrightarrow 2HNO_3$
与碱反应			$2NO_2+2NaOH \longrightarrow NaNO_3+NaNO_2+H_2O$ $2NO_2+2NH_3+H_2O \longrightarrow NH_4NO_2+NH_4NO_3$	$N_2O_3+NaOH \longrightarrow 2NaNO_2+H_2O$ $N_2O_3+2NH_3+H_2O \longrightarrow 2NH_4NO_2$	
化学式	N_2O	NO	NO_2或N_2O_4	N_2O_3	N_2O_5
与碱式盐反应			$2NO_2+Na_2CO_3 \longrightarrow NaNO_3+NaNO_2+CO_2$	$N_2O_3+Na_2CO_3 \longrightarrow 2NaNO_2+CO_2$	
与NH_3反应		$6NO+4NH_3 \xrightarrow{高温、催化剂} 5N_2+6H_2O$	$6NO_2+8NH_3 \xrightarrow{高温、催化剂} 7N_2+12H_2O$		
与还原剂反应		$2NO+4H_2 \xrightarrow{高温、催化剂} 4H_2O+N_2$ $4NO+CH_4 \xrightarrow{高温、催化剂} 2N_2+CO_2+2H_2O$	$2NO_2+4(NH_4)_2SO_3 \longrightarrow N_2+4(NH_4)_2SO_4$		
其他化学反应		$NO+NO_2 \rightleftharpoons N_2O_3+Q$；$NO_2 \rightleftharpoons N_2O_4-Q$ $3HNO_2 \longrightarrow HNO_3+2NO+H_2O$			

五、污染物减排基本方法

1. 按除尘器类型与适用范围选用除尘器

详见表 2-11。

表 2-11 常用除尘器的类型与性能

型式	除尘作用力	除尘设备种类	适用范围				不同粒径效率/%		
			粉尘粒径/μm	粉尘浓度/(g/m³)	温度/℃	阻力/Pa	50μm	5μm	1μm
干式	重力	重力除尘器	>15	>10	<400	200~1000	96	16	3
	惯性力	惯性除尘器	>20	<100	< 400	400~1200	95	20	5
	离心力	旋风除尘器	>5	<100	<400	400~2000	94	27	8
	静电力	电除尘器	>0.05	<30	<300	200~300	>99	99	86
	惯性力、扩散力与筛分	袋式除尘器 振打清灰	>0.1	3~10	<300	800~2000	>99	>99	99
		袋式除尘器 脉冲清灰					100	>99	99
		袋式除尘器 反吹清灰					100	>99	99
湿式	惯性力、扩散力与凝集力	自激式除尘器	100~0.05	<100	<400	800~1000	100	93	40
		喷雾除尘器		<10	<400		100	96	75
		文氏管除尘器		<100	<800	5000~10000	100	>99	93
	静电力	湿式电除尘器	>0.05	<100	<400	300~400	>98	98	98

2. 烟气脱硫基本方法

烟气脱硫（FGD）被认为是目前控制 SO_2 污染最为有效的途径。按吸收剂状态及工艺特点可分为湿法、半干法及干法，其主要净化方法见表 2-12。

表 2-12 主要净化方法

分类	净化方法		吸收(附)剂	方法摘要	再生方式	生成产物或副产品
湿法	石灰石—石灰—石膏法	传统法	石灰石或石灰或消石灰浆液	石灰石、石灰或消石灰浆液与 SO_2 反应生成石膏		石膏
		己二酸法	己二酸、石灰石或石灰浆液	己二酸与石灰石等浆液反应生成己二酸钙后再与 SO_2 反应	与 SO_2 反应使己二酸再生	石膏
		硫酸镁法	$MgSO_4$ 溶液、石灰石、石灰浆液	$MgSO_4$ 与 SO_2 反应生成 $Mg(HSO_3)_2$ 再与石灰石浆液反应	与石灰石浆液反应使 $MgSO_4$ 再生	石膏
		氯化钙法	$CaCl_2$ 溶液、消石灰、石灰浆液	$CaCl_2$溶液与 $Ca(OH)_2$ 生成复合体与 SO_2 反应生成石膏	与 SO_2 反应使 $CaCl_2$ 再生	石膏
		简易法	石灰石、石灰或消石灰浆液或废电石渣浆液	石灰石等浆液与 SO_2 反应生成石膏		石膏+煤灰
	钠碱法	亚硫酸钠循环法	Na_2CO_3 溶液、NaOH 溶液	Na_2CO_3 溶液 NaOH 溶液与 SO_2 反应脱硫	加热再生	高浓度 SO_2 气体
		亚硫酸钠法	Na_2CO_3 溶液、NaOH 溶液	Na_2CO_3 溶液与 SO_2 反应脱硫	与 NaOH 溶液反应中和再生	Na_2SO_3
		钠盐-氟铝酸分解法	Na_2CO_3 溶液	Na_2CO_3 溶液与 SO_2 反应脱硫	用氟铝酸分解再生	Na_2SO_3 及高浓度 SO_2 气体

续表

分类	净化方法		吸收(附)剂	方法摘要	再生方式	生成产物或副产品
湿法	双碱法	钠碱双碱法	Na_2CO_3 溶液	Na_2CO_3 溶液与 SO_2 反应脱硫	用石灰石浆液反应再生	石膏
		碱式硫酸铝-石膏法	$Al_2(SO_4)_3 \cdot Al_2O_3$ 溶液	$Al_2(SO_4)_3 \cdot Al_2O_3$ 溶液与 SO_2 反应脱硫	用石灰石浆液反应再生	石膏
	氨吸收法	氨-酸法	NH_4OH	用 NH_4OH 作吸收剂吸收 SO_2,用 H_2SO_4 分解及氧化		$(NH_4)_2SO_4$、高浓度 SO_2 气体
		氨-石膏法	NH_4OH 或 NH_4HCO_3 溶液	用 NH_4OH 或 NH_4HCO_3 溶液吸收 SO_2,用石灰石浆液分解氧化	与石灰石或消石灰浆液反应使 NH_4OH 再生	石膏
		氨-硫黄法	NH_4OH 或 NH_4HCO_3 溶液	用 NH_4OH 或 NH_4HCO_3 溶液吸收 SO_2,加热再生还原	加热分解使 NH_4OH 再生	固体硫黄
		氨-硫铵法	NH_4HCO_3 溶液	用 NH_4HCO_3 溶液吸收 SO_2,加 NH_3 中和并氧化		$(NH_4)_2SO_4$
		氨-亚硫酸铵法	NH_4HCO_3 溶液	用 NH_4HCO_3 溶液吸收 SO_2,加 NH_4HCO_3 中和		$(NH_4)_2SO_3$
		磷铵复合肥法	活性炭、磷矿粉,NH_3	用活性炭吸附脱硫制酸分解磷矿氨中和二次脱硫	用稀 H_2SO_4 或水洗使活性炭再生	磷铵复合肥料
	金属氧化物法	开米柯-氧化镁法	MgO 浆液	用 MgO 浆液吸收 SO_2	加热煅烧 MgO 再生	高浓度 SO_2 气体
		氧化镁-石膏法	MgO 及 $CaCO_3$ 浆液	用 MgO 及 $CaCO_3$ 浆液吸收 SO_2	加热煅烧 MgO 再生	石膏
		氧化锌法	ZnO 浆液	用 ZnO 浆液吸收 SO_2	加热煅烧 ZnO 再生	高浓度 SO_2 气体
		氧化锰法	软锰矿浆液	用 MnO 浆液吸收 SO_2		电解锰
	液相催化氧化吸收法		2%～3%稀 H_2SO_4	用稀 H_2SO_4 吸收 SO_2,与石灰石浆液反应生成石膏	催化剂经氧化再生	石膏
	海水法	Flakt- Hydro 工艺法	天然海水	用天然海水吸收 SO_2,经恢复处理直排		海水排入大海
		Bechtel 工艺法	天然海水及石灰浆液	用天然海水及石灰浆液吸收 SO_2,海水恢复直排		海水经恢复排入大海
半干法	旋转喷雾干燥法		石灰浆液	用石灰浆液吸收 SO_2 后经干燥在后续除尘器中再脱硫		固体 $CaSO_4$
	炉内喷钙及尾部增湿法		石灰石粉	用石灰石粉脱硫并分解后与增湿活化器中再次脱硫后除尘		固体 $CaSO_4$
	循环流化床法		石灰浆液或消石灰干粉	用石灰浆液或消石灰干粉在流化床吸收塔中与 SO_2 反应脱硫	吸收剂内、外部循环使用	固体 $CaSO_4$

续表

分类	净化方法	吸收(附)剂	方法摘要	再生方式	生成产物或副产品
半干法	电子束法	NH_3	用高能电子的电子束照射烟气产生自由基与SO_2、NO_x反应		$(NH_4)_2SO_4$、NH_4NO_3
	脉冲电晕等离子体法	NH_3	用高压脉冲电源产生等离子体形成自由基与SO_2、NO_x反应		$(NH_4)_2SO_4$、NH_4NO_3
干法	荷电干式吸收剂喷射法	消石灰干粉	消石灰粉经荷电后喷入烟道与SO_2反应脱硫		$CaSO_3$及$CaSO_4$
	活性炭吸附法	活性炭	用活性炭对SO_2进行物理及化学吸附脱硫	水洗及加热或还原再生	稀H_2SO_4、浓H_2SO_4、石膏等
	气相催化氧化法	V_2O_5催化剂	在催化剂作用下SO_2被氧化为SO_3用于制H_2SO_4	催化剂再生循环使用	H_2SO_4或$(NH_4)_2SO_4$

3. NO_x 主要净化方法

废气中氮氧化物的主要净化方法见表2-13。

表2-13 废气中氮氧化物的主要净化方法

净化方法		方法要点
催化还原法	非选择性催化还原法	用CH_4、H_2、CO及其他燃料气作还原剂与NO_x进行催化还原反应。废气中的氧参加反应，放热量大
	选择性催化还原法	用NH_3作还原剂将NO_x催化还原为N_2。废气中的氧很少与NH_3反应，放热量小
	炽热炭还原法	用固体炭作还原剂将NO_x还原为N_2。废气中的氧参与反应，放热
液体吸收法	水吸收法	用水作吸收剂对NO_x进行吸收，吸收效率低，仅可用于气量小、净化要求不高的场合，不能净化含NO为主的NO_x
	稀硝酸吸收法	用稀硝酸作吸收剂对NO_x进行物理吸收与化学吸收。可以回收NO_x，消耗动力较大
	碱性溶液吸收法	用NaOH、Na_2CO_3、$Ca(OH)_2$、NH_4OH等碱溶液作吸收剂对NO_x进行化学吸收，对于含NO较多的NO_x废气，净化效率低
	氧化-吸收法	对于含NO较多的NO_x废气，用浓HNO_3、O_3、NaClO、$KMnO_4$等作氧化剂，先将NO_x中的NO部分氧化为NO_2，然后再用碱溶液吸收，使净化效率提高
	吸收-还原法	将NO_x吸收到溶液中，与$(NH_4)_2SO_3$、NH_3HSO_3、Na_2SO_3等还原剂反应，NO_x被还原为N_2，其净化效果比碱溶液吸收法好
	络合吸收法	利用络合吸收剂$FeSO_4$、Fe(Ⅱ)-EDTA和Fe(Ⅱ)-EDTA-Na_2SO_3等直接同NO反应，NO生成的络合物加热时重新释放出NO，从而使NO能富集回收
吸附法		用丝光沸石分子筛，泥煤、风化煤等吸附废气中的NO_x，将废气净化
化学抑制剂法		在酸洗槽中添加化学抑制剂，可抑制NO_2的产生。该法对某些酸洗工艺尤为适用
燃烧法		通过改进燃烧方式如分级送风、烟气再循环、煤或天然气再燃及低NO_x燃烧器等来减少NO_x的排放
电子束法		用电子束进行脱硫脱硝处理

第二节 电厂烟气治理主流协同减排技术

在污染物治理技术方面我国燃煤电厂环保技术实现了重大突破，以超低排放为核心，环保技术呈现多元化发展的趋势。除尘技术方面除湿式静电除尘外，低低温电除尘、旋转电极电除尘、高频电源供电电除尘、超净电袋复合除尘、袋式除尘等技术也得到快速发展和应用。另外，粉尘凝聚技术、烟气调质、隔离振打、分区断电振打、脉冲电源、三相电源供电等一批新型电除尘技术也已在个别电厂中得到应用。脱硫技术在传统空塔提效技术的基础上，又出现了双 pH 值循环脱硫技术（如单塔双循环、双塔双循环等工艺）、复合塔脱硫技术（如旋汇耦合脱硫、沸腾泡沫、旋流鼓泡等工艺）等，并且在高灰分煤、高硫煤以及煤质变化幅度大的机组上实现了超低排放。现有燃煤电厂超低排放工程在应用过程中积累了大量设计与运行经验的同时，曾出现部分工程的各种技术简单堆积，造成改造费用过高、能耗过高，以及在设计时仅考虑烟气中烟尘、二氧化硫、氮氧化物满足超低排放要求，忽视 SO_3、NO_x、重金属、$PM_{2.5}$ 的协同治理等诸多问题。

一、主流协同减排工艺流程

我国燃煤电厂烟气治理经历了从“除尘”到“除尘＋脱硫”再到现在的“除尘＋脱硫＋脱硝”的演变，在这个发展过程中随着烟气治理设备的增加，系统工艺也发生了较大变化。目前已形成的烟气治理系统主流工艺流程如图 2-3 所示。

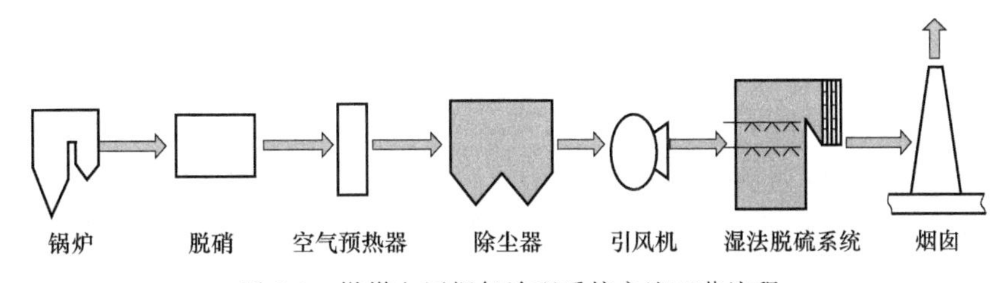

图 2-3 燃煤电厂烟气治理系统主流工艺流程

1. 开始考虑各设备间协同效应

烟气治理技术路线开始考虑各设备间的协同效应，如湿法脱硫装置（WFGD）在设计时逐步开始考虑脱硫塔的除尘效果。2013 年之前，国内湿法脱硫除尘效率一般在 50%左右，甚至更低，运行中由于除雾器等性能问题使湿法脱硫装置石膏浆液带出，造成湿法脱硫系统协同除尘效果降低，特别是低浓度烟尘情况下除尘效率低于 50%，甚至发生烟尘浓度出口大于入口的情况。在超低排放政策下，国内湿法脱硫开始考虑协同除尘效果，通过低低温电除尘技术提高湿法脱硫入口粉尘粒径，以提高湿法脱硫协同除尘效率；另外，通过改善除雾效果、增加喷淋层或托盘层等措施，降低湿法脱硫出口粉尘浓度。

2. 在达到相同效率的情况下，考虑系统投资和运行成本

以烟尘治理为例，2013 年之前烟气治理技术路线降低烟尘排放浓度主要采用提高除尘器除尘效率的方式，并且国内绝大部分燃煤电厂采用的是常规电除尘器，为达到较低的出口烟尘浓度限值要求，原电除尘器需增加比集尘面积和电场数量，投资成本较大，并占用较大

的空间，给空间有限的现役机组更是带来挑战。采用电袋复合或袋式除尘技术改造时，存在本体阻力高、运行费用较高、滤袋的使用寿命短、换袋成本高、旧滤袋资源化利用率较低等缺点。2013 年后，在超低排放政策压力下开始注重系统设计，综合考虑系统投资和运行成本。

二、主要控制技术选择

1. 主要 SO_2 超低排放控制技术

根据《燃煤电厂超低排放烟气治理工程技术规范（征求意见稿）》标准中针对超低排放的要求，基于传统的石灰石-石膏湿法脱硫工艺，不断有新技术发展来提升脱硫效率。在采取增加喷淋层、利用流场均化技术、采用高效雾化喷嘴、性能增效环或增加喷淋密度等措施，提高传统空塔喷淋技术脱硫性能的基础上，石灰石-石膏湿法脱硫工艺又出现了 pH 值分区脱硫技术、复合塔脱硫技术等。

pH 值分区脱硫技术是通过加装隔离体、浆液池等方式对浆液实现物理分区或依赖浆液自身特点（流动方向、密度等）形成自然分区，以达到对浆液 pH 值的分区控制，完成烟气 SO_2 的高效吸收。目前工程应用中较为广泛的 pH 值分区脱硫技术包括单、双塔双循环，单塔双区，塔外浆液箱 pH 值分区等。复合塔脱硫技术是在吸收塔内部加装托盘或湍流器等强化气液传质组件，烟气通过持液层时气液固三相传质速率得以大幅提高，进而完成烟气 SO_2 的高效吸收。目前工程应用中较为广泛的复合塔脱硫技术有托盘塔和旋汇耦合等。

（1）单、双塔双循环脱硫　单塔双循环技术最早源自德国诺尔公司。该技术与常规石灰石-石膏湿法烟气脱硫工艺相比，除吸收塔系统有明显区别外，其他系统配置基本相同。该技术实际上是相当于烟气通过了两次 SO_2 脱除过程，经过了两级浆液循环，两级循环分别设有独立的循环浆池，喷淋层，根据不同的功能每级循环具有不同的运行参数。烟气首先经过一级循环，此级循环的脱硫效率一般在 30%～70%，循环浆液 pH 值控制在 4.5～5.3，浆液停留时间约 4min，此级循环的主要功能是保证优异的亚硫酸钙氧化效果和充足的石膏结晶时间。经过一级循环的烟气进入二级循环，此级循环实现主要的洗涤吸收过程，由于不用考虑氧化结晶的问题，所以 pH 值可以控制在非常高的水平，达到 5.8～6.2，这样可以大大降低循环浆液量，从而达到很高的脱硫效率。

双塔双循环技术采用了两塔串联工艺，对于改造工程，可充分利用原有脱硫设备设施。原有烟气系统、吸收塔系统、石膏一级脱水系统、氧化空气系统等采用单元制配置，原有吸收塔保留不动，新增一座吸收塔，亦采用逆流喷淋空塔设计方案，增设循环泵和喷淋层，并预留有 1 层喷淋层的安装位置；新增一套强制氧化空气系统，石膏脱水-石灰石粉贮存制浆系统等系统相应进行升级改造，双塔双循环技术可以较大提高 SO_2 脱除能力，但对两个吸收塔控制要求较高，适用于场地充裕，含硫量增加幅度的中、高硫煤增容改造项目。

（2）单塔双区脱硫　单塔双区技术通过在吸收塔浆池中设置分区调节器，结合射流搅拌技术控制浆液的无序混合，通过石灰石供浆加入点的合理设置，可以在单一吸收塔的浆池内形成上下部两个不同的 pH 值分区：上部低值区有利于氧化结晶，下部高值区有利于喷淋吸收，但没有采用如双循环技术等一样的物理隔离强制分区的形式。同时，其在喷淋吸收区会设置多孔性分布器（均流筛板），起到烟气均流及持液，达到强化传质进一步提高脱硫效率、洗涤脱除粉尘的功效。单塔双区技术可以较大提高 SO_2 脱除能力，且无需额外增加塔外浆池或二级吸收塔的布置场地，且无串联塔技术中水平衡控制难的问题。目前有 8 台百万千瓦机组、37 台 60 万千瓦机组烟气脱硫中应用单塔双区技术。

2. 主要 NO_x 超低排放控制技术

燃煤火电厂 NO_x 控制技术主要有两类：一是控制燃烧过程中 NO_x 的生成，即低氮燃烧技术；二是对生成的 NO_x 进行处理，即烟气脱硝技术。烟气脱硝技术主要有 SCR、SNCR 和 SNCR/SCR 联合脱硝技术等。

（1）低氮燃烧技术　低氮燃烧技术是通过降低反应区内氧的浓度、缩短燃料在高温区内的停留时间、控制燃烧区温度等方法，从源头控制 NO_x 生成量。目前，低氮燃烧技术主要包括低过量空气技术、空气分级燃烧、烟气循环、减少空气预热和燃料分级燃烧等技术。该类技术已在燃煤火电厂 NO_x 排放控制中得到了较多的应用。目前已开发出第三代低氮燃烧技术，在 600～1000MW 超超临界和超临界锅炉中均有应用，NO_x 浓度为 170～240mg/m^3。低氮燃烧技术具有使用简单、投资较低、运行费用较低的特点，但受煤质、燃烧条件限制，易导致锅炉中飞灰的含碳量上升而降低锅炉效率；若运行控制不当会出现炉内结渣、水冷壁腐蚀等现象，影响锅炉运行的稳定性；在减少 NO_x 生成方面的差异也较大。

（2）烟气脱硝技术

① SCR 脱硝技术是目前世界上较成熟，实用业绩较多的一种烟气脱硝工艺，其采用 NH_3 作为还原剂，将空气稀释后的 NH_3 喷入温度为 300～420℃的烟气中，与烟气均匀混合后通过布置有催化剂的 SCR 反应器，烟气中的 NO_x 与 NH_3 在催化剂的作用下发生选择性催化还原反应，生成无污染的 N_2 和 H_2O。该技术自 20 世纪 90 年代末从国外引进，现在在我国火电行业已得到广泛应用，并在工艺设计和工程应用等多方面取得突破，业界已开发出高效 SCR 脱硝技术，以应对日益严格的环保排放标准。目前 SCR 脱硝技术已应用于不同容量机组，该技术的脱硝效率一般为 80%～90%，结合锅炉低氮燃烧技术后可实现机组 NO_x 排放浓度小于 50mg/m^3。SCR 技术在高效脱硝的同时也存在以下问题：a. 锅炉启、停机及低负荷时，烟气温度达不到催化剂运行的温度要求，导致 SCR 脱硝系统无法投运；NH_3 逃逸和 SO_3 的产生导致硫酸氢氨生成，进而导致催化剂和空预器堵塞；还有废弃催化剂的处置难题。b. 采用液氨作还原剂时的安全防护等级要求较高；NH_3 逃逸引起的二次污染等。

② SNCR 脱硝技术在锅炉炉膛上部烟温 850～1150℃区域喷入还原剂（NH_3 或尿素），使 NO_x 还原为水和 N_2。SNCR 脱硝效率一般在 30%～70%，NH_3 逃逸一般大于 3.8mg/m^3，NH_3/NO_x 摩尔比一般大于 1。SNCR 技术的优点在于不需要昂贵的催化剂，反应系统比 SCR 工艺简单，脱硝系统阻力较小、运行电耗低。但存在锅炉运行工况波动易导致炉内温度场、速度场分布不均匀，脱硝效率不稳定；氨逃逸量较大，导致下游设备产生堵塞和腐蚀等问题。国内最早在江苏阚山电厂、江苏利港电厂等大型煤粉炉上应用 SNCR，随后在各种容量的循环流化床锅炉和中小型煤粉炉得到大量应用，在 300MW 及以上新建煤粉锅炉应用很少。工程实践表明，煤粉炉 SNCR 脱硝效率一般为 30%～50%，结合锅炉采用的低氮燃烧技术也很难实现机组 NO_x 超低排放；循环流化床锅炉配置 SNCR 效率一般在 60%以上（最高可达 80%），主要原因是循环流化床锅炉尾部旋风分离器提供了良好的脱硝反应温度和混合条件，因此结合循环流化床锅炉低 NO_x 的排放特性，可以在一定条件下实现机组的 NO_x 超低排放。

③ SNCR/SCR 联合脱硝工艺，主要是针对场地空间有限的循环流化床锅炉 NO_x 治理而发展来的新型高效脱硝技术。SNCR 宜布置于炉膛最佳温度区间，SCR 脱硝催化剂宜布置在上下省煤器之间。利用在前端 SNCR 系统喷入的适当过量的还原剂，在后端 SCR 系统催化剂的作用下进一步将烟气中的 NO_x 还原，以保证机组 NO_x 排放达标。与 SCR 脱硝技术相比，SNCR/SCR 联合脱硝技术中的 SCR 反应器一般较小，催化剂层数较少，且一般不再喷 NH_3，而是利用 SNCR 的逃逸 NH_3 进行脱硝，适用于部分 NO_x 生成浓度较高、仅采用 SNCR 技术无法稳定达到超低排放的循环流化床锅炉，以及受空间限制无法加装大量催化剂的现役中小型锅炉改造。但该技术对喷 NH_3 精确度要求较高，在保证脱硝效率的同时需要考虑 NH_3 逃逸泄漏对下游设备的堵塞和腐蚀。该技术应用于高灰分煤及循环流化床锅炉时需注意催化剂的磨损。

3. 主要颗粒物超低排放控制技术

随着《火电厂大气污染物排放标准》（GB 13223—2011）和《煤电节能减排升级与改造行动计划（2014—2020 年）》（发改能源〔2014〕2093 号）的发布执行，我国除尘器行业在技术创新方面成效显著，一系列新技术在实践应用中取得了良好的业绩。除湿式电除尘外，低低温电除尘、高频电源供电电除尘、超净电袋复合除尘、袋式除尘等技术也得到快速发展和广泛应用，另外旋转电极电除尘、粉尘凝聚技术、烟气调质、隔离振打、分区断电振打、脉冲电源、三相电源供电等一批新型电除尘技术也已在一些电厂中得到应用。

（1）低低温电除尘　低低温电除尘技术从电除尘器及湿法烟气脱硫工艺演变而来，在日本已有 20 多年的应用历史。三菱重工于 1997 年开始在大型燃煤火电机组中推广应用基于管式气气换热装置、使烟气温度在 90℃左右运行的低低温电除尘技术，已有超 6500MW 的业绩，在三菱重工的烟气处理系统中，低低温电除尘器出口烟尘浓度均小于 $30mg/m^3$，SO_3 浓度大部分低于 $3.57mg/m^3$，湿法脱硫出口颗粒物浓度可达 $5mg/m^3$ 以下，湿式电除尘器出口颗粒物浓度可达 $1mg/m^3$ 以下。目前日本多家电除尘器制造厂家均拥有低低温电除尘技术的工程应用案例，据不完全统计，日本配套机组容量累计已超 5000MW，主要厂家有三菱重工（MHI）、石川岛播磨（IHI）、日立（Hitachi）等。

低低温电除尘技术是通过低温省煤器或热媒体气气换热装置（MGCH）降低电除尘器入口烟气温度至酸露点温度以下（一般在 90℃左右），使烟气中的大部分 SO_3、在低温省煤器或 MGGH 中冷凝形成硫酸雾，黏附在粉尘上并被碱性物质中和，大幅降低粉尘的比电阻，避免反电晕现象，从而提高除尘效率，同时去除大部分的 SO_3，当采用低温省煤器时还可降低机组煤耗。

（2）高频电源电除尘　高频电源作为新型高压电源，除具备传统电源的功能外，还具有高除尘效率、高功率因数、节约能耗、体积小、结构紧凑等突出优点，同时具备直流和间歇脉冲供电等两种以上优越供电性能和完善的保护功能等特点，已成为《火电厂大气污染物排放标准》（GB 13223—2011）实施后电力行业中最主要的电除尘器供电电源。

大量工程实例证明，高频电源工作在纯直流方式下可以大大提高粉尘荷电量，提高除尘效率；应用于高粉尘浓度的电场，可以提高电场的工作电压和荷电电流。特别是在电除尘器入口粉尘浓度高于 $30g/m^3$ 和高电场风速（$>1.1m/s$）时，应优先考虑在第一电场配套应用高频高压电源；当粉尘比电阻比较高时电除尘器后级电场选用高频电源，应用间歇脉冲供电工作方式以克服反电晕，提高除尘效率并节能；在以提效节能为主要目的应用中，可在整台电除尘器配置高频电源，并同时应用断电（减功率）振打等新控制系统，实现提效与节能的最大化。

(3) 湿式电除尘器　湿式电除尘器具有除尘效率高、克服高比电阻产生的反电晕现象、无运动部件、无二次扬尘、运行稳定、压力损失小、操作简单、能耗低、维护费用低、生产停工期短、可工作于烟气露点温度以下、由于结构紧凑而可与其他烟气治理设备相互结合、设计形式多样化等优点。同时，其采用液体冲刷集尘极表面来进行清灰，可有效收集细颗粒物（一次 $PM_{2.5}$）、SO_3 气溶胶、重金属（Hg、As、Se、Pb、Cr）、有机污染物（多环芳烃、二噁英）等，协同治理能力强。使用湿式电除尘器后，颗粒物排放可达 $5mg/m^3$ 以下。在燃煤电厂湿法脱硫之后使用，还可解决湿法脱硫带来的“石膏雨”、蓝烟、酸雾等问题，缓解下游烟道、烟囱的腐蚀，节约防腐成本。

初期投运的超低排放煤电机组，普遍在湿法脱硫系统后加装湿式电除尘器，湿式电除尘器目前已成为应对 $PM_{2.5}$ 及多种污染物协同治理的主要终端处理设备之一，在各种容量机组中均有大量应用。

(4) 电袋复合除尘器　电袋复合除尘器是指在一个箱体内紧凑安装电场区和滤袋区，将电除尘的荷电除尘及袋除尘的过滤拦截有机结合的一种新型高效除尘器，按照结构可分为整体式电袋复合除尘器、嵌入式电袋复合除尘器和分体式电袋除尘器。它具有长期稳定的低排放、运行阻力低、滤袋使用寿命长、运行维护费用低、适用范围广及经济性好的优点，出口烟尘浓度可达 $10mg/m^3$ 以下。整体式电袋复合除尘器被快速推广应用到燃煤锅炉烟尘治理上。

(5) 袋式除尘器　袋式除尘技术是通过利用纤维编织物制作的袋状过滤元件来捕集含尘气体中的固体颗粒物，达到气固分离的目的；其过滤机理是惯性效应、拦截效应、扩散效应和静电效应的协同作用。袋式除尘器具有长期稳定的高效率低排放、运行维护简单、煤种适用范围广的优点，出口烟尘浓度可达 $10mg/m^3$ 以下。电力行业最常用的袋式除尘器按清灰方式可分为低压回转脉冲喷吹袋式除尘器和中压脉冲喷吹袋式除尘器。随着火力发电污染物排放标准的日趋严格，袋式除尘器在滤料、清灰方式等方面均有改进，尤其是滤料在强度、耐温、耐磨以及耐腐蚀等方面综合性能有大幅度提高，其已成为电力环保烟尘治理的主流除尘设备，并且应用规模逐年稳定增长。

三、集成控制系统设计

1. 协同控制功能

① 采集多种污染物脱除设备（粉尘、SO_2、NO_x、汞等）的运行和控制参数进行集中监控和数据处理；

② 采用统一的数据存储体系——以大型 SQL 关系型数据库为基础＋实时数据库引擎，实现除尘、脱硫、脱硝、物料等各污染物子系统数据的集中统一分析，克服各自为政的“信息孤岛”现象；

③ 采用了统一的现场总线及通信协议，方便现场级协同控制的实施并优化性能；

④ 多子系统集中监控，数据流透明传输，方便相互关联、影响的多污染物协同控制高级策略的实施。

2. 多污染物集成控制布置

按正常工艺，除尘、脱硫、脱硝三个系统的一般布置为SCR烟气脱硝系统在前，电除尘器系统居中，湿法脱硫系统在后，根据这种工艺布置可以对各系统相互间的影响进行协同考虑、综合处理，三者构成一个集成治理控制系统。

① 在脱硝系统中，烟气通过SCR反应区时，在脱硝催化剂的作用下，NO_x 被还原产生大量的极性分子 H_2O，SO_2 被氧化成 SO_3，有助于烟气中粉尘的荷电，降低烟气的比电阻，提高电除尘器的工作电压，提高除尘效率。另外，必须考虑喷氨量与氨逃逸，以免对后续的电除尘器造成腐蚀等不利影响。

② 在电除尘系统中应最大可能地收尘、减少排放，若其出口排放浓度偏高将会直接影响后续湿法脱硫系统的运行，影响烟囱的最终排放，影响其副产物石膏的品质。电除尘系统采用不同的控制可使各电场的收尘量发生较大变化，也将影响输灰系统的输送策略和正常运行。

③ 对于湿式脱硫系统，虽然主要是对 SO_2 的脱除，但由于浆液喷淋的作用也可以有效捕集烟气中的微细颗粒。一般烟气通过湿式脱硫装置时，可有约50%的除尘效率。这样也可以适当考虑电除尘的排放情况。

新的环保标准中提出了对汞排放的控制要求，除尘装置与活性炭喷射系统结合起来可以有效实现对烟气中汞化物的脱除。在脱硝系统中的烟气通过反应器时，大量的元素汞被氧化为二价汞，就很容易被下游的烟气除尘、脱硫装置捕集。

各个系统的主要参数（如脱硝的氨喷射量、氨逃逸量、反应区出口的 SO_3 含量，电除尘的工作电压、振打时序，脱硫的Ca/S值、吸收液的pH值、增压风机出口压力等），以及机组的锅炉负荷，烟气在不同系统的流速、温度等实际上彼此相互影响，但在除尘、脱硫、脱硝各系统“独立运行、各自为政”的情况下，这些影响的好坏无从把握与控制。因此应将上述各系统纳入统一的一个系统中，通过数据共享实现彼此之间的正向传播和反向传播，以一个大系统的视角或从整个系统的角度考虑，制订一些统一的公用控制策略，用以优化各自子系统的运行参数，减少共同的使用设备（如共用一个CEMS监测系统），实现对各主要控制回路之间的协调控制，特别是与上游除尘设备之间的协同控制，从而更好地满足烟囱出口粉尘、SO_2、NO_x 等排放的浓度要求，并尽力节约设备运行时的水、电、物等消耗。

3. 烟气治理集成控制系统设计

首先，从硬件上按一个系统的要求进行设计，合并一些公用的设备，选用相同的硬件配置，通过一定的网络架构将各个控制子系统连接成为一个集成系统，形成统一的监控。

其次，从软件上设计一套完整的、优化整个污染物控制链各环节的控制策略，实现协同控制，这是烟气治理岛集成控制系统的核心。集成控制策略即在分析整个污染物控制链的基础上进行综合评估，优化各系统的运行状态，保证整个系统协调、稳定、安全运行，满足各系统的污染物排放要求，并在最大程度上节约能耗和物耗。集成系统是“硬件系统”，控制策略是“软件系统”。控制策略是为集成系统服务的，是烟气集成系统的“指挥中枢”。

同时，烟气治理集成控制系统不仅仅是烟尘、脱硫、脱硝、脱汞和气力输送等系统的集成，在满足污染物排放要求的情况下还要与锅炉系统的DCS主机进行联动，寻找最佳的工作点；不仅需要考虑锅炉系统的负荷、压力、预热器温度等参数构成前馈系统，还需要考虑出口污染物排放指标参数构成的反馈控制系统。对整个污染物集成控制系统而言，就构成了具有多参量的前馈-反馈控制系统，这就需要建立相应的数学模型。由于燃煤电厂大气污染物集成控制系统各子系统的运行参数具有很多不确定因素，且具有时变的对象和环境，无法建立精确的数学模型，但可以通过先进的智能控制（如预估控制、神经网络控制、模糊控制等方法）建立具有自学习功能的多参量的前馈-反馈型自适应控制系统。

第三节 以低低温电除尘为核心的烟气协同治理技术

燃煤电厂烟气污染物协同治理系统是在充分考虑燃煤电厂现有烟气污染物脱除设备性能（或进行适当的升级和改造）的基础上，引入“协同治理”的理念建立的，具体表现为综合考虑脱硝系统、除尘系统和脱硫装置之间的协同关系，在每个装置脱除其主要目标污染物的同时能协同脱除其他污染物，或为其他设备脱除污染物创造条件。

一、工作原理

脱硝、除尘和脱硫设施在脱除其自身污染物的同时对其他污染物均有一定的协同脱除作用。各个设备处理的污染物协同脱除如表 2-14 所列，典型污染物治理技术间的协同脱除作用如表 2-15 所列。

表 2-14 各污染物协同脱除

设备名称	污染物		
	烟尘	SO_3	汞
脱硝装置	—	脱硝催化剂会促使部分 SO_2 转化为 SO_3	采用高效汞氧化催化剂，将零价汞（Hg^0）氧化为二价汞（Hg^{2+}）
热回收器	烟气温度降至酸露点以下，绝大部分 SO_3 在烟气降温过程中凝结并被粉尘吸附	绝大部分 SO_3 被粉尘吸附	在较低温度下会增加颗粒汞（Hg^P）被烟尘捕获的机会
低低温电除尘器	粉尘性质发生了很大变化，使粉尘比电阻降低，烟气击穿电压升高，烟气量减小，除尘效率提高	绝大部分 SO_3 随烟尘被一起去除	颗粒态汞（Hg^P）、二价汞（Hg^{2+}）被灰颗粒吸附，并去除
湿法脱硫装置	（1）因除尘器出口粉尘粒径增大，湿法脱硫装置协同除尘效应得到大幅提高； （2）因脱硫浆液的洗涤作用，被进一步脱除； （3）合适的吸收塔流速、较好的气流分布、优化喷淋层设计及采用高性能的除雾器，可实现较低的烟尘排放浓度	对 SO_3 有一定的脱除作用，其脱除率一般为 30%～50%	（1）颗粒态汞（Hg^P）和二价汞（Hg^{2+}）在湿法脱硫装置中被吸收； （2）部分二价汞（Hg^{2+}）被还原为零价汞（Hg^0），不利于汞的脱除
湿式电除尘器	粉尘性质发生明显变化，且可从根本上消除“二次扬尘”，除尘效率大幅提高，并可达到极低的烟尘排放限值	对 SO_3 有较好的脱除作用，其脱除率一般可达 60%左右	可去除烟气中部分颗粒态汞（Hg^P）和二价汞（Hg^{2+}）

表 2-15　典型污染物治理技术间的协同脱除作用

污染物	脱硝	热回收器	低低温电除尘	湿法脱硫	湿式电除尘
PM	○	▲	√	●	√
SO_2	○	○	○	√	○
SO_3	★	▲	√	●	√
NO_x	√	○	○	●	○
Hg	▲	▲	●	●	●

注：√为直接作用；●为直接协同作用；▲为间接协同作用；○为基本无作用或无作用；★为反作用。

二、工艺路线

燃煤电厂烟气治理推荐采用的两种低低温电除尘器典型工艺路线分别如图 2-4 和图 2-5 所示。

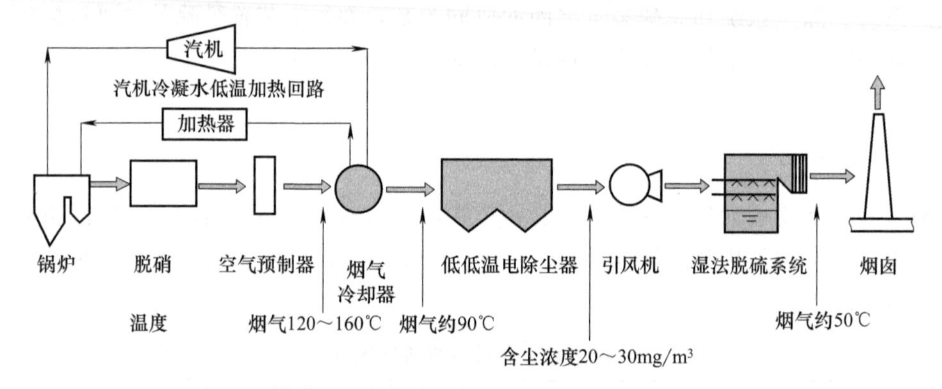

图 2-4　燃煤电厂烟气治理低低温电除尘典型工艺路线 1

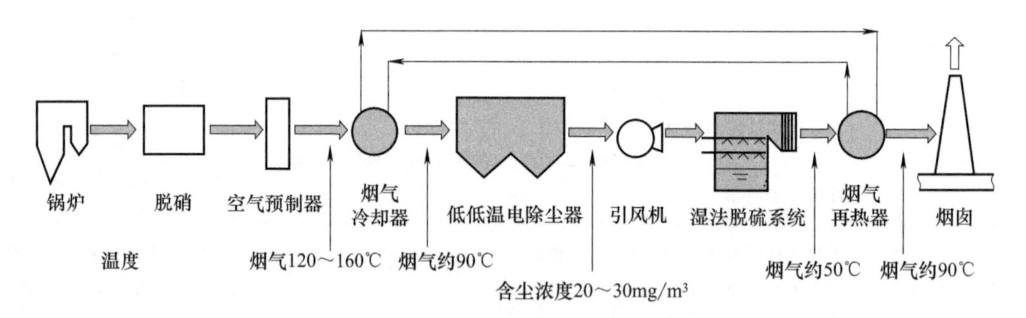

图 2-5　燃煤电厂烟气治理低低温电除尘典型工艺路线 2

第 1 种工艺路线如图 2-4 所示，电除尘器前布置烟气冷却器，目前国内主要采用此工艺路线，节能提效效果明显。第 2 种工艺路线如图 2-5 所示，在电除尘器前布置烟气冷却器将烟气温度降低，且将烟气中回收的热量传送至湿法脱硫系统后的烟气再热器，提高烟囱烟气温度，以增大外排污染物的扩散性。该工艺路线在国外应用非常广泛，国内也有少量应用。

三、主要设备

1. 脱硝装置（SCR）

脱硝装置的主要功能是实现 NO_x 的高效脱除，若通过在脱硝系统中加装高效汞氧化催化剂，可提高元素态汞的氧化效率，有利于在其后的除尘设备和脱硫设备中对汞进行脱除。

2. 热回收器（WHR）

热回收器的主要功能是使烟气温度降低至酸露点以下，一般在90℃左右。此时，绝大部分SO_3在烟气降温过程中凝结。由于烟气尚未进入电除尘器，所以烟尘浓度高，比表面积大，冷凝的SO_3可以得到充分的吸附，下游设备一般不会发生低温腐蚀现象，同时实现余热利用或加热烟囱前的净烟气。

（1）烟气冷却器（工艺路线1） 通过汽机冷凝水吸收烟气装置，降低烟气温度，自身被加热升温，再经加热器、锅炉加热成高温高压蒸汽后返回汽轮机做功，从而实现余热利用，减少排烟损失，提高电厂的运行经济性。

当烟气冷却器布置在除尘器的进口时，除尘器下游的烟气体积流量减小，因此其烟道上的风机等的运行功率可相应减小，有效降低电厂用电量。

当烟气冷却器布置在脱硫吸收塔的进口时，由于烟气经过除尘器后烟气冷却器处于低尘区工作，因此飞灰对管壁的磨损程度将大大减轻。但采用这种布置方式无法利用烟气温度降低带来的提高电除尘器除尘效率、减小风机运行功率的好处，目前工程应用较少。

（2）烟气换热系统（工艺路线2） 电除尘器前布置烟气冷却器将烟气温度降低，同时将烟气中回收的热量传送至湿法脱硫系统后的烟气再热器，提高烟囱烟气温度，以此来增大外排污染物的扩散性。

3. 低低温电除尘器（LLT-ESP）

低低温电除尘器的主要功能是实现烟尘的高效脱除，同时实现SO_3的协同脱除。当烟气经过热回收器时烟气温度降低至酸露点以下，SO_3冷凝成硫酸雾，并吸附在粉尘表面，使粉尘性质发生了很大变化，不仅使粉尘比电阻降低，而且提升了击穿电压、降低烟气流量，从而提高除尘效率。低低温电除尘器在高效除尘的基础上对SO_3的脱除率一般不小于80%，最高可达95%；而且低低温电除尘器的出口粉尘粒径会增大，可大幅提高湿法脱硫装置协同除尘效果。

低低温电除尘器主要由机械本体和电气控制两大部分组成。

（1）机械本体 机械本体部分包括阴、阳极系统及清灰装置、外壳结构件、进出口封头、气流分布装置等，根据需要可配置旋转电极电场或离线振打装置等。

（2）电气控制 电气控制部分包括高压电源、低压控制装置、集控系统、自适应控制系统等。其中烟气温度调节与电除尘自适应IPC智能控制系统能够与高压电源、低压控制装置、热回收器或烟气换热系统的电气系统进行通信，并实现监视、控制功能。能够实现自动获取系统负荷、浊度、烟气温度、烟气量等信号，自动获取电场伏安特性曲线（族）等现场工况变化信息，将获取的信息引入控制系统进行分析处理，与预先设定的基准数据等做对比，根据对比结果可实现自动调节烟气换热总量，调整换热后的烟气温度，并自动选择和调整高压设备等运行方式和运行参数，使电除尘器工作在最佳状态，实现电除尘器保效节能。

4. 湿法烟气脱硫装置（WFGD）

湿法烟气脱硫装置的主要功能是实现SO_2的高效脱除，同时实现烟尘、SO_3等的协同脱除。采用单塔或组合式分区吸收技术，改变气液传质平衡条件，优化浆液pH值、浆液雾化粒径、钙硫比、液气比等参数，优化塔内烟气流场，改善喷淋层设计，提高除雾器性能，提高脱硫效率。

低低温电除生器的出口粉尘粒径增大，WFGD出口的液滴中含有石膏等固体颗粒，要达到颗粒物的超低排放，WFGD的除尘效率可≥70%，提高其协同除尘效率的措施有：a. 较好的气流分布；b. 采用合适的吸收塔流速；c. 优化喷淋层设计；d. 采用高性能的除雾器，除雾器出口液滴浓度为20～40mg/m^3；e. 采用合适的液气比。

5. 湿式电除尘器（WESP）

湿式电除尘器可有效捕集其他烟气治理设备捕集效率较低的污染物（如$PM_{2.5}$等），消除“石膏雨”，可达到其他污染物控制设备难以达到的极低的排放限值，如颗粒物排放≤3mg/m^3。一般情况下，其对SO_3的脱除率可达60%左右。具体工程可根据烟囱出口污染物排放浓度的要求选择性安装。

6. 烟气再热器（FGR）

烟气再热器的主要功能是将50℃左右的烟气加热至80℃左右，改善烟囱运行条件，同时还可避免烟囱冒白烟的现象，并提高外排污染物的扩散性，具体工程可根据环境影响评价。

四、技术特点

1. 除尘效率高

（1）粉尘比电阻下降　通过热回收器或烟气换热系统将烟气温度降至酸露点以下，烟气中大部分SO_3冷凝成硫酸雾，并吸附在粉尘表面，使粉尘性质发生了很大变化。烟气温度在低温区时表面比电阻占主导地位，并且随着温度的降低而降低。低低温电除尘器入口烟气温度降至酸露点以下，使粉尘比电阻处在电除尘器高效收尘的区域。粉尘性质的变化和烟气温度的降低均促使粉尘比电阻大幅下降，避免了反电晕现象，从而提高除尘效率。

日本低低温电除尘器出口烟尘浓度设计值一般为标准状况下30mg/m^3，由于脱硫系统具有一定的除尘效率，这个低低温电除尘器烟尘出口浓度设计是合理的。实际上，低低温电除尘器出口烟尘浓度可以更低，例如广野电厂600MW机组低低温电除尘器出口烟尘浓度为标准状况下16.4mg/m^3，橘湾电厂2号机组1050MW低低温电除尘器出口烟尘浓度为标准状况下3.7mg/m^3。

（2）击穿电压上升　进入电除尘器的烟气温度降低，使电场击穿电压上升，从而提高除尘效率。实际工程案例表明，排烟温度每降低10℃，电场击穿电压将上升3%左右。在低低温条件下，由于有效避免了反电晕，击穿电压的上升幅度将更大。

（3）烟气流量减小　由于进入电除尘器的烟气温度降低，烟气流量下降，电除尘器电场流速降低，增加了粉尘在电场中的停留时间，同时比集尘面积增大，从而提高除尘效率。

对于低低温电除尘器，由于粉尘性质发生了很大变化，可有效避免反电晕，击穿电压将有更大的上升幅度。表2-16显示了在实际应用中部分低低温电除尘器出口烟尘浓度及除尘效率情况。

表2-16　部分低低温电除尘器出口烟尘浓度及除尘效率

厂家	电厂机组	LLT-ESP出口浓度	除尘效率
日本东京电力	广野电厂(600MW)配套机组	16.4mg/m^3	—
东北电力株式会社	原町火力发电厂1号机2台1000MW机组	7mg/m^3	99.3%
中国电力(株)	三隅发电所1号机	—	99.73%

续表

厂家	电厂机组	LLT-ESP出口浓度	除尘效率
石川岛播磨	常陆那珂1号机	30mg/m³ 以下	99.8%
石川岛播磨	住金鹿岛	30mg/m³ 以下	99.79%
石川岛播磨	住共新居浜	30mg/m³ 以下	99.81%
日本日立	碧南电4#、5#炉1000MW机组	30mg/m³ 以下	99.4%~99.9%
日本电源开发株式会社	橘湾电厂2号1050MW机组	3.7mg/m³	—

2. 去除烟气中大部分 SO_3

烟气温度降至酸露点以下，气态的 SO_3 将冷凝成液态的硫酸雾。因烟气含尘浓度高，粉尘总表面积大，这为硫酸雾的凝结附着提供了良好的条件。国外有关研究表明，低低温电除尘系统对 SO_3 的去除率一般在80%以上，最高可达95%，是目前 SO_3 去除率最高的烟气处理设备。

三菱重工的低低温系统中，热回收器进口的 SO_3 设计质量浓度为35.7mg/m³，灰硫比大于100，低低温电除尘器出口的 SO_3 设计质量浓度小于3.57mg/m³，去除率可达到90%以上。

国外有关研究表明，热回收器中 SO_3 浓度随烟气温度变化。烟气温度在100℃以下时几乎所有的 SO_3 在热回收器中转化为液态的硫酸雾，并黏附在粉尘上。

3. 提高湿法脱硫系统协同除尘效果

国外有关研究低温电除尘器与低低温电除尘器出口粉尘粒径、电除尘器（ESP）出口烟尘浓度与脱硫出口烟尘浓度关系的结果如图2-6和图2-7所示。

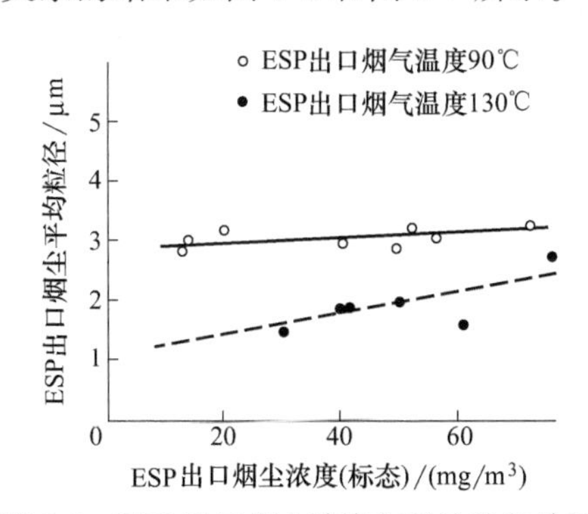

图2-6 ESP出口烟尘浓度与平均粒径关系

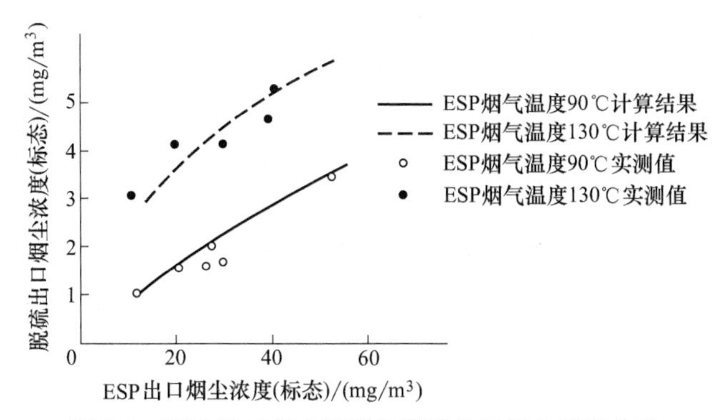

图2-7 ESP出口烟尘浓度与脱硫出口烟尘浓度关系

低温电除尘器出口烟尘平均粒径一般为1～2.5μm，低低温电除尘器出口粉尘平均粒径大于3μm，低低温电除尘器出口粉尘平均粒径明显高于低温电除尘器。当采用低低温电除尘器时，脱硫出口烟尘浓度明显降低，可有效提高湿法脱硫系统协同除尘效果。国内脱硫厂家也认为，增大电除尘器出口粉尘平均粒径可有效提高湿法脱硫系统协同除尘效果。

4. 节能效果明显

目前国内电厂低低温电除尘器前回收的热量用于节省煤耗，对于1台1000MW机组来说，烟气温度降低30℃，可净节省约1.5g/kW能耗。另外，由于烟气温度的降低，可节约湿法脱硫系统水耗量，可使风机的电耗和脱硫系统用电率减小。

5. 二次扬尘有所增加

粉尘比电阻的降低会削弱捕集到阳极板上的粉尘的静电黏附力，从而导致二次扬尘现象比低温电除尘器适当增加，但在采取相应措施后二次扬尘现象能得到很好的控制。

6. 具更优越的经济性

由于烟气温度降至酸露点以下，粉尘性质发生了很大的变化，比电阻大幅下降，因此在达到相同除尘效率的前提下低低温电除尘器的电场数量可减少，流通面积可减小，且其运行功耗也有所降低。低低温电除尘系统采用热回收器时可回收热量，兼具节能效果。热回收器的投资成本，一般可在3～5年内回收。

第四节 循环流化床协同净化技术

催化氧化脱硝＋循环流化床干法脱硫技术（SCO＋CFB）是中冶节能环保有限责任公司研究开发的烟气协同净化新技术。其低温烟气循环流化床同时脱硫脱硝除尘技术的核心就是开发了独有的低温氧化催化剂和高效的循环流化床反应器，解决了NO的低成本氧化和SO_2及NO_x高效脱除的两大关键难题。

一、工作原理

该技术采用生石灰或消石灰为吸收剂，具有低温同时脱硫脱硝的能力，在较低的Ca/(S＋0.5N)摩尔比下就能达到很高的脱硫脱硝效率，非常适合处理温度在150℃以下的低温烟气；同时，该工艺尾部配备脉冲袋式除尘器，对烟气中的粉尘具有高效过滤的作用。

烟气循环流化床同时脱硫脱硝除尘技术是一种低温干法同时脱硫脱硝工艺。该技术以循环流化床原理为基础，利用催化剂将NO氧化为NO_2，通过吸收剂的多次再循环利用，延长吸收剂与烟气的接触时间，以达到高效脱硫脱硝的目的。

循环流化床脱硫脱硝反应原理：在脱硫脱硝反应塔内，多次循环的固体吸收剂形成一个浓相的床态，消石灰粉末、烟气及喷入的水分，在流化状态下充分混合。消石灰粉末和烟气中的SO_2、NO_2、SO_3、HCl、HF等在水分存在的情况下，在$Ca(OH)_2$粒子的液相表面发生反应，从而实现高效脱硫脱硝。

下列简化反应式描述了一定温度范围内脱硫脱硝反应塔内发生的大部分反应。

① 脱硫反应：

$$SO_2 + Ca(OH)_2 \longrightarrow CaSO_3 + H_2O$$

② 脱硝反应：

$$NO + \frac{1}{2}O_2 \longrightarrow NO_2 \quad （催化剂作用下）$$

$$NO + \frac{1}{3}O_3 \longrightarrow NO_2 \quad （强氧化剂作用下）$$

$$4NO_2 + 2Ca(OH)_2 \longrightarrow Ca(NO_3)_2 + Ca(NO_2)_2 + H_2O$$

③ 脱硫脱硝互相促进的反应：

$$2NO_2 + CaSO_3 + Ca(OH)_2 \longrightarrow Ca(NO_2)_2 + CaSO_4 + H_2O$$

④ 与其他酸性物质（如 SO_3、HF、HCl）的反应：

$$SO_3 + Ca(OH)_2 \longrightarrow CaSO_4 + H_2O$$

$$2HCl + Ca(OH)_2 \longrightarrow CaCl_2 + H_2O$$

$$2HF + Ca(OH)_2 \longrightarrow CaF_2 + H_2O$$

二、协同净化工艺流程

燃煤锅炉烟气循环流化床同时脱硫脱硝除尘系统工艺流程如图 2-8 所示。

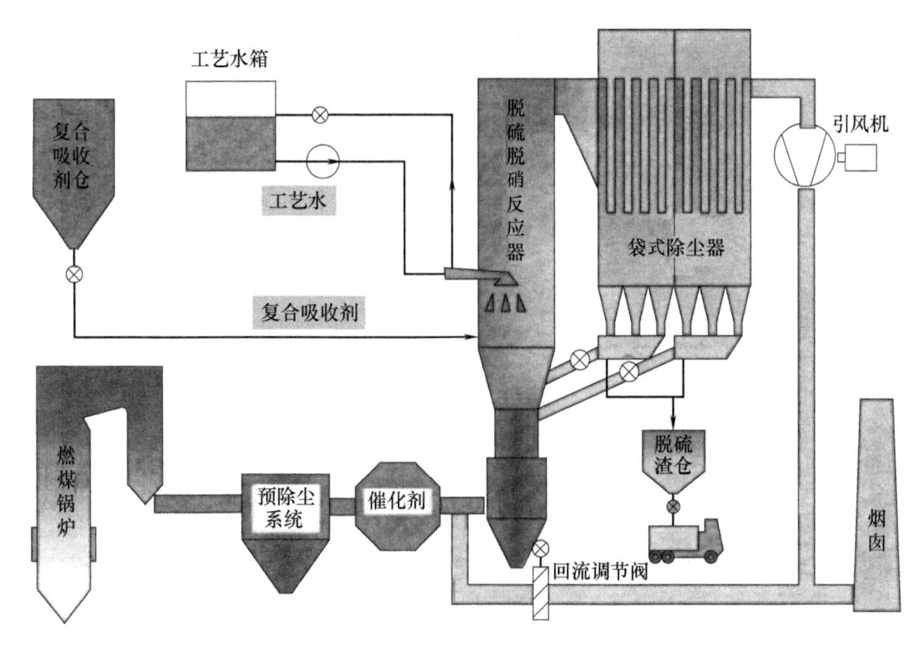

图 2-8 燃煤锅炉烟气循环流化床同时脱硫脱硝除尘系统流程

燃煤锅炉系统排出的烟气（一般温度为 100～150℃）引入催化剂中，在催化剂和强氧化剂（部分工序需添加）作用下大多数 NO 被氧化成 NO_2，经催化剂作用后的烟气再进入脱硫脱硝反应塔底部，脱硫脱硝反应塔底部为一布风装置，烟气流经时被均匀分布。脱硫脱硝吸收剂通过一套喷射装置在布风装置上部喷入。在布风装置的上部同样设有喷水装置，喷入的雾化水使烟气降至一定温度。增湿后的烟气与吸收剂相混合，复合吸收

剂与烟气中的 SO_2、NO_x 反应生成亚硫酸钙、硫酸钙、亚硝酸钙和硝酸钙等。大量固体颗粒部分在塔顶回落，在塔内形成内循环，部分烟气从脱硫脱硝反应塔上部侧向排出，然后进入脉冲袋式除尘器。大部分固体颗粒通过除尘器下的再循环系统，返回脱硫脱硝反应塔继续参加反应，如此循环达 100～150 次，少部分脱硫脱硝产物则经过灰渣处理系统输入渣仓。最后的烟气经除尘器通过脱硫脱硝增压风机排入烟囱。由于脱硫脱硝过程中烟气中的大量酸性物质尤其是 SO_3 被脱除，烟气的酸露点温度很低，排烟温度高于露点温度，因此烟气也不需要再加热。

脱硫脱硝反应塔上部设有回流装置，塔中的烟气和吸收剂颗粒在向上运动时会有一部分烟气及固体颗粒产生回流，形成很强的内部湍流，从而增加了烟气与吸收剂的接触效率，使脱硫脱硝反应更加充分。固体颗粒在上部产生强烈的回流，加强了固体颗粒之间的碰撞和摩擦，不断地暴露出新鲜的吸收剂表面，大大提高了吸收剂的利用率。吸收塔高度较高，烟气在脱硫脱硝反应塔中的停留时间较长，使得烟气中的 SO_2、NO_2 能够与吸收剂充分混合反应，99%的脱硫反应和 80%的脱硝反应都在脱硫脱硝反应塔内进行并完成。

当锅炉或烧结机负荷较低导致烟气量不能满足循环流化床运行工况要求时，可以通过调节回流调节阀开度使部分净烟气重新返回脱硫脱硝反应塔，以满足流化床对系统风量的要求。

相比诸多采用循环流化床原理的干法脱硫工艺，本工艺的特点是采用新型布风装置，加快气体对固体颗粒的加速作用，快速获得均一的气固浓度分布，缩短脱硫脱硝塔入口的长度，提高床层利用效率；同时，脱硫脱硝塔下部是脱硫脱硝反应迅速进行的区域，采用新型布风装置，消除了脱硫脱硝装置下部流场的偏转，提高了颗粒均匀性和脱硫脱硝效率。同时，在脱硫脱硝反应塔上部出口区域布置了回流装置，旨在造成烟气流中固体颗粒的回流，通过这种方式延长了固体颗粒在塔内的停留时间，同时改进了气固间的混合。此外，脱硫脱硝反应塔内还装有内构件，增强了气体的絮流效果，使吸收剂和二氧化硫、二氧化氮接触更加充分，明显提高了脱硫脱硝效率。

该工艺最重要的特色是在维持污染物高去除率的同时保持低反应物消耗率，这主要是通过优化循环流化床内部的反应条件达到的，具体包括加强气固接触、固体物有较长的接触时间、不断更新吸收剂反应表面等。

三、副产物利用技术

采用钙基脱硫剂单纯脱除烟气中二氧化硫的干法（半干法）工艺，包括目前普遍采用的循环流化床脱硫工艺、SDA 旋转喷雾工艺及密相干塔工艺等，产生的脱硫渣主要成分为 $CaSO_3$、$CaSO_4$、$CaCO_3$ 及 $Ca(OH)_2$ 等，其中 $CaSO_3$ 占到多数。由于脱硫时系统采用的钙硫比不同，脱硫渣中 $CaSO_3$ 的组分一般控制在 35%±10%，脱硫渣平均粒径在 10μm 左右，堆密度在 600～900kg/m^3 之间。

由于 $CaSO_3$ 对水泥中矿物的选择性较强，不具有应用的普遍适应性，因此无论是电厂烟气还是烧结烟气的干法脱硫系统产生的脱硫渣都很难利用，多数脱硫渣都被堆弃，或者是有限地利用于矿井填埋，路基铺垫等，无法高效的利用。

烟气循环流化床同时脱硫脱硝除尘工艺对烟气进行处理后，其脱硫脱硝副产物的主要矿物组成是硫酸钙、硝酸钙、亚硝酸钙及其他钙化合物。硫酸钙是矿渣粉生产企业常用的外加剂，也是《用于水泥砂浆和混凝土中的粒化高炉矿渣粉》（GB/T 18046—2017）所允许添加的外加剂。硝酸盐和亚硝酸盐不仅能作为混凝土的早强剂组分，而且可以作为混凝土防冻剂组分使用。我国曾生产应用过以硝酸盐和亚硝酸盐为主的许多品种的早强剂或防冻剂，如亚硝酸钙-硝酸钙，亚硝酸钙-硝酸钙-尿素、亚硝酸钙-硝酸钙-氯化钙，以及亚硝酸钙-硝酸钙-氯化钙-尿酸等。亚硝酸钙的掺入还可以防止混凝土内部钢筋的锈蚀，其原因是可以促使钢筋表面形成致密的保护膜。

四、工艺特点

（1）多污染物净化效率高　该工艺的脱硫效率可达到85%～99%，脱硝效率可达到70%～90%，系统出口粉尘浓度小于5mg/m^3，完全可以满足超低排放标准。系统可脱除强酸、重金属、二噁英等多种污染物。

（2）可以实现低温条件下NO向NO_2的高效转化

在烟气温度高于100℃条件下，通过使用低温氧化催化剂（部分工序增加强氧化剂），加速烟气中的NO与烟气中的O_2快速结合生成NO_2。

（3）可以实现SO_2与NO_2的同塔高效脱除

NO_2虽为酸性气体，但其与碱性吸收剂发生酸碱反应的化学反应速率远低于SO_2，主要原因有两个：一是NO_2溶于水生成HNO_3与HNO_2，HNO_2不稳定易分解为NO，导致整体脱硝率下降；二是NO_2在水中总的溶解度为1.26mg/L，仅是SO_2在水中溶解度的1%，SO_2与NO_2同塔吸收存在竞争吸收剂的问题。针对以上两点，通过近十年的理论研究与工艺实践，通过对传统流化床反应塔塔型的突破性优化，通过流场的优化提高了NO_2的气固接触时间，在实现高效脱硫的同时将NO_2的吸收效率由传统循环流化床反应塔低于40%的效率提高到85%。

（4）可实现脱硫脱硝副产物的资源化利用　常规半干法脱硫副产物中亚硫酸钙含量较高，作为钢铁渣粉添加剂使用时对建材的早期强度产生不利影响，同时脱硫脱硝系统中由于NO_2的存在，将烟气中大部分亚硫酸钙氧化成了硫酸钙。同时，生成了部分亚硝酸钙，一方面，同时脱硫脱硝副产物中亚硫酸钙含量减少，对建材早期强度的不利影响减弱；另一方面，亚硝酸钙的存在大大提升了建材的早期强度及防冻性能。因此，同时脱硫脱硝副产物可以按比例添加在钢铁渣粉中，实现副产物的资源化利用。

（5）其他特点　投资省，流程简单，运行可靠，运行费用低，副产品易于处理等显著优点，同时无废水产生、无低温腐蚀、烟囱无水汽。

五、工程应用

2014年山东兖州聚源热电有限责任公司58MW角管式（链条）锅炉烟气脱硫脱硝工程烟气量（标态）105000m^3/h，SO_2入口浓度1600mg/m^3、NO_x入口浓度260mg/m^3、粉尘入口浓度2000mg/m^3，经烟气同时脱硫脱硝除尘系统净化后，系统出口SO_2浓度小于30mg/m^3、NO_x浓度小于40mg/m^3、粉尘浓度小于5mg/m^3，全面满足国家环保标准要求。目前，该工程已投运多年。

该工程通过一套系统协同解决了锅炉烟气中二氧化硫、氮氧化物、氯化氢、氟化氢、粉尘等多污染物的净化问题，同时解决了半干法脱硫副产物难以利用的问题，且投资及运行费用较常规湿法脱硫+SCR脱硝方法大幅降低，为工业烟气多污染物的治理开辟了一条新的技术途径。

中国环保产业协会特将“兖州聚源热电有限责任公司58MW角管式（链条）锅炉烟气同时脱硫脱硝除尘工程”列为工业烟气同时脱硫脱硝一体化首台套科研与技术产业化示范工程。目前，该技术已经陆续在国内锅炉、烧结机等多个领域应用，锅炉容量有40t/h、75t/h、120t/h、220t/h等多种规格，均能达到火电行业超净排放标准，烧结机规格有180m^2、198m^2、265m^2等多种规格。

第五节 脉冲电晕等离子体协同减排技术

一、等离子体技术基本原理

脉冲电晕等离子体技术，在基本原理上与电子束辐照法有相同之处，都是利用高能电子将烟气中SO_x、NO_x、H_2O和O_2等气体分子激活，电离，甚至裂解，产生强氧化性基团，如·OH、HO_2·、·O、·O_3等，这些活性基团与同样被激活了的SO_2和NO分子作用，经过一系列复杂的化学反应过程，生成SO_3和NO_2，很快与烟气中的水分作用产生酸雾，与添加的NH_3立即反应生成$(NH_4)_2SO_4$和NH_4NO_3颗粒而被捕集下来。

但是，这两种方法也有不同之处，它们的高能电子的来源不同，EBA通过阴极发射和电场加速产生高能电子束（400～800keV），需要大功率的长期、连续、稳定工作的电子枪，运行和维护的技术要求高，而且还需要辐射屏蔽，能量效率并不理想。脉冲电晕放电诱导等离子体的方法克服了这些缺点。它通过烟气中脉冲流注电晕放电形成常温下非平衡等离子体产生高能电子，能量为5～20eV，比EBA的低得多。由于氧分子的O—O键能为5.1eV，水分子的H—O—H键能为5.2eV，活性基形成能量约10eV，因此高能电子的能量可以打断这些键，使之裂解而形成活性粒子或自由基。这就提供了等离子体化学的一种新方法——脉冲感应等离子体化学处理（Prlse-induce Plasma Chemical Process，PPCP）。由于PPCP的非平衡等离子体在常温下只提高电子温度而不提高离子温度，因此其能量效率至少比电子束法高2倍。

二、PPCP技术特点

PPCP的突出特点是能在一个过程中同时脱除SO_x和NO_x，还能去除粉尘和重金属类物质。国外对PPCP的机理和应用前景进行了广泛研究，肯定了它的可行性和优越性。我国早在20世纪90年代前期就开展实验研究，已取得不小的进展，但至今还未能进入中试阶段，距离工业应用还有相当路程。不过把它作为方向性、前沿性的FGD技术加以研究和开发是值得的。

实验结果得出不同温度下脉冲峰压与SO_2氧化量的关系如图2-9所示，与输入功率的关系如图2-10所示。

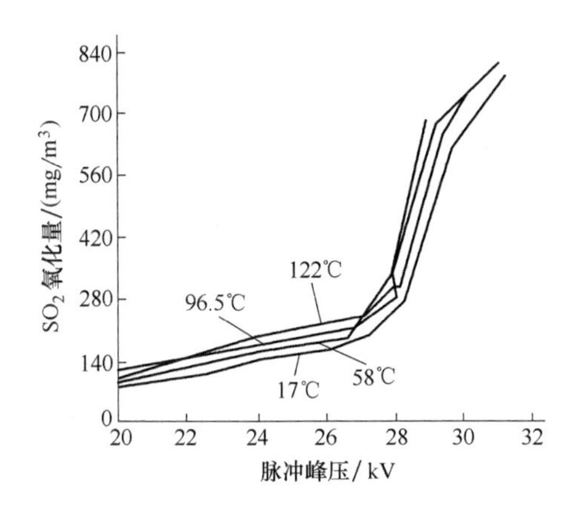

图 2-9 不同温度下脉冲峰压与 SO_2 氧化量的关系
（SO_2 初始浓度为 2308mg/m^3；烟气湿度为 64%）

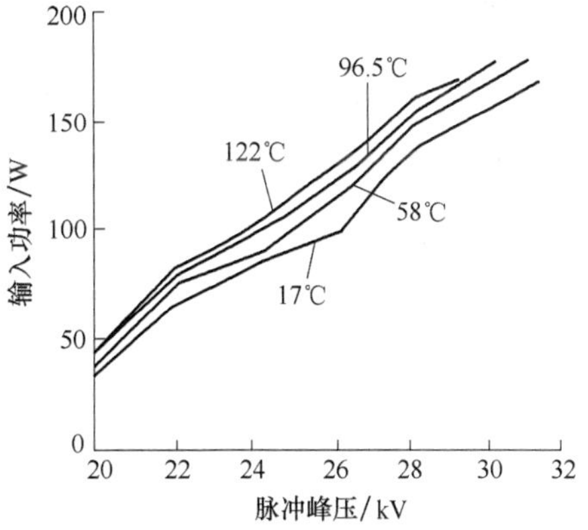

图 2-10 不同温度下脉冲峰压与输入功率的关系
（SO_2 初始浓度为 2308mg/m^3；烟气湿度为 64%）

在相同功率下，温度与 SO_2 氧化量和所需峰压的关系如图 2-11 所示；SO_2 初始浓度与氧化量、氧化效率的关系，如图 2-12 所示。

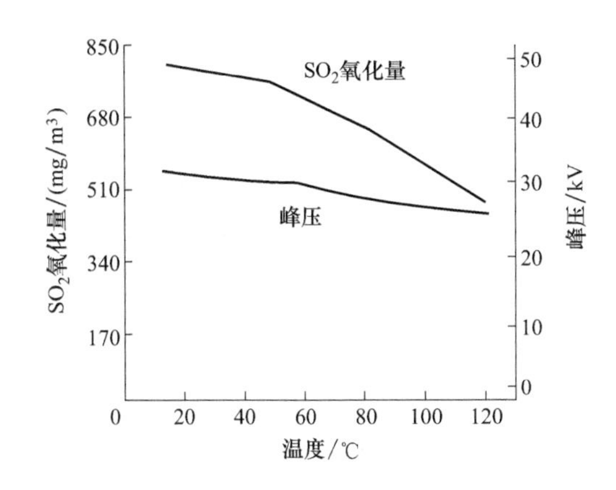

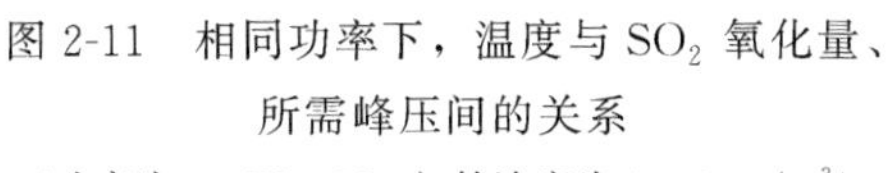
图 2-11 相同功率下，温度与 SO_2 氧化量、所需峰压间的关系
（功率为 170W；SO_2 初始浓度为 1945mg/m^3）

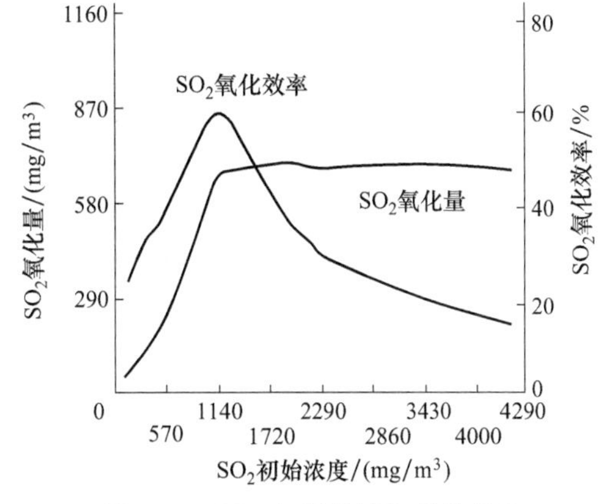

图 2-12 SO_2 初始浓度与氧化量和氧化效率的关系
（峰压为 30kV；温度为 17.5℃；功率为 175W）

由此可以得出以下结果。

① 烟气温度相同时脉冲电压峰值增加，等离子体中裂解和电离趋于频繁，从而活化粒子的浓度和带电粒子数目增加。因此，SO_2 的电晕氧化量随之增大，相应地输入功率也增大。

② 脉冲电压峰值相同，随烟气温度上升，气体分子动能加大，热运动加剧，碰撞趋于频繁，分子的裂解和电离概率增大，活化粒子浓度和带电粒子数目随之增加。因此，SO_2 的电晕氧化量增加，输入功率也随之增大。

③ 输入功率相同时，随烟气温度上升，SO_2 的电晕氧化量下降。这可能是氧化反应的逆反应所致，且温度越高逆反应分解的速率越大，同时所需的脉冲峰压也随之降低。此外，温度上升将导致反应器间隙击穿电压下降，升高电压则导致频繁击穿，甚至过渡到火花放电，能耗迅速增大，且电晕氧化效果将明显变差。因此，电晕对 SO_2 的氧化以

温度低为好。

④ 在一定峰压和输入功率下，SO_2 的初始浓度超过一定值（实验条件为 1144mg/m^3）后氧化量基本不变，但氧化效率下降。这说明 SO_2 的电晕氧化量由烟气吸收的能量决定，与 SO_2 的初始浓度无关。据此可求得正脉冲电晕对 SO_2 氧化的能量利用率为 64.3g/(kW·h)。

此外还得出，由于正脉冲电晕放电的流注可以延伸到整个反应器的极间处理空间，而负脉冲电晕放电的流注仅局限在电晕线附近，所以正脉冲激活的空间比负脉冲的大得多；相应地，其 SO_2 氧化量和氧化效率也大得多，从而得出只有用正脉冲电晕脱硫才有意义。

NO_x 的脱除与 SO_2 有类似的现象和特点，所不同的是 NO_x 的氧化量随烟气温度上升而略有增加。从能耗和氧化效率看，温度低对 NO_x 的氧化更有利些。

NO_x 电晕氧化量同 SO_2 的情况相仿，与初始浓度无关，仅取决于烟气吸收的能量。由此计算出正脉冲电晕氧化的 NO_x 的能量利用率为 9.98g/（kW·h），比 SO_2 的小得多。这是由于 NO 的化学性质稳定，氧化相对困难。因此，在脉冲电晕净化烟气中脱硝比较困难些。

综上所述，归纳成如下 3 点。

① 正脉冲电晕对 SO_2 和 NO_x 的氧化脱除效果远优于负脉冲电晕。负脉冲电晕对 SO_2 有氧化能力，但氧化效率很低。

② 正脉冲电晕下，峰压相同，SO_2、NO 的电晕氧化量随温度上升而增大，输入功率也随之增大；温度相同时，脉冲峰压增大，SO_2、NO 的电晕氧化量增加，功率也增大；输入功率相同，温度上升，SO_2 的电晕氧化量下降，而 NO 的电晕氧化量略有上升。从能耗和氧化脱除效率两方面考虑，温度低对 SO_2、NO 的电晕氧化有利。

③ 在一定峰压和输入功率下，SO_2、NO 的电晕氧化量与初始浓度无关，仅取决于 SO_2、NO 吸收的电晕能量。正脉冲电晕氧化 SO_2、NO 的能量利用率分别为 64.3g/(kW·h）和 9.9g/(kW·h)。

三、等离子体双脱工艺应用实例

中国工程物理研究院自 1995 年开始研究开发等离子体脱硫工艺，1999～2000 年在绵阳科学城热电厂建成一套中试装置。该试验装置与电子束辐照装置共用烟气参数调节、副产物回收和加氨系统，其中烟气来自电厂燃煤锅炉。

1. 工艺流程

试验装置采用如图 2-13 所示的工艺流程，由烟气调节系统、加速器辐照处理系统、加氨装置、副产物收集装置、测量控制系统、脉冲电晕放电处理系统 6 个主要部分组成。

处理烟气分别取自电厂水膜除尘器前和水膜除尘器后。烟气经冷却塔降温增湿后，被送至反应器中处理，同时喷入氨。处理后的烟气送至副产物收集装置，其中的 $(NH_4)_2SO_4$ 和 NH_4NO_3 被收集下来。清洁烟气由烟囱排出。

通过烟气调节系统直接向烟气加入 SO_2 和 NO，模拟各种工况。

2. 技术参数

中试装置主要技术参数见表 2-17。

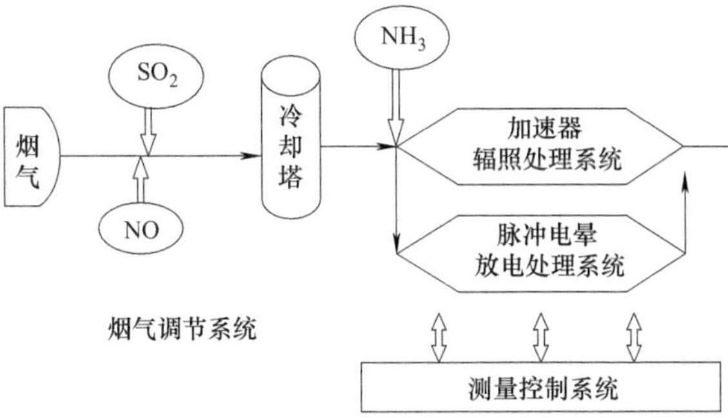

图 2-13 等离子体烟气脱硫脱硝工业试验装置工艺流程

表 2-17 中试装置主要技术参数

技术参数	指标	技术参数	指标
烟气处理量(标态)/(m^3/h)	3000～12000	NO_x 排放浓度限值/(mg/m^3)	≤410
处理烟气 SO_2 浓度/(mg/m^3)	1140～8580	NO_x 脱除率/%	≥50
SO_2 排放浓度限值/(mg/m^3)	1140	NH_3 排放浓度/(mg/m^3)	≤38
SO_2 脱除率/%	≥90	电子束能量/keV	800～1000
处理烟气 NO_x 浓度/(mg/m^3)	410～1640		

3. 系统组成

(1) 烟气调节系统 该系统由烟气量和烟尘浓度调节装置、温度和湿度调节装置、SO_2 和 NO 浓度调节装置组成。烟气量调节范围（标态）为 3000～12000m^3/h，烟尘质量浓度调节范围为 0.3～10g/m^3。

烟气的温度和湿度调节分别在喷雾塔和反应器中完成。根据试验要求，向烟气中喷入雾化冷却水和加蒸气调节烟气的温度和湿度。

SO_2 和 NO 的浓度调节是在喷雾塔前将 SO_2 和 NO 气体直接注入烟气中。

(2) 加速器辐照处理系统 该部分由电子加速器、辐照反应器及一些辅助设施组成。电子加速器的主要参数为：电子能量 500～800keV，最大电子速流 45mA；扫描窗尺寸 1200mm×100mm。

辐照反应器为 ϕ3m、长 7m 的圆柱状容器，水平放置。反应器上设电子束入射窗和清扫风入口，电子束由入射窗射入反应器内。

(3) 脉冲电晕放电处理系统 脉冲电晕放电处理系统由高电压陡升前沿的脉冲电源和反应器组成。脉冲电源的功率为 50～100kW，脉冲前沿小于 50ns，脉冲宽度 200～500ns，重复频率 50～200Hz，脱硝效率≥70%，寿命 0.5×10^9 次。

(4) 加氨装置 该装置由液氨贮槽、氨蒸发器、氨缓冲罐和喷头组成。贮槽中的液氨经蒸发器蒸发为气体氨，氨气和冷却水通过喷头加入反应器中。

(5) 副产物收集装置 采用静电除尘器收集生成的 $(NH_4)_2SO_4$ 和 NH_4NO_3 由于副产物含水量高，易黏附于除尘器的极板和极线上，致使振打装置失效。采用机械脱附方式可解决黏附问题。

(6) 测量控制系统 试验装置中的烟气成分，通过喷雾塔前和静电除尘器后的烟气成分实时取样分析装置获取。其他工艺参数也由现场仪表测量，其电信号馈送至总控制室。总控制室对全过程实施操作。整个现场仪器设备的运行状况及工艺流程，都在总控制室的模拟盘上显示。由计算机系统实时采集、记录数据，并以图形、曲线方式显示。

4. 试验结果

试验结果见表 2-18。

表 2-18 试验结果

技术指标名称	工况 1	工况 2	工况 3
烟气处理量/(m^3/h)	5193	8200	12647
处理前烟气中 SO_2 浓度/(mg/m^3)	8900	5340	495
处理后烟气中 SO_2 浓度/(mg/m^3)	775	175	34
SO_2 脱除率/%	91.3	96.7	93.3
处理前烟气中 NO_x 浓度/(mg/m^3)	137	148	126
处理后烟气中 NO_x 浓度/(mg/m^3)	34	45	47
NO_x 脱除率/%	75.3	69.6	62.5
颗粒物浓度/(mg/m^3)	154.52	82.40	14.25
处理后烟气中 NH_3 残余浓度/(mg/m^3)	24	14	18

由表 2-18 可见：a. 工艺也适用于高浓度烟气的处理，SO_2 浓度高达 $8900mg/m^3$，脱硫效率超过 91%，NO_x 脱除率达到 75%；b. 氨在烟气中的残余浓度甚低，但仍嫌偏高。

现场辐射剂量检测表明，加速器产生的 X 射线符合国家标准。副产物硫酸铵和硝酸铵是优良的化学肥料，对它的成分检测结果证明可达到合格品或优等品标准。

第六节 电子束辐照法协同净化技术

电子束辐照法 FGD 工艺实际上是属于干式氨法范畴。通常情况下，NH_3 与 SO_2 的反应缓慢，有水分参与时反应速率大大加快。在烟气条件下，通过电子束的辐照，SO_2 与添加的 NH_3 之间的反应情况完全不同了。

一、反应机理

电子束辐照法烟气脱硫脱硝的基本概念建立在光化学烟雾反应机理之上。烟气中 SO_2 和 NO_x 经电子束照射后转化成气溶胶微粒。这种微粒易于用电除尘器或布袋除尘器收集除去。

化石燃料燃烧排放的烟气，主要由 N_2、O_2、H_2O 与少量 SO_2 和 NO_x 等组成。用电子束照射燃烧烟气，它的能量主要被 N_2、O_2、H_2O 吸收，生成强氧化性的·OH、O·和 HO_2·。这些强氧化基团，将烟气中 SO_2 和 NO_x 氧化成雾状硫酸和硝酸，进而与添加的 NH_3 作用得到粉末状铵盐。

电子束辐照烟气的反应机理可用图 2-14 进行描述。

脱硫脱硝过程包括以下几个步骤。

(1) 活性基团的生成　烟气经电子束照射，大部分能量被氮、氧及水蒸气吸收并生成化学反应性很强的活性基团：

$$N_2、O_2、H_2O \xrightarrow{\text{电子束照射}} \cdot OH、O\cdot、HO_2\cdot、N\text{基}$$

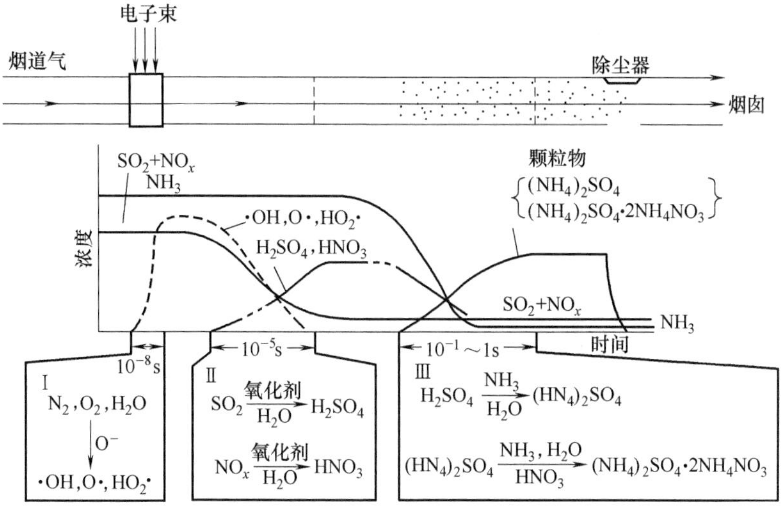

图 2-14 电子束辐照法反应机理

（2）SO_2 及 NO_x 的氧化 烟气中的 SO_2 和 NO 与上述活性基团反应，分别被氧化成硫酸（H_2SO_4）和硝酸（HNO_3）：

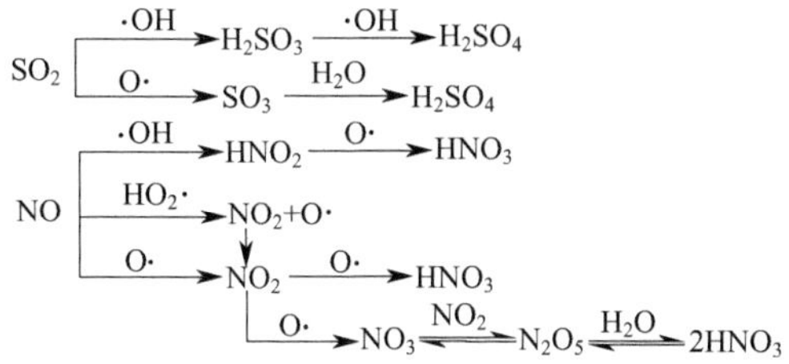

$$SO_2 \xrightarrow{\cdot OH} H_2SO_3 \xrightarrow{\cdot OH} H_2SO_4$$
$$SO_2 \xrightarrow{O\cdot} SO_3 \xrightarrow{H_2O} H_2SO_4$$
$$NO \xrightarrow{\cdot OH} HNO_2 \xrightarrow{O\cdot} HNO_3$$
$$NO \xrightarrow{HO_2\cdot} NO_2 + O\cdot$$
$$NO \xrightarrow{O\cdot} NO_2 \xrightarrow{O\cdot} HNO_3$$
$$NO_2 \xrightarrow{O\cdot} NO_3 \underset{}{\overset{NO_2}{\rightleftharpoons}} N_2O_5 \xrightarrow{H_2O} 2HNO_3$$

（3）生成硫酸铵及硝酸铵 生成的硫酸和硝酸，与添加的氨（NH_3）发生中和反应生成硫酸铵［$(NH_4)_2SO_4$］及硝酸铵（NH_4NO_3）。与此同时，烟气中的少量 SO_3 和残余未反应的 SO_2、H_2SO_4 和 HNO_3、NH_3 在微粒表面和集尘器内继续进行反应，最终也生成硫酸铵和硫硝铵副产物。有的则以硫硝铵［$(NH_4)_2SO_4 \cdot 2NH_4NO_3$］的形式出现。

$$H_2SO_4 + 2NH_3 \longrightarrow (NH_4)_2SO_4$$
$$HNO_3 + NH_3 \longrightarrow NH_4NO_3$$
$$SO_3 + 2NH_3 + H_2O \longrightarrow (NH_4)_2SO_4$$
$$SO_2 + \frac{1}{2}O_2 + H_2O + NH_3 \longrightarrow (NH_4)_2SO_4$$

（4）NO 还原 试验证明，电子束辐照可使烟气中约 20%的 NO 与生成的 N 基反应，被还原成 N_2：

$$NO + N \longrightarrow N_2 + O$$

二、主要反应条件

1. 温度

由图 2-15 的曲线可见，总的趋势是 SO_x 和 NO_x 的去除率随温度升高而下降，对于 NO_x 来说 70℃时出现拐点，即当温度低于 70℃，去除率是随温度降低而降低的。脱硝的最佳温度是 70℃，脱硫的最佳温度还可以更低些，为了取得双脱的共同效果，辐照反应温度取 65～70℃为宜。从图 2-25 中还可看到，在实际应用中选择喷水冷却方式要比热交换器好。

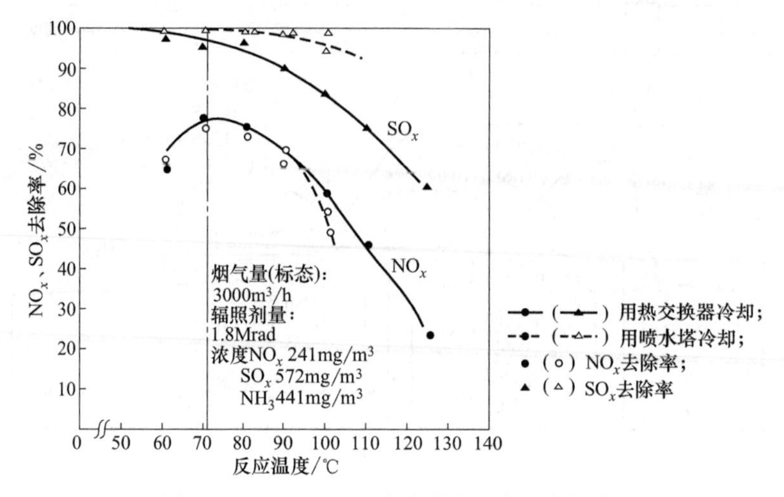

图 2-15 NO_x、SO_x 去除率和反应温度的关系

在相同的辐照条件下，70℃时的脱硫脱硝率比 90℃时高 15%。

2. NH_3 的添加量

NH_3 的添加量以 SO_2 和 NO_x 总量的化学当量值来计算确定。图 2-16 显示了 SO_2、NO_x 去除率与添加 NH_3 的关系。脱硫效率随 NH_3 添加量的增加而上升。

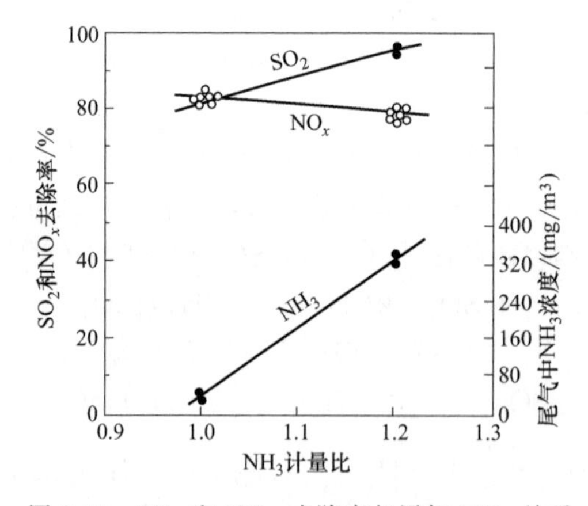

图 2-16 SO_2 和 NO_x 去除率与添加 NH_3 关系

当加入氨量与 SO_2 和 NO_x 的化学计量比为 1∶1 时 SO_2 和 NO_x 去除率在 80%以上；随着 NH_3 量再增加，SO_2 去除率也增加，而 NO_x 去除率变化不大，但放空尾气中 NH_3 浓度也增加。

3. 辐照剂量

在适宜条件下电子束法的脱硫效率在 95%以上，几乎与常规湿式工艺的相同，是干式工艺不能企及的。

图 2-17 为两种典型温度条件下的脱硫效率曲线。低温条件的脱硫效率高，同时随辐照剂量的增加而急剧上升，在辐照剂量 0.9Mrad 时达到 90%，辐照剂量增至 1.5Mrad 时可达

95%以上的脱硫率。

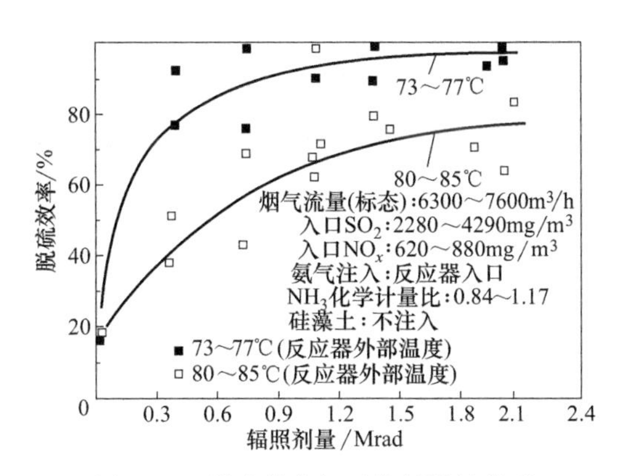

图 2-17 脱硫效率与吸收剂量的关系

这里附加说明，辐照剂量是指每单位质量的被照射物质（烟气）吸收的电子束能量，或称吸收量，单位换算式为：

$$1\text{Mrad}=2.87\text{W}\cdot\text{h/kg}=10\text{kGy}$$

图 2-18 为脱硝效率与辐照剂量的关系。脱硝效率也随剂量的增加而上升，约在 1.8Mrad 时可得到 80%以上的脱硝率。

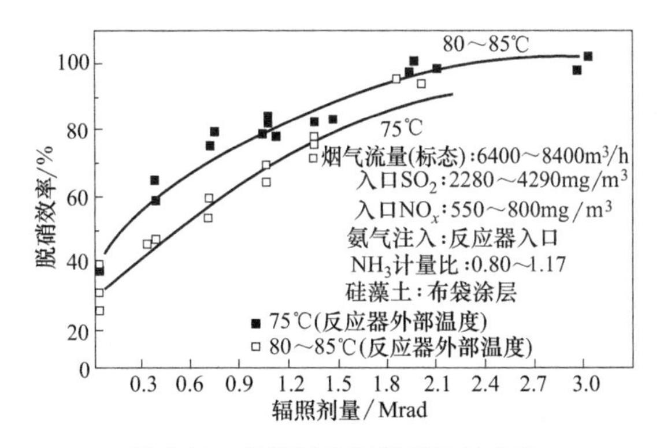

图 2-18 脱硝率与辐照剂量的关系

NO_x 的去除率随电子束剂量增加而增加，在剂量为 1.5～2.0Mrad 时出现高值。脱硫效率随剂量增加而提高的幅度比脱硝效率的大得多，而尾气中 NH_3 的浓度随剂量增加而减少。

三、电子束发生原理

电子束辐照脱硫工艺的关键设备是电子束发生装置。电子束发生装置主要由直流高压电源和电子加速器组成；其中电子加速器是核心部分。参看图 2-19。

电子束的发生原理与电视显像管的原理类似。直流高压电源装置将输入的数百伏交流电压升变成数百万伏直流电压向加速器供电。电子束加速器是在高真空中由加速器管端部的白热灯丝发热释放出来热电子，通过加速器被加速成高速电子束。电子束经扫描，由照射窗射入辐照反应器。

电子加速器发生的电子束能量与施加电压的电位差成正比，而电子的流动速度与电位差的平方根和系统电流的大小成正比。电子束的功率为加速电压与电子束电流的乘积。系统内

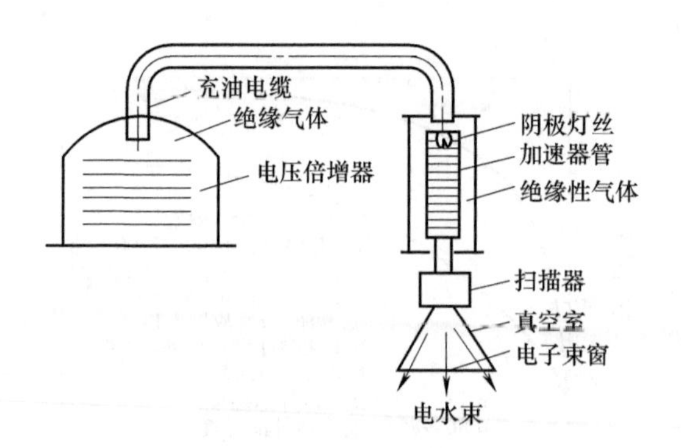

图 2-19　电子加速器示意

大约 90%的电能可转变成电子束。电子束穿透气体的能力，与电子束中电子的能量或加速电压成正比，而与气体的密度成反比。当处理烟气时，电子通过 800kV 的势场而被加速，在借助分子碰撞减少到热速度（Thermal velocity）之前，其迁移距离大约为 3m，在很大程度上电子和气体分子碰撞导致分子发生电离作用。离子又与气体分子相互碰撞，结果产生了自由基。这些自由基可促使反应迅速地发生。

自由基的产率与吸收电子束的能量成正比。对于给定的电压，烟气吸收的能量与电子束电流大小成正比。

加速管端产生的低能热电子流，通过调节灯丝的温度便可控制。灯丝置于阴极，电位差初端电压为 800kV，末端为零。这种电位由加速器管产生。加速器管由许多黏结在一起的金属电极和玻璃绝缘体组成，电子从这种叠层（sandwich）结构的中心孔道中穿过。每一电极相对保持越来越高的电压，这可借助在相邻电极之间的连接电阻来实现。加速器管内为高真空外部环绕管子充入高压绝缘气体。

通过加速器将电子的速度加速到接近光速。此时，电子束进入扫描区。在扫描区内，电子束成 60°角进行磁性扫描，扫描频率为 200 次/s。如图 2-19 所示，扫描器安装在三角形真空室的顶部。真空室的底面安装了厚 2.54×10^{-2}mm 的钛金属薄片制作的电子窗，电子束需穿过此窗射入辐照反应器。扫描的目的是防止过浓的电子束穿过电子窗时将孔道烧坏，并保证电子束均布于反应器内。

加速电压是由高压电源产生的。高压电源可将三相 460kV 的交流电变成 800kV 的直流电。电源大体上是一台变压整流器。三相一次线圈的电压由备用电机驱动的可调变压器控制，电源变压器的二次线圈是由许多模块（model 或 deck）组成的。模块中配置有二次线圈、整流器、电容器以及连接电压——高压倍增器线路上的电阻器。许多垂直排列和串联的模块，可确定达到最高的输出电压。整个电源同样应用高压绝缘气体环绕填充。在这种结构中电源输出的模块通过充油高压电缆与加速器管连接。

四、电子束辐照法应用实例

电子束辐照脱硫工艺（EBA）是一种高能物理与辐照化学相结合的新技术，利用电子束发生装置产生的电子束辐照烟气生成强氧化性的活性基团，进而氧化烟气中的 SO_2 和 NO_x，并与 NH_3 反应生硫酸铵和硝酸铵。1995 年，国家科委和电力部决定由四川电力局与日本荏原制作所合作建设电子束脱硫示范工程，处理烟气量（标态）为 $3.0\times10^5 m^3/h$，烟气从 200MW 机组的 670t/h 锅炉烟气管道抽取。这是当时世界上最大的电子束脱硫装置。1996 年 3 月在成都热电厂开工建设，1997 年 7 月建成，经半年多试运转后于 1998 年 5 月通过验收与技术鉴定。

1. 设计参数与工艺特点

处理烟气量（标态）：$30000m^3/h$（引自 670t/h 锅炉）。

烟气温度：150℃。

烟气成分：O_2 6%；CO_2 14%；H_2O 6%。

SO_2 浓度 $5150mg/m^3$；NO_x 浓度 $680mg/m^3$；粉尘浓度 $390mg/m^3$。

脱硫效率：80%。

脱硝效率：10%。

烟气出口氨浓度：<$76mg/m^3$。

锅炉烟气在高能电子束（500～800keV）照射下，其中的氮、氧、水蒸气被激活并产生活性氧化基团，进而将 SO_2、NO_x 氧化，并与 NH_3 作用生成硫酸铵和硝酸铵。

本工艺具有以下特点。

① 高能电子束透过力和贯穿力强，在反应室内集中辐照烟气。反应速率快，时间短，辐照反应瞬间完成；同时进行脱硫与脱硝反应。

② 干法过程，无废水排放。生成的副产品可作农用氮肥，无固体废弃物。厂区整洁，是可与现代电厂相匹配的清洁工艺。

③ 对烟气条件的变化适应性强。实现了完全自动控制，操作简便。

④ 占地面积小。适用于有氨源或近氨源的火电厂。

2. 工艺流程

电子束烟气脱硫的工艺过程分为预除尘、烟气冷却、加氨、电子辐照反应、副产品捕集 5 道工序。电子束烟气脱硫工艺流程见图 2-20。

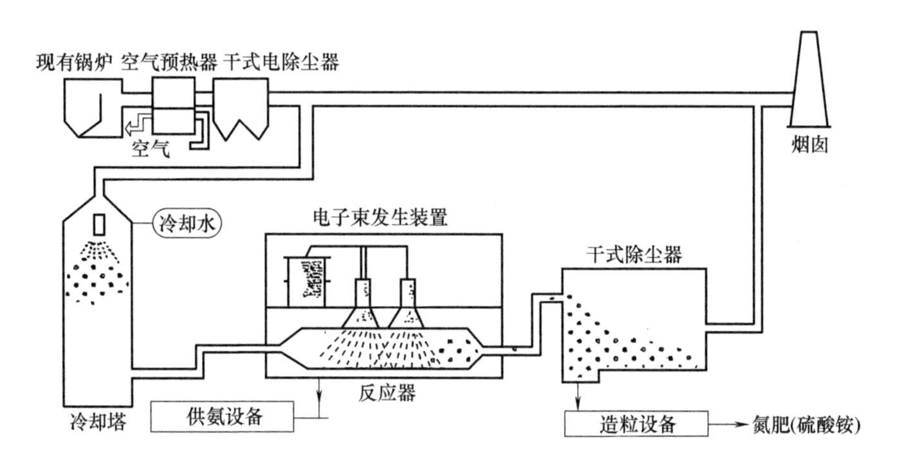

图 2-20 电子束脱硫工艺流程

烟气首先经电除尘器除尘后进入冷却塔进一步除尘、降温和增湿，烟气温度从 140℃左右降至适于脱硫的 60～65℃；随后将一定量的氨气、压缩空气和软水混合喷入反应器进口处，再次调整烟温。经过电子束照射后，SO_2、NO_x 被氧化并与 NH_2 发生化学反应，生成 $(NH_4)_2SO_4$、NH_4NO_3 粉末。部分粗粉末沉降至反应器底部，通过输送机排出，其余部分粉末随烟气一起进入电除尘器被捕集，副产品经造粒打包后贮存或出售。净化后的烟气经引风机升压后通过烟囱排入大气。

3. 主要设备

该系统的主要设备为电子加速器、卧式辐照反应器、冷却塔和副产物捕集加工设备，其中最重要的设备是电子加速器和辐照反应器（见图 2-21）。反应器为（L）13m×（W）4.2m×（H）2.5m 不锈钢制的矩形烟道。其上部还有两个 1200mm×3080mm 矩形孔，安装两台电子加速器（扫描型 800kV，2×400mA），由专用变压器供给直流高压电源（800kV、100mA）。加速器与反应器间用 2.4m×0.3m 的钛膜阻隔（俗称“窗箔”）。为防止辐射，在反应器外侧浇注 1.3m 厚的混凝土屏蔽墙。在“窗箔”处覆盖 7 张 50mm 厚的钢板。

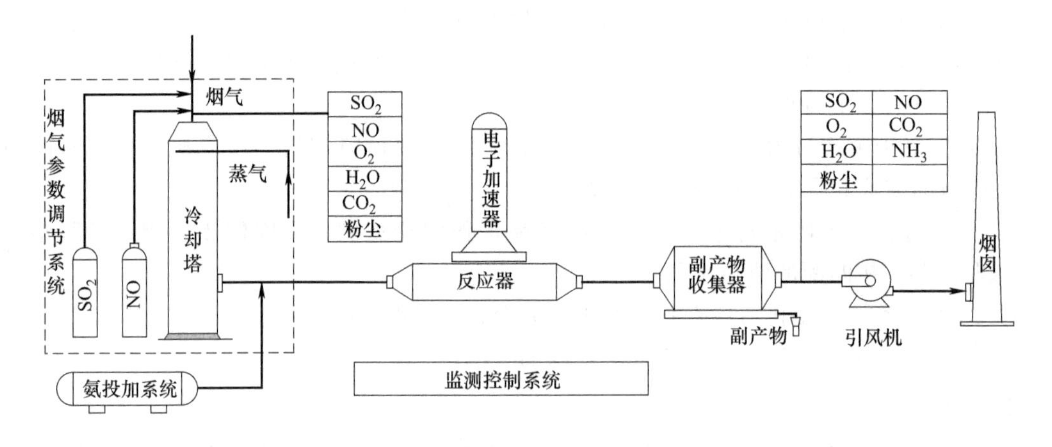

图 2-21 电子束辐照烟气脱硫脱硝装置示意

在反应器入口处设置二层多孔板，板后安装 20 排喷嘴，氨气和软化水喷口相间安装各 10 排。

电除尘器为单室三电场，除尘面积 125m^2，每个电场下方有链式刮板机，用以收集落下的副产物。冷却塔是 1 座直径 13m、高 47m 的空塔。上部标高 36m 处装有 134 个压力雾化喷嘴，向下喷洒工业水。塔底锥斗出口安装有刮板机，将坠落尘粒收集至集灰室。

4. 运行状况

该电子束脱硫系统的设备除电子加速器和副产物造粒设备外，大部分由国内厂商供货。1997 年 7 月投运后至今运行状况基本正常。电子枪灯丝保证寿命约 2 万小时。正常工况窗箔 1 年更换 1 次。整套装置的检修基本上与电厂的大小修同步。运行结果列于表 2-19。

由此可见，脱硫脱硝率和排烟残余氨浓度均达到当时的设计要求。电子束发生装置在 800kV、2×400mA 工况下运行时，屏蔽室周围 X 射线强度在 0.1～0.2μSv/h 之间，低于国家标准（≤0.6μSv/h）的规定，证明生产环境是安全的。副产品含氮量为 18%～20%，重金属含量远低于国家标准关于农用粉煤灰的重金属含量，表明副产化肥可用。

表 2-19 运行结果（实测值）

项目		数值	项目	数值
烟气量/(m^3/h)		29.6×10^4	SO_2 减排量/(t/h)	0.5
入口浓度/(mg/m^3)	SO_2	3025	副产物产量/(kg/h)	2490
	NO_x	464	副产物含氮量/%	19.34
出口浓度/(mg/m^3)	SO_2	360	液氨消耗/(kg/h)	564
	NO_x	382	电耗量/kW	1900
	NH_3	7	水耗量/(t/h)	16
脱硫效率/%		86.8	蒸汽耗量/(t/h)	2
脱硝效率/%		17.6	反应室四周 X 射线强度/(μSv/h)	0.1～0.2

自 1997 年 7 月建成以来，实际烟气的 SO_2 浓度一直偏低，SO_2 减排量在 3000t/a 以下。电耗量占机组发电量的 1.9%左右。

由于这是世界上第一套工业规模的示范装置，存在某些设计问题。公用辅助设施也常出现故障，需要不断整改，逐渐完善。另外，本装置建造期间脱硝问题尚未提上日程，因此反应温度控制在 65℃左右，脱硝率显示较低。

应当说明 3 点：a. 在现有 FGD 技术中，唯有电子束氨法属于真正的高新技术和无废物技术；b. 该技术是高效协同减排的双脱技术，尽管起步艰难，但应坚信它的未来前景是广阔的；c. 如果把除尘、脱硫和脱硝三项工程内容同时计入，投资费用和运行成本就并不高了。

第七节 吸附法协同净化技术

吸附法也是工业烟气净化处理的办法之一，通常，吸附在固体表面上进行，把被吸附的气体称为吸附质，固体是吸附剂。当气体分子运动接近固体表面时，受到固体表面分子剩余价力的吸引而附着于其上，这种现象就是吸附。被吸附的气体分子停留于固体表面，受热就会脱离固体表面，重新回到气体中，这种现象就叫解吸或脱附。

一、吸附分类

吸附有物理吸附与化学吸附之分。

(1) 物理吸附　由于分子本身具有无定向力作用，即非极性的范德华力作用或静态极化作用所产生的吸附，称为物理吸附；由于产生物理吸附的力是一种无定向的自由力，所以吸附强度和吸附热都较小。在气体临界温度之上，物理吸附甚微。一般物理吸附的吸附能与气体的凝结力相当，在 8.4～41.9kJ/mol 范围内。物理吸附时，气体的其他性质对吸附程度的影响较小，吸附基本上无选择性，吸附剂与吸附质的分子间不发生变化，吸附可以是单分子层，也可以是多分子层，吸附与解吸的速率都很快。

（2）化学吸附　由于以剩余价力为主，没有用到化学键力的全部，因此吸附作用只是一种“松懈”的化学反应，与化学反应是不同的，不产生稳定的化合物，而产生不稳定的表面吸附化合物；同时放出远超过气体凝结热的热量，而略低于化学反应热效应。化学吸附具有选择性，只能是单分子层，这就是化学吸附的特点。

实际上，在用吸附法处理 SO_2 烟气时，使用最多的吸附剂是活性炭。此外，还有半焦和分子筛等。活性炭与 SO_2 之间的吸附一般认为属于物理吸附。活性炭对 SO_2 的吸附能力除了与活性炭组成和表面特性有关外，还与吸附的各种条件有关，诸如温度、氧和水蒸气分压以及杂质的影响等。通常物理吸附过程的吸附量是有限的，但气体中如有氧和水蒸气存在时，伴随物理吸附会发生一系列化学变化，尤其是当吸附表面存在某些活性催化中心时，吸附能力大大提高。

由于活性炭表面覆盖了稀硫酸，阻碍其吸附作用，需用萃取、加热等手段逐走稀硫酸，才能恢复吸附活性。

按活性炭吸附的操作温度，可分成 3 种不同特点的方法：a. 低温吸附 20～100℃；b. 中温吸附 100～160℃；c. 高温吸附＞250℃。3 种方法的主要特点见表 2-20。同样，也可按不同的再生方式分别加以命名。

表 2-20　不同的温度下活性炭吸附法的比较表

活性炭吸附	低温 20～100℃	中温 100～160℃	高温＞250℃
吸附方式	主要物理吸附	主要化学吸附	几乎全是化学吸附
效率影响因素	(1)取决于活性表面，尤其是自由碳基(通常炭中包含 5%以下自由碳基)； (2)H_2O、O_2 能提高 SO_2 的吸收率，二者共存时更显著	(1)取决于活性表面，尤其是自由碳基(通常炭中包含 5%以下自由碳基)； (2)H_2O、O_2 能提高 SO_2 的吸收率，二者共存时更显著	(1)形成硫的表面络合物，能提高效率； (2)能分解吸附物，不断产生新的作用场所
再生技术	水淬产 H_2SO_4，氨水洗产 $(NH_4)_2SO_4$	加热至 250～350℃释出 SO_2	高温，产生碳的氧化物、含硫化物及硫
优点	催化吸附剂的分解和损失很小，产品可能受欢迎	气体不需预处理	接近 800℃，高效产品自发解吸气体不需预处理
缺点	(1)仅一小部分表面起作用； (2)吸附适宜条件与再生不适应； (3)液相 H_2SO_4 浓度会阻碍扩散和溶解； (4)需气体预冷却	(1)一部分表面起作用； (2)再生要损失炭，可能中毒、着火解吸 SO_2 再处理	产品处理较困难再生，炭损耗，可能中毒，也可能着火

由于活性炭吸附法的吸附与再生均可在普通温度条件下进行，简单而易于实现，因而吸附法受到重视。

二、吸附剂与解吸再生

1. 吸附剂

吸附剂的选择是十分重要的。要求活性炭具有大的比表面积，足够的表面活性，一定的耐磨性和机械强度，而且价廉易得。有的活性炭本身具有表面催化性能，有的则因浸渍了碘而具有较强的氧化作用，可以在炭的表面发生一系列化学反应，将 SO_2 转化成 SO_3 和

H_2SO_4。对于低浓度 SO_2 或 H_2S 的净化，采用浸渍技术是相当有效的。主要化学反应如下：

$$SO_2 \longrightarrow SO_2(\text{吸附态})$$

$$O_2 \longrightarrow O_2(\text{吸附态})$$

$$2SO_2(\text{吸附态})+O_2(\text{吸附态}) \longrightarrow 2SO_3$$

$$SO_3+H_2O \longrightarrow H_2SO_4$$

$$SO_2+I_2+H_2O \longrightarrow H_2SO_4+2HI$$

$$4HI+O_2 \longrightarrow 2I_2+H_2O$$

并不是活性炭适用于所有的有害气体，按吸附效果的优劣，列于表 2-21 可供参考。对于物理吸附来说，吸附质沸点的高低具有决定意义。通常，吸附质的沸点高有利于物理吸附。SO_2 是可被多种吸附剂吸附的气体。

表 2-21 活性炭净化有害物质的适用性

有害物质	容许浓度/(mg/m^3)	适用性	有害物质	容许浓度/(mg/m^3)	适用性
氨(NH_3)	38	△	氯化氢(HCl)	8.15	△
氟化氢(HF)	2.67	△	二氧化氮(NO_2)	10.25	○
氰化氢(HCN)	12.1	○	丙烯醛(CH_2 ═CHCH)	0.25	☆
一氧化碳(CO)	62.5	×	二氧化硫(SO_2)	14.3	☆
甲醛(HCHO)	6.7	△	氯气(Cl_2)	3.17	☆
甲醇(CH_3OH)	286	☆	二硫化碳(CS_2)	67.8	☆
硫化氢(H_2S)	15.2	○	苯(C_6H_6)	87	☆
磷化氢(H_3P)	0.46	△	甲基硫醇	21.4	☆

注：☆用活性炭能有效处理；○用活性炭能处理，但还有其他有效方法；△用活性炭效果不太好；×用活性炭无效。

各种吸附剂对 SO_2 的吸附容量有所不同。煤对 SO_2 的吸附容量为 0.3%（质量分数，下同），活性炭吸附容量是 12%～15%，硅胶为 14%，分子筛的吸附容量最大，达 29%。吸附容量可以根据微孔容积填充理论进行计算。

2. 吸附剂再生

吸附法的后道工序是吸附剂的再生，再生工序之所以重要，一是获取解吸的产物，二是使吸附剂重复使用。通常采用的再生办法有加热再生和水洗再生两种。

加热再生法以德国化学组合公司的 Reinluft 净气法为代表。这是用活性炭进行低浓度 SO_2 烟气脱硫较著名的方法。活性炭在 100～150℃进行 SO_2 吸附，解吸时以 400℃的惰性气体吹出 SO_2，得到副产品：

$$2H_2SO_4+C \xrightarrow[\text{惰性气体}]{400℃} 2SO_2+2H_2O+CO_2$$

再生需耗炭，为了经济起见，也可以用褐煤系半焦炭替代活性炭。吸附与解吸可以在一个塔内完成，也可以分开在两个单体设备内进行。

水洗再生法以鲁奇制酸为代表。水洗脱附最为简便，活性炭不受化学消耗，又能直接制得硫酸。但水洗产酸的浓度甚低，仅 10%～15%，因此稀酸的浓缩和应用成了主要问题。必须将稀酸浓缩至 70%左右才有较多用场。防腐蚀材料和提浓技术非常重要，通常可用逆流式冷却-蒸发器或浸没式燃烧器。鲁奇制酸采用浸渍催化剂的高质量活性炭，因为吸附剂是关键。

水洗法应用于日本鹿岛电厂，处理烟气量（标态）约为 $4.2\times10^5 m^3/h$。吸附系统有平行的两个系列，分别由三个吸附塔组成，吸附塔是由涂酚醛树脂的软钢制成。塔内有 3 个固定活性炭床层，活性炭粒度为6mm左右，操作气速约0.45m/s. 烟气先经电除尘器预处理，达到低于45mg/m^3的含尘指标后进入吸附塔。

操作时，一个系列的三塔同时通气，进行SO_2的吸附：另一系列的三塔、二塔进行干燥，一塔水洗涤。整个周期需63h：7h水洗；20h干燥（此时也有吸附）；36h吸附。SO_2回收率约80%，处理后的烟气温度仍在100℃以上。副产品稀酸用浸没式燃烧器浓缩至60%～70% H_2SO_4。

三、活性炭双脱工艺

活性炭具有较大的比表面积。人们很早就知道活性炭能吸附SO_2、氧和水产生硫酸。早在20世纪70年代后期，日本、德国、美国在工业上开发了若干种工艺如日立法、住友法、鲁奇法、BF法及Reidluft法等。目前已由电厂应用扩展到石油化工、硫酸及肥料工业领域。活性炭法脱硫能否广泛应用的关键在于解决副产稀硫酸的市场出路和提高活性炭的吸附性能。在活性炭脱硫系统中加入氨，即可同时脱除NO_x。图2-22为日本三菱活性炭法同时脱硫脱硝工艺流程。该工艺能达到90%以上的脱硫率和80%以上的脱硝率。

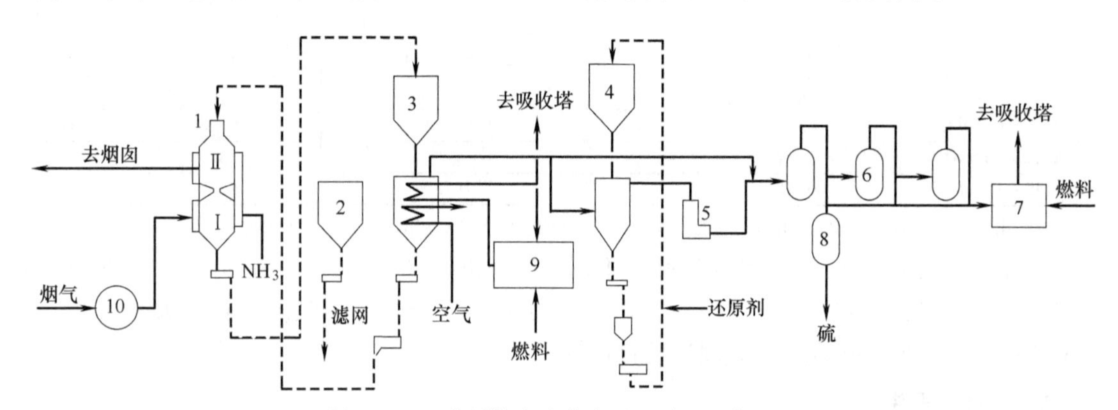

图2-22 三菱活性炭流化床“双脱”工艺流程

1—吸附塔；2—活性炭仓；3—解吸塔；4—还原反应器；5—净化器；6—Claus装置；7—燃烧装置；8—硫冷凝器；9—炉膜；10—风机

该系统主要由吸附、解吸和硫回收三部分组成。烟气进入活性炭移动床吸附塔，通常来自空气预热器的烟气温度在120～160℃之间，正好处于该工艺的最佳温度范围。吸附塔由Ⅰ、Ⅱ两段组成。活性炭在立式吸附塔内靠重力从第Ⅱ段的顶部下降至第Ⅰ段的底部。烟气先水平通过吸附塔的第Ⅰ段，SO_2在此被脱除，然后进入第Ⅱ段后，NO_x在此与喷入的氨作用被除去。在最佳温度范围，SO_2和NO_x的脱除率分别可达98%和80%左右。

在吸附塔的第Ⅰ段，在100～200℃和有氧和水蒸气的条件下，SO_2和SO_3被活性炭吸附生成硫酸，反应式如下：

$$SO_2 \longrightarrow SO_2^*$$

$$O_2 \longrightarrow O_2^*$$

$$H_2O \longrightarrow H_2O^*$$

$$2SO_2^* + O_2^* \longrightarrow 2SO_3^*$$

$$SO_3^* + H_2O^* \longrightarrow H_2SO_4^*$$

$$H_2SO_4^* + nH_2O^* \longrightarrow H_2SO_4 + nH_2O^*$$

式中　* ——吸附态。

前三式为物理吸附，后三式是化学吸附。

在活性炭表面生成的硫酸浓度取决于烟气的温度和烟气中水分的含量。化学吸附的总反应可以表示为：

$$SO_2 + H_2O + \frac{1}{2}O_2 \xrightarrow{\text{活性炭}} H_2SO_4$$

在吸附塔的第Ⅱ段，活性炭又充当了 SCR 工艺的催化剂，在这里向烟气中加入 NH_3 就可脱除 NO_x：

$$4NO + 4NH_3 + O_2 \longrightarrow 4N_2 + 6H_2O$$

$$2NO_3 + 4NH_3 + O_2 \longrightarrow 3N_2 + 6H_2O$$

在再生阶段，饱和态吸附剂被送到解吸塔加热到 400℃，解吸出浓缩的 SO_2 气体。每摩尔的再生炭可以释放出 2mol 的 SO_2。再生后的活性炭送回反应器循环使用。再生过程中发生如下反应：

$$H_2SO_4 \longrightarrow SO_3 + H_2O$$

$$SO_3 + \frac{1}{2}C \longrightarrow SO_2 + \frac{1}{2}CO_2$$

如果有硫酸铵生成，则活性炭的损耗将会降低，反应式为：

$$(NH_4)_2SO_4 \longrightarrow SO_3 + H_2O$$

$$SO_3 + \frac{2}{3}NH_3 \longrightarrow SO_2 + \frac{1}{3}N_2 + H_2O$$

浓缩的 SO_2 可以直接用于制酸或进一步生产硫铵，也可以将它加工成单质硫或液态 SO_2。

在该工艺过程中，SO_2 的脱除反应优先于 NO_x 的脱除反应。在含有高浓度 SO_2 的烟气中，活性炭进行的是 SO_2 脱除反应；在 SO_2 浓度较低的烟气中，NO_x 脱除反应占主导地位。图 2-23 显示在反应塔入口 SO_2 浓度较低的烟气中，NO_x 脱除率较高，然而 SO_2 浓度高 NH_3 的消耗也高，这就是大多数活性炭法使用二级吸收塔的原因。实践证明，在长期连续和稳定运行条件下，能达到很高的脱硫率和脱硝率，如图 2-24 所示。

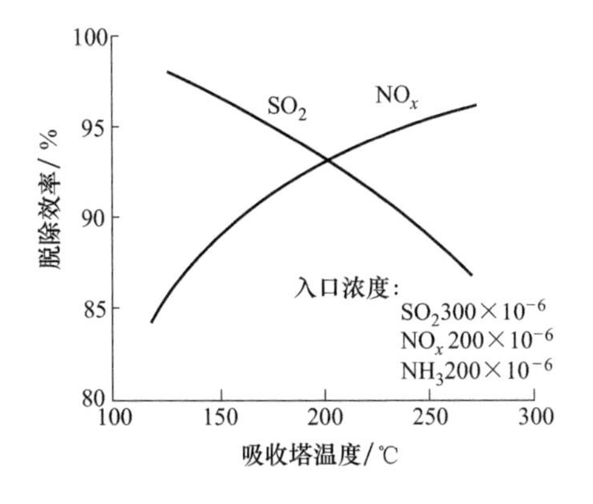

图 2-23　入口 SO_2 浓度对 NO_x 脱除率的影响

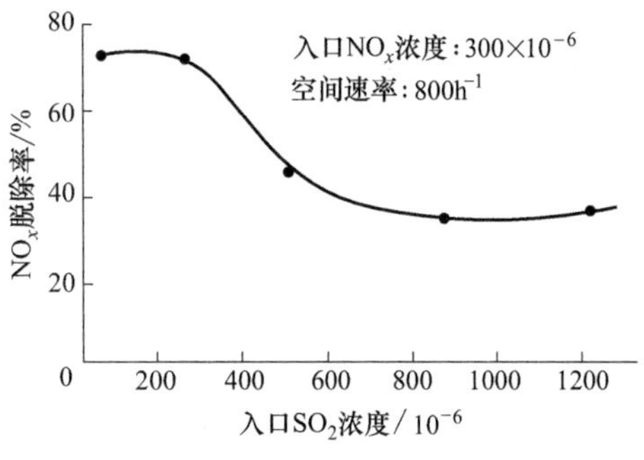

图 2-24　SO_2/NO_x 脱除率与温度的关系

该工艺的优点是：a. 可以联合脱除 SO_2、NO_x 和粉尘，并有着较高的去除率；b. 可同时脱除烃类化合物、金属及其他有毒物质；c. 此工艺无需工艺水，避免了对生产废水进行处理；d. 由于反应温度在烟气排放温度范围内，因此不用对烟气进行冷却或再热，节约能源；e. 产生的副产品可以出售，实现了一定的经济效益。

1995 年，日本电力能源公司在 350MW 流化床锅炉上安装了活性炭脱除 NO_x 工艺。该工艺仅用一个移动床吸附塔，处理烟气量为 $1163000m^3/h$，在 140℃操作温度下活性炭循环速率为 14600kg/h，稳定运行了 2200h 以上，在 NH_3/NO_x 摩尔比为 0.85 时，NO_x 的脱除率达到 80%。由于从流化床锅炉出来的烟气 SO_2 浓度甚低（$172mg/m^3$），所以在 SO_2 被活性炭吸附的同时 NO_x 也能得到有效脱除。

四、活性炭吸附法应用实例

湖北松木坪电厂于 1979 年建成活性炭-硫酸法中试装置。采用渍碘 0.43%的活性炭吸附处理电厂烟气。吸附 SO_2 的活性炭经洗涤再生，重复使用，副产物为稀硫酸。活性炭（每 100g）的 SO_2 吸附能力为 12～15g/100g。

该厂装机容量为 2×25MW，燃煤含硫量 4%～5%，烟气中 SO_2 浓度最高可达 8580～$12870mg/m^3$。活性炭固定床吸附脱硫装置的烟气处理量（标态）为 $5000m^3/h$。活性炭表面浸渍了助催化剂碘，将 SO_2 氧化成 SO_3，喷入的稀硫酸洗涤液将 SO_3 转化成 H_2SO_4。

该工业装置采用两级除尘，达到除尘技术指标（$0.2g/m^3$），脱硫率大于 90%，处理后的烟气中 SO_2 浓度降至 $100mg/m^3$。它的优点是脱硫率高，副产品为硫酸，市场性高。存在的问题是设备庞大，操作复杂，耗电量大（约占电厂容量的 2.76%），含碘活性炭价格较高。

1. 工艺流程

工艺流程见图 2-25。

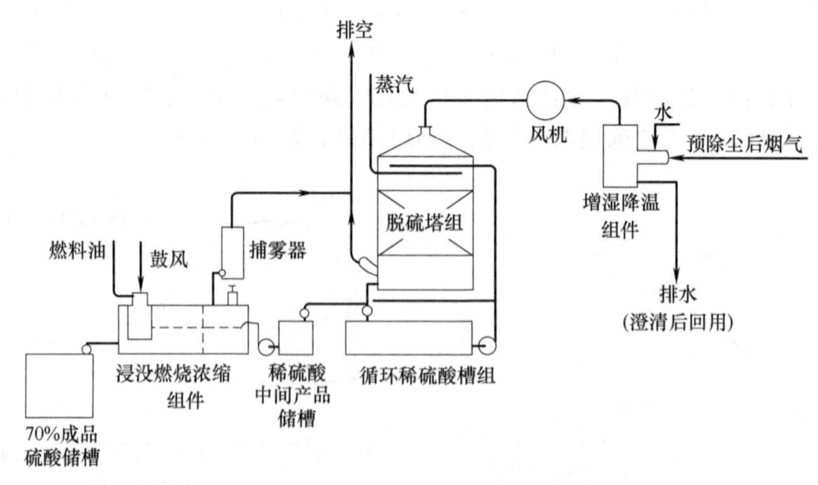

图 2-25　松木坪电厂活性炭脱硫制酸流程

脱硫塔共 4 座，直径 2.6m，内置活性炭固定层，床层高度为 2m。4 塔在吸附与再生过程中交替运行，切换操作。渍碘活性炭在运行中有少量流失，应定期补充。

烟气经除尘、增湿、降温后自上而下流经脱硫塔，SO_2 在活性炭床层被吸附。由于烟气中含有 5%～6%的氧和 8%～10%的水蒸气，使被吸附的 SO_2 被迅速催化氧化成硫酸，当活性炭（每 100g）中的硫酸载量达到 20g/100g 时，就用稀酸和水分级洗涤床层，获得 20%浓度的硫酸。活性炭再生后重复使用。

当一座吸附塔的脱硫率降至限值时脱硫阶段遂告结束，停止通入烟气而转为再生阶段。用不同浓度的稀硫酸和水分五级依次洗涤，使炭中残留的硫酸浓度降至平均值为 3%左右，洗涤再生阶段自行结束。第一、二级洗出的硫酸配成约 20%的副产品酸，后几级洗出的酸则配成下次洗涤再生用的稀硫酸。20%的脱硫酸用浸没燃烧方式浓缩成 70%的硫酸，拟就地作为普钙磷肥生产的原料酸。再生后的炭塔，通过加热再投入脱硫运行。试验中 4 座塔间隔一定的时间切换再生，单塔运行周期约 20h。最长的单塔累计运行时间近 2000h，全流程连续运行时间为 15d。

2. 主要指标

以中试结果为依据，设计 25MW 机组的 FGD 装置。烟气量（标态）$15\times10^4 m^3/h$，入口 SO_2 浓度 $10000mg/m^3$，脱硫效率 90%，年运行 7000h。按中试 4 塔总炭量为 9.3t，炭的寿命 5 年，新炭含碘量 0.5%，每年补碘两次，补碘时炭上残碘含量为 0.1%，可计算出扩大设计的耗炭和耗碘指标。主要消耗、回收指标见表 2-22。

进一步推算到大型工业装置，如表 2-23 所列。

表 2-22 活性炭脱硫制酸扩大设计中消耗与回收指标

项目		指标	
消耗	活性炭(渍碘)	55.5t/a	7.886kg/h
	碘	1.766t/a	0.252kg/h
	燃油(按 100% H_2SO_4)	285kg/t	560kg/h
	电能	4830×10^3kW·h/a	690kg/h
	蒸气(0.1MPa)	14500t/a	2071kg/h
	水	63722.4t/a	9103kg/h
回收	100% H_2SO_4	13747t/a	1964kg/h
	70% H_2SO_4	19640t/a	2805kg/h

注：回收硫酸的指标是假定脱硫后制酸的回收率为 95%。

表 2-23 松木坪电厂活性炭流程操作指标

项目	气量/(m^3/h)	SO_2 浓度/(mL/m^3)		脱硫效率/%	空间速度/h^{-1}	线速度/(m/s)	运行周期/h			吸附容量/(g/100g)	床高/m	阻力/Pa
		入口	出口				再生	预热干燥	吸附			
中试	5000	3200	＜350	＞90	392	0.26	4.66	1.33	18	＞12.3	2.0	2940～3920
工业规模	420000	630	＜63	＞90	392	0.26	4.6	1.4	109	13	2.0	2940～3920

注：中试为 4 塔，生产规模推算需 32 塔。

松木坪电厂的试验成功以后，这项技术曾被移植到宜昌磷肥厂，用不渍碘的特种活性炭吸附床对硫酸尾气进行净化处理，处理气量（标态）$20000m^3/h$，SO_2 浓度 0.5%，副产品为浓度 30%的稀硫酸。

第八节 其他协同减排技术

一、 CuO吸附双脱工艺

1. 工作原理

CuO作为活性组分同时脱除烟气中SO_x和NO_x已进行了深入研究。吸附剂以CuO/Al_2O_3和CuO/SiO_2为主。CuO含量通常占4%～6%，在300～450℃的温度范围内与烟气中的SO_2发生反应，生成的$CuSO_4$和CuO对SCR法还原NO_x有较高的催化活性。吸收饱和的$CuSO_4$被送去再生，再生过程一般用CH_4将$CuSO_4$还原，释放出SO_2可制酸，还原生成的金属铜或Cu_2S再用烟气或空气氧化，生成CuO又重新用于吸附还原过程。

2. 工艺流程

CuO法脱硫脱硝工艺流程如图2-26所示。该工艺能达到90%以上的脱硫率和75%～80%的脱硝率。

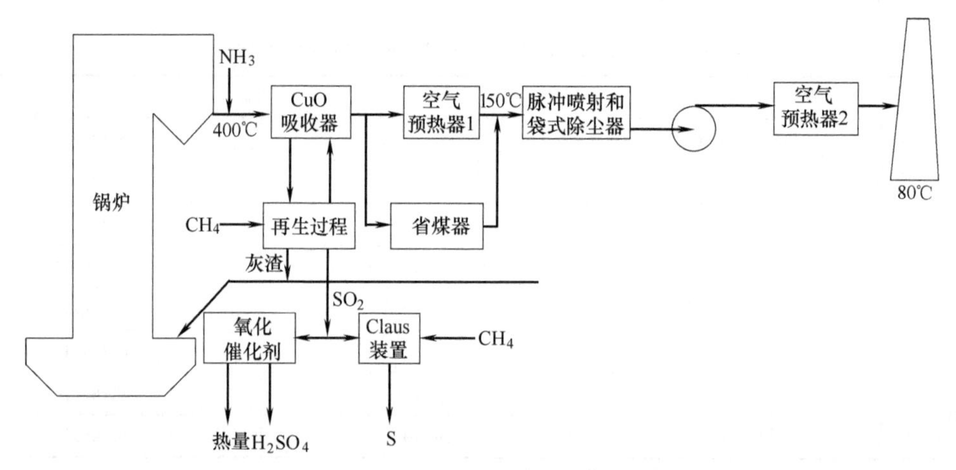

图2-26 CuO法脱硫脱硝工艺流程

吸收塔内温度约为400℃，SO_2与CuO反应：

$$SO_2 + CuO + \frac{1}{2}O_2 \longrightarrow CuSO_4$$

同时，氧化铜和硫酸铜作为SCR催化剂，向烟气中加入NH_3，在400℃左右NO_x被还原成N_2：

$$4NO + 4NH_3 + O_2 \longrightarrow 4N_2 + 6H_2O$$
$$2NO_2 + 4NH_3 + O_2 \longrightarrow 3N_2 + 6H_2O$$

吸附了SO_2的吸附剂被送到再生器，加热到480℃，用甲烷作还原剂生成高浓度SO_2气体：

$$CuSO_4 + \frac{1}{2}CH_4 \longrightarrow Cu + SO_2 + \frac{1}{2}CO_2 + H_2O$$

$$Cu + \frac{1}{2}O_2 \longrightarrow CuO$$

然后，可以送往制酸，也可以将SO_2转化成单质硫副产品，再生后的氧化铜循环使用。

该过程的吸附机理是气相中的 SO_2 首先被氧化态 Cu 位吸附，吸附态的 SO_2 又被临近的氧化态 Cu 位氧化成吸附态的 SO_3，而氧化态 Cu 位本身被还原为还原态，吸附态 SO_3 进一步转化为 $CuSO_4$，还原态 Cu 位可被气相中的氧重新氧化为氧化态，即：

$$Cu^{ox}+SO_2 \longrightarrow Cu^{ox}\text{-}SO_2$$

$$Cu^{ox}\text{-}SO_2+Cu^{ox} \longrightarrow Cu^{ox}\text{-}SO_3+Cu^{rd}$$

$$Cu^{ox}—SO_3 \longrightarrow CuSO_4$$

$$Cu^{rd}+\frac{1}{2}O_2 \longrightarrow Cu^{ox}$$

式中 Cu^{ox}、Cu^{rd}——氧化态铜位和还原态铜位；

$Cu^{ox}\text{-}SO_2$、$Cu^{ox}\text{-}SO_3$——被氧化态铜位吸附的吸附态的 SO_2 和 SO_3。

由此可见，气相中氧的存在对 SO_2 的吸附是必要的。

吸附反应器有固定床、流化床以及旋流床、径向移动床等多种形式。经过数十年的研究，至今仍没有工业化，主要原因是由于 CuO 在不断的还原和氧化过程中物理化学性能逐渐下降，经过多次循环之后就失去了活性，载体 Al_2O_3 长期处在 SO_2 气氛中也会逐渐失效。此外，虽然脱巯脱硝是在一个反应器中完成的，但后处理比较复杂。

活性焦和活性炭纤维具有大的比表面积，发达的微孔结构和丰富的含氧官能团，在常温下对 SO_2 有较大的吸附容量，但温度升高时容量急剧下降，因此，CuO/Al_2O_3 和 CuO/SiO_2 在燃煤锅炉最经济的脱硫、脱硝温度窗口（120～250℃）都无法实现高效脱硫和脱硝。因此，有人提出如果将活性炭法与 CuO 法相结合，可能制备出活性温度适宜的催化吸附剂，克服活性炭使用温度偏低和 CuO/Al_2O_3 活性温度偏高的缺点。新型 CuO/AC（活性炭）催化剂在最适宜的烟气温度（120～250℃）下具有较高的脱硫和脱硝活性，将明显优于同温度下 AC 和 CuO/Al_2O_3 的性能。

二、 NO_xSO 双脱法

NO_xSO 工艺是一种干式、可再生系统，适用中、高硫煤锅炉烟气同时除去 SO_2 和 NO_x。1994 年在美国 Ohio Edison’s Niles 电站的 108MW 旋风炉上完成工业性试验。

工艺流程如图 2-27 所示。通过直喷水雾冷却烟气，然后烟气进入平行的两座流化床吸收塔，在此 SO_2 和 NO_x 同时被吸收剂脱除。吸收剂是高比表面积的浸透了碳酸钠的氧化铝球状颗粒，吸附反应在 120℃下进行。主要反应式：

$$4Na_2O+3SO_2+2NO+3O_2 \longrightarrow 3Na_2SO_4+2NaNO_3$$

净化后的烟气排入烟囱，用过的吸收剂送至有三段流化床的吸收剂加热器，在 600℃温度下 NO_x 被解吸并部分分解。含有解吸的 NO_x 热空气再循环至锅炉，与燃烧室的还原性气体中的自由基反应，NO_x 转化为 N_2，并释放出 CO_2 或 H_2O。从移动床再生器的吸收剂中回收硫，吸收剂上的硫化合物（主要是硫酸钠）与天然气在高温下反应生成高浓度 SO_2 和 H_2S。约 20%的硫酸钠被还原为硫化钠，硫化钠在蒸汽处理器中水解。总反应式：

$$2Na_2SO_4+\frac{5}{4}CH_4 \longrightarrow 2Na_2O+H_2S+SO_2+\frac{5}{4}CO_2+\frac{3}{2}H_2O$$

来自再生器和蒸气处理器的气态物在 Claus 装置中被还原产生单质硫。吸收剂在冷却塔中冷却后返回吸收塔重复使用。本工艺可达到 97%的脱硫率和 70%的脱硝率，电耗量较大，

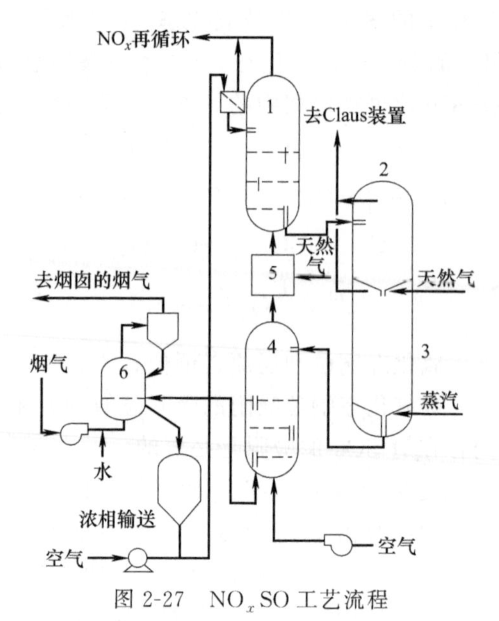

图 2-27 NO_xSO 工艺流程

1—吸收剂加热器；2—再生器；3—蒸汽处理器；4—吸收剂冷却器；5—空气加热器；6—吸收塔

约为输出电量的 4%。

NO_xSO 工艺适用于燃用高硫煤的小型电站和工业锅炉。在该工艺的基础上加以改进，发展了一种新型的 SNAP 工艺，其原理相同，只是系统组成有所差别。它的再生过程分为两个阶段。第一阶段，吸收剂被加热到 400℃解吸出 NO_x。

$$2NaNO_3 \longrightarrow Na_2O + 2NO_2 + \frac{1}{2}O_2$$

$$2NaNO_3 \longrightarrow Na_2O + NO_2 + NO + O_2$$

第二阶段，在 600℃温度下用天然气与吸收剂反应。最终的副产物也是单质硫。5MW 的 NO_xSO 试验装置于 1993 年在美国建成，经 6500h 运行，SO_2 和 NO_x 的最大脱除率分别达到 99%和 95%。

SNAP 工艺自从 1995 年开始在 10MW 的燃煤电厂进行论证试验，为建造 400MW 的新电厂应用该工艺提供工艺评价的技术和经济参数。SNAP 工艺采用了气体悬浮式吸收器，它能接受速度为 3～6m/s 的高速烟气，气-固接触时间长达 2～3s 以及 2～3kPa 的低气相阻力。

三、吸收剂直喷双脱技术

把碱或尿素溶液或干粉喷入炉膛、烟道或干式喷雾洗涤塔内，在一定条件下能同时脱除 SO_2 和 NO_x。本工艺能显著地脱除 NO_x，脱硝率主要取决于烟气中的 SO_2 和 NO_x 的比例、反应温度、吸收剂的粒度和停留时间。本工艺包括多种类型，分述如下。

1. 炉膛石灰（石）/尿素喷射工艺

炉膛石灰（石）/尿素喷射双脱工艺，实际上是把炉膛喷钙和选择性非催化还原（SNCR）结合起来，实现同时脱除烟气中的 SO_2 和 NO_x。喷射浆液由尿素溶液和各种钙基吸收剂组成，总含固量为 30%。实验表明在 Ca/S 摩尔比为 2 和尿素/NO_x 摩尔比为 1 时能脱除 80%的 SO_2 和 NO_x。与消石灰干喷相比，浆液喷射能增强 SO_2 的脱除。外加尿素溶

液脱硝对 SO_2 的脱除也有增强的作用。

2. 碳酸氢钠管道喷射法

该工艺的化学反应原理如下：

$$NaHCO_3 + SO_2 \longrightarrow NaHSO_3 + CO_2$$

$$2NaHCO_3 \longrightarrow Na_2S_2O_5 + H_2O$$

$$Na_2S_2O_5 + 2NO + O_2 \longrightarrow NaNO_2 + NaNO_3 + 2SO_2$$

$$2NaHSO_3 + 2NO + O_2 \longrightarrow NaNO_2 + NaNO_3 + 2SO_2 + H_2O$$

在 100MW 的 Nixon 电厂用碳酸氢钠作为吸收剂喷入袋式除尘器的上游烟道中能达到70%的脱硫率和23%的脱硝率。

在德国，处理烟气量 $11000m^3/h$，SO_2 和 NO_x 的浓度分别为 $1000mg/m^3$ 和 $200mg/m^3$，向袋滤器前的圆柱形反应器喷入平均粒径为 7.5μm 的碳酸氢钠粉末，温度 110～120℃，结果脱硫率达到 98%，脱硝率 64%。

3. 综合联用管道喷射工艺

工艺流程如图 2-28 所示。该工艺采用 Bsbcock&Wilcox 的低氮 DRB-XCL 下置式燃烧器，通过在缺氧环境下喷入部分煤和部分燃烧空气来抑制 NO_x 的生成；其余的燃料和空气在第二级送入，过剩空气的引入是为了完成燃烧过程和进一步除去 NO_x。低氮燃烧器预计可减排 50%的 NO_x，而且在通入过剩空气后可达 70%。

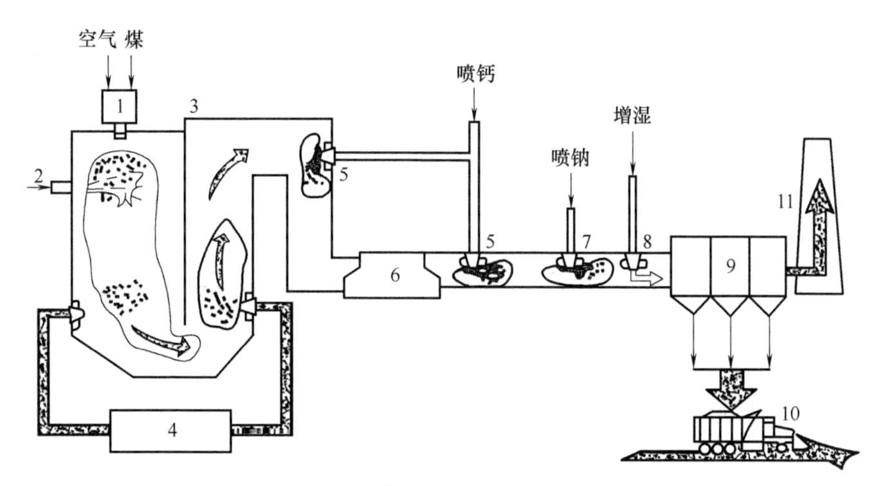

图 2-28 综合联用管道喷射工艺示意

1—低氮燃烧器；2—顶部燃尽风口；3—锅炉；4—尿素储罐；5—喷钙装置；6—空气预热器
7—喷钠装置；8—增湿装置；9—除尘器；10—输灰装置；11—烟囱

将两种干粉吸附剂注入锅炉出口的烟道中以尽量减少 SO_2 的排放，钙剂被注入空气预热器上游，或者把钠剂和钙剂都注入空气顶热器的下游。顺流加湿活化，有助于提高 SO_2 的捕获率，降低烟气温度和流量，减少袋式除尘器的压降。

该技术在美国公用事业公司的 100MW 顶部装有燃烧器的下置式煤粉锅炉上进行了工业示范试验。试验联用下列 4 项技术达到减排 70%以上的 NO_x 和 SO_2 的目的：a. 炉内喷尿素，SNCR 脱硝；b. 下置式低 NO_x 燃烧器减硝；c. 烟道（前部）喷钙（钠）脱硫；d. 烟道（后部）加湿活化，强化脱硫。

无论是多项技术综合联用还是单项技术应用，为电厂和工业锅炉提供了一种常规湿式FGD的替代方法，其成本相对较低。只需要较少的设备投资和停机时间便可实施改装，且所需空间较小，可应用于各种容量的机组，特别适用于中小型老机组，可减排70%以上的NO_x和55%～75%的SO_2。

四、非均相催化双脱技术

本工艺利用氧化、氢化或SCR催化反应，SO_x和NO_x的脱除率能达到90%或更高，而且比传统的SCR工艺具有更高的NO_x脱除率。这取决于催化反应与催化剂的组成。单质硫作为副产物回收，无废水产生，也是本工艺的特点。本工艺包括WSA-SNOX、DESONOX、SNRB、Parsons FGC和Lurgi CFB，其中有的正处于商业运行阶段，有的尚在研发之中。

1. WSA-SNOX工艺

WSA-SNOX工艺采用两种催化剂，先以SCR脱硝，然后将SO_2催化氧化为SO_3，再冷凝SO_3为硫酸产品。SO_2和NO_x脱除率可达95%。该工艺无废水和废渣产生，除用氨脱除NO_x外不消耗任何其他化学药剂。WSA-SNOX工艺最初由丹麦Halder Topsoe研发。1991年首次应用在NEFO的300MW的燃煤电厂。

图2-29为NEFO电厂的WSA-SNOX工艺流程图。来自空气预热器的烟气经过滤净化处理，并通过气-气换热器温度升高到370℃以上，将氨和空气混合气在SCR反应器之前加入烟气中。NO_x在反应器中被氨还原生成N_2和水。烟气离开反应器经调节温度，进入SO_2转换器，在此将SO_2氧化为SO_3。SO_3气体通过气-气换热器的热侧，与进口处被加热的烟气进行热交换而被冷却，然后烟气进入WSA膜冷凝器，将硫酸冷凝到一个硼硅酸盐玻璃管中被收集和储存。气体离开冷凝器的温度在200℃以上，经空气预热器得到更多的热以后用作炉膛燃烧用空气。

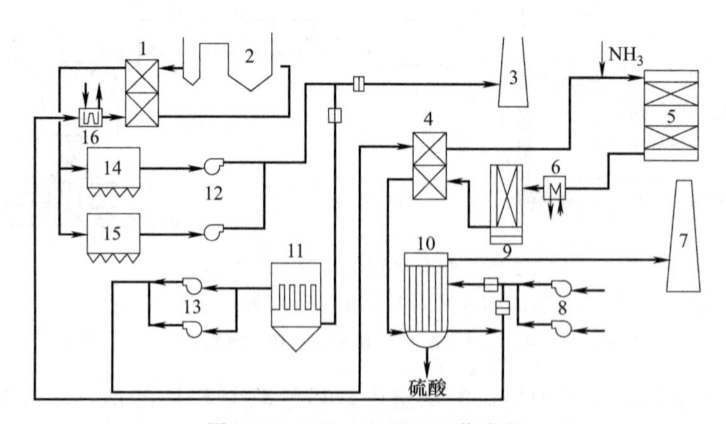

图2-29　WSA-SNOX工艺流程

1—空气预热器；2—锅炉；3—现有烟囱；4—气-气预热器；5—SCR反应器；6—蒸气-气预热器；7—SNOX烟囱；8—现有空气鼓风机；9—SO_2转换器；10—WSA冷凝器；11—袋式除尘器；12—现有引风机；13—烟气鼓风机；14，15—现有的ESP；16—冷却器

WSA-SNOX工艺的特点是：a. 脱硝率高（在95%以上）；b. 能耗低（占发电量的0.2%）；c. 粉尘排放量非常少。

WSA-SNOX 工艺的总脱硝率在95%以上，高于单独使用 SCR 或其他联合双脱工艺的脱硝率。这是因为在该工艺中 NO_x 的还原在 NH_3/NO_x 摩尔比高于1.0的条件下进行，剩余的 NO_x 在下游的 SO_2 转换器中被脱除。传统的 SCR 技术限制 NH_3/NO_x 摩尔比小于1.0，因为必须控制 SCR 的氨“逸出”低于 $3.8mg/m^3$，以防硫酸铵或硫酸氢铵在下游低温区域的结垢。WSA-SNOX 工艺中在 SCR 和 SO_2 转换器之间的烟道中无铵盐析出，因为烟气温度远高于硫酸铵和硫酸氢铵的露点。

在该工艺中，可以从 SO_2 转换、SO_3 水解、H_2SO_4 冷凝、NO_x 脱除反应中回收热能，回收的热能用于增加蒸汽量。因此，300MW 的电厂 WSA-SNOX 的能耗仅为发电量的0.2%（煤中硫分1.6%）。煤中硫分每增加1个百分点，蒸气量也增加1个百分点，当煤中含硫2%～3%时增加的蒸气量基本可以补偿 WSA-SNOX 工艺的能耗。

与本工艺相类似的 DESONQX 工艺是20世纪80年代开发的，中试曾在德国 Hafen Munster 电厂31MW 的锅炉上进行。烟气流经高温电除尘器与 NH_3 混合进入 SCR 反应器，在反应器 NO_x 被催化还原，然后 SO_2 被氧化成为 SO_3，SO_3 被冷凝获得浓度为70%的硫酸。流程和操作与上述 WSA-SNOX 基本相同，但没有采用袋式过滤器，换热设备简化些。

2. SNRB 双脱工艺

SNRB（SOX-NOX-ROX-BOX）技术是把 SO_2、NO_x 和颗粒物的处理集中在一个高温集尘室中完成。其原理是在省煤器后喷入钙基吸收剂脱除 SO_2。在袋式除尘器的滤袋中悬浮有 SCR 催化剂并在气体进袋式除尘器前喷入 NH_3 以去除 NO_x。袋式除尘器位于省煤器和换热器之间，目的是保证反应温度。

SNRB 工艺流程如图2-30所示。

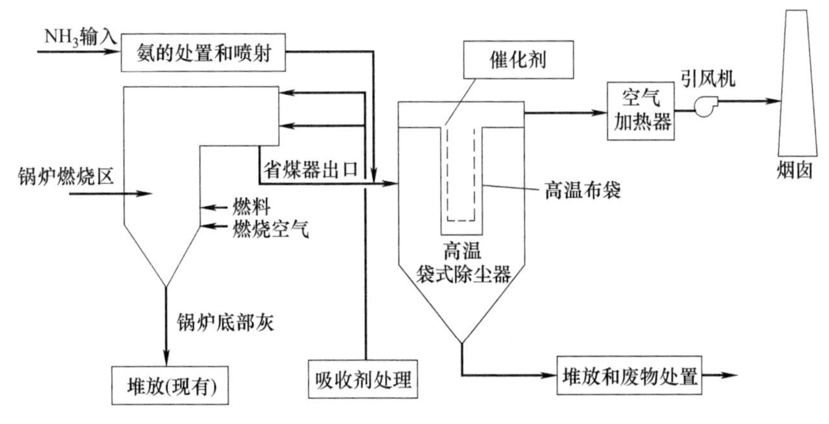

图2-30 SNRB 工艺流程简图

该技术已在美国进行了5MW 电厂的示范。装置于1992年开始运行，通过2600h 的测试，结果证明排放控制已超过预期目标。对3种污染物的排放控制效果为：a. 在 NH_3/NO_x 摩尔比为0.85、氨的逸出量小于 $4mg/m^3$ 时，脱硝率达90%；b. 在以熟石灰为脱硫剂、钙硫比为2.0时，可达到80%～90%的脱硫率；c. 除尘率达到99.89%，颗粒物的排放量小于0.013mg/kJ。

SNRB 工艺将三种污染物的脱除集中在一个设备内进行，因而降低了成本和减少了占地面积。由于该工艺是在 SCR 脱硝之前除去 SO_2 和颗粒物，因而减少铵盐在催化剂层的堵塞、磨损和中毒。本工艺要求的烟气温度范围为300～500℃，装置需布置在空气预热器之前。当脱硫后的烟气进入空气预热器时已基本消除了在预热器中发生酸腐蚀的可能性，因此可以进一步降低排烟温度，提高锅炉的热效率。SNRB工艺的缺点是：由于要求的烟气温度高，需要采用特殊的耐高温陶瓷纤维滤袋，增加了投资费用和运行成本。

3. Parsons烟气清洁工艺

Parsons烟气清洁工艺已发展到中试阶段，燃煤锅炉烟气中的SO_x和NO_x的脱除率能达到99%，故有此命名。该工艺包括以下3个步骤：a. 在单独的还原步骤中同时将SO_2催化还原成H_2S，NO_x还原成N_2；b. 从氢化反应器的排气中回收H_2S；c. 用H_2S的富集气体生产硫黄。

图2-31为典型的Parsons烟气清洁工艺装置流程，烟气与水蒸气-甲烷重整气和硫黄装置的尾气混合形成催化氢化反应模块的给料气体，SO_2和NO_x被还原。一种专用的蜂窝状催化反应器安装在烟气中，氢化步骤是脱硫工艺的延续，可处理含尘烟气。烟气在直接接触式过热蒸气降温器中冷却。冷却后进入含有H_2S选择性吸收剂的吸收柱中，净化后H_2S含量低于15.2mg/m^{3}的烟气通过烟囱排向大气。富集H_2S的吸收剂在再生器中被加热再生，将H_2S释放出来。含有H_2S的排出气体被送至硫黄制备装置，将H_2S转化为单质硫副产品。

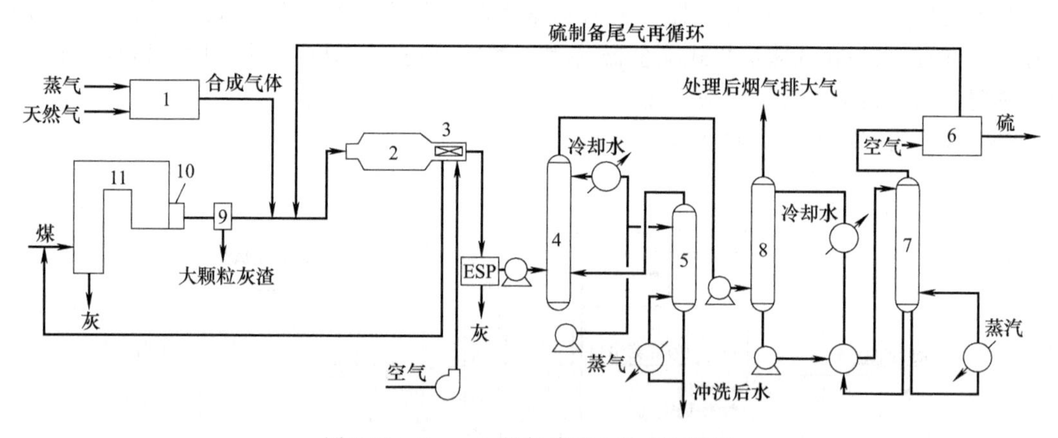

图2-31　Parsons烟气清洁工艺流程简图

1—甲烷蒸气重整炉；2—氢化反应模块；3—空预器；4—过热蒸气降温器；5—含酸水冲洗器；6—硫制备；7—再生器；8—吸收塔；9—多管旋风除尘器；10—省煤器；11—锅炉

4. 鲁奇CFB双脱工艺

采用烟气循环流化床（CFB）脱除SO_2/NO_x的工艺已由LurgiGmbH开发。CFB反应器运行温度为385℃，消石灰粉用作脱硫吸收剂。该工艺不需要水，吸收产物主要是$CaSO_4$和约10%的$CaSO_3$，这是在NO_x的还原期间SO_2氧化的结果。脱硝反应是使用氨作为还原剂进行的。催化剂是具有活性的$FeSO_4 \cdot 7H_2O$细粉，没有载体。中试CFB系统建造在德国RWE的一个电厂，图2-32为该装置的流程。试验表明，在Ca/S摩尔比为1.2～1.5时，能达到97%的脱硫率；在NH_3/NO_x=0.7～1.0时，脱硝率为88%。在NO_2浓度高达1540mg/m^{3}的原烟气中，NO_x的脱除率为94%。本系统排出的清洁气体中已基本上监测不到N_2O。氨的逸出量小于3.8mg/m^3。

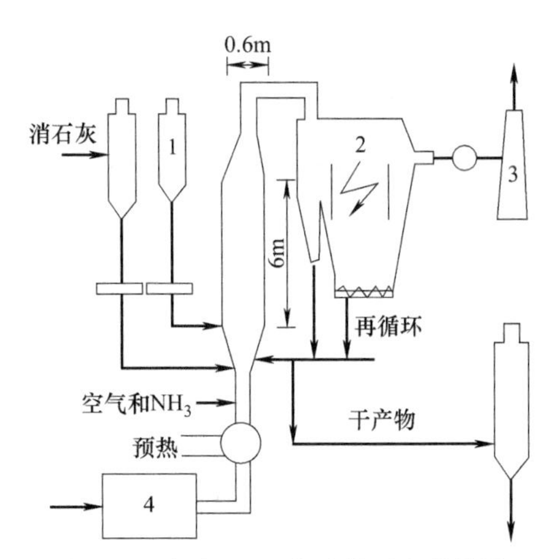

图 2-32 鲁奇 CFB 中试装置流程简图

1—催化剂；2—除尘器；3—烟囱；4—预除尘器

图 2-33 给出了在 300～450℃温度范围内 CFB 工艺脱除 SO_2 和 NO_x 的结果。

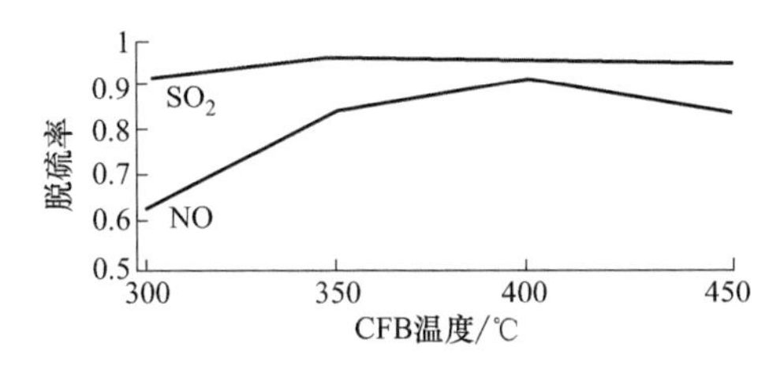

图 2-33 CFB 脱硫脱硝实验结果

氧化性的自由基团将 SO_2 氧化成 SO_3，SO_3 与 H_2O 生成 H_2SO_4，同时也可将 NO 氧化成 NO_2，NO_2 与 H_2O 生成 HNO_3，生成的酸与喷入的 NH_3 反应生成硫酸铵和硝酸铵（硫硝铵）。根据高能电子的产生方法不同，这类方法又分为电子束辐照法（EBA）和脉冲电晕等离子体法（PPCP）。

五、湿式双脱技术

由于 NO 的溶解度很低，湿式烟气“双脱”工艺通常是先将 NO 氧化成 NO_2，或者通过加入添加剂提高 NO 的溶解度。这项技术主要包括氯酸氧化工艺和络合吸收法等。

1. 氯酸氧化工艺

氯酸氧化工艺，又称 Tri-NO_x-NO_x Sorb 工艺。在一套湿式洗涤设备中同时脱除烟气中的 SO_2 和 NO_x，因为不用催化剂，所以不存在催化剂相关的一切问题。

本工艺采用氧化吸收塔和碱液吸收塔两段工艺。在氧化吸收塔用氯酸氧化剂（$HClO_3$）氧化 NO 和 SO_2 及有毒金属，碱液吸收塔则作为后续工艺采用 Na_2S 及 NaOH 作为吸收剂，吸收净化酸性气体。该工艺脱除率可达 95%以上。工艺流程见图 2-34。

用作氧化吸收液的氯酸，通常采用电化学生产工艺制取。氯酸产品的浓度为 35%～40%（质量分数）。氯酸的酸性强于硫酸，是一种强氧化剂。氧化电位受液相 pH 值的控制。在酸性介质条件下氯酸的氧化性比高氯酸（$HClO_4$）更强。

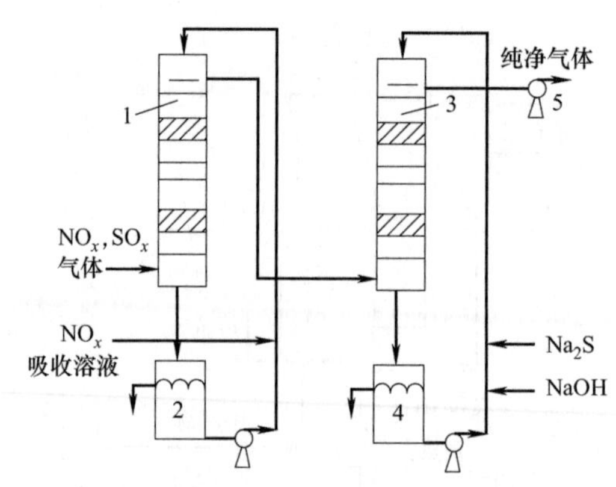

图 2-34 氯酸氧化同时脱硫脱硝工艺流程

1—氧化吸收塔；2—氧化吸收塔平衡箱；3—碱式吸收塔；4—碱式吸收塔平衡箱；5—风机

NO 与 $HClO_3$ 反应是先产生 ClO_2 和 NO_2：

$$NO+2HClO_3 \longrightarrow NO_2+2ClO_2+H_2O$$

ClO_2 进一步与 NO 和 NO_2 反应：

$$5NO+2ClO_2+H_2O \longrightarrow 2HCl+5NO_2$$

$$5NO_2+ClO_2+3H_2O \longrightarrow HCl+5HNO_3$$

总反应式：$13NO+6HClO_3+5H_2O \longrightarrow 6HCl+10HNO_3+3NO_2$

由此可知，反应结果 HCl、HNO_3、NO_2 是主要的最终产物。

SO_2 与 $HClO_3$ 的反应：

$$SO_2+2HClO_3 \longrightarrow SO_3+2ClO_2+H_2O$$

$$SO_3+H_2O \longrightarrow H_2SO_4$$

二式合一 $$SO_2+2HClO_3 \longrightarrow H_2SO_4+2ClO_2$$

产生的 ClO_2 与未反应的 SO_2 在气相反应：

$$4SO_2+2ClO_2 \longrightarrow 4SO_3+Cl_2$$

产生的 Cl_2 进一步与 H_2O 和 SO_2 在气相和液相反应生成 HCl 和 SO_3：

$$Cl_2+H_2O \longrightarrow HCl+HOCl$$

$$SO_2+HOCl \longrightarrow SO_3+HCl$$

总反应式： $$6SO_2+2HClO_3+6H_2O \longrightarrow 6H_2SO_4+2HCl$$

本工艺的特点是：a. 对入口 NO_x 浓度要求较宽，可以取得 95%的高脱硝率；b. 操作温度低，在常温和低氯酸浓度条件下即可进行；c. 除了脱硫脱硝以外，还能去除 As、Be、Cd. Cr、Pb、Hg 和 Se 等有害物；d. 适用于老厂加装改造，因为占地面积较少。

本工艺也存在一些尚待解决的问题：a. 产生强腐蚀性废酸液的储运和处理；b. 氯酸对设备的腐蚀性很强，防腐蚀势必增加投资；c. 氯酸的生产技术要求高，价格不便宜，火电厂使用将使运行成本提高。所以，需要关注新氧化剂的选用，低腐蚀、高效率、价廉易得。

2. 络合吸收双脱工艺

传统的湿式脱硫工艺能脱除 90%～95%的 SO_2，但要同时脱硝则因 NO_x 在水中的溶解度甚低而难以达到。络合吸收法就是利用一些金属螯合剂如 Fe（Ⅱ）·EDTA 能与溶解的 NO_x 迅速发生反应，促进 NO_x 的溶解吸收作用。

美国 Argonne 国家实验室在湿式洗涤工艺中使用铁螯合剂作为添加剂。因为它能快速地与溶解的 NO 作用生成复杂的络合物 Fe（Ⅱ）·EDTA·NO，该配位 NO 能与亚硫酸根与亚硫酸氢根离子反应，释放出铁螯合剂再与 NO 反应。这种最佳的协同作用意味着无需对 Fe（Ⅱ）·EDTA 进行单独的再生过程以释放 NO。然而添加剂中铁离子的氧化会使二价铁失去活性。氧化作用：一是直接与溶解氧发生反应；二是与从络合物 Fe（Ⅱ）·EDTA·NO 中分解出来的官能团发生反应。这时如果加入抗氧剂或还原剂，能对亚铁离子氧化起到抑制作用。结果是在不影响 SO_2 脱除的同时脱硝率可达到 50%。在此基础上，于 1993 年，开发出利用湿式洗涤系统络合吸收双脱工艺，在美国能源部资助下首先进行中试，采用含 6% 的 MgO 增强石灰添加 Fe（Ⅱ）·EDTA（铁螯合剂），试验取得成功，脱硝率和脱硫率分别达到 60% 和 99%。

（1）Fe（Ⅱ）-EDTA-Na_2SO_3 络合法　用 Fe（Ⅱ）-EDTA-Na_2SO_3 体系络合处理以 NO 为主的烟气，主要化学反应为：

$$Na_2SO_3 + SO_2 + H_2O \longrightarrow 2NaHSO_3$$

$$Fe(\text{Ⅱ})\text{-EDTA} + NO \rightleftharpoons Fe(\text{Ⅱ})\text{-EDTA} \cdot NO$$

$$2Fe(\text{Ⅱ})\text{-EDTA} \cdot NO + 5Na_2SO_3 + 3H_2O \longrightarrow 2Fe(\text{Ⅱ})\text{-EDTA} + 2NH(SO_3Na)_2 + Na_2SO_4 + 4NaOH$$

$$NH(SO_3Na)_2 + H_2O \longrightarrow NH_2 \cdot SO_3Na + NaHSO_4$$

该络合吸收法存在的主要问题一个是为回收 NO_x，必须选用不使 Fe（Ⅱ）氧化的惰性气体将 NO_x 吹出，Fe（Ⅱ）将不可避免地会氧化成 Fe（Ⅲ），用电解还原法和铁粉还原法再生 Fe（Ⅱ），使工艺流程复杂和费用增加。另一个不足是络合反应速率较慢。

湿式 FGD 加金属螯合剂工艺是在碱性或中性溶液中加入亚铁离子形成氨基羟酸亚铁螯合物。这类螯合物吸收 NO 形成亚硝酰亚铁螯合物，配位的 NO 能够和溶解的 SO_2 和 O_2 反应生成 N_2、N_2O、连二硫酸盐、硫酸盐以及各种 N—S 化合物和三价铁螯合物。该工艺需从吸收液中去除连二硫酸盐、硫酸盐和 N—S 化合物，并得三价铁螯合物还原成亚铁螯合物，从而使吸收液再生。但是，吸收液的再生工艺十分复杂，成本很高。

针对这些问题，提出用含—SH 基团的亚铁络合物作为吸收液，即半胱氨酸亚铁溶液双脱工艺。

（2）半胱氨酸亚铁络合法　针对 EDTA 络合法的不足，用含有—SH 基团的亚铁络合剂，把半胱氨酸亚铁溶液作为吸收液，胱氨酸可通过盐酸水解毛发制得。研究表明，半胱氨酸亚铁溶液对烟气中的 NO_x 吸收能力随 pH 值的不同而不同。在碱性条件下（pH=8.0～10.0），吸收液对 NO 的脱除率明显高于中性条件（pH=7.0），且 pH=9.0 时，NO_x 的脱除率最高。

半胱氨酸亚铁溶液吸收 NO_x 的反应过程非常复杂，根据红外光谱分析推测，当 NO 被半胱氨酸亚铁溶液吸收后形成一种亚硝酸络合物，随后络合的 NO 被 CyS-还原生成 N_2。

六、炉内喷钙-尾部增湿活化双脱技术

炉内喷钙-尾部增湿活化（Limestone Injection into the Furnace and Activation of Calcium Oxide，LIFAC）双脱工艺是由芬兰 Tampella 公司和 IVO 公司开发并于 1986 年首次投入商业应用的。

LILAC实际上就是采用增强活性石灰-飞灰混合物作为吸收剂的双脱工艺。预先在混合箱内将消石灰、飞灰和石膏与5倍固体重量的水均匀混合，然后将混合液在95℃温度下搅拌3h以上，制成LILAC吸收液。在100℃左右，将吸收液喷入喷雾干燥塔内能同时脱除90%的SO_2和70%的NO_x。当SO_2/NO_x值增加，NO_x的脱除率也大大增加，但SO_2的脱除率有所下降，如图2-35所示。试验证明，在70～130℃温度范围内，SO_2的脱除率基本不变；然而在70～90℃之间NO_x的脱除率大大增加，高于90℃就趋近常数。

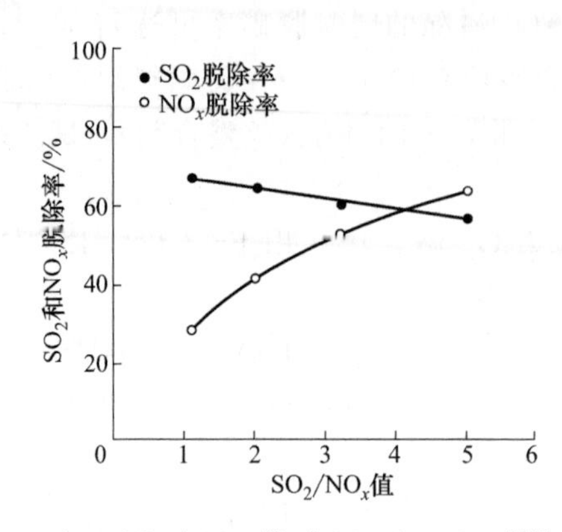

图2-35 入口SO_2/NO_x值对SO_2和NO_x脱除的影响

1. LIFAC双脱工艺原理

LIFAC双脱工艺是在锅炉适当的温度区域喷射脱硫剂（石灰石粉），并在锅炉尾部增设活化反应器，用于脱除烟气中的SO_2，以提高效率。因此，LIFAC双脱工艺主要分为炉内喷钙、尾部增湿活化和脱硫灰再循环三个过程。

(1) 炉内喷钙过程　将325目左右的石灰石粉通过气力输送装置喷射到炉膛上部850～1150℃的温度区域，石灰石粉受热分解为CaO和CO_2，CaO与烟气中的SO_2和少量SO_3反应生成$CaSO_3$和$CaSO_4$。由于反应在气固两相之间进行，受到传质过程的影响，反应速度较慢，脱硫剂利用率较低；脱硫效率受炉内温度场、烟气流场、SO_2浓度、Ca/S值、石灰石粉粒度、喷入点位置等因素影响，一般为30%～50%。

(2) 尾部增湿活化过程

$$CaCO_3 \longrightarrow CaO + CO_2$$

$$CaO + SO_2 \longrightarrow CaSO_3$$

$$CaO + SO_2 + \frac{1}{2}O_2 \longrightarrow CaSO_4$$

烟气中大部分未在炉膛内参与反应的CaO在活化器内与喷入的水反应生成$Ca(OH)_2$，进而与烟气中的SO_2快速反应生成$CaSO_3$和$CaSO_4$。活化器内的脱硫效率取决于雾化水量、液滴粒径、水雾分布、烟气流速、出口温度等因素，一般在45%～65%。

$$CaO + H_2O \longrightarrow Ca(OH)_2$$

$$SO_2 + H_2O \longrightarrow H_2SO_3$$

$$Ca(OH)_2 + H_2SO_3 \longrightarrow CaSO_3 + 2H_2O$$

$$CaSO_3 + \frac{1}{2}O_2 \longrightarrow CaSO_4$$

(3) 脱硫灰再循环过程　由于活化器出口烟气中含有一部分可利用的钙基吸收剂，为提高钙的利用率，将捕集的部分物料加水制成灰浆喷入活化器增湿活化。根据采用干灰再循环或灰浆再循环系统的不同，在 Ca/S=1.5～2 时脱硫率可达到 65%～80%。

2. LILAC 双脱工艺流程

LILAC 双脱工艺流程见图 2-36。

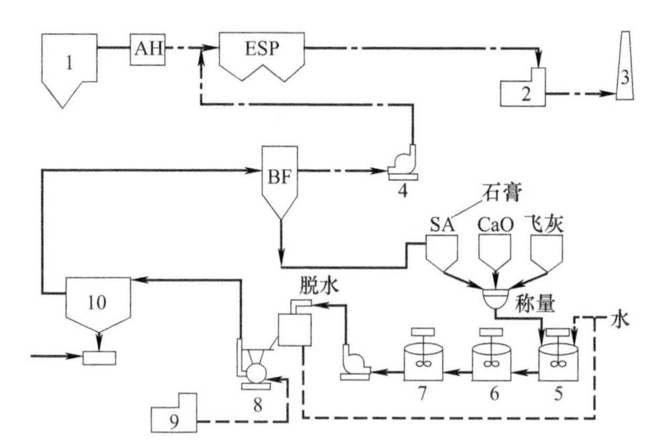

图 2-36 LILAC 同时脱硫脱硝工艺流程

1—锅炉；2—FGD 处理厂；3—烟囱；4—风机；5—混合槽；6—熟化槽；7—加料槽；8—干燥器；9—热空气泵；10—吸收塔

研究证明，SO_2 的脱除与 NO 的氧化有关，因此 NO_x 脱除随着 SO_2/NO_x 值的增加而增加。同时，NO_2 的脱除率随吸收剂中 SiO_2 含量的增加呈线性增加，这表明 SiO_2 在脱硝机理中扮演一个重要的角色。在 Ca/S 值为 1.2，烟气中氯根质量分数为 5%的条件下，LILAC 双脱工艺的脱硫率能达到 95%。

3. LIFAC 双脱工艺的特点

（1）工艺简单灵活，投资少，能耗低　根据加拿大 Shand 电站 300MW 燃煤锅炉上的 LIFAC 系统与湿法烟气脱硫系统的经济性比较，LIFAC 双脱工艺的设备投资费用仅为湿法烟气脱硫投资的 32%，运行费用仅为湿法烟气脱硫的 78%。

（2）适应性好　适用于燃煤含硫量 0.6%～2.5%的锅炉（50～300MW）脱硫；又由于该工艺占地面积小、安装活化反应器不影响锅炉的运行，因而适于现运行电厂以及空间资源受限制的新建电厂的脱硫改造；施工周期短，脱硫装置通常在检修期间便可安装在现有机组上。

（3）反应产物为固态干粉状，耗水量小，没有泥浆或污水排放　在排出的最终固态产物构成中，50%～70%是以 SiO_2 和 Al_2O_3 为主要成分的飞灰，10%～15%的 $CaSO_3$ 和 10%～15%的 $CaSO_4$，以及 5%～15%的 Ca（OH）$_2$ 和 CaO，反应产物可作建筑和筑路材料。

（4）对锅炉性能有一定的影响　LIFAC 双脱工艺在炉膛上部喷入的石灰石与空气混合物以及不工作喷嘴组喷入的冷却风，使得烟气流量和烟气携带的灰量增加、灰成分改变，烟温也有变化；这对锅炉的运行性能，如锅炉传热、受热面的积灰、腐蚀和磨损、锅炉送引风机电耗等方面产生一定影响。

（5）对电除尘器的影响　随着 Ca/S 值的增加，石灰石分解后飞灰中的 CaO 和 MgO 颗粒增加，CaO 和 MgO 含量的增多会导致飞灰比电阻增大；由于钙基的加入，使得烟气中 SO_3 浓度减小，这也会增大飞灰比电阻；随着飞灰比电阻的增大，静电除尘器的效率相应地降低。

七、磷铵联合活性炭减排技术

所谓磷铵法（PAFP）实质上应称为活性炭-磷铵复合肥料法。它是由活性炭-硫酸工艺与磷铵肥料制造工艺两部分组合而成的。这种脱硫方法的构想来自两个方面的缘由：一是因美国有关部门的引荐；二是受松木坪电厂中试成果的启发。

20 世纪 80 年代初美国贸易开发规划（TDP）办公室向我国推荐用磷酸氢二铵［即磷铵复合肥料-（$(NH_4)_2HPO_4$］吸收 SO_2 的技术。

吸收过程生成亚硫酸氢铵和磷酸二氢铵：

$$(NH_4)_2HPO_4+SO_2 \longrightarrow NH_4HSO_3+(NH_4)H_2PO_4$$

然后用它代替硫酸分解活化脱氟的磷灰石 $Ca_3(PO_4)_2$：

$$Ca_3(PO_4)_2+3NH_4HSO_3 \longrightarrow 3CaSO_3+(NH_4)_2HPO_4+(NH_4)H_2PO_4$$

再生的（$NH_4)_2HPO_4$返回吸收塔参加脱硫。

补充 NH_3 可使生成的磷酸二氢铵转化为磷酸氢二铵，经干燥造粒后即为磷肥，可供出售：

$$NH_3+(NH_4)H_2PO_4 \longrightarrow (NH_4)_2HPO_4$$

据台维麦基公司的可行性报告估计：一个 100MW 电厂燃煤含硫 3.5%，投资 1070 万美元，副产复合肥料含氮 9%、磷 30%（以 P_2O_5 计），每吨可获利 50 美元。

但国产磷灰石是含氟的磷酸钙 $Ca_{10}(PO_4)_6F_2$ 要用 70%的硫酸才能将氟驱出，因此如何获得能与 NH_4HSO_3 这种弱酸性物质反应的不带氟的 $Ca_3(PO_4)_2$，曾是“七五”科技攻关的课题。从松木坪电厂的活性炭脱硫工艺可产出浓度为 30%的硫酸出发，提出用此稀硫酸代替浓硫酸来分解常规磷灰石，由西安热工研究所和四川省环境保护研究所联合攻关，在宜宾豆坝电厂建造处理气量 $5000m^3/h$ 的试验装置。

应当补叙的是，在攻关之前西安热工研究所（现西安热工研究院有限公司）曾根据美方提供的内容进行过 $1359m^3/h$ 的小试，采用液相催化法制取 NH_4HSO_4，用它分解磷矿石获得（$NH_4)_2HPO_4$，并以该磷酸氢二铵吸收 SO_2 达到烟气脱硫目的。试验结果证实这种工艺路线是可行的。

磷铵肥法被列入“七五”国家攻关项目。由于有了一定的技术准备，加上广大西南地区磷矿资源丰富，复合肥料有着诱人的前景，这个项目受到普遍关注，人们期盼寻求一种我国适用的 FGD 工艺，副产物的附加值相对较高而且畅销，能够冲抵 FGD 装置的部分或全部运行费用。

1. 工艺流程（见图 2-37）

中试装置的设计条件：烟气量 $5000m^3/h$；脱硫效率>95%；SO_2 浓度 $4580\sim7720mg/m^3$；磷矿粉萃取率>90%。

本工艺包括两个部分，即活性炭吸附制酸和磷矿粉加酸分解，并加氨生成磷铵复合化肥。

锅炉烟气经除尘后，含尘浓度（标态）$<200mg/m^3$；再经喷水降温调湿进入 4 塔并列的新型活性炭脱硫塔组，3 塔运行，1 塔再生，循环交替作业。采用稀硫酸和水三级洗涤再生，获得浓度为 30%左右的硫酸。经活性炭脱硫后的烟气进入二级脱硫塔，用磷铵溶液洗涤，净化后的烟气排放。在常规萃取槽中用脱硫制得的硫酸分解磷矿粉获得稀磷酸，加氨中和即得磷铵。用它作为二级脱硫的洗涤液。二级脱硫后的浆液经氧化、浓缩、干燥，最后获

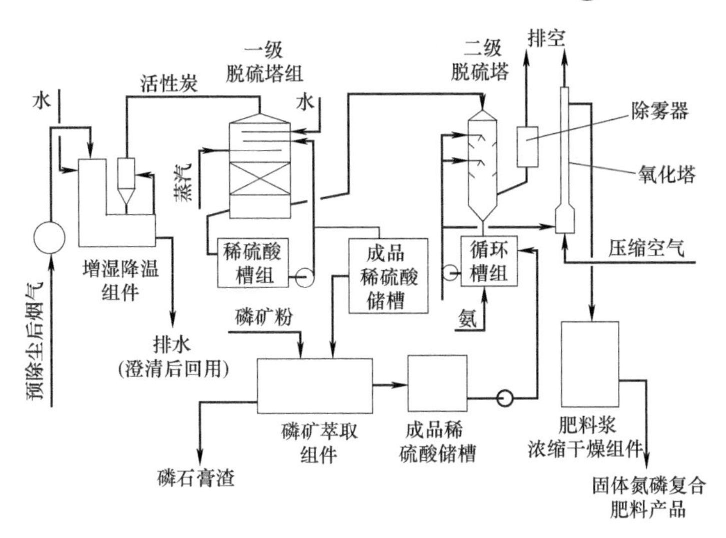

图 2-37 磷铵法工艺流程

得固体氨磷复合肥料。

2. 脱硫制肥过程

活性炭脱硫制酸：

$$2SO_2+O_2+H_2O \longrightarrow H_2SO_4$$

$$Ca_{10}(PO_4)_6F_2+10H_2SO_4+20H_2O \longrightarrow 6H_3PO_4+2HF\uparrow+10CaSO_4\cdot 2H_2O\downarrow$$

用氨中和得复肥：

$$H_3PO_4+2NH_3 \longrightarrow (NH_4)_2HPO_4$$

用复肥脱除活性炭未能吸收的 SO_2：

$$(NH_4)_2HPO_4+SO_2 \longrightarrow (NH_4)H_2PO_4+NH_4HSO_3$$

再通空气氧化并加氨中和生成磷酸氢二铵及硫铵：

$$2(NH_4)H_2PO_4+2NH_4HSO_3+O_2+4NH_3+H_2O \longrightarrow 2(NH_4)_2HPO_4+2(NH_4)_2SO_4$$

最后经干燥造粒即成氮磷（$N+P_2O_5$）总含量在 35%以上的优质磷铵复合肥料。两次脱硫总效率在 95%以上，用 30%稀酸分解磷灰石的磷酸回收率达 90%，均达到了攻关目标。该工艺用副产稀硫酸代替以磷酸和热分解处理磷灰石，取得了成功。据攻关报告预测：在 100MW 电厂，烟气 SO_2 浓度按 0.3%计，每年可产复肥 3.24 万吨。根据中试结果，烟气中 SO_2 只要达 0.22%就可保盈余。全部投资需 3900 万元，其中脱硫装置和复肥生产装置各占 1/2。我国的“十年纲要”明确要大力发展磷铵，如果把磷铵厂和烧高硫煤的电厂在选址上靠近些，用管道把电厂的脱硫装置与磷铵厂连接起来，无论在投资上还是运转费用上都有很大好处。

3. 试验结果

（1）高效廉价活性炭的筛选与研制 最初采用国内常用的含碘 0.5%～2.5%的活性炭。在试验中，碘的流失严重，影响脱硫稳定性。最后选定一种糖醛渣活性炭（ZH），并按脱硫需要做了改性处理。ZH 与几种国产活性炭的脱硫性能比较列于表 2-24。

由此可见：ZH 的脱硫性能仅次于椰壳炭。ZH 与两种含碘炭的理化性能比较列于表 2-25。由表 2-25 可见：ZH 除强度略低外，其余性能均优于碘炭，尤为突出的优点是不存在碘的流失问题，考核试验表明脱硫的稳定性亦较好。

表 2-24 国产活性炭脱硫性能比较

炭种名称	褐煤炭	椰壳炭	太原9号无烟煤炭	含碘0.5%无烟煤炭	ZH
通烟总时数/h	11	18	5	16	16
脱硫率>90%的时数/h	0	10	10	8	9
平均脱硫率/%	47.8	88.4	55.2	85.0	86.2

注：共同条件为：a. 空(间)速(度)；b. 入口 SO_2 浓度 8580mg/m³；c. 入口烟温 60～70℃；d. 入口烟气含 O_2 量 5%；e. 入口烟气含湿量(体积分数)10%～11%。

表 2-25 ZH 与含碘炭比较

炭种名称	0.5%碘炭	2.5%碘炭	ZH
水分/%	约1	约1	约1
灰分/%	21	21	20
粒度/mm	$\phi4\times6$	$\phi4\times6$	$\phi4\times6$
堆积重度/(g/L)	510	510	487
总孔容/(mL/g)	0.65	0.65	0.70
<10μm 孔容/(mL/g)	0.57	0.57	
比表面积/(m²/g)	640	640	670
含碘量/%	0.46	2.57	0
吸附 SO_2 容量/(g/100g)	13.9		14.1
吸附水容量/%	70		74
碘值/(mg/g)	665		814
相对强度/%	93		80

(2) 活性炭再生工艺的改进　本工艺采用三级洗涤再生方式，与国内外沿用的五级洗涤相比简化了操作工序，再生效果依然能满足磷铵肥法脱硫工艺要求。

(3) 磷铵液脱硫　在液气比（标态）1.6L/m³ 喷淋密度 10m³/（m²·h）、pH 值为 5.6～6.2 的条件下，脱硫率达到 85%～99%，系统的脱硫率可超过 97%。磷铵液在 pH>2.5 条件下产生乳状沉淀物，实验表明该沉淀物的脱硫能力约占磷铵浆液总脱硫能力的 1/3；在磷铵浆液中，亚硫酸铵与磷酸二铵浓度的比值及 [SO_3^{2-}] + [PO_4^{3-}] 与磷酸二铵浓度的比值越高，脱硫率相应下降。

(4) 用 30%浓度的回收硫酸分解四川金河磷矿石，萃取率为 92%，获得稀磷酸（含 P_2O_5 11%～16%）、磷石膏渣中的 P_2O_5 残留量为 0.5%，其中水溶性 P_2O_5 为 0.08%。金河磷矿粉粒度为 147μm，其主要成分见表 2-26。

表 2-26 金河磷矿粉成分　　单位：%

物质	P_2O_5	CaO	MgO	Fe_2O_3	Al_2O_3	水分	酸不溶物
成分	28.04	39.50	6.37	2.20	2.65	0.05	9.08

中试肥料产品的成分列于表 2-27。

表 2-27 中试肥料成分　　单位：%

序号	总 P_2O_5	有效 P_2O_5	水溶性 P_2O_5	N	SO_3	CaO	Fe_2O_3	Al_2O_3	MgO
1	22.19	21.69	15.84	11.02	8.63	2.49	1.01	0.49	2.69
2	24.59	22.45	18.23	14.88	8.40	2.28	1.03	0.89	1.31
3	22.94	18.23	13.24	17.73	7.81	0.38	1.84	0.82	1.77

用磷矿为原料萃取磷酸过程与常规磷铵生产相同，将产生相当数量的磷石膏渣。目前可

利用的途径有制硫酸和水泥以及就地作农肥。

萃取过程，磷矿中的氟有4%～7%以四氟化硅（SiF_4）形式随产生的蒸汽逸出，水蒸气量约占烟量的1%，用很小的设备便可处理。用碱吸收可副产冰晶石，或用水洗涤再用石灰中和洗涤水，生成性质稳定的固体渣，其生成量约为肥料产量的0.3%。

4. 单纯制酸的工业性试验

1997年建成扩大工业试验装置，处理烟气量$1.0\times10^5m^3/h$通过调试，于1998年考核验收。

制酸工艺过程与中试的相同，只是由于副产物稀硫酸的利用途径不同而在后半部分有所不同，本试验到副产稀酸为止。

本工业性试验设计的综合利用有两种途径：一是利用电厂锅炉燃煤过程所排的液态炉渣中富含铁颗粒的特点，用磁选方法将铁颗粒从炉渣中析出作为原料，再将铁颗粒与稀硫酸按比例计量送入专用反应槽中进行加热反应，反应生成物经过浓缩、冷却、结晶、分离，可获得纯度为94%以上的硫酸亚铁（$FeSO_4\cdot7H_2O$）产品；二是将脱硫生产的稀硫酸引入冲灰水系统或直接进行灰场排水加酸处理，以解决水的pH值超标排放问题。

主要设计参数：处理烟气量（标态）（8～10）$\times10^4m^3/h$；烟气温度130～150℃；入口烟气的SO_2浓度3720～7150mg/m^3；脱硫效率≥70%；电除尘器出口含尘浓度≤400mg/m^3；稀硫酸年产量12250t；进入脱硫段烟气含尘浓度≤30mg/m^3；年运行时间6000h。

主要设备为活性炭吸附塔和稀酸循环槽、吸附塔2座，外形尺寸为$L14000\times W4000\times H21000$，碳钢材料，环氧玻璃内衬。酸槽1座，外形尺寸$L10000\times W5000\times H5000$，钢混结构，环氧玻璃内衬。

该装置1998年5月通过72h考核验收运行，其试验运行情况如下：烟气处理量8×10^4～$13.6\times10^4m^3/h$；平均入口SO_2浓度8466mg/m^3；平均烟气量（标态）$10.70\times10^4m^3/h$；脱硫率54%～94%；入口SO_2浓度4141～12012mg/m^3；平均脱硫率73.5%。

该工程的建设投资1245.3万元（未计入贷款利息和设计调试费用）年运行费154.4万元，按SO_2减排量2709t/a计算，每吨SO_2的成本费用为570元。

5. 100MW机组的PAFP工程设计

根据上述中试结果，提出与100MW机组配套的FGD基本设计，处理烟气量为$4.5\times10^5m^3/h$，烟气中SO_2浓度为7150mg/m^3，脱硫效率90%，年运行6500h。

主要消耗指标见表2-28。

表2-28 脱硫消耗指标 单位：kg/h

项目	指标	项目	指标
磷矿粉(26%P_2O_5)	4.585	蒸气(0.4MPa)	19662
液氨(99%NH_3)	785	水	71139
活性炭	18.5	磷石膏废渣(干)	5960
电耗/(kW·h/h)	13390	肥料产量	4154

根据设计计算，可年产复合肥料2.7×10^4t，不增加发电成本。

有关部门拟建200MW机组的示范工程，而且做了许多技术延伸开发工作，如采用完全不渍碘的具有特殊性能的活性炭，用副产稀酸制取水处理剂聚合硫酸铁铝或用于中和冲渣水等，目的在于降低脱硫成本，拓展副产品出路。

应该说，活性炭-磷铵复合肥法是我国自主研制的 FGD 工艺，是一项颇有希望的适合国情的 FGD 技术。

八、氧化吸收协同控制技术

1. 光催化技术

光催化烟气脱硝技术是面向烟气净化过程的一种环境友好型处理工艺，光催化材料能够利用其自身特殊的半导体能带结构驱动氧化-还原反应，达到烟气净化的目的。

(1) 技术原理　TiO_2 被波长小于 387nm 的光照射后，TiO_2 被激发产生电子-空穴对。成功分离的电子和空穴与光催化剂表面吸附的 H_2O 或 OH^- 以及 O_2 反应形成羟基自由基（·OH）和超氧离子自由基（O_2^-·），吸附在 TiO_2 表面的 SO_2 被活性自由基氧化为 SO_3，NO 被活性自由基氧化为 NO_2，NO_2 又被氧化成 HNO_3，Hg^0 氧化为 Hg^{2+}，实现光催化脱硫、脱硝、脱汞过程。

(2) 工艺系统　光催化烟气脱硫脱硝反应是多学科交叉的复杂的过程，光催化剂材料是实现烟气脱硫脱硝的基础和关键。而 TiO_2 是最具应用前景的光催化剂。如何提高 TiO_2 光催化脱硫脱硝效率是该领域研究的重点和热点。通常的改性方法有金属离子掺杂、非金属离子掺杂、半导体复合等。这些改性方法有助于促进光生电子空穴对的分离，提高其迁移速率和反应的概率，促进光催化反应进行，提高光催化脱硫脱硝的效率，达到净化烟气的目的。

(3) 工程应用　光催化材料同时脱硫脱硝脱汞技术目前尚处于实验室研究阶段。光催化反应器的设计是实现光催化反应的重要依托。固定床光催化反应器和流化床光催化反应器是人们研究的较多的两类反应器类型。目前对两者的研究还处于实验室阶段，尽管在实验室内固定床光催化反应器和流化床光催化反应器都能达到较好的脱除效率，但是工业性放大和实验室有较大的差别，其能否运用于工业规模应用还需要进一步的研究和探索。

2. 臭氧氧化化学吸收技术

臭氧（O_3）氧化吸收多污染物技术是一种非常有前途的烟气净化技术，具有显著的多种污染物协同脱除效果，适用于日益严格的排放要求，研究价值和发展前景广阔。

(1) 技术原理　O_3 在烟气中氧化降解多种污染物这一核心问题缺乏深入的机理研究，这也严重制约了臭氧多污染物协同控制技术的进一步发展。臭氧多污染物协同控制技术原理主要如下：由于 O_3 氧化 SO_2 的活化能高达 58.17kJ/mol，反应过程中 O_3 很难将 SO_2 氧化脱除；再者，NO 的存在对 O_3 氧化 SO_2 没有促进作用，这是因为 SO_2 与 NO_2 的反应活化能为 113kJ/mol。所以，SO_2 存在对 NO 的氧化反应影响很小。SO_2 的脱除需要结合尾部吸收技术。O_3 对 NO 的氧化属于快速不可逆过程，NO 被氧化成 NO_2、NO_3。零价汞被氧化成易吸收和脱除的二价汞，从而达到有效控制燃煤过程中汞的排放目的。

(2) 工艺系统　臭氧氧化结合化学吸收同时脱除技术主要包括氧化系统、臭氧发生系统、区域喷射系统和湿法脱除系统四个系统。

燃煤烟气由引风机引出，在烟道反应区域与喷入的 O_3 发生反应，进入洗涤塔与喷淋下来的吸收液反应，从而达到脱硫、脱硝、脱汞联合脱除的目的。吸收液通过循环泵循环，重复利用。O_3 通过臭氧发生器产生并输送至洗涤塔前的原烟道内。对于已经安装湿法或半干法烟气脱硫装置，可在现有脱硫装置前加装臭氧氧化设备，用石灰石浆液吸收烟气中的氧化产物，这样达到多污染物协同控制的目的。

（3）工程应用　美国 BOC 公司将其低温氧化技术（$LOTO_x$ 技术）授权给贝尔哥（Belco）公司，把这种 NO_x 控制技术同贝尔哥公司的 EDV 湿式洗涤器结合起来应用于美国大西洋中部的某石油精炼厂，能同时脱除烟气中的 NO_x、SO_2 和颗粒物，取得了较好的脱除效率。俄亥俄地区的 1 台 25MW 燃煤锅炉采用该技术进行了工程示范，NO_x 去除率可达 85%～90%；在加利福尼亚地区，某利用 $LOTO_x$ 技术的熔铅炉可去除 80%的 NO_x。

贝尔哥公司已经在我国中石化四川彭州石油公司和中石化上海某石化公司的工业炉烟气中安装使用了该脱硝系统，目前，已开始投产使用。

3. 电催化氧化技术

电催化氧化（Electro-Catalytic Oxidation，ECO）技术是一种重要洁净燃煤技术，其将多种可靠技术结合在一起，只需一次处理可脱除 SO_2、NO_x、汞等多种污染物。

（1）技术原理　在 ECO 系统的核心元件反应器内，烟气经过高压放电，产生高能电子。高能电子通过与水分子和氧分子碰撞，引发化学反应，产生了·OH 活性基团。主要包括 4 个步骤：a. 产生的活性基团·OH 将 SO_2 氧化成 SO_3，NO 氧化成 NO_2，单质汞氧化成氧化汞等，形成了更易于收集的不同气体、含微粒的烟雾和各种颗粒；b. 以氨为吸收液，脱除放电器中未转化的 SO_2 和 NO_2，生成硝酸铵和硫酸铵以及 N_2 和水；c. 湿式电除尘器（ESP）捕获放电反应产生的酸性气溶胶；d. 副产品回收，包括过滤除灰与活性炭吸附脱除 Hg。

（2）工艺系统　ECO 主要由反应系统、吸收系统、湿式电除尘器和回收系统四个系统组成。ECO 反应器由多个管道装配在一起，配有中心电极，能通过等离子体放电来处理烟气。吸收仓是吸收系统的核心设备，由下回路和上回路两个独立的部分组成：烟气经过反应器之后，进入吸收器的入口；然后向上进入下回路喷雾区，经过分离盘，进入上回路吸收区。烟气经过吸收器和除雾器后，进入湿式 ESP，其作用主要有去除酸雾、收集亚微米级的颗粒和收集气溶胶。随着烟气中水的蒸发及铵盐被浓缩，在吸收器的下回路中形成了肥料晶体。通过在上回路的循环容器中添加补充液体并将生成的液体抽入脱水系统；脱水后，硫酸铵和硝酸铵晶体经过系列处理得到商用肥料。

（3）工程应用　美国 Powerspan 公司在俄亥俄州谢迪赛德 FirstEnergy 公司的 R. E. Burger 电厂燃高硫煤的 150MW 机组旁路上采用了 ECO 技术，建设了相当于 50MW 机组烟气量的装置。2005 年，180d 的功能和可靠性测试表明 ECO 技术获得了成功，ECO 技术达到了商业使用的目标且证明能够成为有能力控制出口排放的最佳可行控制技术标准。美国 R. E. Burger 电厂对 ECO 技术进行的初次试验结果为：脱硫效率＞95%，脱硝效率 90%，脱汞效率 81%，粒径小于 3μm 的颗粒脱除效率 96%～97%，总颗粒脱除效率 99.9%。

多污染物较高的脱除效率和副产品综合利用两方面的优势，ECO 有望代替传统的 FGD 装置。对于只需要脱硫的电厂，ECO 系统可以不用反应器，从而能够降低成本，同时还原 99% 的 SO_2 并提供相应的副产品。若需要，可以较易更新系统，安装反应器和附属设备，以高效脱除 NO_x 和 Hg。

九、有机催化烟气协同减排技术

有机催化烟气协同减排技术是由以色列 Letran 开发的烟气处理专利技术，能够在同一脱硫塔内能同时完成脱硫、脱硝、脱汞的三效合一的烟气减排技术。

1. 技术原理

有机催化烟气协同减排技术的核心是一种专利生产的含有硫、氧基团的有机催化剂，对 SO_2 等酸性气体的强烈捕获能力，并对脱硫、脱硝具有正向反应催化作用，同时对重金属具有吸附作用。

烟气中的 SO_2 遇水形成亚硫酸（H_2SO_3），NO 难溶于水，需要先被氧化，然后溶于水生成亚硝酸（HNO_2），有机催化剂分别与之结合形成稳定的络合物，它们被持续氧化成硫酸和硝酸，并通过加入碱性中和剂（氨水）与之中和，制成高品质的硫酸铵和硝酸铵化肥，然后催化剂与之分离。利用催化剂作对重金属的吸附作用，可以持续地对废气中含量很少的汞和其他重金属进行吸附：有机催化剂对于汞和其他重金属的吸附无论是否饱和，均不影响脱硫和脱硝工艺的正常进行。

2. 工艺系统

有机催化烟气协同减排技术工艺系统包括吸收塔系统、烟气系统、氧化系统、过滤分离系统、中和剂及催化剂供给系统、催化剂回收系统、副产品回收系统等。

燃煤烟气经烟道送入吸收塔，垂直向上移动穿过有机催化剂吸收液喷淋区域；有机催化剂吸收液通过喷淋管的喷嘴，均匀的雾状粒珠充盈在吸收塔内的反应空间，与废气逆流接触后，汇集到位于吸收塔底部的液态环境中；在液气接触的过程中烟气中的污染物被捕获，净化后的烟气通过烟道送至烟囱排入大气。

在吸收塔底部稳定的酸性混合液与碱性中和剂发生反应，生成稳定的化肥盐液；当盐液达到一定浓度后排出吸收塔。经过滤后的混合液进入分离器，利用盐液与催化剂的比重差异实现油水两相分离，分离出的催化剂返回吸收塔循环使用，化肥盐液则被送至结晶干燥系统制取固体化肥颗粒。

3. 工程应用

有机催化烟气协同减排技术，已获得欧盟和美国的专利，适用于治理电厂和其他工业装置所排放的烟气污染物。美国得克萨斯州实验室对 Lextran 有机催化剂进行了检测，充分肯定了其处理效果。有机催化技术在罗马尼亚电厂应用的案例成功后，LEXTRAN 公司与罗马尼亚的 200MW 电厂和一个锌加工厂、南非 ESCOM 电力集团旗下的 100MW 的电厂以及美国工业联盟旗下 200MW 电厂开始了项目合作。

中悦浦利莱环保科技有限公司拥有以色列 Lextran 技术开发有限公司的部分股权，并与 Lextran 公司建立了长期合作关系，国内主要业绩有北京天利动力热力有限公司脱硫脱硝项目、山东泰钢、大唐重庆石柱发电厂脱硫脱硝项目等。

十、燃煤电厂协同除汞技术

2013 年 1 月 19 日，各国政府已经就签署一个全球性的、具有法律约束力的、以减少汞排放的《水俣公约》达成一致。

目前，中国是全世界最大的汞生产、消费和排放国，2007 年数据表明中国年度汞在大气中的排放量约为 643t。

汞之所以受到全球关注，是因为它是持久性、长距离传输而且是在全球范围内循环的一种污染物，即一个国家排放的汞能够污染其他国家，也就是说汞污染是个全球性的问题。

有资料表明，2007 年我国燃煤电厂汞排放量占总排放量的 19%，其他燃煤锅炉汞排放量占 33%，民用燃煤占 2%，燃煤锅炉汞排放量超过总量的 1/2，约为 52%。

（一）燃煤汞排放

煤中以硫化物结合态形式存在的汞（也有少量单质汞）在煤燃烧过程中被排放出来。煤中汞的含量因煤产地不同而差异较大，我国煤的汞含量通常为 0.1～0.3mg/kg。煤中汞在炉膛内燃烧温度（约 1500℃）下将蒸发并以单质汞的形态存在于气相之中。随着烟气温度降低，单质汞会与烟气中其他成分发生反应，部分单质汞转化为其他形态的汞，燃煤烟气中汞的形态转化如图 2-38 所示。

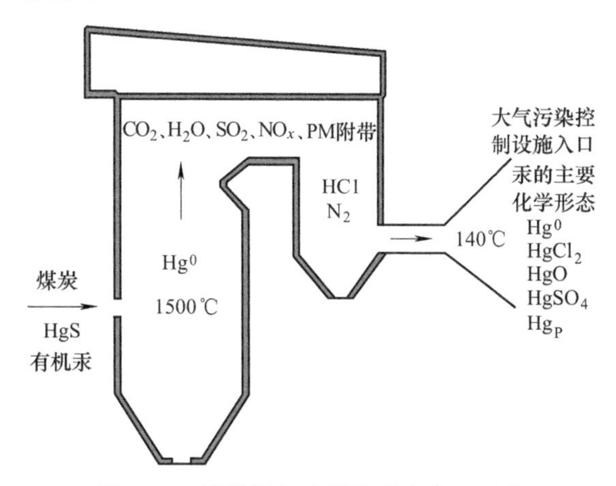

图 2-38 燃煤烟气中汞的形态分布示意

燃煤锅炉烟气中汞的存在形式通常有固态氧化汞（Hg^{2+}）、气态单质汞（Hg^0）和颗粒汞（Hg^P）[如飞灰或未燃残炭（UBC）] 三种。汞的化合物主要有 $HgCl_2$、HgO 和 $HgSO_4$ 等。颗粒吸附的汞以单质或氧化态形式存在。烟气中单质汞的氧化机理分为同相氧化和异相（飞灰/未燃残炭）氧化。烟气中元素汞的氧化机制主要有均相氧化（比例很小）和非均相（如飞灰和未燃尽炭）氧化。燃烧后氮氧化物控制措施也会引起汞的氧化。烟气中汞的形态转化过程如图 2-39 所示。

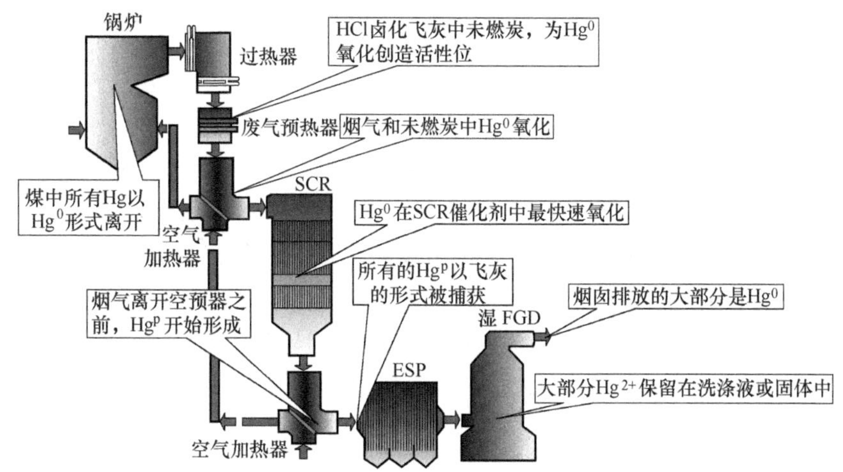

图 2-39 烟气中汞的形态转化过程

随着烟气在污染物控制装置内流动，汞形态由炉膛出口纯 Hg^0 转化为 Hg^0、Hg^{2+} 和 Hg^p 的混合物，这种转化取决于煤中 HCl 以及飞灰中未燃炭的含量以及是否有 SCR 装置或其他烟气净化措施。

用不同燃烧后控制设施电厂总汞平均减排量。受煤种、飞灰（包括未燃炭）特性、污染物控制装置及其他因素的影响，不同控制技术对汞的脱除效率可以从微量到高达 90%以上。

（二）协同效应除汞

利用非汞大气污染物控制设备，实现协同效应除汞有两个基本模式：一是去除湿法烟气脱硫洗涤器中的氧化汞；二是去除颗粒物控制设施（静电除尘或袋除尘）中的颗粒汞。因此，协同效应除汞量会随着烟气总汞中氧化汞含量的增加而增加。可以通过添加化合物（氧化剂）或催化剂，对汞进行氧化。催化剂可以专门为生成氧化汞而放置在烟气中，或用于其他用途（例如控制氮氧化物排放），从而达到协同效应。根据污控设施的不同，汞去除量也各不相同。

1. 湿法烟气脱硫设施协同效应除汞

如上所述，氧化汞通常在酸性水溶液中可以溶解，因此湿法烟气脱硫设施可以有效地捕获这些成分。但是气态零价汞是非水溶性的，因此不能被吸收剂捕获。当二价汞的化合物在湿法烟气脱硫系统中被液体吸收剂吸收时，其溶解物质与烟气中的硫化物（如硫化氢）发生化学反应，生成硫化汞；硫化汞在液体溶剂中以污泥形式出现。在液体溶剂中缺少充足的硫化物，因此它与亚硫酸盐发生反应，并将二价汞还原成零价汞。当这个反应发生时零价汞被传送到烟气中，从而增加了烟气中零价汞的含量。二价汞还原及零价汞的再释放现象，尤其在镁强化的石灰洗涤器中更为突出。这些洗涤器与石灰石系统相比，亚硫酸盐含量更高。在一些情况下，硫化物试剂可以减少二价汞还原成零价汞的数量。此外，吸收剂中的过渡金属（由烟气中的飞灰生成）在转化反应中非常活跃，可以作为催化剂或反应物来还原氧化物。在湿法烟气脱硫系统中随着液态汞含量的增多，汞的再释放潜力似乎很大。

2. 氮氧化物控制技术的协同脱汞效应

在一定条件下，选择性催化还原，可以通过促进零价汞而生成二价汞，并改变汞的化学形态。使用烟煤更是如此。需要指出的是，选择性催化还原本身并不能除汞，而是增加了湿法烟气脱硫上游二价汞的数量，因此增加了湿法烟气脱硫中的汞捕获量，从而达到协同除汞的效果。

选择性催化还原催化剂究竟能氧化多少零价汞，以及在湿法烟气脱硫中能去除多少氧化汞，都取决于以下几方面的要素：a. 煤的氯含量；b. 处理气体所需的催化剂；c. 选择性催化还原反应；d. 氨的浓度及其在烟气中的分布；e. 催化剂的使用期限。

因为氮氧化物控制策略涉及选择性催化还原的运行参数，包括温度、烟气中氨的浓度、催化剂床的尺寸及催化剂已使用的时间，因此优化除汞的关键是煤炭中氯的含量。

因此，要想在燃用低质煤的锅炉中通过使用选择性催化还原，将零价汞转化为二价汞，除了需改变氮氧化物的控制参数之外，还必须改变烟气中的化学成分（如烟气中活跃的氯含量）或降低催化温度。因此，通过适当的混合煤可以优化选择性催化还原的协同效应。

3. 颗粒物控制设施协同脱汞

了解颗粒物控制设施的功效很重要，因为它会影响汞减排的能力。通过提高颗粒物收集器的效率改造烟气性质，可使其脱汞能力更加完善。

（1）电除尘器　电除尘实际去除的汞量因其具体位置的不同而不同，其与电除尘器的设计、燃煤的类型及其生产的参数（飞灰中未燃烧炭的数量）都息息相关。

电除尘器在收集颗粒物的过程中，通常只去除颗粒汞。颗粒汞通常与未燃烧炭相结合。与飞灰中未燃烧炭相比，汞吸收无机成分的能力（飞灰）通常很低。未燃烧炭的数量是影响汞吸收的主要因素，与电除尘器汞去除率密切相关。通常在使用含氯高的煤锅炉，烟气中会产生更多的未燃烧炭，安装电除尘器可以捕获更多的汞。研究发现：当飞灰中未燃烧炭的数量随着颗粒物的减少而下降时，未燃烧炭中的汞含量通常随着颗粒物的减少而增加。研究资料表明：电除尘器所捕获的飞灰中，当有5%的未燃烧炭时汞捕获率在20%～40%。当未燃烧炭的含量更高时，其汞捕获量可以高达80%。未燃烧炭除其含量之外，其特点如表面特性、颗粒物的尺寸、多孔特性及其成分，都可能会影响电除尘器的汞捕获量。其他影响从飞灰中捕获汞的量的主要因素还包括电除尘器的温度和煤的类型。这两个参数都会促成二价汞化合物和颗粒汞的形成，因而使其在电除尘中比零价汞更容易被捕获。因此，电除尘效率的提高和细微灰尘及未燃烧炭捕获数量的增加都可能会减少汞排放。

（2）袋式除尘器　袋式除尘器要比电除尘除汞率更高，而且能更有效地去除细小颗粒物。其既可以去除颗粒汞，也可去除气态汞。袋式除尘过程中（几分钟）气体与飞灰接触的时间要比在静电除尘里（几秒）更长，因此其促进了汞在飞灰中的吸收。此外，袋式除尘器还提供了更好的接触环境（气态汞通过滤质渗透），而静电除尘器是气体通过表面。研究发现在中国的燃煤电厂，电除尘器和袋式除尘器的汞捕获范围分别是4%～20%和20%～80%。另有研究表明，虽然实际值将随煤种和工厂的运行条件而变化，但电除尘器的脱汞效率平均可达到36%，袋过滤系统的汞捕获效率要高得多，高达90%。通过采取一些措施，包括煤转换/混合、调整温度和运行系统的改善，可使电除尘和袋过滤系统的汞去除率最大化。

（3）其他除尘设施　湿式洗涤器的除汞效率也很显著，因为从汞控制的角度，湿式洗涤器系统与湿法烟气脱硫系统相似。因此，氧化汞将被湿式洗涤器捕获。湿式洗涤器的除汞效果可通过煤炭混合或添加卤素氧化剂来加强。机械除尘器（如旋风式除尘器）由于其去除亚微米级颗粒的能力有限，除汞效率较低。

（三）专门除汞技术

在协同除汞的基础上还不能满足脱汞要求的情况下需要采用专门除汞技术。到目前为止吸附剂喷射是最有效处理汞的方法。活性炭粉末（PAC）是目前使用最多且研究较成熟的一种吸附剂。在使用吸附剂活性炭喷射技术（ACI）的基础上要进一步控汞时，需在空气加热器和颗粒物控制装置之间喷入粉末状活性炭，可加速烟气中吸附剂的混合并增加吸附剂的停留时间。

活性炭粉末吸附汞的过程结束后与飞灰一起被颗粒物控制装置除去。在过去几年里发展了多种吸附剂喷射技术，包括吸附剂种类和喷入位置的研究，这些都促进了硬件的改造，以适应现有的锅炉工艺。

目前，一些燃煤汞排放量较大的国家和地区（如美国、欧盟）已经拥有汞排放控制技术，有能力削减燃煤的汞排放。我国尚不具备专门的燃煤汞排放控制技术，因此建议最大限度地采用协同效应控制技术，以便以更低的成本控汞。尽管总汞控制最终需要相对昂贵的专门除汞控制技术，但是通过优化工厂运行方法以及现有污染物控制设施（如颗粒物、二氧化硫、氮氧化物）协同效应脱汞，也可达到有效控汞的目的。

另外，采用协同效应脱汞后，煤燃烧残渣（CCS）中汞含量增加，因此在使用和处理这些残渣过程中要防止汞的二次污染。

第三章

工业锅炉烟气协同治理技术

工业锅炉指产生蒸气或热水（或有机热载体等）用于工业生产的锅炉。通常，工业锅炉是指除电站动力锅炉和民用采暖炉、茶炉以外的锅炉。

我国燃煤工业锅炉达47万台。我国工业锅炉大多分体安装污染物排放控制的相关设备成本高，且存在低温腐蚀、积灰、循环水严重浪费、废水难处理等问题，因此协同脱除烟气中多种烟气污染物成为提高工业锅炉热效率和控制污染物排放的基本途径。

第一节 工业锅炉的烟气量和污染物排放量

一、空气需要量及烟气量

1. 空气需要量

(1) 固体和液体燃料 燃烧1kg固体或液体燃料所需要的理论空气量可按式(3-1)或式(3-2)计算，式中的空气量是指不含水蒸气的干空气量。对于贫煤及无烟煤（$V_{daf}<15\%$）亦可按经验公式(3-3)计算，而对于$V_{daf}>15\%$的烟煤也可按经验公式(3-4)计算；对于劣质烟煤也可按经验公式(3-5)计算；而对于燃油也可按经验公式(3-6)计算：

$$v^0=0.0889C_{ar}+0.265H_{ar}+0.0333S_{daf}-0.0333O_{ar} \tag{3-1}$$

$$L^0=0.1149C_{ar}+0.3426H_{ar}+0.0431S_{daf}-0.0431O_{ar} \tag{3-2}$$

$$v^0=0.238\times\frac{Q_{net,ar}+600}{900} \tag{3-3}$$

$$v^0=1.05\times0.238\frac{Q_{net,ar}}{1000}+0.278 \tag{3-4}$$

$$v^0=0.238\times\frac{Q_{net,ar}+450}{990} \tag{3-5}$$

$$v^0=\frac{0.85\times Q_{net,ar}}{4186}+2 \tag{3-6}$$

式中 v^0、L^0——需要的理论空气量，m^3/kg或kg/kg；

C_{ar}、S_{daf}、H_{ar}、O_{ar}——燃料收到基C、S、H、O的分析数据，%；

$Q_{net,ar}$——燃料低位发热量，kJ/kg。

（2）气体燃料　燃烧标态下气体燃料所需的理论空气量（同样是指干空气）可按式（3-7）、式（3-8）计算。也可按式（3-9）～式（3-12）近似计算：

$$v^0=0.02381\varphi(H_2)+0.02381\varphi(CO)+0.04762\sum\left(m+\frac{n}{4}\right)\varphi(C_mH_n)+0.07143\varphi(H_2S)-0.04726\varphi(O_2) \tag{3-7}$$

$$L^0=0.03079\varphi(H_2)+0.03079\varphi(CO)+0.06517\sum\left(m+\frac{n}{4}\right)\varphi(C_mH_m)+0.09236\varphi(H_2S)-0.06157\varphi(O_2) \tag{3-8}$$

燃气 $Q_{net,ar}<10500kJ/m^3$ 时：

$$v^0=0.000209Q_{net,ar} \tag{3-9}$$

燃气 $Q_{net,ar}>10500kJ/m^3$ 时：

$$v^0=0.00026Q_{net,ar}-0.25 \tag{3-10}$$

对烷烃类燃气（天然气、石油伴生气、液化石油气）可采用：

$$v^0=0.000268Q_{net,ar} \tag{3-11}$$

$$v^0=0.00024Q_{gr,ar} \tag{3-12}$$

式中　v^0——需要的理论空气量，m^3/m^3；

$\varphi(H_2)$、$\varphi(CO)$、$\varphi(C_mH_n)$、$\varphi(H_2S)$、$\varphi(O_2)$——燃气中各可燃部分体积分数，%；

$Q_{net,ar}$——标态燃气低位发热量，kJ/m^3；

$Q_{gr,ar}$——标态燃气高位发热量，kJ/m^3。

（3）过量空气系数 α　在锅炉运行中实际空气消耗量总是大于理论空气需要量。它们二者的比值称为过量空气系数，在烟气计算时用 α 表示，空气计算时用 β 表示。对于锅炉炉膛来说，α 的大小与燃烧设备型式、燃料种类有关。对层燃炉、室燃炉及流化床炉的炉膛过量空气系数 α_1、见表 3-1。

表 3-1　炉膛过量空气系数 α_1

炉型	链条炉				具有抛煤机的链条炉			煤粉炉			油气炉	流化床炉
燃料	褐煤	烟煤	无烟煤		褐煤		烟煤 $V_{daf}>25\%$	褐煤	烟煤	无烟煤	油气	
			种子块 6～13mm	原煤 <100mm	$M_{ar}\approx19\%$ $A_{ar}\approx24\%$	$M_{ar}\approx33\%$ $A_{ar}\approx22\%$						
α_1	1.3	1.3	1.3	1.5	1.3	1.3	1.3	1.2～1.25	1.2	1.2～1.25	1.1	1.1～1.2

2. 烟气量

（1）固体和液体燃料　燃烧 1kg 固体或液体燃料所产生的实际标态下烟气量可按式（3-13）计算：

$$\begin{aligned}v_y&=v_{RO_2}+v_{N_2}+v_{o_2}+v_{H_2O}\\&=v_{RO_2}+v_{N_2}^0+(\alpha-1)v^0+v_{H_2O}^0+0.0161(\alpha-1)v^0\\&=v_{RO_2}+v_{N_2}^0+v_{H_2O}^0+1.0161(\alpha-1)v^0\end{aligned} \tag{3-13}$$

式中　v_y——实际烟气比体积，m^3/kg；

v_{RO_2}、v_{N_2}、v_{O_2}、v_{H_2O}——实际烟气中 RO_2、N_2、O_2、H_2O 的比体积，m^3/kg；

$v_{N_2}^0$、$v_{H_2O}^0$、v^0、α——理论烟气中 N_2、H_2O、烟气的体积，m^3/kg，以及所处烟道过量空气系数。

式（3-13）中数值可根据式（3-1）、式（3-7）计算；α 值可参照表 3-1、表 3-2 选取；v_{RO_2}、$v_{N_2}^0$、$v_{H_2O}^0$ 可按式（3-14）、式（3-15）、式（3-16）计算：

$$v_{RO_2}=0.01866C_{ar}+0.007(S_{adf}) \tag{3-14}$$

$$v_{N_2}^0=0.79v^0+0.008N_{ar} \tag{3-15}$$

$$v_{H_2O}^0=0.111H_{ar}+0.0124M_{ar}+0.0161v^0+1.24G_{wh} \tag{3-16}$$

式中 G_{wh}——每千克燃油雾化用蒸气量，kg/kg，一般取 0.3～0.6kg/kg。

表 3-2 系数 a'、a''

燃料种类	木柴	泥煤	褐煤	烟煤		无烟煤
				$V_{daf}\geqslant 20\%$	$V_{daf}<20\%$	
a'	1.06	1.085	1.1	1.11	1.12	1.12
a''	0.142	0.105	0.064	0.048	0.031	0.015

若空气中含湿量 $d>10g/kg$，则烟气容积还应加上修正量 Δv_{H_2O}，其数值可按式（3-17）计算：

$$\Delta v_{H_2O}=0.00161\alpha v^0(d-10) \tag{3-17}$$

式中 Δv_{H_2O}——修正量，m^3/kg。

燃烧 1kg 固体或液体燃料所产生的实际烟气质量还可用式（3-18）简化计算：

$$L_y=1-0.01A_{ar}+1.306\alpha v^0+G_{wh} \tag{3-18}$$

若空气中含湿量 $d>10g/kg$，则烟气质量也应加一修正量 ΔL_y，其数值可按式（3-19）计算：

$$\Delta L_y=0.001306\alpha v^0(d-10) \tag{3-19}$$

式中 ΔL_y——修正量，kg/kg。

烟气量的近似计算也可按式（3-20）进行：

$$v_y=[(a'\alpha+a'')(1+0.006M_{zs})+0.0124M_{zs}]\frac{Q_{net,ar}}{4187} \tag{3-20}$$

式中 v_y——烟气量，m^3/kg；

a'、a''——系数，见表 3-2；

α——所处烟道过量空气系数，见表 3-2、表 3-3；

M_{zs}——折算水分，$M_{zs}=4187\dfrac{M_{av}}{Q_{net,ar}}$。

表 3-3 烟气量估算表 单位：m^3/h

燃烧方式		排烟过量空气系统 α_{py}①	排烟温度/℃		
			150	200	250
层燃炉		1.55	2300	2570	2840
流化床炉	一般煤种	1.55	2300	2570	2840
	矸石、石煤等	1.45	2300	2570	2840
煤粉炉		1.55	2100	2360	2620
油气炉		1.20②	1510	1690	1870

① 若 α_{py} 不是表中数值，则 $v'_y=a'_{py}/a_{py}v_y$。② 油气炉为微正压燃烧时。

（2）气体燃料　标态下燃烧 $1m^3$ 气体燃料所产生的实际烟气量可按式（3-13）一样计算，但其中 v_{RO_2}、v_{N_2}、v_{O_2}、v_{H_2O} 分别按式（3-21）～式（3-24）计算：

$$v_{RO_2}=0.01\varphi(CO_2)+0.01\varphi(CO)+0.01\sum\varphi(C_mH_n)+0.01\varphi(H_2S) \tag{3-21}$$

$$v_{N_2}=0.79\alpha v^0+0.01N_2 \tag{3-22}$$

$$v_{O_2}=0.21(\alpha-1)v^0 \tag{3-23}$$

$$v_{H_2O}=0.01\varphi(H_2)+0.01\varphi(H_2S)+0.01\sum\frac{n}{2}\varphi(C_mH_n)+1.2\varphi(d_g+\alpha v^0 d_a) \tag{3-24}$$

式中　d_g——标态下燃气的含湿量，kg/m^3；

d_a——标态下空气的含湿量，kg/m^3。

燃烧 $1m^3$ 气体燃料所产生的实际烟气量也可按式（3-25）近似计算：

$$v_y=v_y^0+(\alpha-1)v^0 \tag{3-25}$$

式中　v_y^0——采用发热量估算的理论烟气量，m^3/m^3，见式（3-26）～式（3-28）。

对烷烃类燃气：

$$v_y^0=0.000239Q_{net,ar}+a \tag{3-26}$$

式中　a——对天然气取 2，对石油伴生气取 2.2、对液化石油气取 4.5。

对炼焦煤气：

$$v_y^0=0.000272Q_{net,ar}+0.25 \tag{3-27}$$

对低位发热量＜$12600kJ/m^3$ 的燃气：

$$v_y^0=0.000173Q_{net,ar}+1.0 \tag{3-28}$$

（3）锅炉生产 1t/h 蒸汽所产生的烟气量按表 3-3 估算。

（4）漏风系数 $\Delta\alpha$　运行中的锅炉，由于锅炉炉膛内、外、各烟道处内、外有压差存在，对负压运行的锅炉及各外烟道而言，则会有外界空气漏入炉膛和烟道内；对正压运行的锅炉炉膛，则会有烟气泄漏进入大气。在锅炉额定负荷运行时，锅炉炉膛及各段烟道中的漏风系数 $\Delta\alpha$ 可参见表 3-4 取用。

表 3-4　额定负荷下锅炉各段烟道中的漏风系数 $\Delta\alpha$

烟道名称			漏风系数 $\Delta\alpha$
室燃炉炉膛	煤粉炉		0.1
层燃炉炉膛	机械化及半机械化炉		0.1
	人工加煤炉		0.3
流化床炉炉膛	沸腾床炉悬浮层		0.1
	循环流化床炉炉膛、沸腾床炉沸腾层		0.0
对流烟道	过热器		0.05
	第一锅炉管束		0.05
	第二锅炉管束		0.1
	省煤器	钢管式	0.1
		铸铁式	0.15
	空气预热器		0.1
屏式对流烟道	包括过热器锅炉管束、省煤器等		0.1

续表

烟道名称			漏风系数 $\Delta\alpha$
除尘器	电除尘器、布袋除尘器、每级		0.15
	水膜除尘器	带文丘里	0.1
		不带文丘里	0.05
	干式旋风除尘器		0.05
锅炉后的烟道	钢制烟道(每 10m 长)		0.01
	砖砌烟道(每 10m 长)		0.05

二、锅炉大气污染物排放量

1. 燃煤锅炉烟尘排放量和排放浓度的计算

单台燃煤锅炉烟尘排放量可按式(3-29)计算。

$$M_{Ai}=\frac{B\times10^9}{3600}\left(1-\frac{\eta_c}{100}\right)\left(\frac{A_{ar}}{100}+\frac{Q_{net,ar}q_4}{4.18\times8100\times100}\right)a_{fh} \tag{3-29}$$

式中 M_{Ai}——单台燃煤锅炉烟尘排放量，mg/s；

B——锅炉耗煤量，t/h；

η_c——除尘效率，%；

A_{ar}——燃料的收到基含灰量，%；

q_4——机械未完全燃烧热损失，%；

$Q_{net,ar}$——燃料的收到基低位发热量，kJ/kg；

a_{fh}——锅炉排烟带出的飞灰份额，其中链条炉取 0.2，煤粉炉取 0.9，人工加煤取 0.2～0.35，抛煤机炉取 0.3～0.35。

多台锅炉共用一个烟囱的烟尘总排放量按式(3-30)计算

$$M_A=\sum M_{Ai} \tag{3-30}$$

式中 M_A——多台锅炉共用一个烟囱的烟尘总排放量，mg/s；

M_{Ai}——单台锅炉烟尘排放量，按式(3-29)计算。

多台锅炉共用一个烟囱出口处烟尘的排放浓度按式(3-31)计算。

$$C_A=\frac{M_A\times3600}{\sum Q_i\times\frac{273}{T_s}\frac{101.3}{p_1}} \tag{3-31}$$

式中 C_A——多台锅炉共用一个烟囱出口处烟尘的排放浓度(标态)，mg/m^3；

$\sum Q_i$——接入同一座烟囱的每台锅炉烟气总量，m^3/h；

T_s——烟囱出口处烟温，K；

p_1——当地大气压，kPa。

2. 燃煤锅炉二氧化硫排放量的计算

单台锅炉二氧化硫排放量可按式(3-32)计算。

$$M_{SO_2}=\frac{B\times10^9}{3600}C\left(1-\frac{\eta_{SO_2}}{100}\right)\frac{S_{ar}}{100}\cdot\frac{64}{32} \tag{3-32}$$

式中 M_{SO_2}——单台锅炉二氧化硫排放量，mg/s；

B——锅炉耗煤量，t/h；

C——含硫燃料燃烧后生成 SO_2 的份额，随燃烧方式而定，链条炉取 0.8～0.85，煤粉炉取 0.9～0.92，沸腾炉取 0.8～0.85；

η_{SO_2}——脱硫率，%，干式除尘器取零，其他脱硫除尘器可参照产品特性选取；

S_{ar}——燃料的收到基含硫量，%；

64——SO_2 分子量；

32——S 分子量。

多台锅炉共用烟囱的二氧化硫总排放量和烟囱出口处二氧化硫的排放浓度可参照烟尘排放的计算方法进行计算。

3. 燃煤锅炉氮氧化物排放量的计算

单台锅炉氮氧化物排放量可按式（3-33）计算。

$$G_{NO_x}=\frac{1.63\times10^9}{3600}B(\beta n+10^{-6}V_yC_{NO_x}) \tag{3-33}$$

式中 G_{NO_x}——单台锅炉氮氧化物排放量，mg/s；

B——锅炉耗煤量，t/h；

β——燃烧时氮向燃料型 NO 的转变率，%，与燃料含氮量 n 有关，一般层燃炉取 25%～50%，煤粉炉取 20%～25%；

n——燃料中氮的含量（质量分数），%，燃煤取 0.5%～2.5%，平均值取 1.5%；

V_y——燃烧生成的烟气量（标态），m^3/kg；

C_{NO_x}——燃烧时生成的温度型 NO 的浓度（标态），mg/m^3，一般取 $93.8mg/m^3$。

多台锅炉共用一个烟囱的氮氧化物总排放量和烟囱出口处氮氧化物的排放浓度可参照烟尘排放的计算方法进行计算。

三、工业锅炉大气污染物减排现状

目前，国内各种工业锅炉约 47 万台，预计除京津冀等地少数工业锅炉实现煤改气外，其余绝大多数工业锅炉仍然是燃煤。

工业锅炉行业污染物脱除现状极不理想，成因十分复杂。首先，工业锅炉的分类界定不明确、底数不清，其分布量大面广且分散。同时，工业锅炉的平均吨位偏小，体量远远小于电站大型燃煤锅炉，但由于基数大，造成的污染排放总量巨大。而在脱硫脱硝方面，2016 年开始，国内很多地区的工业锅炉开始安装脱硫、脱硝、除尘设备。技术路线基本上是简化版本的燃煤电站环保技术。

在脱硫技术方面，为实现超低排放，部分地区采用了电石渣、造纸白泥或钢渣作为脱硫剂。

在除尘方面，湿式电除尘作为超低排放的最后措施。

在脱硝技术方面存在很大问题，一般利用 SNCR 方式脱硝，但是不能达到超低排放的要求。现有商用 SCR 脱硝技术难以应用于工业锅炉，其原因在于现有 SCR 脱硝催化剂难以适应工业锅炉烟气温窗：商用 SCR 工作温度为 350～420℃，而工业锅炉出口烟气温度一般低于 300℃。少量的应用情况是锅炉实施了结构改造，利用高温段烟气 SCR 脱硝后进入热量利用。在暂时缺少适用于工业锅炉烟气排放特点的脱硫脱硝技术的大背景下，工业锅炉污染物排放控制应以控制污染物生成总量为主要途径，主要措施包括：a. 严格控制燃料品质；b. 优化设计锅炉本体、高效传热元件；c. 低 NO_x 燃烧改造。

2014 年 10 月，国家发展改革委员会等部委就燃煤锅炉节能环保综合提升工程实施方案出台文件。根据文件要求，地级及以上城市建成区禁止新建 20t/h 以下的燃煤锅炉，其他地区原则上不得新建 10t/h 及以下的燃煤锅炉；新生产和安装使用的 20t/h 及以上燃煤锅炉应安装高效脱硫和高效除尘设施；提升在用燃煤锅炉脱硫除尘水平，10t/h 及以上的燃煤锅炉要开展烟气高效脱硫、除尘改造，主要地区全部按照特别排放限值管理。目前，大部分地区对工业燃煤锅炉的需求水平依然较高，同时要求对工业燃煤锅炉进行超低排放改造，急需适合中小锅炉脱硫脱硝除尘的技术。

第二节 工业锅炉烟气协同治理技术进展

一、湿法工艺

1. 液相催化氧化法

液相催化氧化法是在催化脱硫的基础上形成的技术。其主要原理是在液相中加入 Fe、Mn 等过渡金属离子作为催化剂、OH^- 作为氧化剂，与烟气中的污染物发生催化氧化反应，将烟气中的 SO_2、NO_x 氧化成 SO_4^{2-}、NO_3^-，其溶于水中生成酸，再与 Ca（OH）$_2$ 反应生成副产品。此法运行成本较低，且利用氨作为中和剂，反应的最终产物可以作为肥料资源化利用，具有较好的经济价值。常用的氧化剂特点如表 3-5 所列。

表 3-5 各种催化剂的脱硫脱硝效率

催化剂名称	脱硫效率/%	脱硝效率/%	备注
Fe-Ti	平均 72	平均 65	适合温度 410K，波动数 2500cm^{-1}，添加 $KMnO_4$
紫外线 Fe^{2+}、OH^-	98	80.6	反应温度 300K 紫外线辐照 H_2O_2，生成大量 OH^- 和 Fe^{2+}，具备强脱除污染物能力，最终生成 NO_3^-
高铁酸盐(Ⅵ)洗涤塔	100	64.8	脱汞效率 81.4%，总价低于石灰石-石膏，反应温度 330K，FeO_4^{2+} 流量少
H_2O_2 和 Fe(Ⅱ)混合物	100	90	反应时间 100min，反应温度 605K，添加 5%的 Na_2CO_3 和丙酮，pH 值约为 3.0，SO_4^{2-} 和 NO_3^- 生成量多

液相氧化法脱除污染物的性能不仅在实验室得到验证，在试验方面也有应用。如采用一塔式液相氧化吸收联合脱硫脱硝技术，可用三层式结构，烟气先进入脱硫段以浆液脱硫除尘，后经氧化喷淋进入脱硝层与脱硝液反应，之后经由除雾器除雾，与脱硫脱硝装置配套的循环系统将亚硫酸盐运输至后处理系统。其投资比 WFGD+SCR 低约 30%，脱硫和脱硝效率分别为 98.2%和 66.5%，SO_2 排放质量浓度≤20mg/m^3，NO_x 排放质量浓度≤150mg/m^3。

但由于催化氧化法需要大量使用催化剂，且催化剂容易失活、产物中类亚硫酸盐等产品难以分离等原因，此方法并不容易得到广泛推广。

2. 强氧化吸收法

强氧化吸收法包括氯酸氧化、碱液吸收法，以及在碱液中加入亚铁离子形成氨基轻酸亚铁螯合物［如 Fe（EDTA）］等方法。以碱液吸收法为例，其主要通过 NaOH 等碱性化合物中和 SO_2 和 NO_x，使之生成亚硫酸盐等产物。但由于此法需将烟气中 90%以上的 NO 氧化成 NO_2 或者 N_2O_5 等物质，而生成酸与碱液脱除，因此 NO 氧化反应成为目前研究热点之一，常用氧化剂包括 O_3、ClO_2^- 等。强氧化吸收法具有运行成本较低、氧化性强等优点，所以其具有较强的实用性。

但是广泛推广应用强氧化剂的方法难度较大，主要是其反应机理并未完全研究透彻，而且实际电厂里污染物脱除效率也需要提高，其稳定性需要加强。另外，洗涤塔的防腐、排水 COD 的控制、相应的污水处理设施和固废堆埋场设置等问题也需得到进一步解决。同时，由于脱硫脱硝产物为亚硫酸盐、亚硝酸盐或硝酸盐产品，在净化分离上有一定难度，难以使资源得到循环利用。

3. 还原吸收法

此法主要利用氨水、尿素等具备较强的还原性的溶剂作为吸收剂，将烟气中的 NO_x 还原成 N_2，脱硫产物则为硫酸。该工艺简单，可生成较多的硫酸产物，具备一定的经济价值，其投资与运行费用不高，但是脱硝效率仅为 45%～80%，其工业发展有限。

二、干式/半干式工艺

1. 等离子体法

国内外干法技术烟尘净化技术存在多年，主要包括电子束辐照（EBA）、脉冲放电法等。EBA 主要由电子束辐照调温后烟气产生如氨基、环氧基等多种活性基团，其能与烟气中的 NO_x 和 SO_2 发生氧化反应而形成酸，并与喷氨中和而被捕集。脉冲放电法主要利用产生的高能电子撞击背景气体产生大量的自由基，将污染物氧化除去，或者打断污染物的分子键而将其分解脱除。

上述两者优点包括污染物净化能力较强、建造投资较少，二次污染少，无老化、结垢、阻塞、腐蚀等问题。但也存在诸如电子加速器或脉冲电源造价和技术要求高、寿命短、性价比低等问题，所以针对干法净化提效改造技术主要是研制出能长期稳定运行的相关设备，使得其运行寿命长、能耗低、能量转化率高等。

2. 固体吸附法

固体吸附法主要是将活性焦与污染物发生物理吸附和化学反应，是一种特定工艺加工未充分干馏或活化的多孔性含碳吸附剂，其颗粒直径大，耐磨而着火点高，且在烟道气中具有热稳定性，具有优良的脱硫脱硝和除尘性能。在烟气低氧缺水蒸气时，固体吸附法脱硫主要是范德华力为主的物理吸附，在有氧和水的条件下活性炭能将表面 SO_2 和 NO 氧化成酸。另外，利用活性炭脱氮可分为 NH_3 选择性催化还原法、吸附法和炽热炭还原法可以提高 NH_3 利用率。

有人利用 $VOSO_4$ 加载活性炭 AC 制备出新型钒炭催化剂，通过设置在 100～500℃不同温度下考察催化剂对脱硫脱硝的影响，发现其由于生成物 $V_2O_3(SO_4)_2$ 不具有强的脱硫脱硝性能且不易失活，因而使得催化剂具有很高的低温脱硫脱硝活性。太钢通过使用超强活性炭对于烧结烟气中硫、硝尘、重金属、二噁英进行五位一体脱除，并回收其副产品 98%的硫酸，使资源循环可再生利用成为现实。还有人通过使用 250s 微波辐射在含氧量为 2%～4.5%下活性炭脱除污染物，使得脱硫率从 95.3%上升到 100%，脱硝率从 81.5%上升到

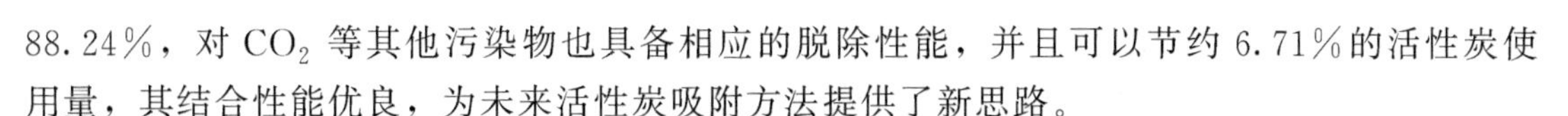

88.24%，对 CO_2 等其他污染物也具备相应的脱除性能，并且可以节约 6.71%的活性炭使用量，其结合性能优良，为未来活性炭吸附方法提供了新思路。

进一步研究方向包括：氧、水、温度等对活性焦吸附性能与再生技术的影响；硫、氮脱除的最佳条件；研发新型具备稳定多污染物净化的活性焦以循环利用更多资源等。

3. 循环流化床法（CFB）

根据传统的循环流化床污染物净化技术机理可得出：影响脱硫除尘效率的关键在于如何稳定实现短促的气固接触向离子型酸碱中和环境过渡。

LJD-CFB 技术主要在文式管上部制造激烈湍动、高颗粒密度床层，增加反应塔设计高度，配套特种超低压脉冲布袋除尘器等方式来加速 SO_2 扩散到气液界面与扩散到液相主体。由于国内企业研发出智能化核心工艺软件包以提高工艺流程的性能与效率，使得此工艺随主机投运率达到硫效率随 NO 浓度增加变化不大，保持在 95%左右。

4. 其他干法技术

其他干法技术还包括富氧燃煤发电捕集 CO_2 封存技术、NH/VO-TiO 法、电催化氧化法（ECO）、真空紫外辐照氧化、Pahlman 烟气净化等技术。虽然这些技术有比较广泛的中期试验与工业生成应用，但是仍然存在诸如耗电高、布置占地面积广等诸多问题尚待解决。

三、新型烟气脱硫、脱硝及除尘技术

1. 微生物吸收法

微生物吸收法主要通过硫酸盐还原菌、脱氮硫杆菌等菌体配合其他添加剂共同作用实现烟气脱硫、脱硝及除尘。在适当的反应条件添加有机营养使得这两种菌体将 SO_2 和 NO_x 吸收并依次转化成硫化物，再转化为硫酸盐和 N_2。有的通过使用绿藻在天然发酵室里面（温度约 300K，pH 值约为 7）培养这两种菌体，仅花了 6d 的时间就检测到 CO_2、NO 和 SO_2 的脱除效率分别为 61%、68%和 51%。基于有机生物、$S_2O_3^{2-}$ 循环进行 72%的异氧脱 CO_2 和脱硫、28%的臭氧脱硝的原理设计针对 WFGD 的联合脱硫脱氮装置并加以实验验证，发现其能够简化脱硫后的污染物处理流程，能够回收 35%以上已经脱除的硫化物，并且能脱除大量的氮。

微生物吸收法具有设备及工艺流程简单、投资、运行、能耗低且无二次污染，在良好条件下产物为单质硫，其具有良好的经济效益和环境效益。但由于此法对环境中的温度与 pH 值要求很高，因而限制了其广泛应用的可行性。

2. 高效流化-塔式技术

高效流化-塔式技术在原有 FGD 塔式系统上设计布置特殊的部件与板型，因其能制造超强流态化区域，使气液碰撞而分散为气、液两相，由于高速碰撞使得气液固充分接触、混合，因而使得超细颗粒碰撞团聚等作用成大颗粒，较大颗粒受到离心力作用被除去，因而具有良好的除尘与传质作用。工艺流程分四段为：首先预设脱硫段脱除部分 SO_2；其次烟气吸收塔脱硫段与浆液反应脱硫；再次烟气经喷淋氧化后与脱硝液逆流接触反应；最后烟气经过脱水除雾后，进入烟囱排放。此法可生成较大量的 Na_2SO_3 以便于循环再用于脱硝，不仅能降低成本至原本的 75%～80%、且工艺简化，占地少，运行稳定，其脱硫效率≥95%，除尘效率 95%～99.9%，能解决工业锅炉除尘脱硫运行中系统堵塞、结垢、腐蚀、引风机带水结露等问题，也无二次污染物排放，具有较高实用性。

然而此法也有诸如结构复杂，建场的制造、安装工艺要求很高，长时间稳定可靠运行待验证等问题。

3. 烟气多污染物协同治理设计优化

一般工业燃煤锅炉建设中污染物脱除装置是除主体设备外最大的投资的设备，占地面积广，施工难度高，如 WFCD＋SCR＋电除尘器投资较大，并且脱除的烟尘产物中有大量金属氧化物以循环利用能节约大量能源材料耗费。于是推进现有技术与新技术合一、污染物净化系统与其他系统合一等方法必将成为未来发展的主要方向。如污染物净化系统可以与 SCR 脱硝催化剂活化再生工艺结合，不仅可使新催化剂脱硝效率的 92.8%，还能将每年产生的 (10～20)×10^4 m^3 的废弃脱硝催化剂得到回收利用；或者与脱硫催化剂再生工艺相结合，能再生 44.3%催化剂以再次用于脱硫，不仅能使污染物净化性能稳定提高，节约能耗，还能最终实现“零排放”，极大程度地缩短工期、简化工艺流程、节约投资、减少用地。

第三节 湿式脱硫（硝)除尘一体化设备

湿式脱硫（硝）除尘一体化设备的本质是往湿式除尘器的洗涤水中添加脱硫（硝）剂，使之成为脱硫（硝）除尘一体化设备。该设备是我国开发的一种结构简单、效果优良的净化设备，特别适合环保改造工程使用。

一、脱硫除尘工作原理和脱硫剂

1. 脱硫除尘工作原理

近些年，我国重视工业锅炉和窑炉脱硫除尘技术研发。为了经济和简便，常将以往“消烟除尘”留下的水膜式、文丘里式一类的除尘设备加以“技术”改造，形成所谓脱硫除尘一体化设备，一塔双效，脱硫与除尘在同一设备内同时完成。这种适用于中小炉窑和工业锅炉的净化装置，目前可谓形形色色，花样百出。湿式一体化设备主要有旋流板塔式、喷淋空塔式、泡沫塔式、自激洗涤式、文丘里水膜式、麻石水膜式、旋风水膜式、穿流筛板塔式以及湍冲式、潜泳式、中心场式等，此外还有各式各样的干式和半干式一体化装置。

在湿式脱硫除尘一体化（简称脱硫除尘器）中，利用碱性溶液洗涤中小工业锅炉窑烟气，对其中的 SO_2 进行化学吸收，同时净化烟尘。为了强化这一过程，提高效率，降低一次投资和运行成本，通常该脱硫除尘器应满足以下 8 项基本要求：a. 气液间有较大的接触面积和一定的接触时间；b. 气液间扰动强烈，吸收阻力小，对 SO_2 的吸收效率高；c. 操作稳定，要有合适的操作弹性；d. 气流通过时的压降要小；e. 结构简单，制造及维修方便，造价低廉，使用寿命长；f. 不结垢，不堵塞，耐磨损，耐腐蚀；g. 能耗低，不产生二次污染；h. 尽可能提高自动控制水平。

特别值得注意的是有些适用于小型锅炉和小型炉窑的脱硫除尘一体化设备，近些年在我国许多部门行业广泛开发应用。为了经济实用，常将烟气除尘与脱硫置于同一个设备内同时进行。这种除尘脱硫一体化设备也称为除尘脱硫器，其特点是，或者将两种功能多项技术加以组合，或者在原有的除尘器上加以改造增添脱硫功能。

此外，位于吸收塔顶部出口处，还有除雾器，这也是脱硫装置必不可少的重要部分。除雾器有多种形式，如折板式、填充式、坐仓式、水平式和静电式等，通常采用 1～2 级即可基本满足要求。

2. 脱硫剂选用原则

脱硫剂直接取决于工艺流程，它与流程关系甚为密切。选择脱硫剂，一方面根据流程的需要，另一方面取决于其实用的可能性，因此在选择吸收剂时要先调查清楚外部的条件（如市场供给能力、运输条件、产品制备费用、价格等）以及内部条件（如对设备的腐蚀情况、废渣量的大小及处理等）。

脱硫剂性能的优劣对吸收（附）操作有决定性影响，因此脱硫剂的选择是至关重要的。

选用脱硫剂一般要遵循下列原则。

① 吸收能力强。要求吸收剂必须对 SO_2 的反应性好，具有较强的吸收能力，有利于提高脱硫效率，减少吸收剂用量，减小设备体积和降低能耗。

② 选择性能好。要求吸收剂对 SO_2 具有良好的选择性吸收能力，确保 SO_2 的高脱除率。

③ 挥发性和凝固点低，不易燃烧和发泡，黏度小，容易再生。

④ 不腐蚀或腐蚀性小，以减少设备投资和维护费用。

⑤ 来源丰富，价廉易得，最好是就地取材，减少运费。

⑥ 无毒无害，化学稳定性好。

⑦ 方便处理和操作，容易形成有价值的脱硫副产品。

⑧ 不产生二次污染。

完全满足上述要求的吸收剂是很难得到的，只能根据实际情况，权衡多方面的因素有所侧重地加以选择。

3. 常用脱硫剂

工业上常用的脱硫剂列于表 3-6，其中石灰和石灰石是最重要的，应用广泛，价格低廉。通常，大容量湿法脱硫几乎全是采用石灰石，炉内直喷干法脱硫也是石灰石，半干法、双碱法和中小容量的湿法脱硫工艺使用石灰和其他碱性吸收剂。

表 3-6 烟气脱硫常用的吸收剂及主要技术性能

名称	性能
氧化钙(CaO) (56.10)	生石灰的主要成分，白色立方晶体或粉末，露置于空气中渐渐吸收 CO_2 而形成 $CaCO_3$，密度为 3.35g/cm^3 熔点为 2580℃，沸点为 2850℃。易溶于酸，难溶于水，但能与水化合成 $Ca(OH)_2$
碳酸钙($CaCO_3$) (100，09)	石灰石的主要成分，白色晶体或粉末，密度为 2.70～2.95g/cm^3，溶于酸而放出 CO_2，极难溶于水，在以 CO_2 饱和的水中溶解而成碳酸氢钙，加热至 825℃左右分解为 CaO 和 CO_2
氢氧化钙[$Ca(OH_2)$] (74.10)	又称消石灰或熟石灰，白色粉末，密度为 2.24g/cm^3，在 580℃时失水，吸湿性很强，放置在空气中能逐渐吸收 CO_2 而成 $CaCO_3$，难溶于水，具有中强碱性，对皮肤、织物等有腐蚀作用
碳酸钠(Na_2CO_3) (105.99)	又称纯碱，无水碳酸钠是白色粉末或细粒固体，密度为 2.532g/cm^3，熔点为 851℃。易溶于水，水溶液呈强碱性。不溶于乙醇、乙醚。吸湿性强，在空气中吸收水分和 CO_2 生成 $NaHCO_3$

续表

名称	性能
氢氧化钠(NaOH) (40)	又称烧碱,无色透明晶体,密度为2.130g/cm^3,熔点为318.4℃,沸点为1390℃。固碱吸湿性很强,易溶于水,并能溶于乙醇和甘油。对皮肤、织物、纸张等有强腐蚀性。易从空气中吸收CO_2而逐渐变成Na_2CO_3,必须贮存在密闭的容器中
氢氧化钾(KOH) (56.11)	白色半透明晶体,有片状、块状、条状和粒状,密度为2.044g/cm^3,熔点为360℃,沸点为1320℃。极易从空气中吸收水分和CO_2生成K_2CO_3。溶于水时强烈放热,易溶于乙醇,也溶于乙醚
氨(NH_3) (17.03)	无色,有强刺激性。密度为0.771g/cm^3,熔点为−77.74℃,沸点为−33.42℃,溶解热为5660.55kJ/mol,蒸发热23366.53kJ/mol,常温下加压即可液化成无色液体,也可固化成雪状的固体。能溶于水、乙醇和乙醚
氢氧化铵(NH_4OH) (35.05)	氨水溶液,密度小于1g/cm^3,随氨含量增高而降低,最浓的氨水含氨35.28%,密度为0.88g/cm^3。氨易从氨水中挥发。
碳酸氢铵(NH_4HCO_3) (79.06)	白色单斜或斜方晶体,密度为1.573g/cm^3,含硫时呈青灰色,吸湿性及挥发性强,热稳定性差,受热(35℃以上)或接触空气时易分解成NH_3、CO_2和水,不溶于乙醇,能溶于水
氧化锌(ZnO) (81.38)	白色六角晶体或粉末,密度为5.606g/cm^3,熔点为2800℃,沸点为3600℃,溶于酸和铵盐,不溶于水和乙醇,能缓慢从空气中吸收水和CO_2
氧化铜(CuO) (79.55)	黑色立方晶体,密度为6.40g/cm^3,三斜晶体密度为6.45g/cm^3,在1026℃时分解。不溶于水和乙醇,溶于稀酸、氰化钾溶液和碳酸铵溶液
氧化镁(MgO) (40)	白色粉末,难溶于水,碱性,能溶于酸和铵盐溶液,易吸收空气中的CO_2和水分,生成碱式碳酸盐
氢氧化镁[$Mg(OH)_2$] (58)	白色粉末,碱性,不溶于水,18℃时溶解度为0.0009g/100g水,易吸收CO_2,350℃时分解成MgO
氧化锰(MnO) (57)	棕黑色粉末,不溶于水,与浓硫酸作用生成硫酸锰,在420℃下能与CO作用
海水 (18)	含有HCO_3^-和K、Na、Mg、Ca等组分,还有Cl^-、SO_4^{2-}等,可以吸收SO_2,pH值为8~8.3,碱度为1.2~2.5mol/L
活性炭 (12)	粒状或粉状,堆积密度小于0.6g/cm^3,水分含量小于10%,比表面积为700~1000m^2/g,孔容积为0.6~0.85cm^3/g,碘吸附率不小于30%

注:吸收剂名称后括号中数字为分子量。

二、旋流板塔脱硫除尘器

1. 工艺原理及流程

旋流板塔外部为圆柱形塔体,内部分布着多层塔板(数量根据实际情况而定)。系统工作时,烟气由塔底切向进入塔体,并在塔板叶片和引风机的作用下螺旋上升(见图3-1)。烟气在经过塔板的过程中与循环吸收液接触并依靠自身的冲力将循环吸收液打散成雾滴,粒径达到40~60μm,这个过程使得烟气与吸收液之间产生很大的接触面积,为循环吸收液尽可能多地吸收SO_2创造有利条件,与此同时,气、液、固三相因惯性力不同而产生相对运动,使固体颗粒间、液体和固体间以及不同粒径的液滴间发生相互碰撞摩擦,使小尘粒凝集长大,与大颗粒一道被捕集,形成烟尘与循环吸收液滴的混合物。该混合物在烟气带动下继续旋转上升,同时不断吸收和捕集,并在与塔壁接触过程中液滴附着于塔壁而流下,实现气液分离。沿壁流下的液体不断汇聚流经上层塔板的溢流口到达下层塔板。在下层塔板上重复上述洗涤吸收过程。

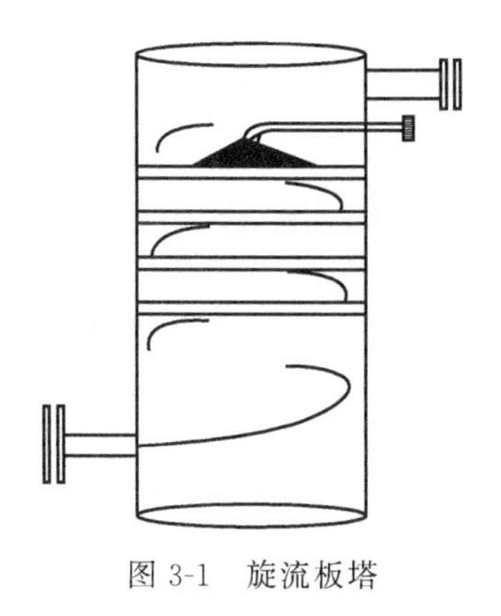

图 3-1 旋流板塔

旋流板塔脱硫工艺流程见图 3-2。

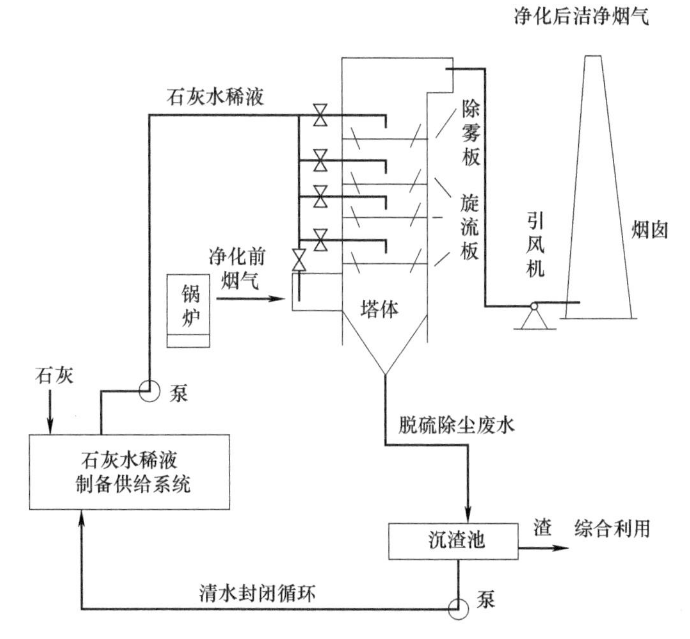

图 3-2 旋流板塔脱硫工艺流程

2. 性能特点

① 气液接触良好，脱硫反应充分可高效去除 SO_2。

② 由于旋流作用，有利于气固分离和液固分离，减少雾沫夹带。

③ 液层薄，开孔率大，压降低，不易堵塞。

④ 气液负荷大，运行工况宽，综合性能优于常用塔板。

3. 系统组成及主要设备

旋流板塔除尘脱硫由旋流板塔脱硫除尘一体化装置、供水系统、脱硫液循环系统、脱硫剂制备系统和自动控制系统组成。

(1) 旋流板塔脱硫除尘一体化装置　该装置是主要设备包括旋流板塔、旋流板和喷嘴。旋流板塔既可以利用已有的麻石水膜除尘器增加旋流板进行改造，也可以在现有基础上增设旋流板塔脱硫塔，并增设碱液循环回用系统。旋流板塔采用花岗岩或麻石制作，旋流板采用不锈钢制作，坚固耐用，耐腐蚀性能好。

塔内的旋流板一般为3～6块，设置3层，除雾脱水板1层；如果旋流板塔入口的含尘量过大，可在塔底部设一层旋流板用于除尘，采用工艺水喷淋，并将烟尘和脱硫渣分开，以充分保证烟尘（粉煤灰）的原有特性，并进行有价值的综合利用。在塔顶内壁还可加2～4条由ϕ6mm圆钢材弯成的螺旋线，以挡住液体的二次夹带。

塔内喷头可以只设顶层一个，也可以分层设置。喷嘴为大流量可调型，不易堵塞，避免烟气偏流，使气液接触充分。在除雾脱水板上还需设冲洗水管，当旋流板阻力过高时用以冲洗板上的灰垢，保持洁净。

(2) 供水系统　如果塔内设有单独的除尘旋流板，则供水系统包括除尘供水和脱硫补水两个部分。除尘废水可直排往灰渣场处理，脱硫废水经处理后循环利用。

(3) 脱硫液循环系统　旋流板塔流出液在沉淀池处理，清液用循环泵送去塔顶回用，沉渣定期排出可单独处置，也可与除尘灰渣合并处置。

(4) 脱硫剂制备系统　石灰或消石灰外购，一般设备包括储槽、斗式提升机、计量加料器、消化器、制浆槽、浆液泵等设备。

(5) 自动控制系统　自动控制可以实现所有信号的采集、运算、调节和控制，保证系统的稳定可靠运行。采用可编程序控制器（PLC）、人机界面、变频调速控制器等，与现场传感器和执行机构相连构成这个控制系统。控制系统的主要控制参数包括pH值、石灰料位、水池液位等参数的测量和控制。

4. 主要技术参数

脱硫效率>80%；除尘效率>90%；全塔压降1000Pa。

5. 适用范围

中小热电锅炉和工业炉窑的烟气净化工程。

三、喷淋泡沫塔脱硫除尘装置

喷淋泡沫脱硫除尘器是将离心、水膜脱硫除尘同喷雾、泡沫脱硫除尘二者结合为一体，根据化学吸收原理及气、液两相双膜理论，利用细小泡沫和雾粒产生大量界面，使吸收和除尘达到高效率的新型脱硫、除尘一体化装置。

1. 喷淋泡沫脱硫除尘器的工作原理

锅炉排放的烟气切向进入喷淋泡沫塔旋流段，较大粒径的粉尘受离心力的作用产生附壁效应与塔板布下的水幕汇合，流到塔底排出，烟气中的SO_2与较细粉尘在塔体内上升过程中，经与高效雾化喷嘴喷淋的洗涤液接触反应去除大部分烟尘与SO_2，再经泡沫洗涤吸收塔板，进一步除去细颗粒粉尘并再次脱除SO_2。由于雾气及泡沫层都具有极大的液膜表面积，而除尘及吸收SO_2都依赖于气、液两相的接触表面积，所以可以获得很高的除尘率、脱硫率。

净化烟气中的气雾在塔体中缓慢上升，经塔体与脱水器之间的连接管，进入高效脱水器脱水后，经烟道进入引风机至烟囱达标排放。

洗涤液吸收 SO_2 后，pH 值迅速降低，需注入 MgO 乳液，调整到合适的 pH 值，经曝气进行氧化反应使脱硫产物最终生成溶解于水的 $MgSO_4$。

2. 工艺流程

喷淋泡沫脱硫除尘工艺流程如图 3-3 所示。

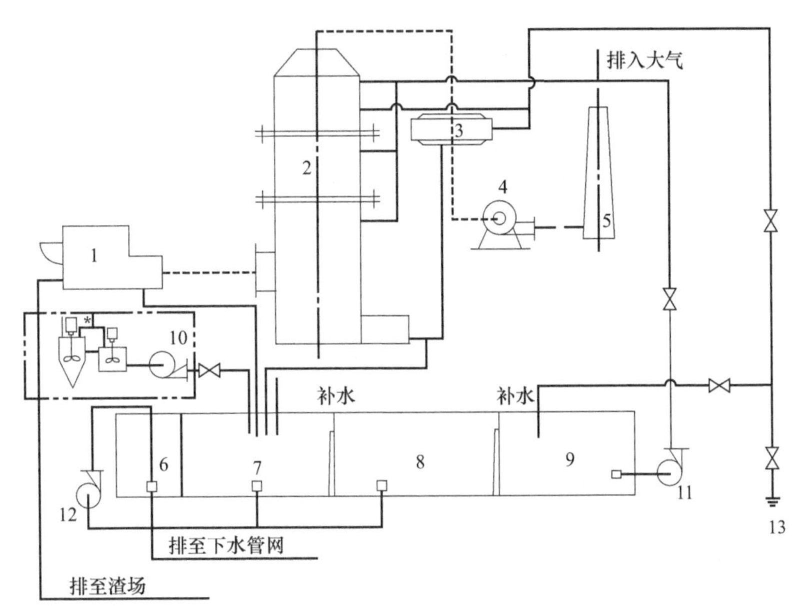

图 3-3 喷淋泡沫脱硫除尘工艺流程

1—锅炉；2—XSP-10 脱硫除尘器；3—脱水器；4—引风机；5—烟囱；6—沉渣池；7—一沉池；8—二沉池；9—清水池；10—加药装置；11—喷淋布水泵；12—自吸排污泵；13—自来水水源

3. 脱硫除尘器的关键技术和结构特点

① 从粒子的气体动力直径、粒子表面的亲水性或疏水性、空气流量、水流量、塔板的筛孔直径和自由面积百分比以及泡沫密度等因素对除尘效率的影响，进行了计算分析，是本脱硫除尘技术的关键。

② 粉尘多次凝并，除尘效率高，碱液雾化效果好，与二氧化硫充分接触，脱硫效率高。

③ 将水膜除尘与喷淋泡沫两者结合，达到了高效脱硫除尘。

④ 合理的 pH 值和独特的雾化喷淋技术。使系统运行稳定，彻底解决了湿法脱硫的堵塞、结垢问题。

⑤ 对喷淋泡沫塔、脱水器的优化设计和各级水量的合理分配，使系统脱硫除尘效率分别达到 90%和 98%以上。

⑥ 泡沫层是脱除极细粉尘和获得高脱硫效率的技术保证，是专利技术。

⑦ 自行研制开发的防腐技术，具有耐磨、耐高温、防腐性能，经 6 年实践应用，这种防腐层结构牢固、不会脱落、不开裂、耐酸、耐碱、耐磨、耐浸泡，使用寿命长，设计使用寿命 10 年以上。

⑧ 脱硫除尘一体化，占地面积小、投资低、操作简单可靠。

⑨ 脱水器脱水除雾效果好，烟气含湿量≤8%。

4. 脱硫除尘技术的应用

XSP 型高效喷淋泡沫脱硫除尘技术经过工业试验和工业应用试验，已经安装使用了数百台（套），取得了成熟的工业应用经验。在新产品新技术鉴定中，专家意见为“该型设备经多年工业运行表明，设备运行可靠、性能稳定，其综合技术经济性能指标达到国际先进水平，建议批量生产和推广应用”。

① 喷淋泡沫脱硫除尘技术与麻石水膜除尘器相结合　麻石水膜除尘器一直在脱硫除尘领域中占有很大的份额，但随着环保标准的提高，原有的麻石水膜在脱硫和除尘上都达不到新的排放标准，因此麻石水膜除尘器需进行改造。

下面所述的改造方案就是在保留原有麻石除尘器基础上，将专利技术 XSP 型喷淋泡沫脱硫除尘器与麻石水膜除尘器相结合，达到高效脱硫除尘的目的。其工作原理是将麻石的文丘里、离心水膜脱硫除尘同喷雾、泡沫脱硫除尘三者科学巧妙地结合为一体进行脱硫除尘。使锅炉烟气进入文丘里洗涤器，由于较大的液气比和喉部合理的气流速度，使喉部的碱性液体雾化成为细小的液滴，与尘粒发生有效的碰撞、使尘粒凝集，根据化学吸收及气、液两相双膜理论，利用细小泡沫和雾粒产生大量界面，使吸收和涤尘达到很高效率。

将麻石水膜除尘器经济合理地改造为高效脱硫除尘器将是许多中小型燃煤锅炉使用厂家的选择方案。

② 喷淋泡沫脱硫除尘技术在小型电站锅炉上已得到应用。

5. 技术经济分析及环境效益分析

该脱硫除尘技术的研制，始终将经济指标与技术性能联系在一起，使之符合国情，符合低投入且具有明显环境效益原则，符合加装脱硫装置简便、实用、可靠的目的。

该脱硫除尘系统在性能保持一致的前提下，一次性投资为国外同类产品的 1/5～1/3。喷淋泡沫脱硫除尘系统投放市场后，大大降低了污染物的排放量，带来了巨大的环境效益。

四、水膜式脱硫除尘装置

采用喷雾或其他方式，使脱硫除尘装置内壁上形成一层水膜，使烟气与溶液充分接触，达到净化烟气的目的。主要有管式水膜脱硫除尘装置、立式旋风水膜脱硫除尘装置、麻石水膜脱硫除尘塔装置等多种形式。

1. 麻石水膜脱硫除尘塔

麻石水膜塔是由圆筒、溢水槽、水进入区和水封锁气器等组成，见图 3-4。

其工作原理：烟气从塔体下部进口沿切线方向以很高的速度进入筒体，与溶液混合，并沿筒壁成螺旋式上升，气体中的尘粒在离心力的作用下被甩到筒壁，在自上而下的筒内壁产生的水膜湿润捕获后随水膜下流，在烟气上升的过程中，SO_2 与溶液接触而被吸收。净化的烟气经脱水后经引风机排入大气。脱硫除尘后的溶液，经塔底部的水封口，排入循环池中，脱硫剂加在循环池中。除尘器的筒体内壁能否形成均匀、稳定的水膜是保证除尘性能的必要条件。水膜的形成与筒体内烟气的旋转方向、旋转速度，烟气的上升速度有关。供水方式有喷嘴、内水槽溢流式、外水槽溢流式三种，其中，应用较多的是外水槽溢流式供水；它是靠除尘器内外的压差溢流供水，只要保持溢水槽内水位恒定，溢流的水压就为一恒定值，

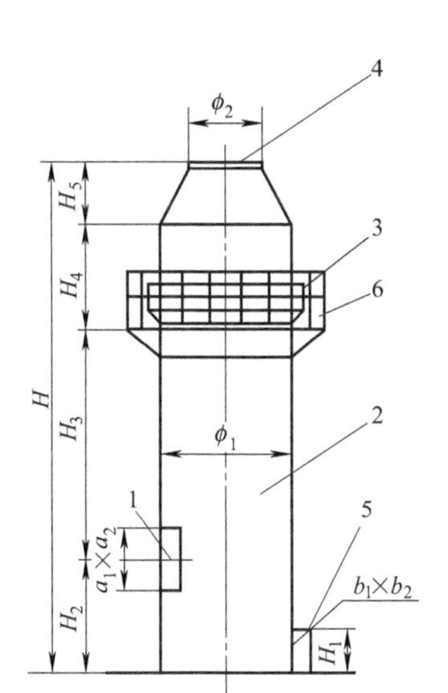

图 3-4 麻石水膜脱硫除尘塔

1—烟气进口；2—筒体；3—溢水槽；4—烟气出口；5—溢灰口；6—钢平台

这就可以形成稳定的水膜。为了保证在内壁的四周给水均匀，溢水槽给水装置采用环形给水总管，由环形给水总管接出若干根竖直管，向溢流槽给水。

从 20 世纪 80 年代起麻石水膜脱硫除尘塔就广泛用于工业锅炉烟气的脱硫除尘，该塔的最大优点是耐磨损、耐腐蚀；不足之处是净化效率偏低。

2. 文丘里管麻石水膜脱硫除尘塔

在麻石水膜脱硫除尘塔前面串联一个麻石文丘里管，即称为文丘里管麻石水膜脱硫除尘塔见图 3-5。其工作原理是烟气进入筒体之前通过文丘里管，在喉管入口处与喷入的溶液充分混合接触，部分烟尘和 SO_2 被捕集和吸收，然后由文丘里管切向进入麻石水膜塔内进一步净化，灰水经塔底部的水封口，排入循环水池中，脱硫剂加在循环水池中。

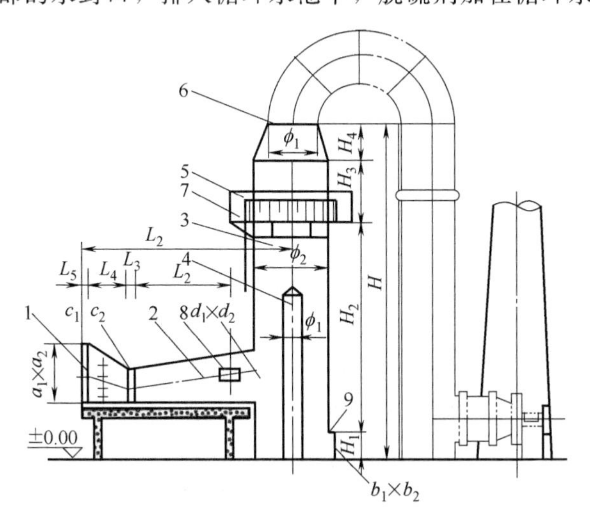

图 3-5 文丘里管麻石水膜脱硫除尘塔

1—烟气进口；2—文丘里管；3—捕滴器；4—立芯柱；5—环形供水管；6—烟气出口；7—钢平台；8—人孔门；9—溢灰门

常用的麻石文丘里管有立式和卧式两种类型，通过大量的工程实例证明，立式文丘里管应用效果比较好，卧式文丘里管经常发生积尘堵塞现象。

3. 内外喷淋式麻石水膜脱硫除尘塔

这种除尘器为双筒结构，分内外两个除尘室见图 3-6。其工作原理是烟气从除尘器上部切向进入内除尘室，在离心力的作用下旋转向下运动的同时与内喷淋装置喷出的溶液相遇，经过混合和接触，完成一级净化，经一级净化后的烟气由内除尘室下部的导流板向外除尘室运动时，冲击水封槽的水面，产生的雾滴与烟气再次相遇，接触凝聚后完成二级净化；外喷淋装置喷出的水雾在外除尘室内壁形成，自此完成三级除尘。净化后的烟气由出口排入烟囱。

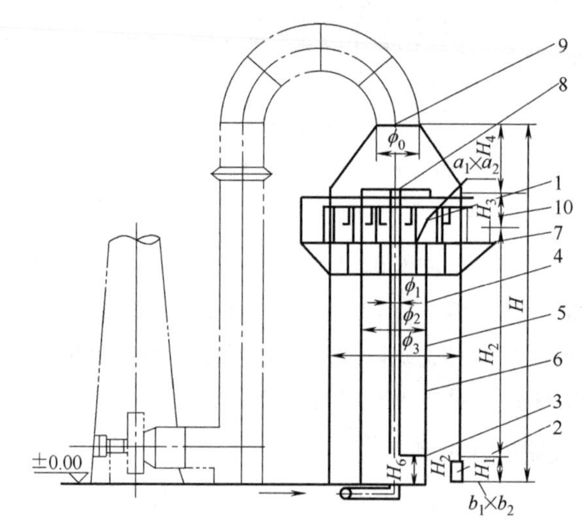

图 3-6 内外喷淋式麻石水膜脱硫除尘塔

1—烟气进口；2—溢灰门；3—导流板；4—立芯柱；5—内除尘室；6—外除尘室；7—钢平台；8—内喷淋；9—烟气出口；10—外喷淋

与文丘里管麻石水膜除尘塔相比，该塔没有文丘里段，塔的直径大但塔高度低。该塔可用于工业锅炉的脱硫除尘。

五、泡沫塔脱硫除尘器

1. 工艺原理及流程

喷淋泡沫塔采用切向进风，使气流旋转上升。在烟气入口上方布置 1 层或 2 层螺旋喷嘴组合层，喷嘴层上方为多孔泡沫塔板层，塔板上设喷淋布水器。整个塔分成上、下两个塔体，或上、中、下三个塔体（当用两层塔板时），下塔体下部为循环水槽及液封排水槽。

锅炉排放的烟气，切向进入喷淋泡沫塔旋流段，较大粒径的烟尘受离心力的作用产生附壁效应与塔板布下的水幕汇合，流到塔底排出。烟气继续在塔体内上升，先经 2 层雾化喷嘴洗涤、吸收而脱除部分细颗粒烟尘和 SO_2，烟气上升再经 2 层泡沫塔板，布满吸收液的多孔板鼓泡形成有巨大液膜表面积的泡沫层；同时塔板上具有极大液膜表面积的气雾，烟尘在此阶段亦发生扩散作用，从而进一步去除细颗粒烟尘和 SO_2，可达较高的除尘脱硫率。洗涤及吸收都是依赖气液两相液膜界面进行的，液膜面积越大，除尘脱硫率越高。净化烟气中的气雾，在上塔体中缓慢上升，经塔体与脱水器之间的连接管进入高效复挡型脱水器，脱水后经烟道进入引风机至烟囱达标排放。碱性循环水在塔内吸收 SO_2 后，pH 值迅速降低，排入循环沉淀池与锅炉碱性排污水汇合，补加脱硫剂调整 pH 值即可投入循环使用。以氧化镁法为例，喷淋泡沫塔脱硫工艺流程见图 3-7。

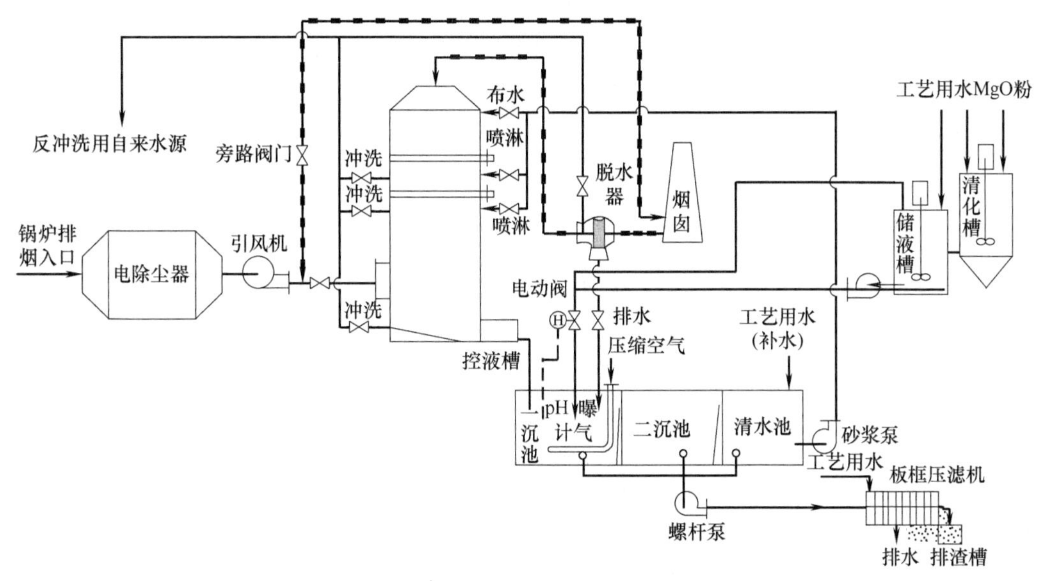

图 3-7 喷淋泡沫塔脱硫工艺流程

通过加脱硫剂装置，将 200 目以上的 MgO 粉制成 $Mg(OH)_2$ 乳液，通过 pH 值自动控制仪控制加药的电动阀门，调整水池内的 pH 值，使出塔洗涤液的 pH 值为 6.5 左右。进入水池内的循环水经鼓风曝气，使脱硫产物最终氧化成溶于水的 $MgSO_4$。其化学反应方程式为：

$$MgO+H_2O \longrightarrow Mg(OH)_2$$

$$SO_2+H_2O \longrightarrow H_2SO_3$$

$$H_2SO_3+Mg(OH)_2 \longrightarrow MgSO_3\downarrow+2H_2O$$

$$2MgSO_3+O_2 \longrightarrow 2MgSO_4$$

为防止水池内硫酸盐过饱和，需排出部分循环液，其水量约占总循环水量的 2%。

2. 系统组成和设备

该工艺包括烟气系统、水循环系统、加药系统、曝气系统和自动控制系统。

(1) 烟气系统　该工艺将锅炉烟气引入空气换热器降温到 180℃以下，再通过管道切向进入喷琳泡沫塔，烟气在塔内经洗涤液喷淋后由烟道进入高效脱水器，带气雾的烟气经脱水后进入引风机，由烟道进入烟囱排放。

(2) 水循环系统　由循环水泵将含有脱硫剂（MgO 粉）的循环水从水池送往喷淋泡沫塔，同塔中的烟气反应后由溢流槽排出，经灰水沟排入水池。

(3) 加药系统　进入水池的循环水通过 pH 值自动测量仪检测 pH 值。当 pH<6.5 时，自动打开乳液管路上的电动调节阀，注入 $Mg(OH)_2$ 乳液；调整到出塔循环水 pH＝6.5 时自动关闭电动调节阀，经过 pH 仪调节循环水清水池中水的 pH 值为 9～11。MgO 粉加到消化槽内，加水搅拌几分钟成乳状液后，靠重力自流到 $Mg(OH)_2$ 乳液储槽。储槽中的乳液通

过重力自流到沉淀池，供脱硫使用。

（4）曝气系统　为使沉淀池中的 $MgSO_3$ 氧化成溶解于水的 $MgSO_4$，需在沉淀池中进行曝气，这样既可大大减少循环水中的悬浮物，也可防止循环水系统及脱硫塔内结垢堵塞，同时还可减少脱硫渣的生成量。曝气压缩空气气源由罗茨鼓风机直接提供，由曝气管路送到沉淀池。压缩空气从曝气管路中以小气泡通过循环水，从水面逸出。

（5）自动控制系统　该系统中引风机采用变频控制，控制盘位于锅炉控制间。水泵亦采用变频控制。pH 值自动控制仪根据采样的数据以 4～20mA 的信号控制加药电动阀门。

3. 技术参数

脱硫率＞90％，除尘效率＞90％，塔阻 1000Pa。

4. 适用范围

中小锅炉和工业炉窑不易结垢堵塞的烟气处理。

六、自激式脱硫除尘器

1. 工作原理

自激式脱硫除尘技术是在自激水冲击式水浴除尘技术的基础上进行改进的，在除尘脱硫塔中装入一定量的碱性物质溶液（石灰料浆、Na_2SO_3、NaOH、Na_2CO_3 等）作脱硫剂，当烟气进入除尘脱硫塔主体后，经导流装置高速冲击液面，气流中的大尘粒因惯性与水碰撞而被捕集，与此同时部分 SO_2 也被吸收液除去，即为冲击作用阶段；粒径较细小的尘粒随气流以细流的方式穿过水层，激发出大量泡沫和水花，尘粒和 SO_2 进一步被除去，达到二次净化的目的，为泡沫作用阶段；气流穿过泡沫层进入筒体内，受到激起的水花和雾滴的淋浴，得到进一步净化，即淋浴作用阶段。然后经过多级脱水除雾装置，净化后的烟气由除尘器顶部排出进入引风机，再由引风机排至烟囱；被捕集的烟尘和脱硫反应生成物沉积于底部集灰斗内，由浓浆泵定时排出，集灰斗内的上清液流入循环池再泵入脱硫塔内循环利用。

2. 典型设备：S 形通道脱硫除尘器

除尘过程是将烟气中尘粒和从气体转移到液体的过程。除尘器应用惯性碰撞、拦截、扩散等机理，以及漂移、凝聚效应和化学反应等方法，达到捕尘、脱硫、净化烟气的目的。在锅炉上应用时，由于引风机造成的负压，含尘烟气流以 18～35m/s 的速度冲击洗涤反应槽液面，溅起大量的泡沫和液珠，较粗的尘粒在与液珠的碰撞拦截中被凝聚黏附成球状水混合物，当其重量超过气流的浮托力时，即被从气流中分离出来而沉降于洗涤反应槽中。较细的烟尘则随气流通过 S 形通道，在急剧变向高度紊流的状态下，气液充分碰撞接触，烟尘又一次被捕集分离。与此同时，烟气中的 SO_2 与脱硫剂发生化学反应，生成沉淀物，沉降于灰浆斗中，夹杂着灰泥，被定期排出。净化的烟气则经脱水板后由引风机排入大气。

S 形通道脱硫除尘器结构示意见图 3-8。

除了 S 形通道脱硫除尘器以外，还有一种典型设备就是玻璃钢自激离心双水膜脱硫除尘器。这种自激技术还可以在各种塔体中优化应用，例如在空塔、填料塔、鼓泡塔、筛板塔、旋流板塔和文丘里水膜除尘器中进行优化组合配套使用，效果颇佳。

3. 主要技术参数

见表 3-7。

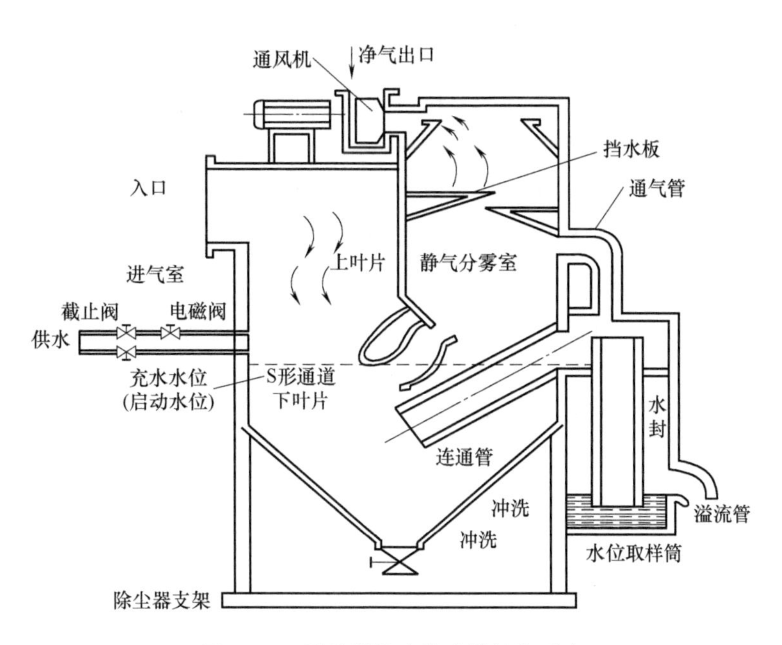

图 3-8 S形通道除尘脱硫器结构示意

表 3-7 自激式脱硫除尘设备主要的技术指标

项目	数据	项目	数据
配套锅炉/(t/h)	<75	设备阻力/Pa	≤1200
除尘效率/%	≥95	液气比/10^{-3}	0.3～0.5
脱硫率/%	40～80		

4. 适用范围

小型工业锅炉烟气脱硫除尘净化工程，适宜于75t/h以下的锅炉配套使用。

七、湍流塔脱硫除尘装置

湍流传质技术是在气动乳化技术的基础上发展起来的，湍流传质技术可实现除尘、脱硫，超低浓度排放，不带水，不结垢堵塞，液气比小，能耗低，运行成本低廉，投资性价比优。

1. 通用除尘、脱硫技术

世界上90%以上脱硫采用湿法技术。通用湿法脱硫除尘技术的鼓泡塔、筛板塔、旋流板塔、填料塔、喷淋塔、喷射水柱塔等都沿用着一种习惯的思路，即要增加相间传质的效率，尽量增大相间接触时间，从而增大相间接触空间，使塔体做得庞大；或增大布液量以增大相间接触面积。

2. 湍流传质技术原理

湍流传质技术不同于现有湿法技术，不从增长气液接触时间、增大气液接触空间、增大持液量出发，而是通过建立湍流传质场，使气液在传质场中高速撞击，形成气相、液相都分散的状态，实现在最短的时间、最小的空间、最小的液气比下，达到气液充分接触，进行高速传质，提高最小能耗下的高脱硫除尘效率。

湍流传质技术是利用气流本身的能量，通过改变流道的大小和方向，对气流矢量加速和强化气流的扩散，形成湍流传质流场，液体进入湍流传质场，被撞击分散，气体本身在撞击液体时也伴随分散。

建立一个超强湍流传质场，在超强湍流传质场中能实现各相都分散，这是实现高速、高效传质的关键。超强湍流传质场的湍流强度比起一般湍流场强度会高出2～6倍或以上。

3. 湍流传质塔能耗和性能

由于湍流传质塔液气比小，供水扬程低，脱硫效率达到同等水平，供水能耗是一般填料塔、喷淋塔的1/6～1/4或更低：湍流传质脱硫除尘系统配置的增压风机全压与填料塔、喷淋塔脱硫系统的增压风机全压相近或偏低。湍流传质脱硫技术完全能优于对高流速湿式脱硫技术的开发目标，即烟气流速大于6m/s，脱硫效率仍较高，降低脱硫系统能耗，设备投资降低25%以上。

湍流传质塔的主要性能：a. 除尘效率≥95%；b. 脱硫效率≥85%；c. 设备阻力600～2000Pa（随除尘、脱硫要求变化）；d. 液气比≤4L/m^3；e. 烟气含湿量≤5%。

4. 脱硫除尘工程中几个难题的解决

在脱硫除尘工程中，几个难以解决的问题是结垢、堵塞、带水结露与腐蚀等。

脱硫除尘是一项系统工程，它不仅要有一个超群的传质塔，而且要有优秀的系统配套工艺和配套设备。湍流传质技术在气动乳化技术的基础上，从理论上给予了提升，在应用技术上解决了可控传质强度的问题；脱硫工艺上开发了与之配套的镁法、钠法、氨法综合利用工艺，在以湍流传质塔为主体的基础上开发了脱硫系统工程配套的降温除湿技术、低温（60～160℃）热管防腐防爆技术，使脱硫设备完全能实现国产化。有关技术在单元工业示范工程得以初步验证。

（1）结垢、堵塞难题的解决　包括：a. 湍流传质塔不用喷头并且具有自清洁能力，塔体不结垢、不堵塞；b. 设置有pH值自控能力，保证系统pH值符合规程运行；c. 主推镁法、氨法和钠法工艺，从脱硫剂上避免和减少结垢、堵塞的因素；d. 采用调频泵供浆，管道中流体流动设计无死角。

（2）带水及结露　湿式脱硫除尘系统最怕带水和结露，带水结露会带来烟道、烟囱及风机的腐蚀和破坏，这是用户最关注的问题之一。

解决带水结露问题可采用以下几项专有技术。

① 降温除湿技术从根本上降低了烟气的绝对含湿量，使烟气含湿量低于5%，饱和温度低于36℃，通常烟气经过超强湍流传质塔，温度最低降到45℃，高出水蒸气饱和温度10℃以上，这就可以考虑省去烟气增温器，至少可降低对烟气增温器（GGH）的苛求。这一技术还可大大降低除尘、脱硫系统的耗水量（≤0.5%循环水量）。降温除湿的构想在湍流传质塔单元工业示范配套试用中证实可行，但要用于大型工程中还需更多实践、完善。

② 设计高效的并凝惯性除雾器，保证除雾效率达到99%以上。

2003年湍流传质塔及其配套技术，在某研究院动力部热力锅炉脱硫工程上完成了单元工业示范运行，脱硫塔直径1.8m，处理气量（标态）60000m^3/h，选用氧化镁脱硫抛弃工艺，液气比1.2L/m^3，经北京市环保监测中心等多家监测机构测定，SO_2最大排放浓度

(标态) ≤33mg/m³，烟尘最大排放浓度（标态）≤28mg/m³，排放烟气含湿量≤3%，经一个采暖期（标态）运行，优于设计预期效果。

八、卧式网膜塔脱硫除尘装置

1. 设备组成

该装置主体设备是一卧式网膜塔，配套设备包括循环水池、水泵等，如图 3-9 所示。其中网膜塔内部又分为雾化段、冲击段、筛网段和脱水段四部分。这四部分的作用分别是：a. 雾化段主要是使烟气降温和使微细粉尘凝并成较大颗粒；b. 冲击段主要是除尘，同时也有使部分微细粉尘凝并的作用；c. 筛网段由若干片筛网组成，网上端布水，网上形成均匀水膜，烟气穿过液膜，激起水滴、水花、水雾等，造成气液充分接触的条件，既脱硫又除去微细粉尘；d. 脱水段主要是脱水，防止烟气带水影响引风机正常运行。

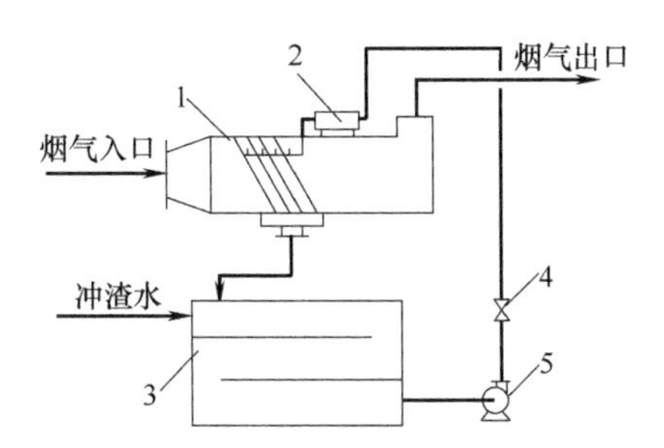

图 3-9 卧式网膜塔除尘脱硫装置工艺流程

1—网膜塔；2—布水器；3—循环水池；4—调节阀；5—水泵

设备的壳体用普通碳钢板制造，也可以采用无机材料（如麻石）砌筑。用钢板制作时内衬防腐、耐磨、耐热材料；塔内核心件及脱水部件等全部采取防腐、耐磨措施。

为便于维修，核心件（如筛网等）均为活动的组装件，可以随时抽出修理。

2. 除尘作用原理

集尘过程的主要原理是惯性碰撞效应，大小取决于惯性碰撞参数，其值可按下式计算：

$$S_{tk}=\frac{\rho_p d_p^2 v}{9\mu d_c} \tag{3-34}$$

式中 ρ_p——粉尘的密度，g/cm³；

d_p——粉尘的粒径，cm；

v——粉尘与捕尘体的相对速度，cm/s；

μ——烟气的黏性系数，Pa·s；

d_c——捕尘体的尺寸，cm。

S_{tk} 的大小决定了除尘效率的高低，由式(3-34) 可知：S_{tk} 与 v 成正比，与 d_c 成反比，所以在设计过程中应尽量提高烟气与捕尘体的相对速度，降低捕集体 d_c 尺寸值；同时设法使微细粉尘凝并成较大颗粒，即提高粉尘粒径 d_p 值。

3. 除尘脱硫流程

卧式网膜塔除尘脱硫工艺流程见图 3-9。脱硫工艺中所需要的碱性物质根据具体情况确定。在水力冲渣条件下，主要利用灰渣中的碱性物质脱硫。对于沸腾炉、循环流化床炉及煤粉炉，主要利用粉尘中的碱性物质脱硫。为了提高对灰渣及粉尘中碱性物质的利用率，循环水中可加入催化剂。脱硫过程水池中的炉渣及粉尘定时排走。为防止腐蚀和磨损，采用陶瓷砂浆泵作为循环水泵，衬胶钢管或耐酸胶管作为循环水管线，阀门衬胶。

4. 主要技术指标

(1) 除尘效率　用于层燃炉和新型抛煤机锅炉，除尘效率>95%，排尘浓度<100mg/m³；用于沸腾炉及循环流化床炉，除尘效率>95%，排尘浓度小于250mg/m³。

(2) 脱硫效率　利用冲渣水，锅炉燃用低硫煤，脱硫率50%～60%；沸腾炉，燃煤硫分2%，灰分35%，CaO与MgO之和占灰分的8%，脱硫率60%左右。

(3) 设备阻力　800～1000Pa。

(4) 液气比　1～2L/m³。

5. 装置特点

该装置的主要特点是阻力小，对微细粉尘有较高的捕集效率和适用性，既适用于层烯锅炉，又适用于排尘浓度很高的沸腾炉、循环流化床锅炉、抛煤机炉等。表3-8和表3-9分别给出不同燃烧方式这种装置的除尘和脱硫效果。

表3-8　卧式网膜塔除尘装置除尘效果

燃烧方式	锅炉容量/(t/h)	烟气温度/℃		液气比/(L/m³)	尘深度/(mg/m³)		除尘效率/%	装置阻力/Pa	备注
		入口	出口		入口	出口			
链条加喷煤粉	20	140	52	0.70	11130	291.6	97.4	954	喷粉产汽量约为12t/h
抛煤机炉	20	150	60	0.70	3867	58.0	98.5	900	未经改造的新型抛煤炉
抛煤机炉	10	120	43	1.0	10450	96.5	98.5	800	燃用低硫分煤
沸腾炉	10	139	40	1.0	20490	189.4	99.10	1080	燃用煤的硫分为2.5%左右
沸腾炉	4	140	60	1.5	32810	244.0	99.24	1000	燃用低硫用器
链条炉	10	150	60	1.0	—	98.4	—	900	燃用煤的硫分在2.5%左右

表3-9　卧式网膜塔除尘装置脱硫效果

燃烧方式	锅炉出力/(t/h)	锅炉容量/(t/h)	烟气温度/℃		液气比/(L/m³)	循环水温/℃		循环水pH值		SO_2浓度/(mg/m²)		脱硫效率/%	备注
			入口	出口		入口	出口	上水	下水	入口	出口		
链条喷粉	20	20	160	52	0.70	40	40	7.0	6.0	120.1	45.2	0.70	喷煤粉
抛煤机炉	9	10	150	50	1.0	—	—	10	—	191.6	18.0	1.0	加石灰
沸腾炉	9	10	180	50	1.0	—	—	7.0	—	3321.5	1103.5	1.0	冲渣水
沸腾炉	9.5	10	160	60	1.0	40	40	11.8	6.6	1175	540.3	1.0	冲渣水
链条炉	6.0	10	—	—	1.0	—	35	11.7	6.0	1437	449.9	1.0	循环水

九、XSL型脱硫除尘器

XSL型脱硫除尘器以烟气自身冲击液面"自激"方式相继产生冲击湍流、液滴碰撞、吸收、液膜传质机制脱硫除尘，两级独特的离心脱水器使气水分离彻底的同时，连续产生两次液膜吸附、离心分离、液滴碰撞三种机制脱硫除尘。经检测：脱硫效率>75%；脱氮率>77%；除尘率>95%；烟气林格曼黑度<1级；阻力850Pa。

1. 工作原理

含尘烟气首先进入脱硫除尘器浓缩通道中浓缩分离，并以高速冲击液面，激起水花和水幕，经洗涤的烟尘及SO_2与脱硫剂[$Ca(OH)_2$]反应生成的$CaSO_3$一起沉淀于水中。烟气与水幕融合成絮流进入梳栅旋流通道，在梳栅板和叶片檐板的影响下使水幕均匀分布和雾化，并使自身表面形成液膜，SO_2再次被吸收，细微烟尘被水滴和液膜捕获，在一级脱水除雾器的离心力作用下离开气体，沿器壁流向洗涤池，残存的液滴、水雾和微尘经二级脱水器的拦截，在其叶片表面凝聚，膜化后被抛向器壁回流到洗涤池。泥尘沉淀在洗涤池底部，由机械刮斗清灰机排出体外。需要补充的脱硫剂是通过补液自控箱进入脱硫除尘本体内，净化后的烟气通过引风机排向烟囱。

2. 设备组成和特点

XSL型湿式脱硫除尘器基本结构主要由烟气浓缩通道、洗涤池（沉淀池）、梳栅旋流通道、离心脱水器1、离心脱水器2、补液自控箱、机械刮斗清灰机（或是排灰蝶阀）组成。

其主要特点是：a. 多级洗涤，多种机制脱硫除尘，效率高，结构与气流顺向设置，阻力小；b. 内部结构表层采用高强耐温合成树脂，防腐耐磨；c. 洗涤池、沉淀池一体两用，灰水不排放，器内沉淀，机械刮斗清灰，溶液内循环使用，免去诸多设施设备，占地少、投资少、运行经济；d. 构成脱硫除尘机组，布置合理、安装简单、便于操作。

3. 技术指标

技术指标主要包括：a. XSL型湿式脱硫除尘器适用于1～80t/h的层状取暖锅炉、工业锅炉和小型电站锅炉的烟气净化，也适用于其他工业过程中产生的不怕水性粉尘的处理；b. XSL型湿式脱硫除尘器是依《锅炉大气污染排放标准》（GB 12371）为设计依据，其技术指标如表3-10所列。

表3-10 XSL型湿式脱硫除尘器技术指标

型号	处理烟气量/(m^3/h)	除尘效率/%	烟尘排放浓度/(mg/m^3)	林格曼黑度/级	脱硫效率/%	阻力/Pa	液气比/(L/m^3)	耗水量/(m^3/h)
XSL1-Ⅱ	2640～3630	95	<100	<1	>70	<850	0.04	0.106～0.145
XSL2-Ⅱ	5200～7150	95	<100	<1	>70	<850	0.04	0.208～0.286
XSL4-Ⅱ	9600～13200	95	<100	<1	>70	<850	0.04	0.384～0.528
XSL6-Ⅱ	14400～19800	96	<100	<1	>72	<900	0.03	0.432～0.594
XSL8-Ⅱ	21000～26000	96	<100	<1	>72	<900	0.03	0.630～0.780
XSL10-15	24600～33000	96	<100	<1	>72	<900	0.03	0.720～0.990
XSL20-35	36000～49500	96	<100	<1	>72	<900	0.03	1.080～1.485
XSL40-75	48000～66000	96	<100	<1	>72	<900	0.03	1 440～1.980
XSL80-Ⅱ	84000～110000	96	<100	<1	>72	<950	0.03	2.520～3.300
XSL1-Ⅱ	96000～126000	96	<100	<1	>72	<950	0.03	2.880～3.730
XSL1-Ⅱ	160000～220000	96	<100	<1	>72	<950	0.03	4.800～6.600
XSL1-Ⅱ	170000～234000	96	<100	<1	>72	<950	0.03	5.100～7.020

4. 外形尺寸

XSL型脱硫除尘器的外形尺寸和技术参数见表3-11和图3-10。

表 3-11　XSL 型湿式脱硫除尘器外形尺寸及质量

型号	筒径	法兰径	纵长	总高	支柱高	支柱间距	烟气入口		烟气出口			除灰机			柱脚板	设备质量/t	容水量/m^3
	D /mm	D_0 /mm	L /mm	H /mm	H_1 /mm	$C\times C$ /mm	D_1 /mm	D_2 /mm	$B_1\times B_2$ /mm	$B_3\times B_4$ /mm	H_2 /mm	L_1 /mm	H_3 /mm	电机	$b_1\times b_2$ /mm		
XSL1-Ⅱ	1000	1106	2460	2750	1020	645×645	350	400	360×300	400×340	1412	1662	1762	4P-1.1	135×135	1.35	0.36
XSL2-Ⅱ	1300	1386	2830	2800	1040	850×850	450	500	700×300	740×340	1495	1880	2146	4P-1.1	150×150	1.64	0.80
XSL1-Ⅱ	1600	1686	3179	3320	1250	1043×1043	600	650	1000×400	1048×448	1720	2029	2326	4P-1.5	190×190	2.51	1.11
XSL6-Ⅱ	1800	1900	3480	3680	1450	1192×1192	700	750	1200×500	1240×540	1734	2230	2608	4P-1.5	205×205	2.70	1.69
XSL8-Ⅱ	2000	2167	4145	3980	1480	1308×1308	800	850	1400×500	1440×540	2090	2645	2645	4P-1.5	210×210	3.55	2.23
XSL10-Ⅱ	2200	2320	4195	4380	1600	1450×1450	900	950	1600×600	1650×650	2330	2645	2700	4P-1.5	210×210	4.16	2.83
XSL15-Ⅱ	2600	2716	4540	4780	2200	1726×1726	1100	1150	2200×650	2250×700	2185	2740	3150	4P-2.2	235×235	4.92	4.63
XSL20-Ⅱ	3000	3116	5142	5610	2100	2000×2000	1300	1350	2600×700	2600×760	2860	3142	3580	4P-3.0	245×245	7.60	6.94
XSL35-Ⅱ	3800	3934	5200	7900	2864	2580×2580	1650	1713	2600×1100	2663×1163	4500	3800	5000	4P-4.0	350×350	28.00	13.13
XSL40-Ⅱ	4000	4158	5300	8730	3000	2700×2700	1700	1760	2109×1049	2172×1472	4500	3800	5000	4P-4.0	400×400	31.80	14.70
XSL75-Ⅱ	2 台 XSL35-Ⅱ 型温式脱硫除尘器并联							并联后烟气入口		A_1 2800 A_2 1800	A_3 A_4	2875 1875	并联后烟气出口				
XSL80-Ⅱ	2 台 XSL40-Ⅱ 型温式脱硫除尘器并联							并联后烟气入口		A_1 2800 A_2 1800	A_3 A_4	2875 1875	并联后烟气出口				

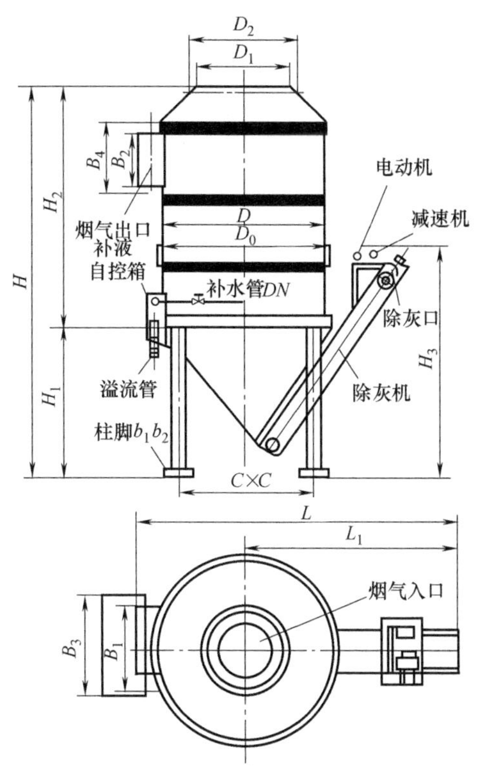

图 3-10　XSL-Ⅱ型脱硫除尘器外形尺寸

十、除尘脱硫净化器

1. 工作原理

净化器主要由洗涤和捕集两部分组成。

（1）洗涤部分　含尘烟气首先经过涤气部分，其结构为卧式或立式通道；碱性液体经喷嘴喷入涤气部分，形成雾状水滴，烟气中尘粒经过碰撞作用与水滴结合形成以尘粒为中心的有核水滴，同时烟气中 SO_2 能迅速地被含有脱硫剂的碱性水吸收。

（2）捕集部分　水滴随烟气进入捕集部分：捕集部分为一圆筒形水膜旋风除尘器，烟气从其下部切向进入旋转上升，SO_2 水滴被甩到筒壁上，然后被筒内壁的水膜带走除下；净化的烟气脱水后由引风机送入烟囱排出。

工艺水循环流程见图 3-11，技术参数见表 3-12 和表 3-13。DCL 型烟气除尘脱硫净化器具有结构简单、运行可靠等优点。适用于 1～75t/h（0.7～52.5mW）各种燃煤、燃油锅炉和工业窑炉的除尘脱硫，并且可对高温、高湿及含有黏性粉尘的气体进行净化处理。

表 3-12　DCL 花岗石系列产品性能规格

型号	DCL6	DCL10	DCL20	DCL35	DCL65	DCL75
主筒内径/mm	ϕ1300	ϕ1600	ϕ2100	ϕ2600	ϕ3500	ϕ3900
处理烟气量/(m^3/h)	18000	30000	60000	90000	180000	220000
配套锅炉/(t/h)	6	10	20	35	65	75
涤气器进口烟速/(m/s)	9.5～13					

续表

型号	DCL6	DCL10	DCL20	DCL35	DCL65	DCL75
捕集器进口烟速/(m/s)	18～22					
净化器液化比/(t/m^3)	约 0.5(涤气部分)					
供水压力/MPa	0.1～0.4					
脱硫剂及 pH 值	Ca∶S(物质的量比)≈1.3∶1,pH=11					
净化器阻力/Pa	1000～1600					
除尘率/%	95～98					
脱硫率/%	70～80					

表 3-13　DCL 钢制系列产品性能规格

型号	DCL1	DCL2	DCL4	DCL6	DCL10
配套锅炉/(t/h)	1	2	4	6	10
处理烟气量/(m^3/h)	3000	6000	12000	18000	30000
涤气器进口烟速/(m/s)	9.5～13				
捕集器进口烟速/(m/s)	18～22				
液气比/(t/m^3)	约 0.5(涤气部分)				
供水压力/MPa	0.2～0.3		0.1～0.4		
脱硫剂及 pH 值	Ca∶S(物质的量比)≈1.3∶1, pH=11				
净化器阻力/Pa	800～1200		1000～1600		
除尘率/%	95～98				
脱硫率/%	70～80				

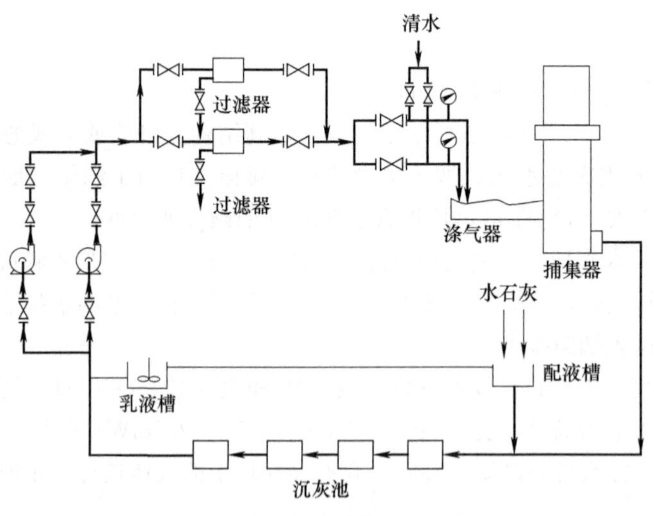

图 3-11　工艺流程

2. 净化器的规格和性能

DCL 系列烟气净化器可以用钢板制作，也可以用花岗石制作。配 10t/h 以下锅炉的是钢制产品，该产品内有一定厚度的耐磨耐腐蚀保护层。配 10t/h 以上锅炉是以花岗石为原材料，现场安装施工的花岗石结构产品。

3. 常见故障及排除方法

见表 3-14。

表 3-14 常见故障及排除方法

出现问题	原因	排除方法	出现问题	原因	排除方法
烟囱冒黑烟	锅炉燃烧不好	调整锅炉燃烧正常	烟尘量大	缺水	调节供水
	涤气器排水	增加给水	SO_2 排放量大	pH 值过低	调好 pH 值
烟气带水	水膜水量大	调小溢水槽水量		液气比不足	增加液气比
阻力大	烟道或设备堵塞、积灰漏风	清灰、堵漏	溢水槽存不住水	引风机开度过大	调节引风机开度
排灰水困难	结垢堵塞	清垢		水量不足	调大水量

十一、高效脱硫除尘设备

1. 除尘原理

锅炉烟尘的粒度大多在 1～100μm 之间，粒径小于 10μm 的占 20%～40%，粒径小于 44μm 占 60%～80%。其化学成分以 SO_2 和 Al_2O_3 为主，还有 Fe_2O_3、CaO、MgO、Na_2O、K_2O、TiO_2、SO_2 等。根据气溶胶性质特点，呈晶核形式［细粒形式（<0.2μm）或聚集形式（0.2～2μm）］的尘粒很少，大部分为粗粒形式（2～20μm）。

含尘烟气以 15～22m/s 的流速通过管道，以切线方向进入脱硫除尘设备时，绕着底部的稳流柱上升，遇到旋转喷淋出来的液滴，产生固体烟尘。大小颗粒间、流体和固体间以及流体不同直径水滴间相互碰撞和拦截。在紊流作用下，粒子水滴间发生碰撞；在凝聚作用下，粒子的粒径不断增大。同时，高温烟气向液体传导热量时使水气冷凝在粒子的表面，靠惯性碰撞相互捕集。含湿烟气通过上升旋转运动产生强大的离心力，在离心力的作用下很容易从水气中脱离出来被甩向塔壁，在重力作用下流向塔底，最后含尘流体向下流入水封池，压入排水沟，冲入循环池沉淀后进入下一个循环周期。一定数量未能被捕集的微粒通过多级净化装置后，又被凝聚加大体积后被捕集、分离，从而达到最佳除尘效果；其工艺流程见图 3-12。

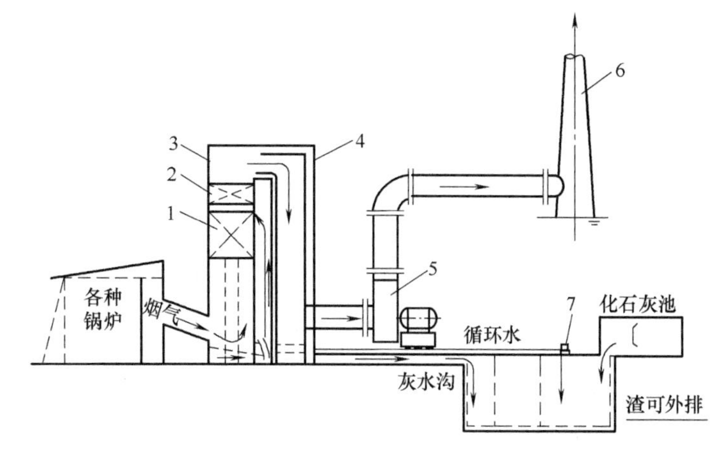

图 3-12 工艺流程

1—脱硫除尘装置；2—脱水装置；3—主塔；4—附塔；5—引风机；6—烟囱；7—耐酸泵

2. 脱硫原理

烟气脱硫工艺的基础原理主要是利用 SO_2 的以下特性。

（1）酸性　烟气中的 SO_2 属于中等强度的酸性氧化物，可用碱性物质吸收，生成稳定的盐。与钙等碱性元素反应生成难溶物质。如用钙基化合物吸收，生成溶解度很低的 $CaSO_3 \cdot \frac{1}{2}H_2O$ 和 $CaSO_4 \cdot 2H_2O$。SO_2 在水中有中等溶解度，溶解于水后生成 H_2SO_3，然后可与其他阳离子反应生成稳定的盐或氧化成不易挥发的 H_2SO_4。

（2）还原性　SO_2 在与强氧化剂接触或有催化剂及氧存在时，SO_2 表现为还原性，被氧化成 SO_3 后可被吸收剂吸收。

（3）氧化性　SO_2 与还原剂（如 H_2S）接触时 SO_2 可被还原成元素硫。

3. 液气分离原理

脱水除雾系统由特殊的脱水器、防带水槽、脱水环组成，分布于主塔体内各级净化装置中。当饱含水蒸气的烟气逐级通过除雾脱水系统时，受加速离心力的作用，烟气中液滴被甩向塔壁而沉落。经各级脱水除雾系统处理后，烟气中 90%以上的水雾被脱除，烟气湿度<3%，稍加防腐处理后不存在湿气腐蚀烟道和引风机带水问题。

4. 烟气净化系统装置的主要技术性能指标

高效脱硫除尘设备及金属回收废气净化装置适用于污染严重产业的工业废气治理。烟气净化后指标如下：a. 不论燃煤中含硫量的高低，脱硫率可达 80%～90%及以上；b. 除尘率可达 99%以上，林格曼黑度<1 级；c. 循环用水率 97%，补充用水量 3%；d. 设备阻力 800～1100Pa。

PXJ 型高效脱硫除尘设备技术参数见表 3-15。

表 3-15　PXJ 型高效脱硫除尘设备技术参数

锅炉额定蒸发量/(t/h)	处理烟气量/(m^3/h)	塔数及内径($n\times\phi$)/mm		塔高/m	循环水量/(t/h)	塔内阻力损失/Pa	设备质量/t	
		主塔	附塔				主塔	附塔
1	2520～3120	1×600	1×400	8.3	8	600	20	
2	5040～6240	1×800	1×600	8.3	10～18	600	25	
4	10080～11280	1×1100	1×600	8.8	18～24	800	21	
6.5	13706～16905	1×1200	1×1000	9.8	20～30	800	26	20
10	21727～29924	1×1600	1×1300	13.8	35～45	800	56	38
15	33438～42331	1×1800	1×1400	13.8	38～50	800	62	55
20	42398～59926	1×2000	1×1600	14.8	45～55	1000	71	45
25	54050～70000	1×2200	1×1600	14.8	45～60	1000	74	45
35	49200～78890	1×2200	1×1800	16.8	55～65	1000	103	59
50	78530～126000	1×2200	1×2000	17.8	55～70	1200	110	65
65	114426～140531	1×2600	1×2200	17.8	90～100	1200	190	120
75	120000～162152	1×2800	1×2200	17.8	95～110	1200	210	130

十二、旋风水膜脱硫除尘器

含硫烟气与雾化水旋风一起进入塔底段，灰粒和吸收了二氧化硫的水雾经旋风分离后进入污水箱，初步净化后的烟气垂直通过二级径向喷嘴喷出的碱性水雾，经分离后再进入污水箱。二氧化硫被碱性溶液溶解中和。脱硫、除尘后的净烟气经引风机排入大气。初步澄清后的水溢流入水池，经泵送入塔上段循环使用。本装置结构示意如图 3-13 所示。

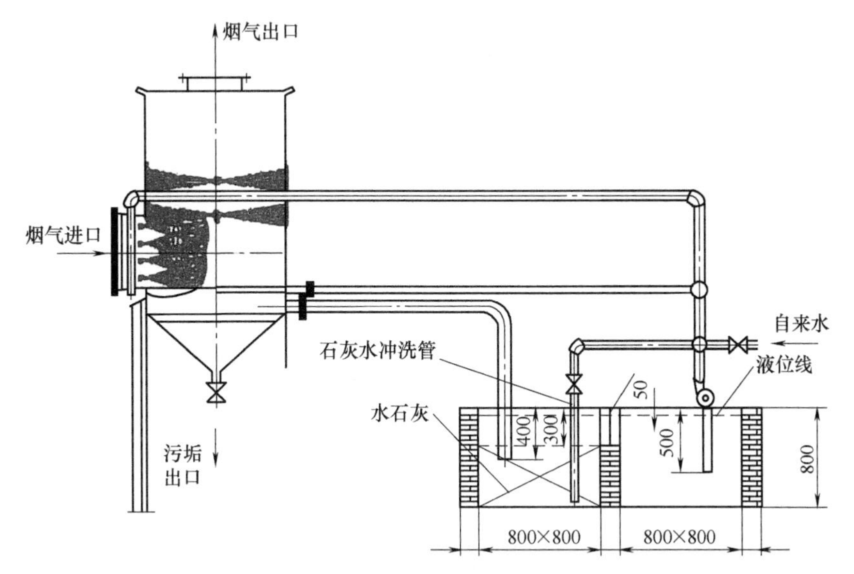

图 3-13 旋风水膜脱硫除尘器系统装置（单位：mm）

图 3-13 中是以石灰乳液作为脱硫剂的装置，适用于中小型工业炉窑的烟气处理，定期排出泥渣，不排废水。

主要技术指标：脱硫效率 70%～80%；除尘效率 90%；塔阻<1400Pa。

十三、筛板塔脱硫除尘器

筛板塔是在塔板上开有许多均匀分布的筛孔，烟气从下而上通过筛孔分散成细小液流，从筛板上液层中鼓泡而出，与液体流接触，吸收烟气中的二氧化硫、烟尘等，从而达到脱硫除尘目的。净化了的烟气通过塔顶部排出。

1. 筛板塔的结构

筛板塔的结构示意见图 3-14。

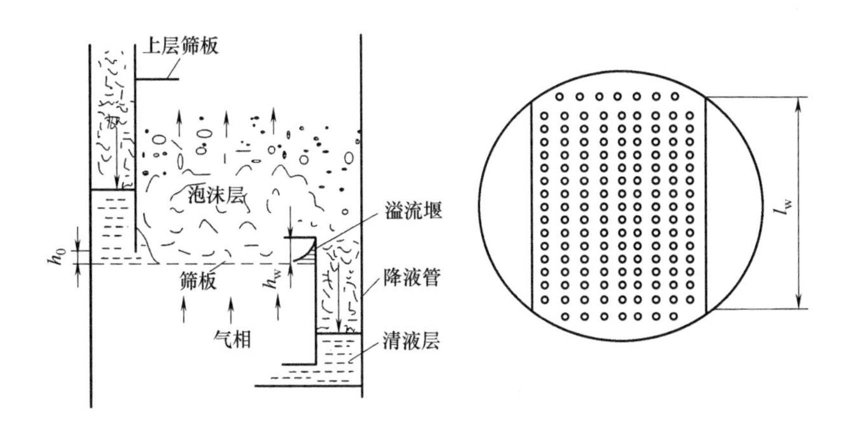

图 3-14 筛板塔结构示意

主要构造如下：

① 塔板上的气体通道——筛孔。

② 溢流堰——以使板上维持一定厚度的液层。在正常操作范围内，通过筛孔上升的气流，能阻止液体经筛孔下泄。

③ 降液管——在正常操作中，液体通过降液管逐板流下。

2. 流程

本装置的流程见图 3-15。

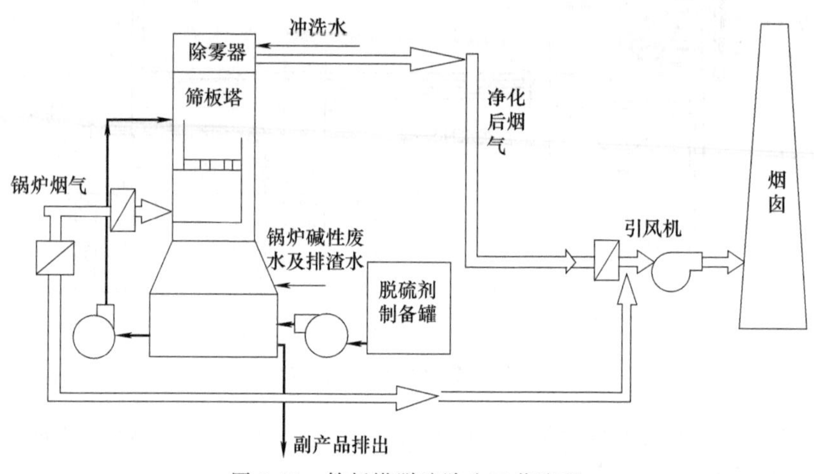

图 3-15 筛板塔脱硫除尘工艺流程

3. 性能特点

筛板塔脱硫除尘工艺主要特点包括：a. 结构简单，金属耗量小，造价低廉；b. 气体压降小，板上液面落差也小，板效率较高；c. 操作中采用气液错流方式，可以提高烟气流速及处理能力；d. 筛孔选用大孔径，操作中不会造成筛孔堵塞；e. 由于改善了烟气中微粒与液体的接触条件，该装置可以达到一定的除尘效率；f. 投资和运行费用低，该工艺取消了复杂的浆液再循环系统，简化了工艺流程，降低了能耗，因而使投资和运行费用减少；g. 板式塔对于装置的负荷变化不敏感，具有较大的操作范围。

主要技术指标：脱硫率 80%～85%，除尘率 85%～90%，塔阻 1000～1500Pa。

筛板塔脱硫除尘工艺适用中小工业炉窑烟气处理。

第四节 工业锅炉烟气协同净化适用技术

一、循环流化床技术

流态化技术是一项成熟的工程技术，广泛应用于燃烧、化学反应和物料输送等行业。脱硫剂石灰颗粒被含 SO_2 的烟气流化，同时发生脱硫化学反应，由于气固两相密切接触，剧烈湍动，颗粒表面不断更新，SO_2 从气相分离出来，生成固态产物，随烟气流至除尘器捕获。脱硫灰全部或部分循环，以满足脱硫率和 Ca 利用率。要求确定循环倍率。现代循环流化床脱硫技术的脱硫率可达到90%甚至95%以上，工程上的许多问题（如输灰、循环、补充流化风等）均已基本解决，技术仍然只能适用于中等气量和中低浓度条件。有人在多方面进行尝试，意在提高脱硫性能，降低工程造价、突破容量和浓度限制，如采用浓相或稀相悬浮技术和半干法操作以及加湿灰或增湿烟气循环等，均取得一定成效。从现有状况看，该技术完全有可能成为中型炉窑烟气净化的首选工艺之一。

锅炉容量65t/h，燃煤含硫0.79%。采用循环流化床工艺，要求脱硫效率>90%，除尘效率>99.5%。脱硫剂为电石渣，以废治废。经处理的烟气由引风机排入100m高烟囱。全部系统占地20m×15m。

1. 工艺流程

循环流化床工艺流程如图3-16所示。

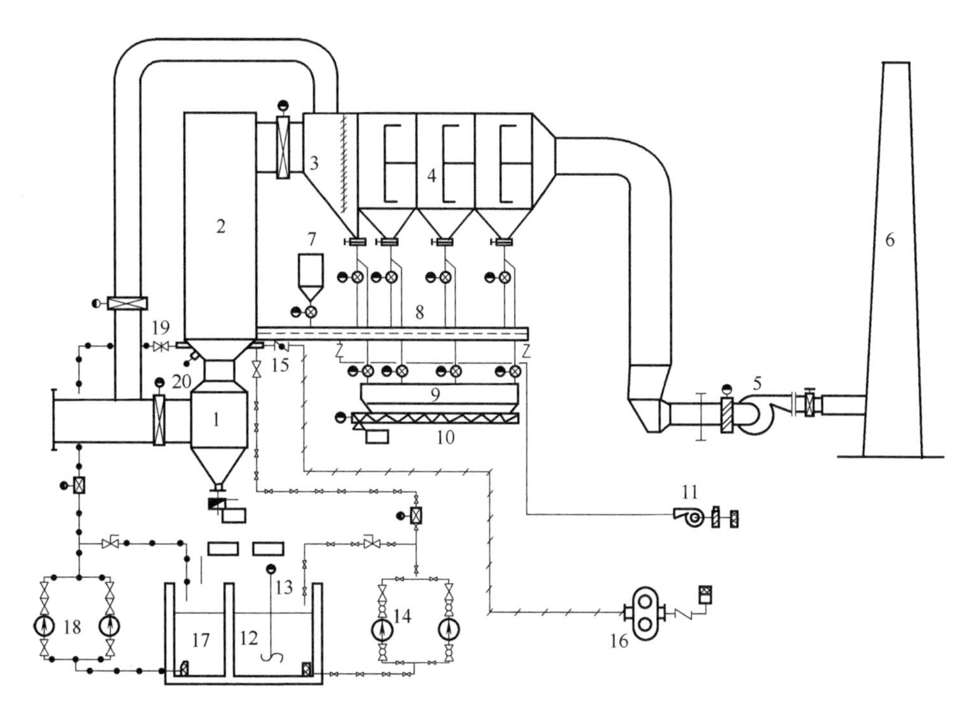

图3-16 CFB-FGD系统工艺流程

1—吸收塔底仓；2—吸收塔；3—预除尘器；4—电除尘器；5—锅炉引风机；6—烟囱；7—启动灰仓；8—返料气化斜槽；9—中间灰仓；10—螺旋输灰机；11—返料风机；12—脱硫剂浆池；13—搅拌器；14—脱硫浆泵；15—脱硫浆喷嘴；16—雾化风机；17—调整液池；18—调整液泵；19—调整液喷嘴；20—塔底震动器

系统由脱硫剂制备，流化床反应塔，电除尘器，吸收剂循环装置以及电气、自控仪表组成。锅炉排出的烟气直接进入流化床反应塔，与塔内高浓度的脱硫剂反应。脱硫后的烟气在电除尘器净化后，经引风机和烟囱排放。电除尘器捕集的物料大部分由吸收剂循环槽返回流化床循环使用。作为新鲜脱硫剂的电石渣浆液经浆液泵、雾化喷嘴喷入塔内。各子系统均设有自动控制回路监控，各单元的运行通过控制板集中控制，信号由PLC处理。

2. 运行结果

实践证明CFB-FGD的脱硫效率高，运行稳定。运行结果见表3-16。

表 3-16 CFB-FGD 脱硫运行结果

项目	数值	项目	数值
烟气处理量(标态)/($10^4m^3/h$)	15(相当于 12MW)	系统阻力/Pa	1500
SO_2 浓度/(mg/m^3)	2025	烟气排放温度/℃	68～75
烟气温度/℃	174～182	除尘率/%	99.5
Ca/S 值(摩尔比)	1.5	脱硫率/%	>90

脱硫率受 Ca/S 值和 ΔT（烟气温度与绝热饱和温度之差）影响较大，当 Ca/S＝1.4，ΔT＝15℃时，系统脱硫率达到 92.6%。但烟气量和 SO_2 浓度对脱硫率的影响很小，因此，CFB 工艺对锅炉负荷和煤种变化的适应性较强。

分析了试验条件下各参数的变化对脱硫率的影响。其中 Ca/S 值和 ΔT 的影响最为显著，随着 Ca/S 值的增加和 ΔT 的降低，系统脱硫率也迅速增加；烟气量和 SO_2 入口浓度的影响不明显，说明循环流化床烟气脱硫工艺对锅炉负荷和煤种的变化有较好的适应性。

本装置由于是我国自主设计和采用国产设备，投资费用较低，同时，采用电石渣作吸收剂，以废治废，降低了运行费用。投资和运行费用见表 3-17。

表 3-17 投资和运行费用

项目	单位	费用	项目	单位	费用
静态投资	万元	356	脱硫成本(按吨 SO_2 计)	元/t	362②
年 SO_2 减排量	t/a	1137.6	占地面积	m^2	400③
年运行费用(含折旧)	万元	41.2①			

① 包含一台三电场除尘器，粉尘排放小于 $90mg/m^3$。

② 因采用该厂的电石渣作脱硫剂，以该厂废水为调整液，此数据未计入脱硫剂费用，如计入则年运行成本为 84.6 万元（含电除尘器的运行费用），脱硫单位成本为 0.744 元/kg（含电除尘成本）。

③ 此面积包括三电场电除尘器，为锅炉脱硫除尘系统的总面积。

脱硫产物的处理是脱硫系统能否有实用价值的一个重要因素。这种脱硫产物目前还没有很好的利用途径。一般采用堆存或弃置，国外有加工成灰渣砖的，其强度很高，但还缺乏长期寿命试验。

从成分分析看，脱硫灰渣中除了反应产物 $CaSO_3$ 和 $CaSO_4$ 以及未反应的 $Ca(OH)_2$ 之外，余下主要为飞灰。见表 3-18。

表 3-18 脱硫产物成分

成分	飞灰及其他	H_2O(吸附)	$Ca(OH)_2$	$CaCO_3$	$CaSO_4$	$CaSO_3$
含量/%	68.30	0.98	8.66	4.23	2.48	15.35

从表 3-18 可见，脱硫产物中的水分含量只有 0.98%，基本为干态，流动性很好。循环流化床烟气脱硫技术具有系统简单、投资和运行费用较低，占地少、运行可靠等优点，适用于一般中小型锅炉加装烟气脱硫设施，是一项适合我国国情的高效脱硫技术。该技术易于实现国产化，有推广价值。

二、等离子体双脱工艺

目前，有希望获得大规模工业应用的等离子体烟气脱硫技术是电子束辐照工艺和脉冲电晕放电技术。

脉冲电晕放电脱硫脱氮技术是从电子束辐照技术发展而来的，近年来成为国内外竞相研究的热点。该技术的基本原理与电子束辐照法类同，具有相同的技术优势，预期一次性投资和运行费用均低于电子束法。1992 年意大利的 ENEL 公司建成烟气处理量为 14000m^3/h 的脉冲电晕中试装置。我国华中理工大学也曾做过不少前期探索性工作，大连理工大学于 1997 年建成烟气处理量为 3000m^3/h 的小试装置。中国工程物理研究院与有关单位共同建立烟气处理量为 12000m^3/h 的扩大试验装置。作为“九五”攻关课题，这可能是目前容量最大的脉冲电晕脱硫试验装置。不过，从技术和工程角度看，脉冲电晕放电脱硫脱氮技术还有不少难题，工业应用尚待时日。

中国工程物理研究院自 1995 年开始研究开发等离子体脱硫工艺。1999～2000 年在绵阳科学城热电厂建成一套中试装置。该试验装置与电子束辐照装置共用烟气参数调节、副产物回收和加氨系统。烟气来自电厂燃煤锅炉。

1. 工艺流程

试验装置采用如图 3-17 所示的工艺流程，由烟气调节系统、加速器辐照处理系统、加氨装置、副产物收集装置、测量控制系统、脉冲电晕放电处理系统 6 个主要部分组成。

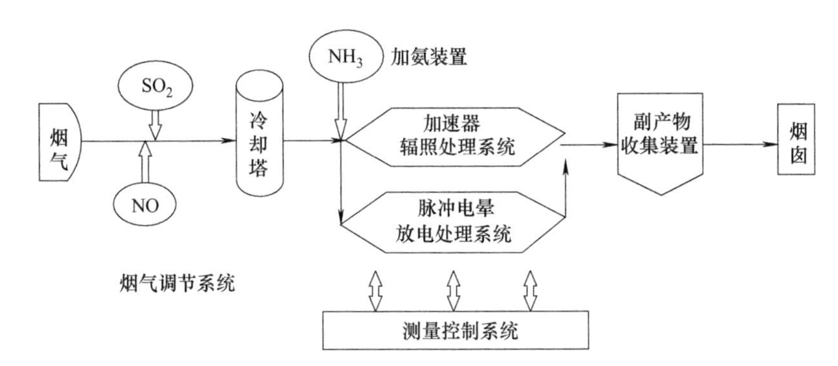

图 3-17 等离子体烟气脱硫脱硝工业试验装置工艺流程

处理烟气分别取自电厂水膜除尘器前和水膜除尘器后。烟气经冷却塔降温增湿后，被送至反应器中处理，同时喷入氨。处理后的烟气送至副产物收集装置，其中的 $(NH_4)_2SO_4$ 和 NH_4NO_3 被收集下来。清洁烟气由烟囱排出。

通过烟气调节系统直接向烟气加入 SO_2 和 NO，模拟各种工况。

2. 技术参数

主要技术参数见表 3-19。

表 3-19 中试装置主要技术参数

技术参数	指 标	技术参数	指 标
烟气处理量(标态)/(m^3/h)	3000～12000	NO_x 排放浓度限值/(mg/m^3)	≤410
处理烟气 SO_2 浓度/(mg/m^3)	1140～8580	NO_x 脱除率/%	≥50
SO_2 排放浓度限值/(mg/m^3)	1140	NH_3 排放浓度/(mg/m^3)	≤38
SO_2 脱除率/%	≥90	电子束能量/keV	800～1000
处理烟气 NO_x 浓度/(mg/m^3)	410～1640		

3. 系统组成

（1）烟气调节系统　该系统由烟气量和烟尘浓度调节装置、温度和湿度调节装置、SO_2和NO浓度调节装置组成。烟气量调节范围（标态）为3000～12000m^3/h，烟尘质量浓度调节范围为0.3～10g/m^3。

烟气的温度和湿度调节分别在喷雾塔和反应器中完成。根据试验要求，向烟气中喷入雾化冷却水和加蒸汽调节烟气的温度和湿度。

SO_2和NO的浓度调节是在喷雾塔前将SO_2和NO气体直接注入烟气中。

（2）加速器辐照处理系统　该部分由电子加速器、辐照反应器及一些辅助设施组成。电子加速器的主要参数为：电子能量500～800keV；最大电子速流45mA；扫描窗尺寸1200mm×100mm。

辐照反应器为ϕ3m、长7m的圆柱状容器，水平放置。反应器上设电子束入射窗和清扫风入口，电子束由入射窗射入反应器内。

（3）脉冲电晕放电处理系统　脉冲电晕放电处理系统由高电压陡升前沿的脉冲电源和反应器组成。脉冲电源的功率为50～100kW，脉冲前沿小于50ns，脉冲宽度200～500ns，重复频率50～200Hz，脱硝效率≥70%，寿命0.5×10^9次。

（4）加氨装置　该装置由液氨储槽、氨蒸发器、氨缓冲罐和喷头组成。储槽中的液氨经蒸发器蒸发为气体氨，氨气和冷却水通过喷头加入反应器中。

（5）副产物收集装置　采用电除尘器收集生成的$(NH_4)_2SO_4$和NH_4NO_3。由于副产物含水量高，易黏附于除尘器的极板和极线上，致使振打装置失效。采用机械脱附方式可解决黏附问题。

（6）测量控制系统　试验装置中的烟气成分，通过喷雾塔前和电除尘器后的烟气成分实时取样分析装置获取。其他工艺参数也由现场仪表测量，其电信号馈送至总控制室。总控制室对全过程实施操作。整个现场仪器设备的运行状况及工艺流程，都在总控制室的模拟盘上显示。由计算机系统实时采集、记录数据，并以图形、曲线方式显示。

4. 试验结果

见表3-20。

表3-20　试验结果

技术指标名称	工况1	工况2	工况3
烟气处理量/(m^3/h)	5193	8200	12647
处理前烟气中SO_2浓度/(mg/m^3)	8900	5340	495
处理后烟气中SO_2浓度/(mg/m^3)	775	175	34
SO_2脱除率/%	91.3	96.7	93.3
处理前烟气中NO_x浓度/(mg/m^3)	137	148	126
处理后烟气中NO_x浓度/(mg/m^3)	34	45	47
NO_x脱除率/%	75.3	69.6	62.5
颗粒物浓度/(mg/m^3)	154.52	82.40	14.25
处理后烟气中NH_3残余浓度/(mg/m^3)	24	14	18

由表3-20可见：a. 工艺也适用于高浓度烟气的处理，SO_2浓度高达8900mg/m^3，脱硫

效率超过 91%，NO_x 脱除率达到 75%；b. 氨在烟气中的残余浓度甚低，但仍嫌偏高。

现场辐射剂量检测表明，加速器产生的 X 射线符合国家标准。

副产物硫酸铵和硝酸铵是优良的化学肥料，对它的成分检测结果证明可达到合格品或优等品标准。

三、吸附脱硫工艺

吸附法也是含 SO_2 的烟气净化处理的办法之一。通常，吸附在固体表面上进行，把被吸附的气体称为吸附质，固体是吸附剂。当气体分子运动接近固体表面时，受到固体表面分子剩余价力的吸引而附着其上，这种现象就是吸附，被吸附的气体分子停留于固体表面，受热就会脱离固体表面，重新回到气体中，这种现象就叫解吸或脱附。

实际上，在用吸附法处理 SO_2 烟气时，使用最多的吸附剂是活性炭。此外，还有半焦、分子筛等。活性炭与 SO_2 之间的吸附一般认为属于物理吸附。活性炭对 SO_2 的吸附能力除了与活性炭组成和表面特性有关外，还与吸附的各种条件有关，诸如温度、氧和水汽分压以及杂质的影响等。通常物理吸附过程的吸附量是有限的，但气体中如有氧和水蒸气存在时，伴随物理吸附会发生一系列化学变化，尤其是当吸附表面存在某些活性催化中心时，吸附能力大大提高。

活性炭脱硫最早出现在 19 世纪下半叶，到了 20 世纪 70 年代后期已有数种工艺在日本、德国、美国得到工业应用，其代表方法有日立法、住友法、鲁奇法、BF 法及 Reidluft 法等。目前已由电厂应用扩展到石油化工、硫酸及肥料工业等领域。活性炭吸附法脱硫能否得到应用的关键是解决副产物稀硫酸的应用市场及提高活性炭的吸附性能。

活性炭脱硫的主要特点：a. 过程比较简单，再生过程副反应很少；b. 吸附容量有限，常需在低气速（0.3～1.2m/s）下运行，因而吸附体积较大；c. 活性炭易被废气中的 O_2 氧化而导致损耗；d. 长期使用后，活性炭会产生磨损，并因微孔堵塞丧失活性。

1. 活性炭脱硫原理

（1）脱硫　当烟气中没有氧和水蒸气存在时，用活性炭吸附 SO_2 仅为物理吸附，吸附量较小，而当烟气中有氧和水蒸气存在时在物理吸附过程中还发生化学吸附。这是由于活性炭表面具有催化作用，使吸附的 SO_2 被烟气中的 O_2 氧化为 SO_3，SO_3 再和水蒸气反应生成硫酸，使其吸附量大为增加。

（2）再生　活性炭吸附 SO_2 后，在其表面上形成的硫酸存在于活性炭的微孔中，降低其吸附能力，因此需把存在于微孔中的硫酸取出，使活性炭再生。再生方法包括洗涤再生和加热再生两种，其中以洗涤再生较为简单、经济。

洗涤再生法是通过洗涤活性炭床层使炭孔内的酸液不断排出炭层，从而恢复炭的催化活性。因为脱硫过程在炭内形成的稀硫酸几乎全部以离子态形式存在，而活性炭有吸附选择性能，对这些离子化物质的吸附力非常薄弱，所以可以通过洗涤造成浓度差扩散使炭得到再生。

2. 活性炭加氨吸附法

在活性炭吸附脱硫系统中加入氨，即可同时脱除 NO_x，图 3-18 给出了这种方法的工艺流程。

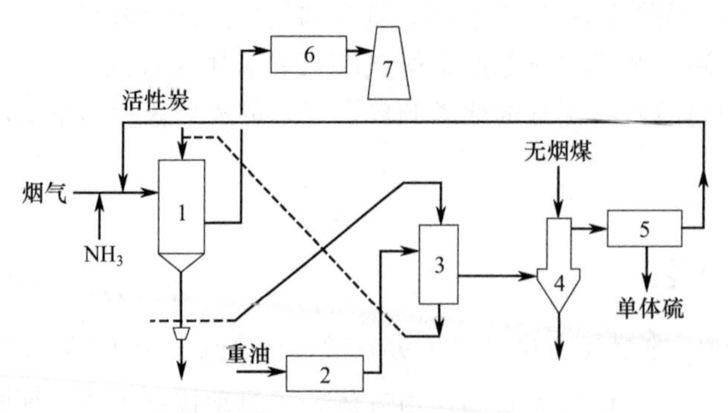

图 3-18 活性炭加氨吸险法脱硫工艺流程

1—吸附器；2—热风炉；3—脱吸器；4—SO_2 还原炉；

5—冷却器；6—除尘器；7—烟囱

3. 影响因素

（1）脱硫催化剂的物化特性 表 3-21 中列出了 3 种不同活性炭的物化性能，其中 1 号为含碘约 0.5%的煤质活性炭，2 号为在 1 号基础上经碘强化处理使含碘量提高约 4 倍的类似炭种，3 号为糠醛渣。

表 3-21 活性炭物化性能

活性炭	1 号	2 号	3 号	活性炭	1 号	2 号	3 号
灰分/%	21.1	21.1	19.9	强度/%	90	90	85
总孔容/(mL/g)	0.65	0.65	0.75	视密度/(kg/m^3)	510	510	487
碘含量/%	0.45	2.57	0	粒度 ϕ/mm	4×(5～6)	4×(5～6)	4×(5～6)
比表面积/(m^2/g)	610	610	652				

（2）烟气中氧含量 烟气中氧含量对反应有直接影响，当含量低于 3%时反应效率下降，氧含量高于 5%时反应效率明显提高。一般烟气中氧含量为 5%～10%，能够满足脱硫反应要求。

（3）再生方式 提高再生温度有利于加速再生过程硫酸传质的速率。

4. 应用

1967 年，首先由德国 BF 公司开发了活性炭吸附法，后将技术专利转让给了日本三井矿山（株）公司。

1977 年，日本电源开发株式会社和住友重机械工业株式会社共同开发了“活性炭吸附法脱硫脱硝技术”，在竹原发电厂首先建立了一个 10000m^2/h 的脱硫实验装置，根据中试结果，在松岛发电厂建立了 300000m^3/h 的干法脱硫示范装置。

1985 年，日本三井矿山（株）公司与德国 BF 公司签订了新专利转让合同，将技术重返 BF 公司，德国在巴伐利亚州 EVO 阿博格电厂建立了 $110\times10^4 m^3$/h 的燃煤锅炉烟气处理装置，脱硫效率达到 98%，脱氮效率大于 70%。

活性炭脱硫技术在日本、德国除用于电厂烟气处理外，已经大量用于城市垃圾、医疗垃圾、石油精炼等废气处理，建成的装置规模达到 60 万机组的烟气净化工程。

中国煤炭科学研究总院北京煤化所开发出了烟气脱硫用活性炭材料，由国内企业生产供日本山井等公司进行烟气脱硫用。

四、 NID 一体化净化技术

NID（Novel Integrated Desulfurization）工艺是 ABB 公司借鉴二流体喷嘴的喷雾干燥工艺（Drypace）的经验，开发成功的一种新技术。以生石灰（CaO）或熟石灰［$Ca(OH)_2$］为脱硫剂，将电除尘器捕集的碱性飞灰与脱硫剂混合、增湿，然后注入除尘器入口侧的烟道反应器，使之均布于热态烟气中。此时吸收剂被干燥，烟气被冷却、增湿，其中的 SO_2、HCl 等被吸收，生成 $CaSO_3 \cdot \frac{1}{2}H_2O$ 和 $CaCl_2 \cdot 4H_2O$，呈干粉状，与未反应的吸收剂一道加入混合增湿器；同时添加新吸收剂混合进行再循环，以达到提高脱硫剂利用率的目的。

在传统的喷雾干燥 FGD 工艺中，石灰浆液被雾化喷入吸收塔。NID 技术采用的是含水率仅为百分之几的石灰粉末，且操作的循环量比传统的半干法高得多。由于水分蒸发的表面积很大，干燥时间大大缩短，因此反应器体积可减小，约为传统的半干法或烟气循环流化床反应器的 20%，并与除尘器入口烟道构成一个整体。虽然烟气在反应器的停留时间不超过 2s，但由于循环灰的蒸发表面很大，且在反应段钙硫比很高，所以烟气的冷却效果和脱硫效率与半干法相同。SO_3、HCl 和 HF 等具有比 SO_2 强的化学活性，去除效率更高达 98% 以上。

1. 工艺流程

NID 装置由烟道反应器、除尘器、混合增湿器、脱硫剂添加和再循环系统、副产品处理以及操作控制 6 个子系统组成。

工业流程见图 3-19。

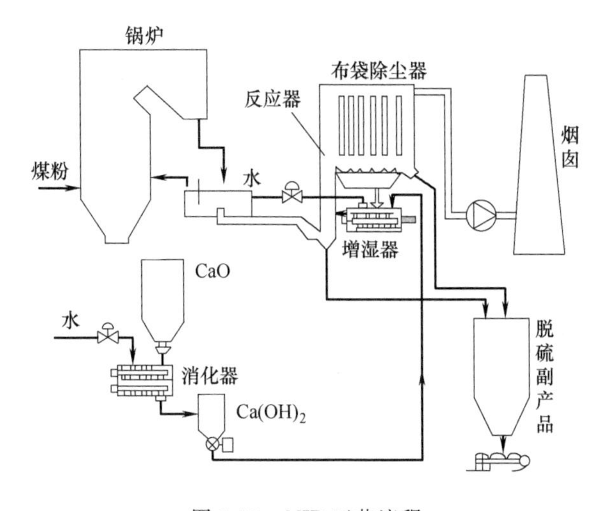

图 3-19 NID 工艺流程

锅炉烟气经空气预热器进入烟道反应器，与添加的石灰和部分脱硫灰的混合物充分反应，然后通过除尘器和引风机送往烟囱排放。

反应器、增湿器和再循环系统是 NID 工艺的重要部分。典型的 NID 装置采用袋式除尘器，也可以用电除尘器。混合增湿器是 NID 的关键技术。除尘器捕集下来的循环灰与补充的吸收剂在增湿器加水增湿并混合均匀。为保证增湿的吸收剂能均匀地分布到烟气流中，增湿混合后的混合灰应呈自由流动状态。因此，控制混合灰的含湿量极为关键，含湿量过高，不利于均匀分布和 SO_2 的吸收；含湿量过小，虽然流动性好，但循环灰中 CaO 的消化不完全，不能有效地转化为活性高的 $Ca(OH)_2$，不利于气、固、液三相反应，同样也不利于 SO_2 的吸收。因此，吸收剂的含湿量有一个最佳值，应用经验表明循环灰的临界含湿量以 3%～7%为最佳。

添加的新吸收剂可以是 CaO 或 $Ca(OH)_2$ 粉。如果采用 CaO 作为吸收剂，必须先经过消化，使之成为 $Ca(OH)_2$。

由于再循环物料的倍率可达 30～50，保证了气固之间的足够的接触时间，因而确保高吸收剂利用率和高脱硫率。与其他 CFB 工艺相比，增湿水量以控制反应器出口烟温高于露点温度 10～20℃为宜，即出口烟温一般为 70℃。

反应器底部排灰与除尘器的部分脱硫灰汇入副产品储仓，然后外运，用于回填矿坑或筑路。这种脱硫干灰通常采用气力输送装置。其主要成分见表 3-22。

表 3-22 NID 脱硫副产物的主要成分（燃煤含硫 1.5%） 单位：%

成分	无预除尘器	有预除尘器	成分	无预除尘器	有预除尘器
$CaSO_3 \cdot \frac{1}{2}H_2O$	20	60	$CaCO_3$	3	5
$CaSO_4 \cdot 2H_2O$	5	10	$Ca(OH)_2$	5	10
$CaCl_2 \cdot 4H_2O$	2	5	灰分	65	10

2. 技术参数

ABB 公司在 1994 年成功地进行了一体化脱硫除尘的中间试验，1995 年第 1 套商业化装置安装在波兰 Laziska 电厂，运行结果令人满意，其主要技术参数见表 3-23。

表 3-23 一体化脱硫工艺（NID）主要技术参数

参数	数值
机组容量/MW	2×120
燃煤含硫量/%	1.4
烟气流量(V_N)/(m^3/h)	2×518000
最高烟气温度/℃	165
入口 SO_2 质量浓度/(mg/m^3)	1500～4000
SO_2 脱除率/%	保证值 80%，实测值 95%
吸收剂	CaO
除尘器入口烟尘质量浓度(包括再循环)/(g/m^3)	22
除尘器出口烟尘质量浓度/(mg/m^3)	保证值 50

3. 工艺特点

NID 脱硫技术是一种集脱硫、除尘于一体的先进技术。它的主要特点如下。

① 以添加 CaO 或 $Ca(OH)_2$ 和除尘器捕集的循环灰作为吸收剂，全部吸收剂在混合增

湿装置中增湿到最佳含湿量（3%～7%），此时 CaO 快速消化成 $Ca(OH)_2$，吸收剂的利用率达 95%以上。

② 增湿器置于除尘器下方，并与除尘器的入口烟道构成一个整体，除尘器的入口烟道即是反应器，结构紧凑，实现多组分烟气治理收尘的一体化。

③ 脱硫效率高（80%～90%），去除 SO_2、HCl 和 HF 的效率更高，达 98%以上，在保证 SO_2 达标排放的同时保证烟尘的达标排放。

④ 系统结构及工艺流程简单，组成设备少，占地面积小，无需制浆及雾化装置，投资、运行和维护费用低，在现有机组改造时不必改动主体设备。

⑤ 可利用活性较差的吸收剂，也可用电石渣等废物，以废治废。脱硫副产品呈干粉状，便于综合利用。

⑥ 本工艺不产生废水，无水处理设施。能有效脱除烟气中 80%以上的 SO_2，而 SO_3、HCl 和 HF 的脱除率更高，达 98%。用于中、低硫煤时最经济。脱硫效率可根据不同的环保要求或煤种的变化，通过调节吸收剂的加入量和再循环灰量以及操作温度来确定，以保证达到排放标准。

⑦ 设备占地面积很小，有利于现有机组的改造。设备安装简单，建设周期短。一般在正常的大修停机期间就可完成，辅助设备可布置在除尘器下方，无需占用空间，不增加操作人员。

脱硫副产品与粉煤灰一起从烟气中分离出来，是含湿量较低的固态粉末，其中的 $CaSO_3 \cdot \frac{1}{2}H_2O$ 十分稳定，分解温度为 436℃，在空气中能自然氧化成 $CaSO_4 \cdot 2H_2O$，对环境不会造成影响。表 3-22 给出燃煤含硫 1.5%的典型脱硫副产物的主要成分。这种副产物有一定的出路。根据德国和丹麦的实践，可用于矿坑回填、筑路和制造肥料等。

4. 工程实例

迄今已建成投运的 NID 装置情况见表 3-24。

表 3-24　已投运的 NID 装置情况

国家及地址	电厂	建成年份	燃料	机组容量/MW	处理烟气量/(m^3/h)	烟气温度/℃	SO_2 进口浓度/(mg/m^3)	脱硫率/%
波兰 Elektrownia Laziska	Laziska No. 1 机组	1996	煤	120	518000	165	4004	80
	Laziska No. 2 机组	1997	煤	120	518000	165	4004	80
芬兰 Wartsila Diesel Oy	Vaasa	1997	柴油	37	145000	120	3432	93
瑞典 Kvaemer Pulping	Sogama	1999	垃圾		2×175000	140	858	92
Stockholm Energi AB	Hogdalen	1999	木屑/垃圾		1910000	140	4290	80
德国	Wolfen	1999	木屑		100000	150	715	90
英国 AES	Fifoots Point	1999	煤	3×125	3×450000	135	2288	80
中国浙江衢化集团	热电厂	2000	煤	70	300410	138	3146	85
中国绍兴市	城东热电厂	2001	煤/垃圾	400t/d	127000	167	2860	80
中国南海区	热电厂	2001	垃圾	2×200t/d	2×45000	200	1430	80

5. NID 烟气净化工艺实例

衢化公司热电厂装机总容量 254MW，内有 3 台 60MW，各配 280t/h 锅炉 1 台。8 号锅炉就是其中之一，率先实施烟气脱硫，采用 NID 工艺，工程承包为浙江菲达公司。我国采用 NID 工艺的还有绍兴热电厂和南海热电厂。

锅炉燃煤主要为淮北煤，含硫 0.6%左右，有时超过 1%，FGD 装置于 2001 年 2 月建成。

（1）设计参数　衢化热电厂 8 号炉主要设计参数见表 3-25。

表 3-25　8 号炉脱硫工程设计参数

项　目	设计值	项　目	设计值
进口烟气量/(m^3/h)	300410	设计煤种硫分/%	0.98
最小烟气量/(m^3/h)	150205	设计脱硫效率/%	85
进口烟气温度/℃	138	烟气氧分/%	5
进口烟尘浓度/(g/m^3)	26	烟气水分/%	7.95
进口 SO_2 浓度/(mg/m^3)	3130		

注：烟气量均指标准状态值。

该公司电化厂副产大量电石渣，附近建有 1 个生产电石渣粉的干燥制粉车间，因此该脱硫装置采用电石渣粉作脱硫吸收剂，既便宜反应活性又好，电石渣粉的主要成分为 $Ca(OH)_2$。其理化参数见表 3-26。

表 3-26　电石渣粉的理化参数

项　目	数值	项　目	数值
纯度/%	80～92	密度(含水<2%)/(g/cm^3)	0.55～0.6
粒径/μm	8～23	比表面积/(m^2/g)	17.1～19.4

（2）工艺流程　工艺流程见图 3-20。

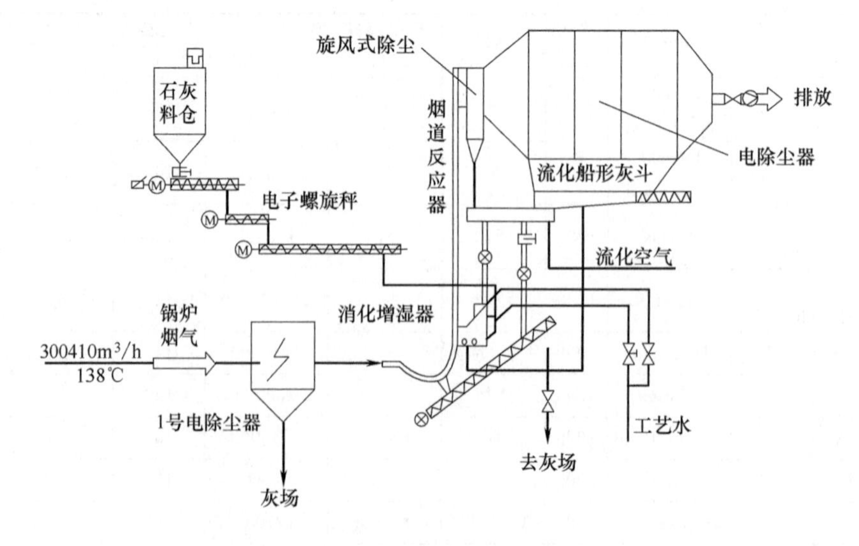

图 3-20　NID 工艺流程

8 号锅炉烟气首先在 1 号电除尘器（一电场）去除 80%的烟尘，然后进入混合增湿器，在此与加入的增湿水、吸收剂以及循环灰充分混合，进入烟道反应器进行脱硫反应，反应后的烟气挟带大量粉尘因增湿团聚作用，粒径变粗，44～100μm 的占 90%，容易被旋风式除尘器分离，分离效率为 40%～50%。进入 2 号电除尘器（三电场）除尘后粉尘浓度达到环保标准，烟气经烟囱排放。为了提高钙的利用率，减少吸收剂用量，采取脱硫灰再循环，即将一部分较粗的脱硫灰从除尘器底部直接引向混合增湿器；另一部分则送往灰场或灰库，以备外运利用。增湿水量应保证烟气中水分含量在 5%上下，脱硫灰循环量以保持烟道反应器的出口烟气含尘量为 $1000g/m^3$ 为限。

（3）运行结果　运行状况见表 3-27。

表 3-27　运行实绩（日期：2002.5.1）

项　目	数值	项　目	数值
入口烟气量/(m^3/h)	2070000	1 号 ESP 入口烟尘浓度/(g/m^3)	27
出口烟气量/(m^3/h)	2250000	1 号 ESP 出口烟尘浓度/(g/m^3)	5.2
入口烟气温度/℃	130～143	1 号 ESP 除尘效率/%	80.5
出口烟气温度/℃	70～80	1 号 ESP 收尘量/(t/h)	6.5
反应器压力/Pa	约 960	反应器出口粉尘浓度/(g/m^3)	约 1000
入口 SO_2 浓度/(mg/m^3)	1056	2 号 ESP 出口粉尘浓度/(mg/m^3)	20～150
出口 SO_2 浓度/(mg/m^3)	78	增湿工艺用水量/(kg/h)	7060
脱硫率/%	85～94	工艺用水压力/MPa	1.27
Ca/S 值(摩尔比)	1.2～1.3	吸收剂用量/(kg/h)	500
		流化风压力/kPa	16

运行表明，烟气的进出口温度对脱硫效率有所影响，Ca/S 值是影响脱硫效率的重要因素，从经济考虑，将烟气出口温度控制在 69～73℃、Ca/S 值在 1.2～1.3 范围内，脱硫率可达 85%～94%，由于 SO_2 和 $Ca(OH)_2$ 的反应属于离子反应，操作温度趋近酸露点，吸收剂表面润湿时间长，对脱硫反应有利，但接近露点又会造成设备腐蚀。所以操作温度的确定要兼顾脱硫高效率和低腐蚀，以及有利于烟气的排放扩散。在具体工况条件下，经脱硫处理后的烟气相对湿度为 40%～50%，酸露点为 48.7℃，确定烟气出口温度为 69～73℃是适宜的。

NID 脱硫灰与常规粉煤灰相比，Ca 和水分增加了，因此粉尘的理化性质有了变化，同时由于粗颗粒的循环使烟气中粉尘浓度大增。针对以上特点，对工程中所选配的电除尘器在封头、极配方式、振打方式、控制形式及电源选配等方面做了一些改进。经改进后电除尘器出口实测粉尘质量浓度为 $20～150mg/m^3$，正常质量浓度为 $20～70mg/m^3$，三电场振打时不超过 $150mg/m^3$。由于粗粒子多，超细微尘少，故未发生电晕封闭现象。增湿的结果，使粉尘之间的附着力增强，因而在极板上形成“饼层”，容易振打脱落而减少二次扬尘。

电除尘器要采取保温措施，避免降温结露和产生小于 10Ω·cm 的低比电阻粉尘，同时 CaO、$CaCO_3$ 等物质因增湿使比电阻下降至 $10^{10}～10^{11}Ω·cm$，从而使 ESP 的电气运行特性处于良好区域。运行实践还证明，燃煤硫分＜2.5%时，达到 90%脱硫率的操作温度为 69～73℃，Ca/S 值为 1.3；若使用高钙煤灰作循环脱硫灰，则在不加任何脱硫剂的情况下，仅粉煤灰增湿循环即能达 50%～85%的脱硫率。在不加脱硫剂，仅以增湿和石灰含量为

3.6%的脱硫灰循环的情况下，可获得36%～56%的脱硫率。

五、SNO_x 技术

SNO_x 技术是丹麦托普索公司开发的一种干式同时脱硫脱硝新技术，工艺流程如图3-21所示。

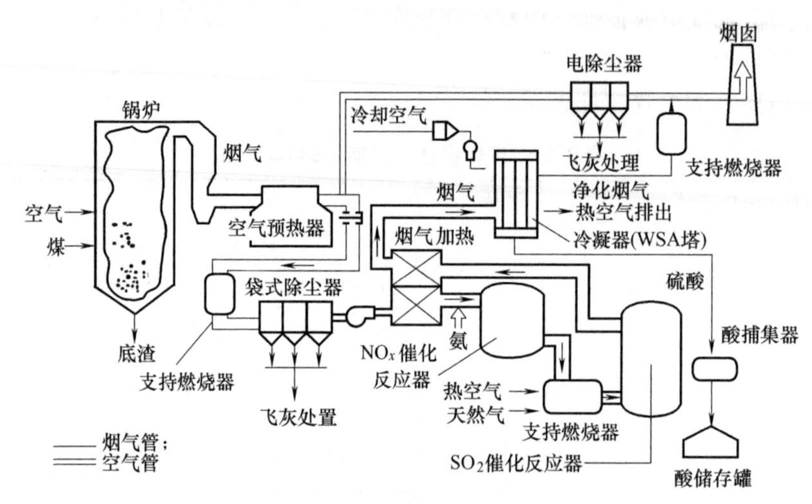

图3-21 SNO_x 双脱工艺流程

锅炉烟气温度为300～400℃，经换热器冷却后进入高效袋式过滤器，将含尘量降至5mg/m^3 以尽量减少其后部的 SO_2 转化器内催化剂的保洁工作。然后，用 SO_2 转化器出来的热气体加热升温至380℃，进入第1级催化反应器（SCR），并添加过量的 NH_3（浓度15.2mg/m^3），使 NO_x 在过剩 NH_3 的气氛中催化还原生成 N_2 和 H_2O。在这里 NO_x 可去除95%。如只要求85%的去除率，则SCR可缩小体积，节省投资。实际上，过剩的 NH_3 能在第2级催化反应器基本除尽。烟气脱氮后再加热至400～420℃进入以 V_2O_5 为催化剂的第2级催化反应器，SO_2 在此被催化转化成 SO_3 并与水蒸气作用生成硫酸蒸气。从转化器出来的烟气经热交换冷却至100℃，在特殊的玻璃管冷凝器冷凝分离出浓度为95%的洁净硫酸。烟气中残余的 SO_3 浓度低于36mg/m^3，排入大气。脱硫率取决于催化剂床层烟气的空间流速和床层的温度。由于脱硫反应器位于脱氮反应器的后部，因此从脱氮反应器泄漏的微量 NH_3 在脱硫段能得到充分利用，保证净化后的排烟中残余氨量非常少。由于脱硫和脱氮反应都是放热反应，所以该工艺有利于提高机组的热效率。

本系统还回收了 SO_2 转化为硫酸时释放出的热量（200kJ/mol SO_2），排出的烟气温度（100℃）又较常规温度（120～150℃）低，所以当燃料含硫为1%～4%时它的热效率要比常规锅炉高1%～3%。再加上回收高质量硫酸，每千瓦时电的脱硫脱硝成本只有石灰石-石膏法的80%；用电量只占电厂发电量0.2%，投资是电厂总投资的16.5%。

该工艺的脱硫率和脱硝率分别可达到95%和90%，副产品硫酸主要用作磷铵肥料的原料和钢铁工业的酸性试剂，无脱硫废弃物生成。该技术已于1996年在美国俄亥俄州的Edisons Niles电厂的一台108MW机组上用旁路烟气完成了规模为35MW的工业试验，经过8000h的考核运行，获副产品硫酸5600t，质量符合市场标准。另外，还进行了适应机组负荷变化的试验，即进行了 75%、100%和 110%设计容量的系列试验。试验结果表明：当入口烟气 SO_2 浓度为 5720mg/m^3 时，脱硫率一般都超过 95%；当入口烟气 NO_x 浓度处于 1025～1435mg/m^3 水平时，脱氮率平均达到 94%以上；袋式除尘器的除尘效率一般在 99%以上，烟尘排放浓度低于 1mg/m^3；副产品 H_2SO_4 的纯度超过美国一级标准；空气毒性试验表明，大部分微量元素如 Se、Cd 等都被捕集去除，但仍有相当部分的 Ba 和几乎全部的 Hg 未被捕集而从烟囱排出。该工艺不存在二次污染物的排放和处置问题，也不存在增加 CO_2 排放的问题，甚至脱硫催化剂还能减少 CO 的排放。

采用该法处理 90 万立方米/小时（标态）烟气的示范装置已于 1991 年 11 月在丹麦投产，被美国能源部誉为清洁燃煤技术。

该技术可用于所有燃用化石燃料的电站锅炉和工业锅炉的烟气脱硫脱硝。由于该工艺同时具有很高的脱硫率和脱硝率，而且基本不产生二次污染物，特别是无固体废渣和废水排放问题，副产品 H_2SO_4 具有良好的销售市场，使得该技术受到广泛关注。目前，该技术已在大型火电机组上得到商业应用。1991 年，丹麦的 1 台 305MW、燃煤含硫量 0.5%～3.0%的机组就采用该技术；在意大利，1 台 30MW 燃烧石油焦的机组亦采用该技术。Edisons Niles 电厂将该工业示范装置作为永久性设施投入运行。

六、同时脱硫脱硝除尘技术

SO_x-NO_x-Rox-Box 同时脱硫脱硝除尘技术工艺的特点是：利用高温袋式除尘器达到同时脱硫、脱硝和除尘的目的。烟气中的 SO_2 是通过在袋式除尘器前的烟道内喷入钙基或钠基脱硫剂，并利用除尘器的过滤层脱除的。NO_x 的脱除是通过向烟道内喷入 NH_3，然后由设置在布袋内部的选择性催化还原剂（SCR）来实现的。SO_2 被催化剂中的钒催化氧化成 SO_3 的比率很低，不超过 0.5%，因而不影响催化剂的使用寿命。除尘是通过袋式除尘器自身特性完成的，采用陶瓷纤维滤袋和玻璃纤维滤袋都能满足技术要求。其工艺流程见图 3-22。

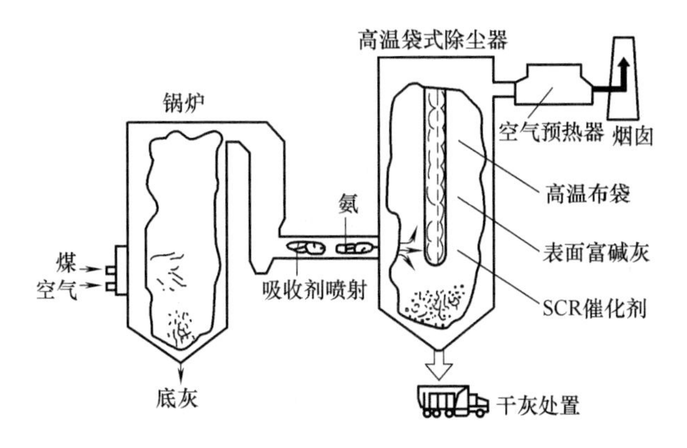

图 3-22 SO_x-NO_x-Rox-Box 协同脱硫脱硝除尘工艺流程

规模为 5MW 的中间试验已于 1995 年在俄亥俄州 Edison 公司 R. E. Burger 电站的 5 号机组上完成，整个试验共运行了约 2300h，试验结果表明，在燃煤含硫量为 3%～4%，Ca/S 值为 2.0，反应温度控制在 426～454℃的条件下，采用商品石灰作脱硫剂，其脱硫率达 80%；NH_3 与 NO_x 的化学计量比（NH_3/NO_x）控制在 0.9，在上述反应温度下，脱氮率达 90%。NH_3 的泄漏量不超过 3.8mg/m^3；除尘效率在 99%以上；烟气中 HF 和 HCl 的脱除率分别约为 84%和 95%。该工艺为干法净化，无废水排放。

SO_x-NO_x-Rox-Box 同时脱硫脱硝和除尘一体化技术，因其综合效益比分别进行脱硫、脱硝、除尘好得多，且系统较简单，占地面积少，一旦在工程技术上取得实质性突破，必将显示出其优异的商业应用前景。

该技术可用于新、老电厂锅炉和工业锅炉的烟气处理。特别是对于机组剩余寿命不长、年运行时间较短、设备改造场地受限而对脱硫率要求不高（≤50%）的中小电厂，采用这种管道喷钙技术是简便易行的。此外，该技术可以与其他技术进行多种方式的组合应用，更显示其综合竞争优势。迄今该技术仅完成中间试验，要想大规模工业应用还有不少工作要做。

七、荷电干式喷射烟气脱硫除尘技术

荷电干式吸收剂喷射烟气脱硫技术属于干法烟气脱硫技术的一种，该技术是美国阿兰柯环境资源（Alanco Environmental Resources Co.）20 世纪 90 年代开发的，具有投资少、占地面积小、工艺简单的优点，但对干吸收剂粉末中 $Ca(OH)_2$ 的含量、粒度及含水率等要求较高，在 Ca/S 值为 1.5 左右时脱硫率达 60%～70%。荷电干式吸收剂喷射系统（CDSI）适用于中小型锅炉的脱硫，与袋式除尘器配合可以提高脱硫效率 10%～15%。

1. CDSI 系统工作原理

炉内喷钙脱硫由于与炉膛烟气混合不够好、分布不均匀、在有效的温度区停留时间短，使其脱硫效率较低，一般在 40%以下。荷电干式吸收剂喷射烟气脱硫技术是使钙基吸收剂高速流过喷射单元产生的高压静电电晕充电区，使吸收剂得到强大的静电荷（通常是负电荷）。当吸收剂通过喷射单元的喷管被喷射到烟气中，吸收剂由于都带同种电荷，因而相互排斥，很快在烟气中扩散，形成均匀的悬浮状态，使每个吸收剂粒子的表面充分暴露在烟气中，与 SO_2 的反应机会大大增加，从而提高了脱硫效率；而且荷电吸收剂粒子的活性大大提高，降低了同 SO_2 完全反应所需的停留时间，一般在 2s 左右即可完成化学反应，从而有效地提高了 SO_2 的脱除率。

除了提高吸收剂化学反应成效外，荷电干式吸收剂喷射系统对小颗粒（亚微米级 PM_{10}）粉尘的去除率也很有帮助，带电的吸收剂粒子把小颗粒吸附在自己的表面，形成较大颗粒，提高了烟气中尘粒的平均粒径，这样就提高了相应除尘设备对亚微米级颗粒的去除率。

很多碱性粉末物质可作为吸收剂，但从经济技术上分析，只有钙基吸收剂最具有使用价值。用于粉末烟道喷射脱硫的吸收剂通常为 $Ca(OH)_2$，$Ca(OH)_2$ 是高效强碱性脱硫试剂。一般燃煤锅炉排烟温度低于 425℃。$Ca(OH)_2$ 在烟气中主要是与 SO_2 生成亚硫酸钙，部分 $Ca(OH)_2$ 与烟气中的 SO_3 生成硫酸钙。钙的亚硫酸盐是相对稳定的，$Ca(OH)_2$ 脱硫的亚硫酸盐化反应和硫酸盐化反应原理为：

$$Ca(OH)_2 + SO_2 \longrightarrow CaSO_3 + H_2O$$

$$Ca(OH)_2 + SO_3 \longrightarrow CaSO_4 + H_2O$$

化学反应须具备反应物质、反应接触时间、足够的能量和其他条件。当温度低于

425℃，SO_2 与 $Ca(OH)_2$ 反应生成亚硫酸钙是慢速化学反应。反应时间需大于 2s，并且固硫剂需要充分地扩散。粉末吸收剂的粒度及比表面积是影响其粉末活性的重要因素。

粉末荷电喷射有以下作用。

(1) 扩散作用　荷电粉末可以在任何温度下迅速扩散。由于粉末带有同种电荷，因而相互排斥迅速地在烟道中扩散，形成均匀分布的气溶胶悬浮状态。每个粉末的表面充分地暴露于烟气中，使其与 SO_2 的反应机会增加，从而使脱硫效率大幅度提高。

(2) 活化作用　由于固硫剂粉末的荷电，提高了固硫剂的吸收活性，减小了与 SO_2 反应所需要的气固接触时间，一般 2s 内即可完成反应，从而大幅度地提高脱硫效率和钙利用率。

(3) 除尘作用　带电的吸收剂粒子把小颗粒吸附在自己的表面，形成较大颗粒，提高了烟气中尘粒的平均粒径，这样就提高了相应除尘设备对亚微米级颗粒的去除率。

2. CDSI 系统基本工艺流程

CDSI 系统基本工艺流程是：锅炉烟气与荷电粉末混合，经过 1～2s，基本完成脱硫过程，通过袋式除尘器除尘和再脱硫。锅炉飞灰和残留的 $Ca(OH)_2$ 仍然具有一定的脱硫效果，因此干灰再循环是有意义的，可减少 $Ca(OH)_2$ 的运行消耗量。在除尘器灰斗卸灰时，通过三通阀门切换即可实现，不卸灰时干灰尽可能循环利用。

外来 $Ca(OH)_2$ 粉末拆包后倒入提升机料斗，提升到粉末储存仓，通过给料机和受料器输入荷电器，固硫剂粉末荷电后注入烟道。

对流程中脱硫及除尘系统进行自动检测和控制是必要的。在空气预热器设有温度、SO_2 连续检测，以便在温度过高或过低报警时采取保护措施。SO_2 的检测主要用于控制 $Ca(OH)_2$ 的用量。在袋式除尘器进出口分别设有温度、压力、流量、SO_2 浓度的检测，用于掌握炉况、除尘、清灰和 $Ca(OH)_2$ 用量控制。脱硫管道和除尘器均需保温，保温后能够防止烟气结露。

3. CDSI 系统主要设备

CDSI 系统由粉末高压电晕荷电喷射系统、烟气脱硫管道系统、袋式除尘系统和测控系统组成。粉末高压电晕荷电喷射系统包括给料单元、喷射单元及测控系统；烟气脱硫管道系统及除尘系统包括燃煤锅炉、烟道、袋式除尘器及引风机等。

(1) 给料单元　CDSI 系统的给料单元由料仓、闸板阀、星形给料机、计量料斗、仓顶袋式除尘器及给料机组成。料仓是用来贮存吸收剂，其容积一般为 2d 连续运行所需的吸收剂量。仓顶袋式除尘器是防止将吸收剂送入料仓时排出的带有粉尘的空气污染环境。闸板阀和星形给料机是将粉仓和计量料斗连接并按需要将料仓的吸收剂自动送入计量斗。给料机为无级变速容积式给料机，根据烟气中总量 SO_2 的多少来调节吸收剂的给料量。

工作过程中利用高压风机的气流引射，将计量斗定量给出的粉末发散形成气溶胶。料仓的吸收剂粉末经过闸板阀和星形给料机进入螺旋给料机，螺旋给料机根据烟道中测试 SO_2 的浓度由变频器控制转速，适时调节给料量，高压风机出口的引射器在高速引射气流作用下在给料器粉末进口处产生负压，将给料机输出的粉末引入喷射气流中呈气溶胶状态送入荷电器荷电。粉末发生速度和鼓风量可调，引射气流量由闸阀调节。

(2) 粉末荷电单元　高压电源采用 GG100kV，30mA 高压硅整流变压器将自动控制器输出的可控交流电压送高压变压器直接升压，再经硅堆全波整流，输出直流负高压，同时增加一个限流电阻，以防止闪络时电流过大损坏电极系统。

粉末荷电单元由荷电喷枪、高压电源、气-固混合器、一次风机、二次风机组成。一次风机使给料器粉末进口处于负压状态，这样从给料器下来的粉末随空气按一定的气固比进入喷枪的充电区充电，带电的吸收剂进入烟道中与 SO_2 发生反应。二次风机的作用是自动清扫充电区，以防止充电部分被吸收剂黏附。

（3）SO_2 自动检测装置及计算机控制系统　SO_2 自动检测装置主要是测量 CDSI 系统前后 SO_2 的浓度及烟气量并将数据自动输入计算机控制系统。由计算机控制系统根据设定的 Ca/S 值及其他参数自动调节吸收剂的喷射量。

CDSI 系统吸收剂的喷射量是根据烟气中 SO_2 的含量多少来决定的。控制吸收剂喷入量的方法有两种。其中，一种是最准确的控制方法，它是通过高精度的 SO_2 测定仪，连续检测烟气中 SO_2 的含量及烟气量，并将检测的数据输入计算机，计算机将根据设定的程序自动调节吸收剂的喷入量。这种方法的优点是喷入量准确，吸收剂利用率高，但缺点是 SO_2 测定仪价格昂贵，且日常维护复杂。另一种是简单实用的控制方法。对于电站锅炉而言，负荷一般在一定范围内变化，而同一批煤中的含硫量及热值变化不大，因此可根据锅炉负荷来调整吸收剂的喷入量，这是一种比较简单经济实用的控制方法。

4. CDSI 系统的技术条件与参数

（1）对吸收剂的要求　粉状 $Ca(OH)_2$，粒度 30～50μm；含水量在 2%以下，具有良好的流动性；比表面积≥$20m^2/g$，干燥吸收剂。

（2）技术条件　为达到良好的脱硫效果，要求吸收剂喷射点的烟气粉尘浓度不高于 $10g/m^3$，否则需要在 CDSI 系统前增加预除尘，将粉尘浓度降到 $10g/m^3$ 以下。

八、简易湿式石灰石（石灰）-石膏法

1. 工艺原理

为了降低烟气脱硫装置的一次性投资和操作费用，减少占地面积，在满足废气排放标准要求的条件下，一些中小型工业锅炉在其烟气脱硫项目中采用了简易湿式石灰石（石灰）-石膏法。

本法的简易化原则如下。

（1）取消烟气换热器　烟气换热器能够在降低吸收塔入口烟温、提高吸收效率的同时，将吸收塔出口烟温升到露点以上，以防止烟道腐蚀和烟囱周围降落酸雨。但烟气换热器价格较贵，如果工艺条件和当地环境允许，在吸收塔入口设置预洗涤器降低烟温，并将部分烟气直接引到吸收塔出口来提高脱硫烟温，或同时将吸收塔出口管道加高，使烟气脱硫后直接排放，就可以做到有条件地取消烟气换热器。

（2）简化吸收氧化塔　采用石灰石（石灰）-石膏法，若要达到 90%以上的二氧化硫去除率，吸收氧化塔通常应高于 30m，其投资和操作费用（尤其是在大液气比的情况下）都会很高。如果仅需要 50%～80%的二氧化硫去除率即可达到排放标准，则可考虑采用液柱塔、喷气鼓泡反应器、非填充喷射塔等相对简易的吸收氧化塔。

（3）简化石膏脱水及储存系统　把含有石膏的吸收液并入锅炉冲灰水处理系统，使其与锅炉灰渣一起处理。由此可以大大简化石膏脱水及储存系统。

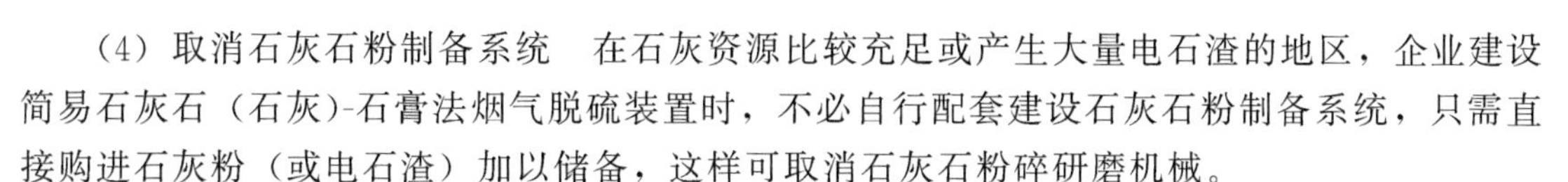

(4) 取消石灰石粉制备系统　在石灰资源比较充足或产生大量电石渣的地区，企业建设简易石灰石（石灰)-石膏法烟气脱硫装置时，不必自行配套建设石灰石粉制备系统，只需直接购进石灰粉（或电石渣）加以储备，这样可取消石灰石粉碎研磨机械。

2. 工艺流程和主要设备

简易石灰石（石灰)-石膏法在工艺流程和设备组成上虽然表现为多种形式，但由于采用了上述的简易化措施，从总体上看要比常规的石灰石（石灰)-石膏法简单不少。

图 3-23 给出了多种形式中一种较为典型的工艺流程。

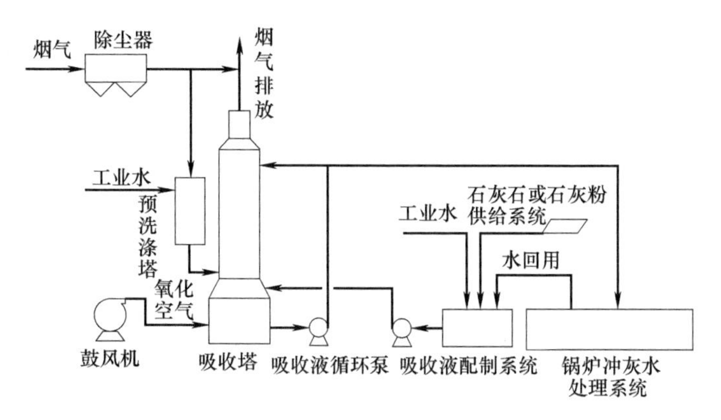

图 3-23　简易石灰石（石灰)-石膏法的典型工艺流程

3. 主要工艺参数

一个采用液柱塔，烟气从塔顶直接排放的简易石灰石（石灰)-石膏法烟气脱硫示范项目的主要工艺参数如下。

(1) 装置入口　烟气量为 $93000m^3/h$；烟气温度为 66℃；SO_2 浓度为 1050μL/L；烟尘浓度为 $189mg/m^3$；烟气压力为 230Pa。

(2) 装置出口　烟气量为 $96500m^3/h$；烟气温度为 41℃；SO_2 浓度为 185μL/L；烟尘浓度为 $80mg/m^3$；烟气压力为－180Pa。

4. 治理效果

简易石灰石（石灰)-石膏法烟气脱硫技术的工程投资和运行费用都低于典型的石灰石（石灰)-石膏法，为其投资的 80%～83%。

在生产工况正常时，简易石灰石（石灰)-石膏法烟气脱硫装置的脱硫率为 80%～83%，除尘率为 55%～60%。

九、喷雾干燥法

喷雾干燥法一般适用于使用中低硫煤的工业锅炉，由于装置占地少，所以比较适于老厂烟气脱硫的改造。

1. 工艺原理

喷雾干燥法是以石灰（石灰乳浆）为脱硫吸收剂，并将其雾化成细小液滴，然后与烟气中的二氧化硫反应生成亚硫酸钙和硫酸钙，从而将二氧化硫除去的一种烟气脱硫方法。主要化学反应为：

$$CaO+H_2O \longrightarrow Ca(OH)_2$$

$$Ca(OH)_2+SO_2 \longrightarrow CaSO_3+H_2O$$

$$CaSO_3+\frac{1}{2}O_2 \longrightarrow CaSO_4$$

喷雾干燥法有两种不同的雾化形式：一种为旋转喷雾轮雾化；另一种为气液两相流雾化。

2. 流程和设备

喷雾干燥脱硫工艺以石灰为脱硫吸收剂。石灰经消化并加水制成石灰乳，消石灰乳由泵打入位于吸收塔内的雾化装置。在吸收塔内，被雾化成细小液滴的吸收剂与烟气混合接触，与烟气中的二氧化硫发生化学反应，生成亚硫酸钙，并进一步被氧化成硫酸钙，使烟气中的二氧化硫得以脱除。与此同时，吸收剂带入的水分迅速被蒸发而干燥。烟气温度随之降低。脱硫反应产物及未被利用的吸收剂以干燥的颗粒物形式随烟气带出吸收塔，进入除尘器被收集下来。脱硫后的烟气经除尘器除尘后排放。为了提高脱硫吸收剂的利用率，一般将部分除尘器收集物加入制浆系统进行循环利用。除尘器排灰主要由飞灰、亚硫酸钙、硫酸钙和未反应完的吸收剂［$Ca(OH)_2$］等组成，经脱水干燥后可用作制砖、筑路，但目前大多为抛弃至灰场或回填废旧矿坑。

典型的喷雾干燥脱硫工艺流程如图 3-24 所示。

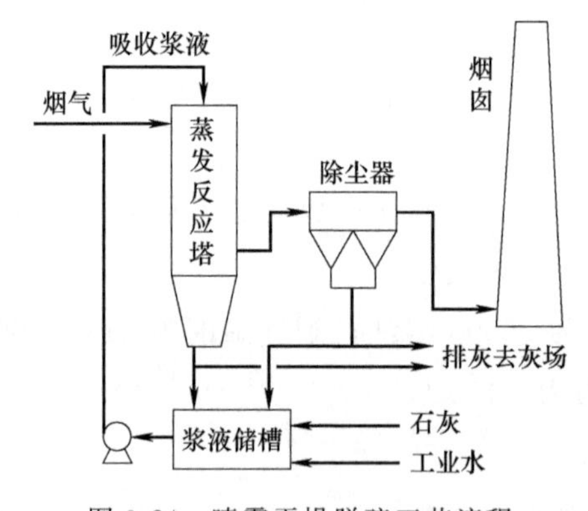

图 3-24 喷雾干燥脱硫工艺流程

3. 主要工艺参数

以燃煤锅炉（煤含硫 2.6%～2.9%）的喷雾干燥脱硫工艺为例，其工艺参数为：

处理烟气量	$182\times10^4 m^3/h$
喷雾干燥器数量	2 个
干燥器直径	14m
气体停留时间	10s
雾化器功率	800kW
出口烟温	70℃
出口烟温与绝热饱和温度差	18℃
投料中固体含量	35%

投料中氯化物含量最大	5%
除尘器型式	脉冲袋式
气布比	1.16m/min
滞留式消化器	2×10t/h
入口 SO_2 浓度	1400μL/L
脱硫率	90%

4. 物料消耗

一个烟气排放量为 $82\times10^4m^3/h$ 的燃煤锅炉，二氧化硫浓度为 3000μL/L，设计脱硫率为 80%时，相应的年消耗指标为：

电	10791.7MW·h（约占发电量的 1%）
石灰	93372.7t
工业水	2500000t

5. 治理效果

喷雾干燥脱硫工艺的二氧化硫去除率 85%～90%，除尘脱硫双达标排放。

十、循环流化床 (CFB) 锅炉脱硫法

循环流化床锅炉脱硫工艺是 20 世纪 80 年代投入工业应用的一种干法脱硫技术。石化企业已将它成功地应用于含硫半焦的综合利用。

CFB 锅炉使用的燃料广泛，可以是褐煤、无烟煤、高硫焦，甚至城市垃圾等。锅炉容量在 75t/h 以下，烟气量为 $(2\sim38)\times10^4m^3/h$，二氧化硫浓度为 $500\sim13000mg/m^3$。由于 CFB 锅炉占地面积少，投资省，所以也比较适于老机组的烟气脱硫除尘。

1. 工艺原理

CFB 锅炉燃烧脱硫过程是将粉状固体脱硫剂（一般用石灰石或白云石 $MgCO_3$）送入炉内，然后与燃料燃烧生成的二氧化硫反应，达到脱硫目的。

固体脱硫剂与二氧化硫之间的反应包括两个主要过程，即脱硫剂煅烧快速分解成氧化钙（镁）和速度相对缓慢的氧化钙（镁）硫酸盐化过程。反应式如下：

$$CaCO_3 \longrightarrow CaO + CO_2$$

$$CaO + SO_2 + \frac{1}{2}O_2 \longrightarrow CaSO_4$$

或

$$MgCO_3 \longrightarrow MgO + CO_2$$

$$MgO + SO_2 + \frac{1}{2}O_2 \longrightarrow MgSO_4$$

分解反应的最佳条件是加热至 500～900℃，反应后生成的二氧化碳随烟气排出锅炉，而剩下的氧化钙（镁）是一种多孔状的氧化物，极易与二氧化硫及空气发生中和及氧化反应，生成较稳定的硫酸钙，然后随炉渣排出锅炉。氧化钙硫酸盐化的反应温度不应超过 1200℃，否则会发生逆反应而再次释放出二氧化硫。

2. 工艺流程和主要设备

CFB 锅炉是不同于常规锅炉的一种新型燃烧设备。它是将煤等燃料破碎成小的颗粒

（一般<12mm）后与脱硫剂（一般为石灰石，粒径约1mm）一起送入锅炉炉膛内，并呈流化状态燃烧。

CFB锅炉的构造分为两部分：第一部分由炉膛（快速流化床）、气-固物料分离设备、固体物料再循环设备等组成，由此形成一个固体物料循环回路；第二部分为对流烟道，布置有过热器、省煤器和空气预热器等，与常规煤粉锅炉相近。

在CFB锅炉中，由于独特的设计和运行条件，整个主循环回路运行在脱硫的最佳温度范围内（850～900℃）。同时，由于固体物料在炉内的内部循环和外部循环（通过分离装置和回送装置），脱硫剂在炉内的停留时间大大延长，通常平均停留时间可达数十分钟。此外，炉内强烈的湍流混合也十分有利于燃烧脱硫过程。

脱硫后的烟气经过除尘后由烟囱排放，燃尽后的灰渣从炉底灰渣口排出。

CFB锅炉脱硫工艺流程见图3-25。

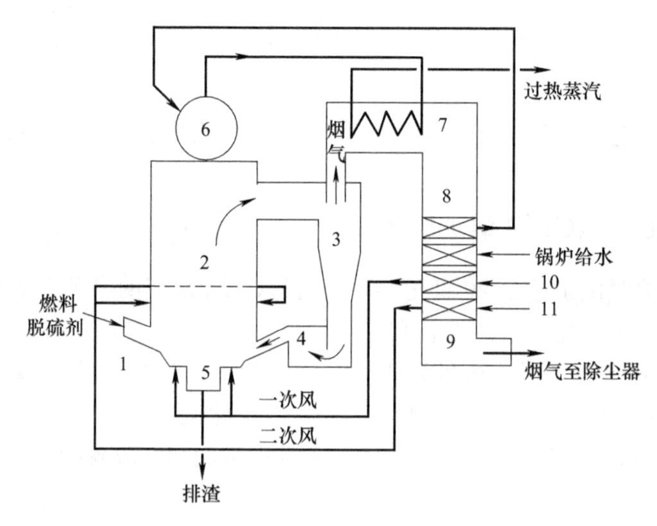

图3-25　CFB锅炉脱硫工艺流程

1—给料斗；2—炉膛；3—气-固分离装置；4—返料机构；5—排渣口；6—锅炉汽包；7—过热器；8—省煤器；9—空气预热器；10—一次风机；11—二次风机

3. 主要工艺参数

对于一个烟气量为$25\times10^4m^3/h$的CFB锅炉（燃料为褐煤）的脱硫系统，主要工艺参数如下。

① 烟气出口温度：70～80℃。

② 烟气中SO_2浓度：$4250mg/m^3$。

③ 烟气中烟尘浓度：$16000mg/m^3$。

④ 排放气体中SO_2浓度：$200mg/m^3$。

⑤ 排放气体中烟尘浓度：$150mg/m^3$。

⑥ 脱硫率：95%。

4. 治理效果

CFB锅炉脱硫工艺具有以下特点。

（1）燃料适应性广　由于CFB锅炉的特殊流体动力特性，使其对燃料有较强的适应性，

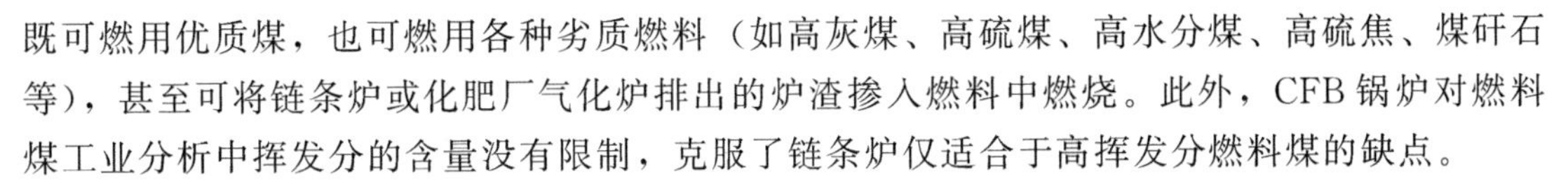

既可燃用优质煤，也可燃用各种劣质燃料（如高灰煤、高硫煤、高水分煤、高硫焦、煤矸石等），甚至可将链条炉或化肥厂气化炉排出的炉渣掺入燃料中燃烧。此外，CFB锅炉对燃料煤工业分析中挥发分的含量没有限制，克服了链条炉仅适合于高挥发分燃料煤的缺点。

（2）燃烧效果较好　因CFB锅炉的气-固两相混合良好，燃烧速率高，特别是设置了飞灰分离装置，使绝大部分未燃尽的燃料能再循环送入炉内燃烧，从而降低了不完全燃烧损失，提高了燃烧效率。燃烧效率通常在97.5%～99.5%范围内，足以和煤粉锅炉相媲美。

（3）脱硫效率较高　CFB锅炉脱硫工艺是通过直接在燃料中或者在炉膛内加入固体脱硫剂（目前主要用石灰石）来实现的，在Ca/S值为1.5～2.5时其脱硫效率可达到85%～90%。

（4）氮氧化物排放低　这是CFB锅炉另一个引人注目的特点。运行经验表明，CFB锅炉排放烟气中氮氧化物排放浓度为50～200μL/L。低浓度氮氧化物排放低是由于CFB锅炉采用了低温（<1000℃）燃烧和分段燃烧技术。目前一般工业锅炉烟气中的氮氧化物还没有比较经济适用的脱除方法。

（5）燃料预处理简单　CFB锅炉的给煤粒度一般小于12mm。因此与煤粉炉相比燃料制备系统大为简化。此外，CFB锅炉能直接燃用高水分煤（水分含量在30%以上），而且不需要专门的处理系统。

（6）灰渣易于综合利用　CFB锅炉的燃烧过程属于低温燃烧，同时，炉内优良的氧化条件使得燃料得以充分燃烧，产生的灰渣含碳量低，易于实现灰渣的综合利用，如作为水泥掺合料或作建筑材料。再有，低温烧透也有利于灰渣中稀有金属的提取。

（7）负荷调节容易　CFB锅炉的负荷调节范围为50%～100%（有些产品可达30%）。在低负荷条件下，CFB锅炉仍能稳定燃烧，并且保持锅炉出口蒸汽参数不变。负荷调节速率也很快，一般可达每分钟4%。

（8）投资和运行费用适中　CFB锅炉的基建投资和运行费用略高于相同规模的常规煤粉锅炉，但要比配备脱硫装置的煤粉锅炉低15%～20%。这无疑提高了CFB锅炉的市场竞争力。

十一、炉内喷钙加尾部烟气增湿活化法（LIFAC法）

LIFAC法脱硫工艺适用于燃用中低硫煤的工业锅炉，单机应用的经济性规模应在300MW以下。当烟气脱硫系统配有文丘里管、水膜等湿式除尘器时可省去增湿活化反应器。

1. 工艺原理

LIFAC法脱硫工艺是在炉内喷钙脱硫工艺的基础上，于锅炉尾部增加烟气增湿活化反应器，以提高脱硫效率。该工艺以石灰石粉为吸收剂，喷入炉膛内的850～11500℃烟温区内，石灰石受热分解为氧化钙和二氧化碳，氧化钙与烟气中的二氧化硫反应生成亚硫酸钙。反应式为：

$$CaCO_3 \longrightarrow CaO + CO_2 \uparrow$$

$$CaO + SO_2 \longrightarrow CaSO_3$$

由于是气-固两相反应，上述反应的脱硫率仅为20%～35%。未反应的氧化钙随烟气进入增湿活化反应器，与喷入的雾化水反应生成氢氧化钙，进而再与烟气中的二氧化硫反应生成亚硫酸钙，从而使烟气中的二氧化硫得以进一步除去。

增湿活化反应器中发生的化学反应为：

$$CaO + H_2O \longrightarrow Ca(OH)_2$$

$$Ca(OH)_2 + SO_2 \longrightarrow CaSO_3 + H_2O$$

亚硫酸钙通常不稳定，在炉膛或活化反应器中有可能进一步氧化为硫酸钙：

$$CaSO_3 + \frac{1}{2}O_2 \longrightarrow CaSO_4$$

2. 工艺流程和主要设备

典型的工艺流程见图 3-26。

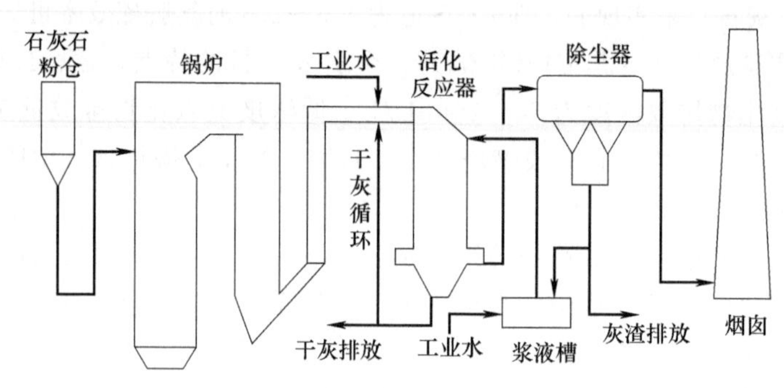

图 3-26 LIFAC 法脱硫工艺简明流程

脱硫装置由石灰石粉喷射系统、增湿活化反应器、灰渣循环系统等组成，其中：a. 在向炉膛内喷入碳酸钙的同时，如果还喷入氧化催化剂，则可将炉内喷钙的脱硫率提高到 50%；b. 将除尘器排灰制浆喷入增湿活化反应器，可以使装置脱硫率增加 10%；c. 装置出口烟气温度通过工业水用量和浆液用量调节，也可由除尘器出口分流出一股烟气，用蒸气加热后送入除尘器进口，或从空气预热器抽出部分热空气，输入除尘器进口等方式来调节和控制；d. 采用干式除尘时其排灰比较容易处置，可用作筑路填土，且没有废水排放；e. 采用湿式除尘时可不再设置增湿活化反应器。

3. 主要工艺参数

单台装置（与燃煤电厂 2×125MW 机组配套，设置 2 台脱硫装置）的工艺参数如下：

处理烟气量	$55\times10^4 m^3/h$（含石灰石粉载气体与助混气体）
燃煤含硫量	0.92%
每台锅炉燃煤量	64t/h
SO_2 生成量	1.054t/h
SO_2 排放量	0.264t/h
系统脱硫率	75%
活化反应器进口烟气温度	160℃
活化反应器出口烟气温度	55℃
电除尘器出口烟气温度	70℃
Ca/S 值	2.5
石灰石粉消耗量	4.5t/h
石灰石粉细度	325 目筛余 20%
活化反应器压缩空气消耗量	$5900m^3/h$

活化反应器雾化水消耗量	23t/h
再循环灰消耗量	5.5t/h
占地面积	1350m^2

4. 物料消耗

当烟气量为$45\times10^4m^3/h$，二氧化硫浓度为3000μL/L时，其年消耗指标如下：

电	5550MW·h（小于发电量的0.5%）
石灰石	87050t
工业水	425000t

5. 治理效果

当Ca/S值为2.0～2.5时，LIFAC脱硫工艺对二氧化硫的去除率可达65%～85%。

十二、烟气同步脱硫脱硝技术

随着烟气脱硫脱硝技术的发展，许多国家展开了对烟气同时脱硫脱硝技术的研发，寻求比传统的FGD和SNCR、SCR投资、运行费用低的SO_2/NO_x双脱技术，近年来获得了重大进展。

工业上SO_2/NO_x的脱除，目前运用的主流工艺是湿式石灰石-石膏法和干式SNCR、SCR技术。FGD和SNCR、SCR是两种不同的技术，各自独立地工作，其优点是无论烟气中的SO_2/NO_x的浓度比是多少，能达到理想的脱除率。这种FGD加SNCR、SCR组合式双脱工艺在日本、德国、美国、丹麦等国家已有工业应用，暴露出来的主要问题与二氧化硫在SCR反应器中的氧化有关，而且它的投资和运行费用是FGD与SNCR或SCR的叠加总和，并不经济。因此，研发出比FGD加SNCR、SCR组合工艺更加经济、合理有效的新一代双脱工艺具有重大意义。

1. “双脱”技术工作原理

“双脱”技术是同时具有脱硫和脱硝的双重功能技术。目前国内外普遍采用的脱硝工艺为：以氨、尿素为还原剂的催化还原法，以水、酸、碱和熔盐为吸收剂的吸收法，以及氧化吸收法、吸收还原法、络合吸收法等。

由于煤在燃烧过程中产生二氧化硫的同时也产生氮氧化物，它们各自产生的机理不同，所采用的净化技术和消耗的费用也不同，往往是将两者分开处理。

“双脱”工艺分为串联流程和同步流程两种：串联流程是将脱硫和脱硝分置在两种设备中顺序进行，其缺点是增加投资成本、运行费用和占地面积；同步流程是在同一装置中使用同一反应剂同步脱除烟气中的SO_2/NO_x，其优点是设备简单、投资与运行成本低、占地面积小、运行管理方便。随着氮氧化物排放控制的不断严格，“双脱”工艺日益受到重视，将成为国际技术发展的主攻方向。

（1）脱硫原理　加入吸收液NaOH，控制其pH值为11～12，脱硫塔中发生的化学反应有：

$$2NaOH+SO_2 \longrightarrow Na_2SO_3+H_2O$$

$$Na_2SO_3+SO_2+H_2O \longrightarrow 2NaHSO_3$$

脱硫塔排出液进入再生池内与石灰发生反应，使吸收液得到再生，反应如下：

$$2NaHSO_3+Ca(OH)_2 \longrightarrow CaSO_3 \cdot \frac{1}{2}H_2O\downarrow +Na_2SO_3+\frac{3}{2}H_2O$$

$$Na_2SO_3+Ca(OH)_2+\frac{1}{2}H_2O \longrightarrow CaSO_3 \cdot \frac{1}{2}H_2O\downarrow +2NaOH$$

部分 SO_3^{2-} 可被烟气中过剩的 O_2 氧化成 SO_4^{2-}，在反应池中与 $Ca(OH)_2$ 反应，生成 $CaSO_4$ 和 NaOH，后者则循环利用。

$$Na_2SO_3+\frac{1}{2}O_2 \longrightarrow Na_2SO_4$$

$$Na_2SO_4+Ca(OH)_2+2H_2O \longrightarrow CaSO_4 \cdot 2H_2O\downarrow +2NaOH$$

（2）脱硝原理　烟气中90%的氮氧化物为NO，脱除氮氧化物的关键是如何使NO转化为水溶物，从而提高氮氧化物的脱除效率。

由于使用旋流板塔，气相飞灰在反应器中运行路线长，涡流度高，因此飞灰碰撞机会大，反应原理是：

$$NO(g) \longrightarrow NOdiss\text{（NO 的溶解形式）}$$

$$NOdiss \longrightarrow NOhyd\text{（NO 的水解形式）}$$

$$NOdiss+SO_3^{2-} \longrightarrow (ONSO_3)^{2-}$$

$$NOhyd+SO_3^{2-} \longrightarrow ON(SO_3)^{2-}$$

$$NO+ON(SO_3)^{2-} \longrightarrow {}^{-}ON(NO)SO_3^{-}$$

2. 工艺流程

烟气由塔底呈螺旋状进入旋流板，从旋流板叶片之间的开孔高速穿过。在泵前清水池中加入氢氧化钠溶液制成烟气吸收液，用水泵泵入吸收塔中，经特殊给液装置分配到各叶片上雾化，获得较高的比表面积和烟气接触，对烟尘、二氧化硫和氮氧化物进行洗涤去除，净化后的烟气经烟囱排出；脱除过程中亚硫酸钠、氢氧化钠溶液、烟灰和亚硫酸钙等进入循环沉淀池、碱性水池后，经过沉淀、反应后，溶液进入泵前池，循环使用。

3. 工艺特点

① 具有亚硫酸钠法脱硫特点，塔外进行吸收剂再生和沉淀，因此塔内不结垢；

② 采用旋流板塔，具有除尘效率高，而且降低了投资成本；

③ 仍有双碱法的高效脱硫能力，废水可以循环利用；

④ 采用旋流板塔，又具有亚硫酸钠法特点，飞灰中含有大量的铁锰离子，一氧化氮在铁锰氧化物存在下与烟气中的氧气催化氧化转化为 NO_2^-（NO_3^-），因此具有脱硝功能。

4. 工艺应用

中粮新沙粮油工业（东莞）有限公司烟气脱硫脱硝采用“双脱”工艺，经生产运行证明，效果显著，工艺装置达到国家环保产品认证检验标准。

（1）设计参数　处理烟气量60000m^3/h；烟气温度130℃；耗煤量2.71t/h；煤含硫率0.8%；循环水量60～70t/h；pH值为8～9；液气比小于1L/m^3；含湿量小于8%；漏风率小于7%；脱硫效率大于80%；脱硝效率40%；年运行时间7000h。

（2）投资与运行费用　项目投资105万元，是同类工艺的2/3；运行费用是同类工艺的1/3，投资和运行费用低。

（3）国家环保产品认证检验报告数据　见表3-28。

表 3-28 工艺装置性能检验报告

序号	参数名称	单位	测定值	
			进口	出口
1	烟气静压	Pa	−2130	−3210
2	烟气温度	℃	117	53
3	干烟气流量(标态)	dm^3/h	44273	47199
4	烟尘浓度(标态)	mg/dm^3	1211.4	37.5
5	出口烟尘折算浓度(标态)	mg/dm^3	42.86	
6	SO_2 实测浓度(标态)	mg/dm^3	1226.0	60.0
7	出口 SO_2 折算浓度(标态)	mg/dm^3	68.6	
8	循环水利用率	%	86.9	
9	脱硫率	%	94.78	
10	除尘率	%	96.70	
11	设备压力	Pa	1105	
12	漏风率	%	6.61	
13	液气比	L/m^3	0.96	
14	烟气含湿量	%	7.49	
15	氮氧化物浓度(标态)	mg/dm^3	266.1	149.0
16	出口氮氧化物折算浓度(标态)	mg/dm^3	170.3	
17	脱硝率	%	40.3	
18	锅炉负荷比	%	81.6	

第四章

工业炉窑烟气协同减排技术

工业炉窑是指在工业生产中用燃料或电能转化产生的热量，将物料或工件进行冶炼、焙烧、烧结、熔化、加热等工序的热工设备。

从工业炉窑的产量和拥有量来看，在世界上我国堪称“工业炉窑大国”。我国共有各类工业炉窑约12万台。其中，机械行业炉窑约7.5万台；冶金行业炉窑1万余台；玻璃、陶瓷、建材、耐材行业拥有各类炉窑约1.5万台。轻工、化工行业有各类工业炉窑5000台以上。本章主要介绍工业炉窑的分类、污染物的产生，重点是工业炉窑烟气协同减排技术。

工业锅炉的协同减排技术均可用于工业炉窑，本章不再重复。

第一节　工业炉窑的分类和烟气特点

炉窑是利用燃烧反应把材料加热的装置。炉多用于冶炼和机械工业系统，主要用来冶炼和制备钢铁、各种有色金属材料等。窑多用于硅酸盐工业系统，如生产陶瓷、砖瓦、水泥、玻璃等。

一、工业炉窑的分类

根据《工业炉窑大气污染物排放标准》(GB 9078)，工业炉窑分10类19种。

(1) 熔炼炉　将金属或非金属熔化、调整其成分、去其杂质，获得所设定成分的金属或非金属的工业炉，如高炉、铜鼓风冶炼炉等。包括以下几种：a. 高炉及高炉出铁场；b. 炼钢炉、混铁炉（车）；c. 铁合金熔炼炉，包括各种用于铁合金熔炼的炉窑，如矿热电炉、明弧电炉、铝热法熔炼炉、焙烧回转窑、多层机械焙烧炉等；d. 有色金属熔炼炉，包括各种铅锌、铜有色金属冶炼用的鼓风炉、闪射炉、烧结炉、炼铜转炉、精炼炉等。

(2) 熔化炉　将固体金属或非金属熔化成液体的工业炉。包括以下几种：a. 冲天炉、化铁炉，包括铸造用各类冷风、热风冲天炉及各种化铁炉；b. 金属熔化炉，包括各种熔铜炉、化铅炉、熔铝炉等；c. 非金属熔化、冶炼炉，包括玻璃熔炉、刚玉冶炼炉、硅冶炼炉、耐火及保温材料熔化炉等。

(3) 铁矿烧结炉　把物料，如矿粉、铁粉加热到生成液相的温度，使其达到黏结成块的工业炉。包括以下两种：a. 烧结机（机头、机尾）；b. 球团竖炉和带式球团。

(4) 加热炉　一般特指物料加热提高其温度而不改变其形态，以满足加工工艺要求的工

业炉。包括以下两种：a. 金属压延锻造加热炉，包括各种钢坯加热炉、均热炉、锻造加热炉、感应加热炉；b. 非金属加热炉，包括沥青加热炉、玻璃塑型炉、沥青混凝土搅拌炉等。

（5）热处理炉　包括以下两种：a. 金属热处理炉，包括各种退火炉、调质炉（淬火、回火）、钎焊炉、马弗炉等；b. 非金属热处理炉，除去物料中所含水分或挥发分的工业炉，按不同干燥对象分为砂型干燥炉、泥蕊干燥炉、油染干燥室、木材干燥室等。

（6）干燥炉、窑　包括各种金属、非金属加工用干燥炉（窑）。

（7）非金属焙（锻）烧炉窑、耐火材料窑　包括各种用于非金属焙烧、生产耐火材料的回转窑、竖窑等。

（8）石灰窑　包括各种生产石灰的竖窑及土窑。

（9）陶瓷、搪瓷、砖瓦窑。

（10）其他炉窑　包括各种煤气发生炉、造气炉等，以及不包括在上述各类中的其他工业炉窑。

二、工业炉窑的应用范围

工业炉窑种类及应用范围见表 4-1。

表 4-1　工业炉窑种类及应用范围

行业	冶金	机械	建材	轻工
用途	炼铁、炼钢、有色金属冶炼、热处理、耐火、焦化、机修	铸铁、铸钢、锻压、热处理、干燥、金属熔化	水泥、砖瓦、平板玻璃、建筑陶瓷、玻璃纤维等	民用陶瓷、玻璃器皿、搪瓷器具、合成洗涤剂等
炉窑种类	高炉、焦炉、焙烧炉、冶炼炉、转炉、电炉、均热炉、轧钢加热炉、热处理炉、隧道窑、倒焰窑	熔化炉（反射炉、冲天炉、天炉、电弧炉、感应电炉）、加热炉、热处理炉、干燥装置	水泥回转窑、玻璃熔炉（池炉、坩埚炉）、陶瓷窑（倒焰窑、隧道窑）、砖瓦窑、玻璃纤维坩埚炉	玻璃，陶瓷窑（倒焰窑、隧道窑）；搪瓷炉
燃料结构	煤 70%（炼焦煤 55%，燃料煤 15%），电力 17%，重油 10%，天然气 2%，其他 1%	炼钢：电力为主，化铁：焦炭为主，加热炉，煤 55%，重油 33%，煤气 10%，电力 2%	玻璃池炉，陶瓷隧道窑、倒焰窑和坩埚炉烧煤气、重油为主；水泥窑和砖瓦烧成窑烧煤为主	玻璃、陶瓷窑（倒焰窑、隧道窑），搪瓷炉烧煤为主，部分烧油

三、工业炉窑烟气的特点

工业炉窑排放和产生的大气污染物有烟尘和气态污染物，其中主要是烟尘。工业炉窑污染特点如下。

（1）污染原因单一　炉窑对环境的污染，一方面来源于燃料燃烧过程中产生的烟尘、二氧化硫、氮氧化物等；另一方面来源于高炉、转炉、冲天炉、冶炼炉等产生的污染，即一方面来源于燃料的燃烧，另一方面来源于原料本身。

（2）污染设备差别大　工业炉窑是仅次于锅炉的第二种主要工业燃煤设备，种类多，分布面广，污染装备也千差万别，所以必须根据不同的工艺过程、不同的燃烧方式，采取不同的治理措施。

（3）烟气特点多样

① 烟气温度较高，一般在 200℃左右，倒焰窑的烟气温度有时高达 300～500℃。

② 烟尘浓度高，烟气黑度大，烟尘浓度（标态）一般在 $2g/m^3$ 以上，烟气黑度可达林格曼四级。

③ 烟气中烟尘粒径较细，5μm 以下的占 80%以上。

④ 含有氟化物、二氧化硫等有害气体。

（4）烟气中有用成分可回收利用，热能可回收。

第二节 冶炼炉烟气协同减排技术

冶炼炉是工业炉窑中种类繁多、性能差别大的工业炉窑，冶炼炉烟气治理因炉型不同、大小不同，治理方法各异。本章主要介绍有色金属冶炼炉的协同减排技术。

一、冶炼炉烟气治理基本技术

冶炼炉烟气的治理三大基本技术分别是烟气冷却、烟气除尘和冶炼气净化回收。

1. 烟气冷却技术

用于火法冶金车间的主要冷却设备是锅炉、蒸发冷却器、辐射冷却器、骤冷器和烟气-空气热交换器。决定设备选型的主要因素是酸露点、配置场地的限制和生产成本与投资规模。

余热锅炉对连续的大流量烟气来说是一个良好的选择，锅炉所产蒸气可供工厂使用和发电。而系统设计必须考虑给水系统、水循环和高压蒸气的生产，同样也必须考虑粗尘和大结块的清除。余热锅炉的主要缺点是维护保养与更换已损坏的壁或盘管需要停工。

对于连续或非连续的大流量烟气可以考虑带有喷水系统的卧式或立式蒸发冷却器，但也必须考虑粗尘与结块的清除。蒸发的水分造成送去制酸的烟气流量和含水量增大，可能影响生产 93.96%或 98%的硫酸时的热平衡。蒸发冷却的主要特征是降低烟气温度，但烟气热焓保持恒定。

辐射冷却器是通过从设备表面向大气的传导、对流和辐射来使工艺烟气得到冷却，这并不节能。气-空气热交换器除了适用于高漏风率的间断作业外，类似于辐射冷却器。

骤冷器则是通过尽快冷却烟气，以降低烟气实际流量。这样就可以缩小所有烟气管道及其后续处理设备的实际尺寸，并将由二氧化硫向三氧化硫的氧化程度降到最低。该系统目前按 Inco 闪速熔炼工艺组织生产，在 1250℃条件下产生的烟气被收集到一个水冷烟罩中，该烟罩直接延伸到反应器烟气入口处，在烟罩中烟气通过漏风被冷却到 650℃；冷却的烟气混合物从烟罩出来后进入卧式烟气室，通过喷水将温度降至 350℃；初步冷却后烟气进入骤冷塔，塔中大量循环液将其温度降至约 70℃；然后烟气进入一个径流式洗涤器，在此除去所夹带的大部分烟尘。

2. 烟气除尘技术

在烟气冷却后，除了用骤冷法以外，再经过一个净化高温烟气的工段才会将烟气送去制酸。烟气的净化除尘主要分为干式和湿式两类。在铜、锡、镍工业中用于高温烟气净化的主要设备有旋风除尘器、电除尘器、袋式除尘器和湿式洗涤器。

（1）干式除尘　干式除尘的整个作业过程都是在烟气温度大于露点条件下进行，所收下的都是干烟尘。常用的设备有沉尘室、旋风除尘器、滤袋除尘器和电除尘器等，它们可以单独使用，也可以协同组合使用。

① 旋风除尘器能处理高含尘烟气，除尘率达 90%以上，是一种可适用于多种情况的较

好的预净化设备，但不能用于净化冶金炉产生的亚微细粒烟气。

② 电除尘器是铜冶炼厂烟气净化系统最常用的设备，此方法通过高压放电电极可以使烟气局部发生电离，进而带电烟尘粒子在电场作用下移动到收尘极，释放电量，同时被收集。

在铜冶炼中，烟气中烟尘的电阻系数是主要的未知参数。烟尘的电阻取决于烟尘的化学成分和物理成分以及粒度分配，也取决于周围烟气的成分、水分和温度。此方法要求净化后烟气冷却方式必须与之相匹配，是否能够采用此方法除尘，主要由所需除尘的总效率和某一电场工作期间的效率以及成本来决定（一般采用了3～5个电场）。

③ 袋式除尘器主要是将烟尘和烟气收集到一个专用纤维过滤器上。纤维过滤器主要用于处理精矿和起干燥作用，很少用于熔炼烟气净化。有的铜冶炼厂在电除尘后面安装了纤维过滤器，用以收集含锌和铅高的烟尘，因为这部分烟尘难以在电除尘中被收集。然而，在纤维过滤器前需安装大型对流烟气冷却器，以免滤袋因高温而损坏。

（2）湿式除尘　湿式除尘适用于净化含湿量大（不宜用于干式除尘）的各类烟气，较多地运用在精矿和渣干燥的烟气治理。因其是利用含尘烟气与水接触，靠水产生的液滴、液膜和气泡将烟尘从烟气中分离出来，所以整个作业过程都处于湿式状态，容易造成设备管道腐蚀，收下的烟尘呈浆状并有废水产生，难以处理。所需要的湿式除尘设备有水膜旋风除尘器、冲击式除尘器、自激式除尘器和文丘里除尘器等。

3. 冶炼气净化回收技术

冶炼烟气中的气态污染物主要是二氧化硫。二氧化硫浓度在3.5%以上的烟气，可采用接触法制成硫酸。来自冶炼系统的烟气虽然经过冷却和除尘，但是进入硫酸厂的烟气中还含有金属挥发物、卤化物、三氧化硫以及电除尘中未除净的细尘，温度在300～350℃范围。因而烟气在进入转化吸收前必须除掉这些杂物。若烟气中含汞，需在净化过程中设专门的除汞装置。

现代冶炼烟气制酸工艺多采用两转两吸工艺，即来自熔炼炉的烟气首先用循环稀酸骤冷到绝热饱和状态，再进行冷却，最后进入电除雾。经过冷却与净化的烟气随后被送入干燥器干燥、压缩和再加热，最后送入转化器，在这里 SO_2 被转换成 SO_3，随后被稀酸吸收，吸收后的烟气再进入转化与吸收。采用的主要设备包括有余热锅炉、电除尘器、净化塔（增湿塔和填料塔）、干燥塔、转化塔和吸收塔等。

二、铜冶炼炉烟气协同减排

在铜冶炼生产中，原料制备和火法冶炼各作业中，由于燃料的燃烧、气流对物料的携带作用以及高温下金属的挥发和氧化等物理化学作用，不可避免地产生大量烟气和烟尘。烟气中主要含有 SO_2、SO_3、CO 和 CO_2 等气态污染物，烟尘中含有铜等多种金属及其化合物，并含有硒、碲、金、银等稀贵金属，它们皆是宝贵的综合利用原料。因此，对铜冶炼烟气若不加以净化回收，不仅会严重污染大气环境，而且也是资源的严重浪费。

1. 烟气产生和性质

铜冶炼需除尘的设备有流态化焙烧炉、鼓风炉、反射炉、电炉、闪速炉、转炉、连续吹炼炉等，所产生的烟气均含 SO_2，需净化处理并制造硫酸。由于其烟尘比电阻适于使用电除尘，故电除尘在铜冶炼除尘系统中被广泛采用。为了防止电除尘漏风，排风机常设在电除尘器之前，有时为保证电除尘器的负压操作，则将排风机设在电除尘器之后。

铜冶炼烟气的性质与冶炼工艺过程，设备及其操作条件有关，其特点是烟气温度高，含尘量大，波动范围大，并含有气态污染物 SO_2、SO_3 及 As_2O_3 和 Pb 蒸气等。在焙烧、烧结、吹炼和精炼过程中产生的烟气常有较高的温度（从 500℃至 1300℃），具有余热利用价值，进入除尘装置之前有时需经预先冷却。冶炼过程产生的烟气，是某些金属在高温下挥发、氧化和冷凝形成的，颗粒较细，必须采用高效除尘器才能捕集下来。这些烟气不仅带出的尘量大（占原料量的 2%～5%），而且含尘浓度高，如流态化焙烧炉烟气含尘浓度（标态）可达 100～300g/m³。烟气中含有高浓度 SO_2，是制酸的原料，因而在烟尘净化中要考虑制酸的要求。

2. 烟气净化流程

铜冶炼烟气的治理，首先要将产尘设备用密闭罩罩起来，并从罩子（或相当于罩子的设备外壳）内抽走含尘气流，防止烟气逸散，然后将含尘气流输送至除尘装置中净化，再将捕集下来的烟尘进行适当处理，或返回冶炼系统利用，或对富集了有价元素的烟尘进行综合回收，或进行无害化处置。

铜冶炼烟气除尘流程有干法流程、湿法流程和干湿混合流程。干法流程采用的除尘装置有重力沉降室、旋风除尘器、袋式除尘器和电除尘器等，回收的是干烟尘，便于综合利用。湿法流程采用的除尘装置有文丘里除尘器、冲击式除尘器、泡沫除尘器和湍球塔等，回收的是泥浆，不便于综合利用，还存在着污水处理、稀有金属流失、设备腐蚀和堵塞等问题，较少采用。干湿混合流程是在湿式除尘器之前加一级或两级干式除尘，以减少泥浆量，多用于干燥作业的除尘。

铜精矿干燥机烟气含水量较大，烟气温度不高，一般为 120～200℃，烟气成分与原料相似，颗粒较粗，在标准状态下含尘浓度为 20g/m³ 左右，一般采用旋风除尘器、冲击式除尘器（或水膜除尘器）两级除尘。也有采用电除尘器除尘的。

铜精矿流态化焙烧炉烟气温度为 800～1000℃，在标准状态下烟气含尘浓度为 200～300g/m³，SO_2 浓度为 4%～12%。烟气经除尘后，通常与其他烟气混合或单独进行制酸。除尘流程一般采用余热锅炉冷却、两级旋风除尘器和电除尘器净化流程。净化后烟尘浓度在标准状态下可降至 0.5g/m³ 以下，以适应烟气制酸的要求。

铜熔炼和吹炼炉中，除反射炉烟气中 SO_2 浓度在 1%～2%外，其他炉子烟气中 SO_2 浓度均较高，其中闪速炉为 10%～14%，密闭鼓风炉为 4%～6%，电炉密闭得好时可达 4%～7%；烟气含尘浓度在标准状态下一般为 10～30g/m³（闪速炉为 80～100g/m³）。烟气除尘基本上都可采用旋风除尘器、电除尘器两级除尘流程，其中反射炉、闪速炉烟气温度高达 1000℃以上，在除尘之前应经余热锅炉冷却。

（1）烟气净化流程

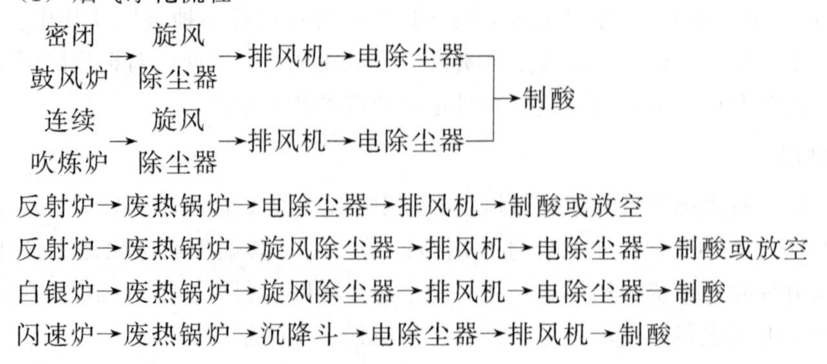

转炉→废热锅炉→沉降斗→电除尘器→排风机→制酸

贫化电炉→废热锅炉→电除尘器→排风机→制酸

流态化焙烧炉→废热锅炉→旋风除尘器→第二旋风除尘器→排风机→电除尘器→制酸

矿热电炉→旋风除尘器→电除尘器→排风机→制酸

吹炼转炉或连续吹炼炉烟尘含有铅、锌、铋等的氧化物，比电阻较高，单独采用电除尘器效果较差，常和熔炼烟气混合送进电除尘器。

(2) 制酸工艺流程　冶炼烟气中的气态污染物主要是二氧化硫。二氧化硫浓度在 3.5% 以上的烟气可采用接触法制成硫酸。对于二氧化硫浓度小于 2% 的烟气可参考铁矿烧结低浓度 SO_2 废气的治理方法，如吸收、吸附及催化转化法等进行处理。图 4-1 是冶炼废气用接触法制硫酸的工艺流程。

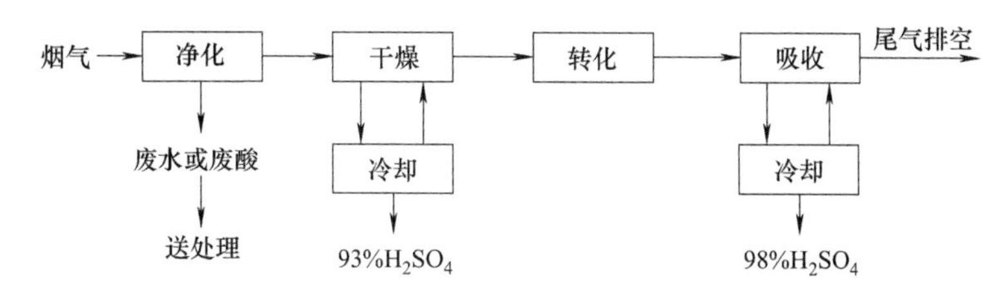

图 4-1　冶炼废气用接触法制硫酸的工艺流程

3. 铜冶炼炉烟气净化工程实例

(1) 烟气及烟尘参数　目前世界上铜矿（原生铜）产量 90% 是以含铜硫化矿或硫化铜矿物为原料，85% 是用火法炼铜技术产出。火法炼铜是将矿石中的硫氧化使之进入烟气，除铜以外的杂质成分被熔化造渣分离，生产工艺见表 4-2。

表 4-2　炼铜工艺概况

工艺流程	常用设备	投入物	产品或返回品	污染物
冰铜熔炼	鼓风炉 电炉 闪速炉 反射炉 连续炼铜炉	铜精矿 熔剂 燃料	冰铜	烟气含 SO_2 2%～3% 淬渣 冲渣水
粗铜熔炼	转炉	冰铜、石英熔剂	粗铜、炉渣	烟气含 SO_2 3%～7%
粗铜精炼	精炼炉	粗铜	阳极铜	烟气
		燃料	炉渣	
电解精炼	电解槽	阳极铜	电解铜、阳极泥 (回收稀贵金属)	

第一阶段：$2FeS+3O_2+2SiO_2 \longrightarrow 2FeOSiO_2+2SO_2+1074kJ$

$$C+O_2 \longrightarrow CO_2+406kJ$$

第二阶段：$2Cu_2S+3O_2 \longrightarrow 2Cu_2O+2SO_2+776kJ$

$$2Cu_2O+Cu_2S \longrightarrow 6Cu+SO_2-162kJ$$

铜电解：阳极：$Cu-2e^- \longrightarrow Cu^{2+}$

阴极：$Cu^{2+}+2e^- \longrightarrow Cu$

铜冶炼炉烟气及烟尘参数见表 4-3。

表 4-3 冶金炉的烟气及烟尘

炉名	台数		烟气量/(m^3/h)	烟气温度/℃	炉顶压力/Pa	烟气成分/%							烟气含尘量/(g/m^3)	烟尘成分/%		
	操作	总数				SO_2	SO_3	N_2	O_2	H_2O	CO_2	CO		Cu	Fe	S
密闭鼓风炉	1	1	14200	500	−100	4.9	0.01	72	4.2	9.98	8.51	0.4	25	12～15	28～29	28～31
转炉	1.5	2												25～30	36～39	22～23
一周期			9000	550	−50	5.95	0.5	79.95	10.1	3.5			19			
二周期			10400	500	−50	7.96	0.89	77.31	11.2	2.64						
两台重合			19400		−50	7.03	0.71	78.51	10.7	3.04			13			
贫化电炉	1	1	2500	1000	−50	2.94		73.21	8.34	5.15	9.33	1.03				

注：1. 转炉为间断操作，相当于每天 1.5 台，鼓风炉与贫化电炉为连续操作。

2. 转炉烟气温度系指烟气出烟罩时的温度。

（2）除尘工艺流程　铜冶炼厂除尘流程实例见图 4-2。由图 4-2 可知两级除尘器是有机组合而不是一般串联。

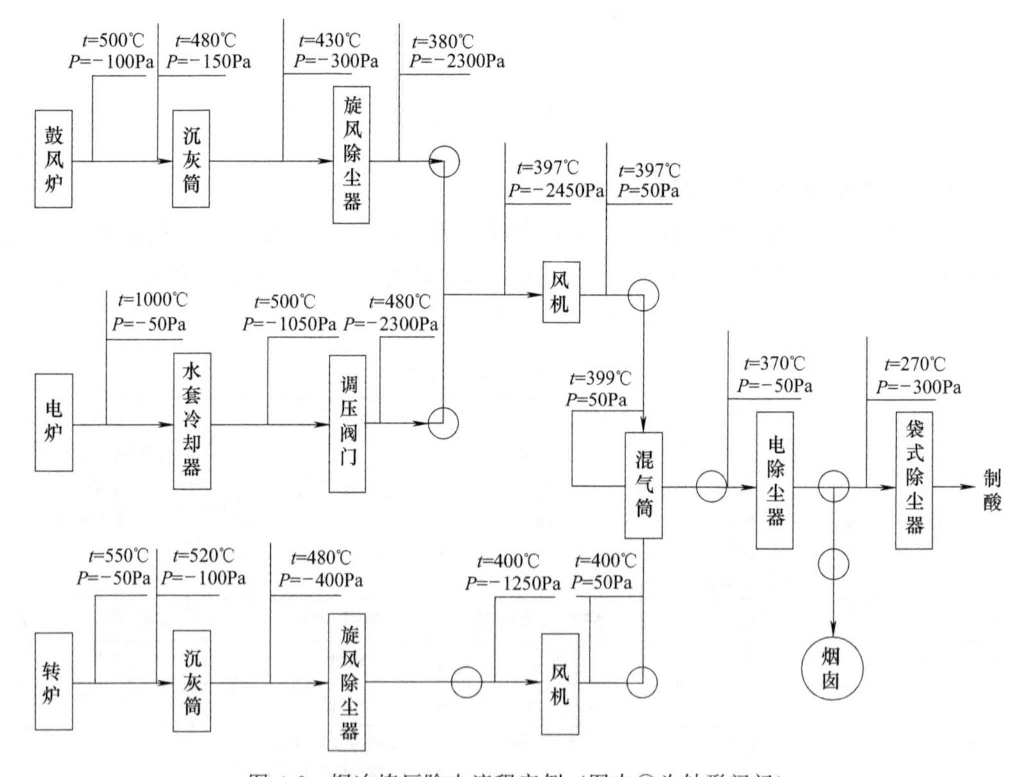

图 4-2　铜冶炼厂除尘流程实例（图中○为钟形闸门）

（3）除尘效率及漏风率设计参数　除尘效率及漏风率分别见表 4-4 及表 4-5。

表 4-4 各除尘设备的效率及总效率　　单位：%

炉名	沉灰筒	冷却器	旋风除尘器	电除尘器	袋式除尘器	总效率
密闭鼓风炉	30		80	97	92	99.966
贫化电炉		40		97	92	99.856
转炉	30		70	97	92	99.950

表 4-5 各除尘设备与管道的漏风率及总漏风率 单位:%

炉名	沉灰筒	旋风除尘器	风机前管道	风机后管道	电除尘器	袋式除尘器	总漏风率
密闭鼓风炉	5	5	10	5	10	10	45
贫化电炉	5①		10	5	10	10	40
转炉	5	5	10	5	10	10	45

① 为冷却器的漏风率。

烟气经除尘后送制酸车间，要求其中二氧化硫浓度稳定，除尘系统的漏风率不大于50%，除尘后烟气含尘量小于 $5mg/m^3$。

(4) 除尘设备选型 除尘设备选型见表 4-6。

表 4-6 铜冶炼厂除尘主要设备

名称	型号、规格	数量
高温离心通风机	FW9-27 No. 14F $Q=65000m^3$ $H=4410Pa$	2
附电动机	JS126-4 225kW	
高温离心通风机	FW9-27-11 No. 12B $Q=47500m^3/h$ $H=3371Pa$	2
附电动机	JS114-4 115kW	
旋风除尘器	长锥型 6mm-ϕ900mm	1
旋风除尘器	uH-15 型 6mm-ϕ700mm	2
沉灰筒	ϕ2500mm	3
水套冷却器	$F=30m^2$	1
混气筒	ϕ3000mm	1
电除尘器	$F=30m^2$	2
袋式除尘器	$F=196m^2$	10
钟形闸门	ϕ1400mm	14
钟形闸门	ϕ1600mm	5

注：1. 未包括烟尘排送设备；

2. 除高温离心通风机为标准设备外，其余均为非标准设备。

(5) 烟灰输送 回收的烟尘，除袋式除尘器烟尘含砷较高、尘量较少，可用袋装外，其余烟尘均送精矿仓作返料用。烟尘输送，根据除尘配置及输送要求，确定为气力输送，输送点包括沉灰筒、旋风除尘器及电除尘器三处。操作制度为每天一班操作，送灰时间 4h，故实际每小时送灰量为：沉灰筒 1012.2kg/h；旋风除尘器 1763.16kg/h；电除尘器 561.282kg/h。因尘量较少，送料设备采用船形给料器，集料设备采用袋式除尘器。

4. 铜冶炼烟气制酸工程实例

某铜业有限公司建成了年产 20kt 电铜、60kt 硫酸 [$w(H_2SO_4)=100\%$] 的生产装置。冶炼部分采用密闭鼓风炉+两台连续吹炼炉（以下简称连吹炉灯）+造块炉工艺，制酸部分采用绝热增湿稀酸洗涤、“2+2”两转两吸工艺，尾气不经处理直接排放。2001 年 1 月制酸系统改为两转两吸工艺。

(1) 工艺流程 工艺流程如图 4-3 所示。

(2) 运行状况 在操作过程中，实际进转化器的二氧化硫浓度超过了设计标准，开一段冷激阀门降低一段温度。一转转化率比设计值 90%平均高出 6.19 个百分点，总转化率达到了 99.47%，尾气排放达到《大气污染物综合排放标准》(GB 16297) 排放要求。

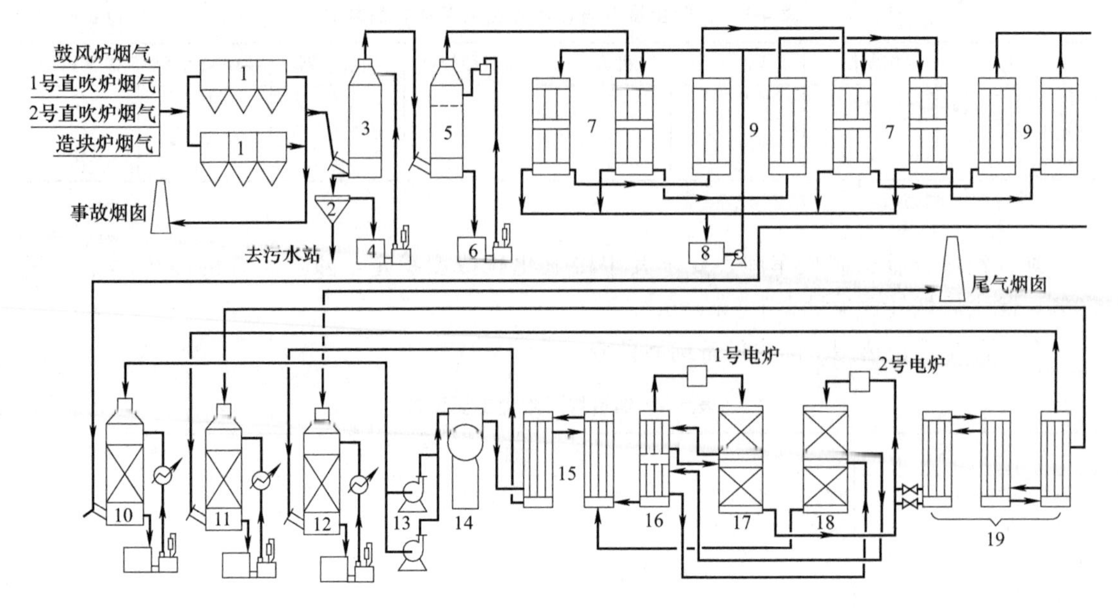

图 4-3　制酸系统工艺流程

1—电除尘器；2—沉淀槽；3—空塔；4—空塔循环槽；5—填料塔；6—填料塔循环槽；7—间冷器；8—间冷器循环槽；9—电除雾器；10—干燥塔；11——吸塔；12—二吸塔；13—SO_2 主风机；14—蒸汽预热器；15—Ⅳa、Ⅳb 换热器；16—Ⅲ、Ⅰ换热器；17—1 号转化器；18—2 号转化器；19—Ⅱa、Ⅱb、Ⅱc 换热器

三、铅冶炼炉烟气协同减排

铅冶炼烟尘大部分为铅的氧化物，比电阻较高，多采用袋式除尘器。鼓风返烟烧结机及氧气底吹炼铅反应器的烟气含 SO_2 浓度较高，宜采用电除尘器，但要控制一定的温度以降低腐蚀性。

1. 烧结机烟气净化

对要求制酸的烟气设电除尘器，流程如下：烧结机→旋风除尘器→电除尘器→排风机→制酸；烧结机→沉尘室→电除尘器→排风机→制酸；烧结机→旋风除尘器→风机→电除尘器→风机→制酸。

对于冶炼、硫酸两部分较难协调的可采用后一流程，即在电除尘器前后均设有风机。

对于不能制酸的烧结锅烟气，则采用袋式除尘器，其流程如下：

烧结锅→袋式除尘器→风机→放空

在上述流程中，由于烟气含二氧化硫，需设置高烟囱排放或尾气处理才能满足环保要求。

烧结烟气腐蚀性较大，尤其是烧结锅的烟气温度呈周期变化，经常会降至烟气露点以下，腐蚀性更强，必须注意保温、防腐。多台烧结锅错开操作有利于降低烟气的腐蚀性。

2. 熔炼炉烟气净化

铅鼓风炉熔炼高料柱操作的烟气温度一般为 150～200℃，打炉结和处理事故时烟气温度可升至 300℃，甚至达 500～600℃，除尘流程应按处理事故时的烟气温度确定冷却设备。

除尘流程如下：

鼓风炉→淋水烟道→表面冷却器→袋式除尘器→风机→烟囱

鼓风炉→淋水烟道→人字烟道→风机→袋式除尘器→风机→烟囱
　　　　　　　　　　　　└→旋风除尘器→风机→烟囱

鼓风炉→文氏管→湿式旋风除尘器→风机→烟囱
　　　　↓　　　　　　　↓
　　　　└────────浓密机→溢流处理或排放
　　　　　　　　　　　　　　→浓泥处理

鼓风炉→沉降室→第一旋风除尘器→第二旋风除尘器→第一冲击式除尘器→第二冲击式除尘器→脱水器→风机→烟囱

鼓风炉→沉降室→表面冷却器→旋风除尘器→风机→袋式除尘器→风机→烟囱

铅尘密度较大而黏，烟尘含量高时不宜将风机设在袋式除尘器的进口，以免风机叶轮因粘尘而产生振动。

炼锌鼓风炉冷凝器出口的烟气温度约450℃，烟气含尘20～35g/m^3，烟气中含CO为20%～24%，可作为燃料，通常采用如下湿式流程：

鼓风炉冷凝器→洗涤塔→洗涤机→脱水器→风机→用户

鼓风炉冷凝器 → 洗涤塔 → 洗涤机 → 湍球塔→风机→脱水器 → 用户
　　　　　　　　　　　　　　　　　　　　↓　　　↓
　　　　　　　　　　　　　　　　　　　放空　放空

鼓风炉冷凝器→洗涤塔→洗涤机→湍球塔→脱水器→风机→用户
　　　　　　　　　　　　　　　　　　　　　↓　　　↓
　　　　　　　　　　　　　　　　　　　　放空　放空

当除尘设备能力富余，运行正常，经洗涤机，脱水器后，烟气含尘可降到40mg/m^3以下。当设备能力不富余，或水量、水质受限制，则应增设湍球塔。当洗涤塔采用没有冷却的循环水时，为防止烟气含水过高，湍球塔应采用新水，以确保送用户的煤气质量。

氧气底吹炼铅反应器的烟气温度和SO_2浓度较高，可直接制酸，流程如下：

氧气底吹炼铅反应器→废热锅炉→电除尘器→风机→制酸

3. 铅渣处理烟气净化

鼓风炉渣含有大量的铅、锌，常用烟化炉或挥发窑回收。烟化炉出口的烟气温度约1150℃，烟气含尘50～100g/m^3，烟气中二氧化硫微量，烟尘中含锌50%、含铅20%。操作不正常时，烟气中常有大量粉煤，容易在除尘系统中燃烧或爆炸，应予以注意，这种烟气一般采用袋式除尘，流程如下：

烟化炉→水冷烟道→淋水冷却器→排风机→袋式除尘器→排风机→烟囱

烟化炉→废热锅炉(汽化冷却器)→表面冷却器→排风机→袋式除尘器→排风机→烟囱

处理含氟、氯较高的氧化矿时，袋式烟尘含氟、氯也较高，采用湿式除尘流程可脱除部分氟、氯，缓解烟尘进一步处理的困难，其流程如下：烟化炉→水冷烟道→第一冲击除尘器→第二冲击除尘器→气水分离器→排风机→烟囱

上述湿式除尘流程，耗水量为2～3kg/m^3时脱氟率为99.16%。

熔铅锅的浮渣用反射炉处理，其烟气温度为900℃，烟气含尘为3～5g/m^3，主要采用袋式除尘或湿式除尘，其流程如下：

反射炉→淋水塔→淋水冷却器→袋式除尘器→排风机→烟囱；反射炉→冷却烟道→排风机→文氏管→汽水分离器→烟囱。

4. 含硫烟气的处理

高浓度的 SO_2 烟气可以直接制酸，铅烧结低浓度 SO_2 烟气的治理主要有 3 种思路：a. 采用直接炼铅新工艺代替烧结-鼓风炉工艺；b. 采用脱硫技术；c. 采用低浓度烟气制酸技术，如非稳态氧化制酸技术、WSA 制酸法等。

5. 烟气净化实例

（1）110m² 铅锌烧结机烟气净化

① 净化工艺流程见图 4-4。

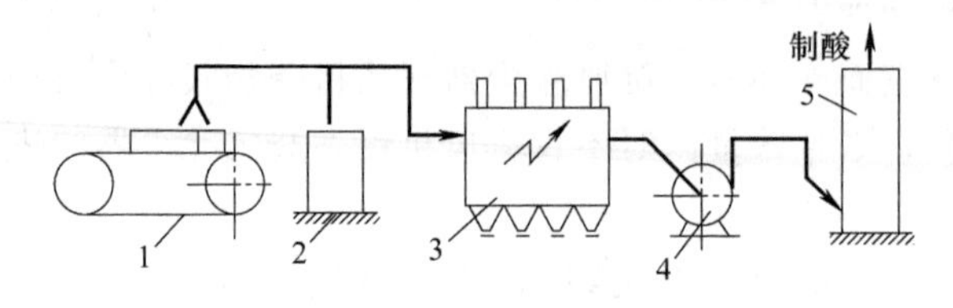

图 4-4 铅锌烧结机除尘流程

1—烧结机；2—重力除尘器；3—电除尘器；4—风机；5—空塔

② 生产数据见表 4-7。

表 4-7 铅锌烧结机除尘系统生产数据

操作条件及指标	烧结机 110m²	电除尘器卧式双室三电场 30m²×3 台	风机 Y4-73 No. 18×2 台	空塔 ϕ4000
烟气量/(m³/h)	88600			
温度/℃	250～300		100～150	入口 100　出口 60
含尘量/(g/m³)	17	入口 12～14　出口 0.2～0.5		出口 0.1～0.2
除尘效率/%		98		

（2）6m² 炼铅鼓风炉烟气净化

① 净化工艺流程见图 4-5。

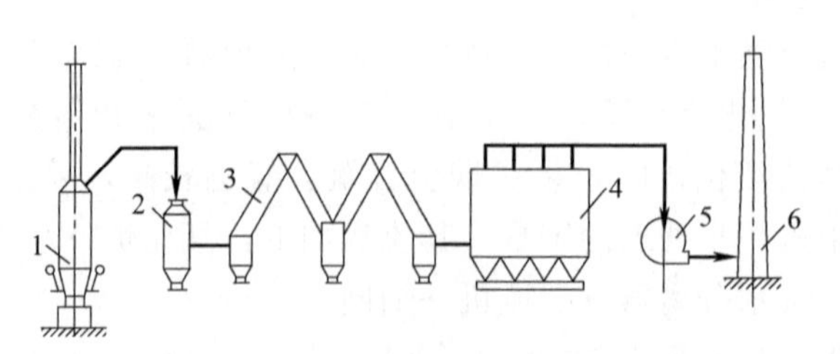

图 4-5 炼铅鼓风炉除尘流程

1—鼓风炉；2—重力除尘器；3—淋水烟道；4—袋式除尘器；5—排风机；6—烟囱

② 生产数据见表 4-8。

表 4-8 炼铅鼓风炉除尘生产数据

操作条件及指标	鼓风炉 6m² 出口	淋水烟道 1200m²		袋式除尘器 560m²×4	
		进口	出口	进口	出口
烟气温度/℃	300	187	130	110	84
烟气量/(m^3/h)	30000			46000	60000
漏风率/%		53①	53①	30	30
含尘量/(g/m^3)	11.8			4～6	0.05～0.3
除尘效率/%				93～99	93～99
压力/Pa	－35～－140	－280	－980	－1280	－1600

① 包括人字烟道前管道和设备的漏风。

(3) 8.6m² 炼铅鼓风炉烟气净化

① 净化工艺流程见图 4-6。

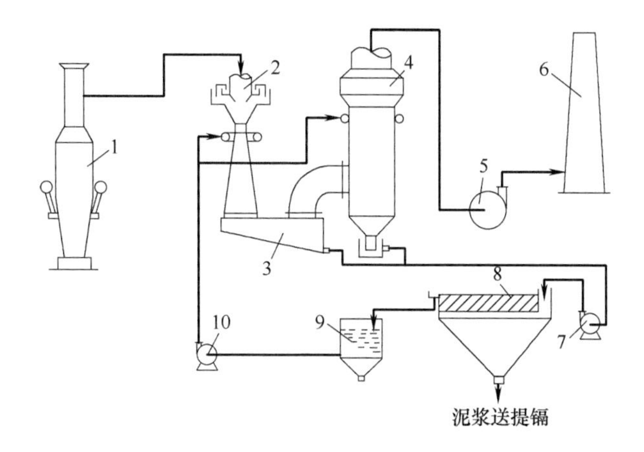

图 4-6 炼铅鼓风炉湿式除尘流程

1—鼓风炉；2—溢流文氏管；3—脱水槽；4—水膜除尘器；5—排风机；6—烟囱；7—砂泵；8—倾斜板浓密箱；9—中间槽；10—循环水泵

② 生产数据见表 4-9。

表 4-9 炼铅鼓风炉湿式除尘生产数据

操作条件及指标	鼓风炉 8.6m² 出口	文氏管 ϕ460×360mm		水膜除尘器 ϕ1350×2mm	排风机 W9-27-14 No. 12 H=8850Pa Q=43km³/h	
		进口	出口	出口	进口	出口
烟气温度/℃	200～300	200～240		50		
烟气量/(m^3/h)	30000	30600		34000		
漏风率/%			11			
含尘量/(g/m^3)	12～20	10.57～17.15		0.01		
除尘效率/%			92.7			
压力/Pa		－380	－3160	－3670	－4270	＋1100

四、锌冶炼炉烟气协同减排

在铅、锌生产过程中，设备和火法冶炼作业均有烟尘等大气污染物产生，烟尘量从占原料的2%～5%上升至40%～50%，烟气中的SO_2浓度可高达4%～12%。若不加以控制，不仅会造成严重大气污染，而且还会导致资源的严重浪费。

1. 烟气的产生和性质

铅、锌生产中产生的烟尘，与原料和生产工艺有关。备料作业中产生的粉尘，以机械成因为主，颗粒较粗，成分与原料相似；蒸馏、精馏、烟化过程在高温下挥发生成的烟尘，颗粒很细，富集着沸点较低的元素或化合物；焙烧、烧结、熔炼、吹炼等过程产生的烟尘则介于上述两者之间。烟尘组分中除了含有大量的铅、锌外，还含有镓、铟、铊、锗、硒、碲等有价元素。铅、锌冶炼烟尘大部分是冶炼过程的中间产品或可综合利用的原料。一些烟尘也常含有砷、汞、镉等既有经济价值又对人体有明显危害的元素。因此，铅、锌冶炼烟尘的治理与冶炼工艺和综合利用是密不可分的。

2. 治理方法

铅、锌冶炼烟尘的治理，首先要将产尘设备用密闭罩罩起来，并从罩子（或相当于罩子的设备外壳）内抽走含尘气流，防止烟尘逸散；然后将含尘气流输送至除尘装置中净化处理；再对富集了有价元素的烟尘进行综合回收，或进行化害为利的处理。

3. 锌冶炼烟气治理流程

湿法炼锌中流态化焙烧炉的出炉烟气温度为800～900℃，火法炼锌中流态化焙烧炉的出炉烟气温度为1100℃，含尘量可达200～300g/m^3，烟气含SO_2 8%～10%，一般采用电除尘流程，除尘后烟气送去制酸，流程如下：流态化焙烧炉→废热锅炉（汽化冷却器）→一次旋风除尘器→二次旋风除尘器→风机→电除尘器→制酸；流态化焙烧炉→废热锅炉（汽化冷却器）→旋风除尘器→风机→电除尘器→制酸；流态化焙烧炉→废热锅炉（汽化冷却器）→旋风除尘器→电除尘器→制酸。

根据经验，电除尘前设风机可保证焙烧炉的抽力，易于提高生产能力。若电除尘器密封较好，为保证除尘器负压操作，也可将风机设在电除尘器之后。

开停炉烟气，一般温度低，二氧化硫浓度小，常在电除尘之前放空。

上述流程出口的烟气含尘为0.2～0.5g/m^3。

铅渣烟化炉出来的氧化锌，富集了铅精矿中的氟，炼锌前要在多膛炉中脱氟。多膛炉出炉烟气温度500～600℃，含尘5～10g/m^3，一般采用如下除尘流程：多膛炉→表面冷却器→袋式除尘器→排风机→烟囱。

浸出渣干燥窑，目前采用如下全湿流程：干燥窑→自激式除尘器→复挡脱水器→风机→放空。

浸出渣中含有残留的硫酸盐，其干燥烟气采用湿式除尘时，除尘系统的腐蚀严重，故设备常用不锈钢或其他防腐材料制造。

浸出渣挥发窑烟气含有少量二氧化硫和水，会造成袋式除尘器低温腐蚀，故袋式除尘器需要保温或采用高温过滤介质。

火法炼锌中的竖罐蒸馏炉排出的烟气含有氧化锌，采用袋式除尘回收，流程如下：蒸馏炉→废热锅炉→风机→袋式除尘器→烟囱。

流程中风机的位置可视袋式除尘器的特点，设在其前面或后面。锌铸型反射炉、电炉一般均采用袋式除尘器。

用旋涡炉处理火法炼锌的罐渣，其烟气温度1200～1300℃，含尘20g/m^3。亦可采用袋式除尘器，流程如下：旋涡炉→废热锅炉→表面冷却器→排风机→袋式除尘器→排风机→烟囱。

4. 锌冶炼炉烟气净化工程实例

某锌厂主要产品有17种。生产规模：年产商品锌12.0万吨；副产硫酸产品种类有浓度为104.5%、98%、92.5%三种，产量（按100%H_2SO_4计）2.65×10^5t；液体二氧化硫产量7000～10000t，硫酸铵产量相当15000～20000t。

（1）生产工艺流程和原材料消耗　该厂采用沸腾炉焙烧-竖罐蒸馏法炼锌流程。原料为锌精矿和钴硫精矿两种，每年耗用量约30.0万吨。

（2）烟气来源、组成及数量　烟气主要来自焙烧车间和制酸车间。烟气二氧化硫浓度：锌精矿氧化焙烧时为10%～11.5%；硫酸化焙烧时为7%～9%；钴硫精矿焙烧时为5%～6%。三种烟气混合后的烟气量及其组成见表4-10。制酸尾气中二氧化硫浓度为0.25%见表4-11。

表4-10　沸腾炉烟气量及其组成

烟气量/(10^4m^3/h)	烟气组成/%				
	SO_2	O_2	N_2	CO_2	合计
5～8	6～7	9～11	80～82	0.5	100

表4-11　制酸尾气烟气量及其组成

烟气量/(10^4m^3/h)	烟气组成/%						
	SO_2	SO_3	O_2	N_2	CO_2	H_2O	合计
8～11	0.25	0.009	10.54	88.61	0.1	0.491	100

（3）烟气治理工艺流程　主要包括冶炼烟气制酸和制酸尾气处理两部分。烟气制酸工艺流程见图4-7，尾气处理工艺流程见图4-8。

该厂采用半封闭酸洗-单接触法制酸流程。来自沸腾炉的含二氧化硫烟气经余热锅炉、旋风除尘器和电除尘器后，进入空塔和填料塔进行洗涤除杂，绝热蒸发降温，再经石墨冷凝器进一步冷却。依次经过第一级和第二级电除雾器除去硫酸雾以及硫酸雾中夹带着的杂质，在干燥塔脱除水分，除沫后最后经二氧化硫鼓风机送素瓷过滤器，再送进转化、吸收系统制成硫酸。

对制酸尾气，采用两段氨酸法进行处理。尾气中的二氧化硫经过两段不同浓度的亚硫酸铵、亚硫酸氢铵的母液吸收后，符合国家规定的大气质量标准放空。吸收二氧化硫的母液用硫酸、蒸汽加热分解；（分解）生成的二氧化硫经过冷却、干燥，然后和液氨换热生成液体二氧化硫。液氨汽化后去吸收、中和系统再利用，分解后的母液经过冷却去中和，硫酸铵母液经酸泵送蒸发器浓缩、结晶、脱水、干燥，然后包装入库。

（4）主要设备和构筑物　主要设备和构筑物见表4-12。

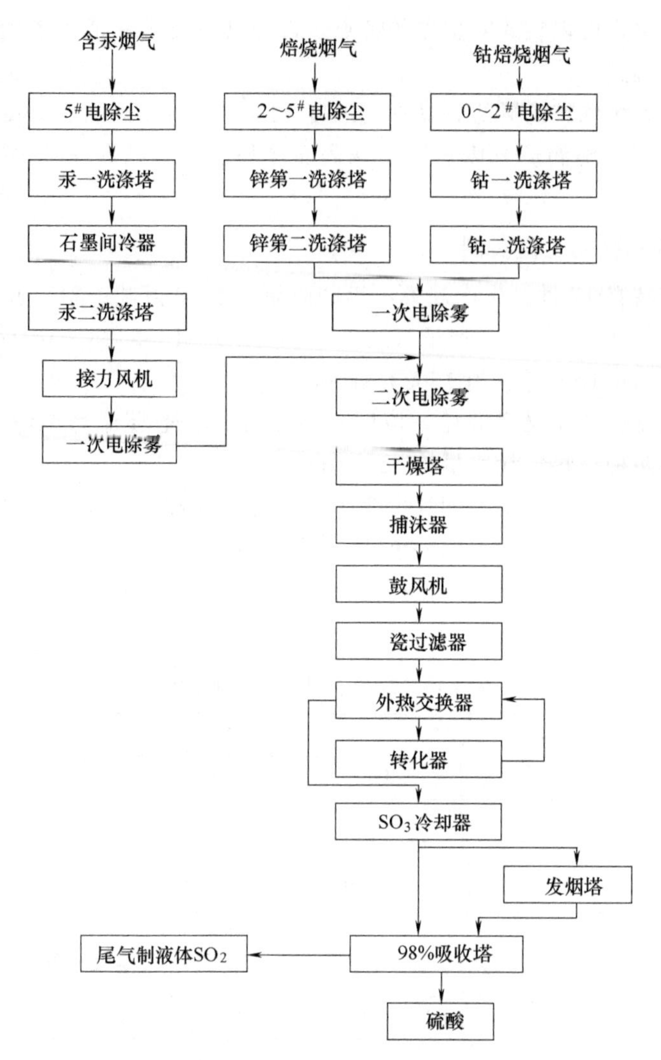

图 4-7 烟气制酸工艺流程

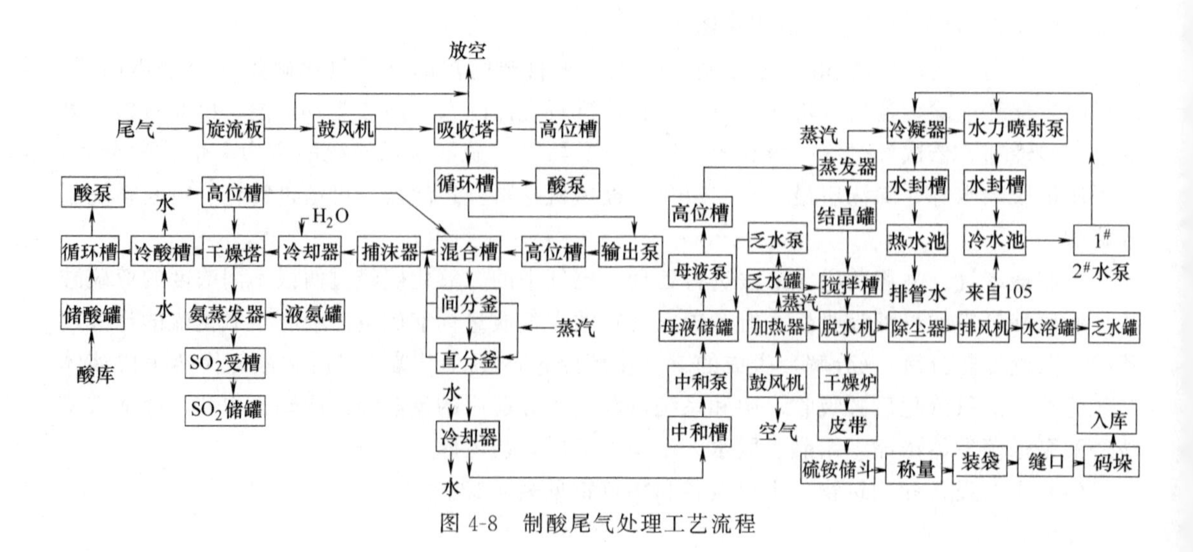

图 4-8 制酸尾气处理工艺流程

表 4-12 主要设备和构筑物

名 称	数量	单位	规 格
风机	3	台	1#、2# 风机 JS136-4，压头 8850Pa，风量 48250m^3/h 3# 风机 JK133-2，压头 7500Pa，风量 60000m^3/h
泡沫吸收塔	2	座	ϕ3600×H11000，铅制
混合槽	1	台	ϕ1000×H1400，硬铅
间接分解釜	1	台	ϕ1700×H2800，钢衬铅衬瓷砖
直接分解釜	1	台	ϕ1000×H2000，硬铅
石墨冷却器	1	台	F=40m^2
母液冷却器	2	台	ϕ1700×H2500，钢衬铅衬瓷砖、铅蛇管
干燥塔	1	座	ϕ800×H5650，铸铁
氨蒸发器	1	台	F=100m^2，钢
液体 SO_2 接受槽	1	台	ϕ1800×H6000，V=18m^3，钢
中和槽	3	台	ϕ2200×H2600，内衬玻璃钢、瓷砖
乏水罐	2	台	ϕ2200×H2600，内衬玻璃钢
储罐	1	台	ϕ7000×H7500，内衬玻璃钢
蒸发器	1	台	F=90m^2，不锈钢
高位槽	1	台	ϕ2200×H2600，钢衬玻璃钢
大气冷凝器	1	台	ϕ1000×H4190，不锈钢
水力喷射泵	1	台	P=0.03MPa
结晶罐	1	台	ϕ1000×H6000，不锈钢
搅拌槽	1	台	卧式 V=40r/min，不锈钢
脱水机	2	台	WH_2-800
沸腾干燥炉	1	台	ϕ920×H3785，铝 L_2
空气加热器	4	组	SRL-6×4，F=23.6m^2
旋涡除尘器	1	台	ϕ650×H4010，白钢
鼓风机	1	台	8-18-101-6A，P=8450Pa，Q=3440m^3/h
排风机	1	台	8-18-101，Q=5180m^3/h，P=6350Pa
冷却塔	1	台	V=90m^3，11100×3600×2340

注：表中未注单位的数值，其单位为 mm。

(5) 治理效果　氨酸法治理工程投产后，排空尾气中二氧化硫达到国家排放标准，因此明显地改善了工厂所在地区的大气环境质量。与此同时，每年还为国家生产液体二氧化硫20000t 左右，硫铵 5000t 左右，取得了明显的环境效益和经济效益。

五、锡冶炼炉烟尘协同治理技术

消除或减少锡冶炼过程中产生的烟尘污染并使烟尘中的有价组分得到回收的过程。锡火法冶炼一般包括炼前处理、还原熔炼、炼渣炉渣烟化和精炼四部分主要作业。这四部分作业都会程度不同地产生含尘烟气。尤其是熔炼和炼渣炉渣烟化，产生的烟气量大，含尘量高，是锡冶炼厂烟尘治理的主要对象。

1. 烟尘的产生和特点

锡冶炼过程中锡和其他低沸点杂质挥发率很高，故锡冶炼烟尘有如下特点：a. 烟尘中的锡以及锌、镉、铟等有价金属含量高；b. 以凝聚性烟尘为主，颗粒较细；c. 原矿中伴生的铅、砷等有害元素也富集到烟尘中。因此在锡冶炼过程中加强烟尘治理，提高除尘效率，无论是对提高锡的回收率、回收有价金属还是消除烟尘污染都是很有意义的。

2. 治理方法

锡冶炼烟尘治理主要从两方面入手，首先要提高冶炼烟气中的烟尘捕集率，使最终烟尘排放量达到国家排放标准；其次对已捕集下来的烟尘进行充分回收利用，并在储运中避免外逸造成二次污染。

锡反射炉还原熔炼，烟气温度800～1260℃，烟尘发生量占炉料量的6%～10%，烟气含尘浓度在标准状态下为4～23g/m^3，烟尘粒径<2μm的凝聚性烟尘占40%～60%。烟气除尘流程一般为：反射炉→废热锅炉→表面冷却器→袋式除尘器→风机→烟囱；烟化炉→废热锅炉→表面冷却器→袋式除尘器→风机→烟囱；电炉→复燃室→表面冷却器→袋式除尘器→风机→烟囱。

脱砷用的流态化焙烧炉、回转窑烟气一般采用袋式除尘。但为了分离烟尘中的砷和锡，则可以310℃以上采用电除尘回收锡尘，在100℃以下采用袋式除尘回收砷尘，烟气从310℃降至100℃时必须快速冷却使其越过玻璃砷生成的温度，以利于砷、锡分离，电炉、流态化焙烧炉、回转窑的除尘流程如下：硫态化炉→冷却设备→旋风除尘器→电除尘器→风机→冷却器→袋式除尘器→风机→烟囱；回转窑→冷却设备→旋风除尘器→袋式除尘器→风机→烟囱。

在除尘流程中各部位收下来的烟尘，一般都返回还原熔炼，个别情况为回收其中某些有价元素单独处理。对高温下回收的块状烟尘采用储罐装运，对低温下回收的粉状烟尘采用气力输送。

电炉还原熔炼、炼渣炉渣烟化等作业的烟尘净化和处理方法与上述方法类似。为进一步治理锡冶炼烟尘，需采取改进冶炼工艺、选择合理除尘装置和改进烟尘储运方式等措施。

3. 烟气净化实例

(1) 25m^2 炼锡反射炉烟气净化

① 净化工艺流程见图4-9。

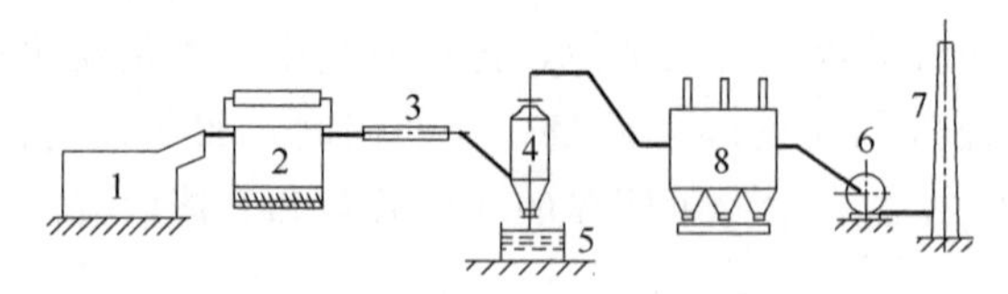

图4-9 锡反射炉电除尘流程

1—反射炉；2—废热锅炉；3—水平烟道；4—喷雾塔；5—水池；6—风机；7—烟囱；8—电除尘器

② 生产数据见表4-13。

表4-13 炼锡反射炉电除尘系统生产数据

操作条件及指标	锡反射炉 25m^2	废热锅炉出口	喷雾塔 ϕ4000	电除尘器 30m^{2}ГК-30		排风机
				进口	出口	
烟气量/(m^3/h)	7000	8000	45000	60000	78000	130000
烟气温度/℃	700～800	500	400	100	70	

续表

操作条件及指标	锡反射炉 25m²	废热锅炉出口	喷雾塔 ϕ4000	电除尘器 30m² ГК-30		排风机
				进口	出口	
含尘量/(g/m³)	25～30	20		7	～0.01	
压力/Pa	−100	−400	−1800	−1900	−2200	
漏风率/%		10	23	29	29	
除尘率/%		25～30	50	98.5	98.5	

注：喷雾塔、电除尘器、3台炉子共用，另2台炉设有废热锅炉，风机烟气量为风机出口10余米的烟道处测得。

（2）ϕ2655×3462短窑除尘净化

① 净化工艺流程见图4-10。

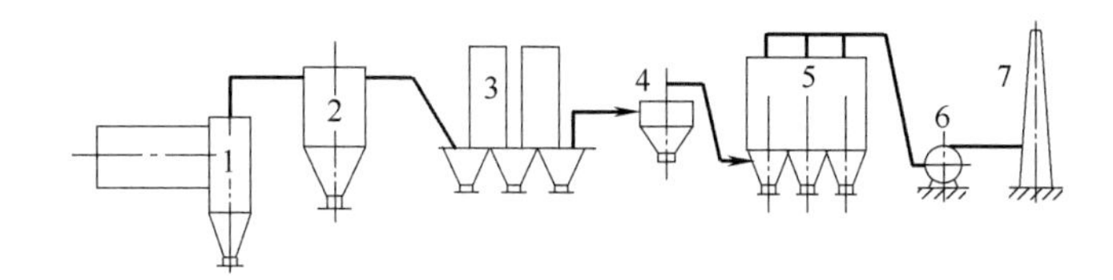

图4-10 短窑除尘流程

1—短窑；2—换热器；3—淋水冷却器；4—骤冷器；5—袋式除尘器；6—风机；7—烟囱

② 生产数据见表4-14。

表4-14 短窑除尘系统生产数据

操作条件及指标	短窑 ϕ2655×3462	淋水冷却器 75m² 出口	骤冷器 ϕ1.8m 出口	袋式除尘器 800m²	风机 g-26 No.10D Q=17173～30053m³/h 75kW
烟气量/(m³/h)	熔炼3647～6630 焙烧2110～5410				
烟气温度/℃	熔炼800～950 焙烧500～600	350	130		
烟气含尘/(g/m³)	熔炼8.5～17.5 焙烧50～125				
漏风率/%	5	5	5	20	
压力/Pa		−500	−900	−1800	−2500
除尘率/%		20	10	98.5	

（3）1000kVA锡精矿炼锡电炉除尘净化

① 净化工艺流程见图4-11。

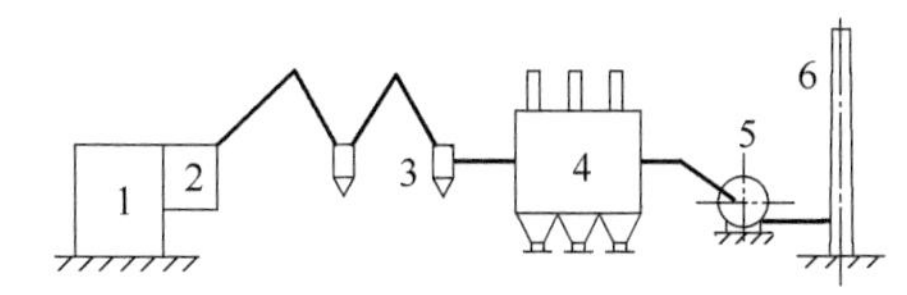

图4-11 锡精矿炼锡电炉除尘流程

1—电炉；2—燃烧沉降室；3—人字管重力除尘器；4—电除尘器；5—风机；6—烟囱

② 生产数据（见表 4-15）。

表 4-15　锡精矿炼锡电炉除尘系统生产数据

操作条件及指标	电炉 1000kVA 2台	电除尘器 8m² YW、RSCS-1/3	
		进口	出口
烟气温度/℃	600～800	215	102
烟气量/(m³/h)	3000	7150	8375
含尘量/(g/m³)	30～25	14.39	0.116
除尘率/%		99	
漏风率/%		17	

六、汞冶炼炉污染协同治理技术

炼汞炉有高炉、流态化炉、蒸馏炉等，将矿石或精矿中汞挥发成汞蒸气，再冷凝成汞。要求先除去烟气中的烟尘，以便获取纯净的汞。

1. 炼汞高炉烟气治理

高炉烟气含尘不多、温度不高，在除尘过程中汞可能会随烟尘一起收下，造成汞的损失，因而只设置一段旋风除尘。除尘流程如下：高炉→旋风除尘器→冷凝提汞装置→净化塔→风机→排空。

由于高炉为间歇加料，有时加湿料时，烟气温度仅几十摄氏度，旋风尘中含有一定量的汞，造成损失。因而也有对高炉烟气不设除尘的主张。

2. 40t/d 炼汞高炉烟气治理实例

① 净化工艺流程见图 4-12。

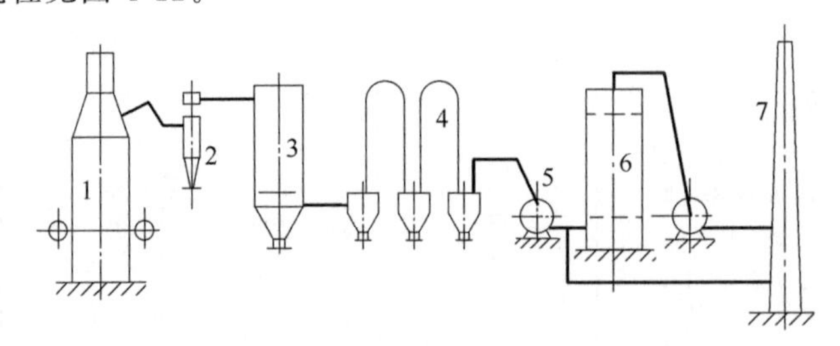

图 4-12　炼汞高炉除尘流程

1—高炉；2—旋风除尘器；3—列管冷凝器；4—陶瓷管冷凝器；5—风机；6—净化塔；7—烟囱

② 生产数据见表 4-16。

表 4-16　炼汞高炉除尘系统生产数据

操作条件及指标	高炉 40t/d	旋风除尘器 ϕ480×4	列管冷凝器 100m²×2	陶瓷管冷凝器 400m²	净化塔 ϕ2000 入口
烟气量/(m³/h)	2500				
烟气温度/℃	<300	<220		40	40
含尘浓度/(g/m³)	<1	0.2～0.7			Hg0.04×10^{-3}

3. 回转蒸馏炉烟气治理

电热回转蒸馏炉的烟气量小，烟气含汞高，温度低，汞可能在除尘设备中进入尘中，因而不采用干式除尘，而直接用文氏管、除汞旋风同时除汞和除尘，尘随水冲至沉淀池沉淀，汞以活汞形式沉在底部，除汞旋风出来的烟气进一步冷凝除汞和净化。流程：电热回转蒸馏炉→沉尘桶→文氏管→除汞旋风→冷凝器→净化塔→风机→排空。

4. 4t/d 电热回转蒸馏炉烟气治理实例

① 净化工艺流程见图 4-13。

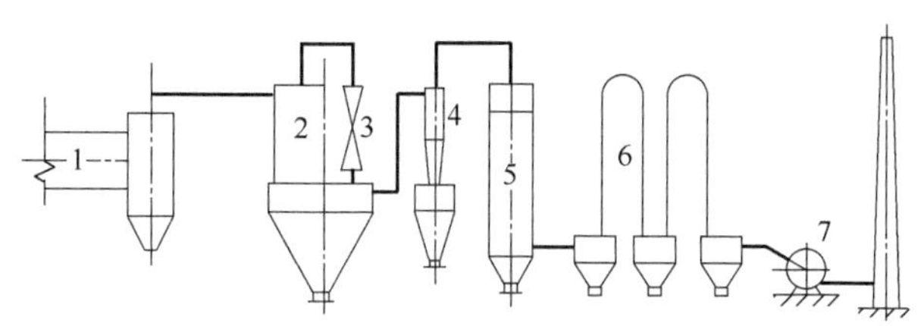

图 4-13 电热回转蒸馏炉除尘流程

1—电热回转蒸馏炉；2—重力除尘器；3—文氏管；4—收汞旋风除尘器；5—列管换热器；6—陶瓷换热器；7—风机

② 生产数据见表 4-17。

表 4-17 电热回转蒸馏炉除尘系统生产数据

操作条件及指标	蒸馏炉 4t/d	重力除尘器 $\phi1000$	文氏管 $\phi50$	收汞旋风除尘器 $\phi300$	列管换热器 $15m^2$	陶瓷换热器 $60m^2$	风机 7kW
烟气量/(m^3/h)	300						
烟气温度/℃	500	300	60	60	40	20～30	
含尘量/(g/m^3)	50～60	20～25		0.2	0.2	汞(0.01～0.03)$\times10^{-3}$	

注：由于高压排风机未过关，因此除害净化塔暂未使用，因而尾气含汞偏高。

5. 流态化炉烟气治理

流态化炉烟气的高温度、含尘量大，一般先设两段旋风除尘，一段电除尘，以除去烟气中绝大部分烟尘，再由文氏管、除汞旋风将剩余的尘和大量汞同时收下，余下的汞在后面的冷凝设备中获得，烟气中残留的汞和二氧化硫在净化塔除去，再由风机排空，流程如下：

流态化炉→一次旋风除尘器→二次旋风除尘器→电除尘器→文氏管→收汞旋涡→冷凝器→净化塔→风机→排气筒

冷凝器→汞

6. 2.5m² 汞流态化焙烧炉烟气净化

(1) 净化工艺流程　见图 4-14。

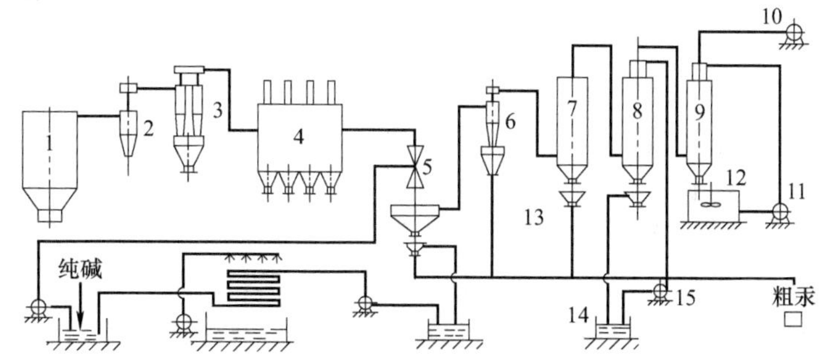

图 4-14 汞流态化焙烧炉除尘流程

1—焙烧炉；2—一旋；3—二旋；4—电除尘器；5—文氏管；6—旋风收汞器；7—列管换热器；8—淋洗塔；9—净化塔；10—风机；11—酸泵；12—搅拌槽；13—集汞槽；14—沉淀槽；15—水泵

（2）生产数据　见表 4-18。

表 4-18　流态化焙烧炉除尘系统生产数据

操作条件及指标	焙烧炉 2.5m²	一旋 ЦН-15 ϕ700×4	二旋 ЦН-11 ϕ600×4×2	电除尘器 12.5m² 双室三电场		文氏管 ϕ292	列管换热器 250m²	淋洗塔入口 ϕ550
				入口	出口			
烟气量/(m³/h)	6800							
温度/℃	500	408	408	380	258	58	58	41
压力/Pa	−100	−460	−460					
含尘量/(g/m³)	300～320	295	18.5	5～10	<0.01			0.01
漏风率/%		6	9.4	8			86.5	
除尘率/%		92～94	60～70	>99				

7. 某铅锌冶炼厂除汞工艺改造实例

（1）工业背景及工艺流程　某铅锌冶炼厂由于精矿含汞高，所以工程设计时采用了碘化钾除汞工艺。碘化钾除汞工艺是我国自行开发的，烟气中汞的脱除是由末级电除雾和干燥塔之间的除汞塔完成的。含汞烟气进入除汞塔后，与塔内喷洒的碘化钾溶液接触，汞与循环液中的碘离子反应生成碘汞络合物，从而将烟气中的汞除掉。

但在投产后的 3 年间，精矿成分发生很大变化，平均含汞量超过原设计的几十倍，大量汞沫进入碘化钾除汞塔前就在净化设备中冷凝下来，间冷器、电除雾及管道内有大量的冷凝汞析出，并且车间空气汞含量严重超标，环境严重污染危及生产人员的健康。因此，工厂对除汞工艺进行改进，采用瑞典玻利登公司的除汞技术，即硫化-氯化法分两次将烟气中的汞脱除。其工艺流程如图 4-15 所示。

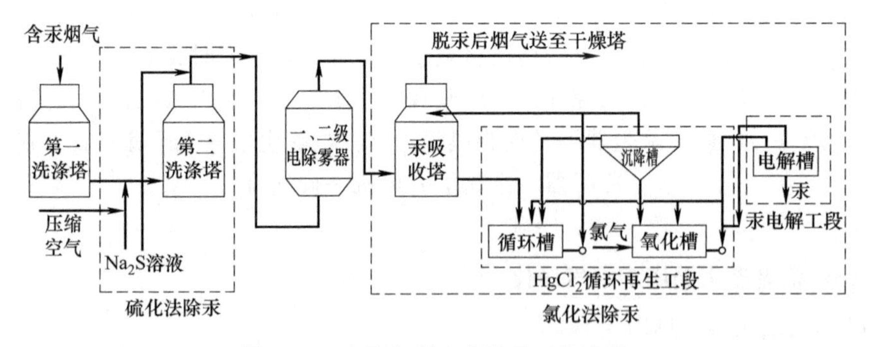

图 4-15　玻利登-诺金克除汞工艺流程

（2）净化工段烟气除汞　净化工段烟气出口温度为 30℃，根据汞蒸气压与温度的关系，30℃对应的烟气中汞的饱和蒸气含量为 30mg/m³。如果将烟气中的汞含量控制在 30mg/m³ 以下，汞蒸气就不会在净化设备和管道中冷凝。

因此采用硫化法在原有净化系统第一洗涤塔出口烟道处增设喷嘴，喷入硫化钠溶液，使烟气中的部分汞与硫化钠溶液反应生成硫化汞被洗涤酸带出系统。经硫化法处理后的烟气汞含量降到 30～35mg/m³，从而保证了在净化过程中没有汞的冷凝。

硫化法除汞过程中生成的不溶性硫化汞与洗涤下来的不溶性汞一起在沉淀槽中沉淀，从底流排出。底流固相物中含硫化汞较高，可作为生产汞的原料，故过滤回收硫化汞，滤渣出售。而滤液因含汞小于 5mg/m³，原系统中配套的污酸、污水处理设施可直接处理，避免了二次投资。

采用硫化法工艺，原来的净化设备没有做任何改动，仅增加了硫化钠溶解配置系统、喷射系统（含喷嘴）、控制系统、循环槽、泵、管道等，简便易行。

（3）烟气最终除汞　烟气经硫化法初步处理后，仍有汞蒸气进入干吸、转化系统，造成成品酸污染。为保证成品酸中汞含量达到国家标准或更低，采用氯化法进行第二次除汞。

氯化法除汞在汞吸收塔内进行塔顶部喷淋 $HgCl_2$ 溶液，逆流洗涤烟气，使其中的汞氧化（30～40℃条件下）生成 Hg_2Cl_2 沉淀，其反应式为：

$$HgCl_2 + Hg \longrightarrow Hg_2Cl_2 \downarrow$$

反应生成的 Hg_2Cl_2 不再具有吸收汞的作用。为使溶液循环使用，在出塔液中通入 Cl_2，使 Hg_2Cl_2 氧化，重新生成 $HgCl_2$，反应式为：

$$Hg_2Cl_2 + Cl_2 \longrightarrow 2HgCl_2$$

循环液中的 $HgCl_2$ 与 Hg_2Cl_2 应按一定比例存在。维持循环液中 $HgCl_2$ 适当浓度是除汞效率的保证，通常为 1～3kg/m^3。为维持系统汞平衡，需不断将多余的氯化亚汞从系统中分离出来。理论上来说，从系统中引出的循环液（$HgCl_2 + 2HgCl_2$）的含汞量，需要与除下来的汞量相当才能维持工艺正常运行。为了达到这一目的，当烟气中含汞量过低而排出液带出的汞相对过多时，采用向排出液中加入锌粉的办法，将 Hg_2Cl_2 还原成 $HgCl_2$ 并生成沉淀，从而降低了排出液中含汞量，而沉淀下来的 Hg_2Cl_2 返回系统。

从系统中分离出来的氯化亚汞，再氯化成可溶性氯化汞送到电解槽电解得到纯度99.99%的产品汞。

（4）系统运行效果　包括：a. 烟气经硫化法处理后，解决了汞的冷凝析出和污染问题；b. 成品酸中含汞不大于 1×10^{-6}；c. 硫化-氯化法对精矿的汞含量适应范围大，除汞效率高，除汞率 99.3%，成本低。

七、回转窑烟气协同减排技术

回转窑焙烧氧化钼尾气二氧化硫及粉尘治理技术，也适用于治理各类工业窑炉及高浓度有害气体的产生源。

1. 基本原理

在单台 LBT-C 型多级净化塔设备中通过冲击、自激等净化方式，使有害气体与吸收液充分接触。进行一级、二级处理，处理效率只有 60%左右。第三级处理方式为大孔板净化技术，有害气体在通过几层大孔板，并穿过一定厚度的水膜与吸收液结合后达到净化目的。已喷出的吸收液雾化后，可捕捉剩余的有害气体，最后高速离心甩干，净化后的气体排出，净化效率在 95%以上。

2. 技术关键

大孔板净化技术，属国内首创。不同于国内任何一种漏板塔及化工用的反应塔。该设备的主要原理为：有害气体通过塔板时，在风机的作用下，吸收液形成了一定高度的水膜，既可保证气体的流速又能使气液充分混合，又保证了不堵塔。通过材料的组合克服了高温、高酸、碱、磨损及热胀冷缩等对材料与钢材的影响，使设备的防腐性能保持稳定。

3. 典型规模案例

朝阳金达集团，年产 5000t 钼铁、7000t 氧化钼；采用回转窑生产三氧化钼，尾气中的 SO_2 净化后综合利用生产亚硫酸钠。

4. 主要技术指标及条件

（1）技术指标　设备入口 SO_2 浓度达到 $15000mg/m^3$ 时，处理后的排放浓度达到国家工业窑炉的排放标准，低于 $800mg/m^3$；脱硫效率 95%；粉尘回收率 99.95%。

（2）条件要求　适合于回转窑的正常生产，以及生产一级品的再生产品。

（3）主要设备　LBT-C 型多级净化塔、配套设备为水洗塔、回收塔、风机及水泵，配套设备为亚硫酸钠生产线。

5. 运行管理

日常管理依据亚硫酸钠的生产操作进行，既要保证二氧化硫排放达标，又要保证亚硫酸钠的产品为一级品。该技术于 2000 年 11 月通过了辽宁省葫芦岛市经济贸易委员会组织的鉴定，被中国环境保护产业协会评为 2009 年国家重点环境保护实用技术（B 类）。

第三节　烧结机(炉)烟气协同净化技术

近些年，特别是最近 30 年，我国的钢铁工业发展迅猛，已经成为全球第一的生产、消费大国、无论产量、质量或技术装备水平，广受世人瞩目。然而，在经济、社会高速进步的同时大气污染物排放问题伴随而生，因此选择和实施最适用的烧结烟气协同净化工程技术凸显重要和紧迫。

一、烧结烟气特性

1. 烧结生产过程

烧结生产，实质上是高炉炉料的预处理过程。铁矿石经过烧结，冶炼性能改善，有害元素减少，从而可大大提高铁水的产量和质量。

烧结生产过程包括配料、焙烧、分选和成品四个阶段。烧结生产所用的原料、辅料、燃料分别是铁矿粉、熔剂和煤（焦）粉，按照一定的粒度和配比要求，遵循一定的工艺流程和控制条件，在烧结机内焙制成可供高炉炼铁用的烧结矿熟料，铁矿粉的粒度小于 6mm，熔剂和燃料粒度小于 3mm，燃料配比 6%～7%，原辅料配比按碱度 CaO/SiO_2 值为 1.55～1.75 计算确定。烧结熟料含 Fe 品位要求 58%以上，粒度 5～6mm，生产工艺流程参阅图 4-16。烧结机工作原理见图 4-17。

2. 烧结烟气的特点

烧结烟气的主要特点如下。

（1）烟气量大　由于漏风率高（40%～50%）和固体料循环率高，有相当一部分空气没有通过烧结料层，使烧结烟气量大大增加，每生产 1t 烧结矿产生 $4000～6000m^3$ 烟气。

（2）烟气温度较高　随烧结工况变化，烟气温度一般为 120～180℃。

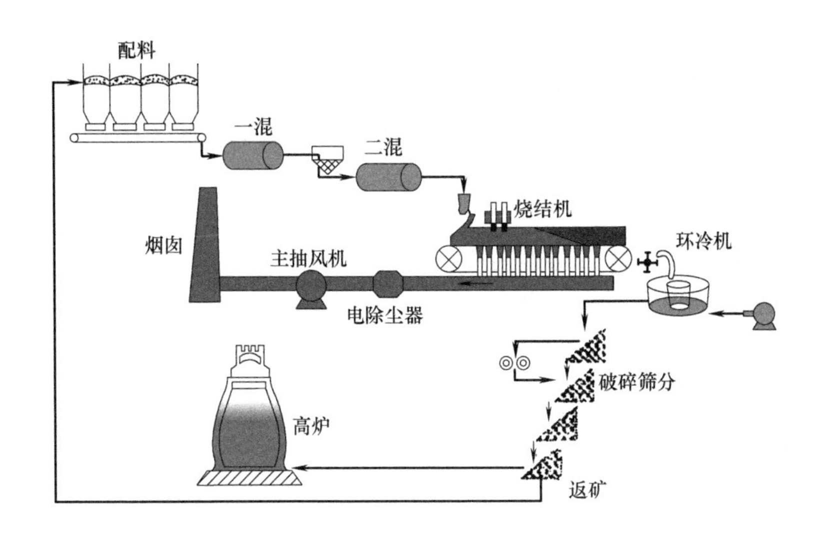

图 4-16 烧结生产工艺流程

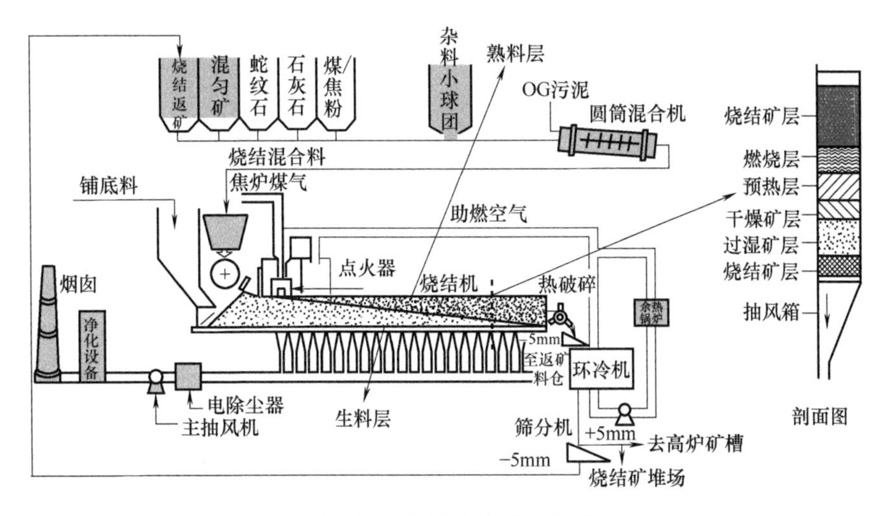

图 4-17 烧结机的工作原理

（3）烟气粉尘浓度高　粉尘主要以铁及其化合物为主，由于使用不同的原料可能含有微量重金属元素，一般浓度（标态）达 $10g/m^3$，平均粒径为 13～35μm。

（4）含湿量大　为了提高烧结混合料的透气性，混合料在烧结前必须加适量的水制成小球，所以烟气的含湿量较大，按体积比计算水分含量在 10%左右。

（5）含有害气体　高炉煤气点火及混合料的烧结成型过程，均产生一定量的氯化氢（HCl）、硫氧化物（SO_x）、氮氧化物（NO_x）、氟化氢（HF）等，它们遇水后将形成酸雨，会腐蚀金属构件。此外，还含有对人体健康危害极大的重金属污染物、二噁英和呋喃等。

（6）含 SO_2 浓度相对较低　随原料硫负荷等因素的不同，国内企业一般为 1000～$3000mg/m^3$。

（7）不稳定性　由于烧结工况波动，烟气量、烟气温度、SO_2 浓度等经常发生变化，阵发性强。

（8）烧结烟气中的硫、氮污染物不仅源于燃料的S、N含量和燃烧过程的工况条件，而且还与原辅料的质量有关。

3. 烧结烟气多污染物协同治理技术

目前我国已实施的钢铁工业大气污染控制措施基本上都以控制一种污染物为目的，而对于同时实现烧结脱硫、脱硝、脱二噁英和脱重金属等相关技术还处于起步阶段。基于我国钢铁工业烧结烟气各污染物的排放标准要求和污染控制技术现状，急待开发和应用钢铁烧结烟气多污染物协同控制技术——活性炭吸附工艺、MEROS工艺、EFA曳流吸收塔工艺、LJS-FGD多污染物协同净化工艺、喷雾干燥工艺、流化床工艺、NID工艺等技术的主要功能原理、工艺流程、技术特点、存在问题以及工程应用。

4. 净化设计注意事项

在烧结烟净化工程的设计时要重视如下事项：a. 烧结烟气中SO_x的浓度只相当于燃用低硫煤的锅炉烟气水平；b. 烧结烟气中的NO_x浓度比锅炉烟气低1/2左右；c. 烧结烟气中的卤化物浓度比锅炉烟气高3～6倍；d. 烟气中氧和水分含量比锅炉烟气高1倍左右；e. 颗粒物中的Fe含量比锅炉烟气的高，而Ca、Si、Mg和Al等元素含量比锅炉烟气低很多，因而烧结烟尘的比电阻要比锅炉的比电阻高一个数量级；f. 在烧结烟气的污染成分中，含有剧毒化学物质二噁英，这主要是由生料中含铁尘泥和某些含氯添加料在烧结温度条件下产生的，虽然数量不太大，但毒性极强。

二、活性炭法协同净化技术

活性炭具有较好的孔隙结构、丰富的表面基团，具有较强的吸附能力，在适合的条件下活性炭吸附法可同时脱除SO_2、NO_x、多环芳烃（PAHs）、重金属及其他一些毒性物质。活性炭吸附工艺在20世纪50年代从德国开始研发，20世纪60年代日本也开始研发，不同企业之间进行合作与技术转移以及自主开发，形成了日本住友、日本J-POWER（MET-Mitsui-BF）和德国WKV等几种主流工艺。开发成功的活性焦（炭）脱硫与集成净化工艺在世界各地多个领域得到了日益广泛的应用。其中，在新日铁、JFE、浦项钢铁和太钢等大型钢铁企业烧结烟气净化方面的应用，并取得了良好效果。

（一）工作原理

活性炭吸附法同时脱除多种污染物是物理作用和化学作用协同的结果，当烟气含有充分的H_2O与O_2时首先发生物理吸附，然后在碳基表面发生一系列化学作用。

活性焦处理燃煤烟气是一个复杂的吸附和催化氧化过程。活性焦将SO_2、NO吸附于活性位上，存在的O_2将其氧化成SO_3和NO_2，烟气中存在的水分将其进一步转化为H_2SO_4和HNO_3。根据吸附理论，由于SO_2的分子直径、沸点、偶极距等都大于NO，SO_2优先被吸附。

当喷入NH_3时，活性焦降低了NO与NH_3反应活化能，通过活性焦的催化作用和表面生成的官能团的还原作用将NO_x还原成N_2。

重金属汞在烟气中一般以Hg^0和Hg^{2+}形式存在，Hg^0吸附于活性焦的微孔中，Hg^{2+}与生成的硫酸反应，生成硫酸盐。

主要反应如下：

$$SO_2+\frac{1}{2}O_2 \longrightarrow SO_3$$

$$SO_3+H_2O \longrightarrow H_2SO_4$$

在吸收塔的第二段中，活性焦又充当了 SCR 工艺中的催化剂，在温度 100～200℃时烟气中加入氨就可脱除 NO_x。

脱硝的主要反应是：

$$4NH_3+6NO \longrightarrow 5N_2+6H_2O$$

$$8NH_3+6NO_2 \longrightarrow 7N_2+12H_2O$$

$$2NH_3+2NO+\frac{1}{2}O_2 \longrightarrow 2N_2+3H_2O$$

同时有以下副反应：

$$SO_2+2NH_3+H_2O+\frac{1}{2}O_2 \longrightarrow (NH_4)_2SO_4$$

在再生阶段，饱和态的吸附剂被送到再生器加热到 400℃，解吸出浓缩的 SO_2 气体，每摩尔的再生活性焦可以解吸出 2mol 的 SO_2。再生后的活性焦又通过循环送到反应器。

（二）工艺流程

活性炭吸附工艺的原理是烧结机排出的烟气经除尘器除尘后，由主风机排出。烟气经升压鼓风机后送往移动床吸收塔，并在吸收塔入口处添加脱硝所需的 NH_3。烟气中的 SO_x、NO_x 在吸收塔内进行反应，所生成的硫酸和铵盐被活性炭吸附除去，吸附了硫酸和铵盐的活性炭送入脱离塔，经加热至 400℃左右可解吸出高浓度 SO_2。解吸出的高浓度 SO_2 可以用来生产高纯度硫黄（99.9%以上）或浓硫酸（98%以上）；再生后的活性炭经冷却筛去除杂质后送回吸收塔进行循环使用。

活性焦脱硫脱硝一体化技术主要由吸附、解吸和硫回收三部分组成，见图 4-18。烟气进入含有活性焦的移动床吸收塔，通常从空气预热器中出来的烟气温度为 120～160℃，该温度是此工艺的最佳温度，能达到最高的脱除率。吸收塔由两段组成，活性焦在垂直吸收塔内由重力从第二段的顶部下降至第一段的底部。烟气水平通过吸收塔的第一段，在此 SO_2 被脱除，烟气进入第二段后在此通过喷入氨除去 NO_x。

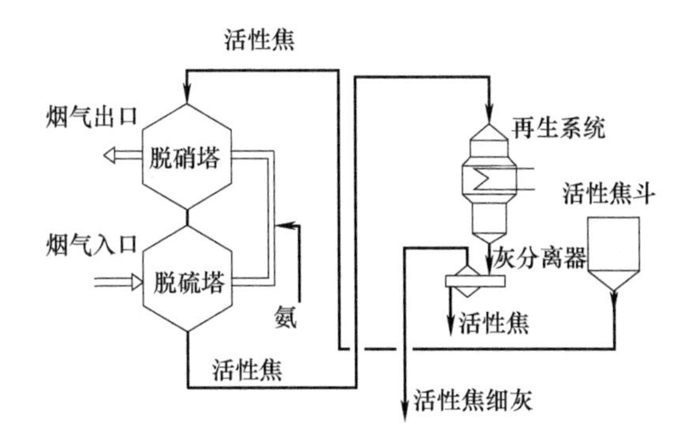

图 4-18 活性焦吸收法同时脱硫脱硝工艺系统

活性焦在吸附塔内部的流动是由安装在吸附塔下部的辊式给料机控制。吸附塔分为几个区域，每个区域都由进气窗、辅助窗、活性焦层以及出口冲孔板组成。活性焦的吸附性能达到饱和后，由斗式升降机将其运输至再生塔。再生塔是一种壳式热交换器，由预热区、加热区和冷却区三个部分组成。在再生塔的下部，活性焦被冷却到150℃以下，并从再生塔下部排除；之后经分离器除去活性焦粉后，再次返回吸附塔循环利用。

（三）技术特点

活性炭移动层式烟气处理技术有如下特点。

① 脱硫率高，一般在90%以上，并且可以脱除烟气中的烟尘、NO_x、二噁英、重金属等有害杂质。

② 脱硫过程中不使用水，也不产生废水和废渣，不存在二次污染问题。

③ 脱硫剂可再生循环使用。吸附 SO_2 达到饱和的活性炭移至解吸再生系统加热再生，再生后的活性炭经筛选后，由脱硫剂输送系统送入吸附脱硫装置再次进行吸附，活性炭得到循环利用，也可根据需要补充适量的新鲜活性炭。破碎的活性炭既可经输送系统送入锅炉燃烧，也可用于工业废水净化。再生系统可根据具体情况选择蒸汽加热、电炉加热、热风炉加热等加热方式。

④ 脱硫副产物可综合利用。解吸再生的混合气体中 SO_2 含量为20%～40%，可送入制酸装置生产商品硫酸。

⑤ 存在问题：运行成本高，设备庞大且造价高，腐蚀问题突出，外围系统复杂，活性炭反复使用后吸附率降低，消耗大，活性炭再生能耗较高等。

（四）应用注意事项

活性炭本身是易燃物质，特别是在最初3个月的使用期内，由于活性炭吸附是放热反应，活性炭温度将比烟气温度高大约5℃，因此新的活性炭更容易被氧化。当烟气系统正常运行时，活性炭氧化的热量被烟气带走；然而，当烟气系统出现故障（例如增压风机故障），烟气无法将热量带走时吸收塔中的活性炭温度将会持续增高。当活性炭温度超过165℃时，入口和出口的切断阀需要关闭，将氮气喷入吸收塔内部以防止火灾的发生，此时活性炭继续下落输送到解吸塔中，解吸塔中充满的氮气可以灭火。为了确保活性炭不发生燃烧，活性炭必须经过一次“吸收塔—解吸塔—吸收塔”的循环过程，大约需要1周的时间。因此，在最初的3个月中需要将烟气温度控制在120℃左右。

（五）活性炭法烧结机烟气净化工程实例

太钢炼铁厂450m^2 烧结机采用了日本住友重工的活性炭移动层的干式脱硫脱硝装置，吸附塔的设计以及吸附塔的移动单元和解吸塔的制造由住友重工负责，太钢进行土建、电气、设备、工艺、自动化编程、能源介质、总图布置、建设与安装等整套工程的集成。

1. 烟气参数

太钢450m^2 烧结机烟气参数见表4-19，其中烟气流量及含水量为工况参数，其他参数为干基烟气参数，烟气流量及烟气温度为风机之前参数，烟气压力为风机出口处的压力。

表 4-19 太钢 450m^2 烧结机烟气脱硫脱硝系统烟气入口参数

参 数	单位	参数值	参 数	单位	参数值
烟气流量(湿态)	m^3/h	1.444×10^6	SO_3(干标)	mg/m^3	微量
烟气压力	Pa	500	NO_x(干标)	mg/m^3	317
烟气温度	℃	138	HCl(干标)	mg/m^3	约 40
灰尘(干标)	mg/m^3	100	HF(干标)	mg/m^3	约 2.5
O_2(体积分数,干基)	%	14.4	CO(体积分数,干基)	%	0.6
H_2O(体积分数,湿态)	%	12	PCDD/Fs(干标)	$ngTEQ/m^3$	约 1.5
SO_2(干标)	mg/m^3	815	Hg(干标)	$\mu g/m^3$	微量

2. 工艺系统及设备

太钢活性炭移动层式烟气处理技术工艺流程如图 4-19 所示。

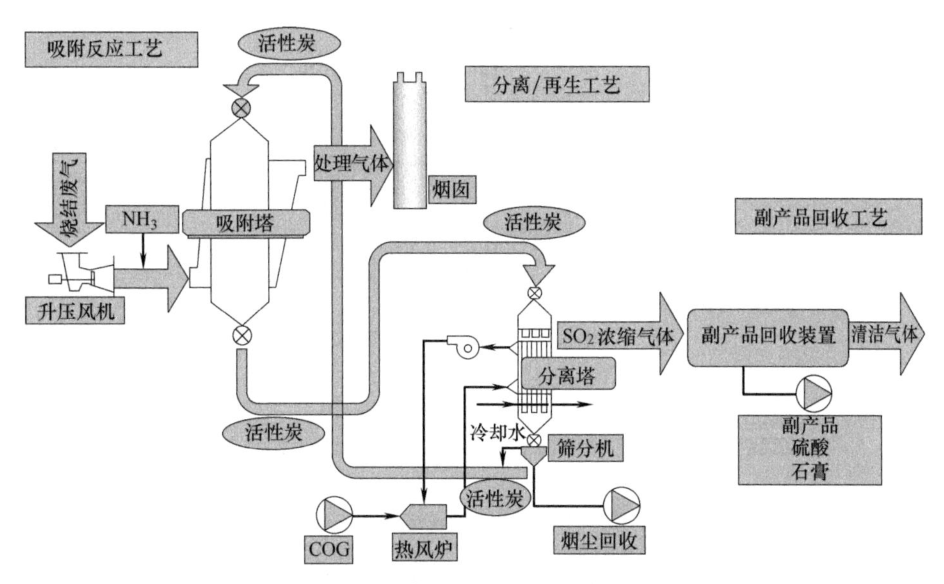

图 4-19 活性炭法脱硫脱硝工艺流程

烧结烟气经电除尘设备除尘后，由增压风机加压，加压后的烧结烟气进入活性炭移动层，在活性炭移动层中首先脱除 SO_2，然后在喷氨的条件下脱除 NO_x。在活性炭再生时，分离出的高浓度 SO_2 气体进入副产品回收工艺装置，回收为硫酸或石膏等有价值的副产品。本工艺所用活性炭是直径 9mm、长 10～15mm 的圆柱状介质。

工艺系统由烟气系统、脱硫系统、脱硝系统以及相应的电气、仪控（含监测装置）等系统组成。烟气系统主要包括烟气系统和增压风机系统，脱硫烟气系统总阻力按 8000Pa 考虑，增压风机的参数为：流量为 $306\times10^4 m^3/h$（工况）；风机转速为 745r/min；全压为 8000Pa；额定电压为 10kV；功率为 8500kW。

(1) 脱硫系统 脱硫系统包括吸附系统、解吸系统、活性炭输送系统、活性炭补给系统、热风循环系统、冷风循环系统。

① 吸附系统：主要由吸附塔、NH_3 添加系统等组成。在吸附塔内设置了进出口多孔板，使烟气流速均匀，提高净化效率。另外，还设置了 3 层活性炭移动层，便于高效脱硫。

② 解吸系统：吸附了 SO_2 等多种污染物的活性炭，经过输送机送至解吸塔。在塔内活性炭从上往下运行，首先经过加热段，被加热到 400℃以上，所吸附的物质被解吸出来，解吸出来的富 SO_2 气体排至后处理设施制备硫酸。解吸后的活性炭，在冷却段中冷却到 150℃以下，然后经过输送机再次送至吸附塔，循环使用。

③ 活性炭输送系统：活性炭输送是通过两条链式输送机进行的，确保活性炭在吸附塔和解吸塔间循环使用，如图 4-20 所示。2 号活性炭输送皮带位于吸附塔的下部，将吸附了烟气中 SO_2 的活性炭输送至解吸塔；而 1 号活性炭输送皮带位于解吸塔的下部，将解吸后干净的活性炭输送至吸附塔再次使用。

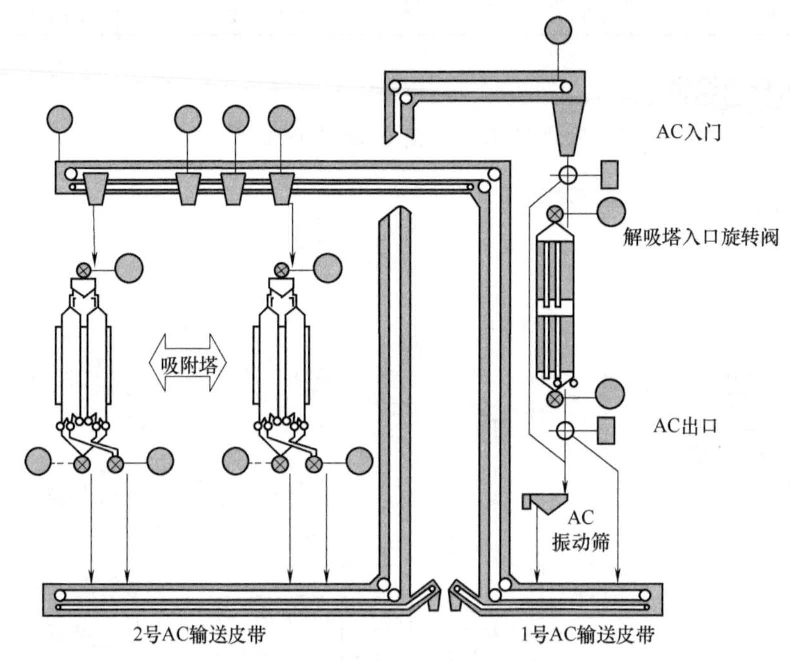

图 4-20 活性炭输送系统

④ 活性炭补给系统：活性炭在脱硫过程中会出现破损，使得颗粒度降低，为保证脱硫效率，需将小颗粒的炭粉排出，这就需要不断地补充新的活性炭，活性炭的消耗量为 400kg/h。在该系统中，外购活性炭通过皮带输送至活性炭储罐，储罐规格为 ϕ3.6m×16.5m，容积为 80t，相当于 7d 的用量。

⑤ 热风循环系统：主要提供解吸活性炭的热风。在此系统中，通过煤气发生器将空气加热至 450℃，再通过循环风机送至加热段。

⑥ 冷风循环系统：将经过解吸的活性炭在冷却段中冷却到 150℃以下。

（2）脱硝系统 脱硝系统主要包括氨气供应系统，负责液氨的卸车、蒸发、调压及氨气与空气混合供应至吸收塔喷洒，若无氨气气源需新设置氨气供应系统。氨气供应系统包括液氨储罐，氨气蒸发器，压缩机，氨气稀释罐，氨气调压装置，氨气与空气混合装置，配套管道系统及控制装置。外购的液氨通过罐车运到用户区，用压缩机卸到液氨储罐，经蒸发器汽化后，通过调压装置调到设定压力后送至混合单元。混合单元设有控制阀门来调节用气量及压力，并设有火花捕集器防止爆炸与回火，氨气与加压后被加热到 130℃的空气混合后供给工艺系统使用。

3. 运行效果

太钢烧结烟气活性炭法脱硫脱硝与制酸系统投运以来运行稳定，作业率达到95%以上。经太原市环境监测中心站检测，排放烟气 SO_2 浓度（标态）为 7.5mg/m^3，NO_x 浓度（标态）为 101mg/m^3，粉尘浓度（标态）为 17.1mg/m^3，脱硫率达到95%以上，脱硝率达到40%以上（见表4-20），均已达到设计标准及污染物排放标准。此外，制酸系统年产副产品浓硫酸9000t，全面用于太钢轧钢酸洗工序和焦化硫氨生产。

表4-20 太钢450m^{2}烧结机烟气活性炭法脱硫脱硝工程运行性能测试

项目	单位	设计值	测试值
出口 SO_2 浓度(干标)	mg/m^3	≤41	7.5
脱硫率	%	≥95	98
出口 NO_x 浓度(干标)	mg/m^3	≤213	101
脱硝率	%	≥33	50
出口粉尘浓度(干标)	mg/m^3	≤20	17.1
PCDD/Fs(干标)	ngTEQ/m^3	≤0.2	0.15
NH_3 逃逸(干态)	%	$\leq 39.5\times10^{-4}$	0.3×10^{-4}
制酸	98%硫酸	一等品	一等品

投产后每年 SO_2 外排量由6820t减少到340t，减排 SO_2 量为6480t，脱硫率为95%；每年外排 NO_x 由2774t减到1858t，减排 NO_x 量为916t，脱硝率为33%；外排粉尘由1050t减到210t，减排粉尘840t，除尘率为80%。

能源介质消耗见表4-21。

表4-21 太钢450m^{2}烧结机烟气活性炭法能源介质消耗

类别	消耗量	日消耗量
活性炭颗粒	约0.287t/h	6.9t/d
生活水	1.2t/h	28.8t/d
工业水	2t/h	48t/d
压缩空气(标态)	220m^3/h	5280m^3/d
氮气(标态)	1100m^3/h	26400m^3/d
蒸汽	4t/h	96t/d
用电量	3950kW	94800kW·h
焦炉煤气(标态)	1000m^3/h	24000m^3/d
活性炭粉	−0.333t/h	−8t/d
液氨	0.208t/h	5t/d
硫酸	−0.917t/h	−22t/d

三、循环流化床法协同净化技术

循环流化床烟气脱硫（Circulating Fluidized Bed for Flue Gas Desulfurization，CFB-

FGD）工艺是20世纪80年代德国鲁奇（Lurgi）公司开发的一种半干法脱硫工艺，基于流态化原理，通过吸收剂的多次再循环，延长吸收剂与烟气的接触时间，大大提高了吸收剂的利用率，在钙硫比（Ca/S）为1.2～1.3的情况下脱硫率可达到90%左右。中冶建研总院开发一种低温干法钙基循环流化床烧结烟气协同净化工艺，其最大特点是水耗低，基本不需要考虑防腐问题，同时可以预留添加活性炭去除二噁英的接口。

1. 工作原理

CFB烟气脱硫一般采用干态的石灰粉（CaO）或消石灰粉［$Ca(OH)_2$］作为吸收剂，将石灰粉按一定的比例加入烟气中，使石灰粉在烟气中处于流态化，与SO_2反应生成亚硫酸钙。脱硫过程发生的基本反应有：

① 生石灰与水之间的水合反应 $CaO+H_2O \longrightarrow Ca(OH)_2$

② SO_2被水滴吸收的反应 $SO_2+H_2O \longrightarrow H_2SO_3$

③ 酸碱离子反应 $Ca(OH)_2+H_2SO_3 \longrightarrow CaSO_3 \cdot \frac{1}{2}H_2O+\frac{3}{2}H_2O$

④ 脱硫产物的部分氧化反应

$$CaSO_3 \cdot \frac{1}{2}H_2O+\frac{1}{2}O_2+\frac{3}{2}H_2O \longrightarrow CaSO_4 \cdot 2H_2O$$

⑤ 其他反应 $Ca(OH)_2+2HCl \longrightarrow CaCl_2+2H_2O$

2. 工艺流程

循环流化床同时脱硫脱硝系统，主要由烟气系统、吸收剂贮存、输送及循环系统、水系统、灰渣输送系统、公用介质及控制系统等组成。图4-21为烧结烟气同时脱硫脱硝系统流程示意图。

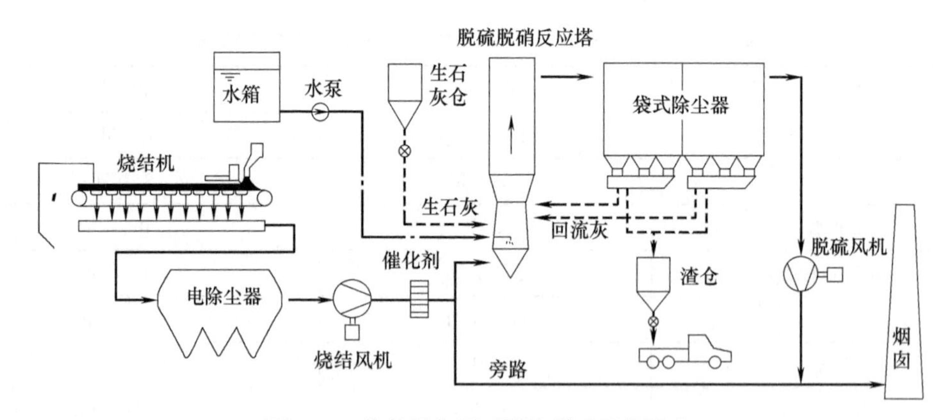

图4-21 烧结烟气同时脱硫脱硝系统示意

工艺流程：从烧结风机出来的高温烟气（一般为120℃）引入催化剂中，大多数NO被氧化成NO_2，再进入脱硫脱硝反应塔底部，脱硫脱硝反应塔底部为一文丘里装置，烟气流经时被加速。吸收剂通过一套喷射装置在脱硫脱硝反应塔底部喷入。在文丘里的喉部设有喷水装置，喷入的雾化水使烟气降至一定温度。增湿后的烟气与吸收剂相混合，吸收剂与烟气中的SO_2、NO_2反应，生成亚硫酸钙、硫酸钙、亚硝酸钙和硝酸钙等。大量固体颗粒部分在塔顶回落，在塔内形成内循环，部分随烟气从脱硫脱硝反应塔上部侧向排出，然后进入脉冲袋式除尘器。大部分的固体颗粒通过除尘器下的再循环系统，返回脱硫脱硝反应塔继续参加反应，如此循环达 100～150 次，少部分脱硫渣则经过一个中间仓，经灰渣处理系统输入到渣仓。最后的烟气经除尘器通过引风机排入烟囱。由于脱硫脱硝过程中，烟气中的大量酸性物质尤其是 SO_3 被脱除，烟气的酸露点温度很低，排烟温度高于露点温度，因此烟气也不需要再加热。

脱硫脱硝反应塔上部设有回流装置，塔中的烟气和吸收剂颗粒在向上运动时，会有一部分烟气及固体颗粒产生回流，形成很强的内部湍流，从而增加了烟气与吸收剂的接触效率，使脱硫脱硝反应更加充分。固体颗粒在上部产生强烈的回流，加强了固体颗粒之间的碰撞和摩擦，不断地暴露出新鲜的吸收剂表面，大大提高了吸收剂的利用率。吸收塔较高，烟气在脱硫脱硝反应塔中的停留时间较长，使得烟气中的 SO_2、NO_2 能够与吸收剂充分混合反应，99%的脱硫反应和 80%的脱硝反应都在脱硫脱硝反应塔内进行并完成。

3. 副产物利用

采用钙基脱硫剂单纯脱除烟气中二氧化硫的干法（半干法）工艺，包括目前烧结行业普遍采用的循环流化床脱硫工艺、SDA 旋转喷雾工艺及密相干塔工艺等，产生的脱硫渣主要成分为 $CaSO_3$、$CaSO_4$、$CaCO_3$ 及 $Ca(OH)_2$ 等，其中 $CaSO_3$ 占到多数。由于脱硫时系统采用的钙硫比不同，脱硫渣中 $CaSO_3$ 的组分一般控制在 35%±10%，脱硫渣平均粒径在 10μm 左右，堆密度在 600～900kg/m^3 之间。

由于 $CaSO_3$ 对水泥中矿物的选择性较强，不具有应用的普遍适应性，因此无论是电厂烟气还是烧结烟气的干法脱硫系统产生的脱硫渣都很难利用。多数都是堆弃，或者是有限地利用于矿井填埋，路基铺垫等，无法高效的利用。

循环流化床同时脱硫脱硝工艺对烧结烟气进行处理后，其脱硫脱硝副产物的主要矿物组成是硫酸钙、硝酸钙、亚硝酸钙及其他钙化合物。硫酸钙是矿渣粉生产企业常用的外加剂，也是《用于水泥、砂浆和混凝土中的粒化高炉矿渣粉》（GB/T 18046—2017）所允许添加的外加剂。硝酸盐和亚硝酸盐不仅能作为混凝土的早强剂组分，而且可以作为混凝土防冻剂组分使用。

通过对脱硫脱硝副产物资源化利用的研究，结合钢铁企业固体废弃物资源化利用技术，该副产物可用于矿渣粉生产用添加剂和配制钢铁渣粉早强激发剂，提高了矿渣的活性，并解决钢铁渣粉早期强度低的技术问题，实现了烧结烟气“零排放”，并具有很高的经济价值。以 265m^2 烧结机为例，按照入口烟气中 SO_2 浓度 1200mg/m^3、NO_x 浓度 600mg/m^3、钙硫比 1.3、出门 SO_2 浓度 100mg/m^3、NO_x 浓度 300mg/m^3 计算，本套系统脱硫脱硝副产物每年的产量将达到 2.6 万吨，不计算其提升钢铁渣粉性能的附加值，光作为矿渣粉来卖，可以为企业每年增收数百万元。

4. 工艺特点

① 技术先进，工艺流程与传统流化床脱硫技术相似，配套低温催化剂，达到同时脱硫脱硝的功能，而且脱硫脱硝效率很高。

② 在满足排放标准的前提下，与目前现有各项脱硫脱硝技术相比，该工艺的投资及运行成本都是最低的，同时脱硫脱硝运行成本低于 10 元/t 烧结矿。

③ 该工艺在脱除 SO_2、NO_x 的同时，对 SO_3、氯化物和氟化物吸收率超过 90%，系统中增加部分设备和吸收剂，就可以增加对二噁英的脱除功能，满足更加严格的环保要求。

④ 脱硫脱硝副产物可以作为矿渣粉生产用添加剂和配制钢铁渣粉早强激发剂使用。

⑤ 因吸收剂为干态，脱硫反应塔及其他设备不会产生黏结和堵塞，也不会产生腐蚀。

排放烟气水汽含量少，不饱和，不会产生影响景观的白烟柱现象。

⑥ 烟气负荷大范围（50%～100%）变化时下，系统仍可正常运行。

⑦ 本工艺末端除尘设备为袋式除尘器，可以减少 $PM_{2.5}$ 的排放，粉尘排放浓度控制在 30mg/m^3 以内，满足国家对烧结机烟气的粉尘排放浓度要求。

5. CFB 法烧结烟气脱硫工程实例

福建三钢 2 号 180m^2 烧结机采用 CFB-FGD 半干法技术。2007 年 3 月开工建设，同年 10 月正式投入运行。运行效果良好，脱硫率大于 90%，最高可达 98%，SO_2 平均排放浓度小于 400mg/m^3，最低达 100mg/m^3，粉尘排放浓度小于 50mg/m^3，各项运行性能指标都优于设计要求。该脱硫装置运行后每年可削减 SO_2 排放量 4000 多吨。

（1）设计参数　烟气参数及脱硫装置设计参数见表 4-22。

表 4-22　三钢 180m^2 烧结机入口烟气参数及脱硫装置设计参数

入口烟气参数	单位	数值	脱硫设计值	单位	数值
烟气量(湿标)	m^3/h	29.2×10^4	排烟温度	℃	75
烟气温度	℃	120～180	Ca/S 值	mol/mol	1.25
SO_2 浓度(标态)	mg/m^3	5000	脱硫效率	%	≥93
粉尘浓度(标态)	mg/m^3	50	粉尘浓度(标态)	mg/m^3	50
水蒸气含量	%	10～15	脱硫装置压降	Pa	3800
			脱硫装置漏风率	%	≤5

（2）工艺流程　脱硫工艺流程如图 4-22 所示，烧结机烟气分别进入两台电除尘器及 2 号、3 号引风机，采用半烟气脱硫流程。SO_2 浓度较高的部分烟气经 2 号引风机自吸收塔底部进入吸收塔，烟气经塔底的文丘里结构加速后与消化石灰发生脱硫反应。脱硫后的烟气从吸收塔顶部侧向下行进入布袋除尘器，进行气固分离。经除尘器捕集下来的固体颗粒，通过脱硫灰再循环系统返回吸收塔继续进行循环反应，脱硫除尘后的烟气通过烟囱排放。而 SO_2 浓度较低的部分烟气则经 3 号引风机送入电除尘净化后达标排放。脱硫系统采用炉后旁路布置，当脱硫系统不运行时，烟气经机头电除尘器处理后通过主抽风机排至烟囱。脱硫系统与烧结机的主机系统相对独立，便于管理与维护。

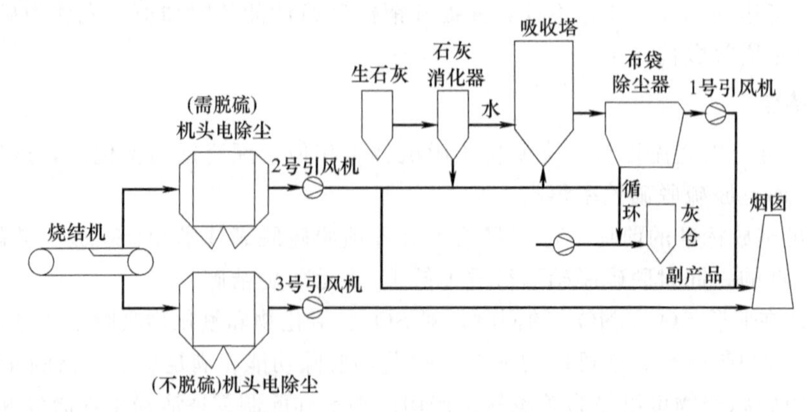

图 4-22　三钢 180m^2 烧结机烟气脱硫工艺流程示意

6. 技术特点

① 采用选择性脱硫工艺，对烧结风箱中高浓度 SO_2 烟气集中处理，克服了大排量、低浓度 SO_2 烧结烟气的治理难题，对烧结工况变化的适应能力强，能达到稳定运行要求。

② 利用 CFB 技术在布置上的灵活性，系统旁路布置，吸收塔架空在厂区主干道上，跨度为 8m，净空为 5.5m 以上，脱硫除尘器占地面积 17.2m×28.2m，能满足厂内交通、消防、设备检修维护的需要。

③ 排烟温度始终控制在高于露点温度 20℃以上，烟气不需要再加热，系统无废水产生，也无需防腐处理。

7. 运行的注意事项

（1）吸收塔出口温度　运行中出口温度控制在 75～80℃之间，一般上下浮动稳定在±1℃；如果温度过低，将影响系统的安全运行。

（2）Ca/S 值　Ca/S 值是影响系统脱硫效率和运行经济性的重要因素。可以在 DCS 中手工输入 SO_2 排放浓度，其目的是调节生石灰的加入量。Ca/S 值控制在 1.2～1.3 之间可达到最佳的脱硫效果。

（3）吸收塔压降　吸收塔的床层压降可以有效反映塔内流化床的脱硫灰循环量，直接影响流化床的建立和烟气的冷却水能否及时完成蒸发。维持吸收塔最佳性能的床层压降为 1.0～1.3kPa。

（4）吸收剂品质　生石灰的活性直接影响吸收剂的耗量，活性越好，Ca/S 值越低，生石灰的耗量相对减少。生石灰消化速度<4min，纯度>80%，粒度<1mm。消化后的消石灰粉，含水率控制在 1%的范围内，平均粒径 10μm 左右，比表面积可达 $20m^2/g$ 以上。

（5）袋式除尘器　由于脱硫灰料不断循环，使得袋式除尘器入口粉尘浓度（标态）高达 $600\sim1000mg/m^3$，除尘效率要达到 99.99%以上，运行的关键是防止糊袋以及选择合理的气布比。系统选用低压旋转脉冲喷吹式袋式除尘器，相当于固定床反应器，可以延时进行脱硫反应，其中的脱硫率可达到总脱硫率的 15%～30%。

（6）脱硫灰渣　半干法脱硫的脱硫灰渣成分以 $CaSO_3 \cdot \frac{1}{2}H_2O$ 和 $CaSO_4 \cdot \frac{1}{2}H_2O$ 为主，可用作建材掺合料。脱硫塔内袋式除尘器灰斗下的脱硫灰采用浓相正压仓泵气力输送至脱硫灰库。

四、旋转喷雾干燥法协同净化技术

旋转喷雾干燥烟气脱硫技术（Spray Drying Adsorption，SDA）是丹麦 Niro 公司开发的一种喷雾干燥吸收工艺。1980 年，Niro 公司的第一套 SDA 装置投入运行；1998 年，德国杜伊斯堡钢厂烧结机成功应用旋转喷雾干燥脱硫装置。

1. 工作原理

喷雾干燥烟气脱硫技术利用喷雾干燥的原理，一般以石灰作为脱硫剂，消化好的熟石灰浆在吸收塔顶部经高速旋转的雾化器雾化成直径<100μm 并具有大表面积的雾粒，烟气通过气体分布器导入吸收室内，两者接触混合后发生强烈的热交换和脱硫反应，烟气中的酸性

成分被碱性液滴吸收，并迅速将大部分水分蒸发，浆滴被加热干燥成粉末，飞灰和反应产物的部分干燥物落入吸收室底排出，细小颗粒随处理后的烟气进入除尘器被收集，处理后的洁净烟气通过烟囱排放。

SDA 干燥吸收发生的基本反应如下：

$$Ca(OH)_2 + SO_2 \longrightarrow CaSO_3 + H_2O$$

$$Ca(OH)_2 + SO_2 + \frac{1}{2}O_2 \longrightarrow CaSO_4 + H_2O$$

$$Ca(OH)_2 + 2HCl \longrightarrow CaCl_2 + 2H_2O$$

$$Ca(OH)_2 + 2HF \longrightarrow CaF_2 + 2H_2O$$

2. 工艺流程及设备

SDA 工艺流程如图 4-23 所示。烧结烟气经过预除尘后进入脱硫塔，烟气与经雾化的石灰浆雾滴在脱硫塔内充分接触反应，反应产物被干燥，在脱硫塔内主要完成化学反应，达到吸收 SO_2 的目的。经吸收 SO_2 并干燥的含粉料烟气出脱硫塔进入布袋除尘器进行气固分离，实现脱硫灰收集及出口粉尘浓度达标排放。在袋式除尘器入口烟道上添加活性炭可进一步脱除二噁英、汞等有害物质，经袋式除尘器处理的净烟气由烟囱排入大气。SDA 系统还可以采用部分脱硫产物再循环制浆来提高脱硫剂的利用率。

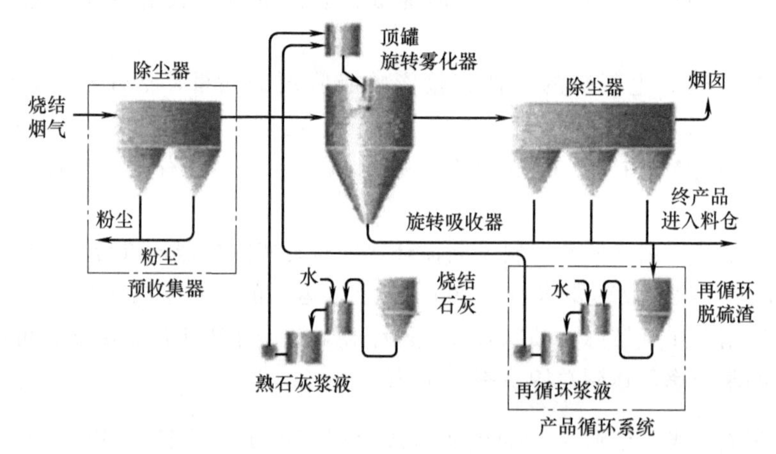

图 4-23 SDA 脱硫工艺流程

3. 技术特点

SDA 脱硫工艺的技术特点如下。

(1) 对脱硫剂的品质要求不高　可利用石灰窑成品除尘系统收集的石灰粉作为脱硫剂。脱硫剂采用 $Ca(OH)_2$ 浆液，在喷入脱硫塔前将生石灰加水放热消化成 $Ca(OH)_2$ 浆液，不直接用 CaO 粉末，不会出现未消化的 CaO 在除尘器内吸水、放热而导致糊袋和输灰系统卡堵现象。

(2) 效率高　SDA 工艺采用与湿法相同的机制，脱硫率介于湿法和干法之间。根据原始 SO_2 浓度情况及排放指标要求，其脱硫率通常可在 90%～97%的范围内调节。SDA 对 SO_3、HCl、HF 等酸性物有接近 100%的脱除率。

(3) 运行阻力低　SDA 不需要大量固体循环灰在塔内循环，也不需要脱硫后烟气回流来保证塔内固体脱硫灰处于流化状态，因此 SDA 吸收塔的阻力不超过 1000Pa。

(4) 浆液量可自动调节　SDA 雾化器采用高速旋转（约 10000r/min）产生离心力，液滴大小仅与雾化轮直径和转速有关，因此，浆液雾化效果与给浆量无关，当吸收剂供料速度随烟气流量、温度及 SO_2 浓度变化时不会影响雾滴大小，从而确保脱硫效率不受影响。为了保证浆液的雾化效果及系统的稳定安全运行，旋转雾化器一般采用进口设备。

(5) 合理而均匀的气流分布　脱硫塔顶部及塔内中央设有烟气分配装置，确保塔内烟气流场分布均匀，使烟气和雾化的液滴充分混合，有助于烟气与液滴间质量和热量传递，使干燥和反应条件达到最佳；同时确定合理的塔内烟气与雾滴接触时间，因此可得到最大脱硫效率，并且可以充分干燥脱硫塔内雾滴。

(6) 对烧结工况的适应性强　SDA 通过 DCS 自动控制系统自动监测进出口烟气数据，由气动调节阀调节塔内雾化吸收剂浆液量来适应烧结工况的变化，且不会增加后续除尘器的负荷。

(7) 脱硫后烟气温度大于露点温度　除尘器出口温度控制在较低但又在露点温度以上的安全温度，烟气温度大于露点 15℃以上。因此，系统采用碳钢作为结构材料，整套脱硫系统不需防腐处理，也不需要重新加热系统。

(8) 水耗低、对水质适应性强　脱硫水耗低，可用低质量的水作为脱硫工艺水（如碱性废水），达到以废治废的目的，且脱硫不产生废水。

(9) 副产物可综合利用　SDA 脱硫产物中 $CaSO_4$ 含量为 40%～54%、$CaSO_3$ 含量为 30%～44%，二者总含量在 80%以上。脱硫副产物以一定比例加入高炉渣中，通过磨机制作矿渣微粉。矿渣微粉可用作新型混凝土掺合料，实现副产物资源化，间接减排 CO_2。干态脱硫灰还可用于免烧砖等多种用途，实现废弃物再利用。西门子-奥钢联提出了脱硫副产物喷入高炉随高炉渣一并固化的方案，而奥地利林茨钢厂 250m^2 烧结机的脱硫渣采用与水泥固化后填埋的处理方式，国内对脱硫灰的应用主要集中在生产石膏板及水泥添加剂等。

(10) 预留活性炭喷入装置，可脱除二噁英和重金属等，并可方便地与脱硝装置衔接。

4. SDA 法烧结烟气脱硫工程实例

(1) 工艺流程　某钢厂 180m^2 烧结机烟气脱硫采用了 SDA 脱硫工艺，其工艺流程如图 4-24 所示。

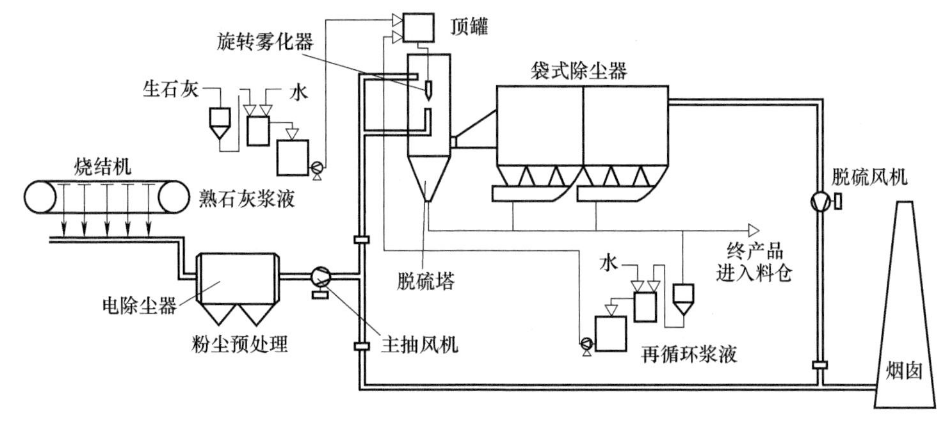

图 4-24　某钢厂 180m^2 烧结机 SDA 法脱硫工艺流程

某钢厂 180m^2 烧结机烟气入口参数及设计要求见表 4-23。

表 4-23 某钢厂 $180m^2$ 烧结机烟气入口参数及设计参数

入口烟气	单位	数值	出口烟气	单位	数值
烟气温度	℃	150	烟气温度	℃	95～105
粉尘浓度	mg/m^3	90	粉尘浓度	mg/m^3	≤50
SO_2 浓度	mg/m^3	1200～1400	SO_2 浓度	mg/m^3	≤200
烟气流量(标态)	m^3/h	102×10^4			

（2）主要设备选型

① 吸收塔。根据烟气量大小选择吸收塔直径为 15m，有效高度 11.5m，处理烟气量 $102\times10^4m^3/h$。

② 旋转雾化器。它是 SDA 工艺的关键设备，选用 F—350 型，雾化轮直径 350mm，最大处理量 92t/h。

③ 烟气分布器。可使烟气分布均匀，顶部选用 DGA12500 型，中心选用 DCS8000 型。

④ 袋式除尘器。选用离线长袋脉冲袋式除尘器。处理烟气量 $102\times10^4m^3/h$，过滤面积 $18200m^2$，压力损失小于 1.5kPa，耐负压 5kPa。

⑤ 脱硫风机。主排风机选用动叶可调轴流式引风机。处理烟气量 $108\times10^4m^3/h$，全压 4kPa，驱动电机功率 1500kW。

⑥ 能耗、物耗。生石灰粉 0.62t/h；辅助设施电耗 480kW·h，脱硫增压风机电耗 1088kW·h；工艺水 19.3t/h；压缩空气 $1020m^3/h$；喷浆量 10.3t/h，浆液浓度 17%～20%。

（3）需要进一步完善问题 包括：a. 制浆后筛出的大颗粒物料、浆液影响环境；b. 吸收塔内壁粘灰严重，影响脱硫效果，且造成吸收塔排灰不畅；c. 吸收塔内脱硫灰直接排至地面，运输困难；d. 脱硫灰运输过程中易结块堵塞管道，处理困难且影响环境。

五、 NID 法协同净化技术

NID（Novel Integrated Desulfurization）法烟气脱硫净化是阿尔斯通公司在干法（半干法）烟气脱硫的基础上发展的干法烟气脱硫工艺，应用于燃煤/燃油电厂、钢铁烧结机、工业炉窑、垃圾焚烧炉等烟气脱硫及其他有害气体的处理，是一种适用于多组分废气治理和烟气脱硫的工艺。

1. 工作原理

NID 技术的脱硫原理是利用石灰（CaO）或熟石灰［$Ca(OH)_2$］作为脱硫剂来吸收烟气中的 SO_2 和其他酸性气体，其反应式为：

$$CaO+H_2O \longrightarrow Ca(OH)_2$$

$$SO_2+Ca(OH)_2 \longrightarrow CaSO_3\cdot\frac{1}{2}H_2O(s)+\frac{1}{2}H_2O$$

$$CaSO_3\cdot\frac{1}{2}H_2O(s)+\frac{1}{2}O_2+\frac{3}{2}H_2O \longrightarrow CaSO_4\cdot 2H_2O(s)$$

$$SO_3+Ca(OH)_2 \longrightarrow CaSO_4+H_2O$$

$$CO_2+Ca(OH)_2 \longrightarrow CaCO_3+H_2O$$

$$2HCl+Ca(OH)_2 \longrightarrow CaCl_2+2H_2O$$

2. 工艺流程及设备

NID 法烟气脱硫工艺流程如图 4-25 所示。从烧结主抽风机出口烟道引出 130℃左右的烟气，经反应器弯头进入反应器，在反应器混合段和含有大量脱硫剂的增湿循环灰粒子接触，通过循环灰粒子表面附着水膜的蒸发，烟气温度瞬间降低且相对湿度增加，形成很好的脱硫反应条件。在反应段中快速完成物理变化和化学反应，烟气中的 SO_2 与脱硫剂反应生成 $CaSO_3$ 和 $CaSO_4$。反应后的烟气携带大量干燥后的固体颗粒进入袋式除尘器，固体颗粒被袋式除尘器捕集，从烟气中分离出来，经过灰循环系统，补充新鲜的脱硫剂，并对其进行再次增湿混合，送入反应器。如此循环多次，达到高效脱硫及提高吸收剂利用率的目的。脱硫除尘后的洁净烟气在水蒸气露点温度 20℃以上，无需加热，经过增压风机排入烟囱。

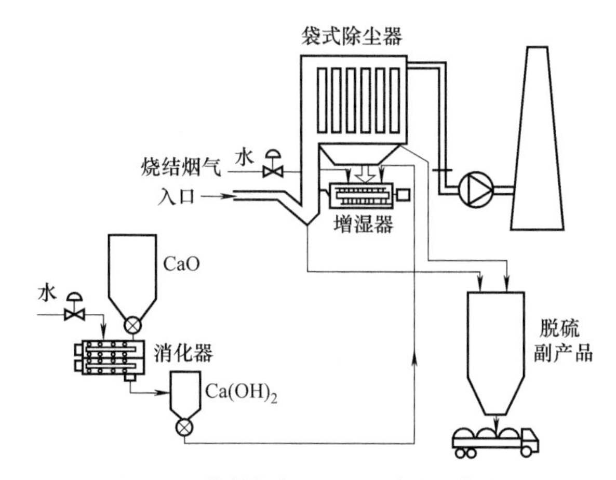

图 4-25 烧结烟气 NID 法脱硫工艺流程

NID 烟气脱硫系统主要由反应器、袋式除尘器、灰循环系统、吸收剂的储运及消化系统、流化风系统、水系统、输灰系统、压缩空气系统和烟道系统子系统和设备构成。

NID 工艺将水在混合器内通过喷雾方式均匀分配到循环灰颗粒表面，使循环灰的水分从 1%左右增加到 5%以内。增湿后的循环灰以流化风为辅助动力通过溢流方式进入矩形截面的脱硫反应器。水含量<5%的循环灰具有极好的流动性，且因蒸发传热、传质面积大可瞬间将水蒸发，克服了循环灰粘壁或糊袋腐蚀等问题。控制系统通过调节加入混合器的水量使脱硫系统的运行温度维持在设定值。同时对进出口 SO_2 浓度及烟气量进行连续监测，这些参数决定了系统吸收剂的加入量。脱硫循环灰在袋式除尘器灰斗下部的流化底仓中得到收集，当高于流化底仓高料位时排出系统。排出的脱硫灰含水率<2%，流动性好，采用气力输送装置送至灰库。

3. 主要特点

NID 烟气脱硫工艺主要特点如下。

① 布置紧凑，没有体积庞大的喷淋吸收反应塔，而是将除尘器的入口烟道作为脱硫反应器，吸收剂 CaO 通过变频螺旋给料机送至干式消化器消化成 $Ca(OH)_2$，再和除尘器捕集的循环灰一起经变频给料机注入混合器进行加水调温、混合，然后注入除尘器入口烟道，在烟道内完成脱硫反应。紧凑的反应器设计使其可安放在除尘器下边，占地面积小。

② 该技术采用生石灰消化及灰循环增湿的一体化设计，能保证新鲜消化的高质量消石

灰 $Ca(OH)_2$ 立刻投入循环脱硫反应，对提高脱硫效率十分有利。

③ 利用循环灰携带水分，当水与大量的粉尘接触时，不再呈现水滴的形式，而是在粉尘颗粒的表面形成水膜。粉尘颗粒表面的薄层水膜在进入反应器的一瞬间蒸发在烟气流中，烟气温度瞬间得到降低，同时湿度大大增加，在短时间内形成温度和湿度适合的理想反应环境。

④ 由于建立理想反应环境的时间减少，使得总反应时间大大降低。NID 系统中烟气在反应器内停留时间仅为 1s 左右，有效地降低了脱硫反应器高度。

⑤ 不产生废水，无需污水处理，不需对脱硫副产物进行干燥和烟气再加热。

⑥ 净化效率较高。脱硫效率可达 90%以上。使用袋式除尘器使该脱硫工艺具有更显著的优势，烟尘排放浓度（标态）$<20mg/m^3$，有害气体在布袋表面颗粒层内被进一步吸收。

对重金属、二噁英有一定的去除效果。

NID 烟气脱硫工艺缺点如下。

① 干法脱硫由于需对烟气温度、湿度、流量、反应塔的压力、脱硫剂用量等进行较精确的控制，因而大量使用了检测仪表，且这些仪表皆在高温、高湿、高粉尘的部位工作，因而元件损坏率较高，仪表维护量较大。

② 对工艺控制过程和石灰品质要求较高，特别是消化混合阶段用温度、水量等来避免石灰结垢，一旦消化混合器出现故障，则脱硫系统必须退出运行。

③ Ca/S 值偏高，目前控制在 1.4～1.6 之间。

④ 脱硫灰渣的使用范围受限，干法脱硫的副产品为 $CaSO_4$、$CaSO_3$、$CaCO_3$、$Ca(OH)_2$ 等混合物，目前无稳定的用途，以堆放填埋为主。

4. NID 法烧结烟气脱硫工程实例

武钢炼铁总厂烧结机头烟气经除尘后直接通过高烟囱排放，未经脱硫处理时烟气中 SO_2 浓度（标态）为 $400\sim2000mg/m^3$，每年排放 SO_2 约 3 万吨，是武汉市最集中的 SO_2 污染源。武钢三烧原为 4 台 $90m^2$ 烧结机，2003 年改为 1 台 $360m^2$ 烧结机。三烧原料主要为杂矿及高硫矿，烟气中 SO_2 浓度（标态）一般为 $800\sim2000mg/m^3$，有时可高达 $2500\sim3000mg/m^3$，是 5 台烧结机中 SO_2 浓度最高的，所以决定采用法国阿尔斯通 NID 烟气脱硫工艺对三烧烟气进行脱硫治理。三烧在工艺布置上设置了两个烟道，分为脱硫系（B 烟道）和非脱硫系（A 烟道）。此次设计只考虑 B 烟道脱硫，为半烟气脱硫流程，烟气工艺参数见表 4-24。脱硫后的排放要求为：粉尘浓度（标态）$<30mg/m^3$；SO_2 浓度（标态）$<100mg/m^3$。

表 4-24 武钢 $360m^2$ 烧结机脱硫烟道烟气工艺参数

参数	单位	参数值	参数	单位	参数值
烟气流量	m^3/h	$(45\sim65)\times10^4$，平均 58×10^4	H_2O(湿烟气，体积分数)	%	9
烟气温度	℃	80～180，平均 130	O_2(湿烟气，体积分数)	%	15
粉尘浓度(标态)	mg/m^3	50～150，平均 80	N_2(湿烟气，体积分数)	%	71
SO_2 浓度(标态)	mg/m^3	400～2000，平均 1200			

三烧脱硫项目正常投运以来，脱硫设施总体运行比较稳定。

在线监测表明，系统达到了设计水平，脱硫设施同机运转率达到95%以上，其脱硫率>90%，日平均外排烟气 SO_2 浓度（标态）低于 $100mg/m^3$；但当烟气温度较低且烟气中 SO_2 浓度较高时，不能保证外排烟气 SO_2 浓度（标态）低于 $100mg/m^3$；烟尘排放浓度（标态）< $20mg/m^3$，一般为 $10mg/m^3$ 左右。该脱硫系统投运后每年可减少 SO_2 排放约4500t。

经过长期运行，发现脱硫烟气温度是影响脱硫效率的重要因素。保证较高的脱硫效率就必须有较高的烧结温度，或者较低的反应器出口温度。然而，烧结温度不可能太高，因为高到一定程度烧结矿就会过烧。反应器的出口温度也不能太低，因为一旦降到烟气露点温度，烟气中的酸性气体就会变成液体，腐蚀金属设备。目前，脱硫反应器入口温度为115℃，反应器出口温度为95℃，脱硫效率基本达标。

经过前期调试，Ca/S值确定为1.6，脱硫效率达到90%。该工艺Ca/S值一般为1.0～2.0，因此，如何在达到脱硫效率的情况下降低钙硫比将是下一步要考虑的问题。按脱硫系统的运行情况，每天使用30t生石灰，产生60多吨脱硫渣，这些脱硫渣经过简单处理后堆放。

六、氨-硫铵法协同净化技术

氨-硫铵法脱硫工艺是烧结烟气经增压风机增压后，经冷却后进入脱硫塔中部，烟气中 SO_2 与液氨或氨水反应生成亚硫酸铵和亚硫酸氢铵，反应后的浆液经氧化后成为硫酸铵，从而对烟气中的 SO_2 进行吸收脱除的一种工艺技术。

1. 技术原理

氨-硫铵法净化是利用 $NH_3 \cdot H_2O$-$(NH_4)_2SO_3$ 和 $(NH_4)_2SO_3$-NH_4HSO_3 不断循环的过程来吸收废气中的 SO_2，形成 $(NH_4)_2SO_3$-NH_4HSO_3-$(NH_4)_2SO_3$ 的吸收液体系。$(NH_4)_2SO_3$ 是氨法中主要吸收体，对 SO_2 具有很好的吸收能力，随着 SO_2 的吸收，NH_4HSO_3 的比例增大，吸收能力降低，这时需要补充氨水，保持吸收液中 $(NH_4)_2SO_3$ 的一定比例，以保持高质量分数的 $(NH_4)_2SO_3$ 溶液。其主要化学反应如下。

(1)吸收反应

$$SO_2 + 2NH_3 + H_2O \longrightarrow (NH_4)_2SO_3$$

$$SO_2 + (NH_4)_2SO_3 + H_2O \longrightarrow 2NH_4HSO_3$$

$$NH_3 + NH_4HSO_3 \longrightarrow (NH_4)_2SO_3$$

(2) 氧化反应　用氨将烟气中的 SO_2 脱除，得到亚硫酸铁中间产品。采用空气对亚硫酸铵直接氧化，可将亚硫酸铵氧化为硫酸铵，反应式为：

$$2(NH_4)_2SO_3 + O_2 \longrightarrow 2(NH_4)_2SO_4$$

2. 工艺流程

氨-硫铵法脱硫工艺流程见图4-26。脱硫剂是液氨或浓氨水，副产品是硫铵。

高浓度的硫酸铵先经过灰渣过滤器去尘，再通过浓缩结晶生产硫铵。系统不产生废水和其他废物，脱硫率在95%以上；能有效降低 SO_2 排放量。

3. 氨-硫铵法的主要特点

① 氨是良好的 SO_2 吸收剂，其溶解度远高于钙基等吸收剂，用氨吸收烟气中的 SO_2 是

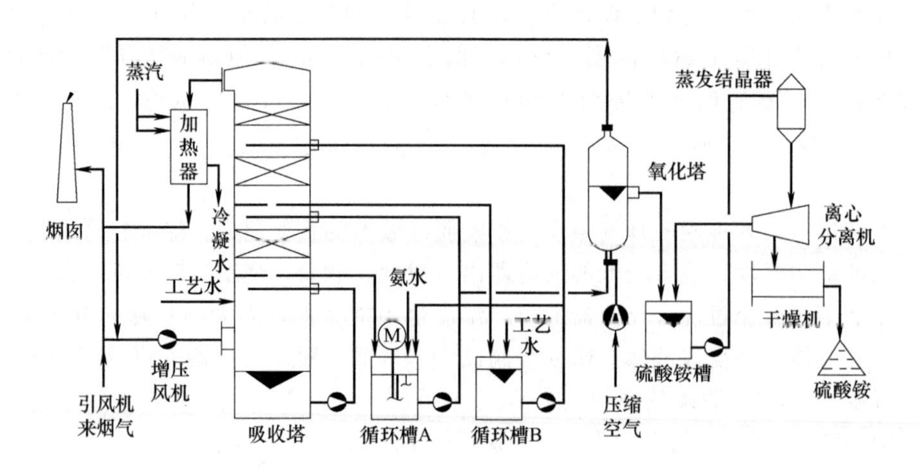

图 4-26 氨-硫铵法脱硫工艺流程

气-液或气-气相反应，利用率高，反应速率快，反应时间仅需 0.2s，反应完全，更利于中和吸收 SO_2，脱硫率高达 95%以上。

② 氨法脱硫能适应烟气含硫量的变化，含硫量越高，其副产品——硫酸铵产量越大，也就越经济。

③ 脱硫塔不易结垢。氨法脱硫为气-液相反应，反应物活性强，具有较快的化学反应速率，脱硫剂及脱硫产物皆为易溶性的物质，脱硫液为澄清的溶液，所以氨法脱硫系统设备不易结垢和堵塞。

④ 氨法脱硫过程中回收的 SO_2、NH_3 全部转化生产为硫酸铵，不产生废水、废渣等。

⑤ 脱硫副产品经济效益高。氨法脱硫生产的副产品——优质的硫酸铵可作为化肥外售，目前市场销路较好。

⑥ 氨法工艺同时具有脱硝的功能。NH_3 不仅能脱除 SO_2，对 NO_x 同样有吸收作用。

⑦ 系统阻力小，能耗低，占地面积相对较小。

⑧ 氨-硫铵法系统腐蚀性强。由于脱硫后的硫铵溶液呈酸性，具有较强的腐蚀性，对脱硫塔等设备的防腐要求较高。

⑨ 脱硫剂液氨价格高，可以利用焦化工业副产物焦化氨水，以废治废，实现循环经济，降低运行成本。氨-硫铵法适用于有焦化工业且场地狭小的钢铁企业。

4. 氨-硫铵法烧结烟气净化工程实例

氨-硫铵烧结烟气脱硫工艺，是把烧结厂的烟气脱硫和焦化厂的煤气脱氨相结合的一种“化害为利”综合处理工艺。氨-硫铵法烧结烟气脱硫工艺，由 SO_2 吸收，氨吸收和硫铵回收三部分组成，其脱硫率达 90%以上，脱硫副产品为硫铵化肥，纯度达 96%以上。氨-硫铵法烧结烟气脱硫工艺流程，见图 4-27。

氨-硫铵法烧结烟气脱硫工艺于 1976 年建于日本的一些烧结机。投产后，运行正常，稳定，其主要设备见表 4-25。氨-硫铵法烧结烟气脱硫的主要设备是 SO_2 吸收塔，具有吸收反应充分、脱硫率高、不易产生结垢等特点。采用此法的条件是，由于烧结烟气 SO_2 的吸收剂是利用焦化厂的副产品氨，这就要求焦化厂的氨量必须与烧结烟气中 SO_2 反应时所需的氨量保持平衡，当焦化厂的氨量不足而需另找氨源时此法将要受到限制。

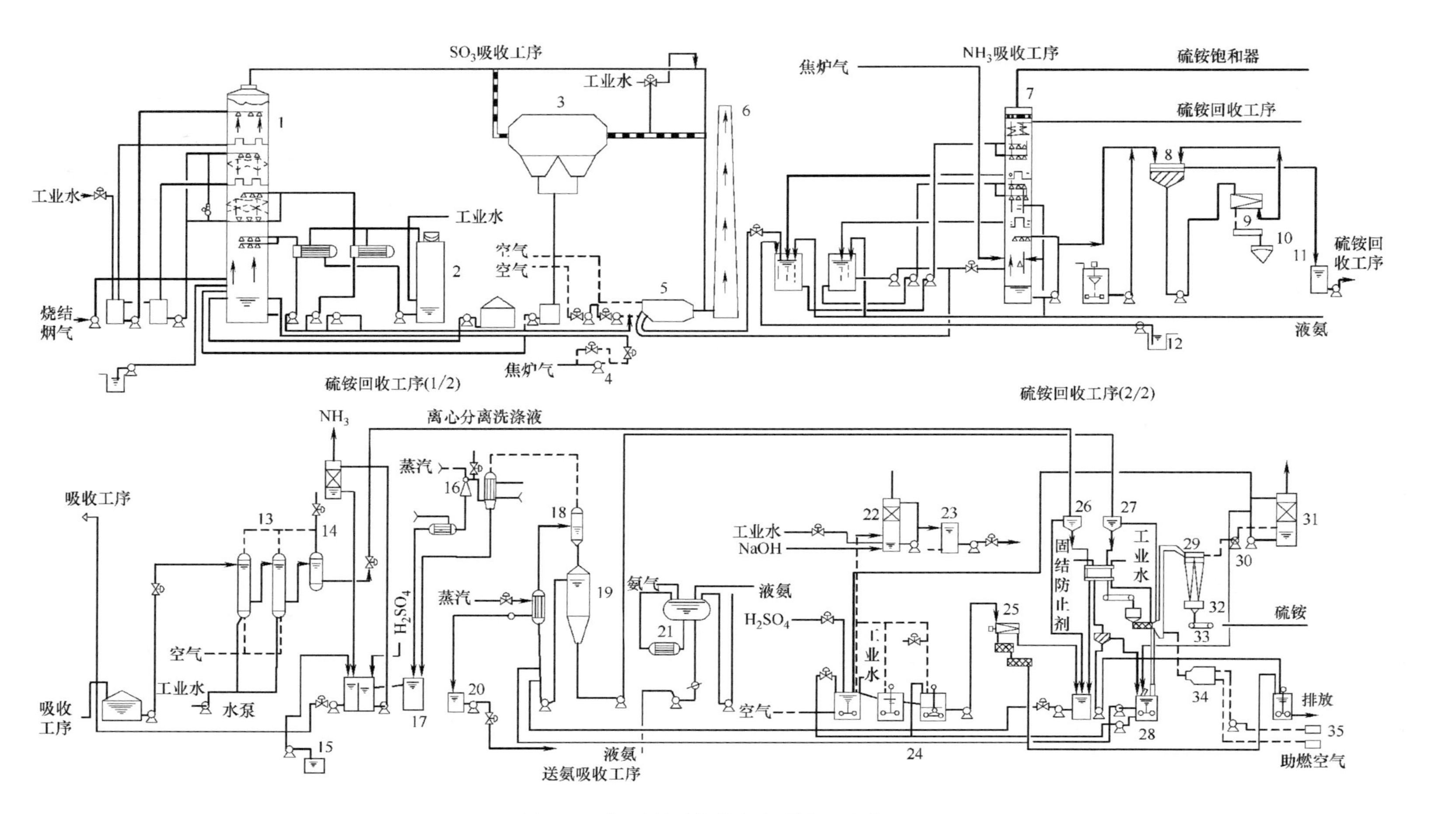

图 4-27 氨-硫铵法烧结烟气脱硫工艺流程

1—SO_2 吸收塔；2—冷却塔；3—电除尘器；4—升压机；5—加热器；6—烟囱；7—氨吸收塔；8—浓缩槽；9—泥浆分离机；10—渣斗；11，15—硫铵贮槽；12—粉尘贮槽；13—氧化器；14—气液分离器；16—喷射泵；17—凝结水槽；18—蒸发罐；19—结晶罐；20—温水槽；21—液氨气化器；22—洗涤塔；23—氧化槽；24—中和槽；25—硫黄分离槽；26—洗涤液槽；27—硫铵渣接收槽；28—分离滤液槽；29—气流干燥器；30—二次风机；31—洗涤塔；32—硫铵斗；33—胶带机；34—加热器；35—油槽

表 4-25　氨-硫铵法烟气脱硫主要设备

名称	项　目	烧结机规格	
		扇岛 1 号	福山 3 号
SO_2 吸收塔	台数	2	1
	处理烟气量(标态)/(m^3/h)	61.5×10^4	76×10^4
	外形尺寸/mm	12400×9900×35900	1800×9000×38000
氨吸收塔	台数	1	1
	处理烟气量(标态)/(m^3/h)	8.2×10^4	9×10^4

七、曳流吸收塔净化技术

曳流吸收塔（Entrained Flow Absorber，EFA）工艺是由 Paul Wurth（保尔沃特，简称 PW）公司开发的，作为半干法脱硫工艺集成了袋式除尘器和反应物循环系统，可以同步脱除 SO_2、SO_3、HCl、HF、粉尘和二噁英等，使各项指标达到排放标准。自 2006 年以来，EFA 半干法烧结烟气脱硫技术先后在德国迪林根钢铁公司 2 号 180m^2 烧结机、萨尔茨吉特钢铁公司 192m^2 烧结机和迪林根钢铁公司 3 号 258m^2 烧结机脱硫项目得到成功应用。EFA 烧结烟气脱硫技术在德国市场处于领先地位。

1. 技术原理

EFA 工艺的脱硫原理为：烟气中的酸性化合物在特定温度范围内遇水时与 $Ca(OH)_2$ 进行反应，活性炭主要用于吸附烟气中的二噁英等有害成分，干态反应物在布袋除尘器内进行分离。用熟石灰去除烟气中 SO_2、SO_3、HCl、HF 等酸性成分的主要化学反应如下：

$$Ca(OH)_2+SO_2 \longrightarrow CaSO_3\cdot\frac{1}{2}H_2O+\frac{1}{2}H_2O$$

$$CaSO_3\cdot\frac{1}{2}H_2O+\frac{1}{2}O_2+\frac{3}{2}H_2O \longrightarrow CaSO_4\cdot 2H_2O$$

$$Ca(OH)_2+SO_3 \longrightarrow CaSO_4\cdot H_2O$$

$$2Ca(OH)_2+2HCl \longrightarrow CaCl_2\cdot Ca(OH)_2\cdot 2H_2O$$

$$Ca(OH)_2+2HF \longrightarrow CaF_2+2H_2O$$

最终的反应物为干态的 $CaSO_3$、$CaSO_4$、$CaCl_2$、CaF_2、$CaCO_3$ 和烧结粉尘的混合物。

2. 工艺流程

EFA 变速曳流式反应塔脱硫工艺，作为半干法净化脱硫工艺，集成了袋式除尘器和反应物循环系统，可以同步脱除 SO_2、SO_3、HCl、HF、粉尘和二噁英等。

EFA 法的工艺流程如图 4-28 所示，主要由变速曳流式反应塔、袋式除尘器、物料循环系统和喷水系统组成。烧结烟气经过电除尘器进行初级除尘，再经过主抽风机，进入 EFA 吸收塔。在吸收塔下部喷口部位，烟气被加速，熟石灰 $Ca(OH)_2$ 和活性焦（或活性炭）组成的新鲜吸收剂在此加入；同时，来自袋式除尘器下部的物料也在此循环加入，这些物料包括烟尘、少量未反应的吸收剂、吸收剂与 SO_x、HCl、HF、重金属、二噁英等进行物理或化学反应后的产物，即脱硫灰或循环灰。在反应塔喉管内加速的烟气高速流动，使消石灰、活性炭、循环灰与烟气充分混合形成气固混合物，气固混合物通过反应塔的渐扩管后，速度降低。新鲜吸收剂和脱硫灰与烟气中的气态成分在反应塔内发生反应。

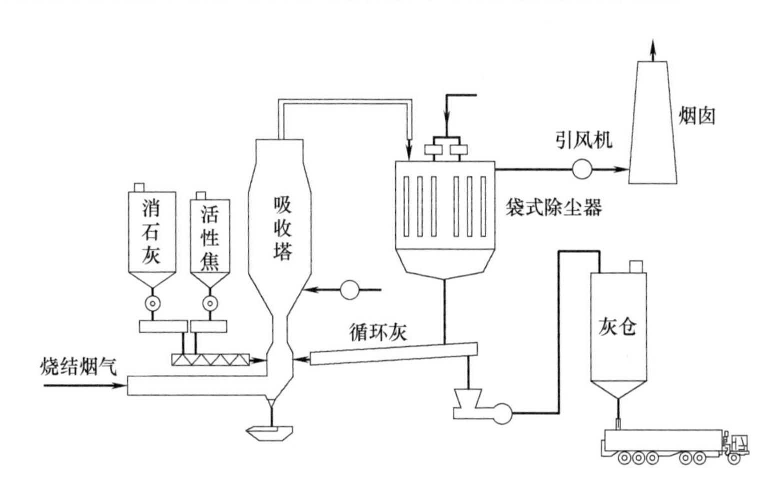

图 4-28 EFA 法工艺流程

为调节塔内烟气的温度，喷淋水雾化后从扩散管的上端注入反应塔，水发生汽化并可加速 SO_2 等酸性成分的反应速度。系统内没有结灰现象，而且温度始终保持在露点以上。$Ca(OH)_2$ 的脱硫效率取决于系统内烟气温度、水分含量、吸收剂停留时间等因素。反应塔上端排出的气固混合物进入袋式除尘器进行净化处理，袋式除尘器下部灰斗内的脱硫灰经空气输送斜槽，以流化状态循环回到吸收塔，只有少量脱硫灰经卸灰泵排出系统进入灰仓，经排灰罐车外运。净化处理后的烟气经两台风机和新建的烟囱排入大气中。

EFA 工艺中的一个关键设备是 EFA 吸收塔。在吸收塔内，循环灰与吸收剂的混合物形成流化床，为喷入的水分汽化及去除污染物提供理想条件，使得 90%以上的污染物是在 EFA 吸收塔中去除的，而在袋式除尘器中去除的不足 10%。EFA 吸收塔结构简单，它由称为喷口的入口管（烟气在此加速）、扩散管和上部圆柱形直段组成，内部是空的，在扩散管上端设有一个旋流式喷嘴，把水喷向烟气和烟尘流的整个截面。由于流化床具有良好的混合效果，因此即使在喷水量较高的情况下，固体颗粒也保持干燥状态，但固体颗粒表面会带有薄层水汽，为强化吸收提供理想的反应气氛。

EFA 工艺的另一关键设备是袋式除尘器。最初，袋式除尘器只用于去除灰尘，被广泛用于发电厂和焚化场，近年来，由于在袋式除尘器中加入了活性焦（或活性炭）和熟石灰、使其可用于去除二噁英和 SO_x。

现代化的布袋过滤技术具有以下典型特征：a. 大量的布袋垂直悬挂于数个除尘箱体内；b. 加入活性焦（或活性炭）吸收二噁英和重金属；c. 加入熟石灰脱硫；d. 固体颗粒在系统内循环，在布袋表面形成灰层以提高除尘效率和吸收剂利用率。

整个工艺过程中有 3 个重要的闭环控制回路：a. 吸收塔内流化床的前后压差控制，在烟气流量变化的情况下保持脱硫灰的循环量（标态）（最大可达 $1kg/m^3$）；b. 通过调节喷水量，控制吸收塔出口处的烟气温度；c. 通过调节熟石灰的加入量，控制处理后烟气中的 SO_2 含量，活性焦（或活性炭）加入量与熟石灰加入量之间的关系不变。

3. 主要技术特点

工艺特点：a. 总投资低；b. 运行成本低（年运行费用约为总投资的 1/12）；c. 加入干

燥吸收剂，管道和罐仓不发生结块和板结；d. 反应速度可调，不会出现结露现象；e. 低温脱硫效果好；f. 运动部件少，维护成本低。

存在问题：不能控制烧结烟气中 NO_x；在控制二噁英同时会产生混有二噁英的固体废弃物。

4. 曳流吸收法烧结烟气净化工程实例

ROGESA 钢铁公司现有两台烧结机，总产能为 500 万吨/年。2 号机和 3 号机均采用混合煤气点火，烧结负压分别为 10kPa 和 14kPa，利用系数分别为 1.208～1.333t/(m^2·t) 和 1.500～1.708t/(m^2·t)。由于烧结烟气排放标准变得越来越严格，ROGESA 公司采用了 Paul Wurth 公司的 EFA 曳流吸收塔工艺，同时去除灰尘、SO_2、HCl 和二噁英，使各项指标达到排放标准。由于 3 号烧结机进行了提高烧结矿产量的改造，烟气的产生量也相应增加，特别是在烧结机停用一段时间后再次启动时，烟气总量甚至大大超过 $7\times10^5 m^3/h$，在这种情况下，原本为 3 号烧结机建造的 EFA 烟气处理系统就显得能力不足，所以，ROGESA 钢铁公司将 2 号烧结机的烟气引入该系统，再另建 3 号机烟气处理系统。

2 号 $180m^2$ 烧结机 EFA 工艺处理烟气基本参数见表 4-26，其中烟气量为湿态下测得，其他参数为干标态下测得。系统运行初期出现了一些问题，例如进入系统的烟气量超过设计值，除尘布袋的材质耐高温性能不够，自动化系统工作不正常使得闭环控制回路的参数调节不完善等。但这些问题很快得到了解决，系统达到了不错的运行效果，见表 4-26。

表 4-26 ROGESA 钢铁公司 $180m^2$ 烧结机烟气参数、脱硫系统设计值及实际运行效果

参数	单位	烟气入口值	脱硫设计值	实际运行值
烟气流量(干标)	m^3/h	5.4×10^5	5.4×10^5	4.3×10^5
烟气流量(湿态)	m^3/h	6.0×10^5	6.0×10^5	4.8×10^5
烟气温度	℃	<190	120	110
含尘量(干标)	mg/m^3	95	<10	<5
SO_2 含量(干标)	mg/m^3	900	<500	<480
HCl 含量(干标)	mg/m^3	19	<10	<10
HF 含量(干标)	mg/m^3	3	<1	<1
PCDD/Fs 含量(干标)	ng TEQ/m^3	3	<0.1	<0.1
SO_2 脱除率	%	—	45	47
Ca/S 值	mol/mol	—	1.6	1.1

吸收剂消耗量和脱硫灰生成量是评价工艺优劣的重要指标，它们对系统的运行成本有很大影响。EFA 工艺的主要优点之一是脱硫灰循环，这使得吸收剂的利用效率被大大优化，消耗量达到最小值。根据计算，在确保 SO_2 排放（标态）$<500mg/m^3$，PCDD/Fs 排放 $<0.1ng/m^3$（标态）的前提下，熟石灰中 $Ca(OH)_2$ 含量为 95%，比表面积 $>18m^2/g$，其中 $<90\mu m$ 粒级颗粒比例为 99%，石灰消耗量为 300kg/h；活性焦（或活性炭）的比表面积为 $300m^2/g$，$<125\mu m$ 粒级颗粒比例为 100%，$<32\mu m$ 粒级的颗粒占 63%，$d_{50}=24\mu m$，活性焦（或活性炭）消耗量为 30kg/h；脱硫灰产量为 600kg/h。ROGESA 钢铁公司的脱硫灰目前只用于回填矿井，而新的脱硫灰处理方法正在研究中。

第四节 粉料干燥炉烟气协同减排技术

一、气流干燥机排气协同减排

从任何粉料干燥机排出的气体都含有粉尘和水分。特别是快速干燥机、喷雾干燥机等，是将粉料分散于气流中进行干燥的，因而能排出大量含尘空气，有时含有害气体。

设计这类干燥机排气减排时应注意以下几点：

① 含尘空气中含有大量水分，有时露点可达 60～80℃，应注意防止结露。

② 干燥机的含尘气体温度大多在 80～120℃之间，当然干燥机的热风入口的温度更高。因此，必须制订操作规程和设置安全装置，以保证袋式除尘器的入口温度，在干燥机运转开始与结束以及停止投放湿料等情况下，都不至于超过滤布的耐热温度。

③ 对喷雾干燥机和快速干燥机一类的装置，空气流量直接关系到它的干燥和输送，因此应选择压力损失和风量变化较小的除尘器。

④ 除尘器的入口气体含尘浓度，因干燥机的形式、被干燥粉料的种类不同，而有很大的差别。

⑤ 干燥过程产生有害气体时要注意协同去除。

二、化肥干燥机排气协同减排

由于肥料的种类（氮肥、钾肥、磷肥、复合肥料）和各生产工序（包装、干燥、粉碎等）不同，气体和粉尘的性质也不同，所以在设计时需要充分掌握设计条件（见表 4-27）；同时还有气体温度问题。

表 4-27 设计条件

尘 源	化肥干燥机废气
吸气量	$350m^3/min$，70℃
气体温度	在袋式除尘器入口 70℃
气体成分	重油燃烧废气＋恶臭成分气体（微量）
粉尘	化肥粉尘
含尘浓度（标态）	在原有旋风除尘器出口为 $0.2～0.3g/NH_3m^3$
除臭	采用吸附剂对恶臭成分气体（NH_3 等）进行除臭

1. 工艺系统概要

该装置用于复合化学肥料干燥机废气的除尘和除去恶臭成分。使用一次旋风除尘器进行一次除尘，使用二次旋风除尘器和袋式除尘器捕集、除去未捕集的 $0.2～0.3g/m^3$（标态）的粉尘和恶臭成分。经过二次收尘和除臭后，外排的废气含尘浓度（标态）在 $10mg/m^3$ 以下，恶臭成分几乎是痕量。使用以沸石系吸附剂为主的几种成分混合的吸附剂，采用以吸附塔为主的气相吸附方法和在袋式除尘器滤布上涂抹细粉状吸附剂的方法，吸附除去恶臭成分。如图 4-29 所示，由于采用再循环方式，因此吸附剂可以循环使用。

该装置在除尘的同时还采用吸附法除臭。除臭装置流程如图 4-30 所示。也就是说，

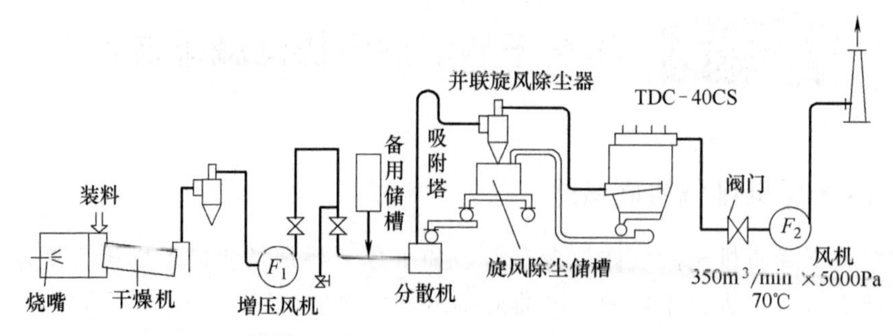

图 4-29 化肥干燥机废气除臭装置流程

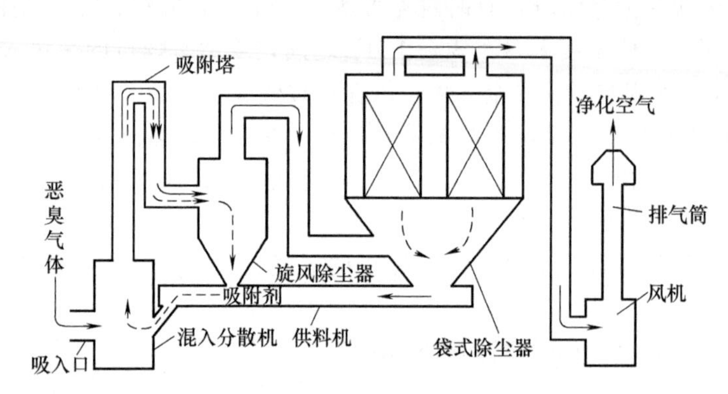

图 4-30 除臭装置流程图

恶臭气体和吸附剂在混入分散机中分散，在吸附塔内恶臭气体与吸附剂相互接触，恶臭物质被吸附剂吸附，然后进入旋风除尘器中，吸附剂被分离捕集。旋风除尘器未能捕集的恶臭物质和吸附剂微粒被送进袋式除尘器，至此则除去全部恶臭物质。残存在系统内的吸附剂可以循环使用，一直达到临界吸附能力为止。混合、吸附、分离要反复循环进行。

2. 设备规格

设备规格见表 4-28。

表 4-28 设备规格

型 式	圆筒型织布滤布，机械振动方式 TDC-40CS 型袋式除尘器（由 4 个袋室构成）
过滤面积/m^2	440(330)
过滤速度/(m/min)	按总过滤面积计为 0.8；按工作时过滤面积计为 1.1
滤布	丙纶(短纤维)
附属设备	分散器、吸附塔、双联旋风除尘器、吸附剂储槽和输送装置
风机	$350m^3/min\times5000Pa$，70℃ 电动机 55kW×4P （原有继动风机另有用途）
保温	从干燥机到排气筒施行保温
防声设备	在厂界处要使噪声小于 55dB(A)，安设了消声器（FM 消声器，在吸气侧设置 FMK-206D，在排气侧设置 FMC-506D），风机设有隔声室

3. 设计上应注意的问题

① 进入干燥机的原料一般含有 3%～15%的水分，为了制成化学肥料，通常要把水分降

低到 0.5%以下。

② 干燥机一般使用重油，故会发生因硫氧化物的酸露点造成的腐蚀。

③ 肥料粉尘较容易溶于水中，粉尘在进入滤布孔眼中，反复潮解、干燥期间，造成滤布孔眼的堵塞。因此，控制温度和保温、滤布材质的选择等都是设计上的关键问题。尤其是尿素、硝酸铵等肥料粉尘吸湿度特别大，即使在常温下也需要控制相对湿度。因此，需要对除尘器进行保温，设在室内的除尘器也需要保温，灰斗一般用蒸气保温。按照温度范围要求，滤布较多使用丙纶、丙烯酸纤维（高纯度的）、耐酸康奈克斯等。

三、精矿干燥机烟气协同减排

精矿干燥产生的烟气含水量大，烟气温度一般为 120～200℃。对这种烟气一般采用干湿混合流程，也可以采用全湿流程或全干流程（旋风除尘、电除尘）采用全湿流程泥浆应有处理措施；采用全干流程应有防止烟气结露的可靠措施。

1. 圆筒干燥机除尘流程

（1）干湿混合流程　主要包括：圆筒干燥机→旋风除尘器→排风机→水膜除尘器→放空；圆筒干燥机→旋风除尘器→排风机→自激式除尘器→放空；圆筒干燥机→旋风除尘器→水膜除尘器→排风机→放空。

（2）全湿流程　主要包括：圆筒干燥机→泡沫除尘器→旋风脱水器→排风机→放空；圆筒干燥机→文氏管或自激式除尘器→水膜脱水器→排风机→放空。

（3）全干流程　圆筒干燥机→旋风除尘器→电除尘器→排风机→放空。

2. 气流干燥收尘流程

主要包括：气流干燥→沉降斗→一旋风除尘器→二旋风除尘器→泡沫除尘器→排风机→放空；气流干燥→沉降斗→一旋风除尘器→二旋风除尘器→排风机→电除尘器→放空；气流干燥→沉降斗→一旋风除尘器→二旋风除尘器→排风机→布袋除尘器→放空。

以上除尘流程除旋风-水膜流程的除尘效率可达 95%左右外，流程均可达 98%以上，基本上可满足生产和环保要求，但应注意保温和防腐问题。

3. 精矿干燥机烟气减排实例

（1）ϕ2.2×13.5m 铜精矿圆筒干燥机干燥烟气减排

① 净化工艺流程见图 4-31。

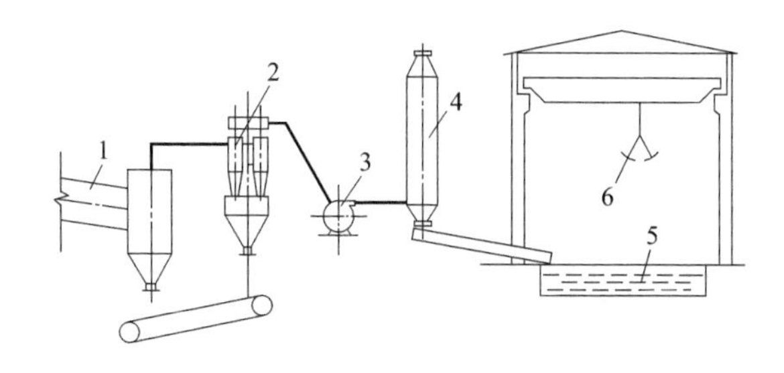

图 4-31　铜精矿圆筒干燥机除尘流程

1—圆筒干燥机；2—旋风除尘器；3—排风机；4—水膜除尘器；5—沉淀池；6—抓斗起重机

② 生产数据见表 4-29。

表 4-29 铜精矿圆筒干燥机除尘系统生产数据

操作条件及指标	圆筒干燥机 ϕ2.2×13.5	旋风除尘器 ЦН-24 2×800	排风机 Y9-35-11 No.12,55kW	水膜除尘器 ϕ1400
烟气温度/℃	176	150	130	60
烟气量/(m^3/h)	20142	22546		30056
含尘量/(g/m^3)	36.61	7.97		0.03～0.01
除尘率/%		75		94～97
压力/Pa	−80～−100	−2000	+200	
漏风率/%		11	33	

(2) 400kg/h 铜精矿气流干燥

① 减排工艺流程见图 4-32。

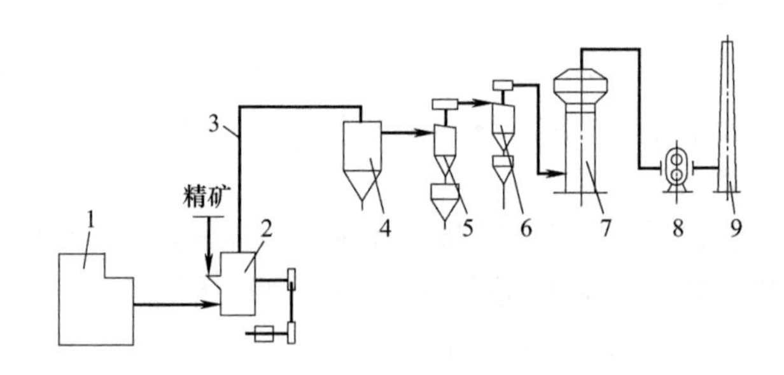

图 4-32 铜精矿除尘气流干燥流程

1—加热炉；2—鼠笼干燥机；3—干燥管；4—集尘斗；

5、6—第一、二段旋风除尘器；7—泡沫淋洗塔；8—罗茨鼓风机；9—烟囱

② 生产数据见表 4-30。

表 4-30 铜精矿除尘气流干燥生产数据

操作条件及指标	加热炉 0.44m^3	鼠笼机 ϕ370 V=0.004	干燥管 ϕ150 L=20m	集尘斗 ϕ1000 ×2000	一旋 CLT ϕ300	二旋 高效型 ϕ250	泡沫塔 三层 ϕ400	风机 罗茨 No.5
温度/℃	700		入口 400　出口 180	160	50	130	90	50
烟气量/(m^3/h)	468	520			575			642
压力/Pa				−1100	−1300	−2250	−4500	6500
含尘量/(g/m^3)		778				30		0.01～0.015

注：给入鼠笼精矿干料 405kg/h，加热炉热烟气 360kg/h，漏入鼠笼冷空气 302kg/h。

(3) 70t/h 铜精矿气流干燥烟气减排

① 净化工艺流程见图 4-33。

② 生产数据见表 4-31。

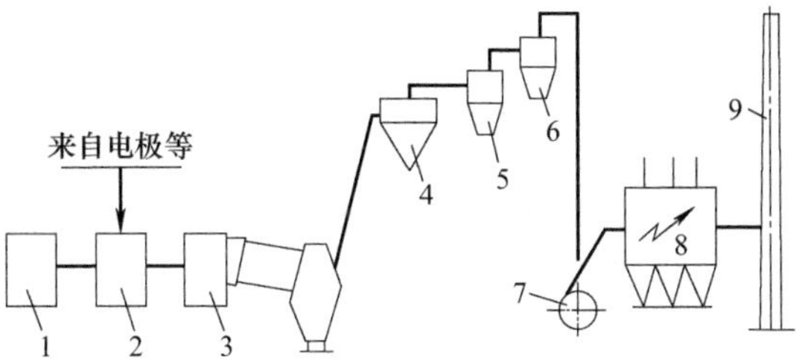

图 4-33 铜精矿气流干燥除尘流程

1—热风炉；2—混合室；3—干燥室；4—沉尘斗；

5、6—第一、二段旋风除尘器；7—风机；8—电除尘器；9—烟囱

表 4-31 铜精矿气流干燥除尘系统生产数据

操作条件及指标	干燥室 ϕ1850×1100 倾斜 6% Q=70t/h	沉尘斗 2200× 5980×4322	一旋 ϕ3500×3000 2 台	二旋 ϕ3030×3000 4 台	风机 双吸入离心式 No. 170MR 型 Q=1400，H=800 570kW，2 台	电除尘器 SPC-3-5P-16 三电室、单室 F=56m^2 1 台	烟囱 H=120m ϕ=3.06m
烟气量/(m^3/h)	63600						
温度/℃	328	80			75	90	80
含尘量/(g/m^3)		833(入口)	捕集 15μm	捕集 7μm		进口<10 出口<0.01	<0.01
压力/Pa	−200～ −500	−2500～ −3000	−3000～ −3500	−6500～ −7000	−9800～ −10000	+100～ +500	
漏风量/(m^3/h)	6000		1000				
除尘率/%						>99	

注：干燥电除尘运行故障：a. 烟尘着火引起极板变形；b. 断阴极线；c. 有时漏斗烟尘堆积。

(4) 53m^2 铜精矿球团干燥烟气减排

① 净化工艺流程见图 4-34。

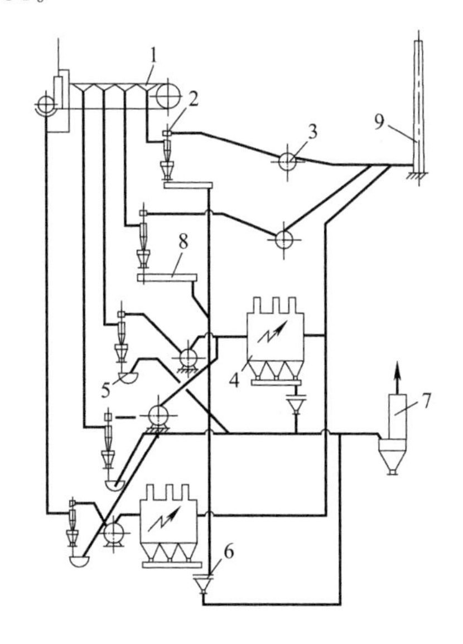

图 4-34 带式干燥焙烧机除尘流程

1—带式干燥焙烧机；2—旋风除尘器；3—排风机；4—电除尘器；

5—船形吹灰器；6—吹灰罐；7—袋式除尘器；8—螺旋输送机；9—烟囱

② 生产数据见表4-32。

表4-32 带式干燥焙烧机除尘生产数据

操作条件及指标	1组旋风器 ϕ800×8		2组旋风器 ϕ800×8		3组旋风器 ϕ800×8		4组旋风器 ϕ800×8		5组旋风器 ϕ800×8	30m² 电除尘棒帏式
	进口	出口	进口	出口	进口	出口	进口	出口	进口	出口
烟气温度/℃	82	74	135	121		119		77	67	62
压力/Pa	−1925	−3124	−1814	−2582		−3761		−3201	−544	−92
烟气量/(m^3/h)	38526	39755	34395	36960		36723		40734	62240	69610
含尘量/(g/m^3)	6.2375	0.8377	5.935	0.9057	3.445	0.7102	5.604	0.8068	4.72	0.0234
漏风率/%	2.90~9.28		4.49~6.47						2.88~3.96	
除尘率/%	85.07		82.91		79.20		84.68		99.87	

四、其他干燥炉、焙烧炉烟气协同净化

1. 5m² 锡精矿流态化焙烧炉烟气净化实例

(1) 净化工艺流程图　见图4-35。

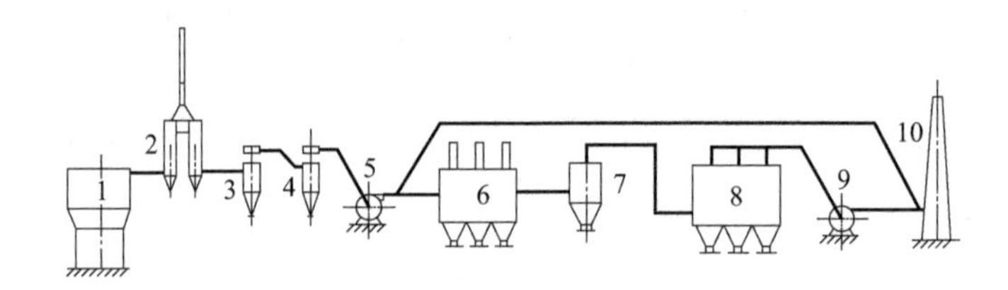

图4-35　锡精矿流态化焙烧炉除尘流程

1—焙烧炉；2—风套；3—一旋；4—二旋；5—风机；6—电除尘器；7—骤冷器；8—袋式除尘器；9—风机；10—烟囱

(2) 生产数据　见表4-33。

表4-33 流态化炉除尘系统生产数据

操作条件及指标	焙烧炉 5m²×2 出口	风套 20m² 出口	一旋 ЦН-24 2×ϕ750mm	二旋 ЦН-15 4×ϕ550mm	风机 Q=20000m³/h H=250mm 40kW	电除尘器 WZGF-17-3 17m²		骤冷器 ϕ2800mm①	袋式除尘器 800m²×2	
						入口	出口		入口	出口
烟气温度/℃	750~800	650	550	450	400	390	340	130	120	80
烟气量/(m^3/h)	(3000~4500)×2							38026		
含尘量/(g/m^3)	160~165	141	67	22		0.59	0.59	3.66		
漏风率/%		5	5	5		8		5	20	
除尘率/%		10	50	65		97		10	99	

① 骤冷器系统抽风冷却。

2. ϕ1.0×10m 干燥机烟气净化实例

① 净化工艺流程见图 4-36。

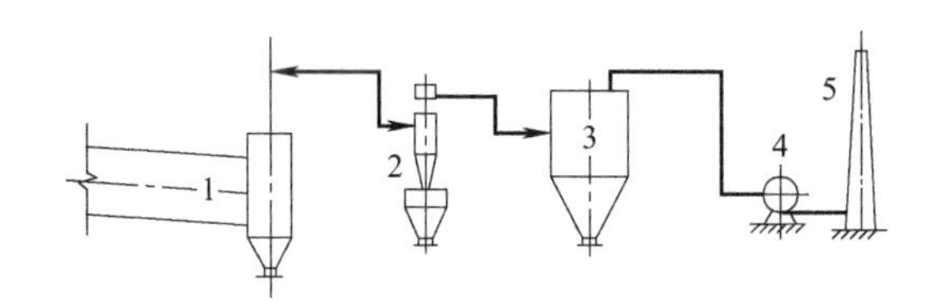

图 4-36 干燥机除尘流程

1—干燥机；2—旋风收尘器；3—自激式收尘器；4—风机；5—烟囱

② 生产数据见表 4-34。

表 4-34 干燥机除尘系统生产数据

操作条件及指标	干燥机 ϕ1.0mm×10m	旋风除尘器 ЦH-15 ϕ550	自激式除尘器 ZJ-3	操作条件及指标	干燥机 ϕ1.0mm×10m	旋风除尘器 ЦH-15 ϕ550	自激式除尘器 ZJ-3
烟气量/(m^3/h)	1625			压力/Pa	−50	−1000	−1600
烟气温度/℃	100～120	80～100		漏风率/%	5	5	10
烟气含尘/(g/m^3)	13.6			除尘效率/%		75	96

注：烟气含 SO_2 0.03%～0.05%，含水 31.6%（露点约 72℃）；烟尘含 As 6.6%，Sn 21%。

第五节 焦炉煤气协同净化技术

在钢铁企业的焦炉煤气的净化和回收是多技术、多设备协同工作净化多成分污染物的典型案例之一。

一、焦炉煤气来源

1. 焦炉煤气来源

焦炉煤气净化系统也称为炼焦化学产品回收系统。所谓炼焦化学就是研究以煤为原料，经高温干馏（900～1050℃）获得焦炭和荒煤气（或称粗煤气），并将荒煤气经过冷却、洗涤净化及蒸馏等化工工艺处理，制取化学产品的工艺及技术的学科。荒煤气经过各种工艺技术处理制取化工产品（如焦油、粗苯、硫铵、硫黄）后的煤气称为净焦炉煤气。对荒煤气经工艺技术处理的过程称为煤气净化过程（系统）。

生产和经营炼焦化学产品的生产企业是炼焦化学工厂，也称为煤炭化学工厂。在我国钢铁联合企业中焦炭和焦炉煤气是主要能源，占总能耗的 60%以上，所以大部分焦化厂设在钢铁联合企业中，是钢铁联合企业的重要组成部分。

2. 物理化学变化

煤料在焦炉炭化室内进行高温干馏时煤质发生了一系列的物理、化学变化。

装入煤在 200℃以下蒸发表面水分，同时析出吸附在煤中的二氧化碳、甲烷等气体；当温度升高至 250～300℃时煤的大分子端部含氧化合物开始分解，生成二氧化碳、水和酚类

（主要是高级酚）；当温度升至约500℃时煤的大分子芳香族稠环化合物侧链断裂和分解，产生气体和液体，煤质软化熔融，形成气、固、液三相共存黏稠状的胶质体，并生成脂肪烃，同时释放出氢。

在600℃前从胶质层析出的和部分从半焦中析出的蒸汽和气体称为初次分解产物，主要含有甲烷、二氧化碳、一氧化碳、化合水及初煤焦油（简称初焦油），氢含量很低。

初焦油主要的组成（质量分数）大致见表4-35。

表 4-35 初焦油主要的组成 单位：%

链烷烃(脂肪烃)	烯烃	芳烃	酸性物质	盐基类	树脂状物质	其他
8.0	2.8	58.9	12.1	1.8	14.4	2

初焦油中芳烃主要有甲苯、二甲苯、甲基联苯、菲、蒽及其甲基同系物，酸性化合物多为甲酚和二甲酚，还有少量的三甲酚和甲基吲哚；链烷烃和烯烃皆为C_5～C_{32}的化合物；盐基类主要是二甲基吡啶、甲基苯胺、甲基喹啉等。

炼焦过程析出的初次分解产物，约80%的产物是通过赤热的半焦及焦炭层和沿温度约1000℃的炉墙到达炭化室顶部的，其余约20%的产物则通过温度一般不超过400℃的两侧胶质层之间的煤料层逸出。

初次分解产物受高温作用，进一步热分解，称为二次裂解。通过赤热的焦炭和沿炭化室炉墙向上流动的气体和蒸汽，因受高温而发生环烷烃和烷烃的芳构化过程（生成芳香烃）并析出氢气，从而生成二次热裂解产物。这是一个不可逆的反应过程，由此生成的化合物在炭化室顶部空间则不再发生变化。与此相反，由煤饼中心通过的挥发性产物，在炭化室顶部空间因受高温发生芳构化过程。因此炭化室顶部空间温度具有特殊意义，在炭化过程的大部分时间里此处温度在800℃左右，大量的芳烃是在700～800℃温度范围内生成的。

二、焦炉煤气的性质

从焦炉炭化室产生，经上升管、桥管汇入集气管逸出的煤气称为荒煤气，其组成随炭化室的炭化时间不同而变化。由于焦炉操作是连续的，所以整个炼焦炉组产生的煤气组成基本是均一的、稳定的。荒煤气组成（净化前）见表4-36。煤气的组分中有最简单的烃类化合物、游离氢、氧、氮及一氧化碳等，这说明煤气是分子结构复杂的煤质分解的最终产物。煤气中氢、甲烷、一氧化碳、不饱和烃是可燃成分，氮及二氧化碳是惰性组分。

表 4-36 荒煤气组成（净化前） 单位：g/m^3

名称	质量浓度	名称	质量浓度
水蒸气	250～450	硫化氢	6～30
焦油气	80～100	氰化氢	1.0～2.5
苯族烃	30～45	吡啶盐基	0.4～0.6
氨	8～16	其他	2.0～3.0
萘	8～12		

经回收化学产品和净化后的煤气称为净焦炉煤气，也称回炉煤气，其杂质浓度见表4-37。几种煤气成分的组成及低发热值见表4-38。

表 4-37 净焦炉煤气中的杂质浓度 单位：g/m³

名称	浓度	名称	浓度
焦油	0.05	氨	0.05
苯族烃	2～4	硫化氢	0.20
萘	0.2～0.4	氰化氢	0.05～0.2

表 4-38 几种煤气的成分组成及低发热值

名称	N_2/%	O_2/%	H_2/%	CO/%	CO_2/%	CH_4/%	C_mH_n/%	$Q_{低}$/(kJ/m³)	密度/(kg/m³)
焦炉煤气	2～5	0.2～0.9	56～64	6～9	1.7～3.0	21～26	2.2～2.6	17550～18580	0.4636
高炉煤气	50～55	0.2～0.9	1.7～2.9	21～24	17～21	0.2～0.5		3050～3510	1.296
转炉煤气	16～18	0.1～1.5	2～2.5	63～65	14～16			7524	1.396
发生炉煤气	46～55		12～15	25～30	2～5	0.5～2.0		4500～5400	

三、焦炉煤气协同净化工艺流程

煤气的净化对煤气输送过程及回收化学产品的设备正常运行都是十分必要的。煤气净化包含煤气的冷却、煤气的输送、化学产品回收，如脱硫、制取硫铵、终冷洗苯、粗苯蒸馏等工序，以减少煤气中有害物质。

煤气净化系统工艺流程见图 4-37。

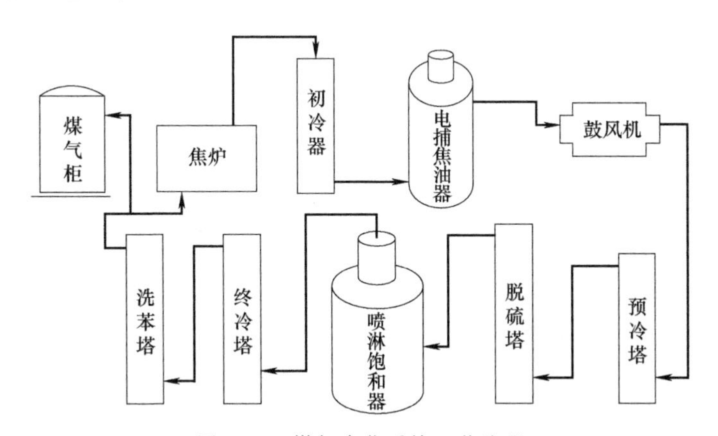

图 4-37 煤气净化系统工艺流程

不同的煤气净化工艺流程主要表现在脱硫、脱氨配置不同。

煤气净化脱硫工艺主要有干法脱硫和湿法脱硫两种，其中湿法脱硫工艺有湿式氧化工艺和湿式吸收工艺两种。湿式氧化脱硫工艺有以氨为碱源的 TH 法（TAKAHAX 法脱硫脱氰和 HIROHAX 法废液处理工艺），以氨为碱源的 FRC 法（FUMAKSRHODACS 法脱硫脱氰和 COMPACS 法废液焚烧、干接触法制取浓硫酸工艺），以氨为碱源的 HPF 法和以钠为碱源的 ADA 法等；湿式吸收脱硫工艺有索尔菲班法（单乙醇氨法）和 AS 法（氨硫联合洗涤法）。

煤气净化脱氨工艺主要有水洗氨蒸氨浓氨水工艺、水洗氨蒸氨氨分解工艺、冷法无水氨工艺、热法无水氨工艺、半直接法浸没式饱和器硫氨工艺、半直接法喷淋式饱和器硫氨工艺、间接法饱和器硫氨工艺和酸洗法硫氨工艺。

国内常用的煤气净化工艺流程、特点及主要设备选择以炭化室高 6m 的焦炉配置的煤气净化工艺为例进行叙述。

1. 冷凝鼓风工序流程

来自焦炉约 82℃的荒煤气与焦油和氨水沿吸煤气管道至气液分离器，由气液分离器分离的焦油和氨水首先进入机械化氨水澄清槽，在此进行氨水、焦油和焦油渣的分离。上部的氨水流入循环氨水中间槽，再由循环氨水泵送至焦炉集气管循环喷洒冷却煤气，剩余氨水送入剩余氨水中间槽。澄清槽下部的焦油靠静压流入机械化焦油澄清槽，进一步进行焦油与焦油渣的沉降分离，焦油用焦油泵送往油库工序焦油贮槽。机械化氨水澄清槽和机械化焦油澄清槽底部沉降的焦油渣刮至焦油渣车，定期送往煤场，掺入炼焦煤中。

进入剩余氨水中间槽的剩余氨水用剩余氨水中间泵送入除焦油器，脱除焦油后自流到剩余氨水槽，再用剩余氨水泵送至硫铵工序剩余氨水蒸氨装置，脱除的焦油自流到地下放空槽。为便于工程施工，初冷器后煤气管道预留阀门，初冷器前煤气管道在总管预留接头。鼓风机室部分在煤气总管预留接头。

气液分离后的荒煤气由气液分离器的上部，进入并联操作的横管初冷器，分两段冷却，上段用 32℃循环水、下段用 16℃低温水将煤气冷却至 21～22℃。为了保证初冷器冷却效果，在上段、下段连续喷洒焦油、氨水混合液，在顶部用热氨水不定期冲洗，以清除管壁上的焦油、萘等杂质。初冷器上段排出的冷凝液经水封槽流入上段冷凝液槽，用泵送入初冷器上段中部喷洒，多余部分送到吸煤气管道。初冷器下段排出的冷凝液经水封槽流入下段冷凝液槽，再加兑一定量焦油后，用泵送入初冷器下段顶部喷洒，多余部分流入上段冷凝液槽。

由横管初冷器下部排出的煤气，进入 3 台并联操作的电捕焦油器除掉煤中夹带的焦油，再由煤气鼓风机压送至脱硫工序。

冷凝鼓风工序主要设备见表 4-39。

表 4-39 冷凝鼓风工序主要设备

设备名称及规格	主要材质	台数(4×55 孔焦炉)	
		一期	二期
初冷器 $A_N=4000m^2$	Q235-A	3	2
电捕焦油器 $D_N=4.6m$	Q235-A	2	1
机械化氨水澄清槽 $V_N=300m^3$	Q235-A	3	1
机械化焦油澄清槽 $V_N=140m^3$	Q235-A	1	
煤气鼓风机 $Q=1250m^3/min, p=25kPa$		2	1

冷凝鼓风工序工艺流程如图 4-38 所示。

2. 脱硫工序流程

鼓风机后的煤气进入预冷塔，与塔顶喷洒的循环冷却水逆向接触，被冷却至 30℃。循环冷却水从塔下部用泵抽出送至循环水冷却器，用低温水冷却至 28℃后进入塔顶循环喷洒。采取部分剩余氨水更新循环冷却水，多余的循环水返回冷凝鼓风工序。

预冷后的煤气进入脱硫塔，与塔顶喷淋下来的脱硫液逆流接触，以吸收煤气中的硫化氢，同时吸收煤气中的氨，以补充脱硫液中的碱源。脱硫后煤气含硫化氢约 300mg/m^3，送入硫铵工序。

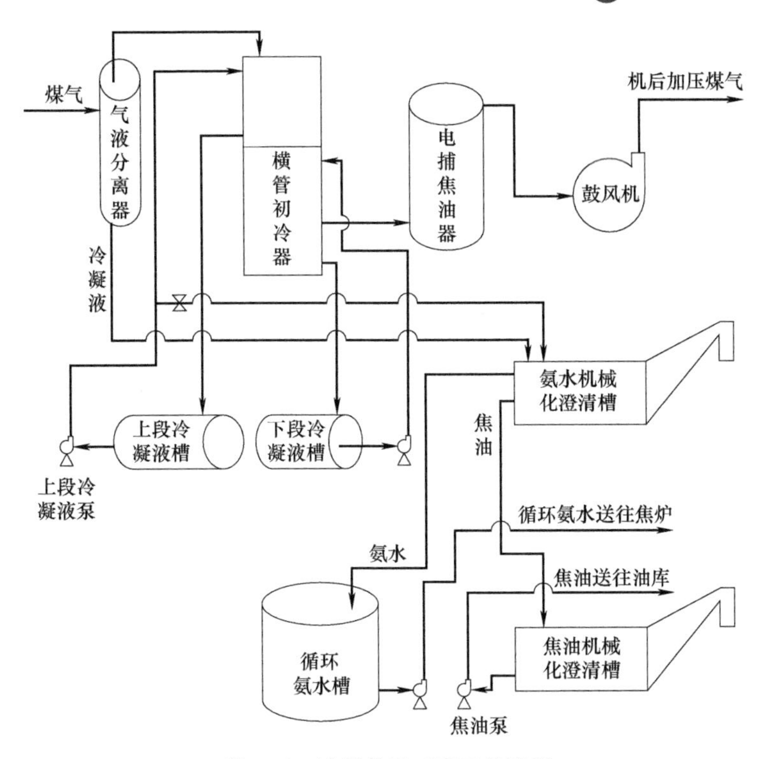

图 4-38　冷凝鼓风工序工艺流程

吸收了 H_2S、HCN 的脱硫液从塔底流出，进入反应槽，然后用脱硫液泵送入再生塔，同时自再生塔底部通入压缩空气，使溶液在塔内得以氧化再生。再生后的溶液从塔顶经液位调节器自流回脱硫塔，循环使用。浮于再生塔顶部的硫黄泡沫，利用位差自流入泡沫槽，硫黄泡沫经泡沫泵送入熔硫釜加热熔融，清液流入反应槽，硫黄冷却后装袋外销。

为避免脱硫液盐类积累影响脱硫效果，排出少量废液送往配煤。脱硫系统工艺流程见图 4-39。

脱硫工序主要设备见表 4-40。

表 4-40　脱硫工序主要设备

设备名称及规格	主要材质	台数(4×55 孔焦炉)	
		一期	二期
预冷塔 $D_N=5.6m, H=22.5m$	Q235-A	1	
脱硫塔 $D_N=7m, H=32.3m$	Q235-A	1	1
再生塔 $D_N=5m, H=47m$	Q235-A	1	1
脱硫液循环泵附电机 $P=560kW(10kV)$	SUS304	2 2	1 1
熔硫釜 $D_N=1m, H=5.5m$	SUS304	4	4

3. 硫铵工序流程

由脱硫工序来的煤气经煤气预热器进入饱和器。煤气在饱和器的上段分两股进入环形室，经循环母液喷洒，煤气中的氨被母液中的硫酸吸收；然后煤气合并成一股进入后室，经母液最后一次喷淋，进入饱和器内旋风式除酸器分离煤气所夹带的酸雾；再经捕雾器捕集煤气中的微量酸雾后送至终冷洗苯工序。

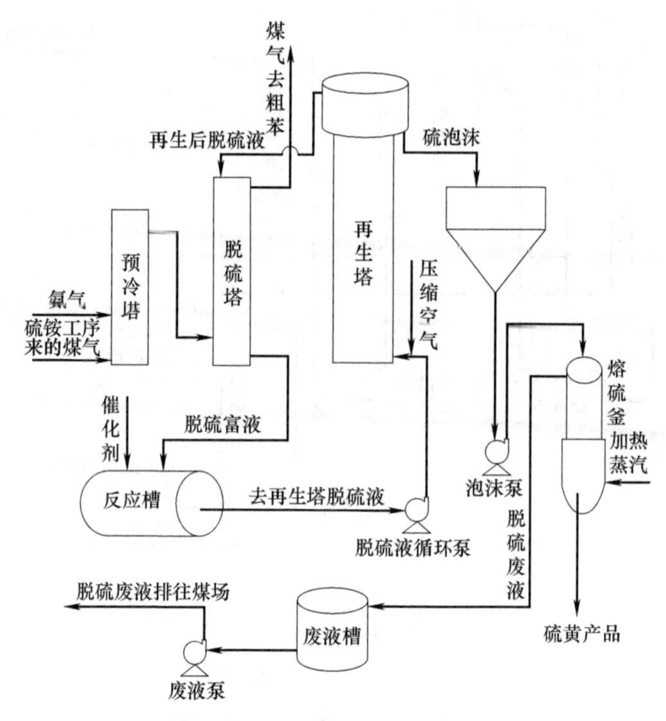

图 4-39 脱硫系统工艺流程

饱和器下段上部的母液经母液循环泵连续抽出送至环形室喷洒，吸收了氨的循环母液经中心下降管流至饱和器下段的底部，在此处晶核通过饱和母液向上运动，使晶体长大，并引起颗粒分级，用结晶泵将其底部的浆液送至结晶槽。饱和器满流口溢出的母液流入满流槽内液封槽，再溢流到满流槽，然后用小母液泵送入饱和器的后室喷淋。冲洗和加酸时，母液经满流槽至母液储槽，再用小母液泵送至饱和器。此外，母液储槽还可供饱和器检修时贮存母液。

结晶槽的浆液排放到离心机，经分离的硫铵晶体由螺旋输送机送至振动流化床干燥机，并用被热风器加热的空气干燥，再经冷风冷却后进入硫铵储斗，然后称量、包装送入成品库。离心机滤出的母液与结晶槽满流出来的母液一同自流回饱和器的下段。干燥硫铵后的尾气经旋风分离器后由排风机排放至大气。

由冷凝鼓风工序送来的剩余氨水与蒸氨塔底排出的蒸氨废水换热后进入蒸氨塔，用直接蒸汽将氨蒸出；同时从终冷塔上段排出的含碱冷凝液进入蒸氨塔上部，分解剩余氨水中固定铵，蒸氨塔顶部的氨气经分缩器后进入脱硫工序的预冷塔内。换热后的蒸氨废水经废水冷却器冷却后送至酚氰污水处理站。

由油库送来的硫酸送至硫酸槽，再经硫酸泵抽出送至硫酸高置槽内，然后自流到满流槽。硫铵工序主要设备见表 4-41。硫铵系统工艺流程见图 4-40。

表 4-41 硫铵工序主要设备

设备名称及规格	主要材质	台数(4×55 孔焦炉)	
		一期	二期
饱和器 $D_N=4.2/3\text{m}, H=10.165\text{m}$	SUS316L	2	1

续表

设备名称及规格	主要材质	台数(4×55孔焦炉)	
		一期	二期
结晶槽 $D_N=2m$	SUS316L	2	2
氨水蒸馏塔 $D_N=2.8m, H=17.25m$	铸铁	2	
母液循环泵 附电机 $P=110kW$	904L	2 2	1 1

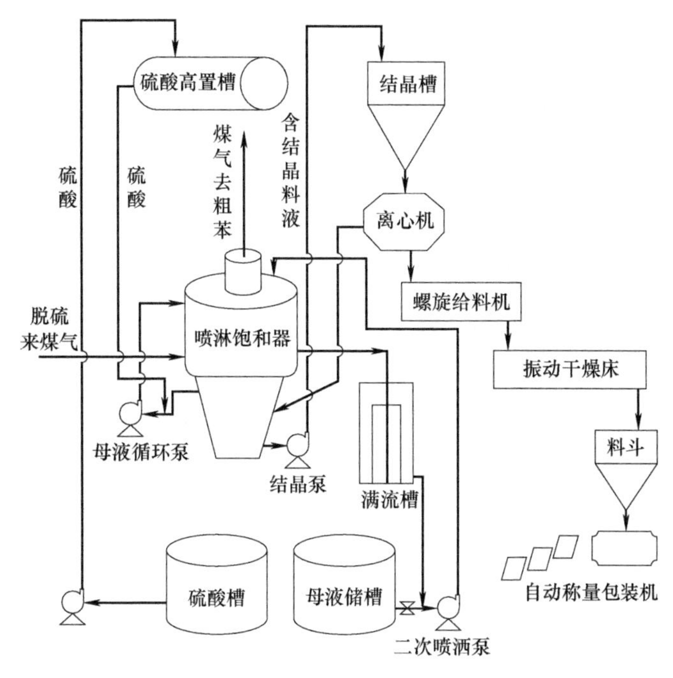

图 4-40 硫铵系统工艺流程

4. 终冷洗苯工序流程

从硫铵工序来的温度约55℃的煤气，首先从终冷塔下部进入终冷塔分两段冷却，下段用温度约37℃的循环冷却水，上段用温度约24℃的循环冷却水；将煤气冷却至温度约25℃，后进入洗苯塔。煤气经贫油洗涤脱除粗苯后，一部分送回焦炉和粗苯管式炉加热使用，其余送往用户。

终冷塔下段的循环冷却水从塔中部进入终冷塔下段，与煤气逆向接触冷却煤气后用泵抽出，经下段循环喷洒液冷却器，用循环水冷却到37℃进入终冷塔中部循环使用。终冷塔上段的循环冷却水从塔顶部进入终冷塔上段，冷却煤气后用泵抽出，经上段循环喷洒液冷却器，用低温水冷却到24℃进入终冷塔顶部循环使用。同时，在终冷塔上段加入一定量的碱液，进一步脱除煤气中的H_2S，保证煤气中的H_2S质量浓度不大于$200mg/m^3$。下段排出的冷凝液送至酚氰废水处理站；上段排出的含碱冷凝液送至硫铵工序蒸氨塔顶，分解剩余氨水中的固定铵。

由粗苯蒸馏工序送来的贫油从洗苯塔的顶部喷洒，与煤气逆向接触，吸收煤气中的苯，塔底富油经富油泵送至粗苯蒸馏工序脱苯后循环使用。

终冷洗苯系统工艺流程见图 4-41。

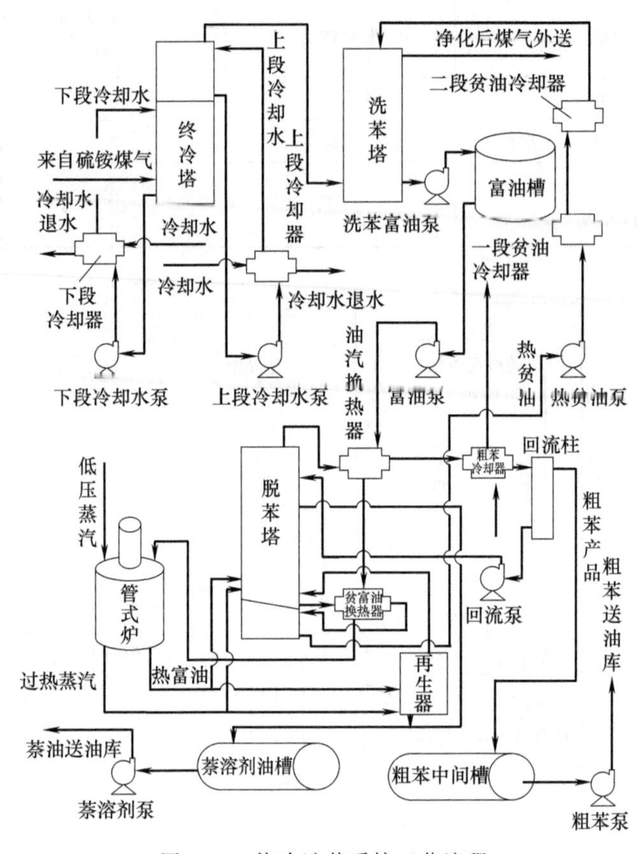

图 4-41 终冷洗苯系统工艺流程

终冷洗苯主要设备见表 4-42。

表 4-42 终冷洗苯主要设备

设备名称及规格	主要材质	台数(4×55 孔焦炉)	
		一期	二期
终冷塔 $D_N=6m, H=27.7mm$	Q235-A	1	
洗苯塔 $D_N=6m, H=35.3m$	Q235-A	1	

5. 粗苯蒸馏工序流程

从终冷洗苯装置送来的富油依次送经油汽换热器、贫富油换热器，再经管式炉加热至 180℃后进入脱苯塔，在此用再生器来的直接蒸汽进行汽提和蒸馏。塔顶逸出的粗苯蒸气经油汽换热器、粗苯冷凝冷却器后进入油水分离器，分出的粗苯流入粗苯回流槽，部分用粗苯回流泵送至塔顶作为回流，其余进入粗苯中间储槽，再用粗苯产品泵送至袖库。

脱苯塔底排出的热贫油，经贫富油换热器后再进入贫油槽，然后用热贫油泵抽出经一段贫油冷却器、二段贫油冷却器冷却至 27～29℃，后去终冷洗苯装置。

在脱苯塔的顶部设有断塔盘及塔外油水分离器，用以引出塔顶积水，稳定操作。

在脱苯塔侧线引出萘油馏分，以降低贫油含萘。引出的萘油馏分进入萘溶剂油槽，定期用泵送至油库。

从管式炉后引出1%～1.5%的热富油，送入再生塔内，用经管式炉过热的蒸汽蒸吹再生。再生残渣排入残渣槽，用泵送至油库工序。

系统消耗的洗油定期从洗油槽经富油泵入口补入系统。

各油水分离器排出的分离水，经控制分离器排入分离水槽，再用泵送往冷凝鼓风工序。

各储槽的不凝气集中引至冷凝鼓风工序初冷前吸煤气管道。

粗苯蒸馏工序主要设备见表4-43。

表4-43 粗苯蒸馏工序主要设备

设备名称及规格	主要材质	台数(4×55孔焦炉)	
		一期	二期
脱苯塔 D_N=2.8m,H=27.2m	铸铁	1	1
再生器 D_N=2.2m,H=9.5m	Q235-A	1	1
管式炉	Q235-A	1	1

6. 油库工序

油库工序产品和原料的储存时间为20d。油库工序设置4个焦油储槽，接受冷凝鼓风工序送来的焦油，并装车外运；设置两个粗苯储槽，接受粗苯蒸馏工序送来的粗苯，并定期装车外运。设置两个洗油储槽用于接受外来的洗油，并定期用泵送往粗苯蒸馏工序；设置2个碱储槽，1个卸碱槽，2个硫酸槽，1个卸酸槽，用于接受外来的碱液（40%）和硫酸（93%），并用泵定期送至终冷洗苯工序和硫铵工序。焦油和粗苯采用汽车和火车两种运输方式，其他原料的装卸车采用汽车。

四、煤气净化回收产品产率

1. 煤气净化回收产品产率

炼焦化学产品的产率和组成随焦炉炼焦温度和原料煤质量的不同而波动。在工业生产条件下，焦炭与煤气净化回收的化学产品的产率，通常用它与干煤质量的比例来表示。

各化学产品的产率见表4-44。

表4-44 化学产品产率 单位：%

化学产品	产率	化学产品	产率
焦炭	75～78	净焦炉煤气	15～19(或320～340m^3/t)
硫铵	0.8～1.1	硫化氢	0.1～0.5
粗苯	0.8～1.0	氰化氢	0.05～0.07
煤焦油	3.5～4.5	化合水	2～4
氨	0.25～0.35	其他	1.4～2.5

从焦炉炭化室逸出的荒煤气（也称出炉煤气）所含的水蒸气，除少量化合水（煤中有机质分解生成的水）外，大部分来自煤的表面水分。

2. 煤气净化系统能耗系数

投入物、产出物等能耗折标准煤系数见表4-45。

表 4-45 投入物、产出物等能耗折标准煤系数

物料	折标准煤	物料	折标准煤
洗精煤(干)	1.014t/t	电	0.404kg/(kW·h)
焦炭	0.971t/t	蒸气	0.12t/t
焦炉煤气	0.611kg/m^3	压缩空气	0.036kg/m^3
焦油	1.29t/t	氮气	0.047kg/m^3
粗苯	1.43t/t	高炉煤气	0.109kg/m^3
生产用水	0.11kg/m^3		

1kg 标准煤热值定额为 29307.6kJ，即 29.3076MJ，折算如下：1t 标准煤热值为 29307.6MJ，即 29.3076GJ；1t 焦炭热值为 29.3076GJ×0.971=28.4577GJ；1m^3 焦炉煤气热值为 0.611×29.3076= 17.9069GJ。

一般情况下，焦炉煤气的低发热值为 17900kJ/m^3，高炉煤气的低发热值为 3180kJ/m^3，混合煤气（焦炉煤气与高炉煤气混合）的低发热值为 4209kJ/m^3。

大部分的焦炉煤气用作气体燃料，或用于发电。近年来，随着国家支持力度的加大，技术条件的成熟，以焦炉煤气为原料，发展高技术含量、高附加值焦化下游产品已成为重点钢铁企业链，打造利润增长点的发展方向之一。

第六节 玻璃窑炉烟气协同减排技术

玻璃广泛应用于建筑、日用、医疗、汽车、电子、仪表等领域，其中平板玻璃工业是我国国民经济发展不可或缺的重要材料工业，目前有 70%用于建筑，10%用于汽车制造，20%用于家居。

随着我国经济的迅猛发展，房地产行业拉动了平板玻璃行业的快速发展，平板玻璃产量从 1989 年开始至今已连续年位居世界首位，产最超过全球总产量的 50%。

2010～2015 年全国的平板玻璃产量见表 4-46。

表 4-46 2010～2015 年全国平板玻璃产量

年份	产量/亿重量箱	年份	产量/亿重量箱
2010	6.63	2013	7.93
2011	7.91	2014	8.31
2012	7.51	2015	7.87

注：一个重量箱等于 2mm 厚的平板玻璃 10m^2 的重量（重约 50kg）。

平板玻璃根据生产工艺主要分为浮法玻璃、压延玻璃和平拉玻璃，目前浮法玻璃在平板玻璃生产线中占主流地位，达到 90%以上。截至 2014 年年底，国内的浮法玻璃生产线有 320 条，总产能为 11.58 亿重量箱/年。其中：在产生产线 235 条、产能为 9.17 亿重箱/年。平板玻璃生产中排放的粉尘约 1.2×10^4t，SO_2 约 1.61×10^5t，NO_x 约 1.4×10^5t 玻璃窑炉产生的污染已引起环保部门及民众的广泛关注。

一、玻璃窑炉运行特点

玻璃窑炉的生产运行特点主要表现为：

① 玻璃的生产制造从点火开始，一般窑龄内不能停窑，采用持续、不间断的生产方式，这种流水线式的生产方法决定了玻璃窑炉的持续性运转特点。

② 玻璃窑炉的正常作业需要保持一定的燃烧气氛，生产时的烟气压力要求稳定，由于两侧换火，玻璃窑炉的烟气量波动较大。

③ 玻璃窑炉排放的烟气需要经过余热锅炉的回收处理，用以供油系统的生产，烟气排放温度较高，出口烟气温度一般为400～500℃，多配有余热锅炉。

二、玻璃窑炉烟气特性

在平板玻璃生产过程中，有配料过程、物料熔化过程和玻璃成型过程等。配料和成型过程主要是物理过程，产生的污染主要是粉尘性废气。物料熔化过程主要是通过燃料燃烧产生热量将物料熔化和分解的过程，产生的主要污染物是烟尘、SO_2、NO_x 等。

据统计，55%的平板玻璃生产线采用石油焦粉作为燃料，25%的平板玻璃生产线采用重油作为燃料，剩余的20%则采用天然气、煤制气作为燃料。

因燃料特性不同，玻璃窑炉烟气污染物的成分也不尽相同。以重油为燃料的玻璃窑炉为例，烟气中的主要污染物是 SO_2、NO_x 和烟尘，烟气中还含有多种酸性气体如 HCl、HF等，且烟尘成分复杂、黏性大，碱金属含量高：而以天然气、煤制气为燃料的玻璃窑炉，烟气中的 SO_2 及粉尘含量则相对较少。

表 4-47 为燃用不同燃料的玻璃窑炉污染物排放浓度。

表 4-47 平板玻璃窑炉烟气污染物初始排放浓度 单位：mg/m^3

燃料	烟尘	SO_2	NO_x
石油焦粉	约 1000	2000～5000	1500～3200
重油	约 500	2000～3000	1600～3200
天然气	＜300	＜400	2000～2700
煤制气	＜400	＜800	2200～3200

由表 4-45 可以看出，使用不同燃料，玻璃窑炉的污染物排放浓度差别较大，其中以石油焦粉、重油为燃料的玻璃窑炉污染物原始排放浓度较高，且污染物浓度波动范围较大。

三、玻璃窑炉烟气协同治理技术

与火电厂的烟气治理相比，玻璃窑炉的烟气净化治理困难较多。玻璃窑炉燃料复杂、炉温高，高温燃烧会产生大量热力型 NO_x，同时原料分解也产生一定量的 NO_x，玻璃窑炉出口烟气中 NO_x 浓度也很高，烟气中细微尘多且黏性强、碱金属浓度高，HF、HCl 等物质容易造成脱硝催化剂的堵塞与中毒，对脱硝反应有较大影响。

因此，玻璃窑炉烟气污染物控制技术路线的选用与布置，需考虑烟气排放浓度的波动范围，需充分考虑烟气中的有害成分，考虑多方面因素对污染物控制技术路线的影响，要采取协同措施降低污染物排放浓度。

玻璃窑炉根据燃用的燃料不同，烟气中排放的污染物浓度、粉尘特性也有着非常大的差异。以石油焦、煤制气、天然气作为燃料的玻璃窑炉，其烟气治理技术、设备及不同工艺的选择也有差异。

一种典型的玻璃窑炉烟气协同治理技术如下：玻璃窑炉＋余热锅炉＋高温电除尘＋SCR脱硝＋余热锅炉＋锅炉引风机＋半干法脱硫设备＋脱硫引风机＋烟囱，以实际案例对其污染物减排及经济成本进行分析。

四、玻璃窑炉烟气协同净化工程实例

1. 烟气特性

以某玻璃企业集团1[#]、2[#] 600t/d玻璃窑炉生产线为例，该工程采用石油焦粉为燃料，产生的烟气特性见表4-48。

表4-48 玻璃窑炉余热锅炉出口烟气性质

名称	数据	备注
入口烟气流量(标态)湿基、8%氧/(m^3/h)	120000	—
余热锅炉烟气引出温度/℃	380～400	—
余热锅炉烟出口烟气粉尘浓度(标态)/(mg/m^3)	1200	—
余热锅炉出口烟气NO_x浓度(标态)/(mg/m^3)	4000	干基、标态、8%O_2
余热锅炉出口烟气SO_2浓度(标态)/(mg/m^3)	2400	干基、标态、8%O_2
烟气含氧量/%	10	

2. 治理设施配置

为使烟气达标排放，对玻璃窑炉进行如下烟气治理设施配置：玻璃窑炉＋余热锅炉＋高温电除尘＋SCR脱硝＋余热锅炉＋锅炉引风机＋半干法脱硫设备＋脱硫引风机＋烟囱。其中，除尘技术采用4个电场电除尘器，电源采用三相高效电源；脱硝选用还原剂为氨水的SCR反应器，每套脱硝装置按“三加一”（反应器催化剂3层运行，1层备用）设计，配备过饱和高压蒸气或经除油、脱水处理的压缩空气耙式吹灰器进行清灰；脱硫选用半干法脱硫技术。

该工艺布置的优点为：a. 脱硝前除尘，降低了烟气中粉尘对催化剂的毒化作用，有利于提高催化剂的使用寿命；b. 半干法脱硫工艺系统相对简单，系统可自动运行，人员配置较少，且能耗相对较低，脱硫后烟气系统无需防腐。但该工艺也存在部分缺点，例如SCR前设置电除尘器，为了保证合适的脱硝催化温度，对系统漏风率及保温性能要求较高，除尘脱硝后烟气在半干法脱硫过程中重新引入粉尘（脱硫剂），电除尘能耗浪费。

整个流程配置的特点为：a. 钠钙双基耦合烟气调质技术；b. 干式/半干式脱硫集成技术；c. 棒型双针刺阴极线、防变形阳板配置技术；d. 瓷套选型及布置技术；e. 蒸气＋声波联合清灰技术等。

3. 治理效果

玻璃窑炉烟气经过此技术路线，废气排放检测效果良好（见表4-49）。

表4-49 玻璃窑炉烟气排放浓度

烟气成分	排放浓度/(mg/m^3)	效率/%
NO_x	500	87.5
SO_2	250	89.6
烟尘	30	97.5

玻璃窑炉烟气中 NO_x、SO_2、烟尘排放浓度分别为 500mg/m³、250mg/m³、30mg/m³，能够满足 2011 年国家排放标准中的要求（NO_x 排放浓度应<700mg/m³，SO_2<400mg/m³，颗粒物排放浓度<50mg/m³），并分别低于该标准排放限值的 28.6%、37.5%、40%。

由此可见，该技术路线对于玻璃窑炉烟气治理，在污染物浓度减排方面具有较明显的效果。

4. 经济成本分析（2015 年价格）

在具体实例中，玻璃窑炉的主要经济成本体现在初始投资及运行成本上，影响成本最大的因素是玻璃窑炉烟气量的大小，而影响其年运行费用的主要因素包括烟气量、初始污染物浓度及排放浓度，此外采用不同的脱硫工艺，投资成本及运行费用也有较大差别。

同样以该玻璃企业集团 1#、2# 600t/d 玻璃炉窑生产线为例，表 4-50、表 4-51 分别为 600t/d 燃用石油焦锅炉烟气治理工艺的建设成本、运行成本。

表 4-50 工艺流程建设成本

名称	数量	单价/万元
高温电除尘器(四电场)	1	360
SCR 脱硝系统(3+1)(套)	1	640
半干法脱硫系统	1	700
锅炉改造(项)	1	250
工程总造价	—	1950

表 4-51 技术流程运行成本

项目及消耗量	小计	年费用/万元
人员工资(12 人)	8 万元/a	96
20%氨水 442kg/h	397.8 元/h	318.24
75%消石灰 1.58t/h	632 元/h	505.6
水耗 4t/h	8 元/h	6.4
电耗 320kW·h/h	160 元/h	128
合计	1054.24 万元,未计引风机阻力增加 4500Pa	

采用此技术路线的建设成本包括锅炉改造、四电场的除尘器安装、SCR 脱硝系统、半干法脱硫系统的投入使用，合计为 1950 万元。运行成本涵盖工作人员（12 人）工资、还原剂氨水的使用、脱硫吸收剂消石灰的消耗以及相应的水耗、电耗成本等，合计 1054.24 万元/年。

第七节 铅浴炉烟尘协同治理技术

一、铅烟尘来源

钢丝线材在热处理工艺过程中，经 1400℃高温回火，以及 500℃铅淬火，使钢丝的金相结构满足下步工序和产品结构的要求。铅淬火采用的铅锅是铅烟尘的主要发生源。铅烟尘是在铅的二次熔化、线材淬火和线材从铅锅出线时蒸发和携带出来的。

铅烟尘的产生有以下3种情况：

① 钢丝线材铅淬火的铅锅，熔融的铅液一般都在480～530℃，该温度正是产生铅蒸气的温度，钢丝经退火炉温度高达900℃，进入铅锅淬火后，铅温升高，从铅锅表面蒸发出铅蒸气；

② 当钢丝从铅锅引出时钢丝表面黏附着一层铅液，随着温度的降低凝聚为固体，铅尘弥散至车间内；

③ 铅锅的铅液表面结有一层较厚的氧化铅，需定期清除，清除时氧化铅粉尘四处飞扬散至操作区内。

二、污染物特点及其参数

1. 污染物参数

一般金属制品的铅烟尘分散度如表4-52所列。

表4-52 烟尘分散度

粒径/μm	3～5	5～10	10～20	20～30	30～40	40～50
分散度/%	4.5	9	15	20.5	18	33

铅粉尘的比电阻在40～120℃时最高为10^{11}～10^{12}Ω·cm；铅烟成分为PbO、PbO_2等。

2. 污染物特点

铅为银白色软金属，原子量为207.21，密度11.34t/m^3，熔点327.4℃，沸点1525℃。温度在400～500℃时向空气中散发大量铅蒸气（铅烟），迅速凝成白色的氧化铅烟雾。

铅烟、铅尘对人体的危害很大，通过呼吸系统、消化系统和皮肤三个渠道使人中毒，中毒后将导致贫血、牙龈黑浅、四肢无力、大脑损伤、周围神经炎、最终丧失劳动力。

三、铅烟尘烟气治理技术

① 铅浴炉的铅烟治理应优先采用在铅液表面敷设覆盖剂，其中SRQF覆盖剂较为理想，其特点是：方法简单、投资低、效果好，防止铅污染的作用明显，节约能源，减少铅渣，减轻劳动强度。SRQF覆盖剂分三层覆盖，每5～7个月更换一次。无锡钢丝绳厂使用结果表明，铅浴炉车间内含铅浓度为0.04～0.031mg/m^3，达到国家卫生标准。

② 采用在铅锅表面加覆盖剂前提下，铅锅中部加活动密封盖板，并在钢丝出铅锅处设置抽风装置的综合治理方法。铅锅钢丝出口处，钢丝带出的铅尘造成周围环境含铅浓度可达0.68mg/m^3以上。综合治理后可较全面地解决车间内的铅污染，例如长沙金属制品厂经综合治理后，操作区的含铅浓度最高为0.0605mg/m^3，大多数测点浓度达到国家卫生标准。

③ 铅烟净化设备一般有湿法和干法两种。其中，湿法采用冲激式除尘器较多，净化效率达98%以上；干法采用过滤法，如袋式除尘器和其他纤维过滤箱等，净化率达99%以上。

四、覆盖密封与袋式除尘协同治理铅尘实例

1. 生产工艺流程

预应力钢丝生产热处理流程，由高温马弗炉与铅浴淬火锅及卷丝机组成。马弗炉炉温和铅锅铅液温度各保持在1000℃与510℃左右。铅锅长7m，宽1.8m，深0.56m，蒸发面积12.6m^2，常熔铅液50t左右。锅中穿行钢丝（ϕ6.5～8mm）18～24根，系流水线生产连续热处理作业。

预应力钢丝生产工艺流程见图4-42。

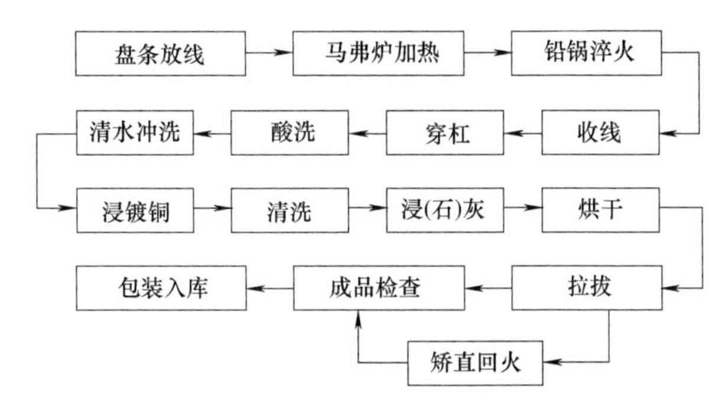

图4-42 预应力钢丝生产工艺流程

2. 废气来源、性质及处理量

钢丝经马弗炉加热至1000℃左右，进入500℃的大型铅锅淬火后，铅锅表面氧化、蒸发以及穿丝带出的含铅烟尘废气。

烟尘主要成分为铅尘和钢丝铁锈、氧化物灰尘和覆盖物粉尘。烟尘废气性质见表4-53。

表4-53 线材热处理含铅烟尘废气特性

含湿量/%	含铅量/%	铅烟尘含量	
		粒径50～10μm	粒径10～3μm
4～5(20～25℃)	35.68～42.88	85.11%	14.14%

废气处理量为5000m^3/h。

3. 废气治理工艺流程

治理工艺流程见图4-43。

将称好的覆盖剂摊入铅锅升温烘去水分，再将铅锭放入锅中加热熔化，密度小的覆盖剂覆盖在铅锅表面上。如在已熔铅液面上覆盖，则先把锅面铅灰渣尽量捞去，再马上覆盖已烘去水分的覆盖剂。由于铅锅盖满了覆盖剂，和带有插脚边且可随时手动移开的钢盖板双层密封，隔绝了空气与铅液的接触氧化，以及抑制住铅烟尘的挥发逸出。故只需对铅锅出丝端带出的铅烟尘进行治理，一般采用集气罩抽出该部分烟尘，并送入设有挡板沉降和玻纤滤框的集尘箱预处理后，再进入预涂超细活性助滤剂的针刺滤气呢袋式除尘器进行净化，其抽风量可比一般无覆盖剂时的抽风量减少70%，同时也减少了铅耗和能耗。

4. 主要设备

主要为反吹袋式除尘器及其预涂助滤剂，铅锡覆盖剂及其钢盖板，上面带有铰链活动门

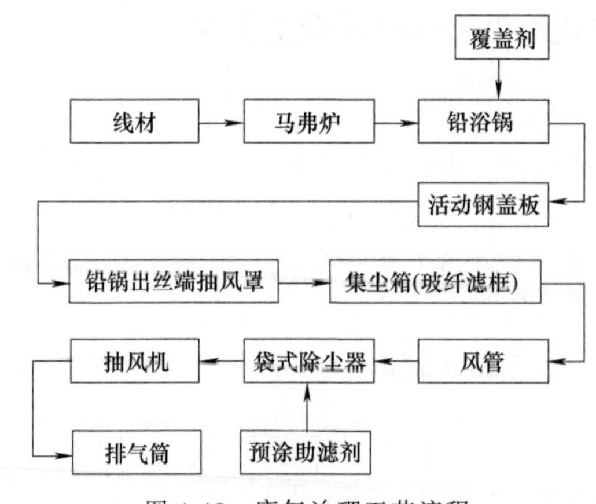

图 4-43 废气治理工艺流程

盖的集气罩、集尘箱等。

(1) 反吹袋式除尘器(JH-50 型)预涂助滤剂

过滤面积	$50m^2$
处理风量	$5000m^3/h$
阻力	800～1500Pa
过滤风速	1.5～1.6m/min
总除尘率	＞98％
除铅尘率	＞99％
风机	4-72-11 型 No.4，5A
电机	7.5kW
滤料材质	ZLN-D-02 涤纶针刺滤气呢

(2) 除尘器预涂助滤剂(超细活性白粉)

细度	300～400 目
挂涂量	$0.5kg/m^2$
挂涂备用阻力	＞1000Pa

(3) 铅锅覆盖剂

主要成分	含碳量＞80％
水分	＜3％
耐温	900～2000℃
容重	$<1g/cm^3$
覆盖厚度	10～20mm

5. 治理效果

铅锅采用覆盖密封与袋式除尘防治后效果明显。铅锅上排放浓度下降 89.23％，车间操作区浓度下降 51.98％，达到卫生标准要求。车间附近区域铅尘含量也下降 63.53％。

袋式除尘器采用针刺滤气呢挂涂助滤剂后，对捕集率有突破性提高，净化率达 99％以上，远优于国家标准允许的排放要求。

6. 设计体会

① 当铅液表面保持静态条件下，应用铅锅覆盖密封控制能有效防止铅烟尘挥发逸出，隔绝铅液与空气接触氧化，防止产生铅灰渣损耗。只要加强管理，做到覆盖维护、补加正常，就能省去治理设施，全面达到环境标准要求。

② 由于覆盖剂和钢盖板双层密封保温性好、散热慢，将会节省热能。但对于要求铅液工艺温度稳定（上下波动范围要求很窄）的铅锅，则锅中应设有自控降温调温设施。如夏季外界气温高，使铅锅温升过高过快而影响生产时只需移开锅面盖板散热，以及加强锅内冷水盘管降温即可。

③ 对于铅锅出线段这类不能用覆盖密封方法解决的工件，或气流（包括直接火加热方式）带出的动态工况下的铅烟尘治理，则在采用针刺滤气呢的袋式除尘器同时，还必须排除助滤剂，使在较低的过滤风速和处理风量有一定富余能力的情况下有效地收集低浓度微细铅尘。

④ 由于采用覆盖密封控制与袋式除尘相结合的协同防治铅尘方法，减少了工程投资和运转费用，同时能节省年用铅量10%，使铅锅加热电耗在冬季可节省20%，夏季节省40%，比一般全面抽风治理减少70%的抽风量。回收粉尘仍可利用，不需处理二次污染，有较好的环境效益和节铅省能的经济效益。

⑤ 覆盖剂具有密度小、表面积大、耐高温性和化学稳定性好，与铅液不发生化学反应，并不影响生产工艺和产品质量，不会产生污染和其他有害作用，其烧损少、寿命长，且价廉易得，并可回收利用。

第八节 铁合金电炉烟气协同净化

在电力系统中，若使用非晶合金取代电力变压器的硅钢片，可降低其空载损耗60%～70%；用非晶合金制造高效电机，其运行效率可提高5%～6%，所以非晶合金是一种高效、节能、环保的新材料，其应用前景十分广阔。硼硅铁合金是制造非晶合金的重要原料，目前主要通过电弧炉进行冶炼。在其生产过程中，产生含有大量微细粉尘和B_2O_3的烟气，必须经过除尘和酸雾吸收处理才能排入大气。

用袋式除尘器+吸收塔协同工艺可以有效地处理硼硅铁合金电炉产生的烟气，经检测，采用该处理工艺后烟囱出口粉尘含量<5mg/m^3；B_2O_3含量<1mg/m^3，均达到了国家排放标准，有效地避免了酸雨的发生。该工艺具有运行可靠、滤袋使用寿命长、酸雾气体吸收效果稳定的优点。在电气控制方面，可编程控制器+触摸屏监控模式的应用，提高了系统的操作控制的可靠性和方便性；采用了风机变频调速技术后整个系统的节能效果十分显著。

一、主要技术参数

我国东北地区某厂采用6300kVA电炉生产硼硅铁合金，年产量6000t以上，其烟气净化系统采用脉冲袋式除尘器和吸收塔相结合工艺，并在电炉炉顶设水冷矮烟罩、风机采用变频调速以适应不同冶炼工况，系统中烟温、抽风量、罩口风压等实现了自动控制，电炉冶炼时现场无烟气外溢。

系统主要技术参数如表 4-54 所列。

表 4-54　系统主要技术参数

名称	技术参数
烟气量(标态)/(m^3/h)	120000
除尘器入口含尘浓度/(g/m^3)	≤2
除尘器入口烟气温度/℃	≤130
袋式除尘器过滤面积/m^2	2000
袋式除尘器室数	6
滤袋规格/mm	ϕ130×6000
滤袋材质	覆膜针刺毡
脉冲阀/个	72
清灰压缩空气压力/MPa	0.30～0.35
除尘率/%	＞99
系统总阻力/Pa	≤1600
设备耐压/Pa	4500
吸收塔/mm	ϕ5000×12000
设备装机容量/kW	10＋250(主风机)

二、工艺流程

烟气净化系统如图 4-44 所示，硼硅铁合金烟气净化处理系统主要由集气罩、冷风阀、预处理器、温度传感器、脉冲袋式除尘器、吸收塔、吸收碱液池、循环泵、风机及烟囱等组成，系统配有风机变频调速、烟气温度检测、罩口风压控制及完成自动清灰、卸灰、输灰等功能的电气控制系统。

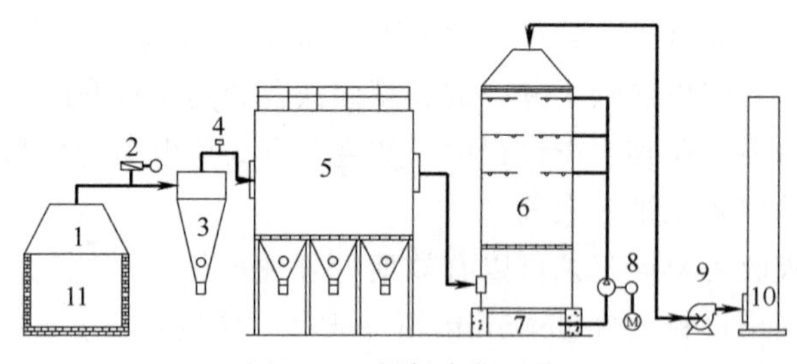

图 4-44　烟气净化系统

1—集气罩；2—冷风阀；3—预处理器；4—温度传感器；5—脉冲袋式除尘器；6—吸收塔；7—吸收碱液池；8—循环泵；9—风机；10—烟囱；11—电炉

硼硅铁合金冶炼烟气由设在电炉顶部、按炉身定制的水冷烟罩进行捕集，经过冷却进入预处理器，将烟气中絮状物、大颗粒物及高温颗粒拦截分离下来，再进入脉冲袋式除尘器进行净化，当烟气温度＞200℃时，设在预处理器前部管道上的冷风阀打开，自动掺入部分冷空气降低烟气温度以保护脉冲袋式除尘器的滤袋。

由于硼硅铁合金在冶炼的过程中需加入硼酐 B_2O_3，因其熔点较低，在生产过程中散失量大，B_2O_3 遇水蒸气可反应生成硼酸，形成酸雾，甚至会造成酸雨危害。在脉冲袋式除尘器之后设置的吸收塔可有效地去除烟气中的 B_2O_3，防止酸雨的形成。

三、系统设备

1. 集气罩

工业电炉因方便电极移动、捣炉加料等工序，常采用敞开式烟罩，生产时不可避免出现大量烟气外溢现象，造成车间工作环境十分恶劣。针对这一难题，在设计时根据化学反应计算，预测吹炼时产生的烟气量、烟气成分及温度，基于 FLUENT 软件，按电炉炉型尺寸，对密闭罩、半密闭罩两种型式，在分别改变烟罩高度、锥度、电极高度、操作炉门位置等条件对烟气流场进行数值模拟，计算结果表明采用合理结构的半密闭罩，既方便了工艺操作又可有效地降低烟气温度；同时，通过在烟气口设置的微差压传感器，可保证罩口烟气处于微负压状态，烟气既不产生外溢又避免出现炉料中 B_2O_3 产生大量散失的情况。

2. 预处理器

经集气罩捕集的含尘烟气首先进入预处理器，预处理器可捕集大部分轻质的絮状物如木炭微粒、石油焦微粒，为提高预处理效率，采用了加长的锥体，并在下锥体增加反射屏装置，以提高其分级效率。

3. 低压脉冲袋式除尘器

低压脉冲袋式除尘器由 6 个独立的袋室、进出风口、袋室进风切换阀、脉冲清灰装置、灰斗、灰斗振动器、卸灰阀等部分组成。硼铁合金电炉烟气中含有大量 B_2O_3，而 B_2O_3 会造成烟气露点较高，易产生结露现象而糊袋。针对这一难题，除尘器选用了耐高温的覆膜针刺毡滤料，并对袋式除尘器壳体进行保温，在袋室进口切换阀、烟道及袋式除尘器入口等处设置温度传感器，通过 PLC 系统控制冷风阀开、闭，调节控制进入袋式除尘器的烟气温度，使其在 80～130℃。运行结果表明，这些措施均有效地延长了滤袋的使用寿命，经检测烟囱出口粉尘含量小于 $5mg/m^3$。

4. 吸收塔

如图 4-44 所示，从袋式除尘器排出的含 B_2O_3 成分的气体进入吸收塔底部，经过吸收塔底部的气流分布板，使进入吸收塔的气流分布均匀，气流在上升的过程中与多层雾化喷嘴喷出的碱液雾滴充分接触，发生化学吸收过程，最后经设置在吸收塔顶部的除雾器去除烟气中的液滴，经风机、烟囱排入大气。在吸收塔底部设有碱液缓冲池和加药池，并配有定量加药装置，碱液缓冲池中的 pH 计可维持其 pH 值处于 5.5～8（气体吸收碱液处理流程见图 4-45）。经检测，烟囱出口处 B_2O_3 含量小于 $1mg/m^3$，有效地避免了酸雨的发生。

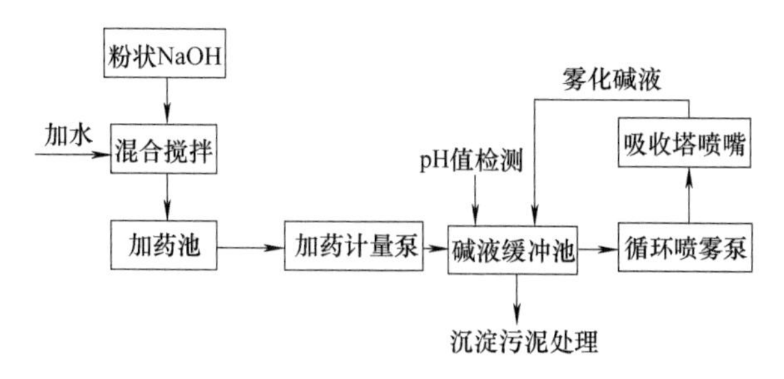

图 4-45 气体吸收碱液处理流程

5. 电气控制系统

如图 4-46 所示，电气控制系统采用三菱 FX2N 系列可编程控制器（PLC）和风机类负载专用变频器，并配有触摸屏（TP）。系统的参数、状态显示、操作、控制均以人机对话方式完成，具有可靠性高、节能效果好的特点。

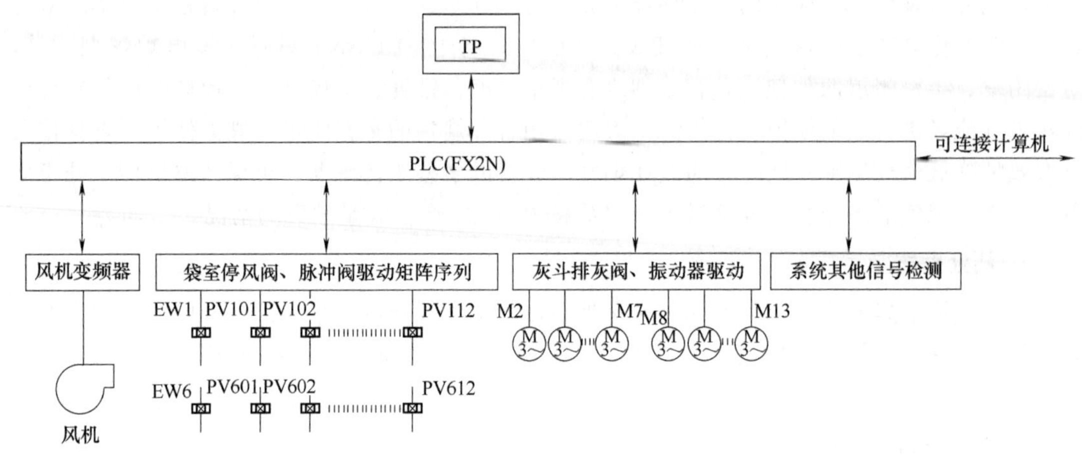

图 4-46 电气控制系统

控制系统具有以下功能：

① 根据电炉冶炼工艺的需要，自动调整风量、压力，满足生产和节能的要求；

② 根据检测到的各点温度，自动开启、关闭冷风阀，自动调节烟气温度；

③ 实现脉冲袋式除尘器的自动清灰，清灰周期可调；在人机界面上可以完成温度、风机转速及各个设备运行状态、参数的操作和显示；

④ 系统具有故障自动检测、报警及相应的保护功能。

四、技术特点

针对硼铁合金在其冶炼过程中，产生含有大量微细粉尘和 B_2O_3 的烟气，易造成烟气外溢和酸雨危害的难题，采用覆膜针刺毡滤料的脉冲袋式除尘器和酸雾吸收塔相结合的处理工艺，对铁合金电炉烟气进行净化。检测结果表明：a. 采用该工艺后烟囱出口处粉尘含量 $<5mg/m^3$；b. B_2O_3 含量 $<1mg/m^3$，达到了国家排放标准。该工艺具有运行可靠、滤袋使用寿命长、吸收效果稳定和节能效果显著的优点。

第五章

工业生产烟气协同减排技术

本章介绍化工废气、钢铁烟气、有色金属烟气、水泥行业烟气、建筑材料行业烟气、碳素行业烟气和炼焦装煤烟气等行业协同减排技术及工程实例。

第一节 化工废气协同减排技术

化学工业是环境污染较为严重的部门，从原料到产品都有造成环境污染的因素。化学工业的特点是产品多样化、原料路线多样化和生产方法多样化。随着化工产品、原料和生产方法的不同，污染物种类也越来越多。因此，针对化工废气种类和特点实施协同减排具有重要意义。

一、化工废气的来源和特点

1. 化工废气的来源

各种化工产品在其生产过程的每个环节，都有可能产生和排出废气，概括起来主要有以下几个方面：a. 副反应和化学反应进行不完全所产生的废气；b. 产品加工和使用过程中产生的废气以及搬运、破碎、筛分及包装过程中产生的粉尘等；c. 生产技术及设备陈旧落后，造成的反应不完全、生产过程不稳定，从而产生不合格的产品造成物料的“跑、冒、滴、漏”；d. 开停车或因操作失误、指挥不当、管理不善造成废气的排放；e. 化工生产中排放的某些气体，在光或雨的作用下发生化学反应，也能产生有害气体。

化工污染都是在生产过程中产生的，但其产生的原因和进入环境的途径则是多种多样的，具体包括：a. 化学反应不完全所产生的废料；b. 副反应所产生的废料；c. 燃烧过程中产生的废气；d. 冷却水；e. 设备和管道的泄漏；f. 其他化工生产中排出的废物。

化工行业废气的主要来源及主要污染物见表 5-1。

表 5-1 化工行业废气主要来源及主要污染物

行业	主要来源	主要污染物
氮肥	合成氨、尿素、碳酸氢铵、硝酸铵、硝酸	NO_x、尿酸粉尘、CO、Ar、NH_3、SO_2、CH_4、粉尘

续表

行业	主要来源	主要污染物
磷肥	磷矿石加工、普通过磷酸钙、钙镁磷肥、重过磷酸钙、磷酸铵类复合肥、磷酸、硫酸	氟化物、SO_2、粉尘、酸雾、NH_3
无机盐	铬盐、二氧化碳、钡盐、过氧化氢、黄磷	SO_2、P_2O_5、Cl_2、HCl、H_2S、CO、CS_2、As、F、S、氯化铬酰、重芳烃
氯碱	烧碱、氯气、氯产品	Cl_2、HCl、氯乙烯、汞、乙炔
有机原料及合成材料	烯类、苯类、含氧化合物、含氮化合物、卤化物、含硫化合物、芳香烃类化合物、合成树脂	SO_2、Cl_2、HCl、H_2S、NH_3、NO_x、CO、有机气体、烟尘、烃类化合物
农药	有机磷类、氨基甲磺酸酯类、菊酯类、有机氯类等	HCl、Cl_2、氯乙烷、氯甲烷、有机气体 、H_2S、光气、硫醇、三甲醇、二硫酯、氨、硫代磷酸酯农药
染料	燃料中间体、原染料、商品染料	H_2S、SO_2、NO_x、Cl_2、HCl、有机气体、苯类、醇类、醛类、烷烃、硫酸雾
涂料	涂料、无机颜料	芳烃
炼焦	炼焦、煤气净化及化学产品加工	CO、SO_2、NO_x、H_2S、芳烃、粉尘、苯并[*a*]芘、CO_2

2. 化工废气的特点

化工生产过程中排放的气体（即化工废气），通常含有易燃、易爆、有刺激性和有臭味的物质，污染大气的主要有害物质有烃类化合物、硫的氧化物、氮氧化物、碳的氧化物、氯和氯化物、氟化物、恶臭物质和浮游粒子等。化工废气对于大气的污染具有以下特点。

（1）易燃、易爆气体较多　这类气体有低沸点的酮、醛、易聚合的不饱和烃等。在石油化工生产中，特别是发生事故时，会向大气排放大量易燃易爆气体，如不采取适当措施进行处理则容易引起火灾、爆炸事故，危害很大。为了防止火灾和爆炸的危害，通常是把这些气体排到专设的火炬进行焚烧处理。

（2）排放物大都有刺激性或腐蚀性　化工生产排出刺激性和腐蚀性的气体较多，如二氧化硫、氮氧化物、氯气、氯化氢和氟化氢等，其中以二氧化硫和氮氧化物的排放量最大。这是因为化工生产过程中需要加热和燃烧的设备较多，这些设备无论用煤、重油或天然气作燃料，在燃烧过程中都会产生大量的二氧化硫和氮氧化物等气体。此外，在硫酸生产和使用硫酸的生产过程中也会产生大量的二氧化硫。二氧化硫气体直接损害人体健康，腐蚀金属、建筑物和器物的表面，而且还易氧化成硫酸盐降落地面，污染土壤、森林、河流和湖泊。在硝酸、硫酸、氮肥、尼龙和染料的生产过程中会产生大量的氮氧化物，其除直接损害人体健康外，对农林业也有极大的破坏作用。

（3）浮游粒子种类多、危害大　化工生产排出的浮游粒子包括粉尘、烟气和酸雾等，种类繁多，其中以各种燃烧设备排放的大量烟气和化工生产排放的各类酸雾对环境的危害较大。烟气中的微小粒子吸附性很强，能吸附烟气中的焦油和烃类化合物，如苯并［*a*］芘是一种致癌物质，被烟气吸附而污染环境，威胁人体健康。特别是浮游粒子与有害气体同时存在时能产生协同作用，对人体的危害更为严重。

二、氯乙烯尾气治理

氯乙烯尾气中通常含有氯乙烯、乙炔、溶剂气等物质，其中，氯乙烯本身是一种产品，而乙炔和溶剂气等的散发也受到有关排放标准的限制。因此，从增产降耗和保护环境来说应对其进行回收处理。

1. 原理

常见的氯乙烯回收处理方法主要有两种：一种是活性炭吸附；另一种是利用有机溶剂（丙酮、甲乙酮、三氯乙烯、*N*-烷基内酰胺等）吸收。这两种方法都具有工艺简单、回收效果好、安全可靠等优点。但是由于活性炭对乙炔的吸附性能较差，因此净化气体中乙炔的浓度仍然较高（有时达到4%～5%），超过了非甲烷烃浓度的标准值。此外，与溶剂吸收工艺相比，活性炭吸附法需要频繁进行吸附-再生操作的切换，比较烦琐。溶剂吸收法流程比较简单，操作也更为方便，但其吸收液在再生过程中往往伴随有溶剂的挥发，容易造成二次污染。

2. 工艺流程

溶剂吸收法回收处理氯乙烯尾气的工艺流程见图5-1。选择合适的溶剂，并用氮气将溶剂压入储槽内，再由计量泵送入冷却器，用－15℃的冷冻盐水将溶剂冷却至－5～0℃，而后进入吸收塔的上部。来自生产装置的氯乙烯尾气从吸收塔下部进入，与上部喷淋而下的溶剂逆流接触，尾气中的氯乙烯被溶剂吸收。净化气经分离器分离后排放。

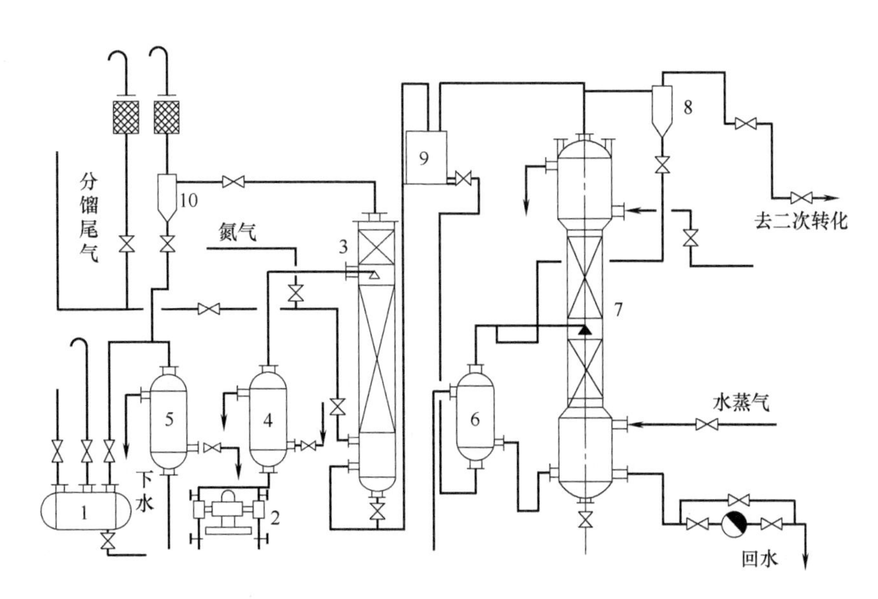

图5-1 溶剂吸收法回收氯乙烯尾气工艺流程

1—储槽；2—计量泵；3—吸收塔；4，5—冷却器；6—热交换器；7—解析塔；8—气液分离器；9—高位槽；10—分离器

吸收液出吸收塔进中间槽，经热交换后，进解吸塔，用低压蒸气解吸。从解吸塔顶出来的氯乙烯返回生产系统回收利用。解吸塔釜底的再生溶剂，经热交换后进入冷却器冷却至工艺规定的温度，再回到溶剂储槽内备用。

3. 主要工艺参数

溶剂吸收法回收处理氯乙烯尾气的主要参数如下。

(1) 吸收条件

压力	4MPa
塔顶温度	−5℃
喷淋密度	$5.6m^3/(m^2 \cdot h)$
气液比(体积比)	38∶1

(2) 解吸条件

塔釜温度	85～95℃
塔顶温度	4～12℃
塔顶压力	0.01～0.02MPa

4. 物料消耗

用溶剂吸收工艺，回收处理1t氯乙烯的消耗指标如下：

三氯乙烯(包括吸收与解吸)	18.7kg
冷量	3.5×10^6kJ
电	141kW·h
水	100.8t
蒸气	1.7t

5. 治理效果

溶剂吸收法回收处理氯乙烯尾气工艺对氯乙烯的回收率约为99.3%。回收尾气中的氯乙烯后厂区周围环境空气中氯乙烯浓度为0～4.0mg/m^3，低于国家规定的允许限值。

三、黄磷电炉尾气协同净化

黄磷工业是基础化学原料工业，是现代磷化工的基础，在国民经济中占有重要的地位。目前世界黄磷生产能力约为200万吨/年，我国现有黄磷生产企业100多家，2009年我国黄磷产量87万吨，产品产量和市场占有率居世界第一位，已成为颇有竞争力的民族工业。

在国内化工行业，黄磷电炉尾气组成复杂、波动较大，且干扰性强；黄磷装置间歇开车，峰谷明显。传统的黄磷电炉尾气初步净化方式是水洗与碱洗相结合的方法，以除去尾气中的单质磷、硫及其化合物，以及酸性气体、灰尘，黄磷电炉尾气初步净化后用作烘干原料或磷矿烧结、磷化工产品生产的燃料以及生产甲酸钠。这种黄磷电炉尾气初步净化技术的主要缺点是：a. 不能脱除有机硫及磷化氢，净化深度远远不能满足高附加值利用的技术要求；b. 碱液消耗量大且废液排放造成了污水的处理量加大。

针对以上情况，西南化工研究设计院成功开发了吸附-催化氧化法深度净化黄磷电炉尾气、PSA(变压吸附)提纯CO、羰基合成(如甲酸甲酯、甲酸、DMF等)集成技术，并建成了全球首套黄磷电炉尾气深度净化与资源化利用产业化示范装置，为解决黄磷电炉尾气的重污染和废弃物资源化利用提供了有力的技术支撑。

1. 技术原理

黄磷电炉尾气深度净化技术采用吸收、氧化、变温变压吸附(TPSA)等协同技术，对黄磷电炉尾气进行分离、净化（包括预处理、深度净化），提纯 CO 后用作能源（燃料、发电等）或化工原料（生产甲酸、草酸酯、甲酸甲酯、甲酸钠等化学品），并回收磷、硫、砷、氟等有毒有害组分，实现了黄磷电炉尾气大规模清洁处理和资源化利用。

黄磷生产时，出黄磷炉的尾气经过 3～4 级水洗回收黄磷后已有相当一部分有害物质（如 H_2S、SO_2、HF、SiF_4、粉尘）进入水中，但尾气中仍有磷及磷化物（主要形态为 P_4 和 PH_3）、硫及硫化物（主要形态为 H_2S、COS、SO_2）、砷及砷化物（主要形态为 AsH_3、AsF_3、As）、氟及氟化物（主要形态为 HF、SiF_4）以及 CO_2、O_2、N_2、H_2、CH_4 等杂质，组成复杂，波动较大，干扰性强。

通过碱洗除去大部分还原性气体、硫化物。为进一步脱除有机硫，采用液相氧化催化法。这种溶剂对脱硫和氧化再生两个过程均有催化作用，对无机硫和有机硫均有良好的去除效果，且具有硫容量大、生成的硫泡沫易浮选、易分离等优点。

再采用变温吸附法（TSA），脱净黄磷电炉尾气中存留的磷、砷、氟以及硫化合物，确保有害杂质 P、As、F 化合物浓度均$\leqslant 1\times10^{-6}$。最后采用变压吸附法（PSA）提纯 CO，使 CO 产品气达到羰基合成的技术要求。

2. 黄磷电炉尾气深度净化技术工艺流程

见图 5-2。

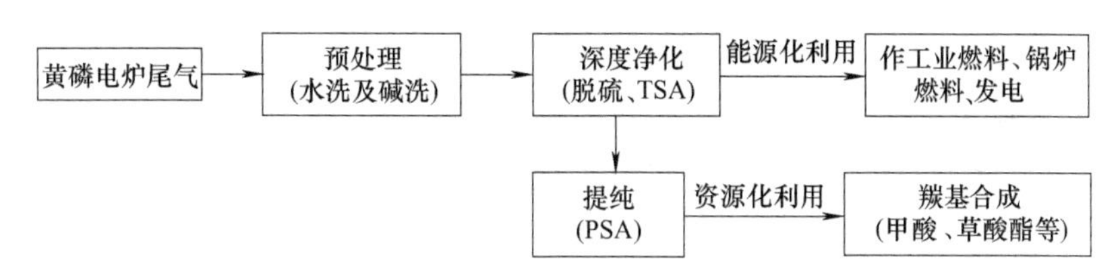

图 5-2 黄磷电炉尾气深度净化与利用工艺流程

3. 主要技术特点

(1) 黄磷电炉尾气净化深度高，运行经济合理　该技术采用吸附-催化氧化法，能有效脱除黄磷电炉尾气中的 S、P、As、F 化合物，确保黄磷电炉尾气净化度高。经检测，CO 产品气中有害杂质 S、P、As、F 化合物浓度均$\leqslant 1\times10^{-6}$，CO 产品气纯度$\geqslant 98\%$，完全达到高附加值利用的技术要求。黄磷电炉尾气净化成本（标态）约为 0.80 元/m^3 CO 产品气，远远低于以煤或天然气为原料制取 CO 的成本，市场竞争力强。

(2) 技术可靠性高，污染防治效果稳定　该技术的产业化示范装置运行表明，该工艺流程简捷、自动化程度高，安全、环保、能耗低，入选了环境保护部发布的《2009 年国家先进污染防治示范技术名录》。

(3) 技术适应性强　该技术适用于各种规模的黄磷生产厂，既可接续不同规模的化工产品生产装置，如甲酸、甲酸甲酯、草酸酯、草酸、醋酸、醋酐、二甲基甲酰胺、碳酸二甲酯等高附加值的大宗化学品，又可配套不同规模的蒸汽锅炉以及燃气发电装置，供黄磷生产厂自用。

(4) 技术行业共性强　黄磷电炉尾气深度净化技术可为电石炉尾气、碳化硅生产尾气、铁合金生产尾气等富含 CO 的工业排放气的净化与利用提供借鉴。

4. 工程案例

贵州磷都化工股份有限公司建成投产黄磷电炉尾气年产 20000t 甲酸项目，这是全球首套黄磷电炉尾气深度净化与利用工业化装置（见图 5-3），并建设了黄磷电炉尾气年产 5000t 甲酰胺项目，并扩建黄磷电炉尾气制甲酸装置。预计该项目全部投产后年产值超过 3.5 亿元，每年利用黄磷电炉尾气（标态）约 $7.0\times10^7m^3$，并减排数百吨磷、硫、砷、氟化物及粉尘。

图 5-3 黄磷电炉尾气制甲酸产业化示范装置

利用黄磷电炉尾气年产 20000t 甲酸装置的运行结果表明，该工程原材料与能耗、污染物减排、“三废”综合利用等全部达到工程设计指标，CO 产品气质量达到 CO≥98%、$O_2\leqslant10\times10^{-6}$、$CO_2\leqslant10\times10^{-6}$、$H_2O\leqslant10\times10^{-6}$、总 $S\leqslant1\times10^{-6}$，P、As、F 化合物浓度均$\leqslant1\times10^{-6}$。成本优势明显，4～5 年即可收回投资。

多家黄磷生产企业正在推广实施黄磷电炉尾气深度净化制甲酸、草酸酯、发电等产业化项目。

5. 应用前景

我国是世界上第一大黄磷生产国，黄磷产能集中分布在磷矿石和水电资源丰富的云南、贵州、四川、湖北等省份。

黄磷生产是高能耗、高物耗、高污染、资源型产业。生产 1t 黄磷，需要消耗磷矿石与硅石 10t、焦炭 2t，耗电 $1.5\times10^4kW\cdot h$，副产 5.5～7.2t 废渣和 3～5t 废气，此外还有一部分磷泥和废水。

由环境保护部（现生态环境部）科技标准司组织制定的《黄磷工业污染物排放标准》已于 2009 年 2 月完成，其中要求黄磷电炉尾气利用率>90%。

我国黄磷总产能已达到 180 万吨/年。生产 1t 黄磷副产（标态）$2500\sim3000m^3$ 尾气，其中含约 90%（体积分数）的 CO、大量的粉尘及磷化物、硫化物、砷化物、氟化物等。黄磷电炉尾气主要成分是 CO，是宝贵的化工原料，每生产 1t 黄磷的副产废气可生产约 2.5t 甲酸，价值可观。

按我国年产 9.0×10^5t 黄磷计，若全部回收利用黄磷电炉尾气，则每年可节约 8.8×10^5t 标煤；减排 3375t 磷化物、6750t 硫化物、1802t 砷化物、1125t 氟化物、3.38×10^6t CO_2 以及大量粉尘；并节约总量（标态）约 $20\times10^8m^3$ 的 CO 资源。黄磷电炉尾气羰基合成产品链见图 5-4。

黄磷电炉尾气资源化利用是黄磷行业发展循环经济、实现节能减排、清洁生产、废弃物资源化利用和提高经济效益的重要途径。黄磷电炉尾气的深度净化与资源化利用属于节能减

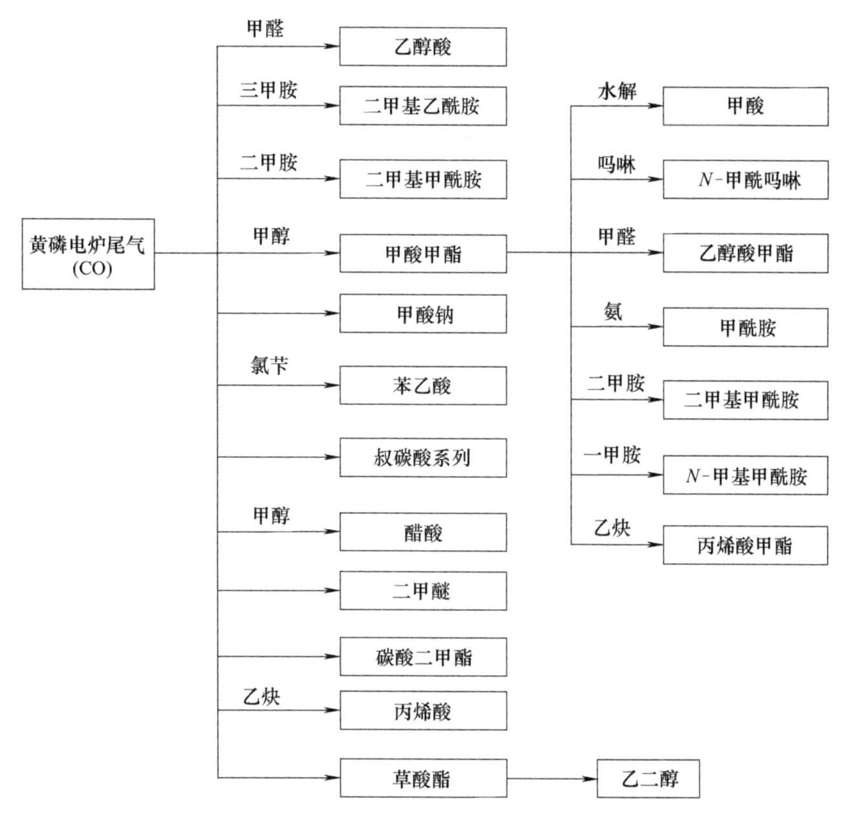

图 5-4 黄磷电炉尾气羰基合成产品链

排、发展循环经济的工业化技术，具有显著的环境效益与经济效益，可在云南、贵州、四川、湖北等省多家黄磷生产企业推广，前景广阔。

四、氧化沥青尾气治理

炼油厂将渣油置于氧化釜内，在260～280℃下与空气中的氧反应生成氧化沥青。一方面，渣油本身主要由重组分组成，在加热过程中要挥发、分解；另一方面，反应过程中尚有部分物质不能完全氧化而产生一些挥发性的中间产物，因而氧化沥青尾气中通常都含有包括苯系物、稠环芳烃、有机硫化物等在内的恶臭物质，而且有些还是致癌物质（如苯并［a］芘等），必须加以彻底的无害化处理。比较有效的处理方法就是焚烧。

1. 原理

含有苯系物、稠环芳烃、有机硫化物等有毒有害物质的氧化沥青尾气，通入燃料气，在800～1000℃下焚烧，其中的有毒有害物质受热产生断键、裂解、分解等反应，转化为低毒或无毒物质，从而使氧化沥青尾气得以净化。其主要反应如下：

$$C_mH_n+\left(m+\frac{n}{4}\right)O_2\xrightarrow{800\sim1000℃}mCO_2+\frac{n}{2}H_2O$$

2. 工艺流程

氧化沥青尾气中除含有恶臭物质、致癌物质外，还有大量水分。因此，在焚烧前一般都需要进行预处理。预处理的方法较多，如水洗法（直接水洗、循环喷水和鼓泡吸收等）、油洗法（柴油油洗、馏出油循环洗等）和冷凝法。考虑到预处理中回收的污油与水乳化严重，不能直接作为燃料使用，加之预处理废液中含有苯并［a］芘等有毒有害物质，还需要做进步处理，也可将氧化沥青尾气不经预处理而直接送焚烧炉焚烧。焚烧后的尾气经换热后通过排气筒排放。

氧化沥青尾气焚烧处理工艺流程见图 5-5。

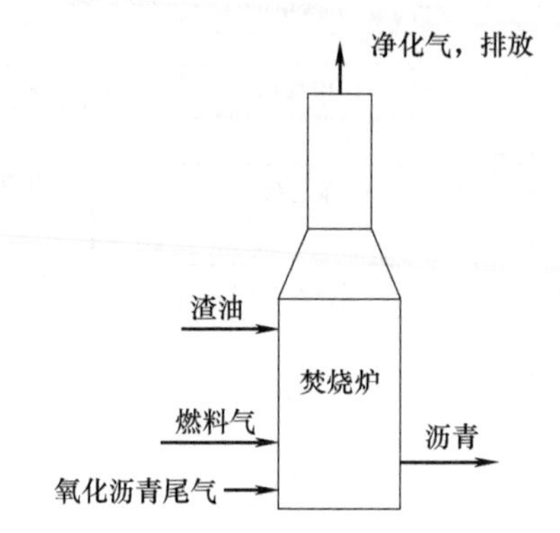

图 5-5 氧化沥青尾气焚烧处理工艺流程

氧化沥青尾气的焚烧方式有两种：

① 与燃料气混合后进加热炉焚烧，虽然可以利用现有设施，并回收热量，但是加热炉的温度一般都在 500～600℃，达不到分解氧化沥青尾气中稠环芳烃的最低温度要求（800℃），所以会显著地影响焚烧处理的效果。此外，加热炉体积较小、停留时间短、供氧有时不充分，也不利于尾气中其他有毒有害物质的氧化分解。

② 新建专用焚烧炉。其优点是可以解决加热炉焚烧工况的不足，具有比较彻底的处理效果，但需要增加设备投资和辅助燃料的消耗。

3. 主要工艺参数和治理效果

氧化沥青尾气焚烧处理效果主要取决于焚烧温度和尾气在炉内的停留时间。这两项参数对有效分解破坏稠环芳烃是非常重要的。

表 5-2 给出了氧化沥青尾气焚烧处理的效果。

表 5-2 氧化沥青尾气焚烧处理主要工艺参数及治理效果

序号	项目及单位	数值				
1	尾气中苯并[a]芘浓度/(μg/100m³)	400～5100				
2	焚烧温度/℃	1000	950	890	840	662
3	炉内停留时间/s	2.92	3.17	4.73	5.54	12.94
4	净化气中苯并[a]芘浓度/(μg/100m³)	＜2.06	＜1.52	＜0.537	＜0.457	0.619

五、氯化法钛白氧化工序尾气协同治理实例

1. 生产工艺流程

某厂年产 3000t 金红石型二氧化钛，生产工艺流程见图 5-6。

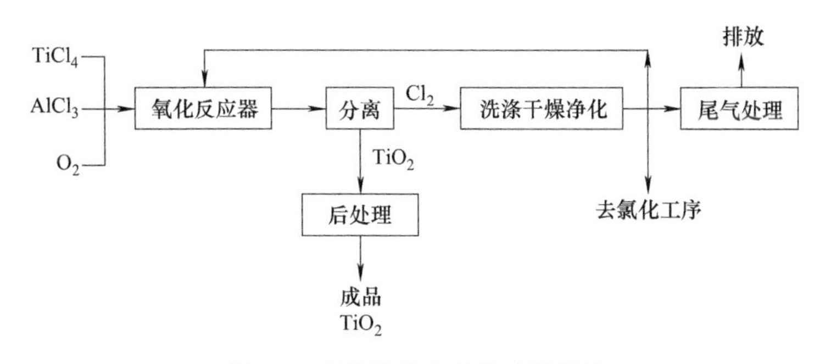

图 5-6 氯化法钛白氧化工序流程

氧化尾气经洗涤、干燥、净化后，一路送氯化工序作生产四氯化钛的原料，另一路返回氧化反应器冷却反应产物。开停车时，含氯浓度低的氧化尾气经尾氯处理系统后由烟筒排空，本装置即治理此废气。

2. 废气组成及产生量

组成：Cl_2　　10%～45%

　　　N_2　　35%～60%

　　　O_2　　20%～30%

产生量：250～350m^3/h

3. 废气处理工艺流程

开、停车时含氯浓度低的尾气经串联的两台尾气吸收塔用石灰乳吸收达到排放标准后由烟筒排空，工艺流程见图 5-7。

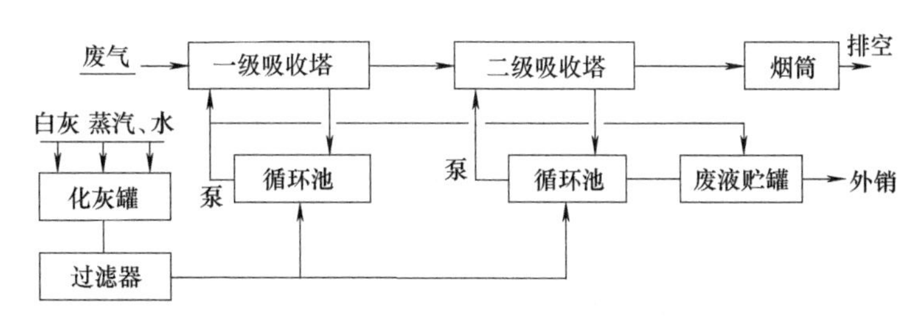

图 5-7 废气处理工艺流程

4. 主要设备及构筑物

见表 5-3。

5. 工艺控制条件

化灰温度：60～70℃。

石灰乳浓度：约 12%。

CaO 含量：>80%。

循环池废液：pH=4～7 时排放。

6. 处理效果

排放的尾气含氯达到国家规定的排放标准。

表 5-3 主要设备及构筑物

名称	规格	材质	数量
化灰罐	ϕ3000×1500mm	碳钢	1台
白灰棚	5000×6000mm	钢木结构	1座
过滤器	2000×800×500mm 内二层过滤网	碳钢	1台
循环池	5000×3000×1500mm	砖砌	2
循环泵	4NL $Q=47m^3/h$，$\Delta P=9m$，附电机 $N=11kW$	碳钢	2
吸收塔	ϕ800 文丘里式	钢衬胶	2
烟筒	ϕ300×57000mm	钢衬胶	1
废液贮罐	3000×2000×1500mm	碳钢	1

7. 主要技术经济指标

竣工投产，运行至今，主要技术经济指标见表 5-4。

表 5-4 主要技术经济指标

项目	单位	指标
装置总动力	kW	30
电耗(按每立方米废气计)	$kW \cdot h/m^3$	0.1
白灰用量	kg/h	600
占地面积	m^2	120

8. 装置特点

本装置在氧化工序投料后 2h 内和停料后 4h 内使用。废液售给乡镇企业制氯化钙及漂粉精。本装置拟改为吸收-解析工艺，以充分利用尾氯供氯化工序。

六、四氯化钛尾气协同治理实例

某化工厂年产 10000t 精四氯化钛。生产过程产生含氯尾气。

1. 生产工艺流程及尾气废气来源

高钛渣（金红石）、氯气与还原剂（石油焦）进行高温反应生成四氯化钛和金属氯化物，经除尘、淋洗后，粗四氯化钛去精制，其他气态化合物去废气处理系统。四氯化钛生产工艺流程如图 5-8 所示。

2. 废气组成及产生量

组成：$TiCl_4+HCl$　10%

CO_2　25%

CO　16%

N_2　43%

O_2　5%

Cl_2　<1%

其他　微量

产生量：400～500m^3/h

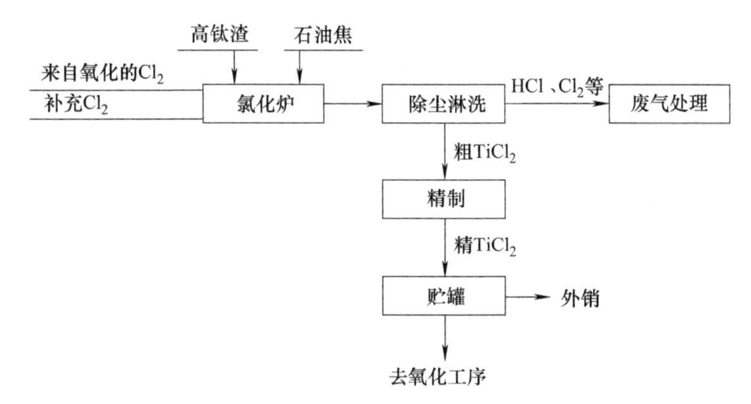

图 5-8 四氯化钛生产工艺流程

3. 废气处理工艺流程

该废气经水淋洗、二氯化铁吸收达到排放标准后排空。为提高吸收效果和保护设备，在系统中设一石墨冷却器。二氯化铁亦进行循环吸收。其工艺流程见图 5-9。

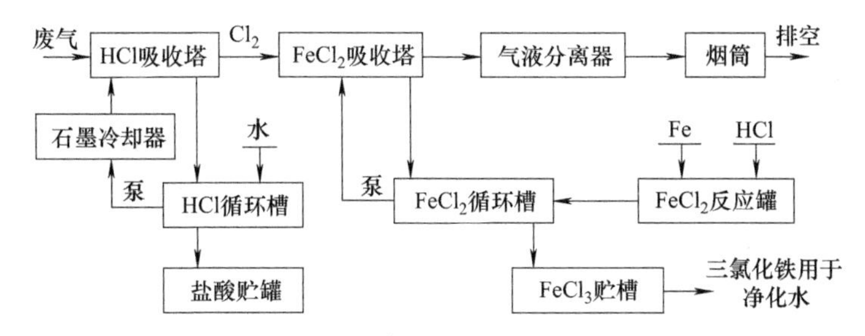

图 5-9 废气处理工艺流程

4. 主要设备

主要设备见表 5-5。

表 5-5 主要设备

名称	规格	材质	数量
HCl 吸收塔	ϕ1000×7000mm	PVC	2 台
HCl 循环槽	ϕ1800×2000mm	PVC	1
石墨冷却器	$F=30m^2$	石墨	2
$FeCl_2$ 吸收塔	ϕ1000×7000mm	PVC	2
$FeCl_2$ 循环槽	$V=6.3m^3$ 方型	内防腐	1
循环泵	80FTP-50 附电机 $N=11kW$	碳钢	4
气液分离器	$V=2.7m^3$ 锥底	PVC	1
盐酸储罐	$V_{g_1}=25m^3$ $V_{g_2}=50m^3$ 卧式	钢衬胶	各 1
烟筒	ϕ800×57000mm	钢衬胶	1

5. 工艺控制条件

盐酸浓度：20%。

石墨冷却器出口温度：<40℃。

$FeCl_3$ 密度：<1.35g/cm³。

6. 处理效果

满足生产及环保要求。

7. 主要技术经济指标

主要技术经济指标见表 5-6。

表 5-6 主要技术经济指标

项目	单位	指标
基建投资	万元	45
工程造价(按每立方米废气计)	元/m^3	0.02
装置总动力	kW	40
电耗(按每立方米废气计)	kW·h/m^3	0.1
铁用量	kg/d	200
占地面积	m^2	150

8. 装置特点及建议

本装置可回收 20%左右的盐酸和三氯化铁。废气经处理后有毒气体基本消除，其中一氧化碳未做处理，但经 57m 烟筒排空，周围受污染地区空气中的最大浓度小于 1mg/m^3，符合排放标准。由于一氧化碳是窒息性、易燃易爆气体，宜寻找一较成熟的回收处理方案。另外，拟将氯化工序其他部位的废气引入本系统一并处理。

第二节 钢铁生产烟气协同减排技术

钢铁工业是典型的流程制造业，从钢铁工业特点可以看出钢铁工业在实施循环经济、烟尘减排方面有巨大潜力。钢铁生产每个环节都存在烟气治理问题。

一、钢铁生产烟气排放特点

经过 150 余年的发展，现代钢铁企业已演变为两类基本流程。

（1）以铁矿石、煤炭等天然资源为源头的高炉—转炉—热轧—深加工流程和熔融还原—转炉—热轧—深加工流程　这是包括了原料和能源储运/处理、烧结—焦化—炼铁过程（熔融还原）、炼钢—精炼—凝固过程、再加热—热轧过程、冷轧—表面处理过程的生产流程（图 5-10）。

（2）以废钢这一再生资源和电力为源头的电炉—精炼—连铸—热轧流程　这是以社会循环废钢、加工制造废钢、钢厂自产废钢和电力为源头的制造流程，即所谓电炉流程（见图 5-10）。

随着钢铁冶金理论和工程技术的进步，钢铁生产流程经历了从简单至复杂，再从复杂到简化的演变过程，不仅工艺技术越来越先进，流程越来越连续、紧凑，而且环境友好程度也

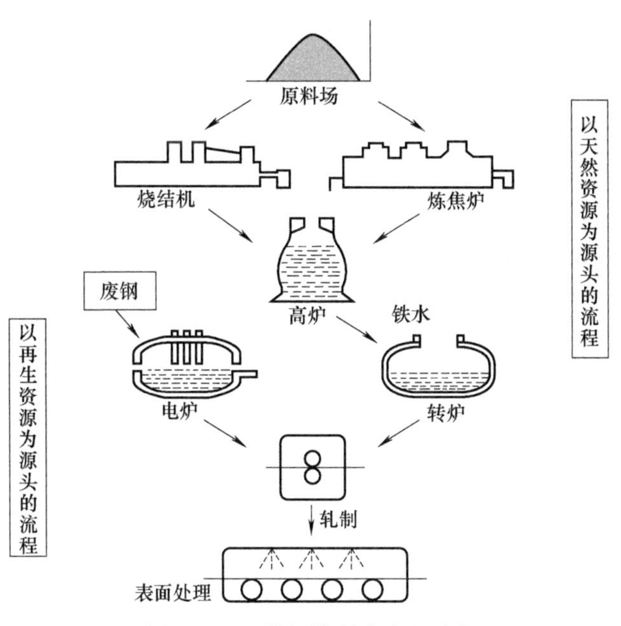

图 5-10 两类钢铁制造流程示意

日益提高。

1. 钢铁工业污染物排放

我国钢铁工业从治理环境污染和“三废”回收利用开始，逐步走上发展循环经济的道路，迄今已走过了几十年的历程，取得了十分明显的成绩。但与世界钢铁强国循环经济的发展水平相比，还有差距；特别是在烟尘减排和回收利用方面仍有大量要做的工作。

钢铁工业污染物排放及潜在的环境影响见表 5-7。

表 5-7 钢铁工业污染物排放及潜在的环境影响

工艺阶段	污染物排放	潜在的环境影响
原料处理	粉尘	局部沉积
烧结/球团生产	烟尘(包括 $PM_{2.5}$)、CO、CO_2、SO_2、NO_x、VOCs、CH_4、二噁英、金属、放射性同位素、HCl/HF、固体废物	空气和土壤污染、地面臭氧、酸雨、全球变暖、噪声
炼焦生产	烟尘(包括 $PM_{2.5}$)、PAHs、C_6H_6、NO_x、VOCs、CH_4、二噁英、金属、放射性同位素、HCl/HF、固体废物	空气、土壤和水污染，酸雨，地面臭氧，全球变暖，气味
废钢铁贮存/加工	油、重金属	土壤和水污染、噪声
高炉	烟尘(包括 $PM_{2.5}$)、H_2S、CO、CO_2、SO_2、NO_x、放射性同位素、氰化物、固体废物	空气、土壤和水污染，酸雨，地面臭氧，全球变暖，气味
碱性氧气顶吹转炉	烟尘(包括 $PM_{2.5}$)、金属(如锌、铅、汞)、二噁英、固体废物	空气、土壤和水污染，地面臭氧
电弧炉	烟尘(包括 $PM_{2.5}$)、金属(如锌、铅、汞)、二噁英、固体废物	空气、土壤和水污染，噪声
二次精炼	烟尘(包括 $PM_{2.5}$)、金属、固体废物	空气、土壤和水污染，噪声

续表

工艺阶段	污染物排放	潜在的环境影响
铸造	烟尘(包括 $PM_{2.5}$)、金属、油、固体废物	空气、土壤和水污染，噪声
热轧	粉尘(包括 $PM_{2.5}$)、油、CO、CO_2、SO_2、NO_x、VOCs、固体废物	空气、土壤和水污染，地面臭氧，酸雨
冷轧	油、油雾、CO、CO_2、SO_2、NO_x、VOCs、酸、固体废物	空气、土壤和水污染，地面臭氧
涂镀	粉尘(包括 $PM_{2.5}$)、VOCs、金属(如锌、六价铬)、油	空气、土壤和水污染，地面臭氧，气味
废水处理	悬浮固体、金属、pH 值、油、氨、固体废物	水/地下水和沉积污染
气体净化	粉尘/污泥、金属	土壤和水污染
化学品贮存	不同化学物质	水/地下水污染

注：VOCs 为挥发性有机化合物；PAHs 为多环芳烃。

2. 钢铁工业烟气排放特点

钢铁企业各单元生产过程中均有烟气产生，污染源分布极广。从原料准备到钢材出厂几乎每个环节都有散发粉尘的可能。

炼焦、烧结、炼铁和炼钢等单元 24h 不间断生产，尘源的烟尘连续排放，除尘器需要不间断地正常运行。除了必要的定期检修外，一年之内从不停止，作业率达到 100%。

(1) 含尘气体排入量大，浓度高　从表 5-7 可以看出，每个生产环节需要处理的含尘气体量都很大，其中炼铁和炼钢为最大。烟气量约占整个生产过程的 50%。每个生产车间和各生产工段产生的烟尘浓度都较高，特别是炼钢转炉吹炼阶段产生的烟尘浓度（标态）高达 $50g/m^3$；另外，转炉兑铁水过程中，烟尘外逸情况比较严重。按吨钢计算，每生产 1t 钢外排废气量达 $16100m^3$。

(2) 粉尘成分复杂，含有其他成分　钢铁企业粉尘成分主要以含铁粉尘和原料粉尘为主，粉尘密度一般为 $0.6\sim1.5t/m^3$，粉尘电阻率在 $5\times10^6\Omega\cdot cm$ 以上，粉尘粒径主要在 $0.2\sim20\mu m$，各生产过程的粉尘特点不尽相同，其中以炼焦化学厂烟尘成分（例如含有 SO_2、焦油等）最为复杂，处理也更为困难。

(3) 烟气具有回收利用价值　钢铁生产排出的烟气中，高温烟气的余热可以通过热能回收装置转换为蒸汽、炼焦、炼铁炼钢过程中产生的煤气已成为钢铁企业的主要燃料，并可外供使用，各烟气净化过程中所收集的粉尘，绝大部分含有氧化铁成分，可回收利用，返回生产系统。

二、钢铁生产烟尘治理

钢铁生产线从原料进入到成品出去，每一生产工序散发大量的烟尘、粉尘（平均每吨钢产生尘量 75kg），按 2010 年我国钢产量计算全年产尘量 4.7×10^7t。据不完全统计计算，钢铁工业粉尘实际排放量约为 1.2×10^6t，占全国工业排放量的 13%左右。

1990 年全国钢铁行业外排废气达标率仅为 70.2%，2000 年提高到 90.66%。近些年因钢铁生产总量的不断上升，加上个别企业未能认真执行“三同时”建设方针，导致粉尘排放量居高不下。2010 年钢铁工业粉尘折算排放量 2kg/t，国际水平为 0.5kg/t。2012 年的《钢铁工业污染物排放标准》将粉尘排放浓度（标态）提高到 $30mg/m^3$ 及以下。可见钢铁工业的粉尘污染及减排的形势仍然严峻，任务艰巨。

钢铁工业的废气治理技术，近些年来，进展较快，对烟尘治理，基本上有一套有效、实用、成熟的方法，并能做到达标排放。例如，中冶建筑研究总院设计和运营的湛江钢厂 64 台除尘器，排放浓度均低于 $10mg/m^3$，设备运行阻力小于 1000Pa，达到废气处理的先进水平。

1. 系统机械化、自动化水平逐步提高

随着钢铁企业向大规模、大功率、设备集中化方面发展，废气治理系统由单点、小系统发展成多点、大系统。而且系统中配置了设备联锁、超温报警、差压控制、自动启闭等自动化装置，进而实现了净化系统的运转程序控制，以及与生产计算机联机运行。如 OG 法纯氧顶吹转炉煤气安全回收自动控制技术日臻完善，炉口微差压调节，煤气成分自动连续测定，含氧量超过规定值自动放散等装置已广为应用。

随着生产设备的大型化及控制的自动化，对大型除尘系统的控制要求也越来越高，要求除尘器的控制能够在工况条件变化时自动识别控制对象的变化，自动调节控制规律。通过软件处理，在中央控制室计算机屏幕上即可观察除尘器状况，使除尘器运行在最佳工况。当除尘器设备发生故障时，电控系统不是仅仅做出报警，而是能够自动做出判断和处理。

2. 高温烟气净化技术日趋成熟

钢铁企业中的顶吹氧气转炉、吹氧电炉、高炉出铁场、铁合金电炉等高温烟气净化，基本上总结出一套行之有效的净化处理流程，及其净化设备的选型。

高温烟气除尘紧跟国家政策，多数注意了高温烟气余热利用。在进行高温烟气冷却处理中，主要是妥善处理好余热利用、烟气降温幅度的控制以及冷却方式的确定。在防爆措施中主要从控制成分、消灭火种、防爆泄爆以及完善系统监测仪表等措施。

3. 烟尘的净化回收技术从湿法向干法转变

鉴于湿法回除尘带来的废水和污泥处理问题，目前已逐步将湿法改为干法。

4. 开始重视协同治理

近些年，工业烟气协同治理技术发展很快，在钢铁行业受到高度重视并得到广泛应用。钢铁烟气协同治理技术主要是多种基本技术的协同配合，协同作用。

三、高炉煤气协同净化技术

1. 高炉煤气来源

铁是炼钢的主要原料。炼铁工艺是利用铁矿石（烧结矿等）、燃料（焦炭，有时辅以喷吹重油、煤粉、天然气等）及其他辅助原料在高炉炉体中，经过炉料的加热、分解、还原造渣、脱硫等反应生产出成品铁水和炉渣、煤气两种副产品。高炉煤气的主要成分为 CO、CO_2、N_2、H_2、CH_4 等，其中可燃成分 CO、H_2、CH_4 的含量很少，约占 25%。CO_2 和 N_2 的含量分别为 15%以及 55%。高炉煤气的热值仅为 $3500kJ/m^3$ 左右，气体中的可燃成分以来自于燃料中烃类化合物的分解、氧化、还原反应后的 H_2、CO 为主，可看成是焦炭、煤粉等燃料转化成的气体燃料。焦炭、煤粉等的燃料的用量增加可提高高炉煤气的产量。燃料的能量转换为高炉煤气能量的转化率约为68%。

2. 主要技术参数

（1）煤气发生量（标态） 1500～1800m^3/t。

（2）煤气温度 正常工况下为150～300℃；在发生崩料、坐料等非正常工况时可达100～600℃。

（3）炉顶煤气压力 通常为0.05～0.25MPa，高炉越大，压力越高，最高达0.28MPa。

（4）煤气成分 CO占20%～30%；H_2占1%～5%；热值（标态）为3000～3800kJ/m^3。

（5）煤气含尘质量依度（标态） 荒煤气可达30g/m^3，携带灼热铁、渣尘粒；重力除尘器出口不大于15g/m^3，粒径小于50μm。

3. 除尘设计要点及新技术

① 在炉顶或重力除尘器内，采用气-水两相喷嘴喷雾冷却。当煤气温度超过500℃时，宜在喷雾冷却的基础上辅设机力空冷器等间接冷却装置，进入袋式除尘器的荒煤气温度和湿度必须控制在滤料允许的限度内。

② 采用圆筒体脉冲清灰袋式除尘器。筒径为ϕ3.2～6.0m，筒体按压力容器计算。滤袋长度为4.8～8.0m，滤料首选P84和超细玻璃纤维复合针刺毡，采用氮气作为脉冲清灰源。采用导流喷嘴、双向脉冲喷吹、分节滤料框架、无障碍换袋等多项专利技术。

③ 采用无泄漏卸灰和气力输灰技术。按正压中相输灰原理设计，利用净煤气作为输灰动力，输灰尾气经灰罐顶部除尘器二次过滤后重返净煤气管回用。

④ 除尘器筒体进、出口设气动调节蝶阀和电动密闭插板阀，实现分室离线清灰和停风检修。每一筒体设有导流均布、充氮置换、泄爆放散、检漏报警等装置。

4. 高炉煤气协同净化工艺流程

按照净化后的煤气含尘量不同，高炉煤气可分为粗除尘煤气、半净除尘煤气和精除尘煤气。按净化方法的不同，高炉煤气除尘可分为干式除尘和湿式除尘。粗除尘一般用干法进行，干法除尘是基于煤气速度及运动方向的改变而进行。粗除尘是在紧靠高炉除尘设备中的第一次净化。半净除尘采用湿法，将煤气加大量水润湿，润湿的炉尘与水以泥渣的形式从煤气中分离出来。精除尘是煤气除尘的最后阶段，为了获得预期的效果，精除尘之前煤气必须经过预处理。精除尘利用过滤的方法，或使用静电法，并将其吸往导电体（在电气设备或装置内），再用水冲洗。还可用使煤气经过相应的设备而产生很强的压力降的方法来精除尘。

随着高炉的大型化和炉顶压力的提高，高炉煤气的净化方法亦在不断更新，由原来的洗涤塔、文氏管和湿式电除尘器组成的各种形式的清洗系统，因其设备重、投资高而被双文氏管串联清洗和环缝洗涤器取代。洗涤塔-文氏管的清洗系统在炉顶压力不太高的情况下，为使高炉煤气余压透平多回收能量，仍有应用价值。到20世纪70年代后期，高炉煤气余压透平发电技术的开发，促进了高炉煤气净化系统向低阻损、高效率的方向发展。近年来，我国大部分钢铁企业均采用了低阻损的干法除尘设备，如布袋过滤、旋风除尘、砂过滤和干法电除尘器等。

（1）高炉煤气湿法净化工艺流程 过去大中型高炉一般采用串联调径文氏管系统或塔后

调径文氏管系统，其流程见图 5-11。串联调径文氏管系统的优点是操作维护简便、占地少、节约投资 60%以上。但在炉顶压力为 80kPa 时，在相同条件下煤气出口温度高 3～5℃，煤气压力多降低 8kPa 左右。一级文氏管磨损严重，但可采取相应措施解决。然而在常压或高压操作时，两个系统的除尘效率相当，即高压时或常压时净煤气含灰量分别为 5mg/m^3 或 15mg/m^3，因而当给水温低于 40℃时，采用调径文氏管就会更加合理。当炉顶压力在 0.15MPa 以上，常压操作时煤气产量是高压时的 50%左右时，根据高炉操作制度的需要采用串联调径文氏管的优点就更加显著，即煤气温度由于系统中采用了炉顶煤气余压发电装置反而略低于塔文系统。此外，文氏管供水可串联使用，其单位煤气水耗仅为 2.1～2.2kg/m^3。而塔文串联系统的单位煤气水耗则为 5～5.5kg/m^3。因此，当炉顶压力在 0.12MPa 以上时采用串联文氏管系统。

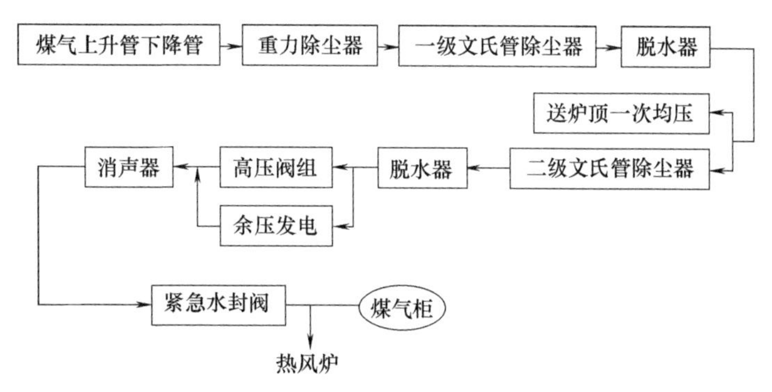

图 5-11　串联调径文氏管系统流程

(2) 高炉煤气干法净化工艺流程　高炉煤气的干法除尘工艺可使净化煤气含水少、温度高、保存较多的物理热能，利于能量利用。加之不用水，动力消耗少，又省去污水处理，避免了水污染，因此是一种节能环保的新工艺。

高炉煤气干法除尘的方法很多，粗除尘如重力除尘、旋风除尘；细除尘如袋式除尘、干法电除尘等。

高炉煤气经重力除尘器及旋风除尘器粗除尘后，进入袋式除尘器进行精除尘，净化后的煤气经煤气主管、调压阀组（或 TRT）稳压后，送往厂区净煤气总管。其流程如图 5-12。所示。滤袋过滤方式一般采用外滤式，滤袋内衬有笼形骨架，以防被气流压扁，滤袋口上方相应设置与布袋排数相等的喷吹管。在过滤状态时，荒煤气进口气动蝶阀及净煤气出口气动蝶阀均打开，随煤气气流的流过，布袋外壁上积灰将会增多，过滤阻力不断增大。当阻力增大（或时间）到一定值，电磁脉冲阀启动，布置在各箱体布袋上方的喷吹管实施周期性的动态冲氮气反吹，将沉积在滤袋外表面的灰膜吹落，使其落入下部灰斗。在各箱体进行反吹

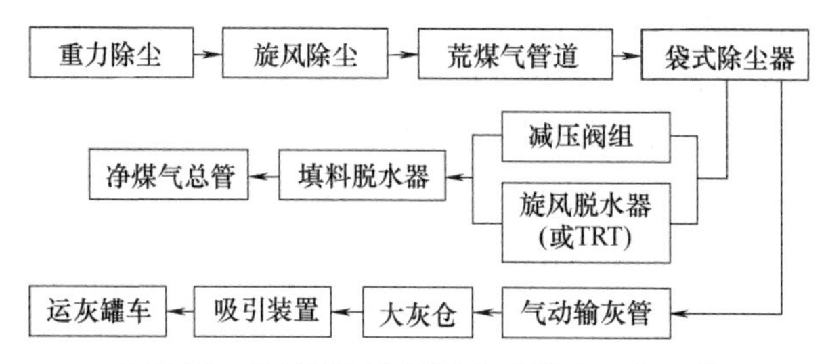

图 5-12　高炉煤气全干法袋式除尘工艺流程

时，也可以将此箱体出口阀关闭。清灰后应及时启动输灰系统。输灰气体可采用净高炉煤气，也可采用氮气，将灰输入大灰仓后，用密闭罐车通过吸引装置将灰运走。

5. 高炉煤气干法净化回收实例

高炉在冶炼过程中产生大量含有 CO 和粉尘的高温荒煤气，其热值一般为 8737.6～12560.4kJ/m^3，属低热值煤气，与转炉煤气一样已成为钢铁企业重要的二次能源，如不治理和回收，既污染环境、危害身心健康又浪费能源。

早期高炉煤气的净化主要采用洗涤塔、文氏管等湿法洗涤除尘。虽然达到了煤气净化的目的，但湿法存在许多难以解决的弊病，如耗水量大、废气中含有 CN^-、S^{2-}、酚类及铅、锌等重金属，难以处理；净化系统设备繁杂；洗涤设备腐蚀结垢严重；煤气湿热不能回收；煤气中含水分较多造成热值下降等缺点，阻碍了湿法净化工艺的应用。因此高炉煤气干法越来越受到人们的重视。

（1）煤气的性质和粉尘特点　高炉荒煤气的产生是由于碳在高炉中还原铁及不完全燃烧形成的，因此其主要可燃成分为 CO，但由于空气中 N_2 含量占主导地位，因此高炉荒煤气中主要成分是 N_2；其次是 CO。其主要成分见表 5-8。

表 5-8　高炉煤气性质

煤气成分/%	CO	CO_2	H_2	CH_4	C_mH_n	N_2
	15～20	22～26	12	03	01	55～60
煤气温度/℃	100～250(除尘器入口)					
	炉顶荒煤气：正常为 200～300，瞬间为 500					
煤气压力/MPa	0.02～0.45					
热值/(J/m^3)	2000～3100					

高炉煤气中的粉尘，主要是冶炼过程中煤气夹带及金属蒸发冷凝物，其主要成分是 SiO_2，粉尘颗粒细小且黏。粉尘主要成分见表 5-9。

表 5-9　粉尘主要成分

粉尘成分/%		SiO_2	CaO	MgO	Al_2O_3	Fe_2O_3	烧失量
		17～25	11～15	3～8	10～15	5～15	11～15
粉尘颗粒	μm	5	5～10	10～20	20～30	40～50	50
	%	15	8	10	3	3	56
粉尘堆密度/(t/m^3)		0.20～0.45					

（2）除尘工艺流程　如图 5-13 所示，高炉煤气净化系统主要由重力除尘装置、袋式除尘器、氮气喷吹装置、输灰装置等组成。净化流程是从高炉出来的高温荒煤气进入重力除尘装置，由于气流速度降低，故大颗粒粉尘首先被除掉。荒煤气在这里有两个作用：一是除去部分大颗粒粉尘（往往带有火星），降低了荒煤气中粉尘浓度，又保护了后部滤袋的安全；二是降低了荒煤气温度。经过初步净化的粗煤气经过袋式除尘器净化后进入煤气柜，主要作为高炉热风炉燃料，剩余部分用于其他场合。

当高炉煤气温度高于 250℃时，高温炉炉顶放散煤气或喷水降温，以保护滤袋安全。由于国内部分铁矿石中含有金属锌伴生矿（约 30%），而锌在高炉内蒸发变成气态锌，离开高

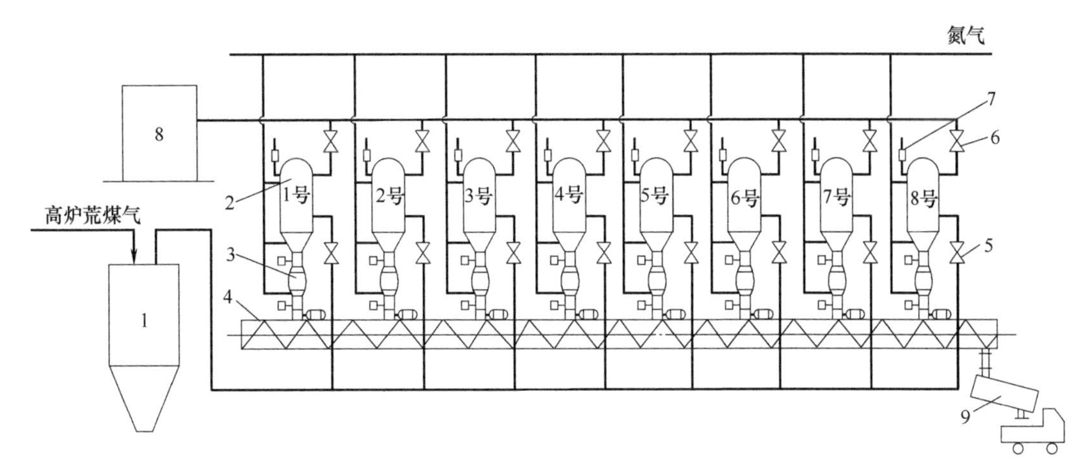

图 5-13 煤气净化工艺流程

1—重力除尘器；2—袋式除尘器；3—中间灰仓；4—输送机；5—进口隔断阀；
6—出口隔断阀；7—放散阀；8—煤气柜；9—料仓

炉冷却后又冷凝成微小颗粒，这些微小的锌颗粒遇到空气后马上反应生成 ZnO 并放热燃烧。因此收集下来的粉尘在离开煤气净化系统前应与空气隔离，并用湿式排灰机将其成球后外排，以防在净化系统附近燃烧造成整个系统的安全隐患。

(3) 重力除尘器工艺参数　世界上大部分高炉煤气粗除尘都是选用重力除尘器。重力除尘器是一种造价低、维护管理方便、工艺简单但除尘效率不高的干式初级除尘器。

煤气经下降管进入中心喇叭管后，气流突然转向，流速突然降低，煤气中的灰尘颗粒在惯性力和重力的作用下沉降到除尘器底部，从而达到除尘的目的。煤气在除尘器内的流速必须小于灰尘的沉积速度，而灰尘的沉降速度与灰尘的粒度有关。荒煤气中灰尘的粒度与原料状况、炉况、炉内气流分布及炉顶压力有关。重力除尘器直径应保证煤气在标准状态下上升的流速不超过 0.6～1.0m/s。高度上应保证煤气停留时间达到 12～15s。通常高炉煤气粉尘构成为 0～500μm，其中粒度大于 150μm 的颗粒占 50%左右，煤气中粒度大于 150μm 的颗粒都能沉降下来，出口煤气含尘量可降到 6～12g/m^3 范围内。

高炉重力除尘器结构如图 5-14 所示。

粗煤气除尘器必须设置防止炉尘溢出和煤气泄漏的卸灰装置。

考虑到煤气堵塞及排灰系统的磨损，除尘器下部设置三个排灰管道系统，每个系统设有切断煤气灰的 V 形旋塞阀和切断煤气的两个球阀（阀门通径均为 150mm），阀门为汽缸驱动。为了吸收管道的热膨胀还设有波纹管。一般情况下，依次使用三个系统进行排灰。排灰时阀门开启顺序为：下部球阀→上部球阀→V 形旋塞阀。排灰终止后阀门关闭顺序为：V 形旋塞阀→上部球阀→下部球阀。

(4) 袋式除尘器主要技术参数　袋式除尘器是煤气净化系统关键设备，其运行好坏直接影响热风炉燃烧，从而影响高炉的正常运行。

高炉煤气从高炉出来时压力很高，故煤气净化系统采用正压式，由于袋式除尘器处于正压状态，所以除尘器的外壳采用圆截面多箱结构（共 8 箱体）。

每台除尘器主要技术参数如下：

处理荒煤气量　　平均 106000m^3/h，最大 130000m^3/h

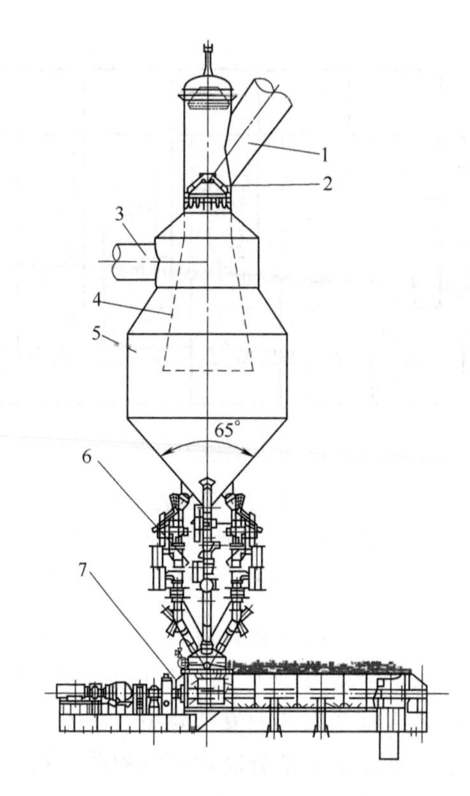

图 5-14　高炉重力除尘器结构

1—下降管；2—钟式遮断阀；3—荒煤气出口；4—中心喇叭管；5—除尘器筒体；6—排灰装置；7—清灰搅拌机

过滤面积	共计 $3760m^2$，单箱 $470m^2$
过滤风速	0.45～0.79m/min
除尘器壳体规格	ϕ3424mm×12，H=15.45m
滤袋数量	192 条×8
滤袋材质	氟美斯针刺毡
滤袋规格	ϕ130mm×6000mm
粗煤气温度	100～250℃，最高 400℃
煤气压力	高压 0.12～0.15MPa，常压 0.03MPa
设备阻力	1200～1800Pa
脉冲阀数量	17 个×8
压缩空气耗量	$15m^3/min$
压缩空气压力	0.2～0.4MPa
入口荒煤气含尘量	常压为 $12g/m^3$；高压为 $6g/m^3$
出口净煤气含量	$<10mg/m^3$

(5) 使用效果　包括：a. 净化后煤气中含尘浓度平均低于 $10mg/m^3$，保证了净煤气质量，延长了热风炉寿命；b. 用氟美斯滤料，其使用寿命可达 2 年以上；c. 用氮气喷吹清灰使系统更安全可靠，比早期的放散反吹简单，操作方便，同时改善了周围环境；d. 除尘阻力连续稳定在 1500Pa 以下，清灰后阻力降，到 800～1000Pa；e. 由于采用干法净化，热风

炉送风温度提高约 60℃，有效地降低了高炉焦比。

（6）注意事项　包括：a. 煤气温度不易控制，底部灰斗排灰不畅，排灰阀堵塞现象易发生；b. 干法净化工艺在大型炉（超过 $1000m^3$）应用的问题，有箱体过多，占地面积大，布置和维护都不方便等；c. 袋式除尘器用于净化可燃气体时要有一系列安全措施。

四、钼铁车间废气协同治理

钼铁车间废气净化系指原料工段的转动干燥机、焙烧工段的多层机械焙烧炉，以及熔炼工段的熔炼炉等废气的净化和回收。

1. 治理对象

根据钼铁冶炼生产工艺，废气污染源主要从原料、焙烧和熔炼等工段产生。

焙烧工段的多层机械焙烧炉，主要将辉钼精矿粉（MoS_2）进行还原氧化焙烧，使辉钼精矿成为 MoO_2 熟钼精矿，焙烧炉生产过程产生高温废气、烟尘和辐射热，废气中含 SO_2。

2、污染物特点及其参数

（1）污染物参数　多层机械焙烧炉废气的主要参数见表 5-10～表 5-12。

表 5-10　多层机械焙烧炉废气主要参数

焙烧炉规格		废气量(标态)(m^3/h)	废气温度/℃	含尘量/(g/m^3)
层数/底面积/(层/m^2)	产量/(t/h)			
8/140	0.55～0.58	11300～12200	455	1.97～2.47
12/280	0.84	17200	440～500	2～2.5

表 5-11　多层机械焙烧炉废气成分

废气成分(体积分数)/%					废气密度(标态)/(g/m^3)
SO_2	CO	CO_2	O_2	N_2	
约 1.2	1.7	6.59	13.06	77.45	约 1.3

表 5-12　多层机械焙烧炉烟尘成分

取样点	烟尘成分/%						烟尘密度/(kg/m^3)
	Mo	SiO_2	FeO	CaO	Al_2O_3	MgO	
降尘斗	50.73	10.86	2.11	2.94	2.35	2.44	1.28
电除尘器	44.05	9.6	2.25	1.05	0.87	3.41	堆密度 0.522

（2）污染物特点　包括：a. 废气量较大，一般为 20000～100000m^3/h；b. 废气温度高，一般均为 200～500℃；c. 废气烟尘含有钼尘、铼（Re_2O_7）等贵重金属和 SO_2 等有害气体，必须净化回收综合利用；d. 熔炼炉废气间断爆发剧烈，扩散量集中，捕集较困难；e. 废气含尘量大，一般为 1～30g/m^3。

3. 多层机械焙烧炉废气治理

根据钼焙烧炉废气含有钼精矿粉尘、SO_2 和铼等物质，其露点高达 170℃左右，废气治理设施必须同时考虑回收铼和处理 SO_2 的综合利用。

由于钼精矿焙烧过程产生的废气含有入炉精矿量的5%矿粉，为提高钼的收得率以及回收铼和处理SO_2，故设置干法净化设施的净化效率必须高于98%。废气含铼是以氧化升华气态出现，当废气温度降至100℃以下时大部分铼呈1μm左右的细颗粒烟雾状，为此需设湿法净化设施，使废气中SO_3经过淋洗除尘器、湿式电除酸雾器和捕集器后，成为H_2SO_4，使Re_2O_7和H_2SO_4反应成铼酸液，再经过二级复喷复挡器的反复多次吸取。当铼酸达到富集浓度后送往制铼工段回收铼。最终，废气中SO_2采用氨为吸收剂的治理方法，回收吸取生产固体亚硫酸铵成品。

焙烧炉废气治理通过上述净化回收工艺流程，达到治理废气、回收钼精矿粉和铼的综合利用。

4. 铁合金厂协同治理钼精矿焙烧炉烟气实例

熟钼精矿，年生产能力4620～6600t（日产14～20t）。

（1）生产工艺流程及主要原料　吉林省某铁合金厂二车间配备8层140m^{2}机械焙烧炉2座，其主要工艺流程是将辉钼精矿(粉)，从机械炉的顶层入炉，辉钼精矿历经预热、增温和焙烧层，通过氧化焙烧后，使辉钼精矿（MoS_2）变为MoO_2。焙烧炉用煤气作原料。

（2）废气来源、性质及处理量　废气来源于多层机械焙烧炉氧化焙烧过程所产生的含尘及含SO_2的废气。

多层机械焙烧炉所产生的废气，其含尘量（标态）为2～2.5g/m^3，含SO_2浓度为1%，粉尘中含有辉钼精矿尘与稀有金属铼（Re_2O_7），必须经净化回收治理后方可外排。

废气处理量：8层140m^{2}机械焙烧炉，每座处理废气量（标态）为12000～18000m^3/h，废气温度为470℃左右。

（3）废气治理工艺流程　治理工艺流程见图5-15。

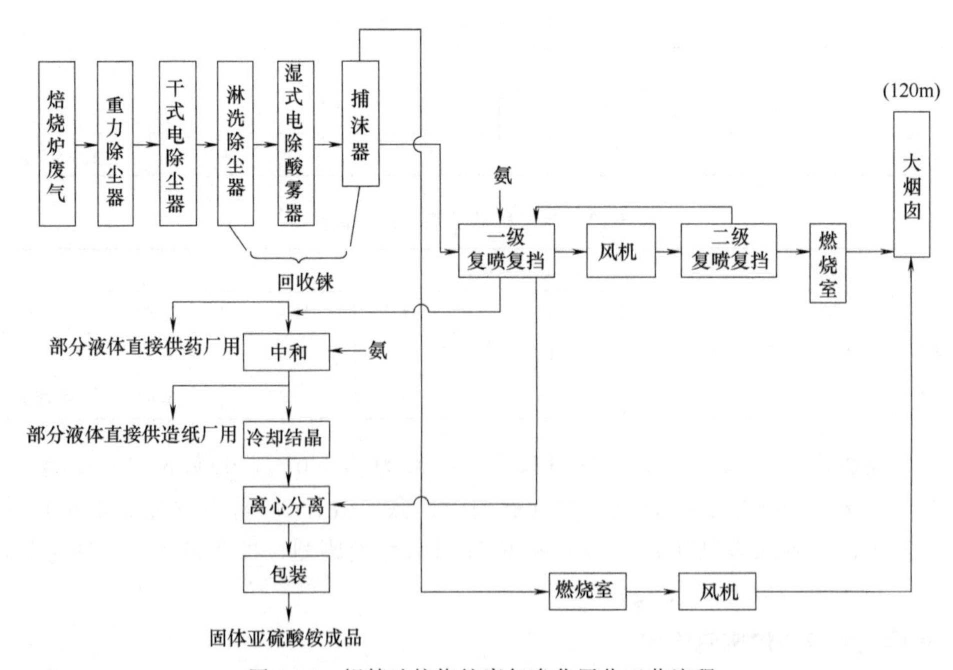

图5-15　钼精矿焙烧炉废气净化回收工艺流程

（4）主要设备　主要设备见表5-13。

表 5-13 主要设备

序号	设备名称	单位	规格	台数	备注
1	重力除尘器	台		1	
2	干式电除尘器	台	棒帏型极板,4 电场 有效断面 $14m^2$,工作电压 65～72kV	1	苏联型
3	淋洗除尘器(塔)	台	ϕ3800×12000mm	1	木格填料,内壁衬铅
4	湿式电除酸雾器	台	176 条电极,内壁衬铅,ϕ4800×14700mm,工作电压约 72kV	1	
5	二级复喷复挡	台	ϕ800×1200mm,附除沫器 ϕ1800×4000mm	2	前后二级规格相同塑料材质
6	增压风机	台	风量 $22200m^3/h$ 全压 3989Pa,介质温度 50℃	1	Mo 不锈钢材质
7	尾部主风机	台	风量 $30000m^3/h$ 全压 2274Pa,介质温度 200～250℃	1	铸铁材质

(5) 治理效果　废气中的低浓度 SO_2 的回收利用，经多方考察、调研，在各种工艺方案中，选用了亚铵法，该装置已运行生产 5 年多。实践证明，亚铵法技术合理，运行稳定，整个废气治理设施净化效率达 90%～98%，SO_2 吸收率可达 87%～90%，净化后排放废气含尘量（标态）在 $28mg/m^3$ 以下，含 SO_2＜64kg/h，相当于排放粉尘量（按吨钼铁计）612g/t、SO_2 量 78kg/t。满足国家排放标准要求。

废气治理工艺流程完整，解决了污染，虽然治理工艺流程较长，但技术先进合理，运行稳定可靠。

五、轧钢车间酸雾协同治理

轧钢和金属制品车间的酸洗间内，一般设有酸洗槽、热水槽、水洗槽、磷化槽、石灰槽等，电镀间内设有酸洗槽、热水槽、溶剂槽、电镀液槽等。酸洗和电镀间的主要污染源是酸洗槽和电解酸洗槽产生的酸雾。此外，碱洗槽的碱蒸气、磷化槽的磷酸蒸气以及水蒸气对环境和人体都有一定影响。

（一）酸雾来源

一般钢种酸洗时，常用硫酸和盐酸，特殊钢用硝酸-氢氟酸混合液，或硝酸-盐酸混合液，对特殊金属制品的酸洗工艺还采用氢氰酸。

用硫酸酸洗时，其反应式如下：

$$Fe_2O_3+3H_2SO_4 \longrightarrow Fe_2(SO_4)_3+3H_2O$$

$$Fe_3O_4+4H_2SO_4 \longrightarrow Fe_2(SO_4)_3+FeSO_4+4H_2O$$

$$FeO+H_2SO_4 \longrightarrow FeSO_4+H_2O$$

此外，还有以下反应：

$$Fe+H_2SO_4 \longrightarrow FeSO_4+H_2\uparrow$$

盐酸为氯化氢的水溶液，极易挥发，其主要化学反应过程为：

$$Fe+2HCl \longrightarrow FeCl_2+H_2\uparrow$$

从上述反应结果，铁与酸作用生成氢，而且氢在氧化铁皮内层，氢起到清除剥离氧化铁皮作用。氢气从酸洗液中冒出，夹带酸雾会恶化操作环境。为加快酸洗过程，酸洗液需加温到 80～90℃，高温酸液表面蒸发，也会形成大量酸雾进入操作环境。

近年来，酸洗液改用盐酸较多，特别是热轧带钢，用盐酸酸洗对氧化铁皮起的作用与硫酸不同，盐酸主要靠溶解作用去除氧化铁，而硫酸主要靠化学反应过程中，氢气对氧化铁皮剥离。

(二) 污染物特点

① 酸雾强烈刺激人体各部器官，对建筑、生产设备、产品起强烈腐蚀作用。

② 硫酸、盐酸雾均为水溶性气体，易溶于水，吸收酸雾后呈酸性，pH 值小于 6。因此，吸收酸雾的水，不能直接排放，必须经处理后排放。

③ 酸雾通过高压静电场在高速运动的离子与自由电子撞击下，能荷电而成为荷电雾粒。

④ 酸雾粒径一般为 0.1～0.5μm。

⑤ 酸洗槽中酸洗液蒸发量以下式计算：

$$W=MFT \tag{5-1}$$

式中 W——酸洗液蒸发量，L；

M——每平方米槽面每小时酸液蒸发量，L/(m^2·h)；

F——槽子表面积，m^2；

T——工作周期，h。

M 值的变化受很多因素影响，可参照下列经验公式近似计算：

$$M=kx+b \tag{5-2}$$

式中 k——系数，取 0.0524；

x——酸洗槽内温度，℃；

b——特定范围内的变化值，一般在 1.25～2.50 之间。

(三) 治理技术

酸洗间酸雾治理技术，于 20 世纪 70 年代后，经国内各生产厂的不断探索、开发、实践、改进，已取得一定成效，室内外环境有了较大的改善。

酸洗间酸雾治理主要通过抑制覆盖、抽风排气、净化治理 3 个环节协同治理。

1. 覆盖层及缓蚀剂的应用

为了抑止酸洗槽内酸雾的散发，减少酸液对金属的腐蚀和氢分子往钢中扩散，在槽液面上可加入覆盖层，或在酸洗液中混入缓蚀剂。

(1) 覆盖层　固体覆盖层是采用耐腐轻质材料散入酸洗液表面漂浮，以抑止酸雾的散发。一般采用泡沫塑料块、管、球等。

泡沫覆盖层主要是利用化学分解作用产生的泡沫漂浮在酸液表面，使酸液与空气隔离，不易蒸发出酸雾。目前采用的泡沫有胰加漂、皂荚液、十二烷基酸钠等。

(2) 缓蚀剂（又称抑止剂）　缓蚀剂加入酸液后，使酸液表面形成厚厚的一层泡沫覆盖层，封闭和阻挡了酸雾的蒸发。常有的缓蚀剂有若丁、工读 3 号和工读 7 号、OP 乳化剂等。缓蚀剂加入量与酸液浓度有关，在 0.3%～1.0%之间。

除上述覆盖层及缓蚀剂外，为防止槽面酸液的散发，可在槽面上设置盖板。对于连续酸洗机组的酸洗槽，可设水封密闭罩。

2. 酸雾的排除

(1) 单槽排气　控制单槽酸雾排放量的最有效办法是槽面密封，然后进行槽内抽风。但单槽酸洗很难密封，根据操作特点，设槽边吸气罩，使酸雾不经过人的呼吸区抽出。由于排气的气流运动方向与酸雾运动方向不一致，故排气量较大。

(2) 酸洗机组排气　酸选机组用于带钢连续酸洗，酸洗槽的长度取决于酸洗时间，一台酸洗机组由 4～5 个酸洗槽和一个清洗槽组成，总长 80～120m。

3. 酸雾的净化处理

(1) 水洗法　从槽面排出的含酸气体，可直接用水洗吸收净化。因硫酸、盐酸、硝酸均溶于水。当水洗液中含酸量增加后应对废酸水进行中和处理后外排。水洗法采用的净化设备有洗涤塔、填料塔、泡沫塔等。净化效率可达 90%左右。

(2) 中和法　为提高对酸雾的净化效率，节约用水，可采用低浓度的碱液对酸雾吸收中和处理，常用的有苏打、氨液、石灰乳液等。由于石灰乳液易造成管道、喷嘴等设备堵塞，故采用苏打液和氨液较多，苏打液浓度为 2%～6%，对初始浓度小于 400mg/m^3 的酸雾净化效率可达 93%～95%。

净化设备选用喷淋塔或填料塔时，空塔速度为 0.3～1.0m/s，每立方米废气喷淋水量一般为 0.5～1.5kg/m^3。净化设备及风道、风机的材质可用硬聚氯乙烯板或玻璃钢制作。

(3) 过滤法　过滤法是用尼龙丝或塑料丝编制成过滤网，多层交错布置成过滤器，雾滴与丝网碰撞后被阻留捕集。

(4) 高压静电净化　高压静电净化是在排气竖管中，利用排气管作为阳极板，管内设置高压电晕线（即阴极线），板线间形成高压静电场酸雾通过静电场被净化。

(四) 碱液吸收法协同治理酸洗槽多种酸雾实例

某冷轧无缝管生产厂，全厂建筑面积 50000m^2，年产量 25000t，主要产品为冷轧冷拔无缝管，钢管品种有优质碳素结构钢管、合金结构钢管以及不锈钢管。

1. 生产工艺流程

见图 5-16。

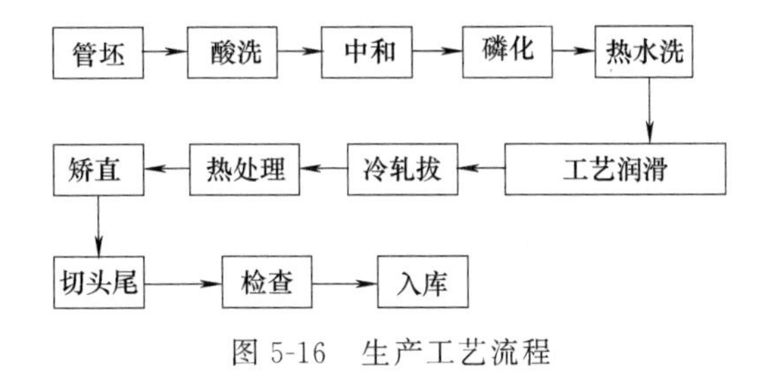

图 5-16　生产工艺流程

2. 废气来源

酸洗车间的作业范围包括酸洗、中和、磷化、热水洗，上述作业过程中产生气、水污染。

酸洗车间废气主要来自酸洗槽，酸洗过程中的配料（即酸液的稀释）、酸洗时发生的化学反应以及操作时钢管的起落所带出的酸气。产生的废气中主要含有 H_2、水蒸气、SO_3、

HF、NO_x 等，其性质体现在以下几方面。

① 刺激性、腐蚀性：废气中除含氢气和水蒸气外，还含有各类酸性气体，致使对人体具有刺激性，并对设备及建筑物具有强烈的腐蚀性。

② 扩散性：以上几种气体均具备分子量小、溶解性好、不易被颗粒吸附等特点，因而扩散性较强，能与空气任意混合。

③ 阵发性：酸槽酸雾的散发，除正常液面散发外，由于钢管在酸槽中，放入和提出时搅动液面，管材表面带出大量酸液，致使酸雾还具有阵发的特性。

3. 废气处理工艺流程

酸洗车间的废气净化是在解决该车间通风系统的前提下进行的。净化系统主要排除各槽产生的雾气。车间内设有硝酸槽 2 个、磷酸槽 2 个、硫酸槽 6 个、盐酸槽 2 个、氢氟酸槽 3 个以及磷酸母液槽 2 个，通风系统抽出的气体，除磷酸及磷酸母液槽未设净化装置外，其余各酸槽均设酸雾净化装置。

废气净化在酸雾净化器中进行，采用碳酸钠溶液循环喷淋吸收，溶液 pH 值控制在 9 以上，其化学反应如下：

硫酸槽产生的废气

$$H_2SO_4+Na_2CO_3 \longrightarrow Na_2SO_4+H_2O+CO_2\uparrow$$

盐酸槽产生的废气

$$2HCl+Na_2CO_3 \longrightarrow 2NaCl+H_2O+CO_2\uparrow$$

硝酸、氢氟酸槽产生的废气

$$2NO_2+Na_2CO_3 \longrightarrow NaNO_3+NaNO_2+CO_2\uparrow$$

$$2HF+Na_2CO_3 \longrightarrow 2NaF+H_2O+CO_2\uparrow$$

废气中不可避免的含有铁盐，因此尚有如下反应生成：

$$Fe^{3+}+Na_2CO_3+H_2O \longrightarrow Fe(OH)_3+Na^{+}+CO_2\uparrow$$

循环碱液中 $Fe(OH)_3$ 含量增高后排放，该车间一般情况下半年清理一次。

净化系统流程见图 5-17。

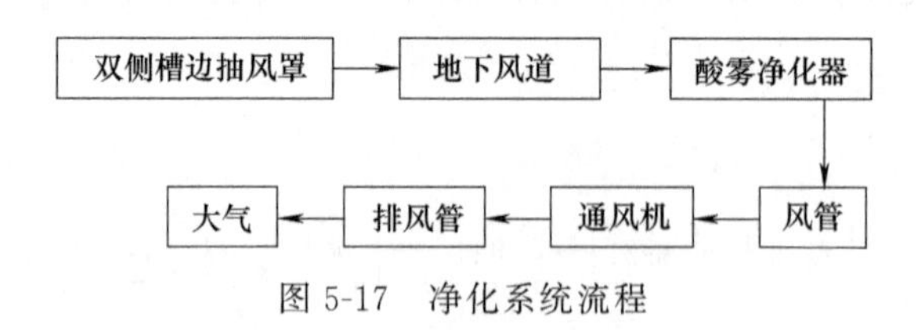

图 5-17 净化系统流程

所有净化系统的风机、酸雾净化器以及部分管道的内外表面均衬贴一层 2mm 厚的玻璃钢材料，较好地解决了防腐问题，提高了抽风设施的使用寿命及效果。

4. 设备

(1) 酸雾净化器

直径 2500mm

高度 7000mm

处理风量 $44000m^3/h$

阻力 1000～1500Pa

空塔速度　　　＜2.5m/s
循环碱液量　　$50m^3/h$
水压　　　　　$1\sim2kg/cm^2$
水气比　　　　$1.14kg/m^3$
（2）碱液循环泵
型号　　　　　150FS-35
流量　　　　　$115.2\sim234m^3/h$
扬程　　　　　29.7m
功率　　　　　30kW
（3）风机
型号　　　　　4-72-11 型
材质　　　　　不锈钢
风量　　　　　$46100m^3/h$，$39450m^3/h$
风压　　　　　2030Pa，173Pa
功率　　　　　40kW，30kW

5. 治理效果

本系统建成投产运行后，经测定，酸洗槽之间过道处空气中含酸量为最低 $0.023mg/m^3$，最高 $0.174mg/m^3$，远远低于国家规定的标准。排入大气的气体也符合国家标准要求。

新建的酸洗车间，使用多年来，尚未发现显著腐蚀。

六、二塔一文湿法协同治理矿热电炉煤气实例

某厂高碳铬铁年生产能力约 2500t。设有 12500kVA 高碳铬铁封闭式矿热电炉一座，主要生产原料有铬铁块矿、铬铁球团矿、焦炭、硅石和石灰石。

1. 生产工艺流程

见图 5-18。

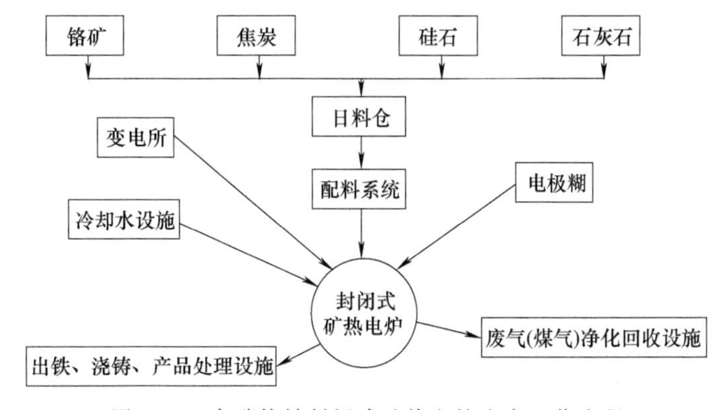

图 5-18　高碳铬铁封闭式矿热电炉生产工艺流程

2. 废气来源和性质

封闭式矿热电炉炉料，从炉顶加料管批量入炉，连续送电冶炼，电冶还原气氛反应，铁

渣共流，每间隔1.5～2.0h出铁一次。

电炉冶炼过程产生的未燃烧荒煤气，气体主要成分是CO，含尘浓度（标态）高达60g/m^3左右。温度400～700℃，荒煤气量2400～3000m^3/h。

高碳铬铁封闭式电炉烟尘化学成分见表5-14。

表5-14 高碳铬铁封闭式电炉烟尘化学成分

成分	Al_2O_3	SiO_2	Cr_2O_3	FeO	CaO	MgO	C
含量/%	6.34	17.58	23.23	6.29	0.095	25.31	8.19

3. 废（煤）气治理工艺流程

高碳铬铁封闭式电炉荒煤气治理工艺流程见图5-19。

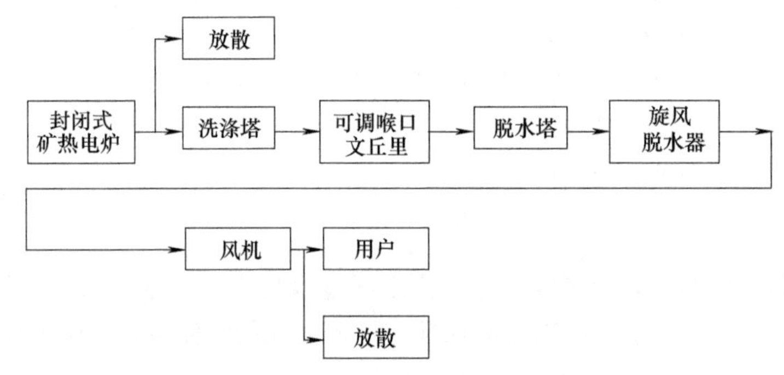

图5-19 高碳铬铁封闭式电炉煤气治理工艺

矿热荒煤气由煤气上升管导出，先经过集尘箱，除去其夹带的大颗粒烟尘，紧接着进入多层喷淋洗涤塔，使煤气温度降至饱和温度，消除了高温、火星，并被初净化。饱和温度的煤气进入文丘里洗涤器内精净化，文丘里的喉径可根据煤气量的波动，以及炉内微正压运行的条件进行调节，以保持最佳煤气速度与净化率。湿煤气进入多层脱水挡隔的脱水塔，利用气流方向的改变，使煤气带水滴撞附于挡层上，使气水分离，并收集夹带于水中的尘粒，致使煤气净化清洁，其出口含尘量（标态）为40～80mg/m^3，符合工业燃料使用要求。系统设有10000m^3低压湿式螺旋升降煤气柜，以保证煤气的贮存输送，稳定地供应用户使用。煤气洗涤污水处理设施基本闭路循环使用，消除了洗涤水污染地面水的二次污染源。

4. 设备

主要设备见表5-15。

表5-15 主要设备

序号	设备名称	单位	规格	台数	备注
1	洗涤塔	台	ϕ1200mm×8800mm，三层喷嘴	1	流速v=1.4m/s
2	可调喉口文氏管	台	喉口直径ϕ110mm，喉口长200mm	1	喉口流速v=100m/s
3	脱水塔	台	ϕ2200mm×6500mm，五层脱水层	1	流速v=0.7m/s
4	旋风脱水器	台	ϕ650mm	1	
5	罗茨鼓风机	台	D3500，L80/0.5	1	
6	配套电动机	台	v=750r/min，w=90kW	1	

5. 治理效果

为根治废（煤）气，设二塔一文湿法净化工艺，经两年多的研制，获得成功，煤气直接供厂区生产锅炉和生活锅炉使用，正常运行。经净化后的清洁煤气可回收（标态）2400～2700m^3/h，其含尘量（标态）40～80mg/m^3，气体温度约 40℃，煤气质量符合使用要求，总净化效率大于 99.8%，彻底改善了环境面貌。

一座 10000m^3 低压湿式螺旋升降煤气柜，至此矿热电炉废气污染治理成清洁煤气，并能稳定地、有调节地供给用户。高碳铬铁封闭式矿热电炉煤气治理，采用二塔一文湿法净化工艺是稳定可靠的、成熟的。

第三节 有色金属工业烟气协同治理技术

根据 1958 年我国对金属元素的正式划分和分类，除铁、锰、铬以外的 64 种金属和半金属，如铜、铅、镍、钴、锡、锑、镉、汞等划为有色金属。这 64 种有色金属，根据其物理化学特性和提取方法又分为轻有色金属、重有色金属、贵金属和稀有金属四大类。

由于有色金属品种多，生产工艺复杂，污染物多，是污染严重的行业之一。有色金属生产烟气排放量约占全国工业烟排放量的 8%，烟气治理任务任重且道远。

一、有色金属工业烟气来源

有色金属工业废气按其所含主要污染物的性质，大体上可分为三大类：第一类为含工业粉尘为主的采矿和选矿工业废气；第二类为含有毒有害气体（含氟或硫、氯）与尘为主的有色金属冶炼废气；第三类为含酸、碱和油雾为主的有色金属加工工业废气。

有色金属工业废气的种类和来源见表 5-16。

表 5-16 有色金属工业废气的种类和来源

废气名称		主要污染物	主要来源
采选工业废气	采矿场	粉尘、炮烟、柴油机尾气等	采矿凿岩、爆破、矿岩装运作业工作面
	选矿厂	粉尘	矿石破碎、筛分、包装、储运和运输过程
冶炼废气	轻金属冶炼厂	粉尘、烟尘、含氟烟气、沥青烟、含硫废气等	原料制备、熟料烧结、氢氧化铝煅烧和铝电解，碳素材料和氟化盐制造
	重金属冶炼厂	粉尘、烟尘、含硫烟气，含汞、砷、镉废气等	原料制备、精矿烧结和焙烧，冶炼、熔炼和精炼，含硫烟气回收制硫酸过程
	稀有金属冶炼厂	粉尘、烟尘、含氯烟气	原料制备、精矿焙烧、氯化、还原和精制过程
加工废气	有色金属加工厂	粉尘、烟尘，含酸、碱和油雾烟气等	原料制备、金属熔化和轧制、洗涤和精整过程

二、有色金属工业烟气特性

由于有色金属冶炼工艺的多样性，有色金属工业的烟气和烟尘有着独特的特性。因此，不管是有色金属的烟气和烟尘净化的设计还是烟气净化设备安装、制造和操作管理，都需要掌握有色金属工业烟气和烟尘的特性。

1. 烟气温度普遍较高

有色冶金炉出口烟气温度高的达 1200℃以上，低的仅 80～100℃。为适应除尘设备的要求，高温烟气必须进行冷却。烟气冷却至高于露点 20～30℃。低温烟气更要考虑露点的影响，必要时可采用保温、加热或配入高温烟气的办法，以保证烟气不结露，防止设备腐蚀或烟气黏结。

2. 烟气含尘量大

有色冶金炉的烟气含尘量随冶炼过程的强化而大幅度增加，有的大于 $100g/m^3$，甚至达 $900g/m^3$。

3. 烟气成分复杂

有色冶金炉烟气成分主要是指二氧化硫、三氧化硫、一氧化碳、水蒸气和氟、砷、汞（砷、汞在高温下为气态）等。

三、有色金属工业烟气治理技术

有色金属种类繁多，生产工艺各不相同，排放废气中含有各种各样的大气污染物。有色金属生产是以矿石为原料，冶炼工艺基本以火法为主，有色金属精矿中一般含有一些有毒成分，如 S、As、Pb、Cd、Hg、Cl、F 等，这些元素在冶炼过程中或进入烟气，或进入酸性污水和渣中。在冶炼过程中使用的燃料有煤和重油，一般燃料中均含有硫，因此在燃烧烟气中一般都会含有 SO_2。使用的辅助原料熔剂中可能含有硫、砷、氯等，这些元素在冶炼过程中也会进入烟气。

1. 基本技术

有色金属工业大气污染物的处理方法基本上可以分为两大类，即分离法和转化法。对于烟尘、雾滴之类的颗粒状污染物，可利用其质量较大的特点，用各种除尘器、除雾器从废气中分离除去；对于气态污染物，利用其不同的理化性质，采用吸收、吸附、冷凝、燃烧等方法进行去除。

2. 协同治理技术

有色金属生产烟气协同治理技术因有色金属品种不同差别很大，大致区分如下。

（1）轻有色金属生产烟气协同治理

轻有色金属生产烟气协同治理的主要流程为：

生产织机→物理吸附法、活性炭吸附法、氧化铝吸附法→袋式除尘器→风机→烟

此外，还有一些湿式吸收法净化流程。

（2）重有色金属生产烟气协同治理

根据生产中不同性质的污染物，采用了不同的净化技术。气溶胶污染物多采用借助外力作用的分离法，将其从烟气中分离出来。而后对气态污染物则多采用催化转化法使污染物转化成无害（有用）的化合物，或转化成比原来存在状态更易分离出来的物质，回收利用。流程如下：

污染源 → 干式除尘
- 机械除尘
  - 重力沉降除尘
  - 离心力除尘
- 过滤除尘
  - 滤袋除尘
  - 滤筒除尘
- 电除尘
  - 干式电除尘
  - 高压尘源控制

→
- 接触法制硫酸
  - 一转一吸
  - 两转两吸
  - 非稳定态转化
- 化学吸收法
  - 氨酸法
  - 氨-亚硫酸铵法
  - 亚硫酸钠法
  - 碱性硫酸铝-石膏法
  - 氧化锌法
  - 钙酸法

→ 风机 → 烟囱

(3) 稀有金属生产烟气协同治理

稀有金属生产烟气成分复杂且含有毒性物质，故治理难度大，多采用多级协同净化工艺流程，多数流程与重有色金属生产烟气治理近似。

四、钽铌冶炼废气协同净化

某有色金属冶炼厂为生产钽、铌和稀土金属的冶炼厂，主要产品有钽、铌氧化物、碳化物、金属粉末及棒、条、丝、片、管、晶体和稀土氧化物、三基色荧光灯粉及镧、镨、钕、钐、镝、钇等稀土金属，不同规格的品种近60个。

生产能力：年产钽金属22t，铌金属14t，钽铌氧化物150t，稀土氧化物170t。

1. 生产工艺流程及废气的来源

钽铌精矿加水用球磨磨细至200目后，投入装有氢氟酸、硫酸的溶解槽中、加热保温，待矿石溶解完全后，用仲辛醇通过矿浆和清液两步萃取，分离提纯钽和铌。钽液经转化、结晶、烘干生产钽氟酸钾，或钽液经调洗、沉淀、烘干、煅烧生产氧化钽。钽氟酸钾经钠还原、酸水洗和热处理等工序生产钽粉。钽粉再按需要进行深加工，铌液经调洗、沉淀、烘干煅烧生产氧化铌，氧化铌再经碳还原、热处理等工序生产铌粉。铌粉再根据要求进行深加工。废气主要来源为溶矿、萃取、滤渣等工序。其次为沉淀、转化和煅烧氧化物等。

钽铌冶炼工艺流程见图5-20。

2. 废气的组成与产生量

用氢氟酸、硫酸溶矿、生产钽铌的工艺，产生的废气主要有氟化氢、硫酸雾、氨、氯化氯、粉尘等，其排放浓度大致为：HF 4～80mg/m^3、H_2SO_4雾2～60mg/m^3、NH_3 15～100mg/m^3、HCl 0.5～5mg/m^3，粉尘（钽铌氧化物）0.02～5.0mg/m^3。

上述废气的产生量过去无实测资料，也无物料衡算的依据。净化排放量大致为（1.0～1.5)$\times 10^{10}$ m^3/a。

3. 废气处理工艺流程

生产岗位产生的废气，通过局部抽风送入废气净化系统，首先进入冷凝器的部分酸需冷凝成酸回流使用。未冷凝成液态的气体经高压风机抽入湍球塔淋洗净化后送入排气塔高空排放。

废气处理工艺流程见图5-21。

4. 主要设备及构筑物

废气净化的主要设备为离心通风机、湍球塔和塑料离心泵，构筑物有循环水池和排气塔。

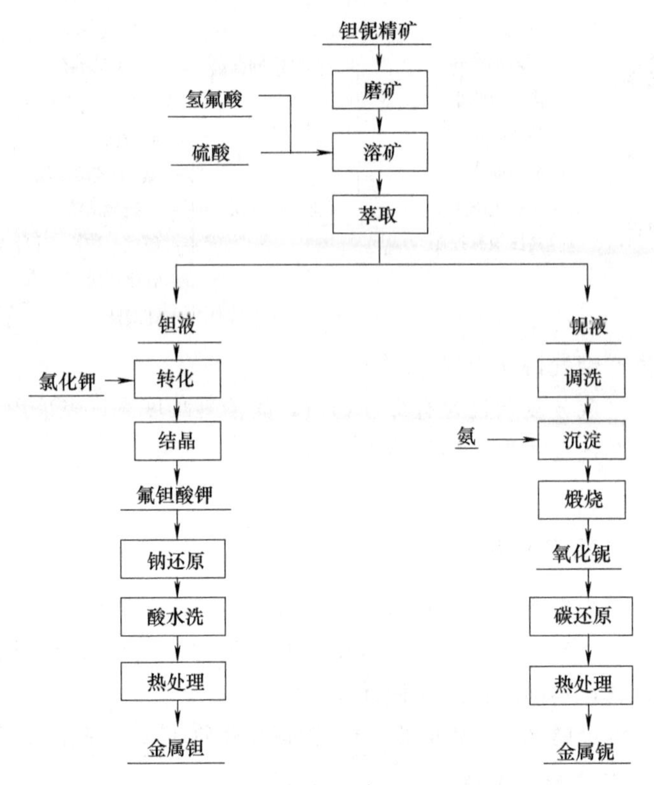

图 5-20 钽铌冶炼工艺流程

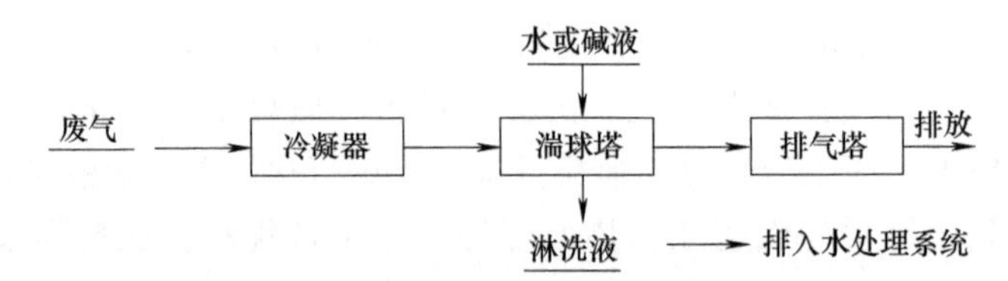

图 5-21 钽铌湿法冶炼废气净化工艺流程

主要设备及构筑物见表 5-17。

表 5-17 废气净化设备及构筑物

名称	规格	单位	数量
高压离心通风机	9-26No9D	套	4
湍球塔	ϕ1200	台	4
塑料离心泵	10Ⅰ-Ⅱ	台	10
排气塔	高 70m	个	1
循环水池	ϕ4000	个	2

5. 处理效果

经投产后多年使用，处理效果良好，废气达标排放，产生相应的环境效益、社会效益和经济效益。

6. 工程设计特点

主要包括：a. 工艺简单，工程造价低，适于我国现阶段情况；b. 采用聚氯乙烯塑料能达到防腐蚀要求；c. 采用衬胶高压风机基本能满足生产岗位排气和防腐蚀要求；d. 湍球塔再加淋洗，净气效果能达到排气标准。

五、双碱两级吸收法协同治理含氯废气

某厂可年产电解钴 200t。

1. 生产工艺流程和废气来源

见图 5-22。

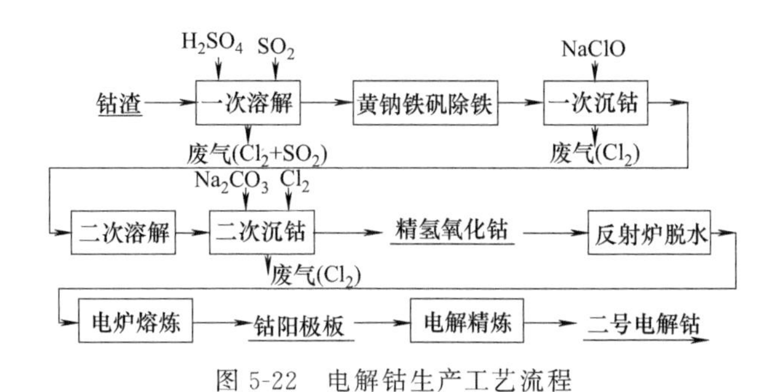

图 5-22 电解钴生产工艺流程

从流程中可见，除黄钠铁矾除铁和二次溶解两工序外，各过程均不同程度地要使用氯气和释放氯气。

所处理的废气中含氯在 5.66～16.66g/m^3 废气的产生量平均为 5787.76m^3/h，日产出废气含氯重约 1t。

2. 废气处理工艺流程

废气处理工艺流程见图 5-23。

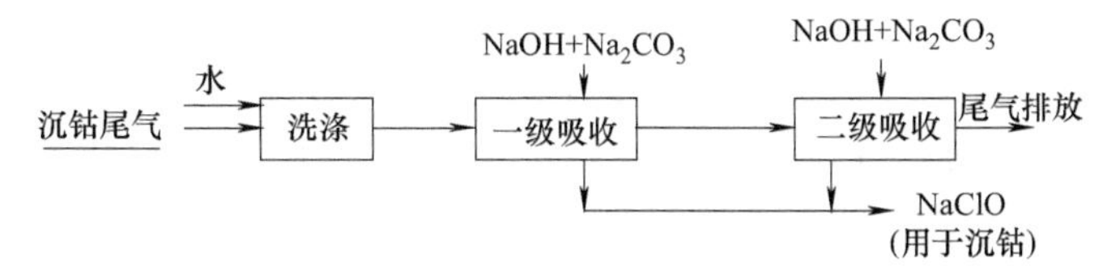

图 5-23 废气处理工艺流程

3. 主要设备及构筑物

见表 5-18。

表 5-18 主要设备及构筑物

名称	单位	数量	规格、型号
洗涤塔	座	1	φ1200mm×2100mm
吸收塔	座	2	φ1200mm×3500mm
风机	台	2	No10
水循环罐	个	1	φ2000mm×2000mm
碱循环罐	个	2	φ2000mm×2000mm

4. 工艺控制条件

见表5-19。

表5-19 工艺控制条件

项目	指标
洗涤用水	每天 $6m^3$，循环使用，使用周期24h
吸收液	两级吸收，Na_2CO_3 浓度为70% NaOH浓度为20%
吸收后溶液	控制pH=9，有效氯45～60g/L 游离碱5～9g/L

5. 治理效果

通过几年来的生产实践证明，改造后的氯气吸收系统达到了预期的效果。氯气吸收率达95%以上，岗位含氯和排放含氯降低到 $1mg/m^3$ 以下。如表5-20所列。

表5-20 余氯吸收前后的组成

吸收前数量/(g/m^3)	吸收后数量/(g/m^3)
9.06	0.005
11.49	0.01
6.60	0.34
16.66	0.011
11.00	0.22
5.66	0.12
6.85	0.22

6. 工程运行情况

该处理废气装置自投产以后，曾进行过如下4次大的改造，使余氯的净化、吸收逐步地达到预期的目标：第1次，由鼓泡池改为塔式吸收，解决了尾气泄漏和二次污染问题；第2次因吸收塔内波纹板填料易变形、坍塌而改为塑料管（罗茨型）作为填料；第3次，因塑料管填料易被吸收液结晶物堵塞而改用塑料球；第4次，因塑料球也解决不了被结晶物堵塞使系统阻力增大的问题，选用塑料格子板作填料，并将冲击式洗涤净化气体改为喷淋式净化法，且将洗涤水循环使用。通过生产实践，该次改造较成功。不仅使排放的尾气达到了排放标准，而且吸收后的尾液可用于车间生产流程中的一次沉钴工序作氧化剂。其主要技术经济指标如表5-21所列。

表5-21 主要技术经济指标

项目	单位	指标
处理废气量(标态)	m^3	13.89×10^4
设备总动力	kW	50.6
电耗(按每立方米废气计)	$kW\cdot h/m^3$	0.119
占地面积	m^2	210

六、碳酸钠溶液净化法协同治理含氯废气

某厂主要产品有电镍和电钴，其生产规模为年产电镍3000t、电钴80t。

1. 生产工艺流程和废气来源

生产工艺流程见图 5-24。

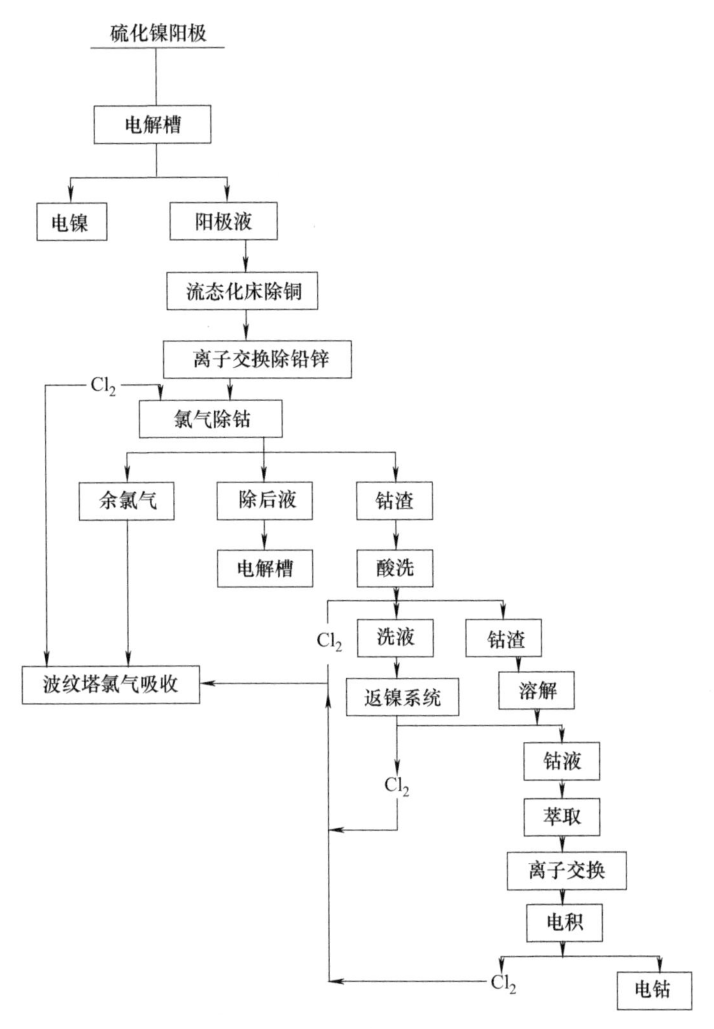

图 5-24 生产工艺流程

含氯废气来自：a. 硫化镍电解过程中阳极液在氯气除钴、铁时产生未吸收的氯气；b. 电镍生产时用氯气浸出镍补充镍离子浓度时未起反应的氯气；c. 酸洗钴渣时反应产生的氯气；d. 不溶阳极电积钴生产时产生的氯气；d. 钴渣溶解放出的氯气。

废气中主要成分为氯和二氧化碳。含氯浓度很不稳定，低时为 0.2g/m^3，高时为 10～28g/m^3。超过国家标准 10～20 倍。废气来源与组成见表 5-23。含氯废气每年产生量为 6.42×10^{7}m^3。

表 5-22 废气来源与组成

来源	组成/(g/m^3)	
	含氯浓度	含二氧化碳浓度
一个洗渣槽	2～28	1.65～8
一个除钴槽	0.71～1.35	16～26
混合气源	1.2～5.47	14.96～24.64

2. 废气处理工艺流程

见图 5-25。

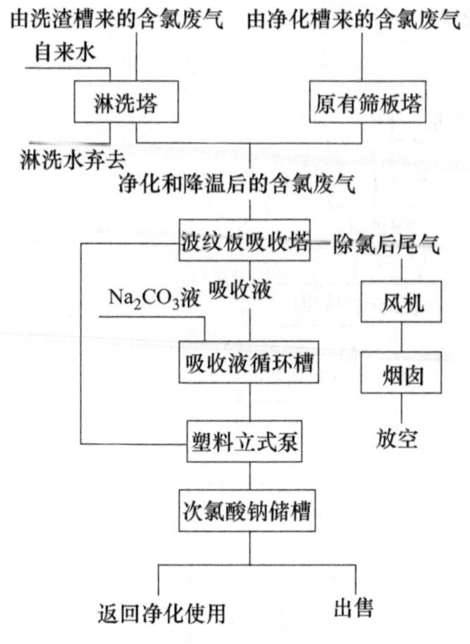

图 5-25 废气处理工艺流程

3. 主要设备及构筑物

主要设备及构筑物如表 5-23 所列。

表 5-23 主要设备及构筑物

名称	单位	数量	设计参数
淋洗塔	座	1	用聚氯乙烯硬板焊接而成 尺寸：直径 ϕ1000mm×3400mm
波纹塔	座	2	用聚氯乙烯硬板焊接而成 尺寸：直径 ϕ1200mm×3482mm 直径 ϕ1400mm×5030mm
吸收液循环槽	座	2	尺寸：2300mm×1000mm×1100mm 1700mm×1000mm×1100mm
塑料试泵	台	7	扬程 10m 流量 28m^3/h
塑料风机	台	2	塑料外壳，钛材叶轮，配电动机为 JO_2-71-4，N=22kW 规格 H=400mm×9.80665Pa Q=10000m^3/h
配碱槽	座	1	尺寸：直径 ϕ2000mm×2000mm
煮碱槽	座	1	ϕ20000mm×1700mm
次氯酸钠储槽	座	2	尺寸：ϕ2000mm×2000mm
铸铁泵	座	1	规格 3BA-9 型

4. 工艺控制条件

工艺控制条件如表 5-24 所列。

表 5-24 工艺控制条件

项目	控制条件
进入吸收塔废气	温度：＜35℃； 不带酸雾；不带金属粉尘及其溶液
吸收液碱量	开槽前 110～130g/L； 出槽后 10～20g/L
温度	＜40℃ 不得接触金属物件
净化后尾气 次氯酸钠溶液	含氯量＜80mg/m^3 含有效氯＞50g/L

5. 治理效果

含氯废气经本装置处理后，尾气含氯量低于 80mg/m^3，去除效率高达 99%以上。获得的产品（次氯酸钠）含有效氯可达 45～65g/L，既可返回镍生产系统净液除钴，也可供造纸、纺织业等应用。

6. 工程设计特点

① 设备制作简单，厂房无特殊要求，投资省，上马快；
② 自然冷却好，吸收槽是敞开的，又是循环吸收，所以不需要另外搞冷却设备；
③ 塔、风机、泵、槽子、管道等设备均用塑料材料，不存在腐蚀问题；
④ 波纹塔阻力小，风机容易选择，动力消耗低（见表 5-25）；
⑤ 风机置于波纹塔之后，系统是负压操作，既安全又便于管理。

表 5-25 主要技术经济指标

项目	单位	指标
处理含氯气量	m^3/d	9800
设备总装机容量	kW	45
电耗(按每立方米废气计)	kW·h/m^3	20
占地面积	m^2	120

七、海绵钛生产中含氯废气协同治理

某厂是以铝、镁、硅、钛为主产品的生产企业，其海绵钛生产主要采用克劳尔法（镁热还原法），即利用金属镁作还原剂，在高温惰性气氛下连续加入纯净的四氯化钛液体，使其还原成海绵钛，生产规模可达到年产 500～800t 水平。

1. 生产工艺流程及含氯废气来源

（1）生产工艺流程　见图 5-26。

（2）含氯废气来源　从海绵钛生产工艺看，氯污染主要是生产四氯化钛过程中造成的，如钛氯化的尾气、氯化炉排渣时带出的烟气、除尘、冷凝、浓缩、过滤后含氯残渣罐的更换与水

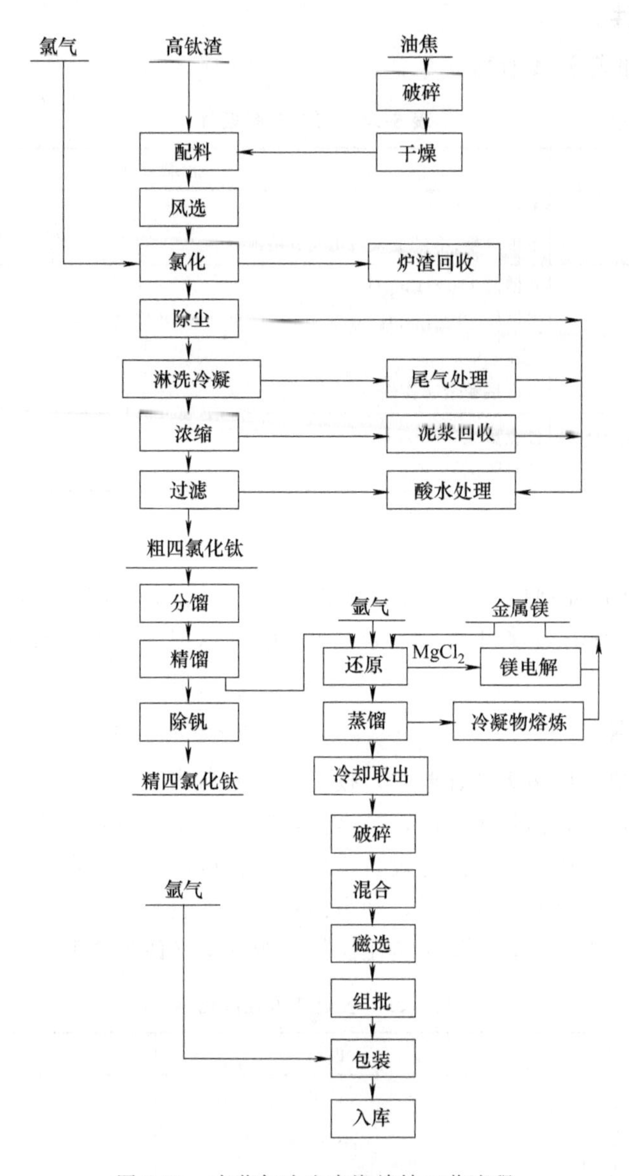

图 5-26 克劳尔法生产海绵钛工艺流程

解过程中产生的盐酸性烟气，以及含氯废酸水等都严重地腐蚀厂房建筑、设备，污染环境。

2. 钛氯化尾气的治理

所谓氯化尾气是指钛氯化生产过程中经除尘、淋洗、冷凝将生成的四氯化钛气体液化后，剩余的不凝缩气体和少量未被冷凝下来的 $TiCl_4$、$SiCl_4$ 等氯化物以及未充分参与反应而随之逸出的游离氯。其组成范围见表 5-26。

表 5-26 氯化尾气组成 单位：%

CO	CO_2	N_2	Cl_2	$\Sigma Cl_2$①	$COCl_2$	$TiCl_4$
20～40	10～30	<20	<1.0	10～20	—	20～50g/m^3

① 含 HCl 在内。

氯化尾气处理工艺流程见图 5-27。尾气处理由两步组成，其中第一步是除去尾气中 HCl 气体及将 Ti、Si 等氯化物水解，主要是利用 HCl 与 $TiCl_4$、$SiCl_4$ 等氯化物具有易溶于水和稀酸的性质。尾气中 HCl 进入 1# 吸收塔后被浓度较大的稀酸进行循环喷淋吸收，Ti、Si 氯化物同时被水解为相应的水合物，当循环液增浓到含 HCl 20%左右时，进行过滤，滤液流入酸池内作为副产盐酸贮存。同时将 2# 循环槽内含 8%～10%的稀盐酸送到 1# 吸收塔作循环淋洗液。未被吸收的 HCl 气体，进入 2# 吸收塔用水循环吸收，经两塔后尾气中 HCl 有 98%被吸收下来。第二步是除氯，尾气中游离氯是利用 $FeCl_2$ 溶液易与 Cl_2 反应生成 $FeCl_3$ 而达到除氯目的，其反应式为：

$$2FeCl_2 + Cl_2 \longrightarrow 2FeCl_3$$

$$2FeCl_3 + Fe \longrightarrow 3FeCl_2$$

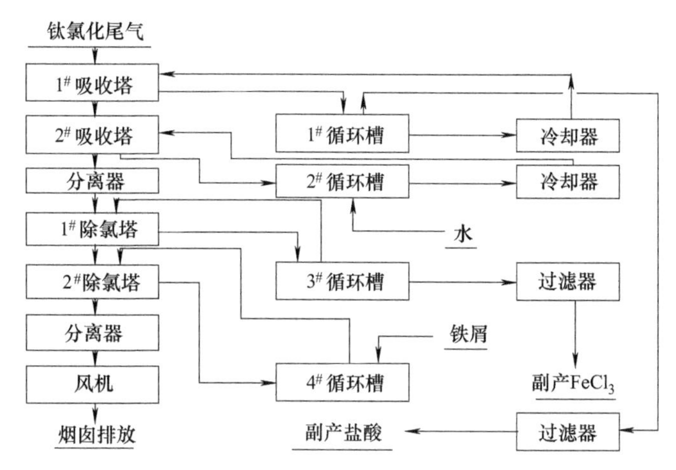

图 5-27 氯化尾气处理工艺流程

除 HCl 后的含氯尾气进入 1# 除氯塔被 $FeCl_2$ 与 $FeCl_3$ 形成的循环液喷淋吸收，当循环液增浓到 $\gamma=1.3$（即 $FeCl_3$ 浓度达到 25%～30%）时，进行过滤，滤液流入酸池内，作副产品外销，未被吸收的氯气在 2# 除氯塔内用浓度更高的 $FeCl_2$ 溶液淋洗达到除氯目的，一般经两个除氯塔后氯气的净化率达到 75%以上。也就是说，在目前的装置条件下，尾气含游离氯在 3%以下都可以达到排放要求。

3. 主要设备及构筑物

见表 5-27。

表 5-27 主要设备及构筑物

设备名称	规格	数量	材质
吸收塔	ϕ600mm δ= 8mm	2	聚乙烯外衬玻璃钢
除氯塔	ϕ600mm δ=8mm	2	
分离塔	ϕ800mm	2	聚乙烯外衬玻璃钢
冷却器	$F=10m^2$		石墨
循环槽	ϕ1800mm δ=10mm	2	聚乙烯外衬玻璃钢
3#、4# 循环槽	$V=7m^3$	2	玻璃钢
过滤器	ϕ800mm	2	
耐酸泵	ϕ50mm	4	

续表

设备名称	规格	数量	材质
风机	7500～15000m^3/h,1.8kPa	2	Ti
产品储槽	$V=40m^3$	2	耐酸砌体

4. 工艺控制条件

酸吸收塔：循环液最终浓度含 HCl 15%～20%。

除氯塔：循环液浓度控制 $\gamma=1.15\sim1.25$。

5. 处理效果

尾气中 HCl 净化率：98%。

除氯效率：>75%。

6. 工程设计特点

本工程设计的全部设备、管道材质（风机除外）均为硬聚氯乙烯塑料，外衬三层玻璃钢增强，已应用 10 年，大部分管道基本完好，法兰为钢制活法兰，其腐蚀则较严重，因此这种结构是适用于处理酸性物料的。在工艺流程与方法上对除去尾气中的 HCl、Cl_2 是有效的，与采用石灰乳中和比较可以降低运行费用，且收回数量较多的副产品。

第四节 电解铝厂含氟烟气协同减排技术

熔盐电解法炼铝，用氟化盐（NaF、Na_3AlF_6、MgF_2、CaF_2、AlF_3 等）作电解质，与原料中的水分和杂质反应，生成 HF、SiF_4、CF_4 等气态氟化物，加工操作过程中造成氧化铝和氟化盐粉尘飞扬，部分气态氟能吸附于固体颗粒表面，随电解烟气散发出来。每炼 1t 铝产生氟 16～22kg，预焙阳极电解槽散发氟较少，固体氟比例较高，自焙阳极电解槽氟化盐消耗较多，烟气中还含有沥青烟，污染环境较严重。

一、烟气捕集技术

烟气捕集首先选用直接捕集电解槽散发的烟气的方式。通过电解槽密闭罩捕集从料面和阳极处散发的烟气，经排烟管道汇集，由引风机引入净化装置，去除污染物后排放。电解槽的烟气捕集率和处理烟气量因槽型和槽容量而异（见表 5-28）。与天窗捕集方式相比，地面捕集方式处理烟气量少，烟气含氟浓度较高，净化效率和经济效果较好。新建电解铝厂或老厂技术改造普遍采用地面捕集方式。

表 5-28 电解槽烟气捕集率和排烟量

槽型	上插槽	侧插槽	预焙槽
烟气捕集率/%	75～85	80～90	95～98
每吨铝排烟量/1000m^3	20～30	300～400	150～200

二、含氟烟气干法净化原理

20 世纪 60 年代开始在铝电解烟气净化工程中应用干法协同净化技术，既可以净化铝电解烟气中气态氟化物，又同时去除固体颗粒物。氧化铝是铝电解生产原料，具有微孔结构和很强的活性表面，国产中间状氧化铝比表面积为 30～35m^2/g。在烟气通过吸附器过程中，HF 气体吸附于氧化铝表面，生成含氟氧化铝，然后通过袋式除尘器捕集下来，直接运到电解生产使用。该法不存在二次污染和设备腐蚀等问题，尤其适于净化预焙槽烟气，净化效率可达 99%。

在现代铝厂，无论何种型式的电解槽，烟气中 HF 的质量浓度都并不高，一般只有 40～100mg/m^3，最高也不过 200mg/m^3。气固两相的反应是在 Al_2O_3 颗粒庞大的表面上进行的，必须大大强化扩散作用，推动 HF 顺利克服气膜阻力而达到 Al_2O_3 表面，为了保证这一过程有效地进行，应该提供良好的流体力学条件，概言之有以下几个方面：a. 适宜的固气比（Al_2O_3 浓度）；b. Al_2O_3 粒均匀分散；c. 颗粒表面不断更新；d. 足够的接触时间。

三、协同净化流程

实用的干法净化有流化床干法净化流程和输送床干法净化流程两种流程。

1. 流化床干法净化流程

为美国铝业公司开发的流化床净化流程，烟气以一定速度通过氧化铝吸附层，氧化铝则形成流态化的吸附床，烟气中的 HF 被氧化铝吸附后，通过上部的袋式除尘器净化后排放。氧化铝吸附床层厚度在 50～300cm 之间调节，氧化铝在吸附器中停留时间 2～14h，被捕集的含氟氧化铝可抖落在床面上予以回收。

2. 输送床干法净化流程

为法国空气工业公司推出的，该法将氧化铝吸附剂直接定量加入一段排烟管道，在悬浮输送状态下完成吸附过程。吸附管道长度决定于吸附过程所需时间和烟气流速。为防止物料沉积，烟气流速一般不应小于 10m/s（垂直管段）或 13m/s（水平管段），气固接触时间一般大于 1s。由吸附管段出来的烟气经袋式除尘器进行气固分离，分离出来的含氟氧化铝送至电解生产使用。该流程在我国已获得普遍应用。

为了完成这一过程，人们设计了各种类型的反应器和分离装置，概括起来不外乎“浓相”流化床和“稀相”输送床两类，它们的流程见图 5-28 和图 5-29。

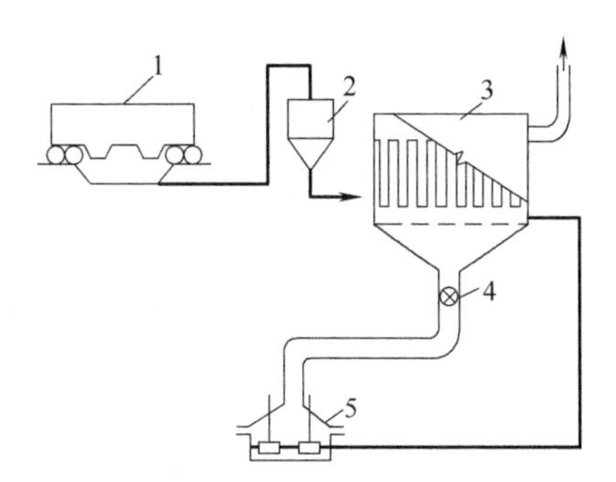

图 5-28 流化床净化含氟废气工艺流程

1—氧化铝；2—料仓；3—带袋滤器的沸腾床反应器；4—排烟气；5—预焙电解槽

两种类型的净化系统都是由反应器、风机和分离装置三部分组成的。工业应用表明，各

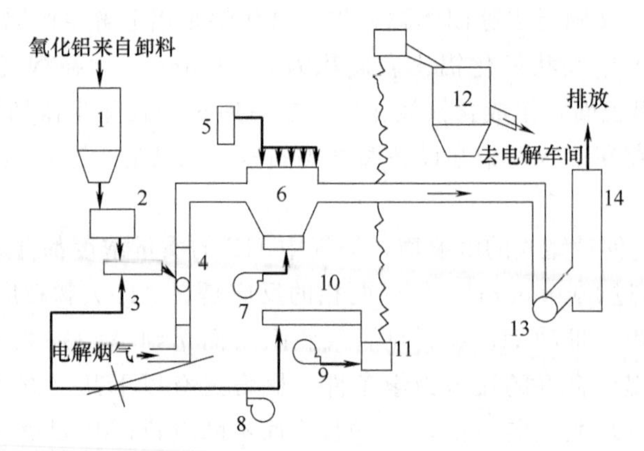

图 5-29 干法烟气净化工艺流程

1—新氧化铝储槽；2—定量给料器；3—风动溜槽；4—VRI 反应器；
5—气罐；6—袋式除尘器；7，9—罗茨鼓风机；8—离心通风机；10—风动溜槽；
11—气力提升机；12—载氟氧化铝储槽；13—主排风机；14—烟囱

项指标皆令人满意。HF 净化效率在 99%以上，粉尘净化效率在 98%以上，环境质量均达到要求，全部操作实现自动化和遥控。

在净化系统中，烟气是分散介质，Al_2O_3 作为分散相，必须高度分散，分散均匀，使每一个 Al_2O_3 颗粒的每一块表面都能充分发挥吸附作用。从这个角度出发，固定床反应器是远不如流化床和输送床反应器的。三者所采用的气流速度以固定床最低，输送床最高（表 5-29）。

表 5-29 三种反应器的气速和雷诺数

反应器类型	固定床	流化床	输送床
气流速度/(m/s)	0.15～0.25	0.3	15～25
雷诺数范围	$<10^4$	$(1\sim3)\times10^4$	$\geq5\times10^5$

流化床和输送床的湍动程度较强烈，具有自搅拌作用，固体颗粒外层气膜要比固定床的薄得多。根据界面动力学状态理论，气膜的厚度随湍动程度而改变。湍动强力的输送床，在气固界面上产生大量的漩涡，由于漩涡对界面的冲刷，使界面不断获得更新。传质是沿着漩涡进行的，这种湍流扩散有利于气体向微孔内表面深入。

生产中广泛采用流化床和输送床反应装置，有的采用强膨胀和涡漩反应器，就是为了改善体系的流体力学条件，强化扩散-吸附过程。

在一定条件下，尾气中 HF 浓度与气固接触时间有关系。试验证明，接触时间只需 0.6～0.8s，尾气中 HF 的浓度就趋于不变，接触时间再增加已是徒劳无益。保证必须而足够的接触时间是通过反应器的设计来实现的。

四、铝厂干法净化含氟烟气实例

某铝厂设计规模年产电解铝 8 万吨，电解系列共有容量 160kA、中间下料、大型预焙阳极电解槽 208 台（实际生产槽数 200 台），生产能力每小时 9.333t。电解槽配置在 4 栋厂房内（见图 5-30）。

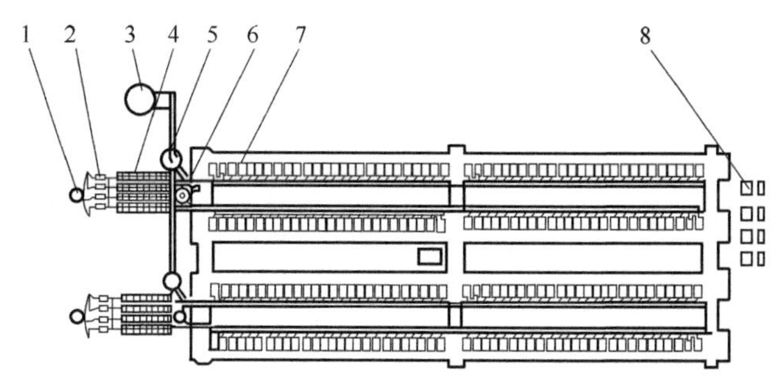

图 5-30 电解车间平面配置

1—烟囱（35m 高）；2—排烟机；3—8000t 氧化铝储仓；4—袋式过滤器；5—800t 氧化铝储仓；6—500t 循环氧化铝仓；7—160kA 电解槽；8—整流所

(一) 生产工艺流程及主要原材料消耗

铝的电解生产工艺流程如图 5-31 所示。主要工艺操作全部由一台 PDP-11/34 型电子计算机控制中心来控制。每栋厂房配有多功能天车 2 台。

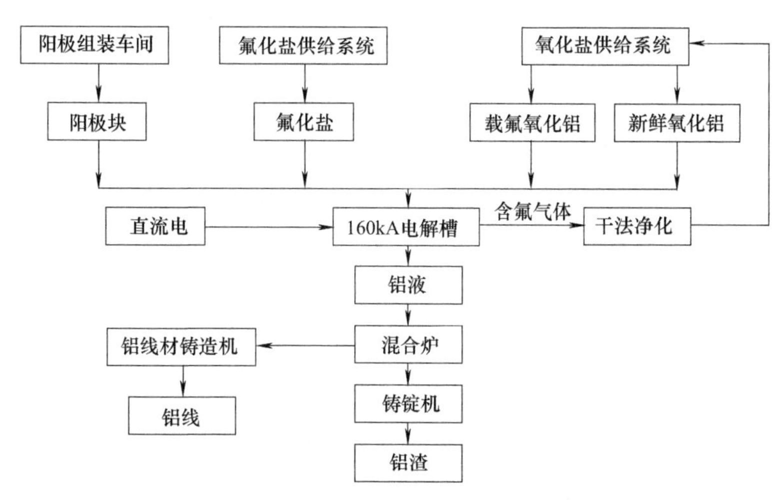

图 5-31 生产工艺流程

电解加工包括打壳、加料、出铝、换阳极以及效应加工等。该槽设有中心打壳加料装置，共 6 个打击头，6 个料箱，每小时加料一次，每次 90kg，平均每个加料点 15kg；每天每槽出铝一次。

电解过程主要原材料消耗如表 5-30 所列。

表 5-30 主要原材料单耗（按吨铝计） 单位：kg/t

原料名称	设计指标	实际消耗	原料名称	设计指标	实际消耗
氧化铝	1930	1938	冰晶石	50	18
阳极	585	630	氟化钙	1.0	1.0
氟化铝	27	31	碳酸钠	0.4	0.4

(二) 烟气来源和产生量

废气主要来自铝电解槽。主要有害废物有氟化物（含气态氟和固态氟）和粉尘；其次，还含有少量的二氧化硫和烃类化合物等。

氟的产生量实测值比设计值高。图 5-32 为 300d 槽龄的电解过程的收支平衡图。由图 5-32 得知，电解过程每生产 1t 铝需要补给氟量 33.73kg。其中，由氟化盐中补充 16.14kg，占总氟量 47.9%；从载氟氧化铝回收和随阳极带入的量为 17.59kg，占总氟量的 52.1%。氟的支出量主要有两部分：一部分是被电解槽衬里吸收（蓄积）约 12.12kg，占总氟量的 35.9%；另一部分是进入干法净化系统约为 17.44kg，占总氟量的 51.7%。

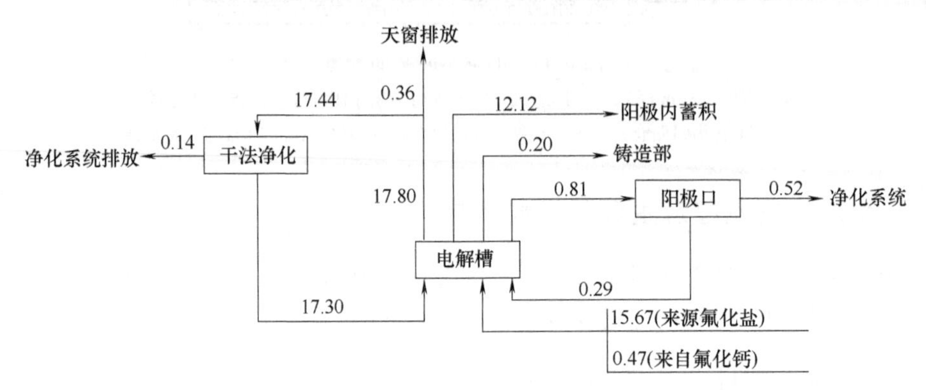

图 5-32 吨铝氟收支平衡图（单位：kg）

（三）废气处理工艺流程

电解系列共有两个烟气净化系统，每个净化回收系统（平面配置见图 5-33），主要由两根排烟干管、28 台布袋过滤器、4 台排烟机和 1 座 35m 高的钢烟囱以及吸附管段（指主烟道末端，新鲜氧化铝加料口至布袋过滤器入口处的管段）所组成。

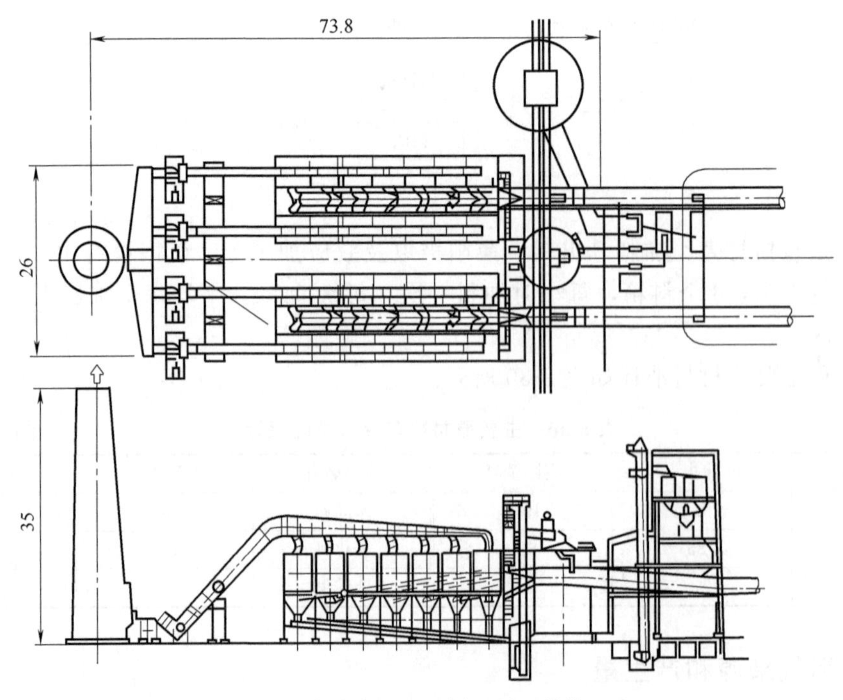

图 5-33 净化部平面、剖面图（单位：m）

废气处理工艺流程方框图和设备连接（示意）分别见图 5-34、图 5-35。

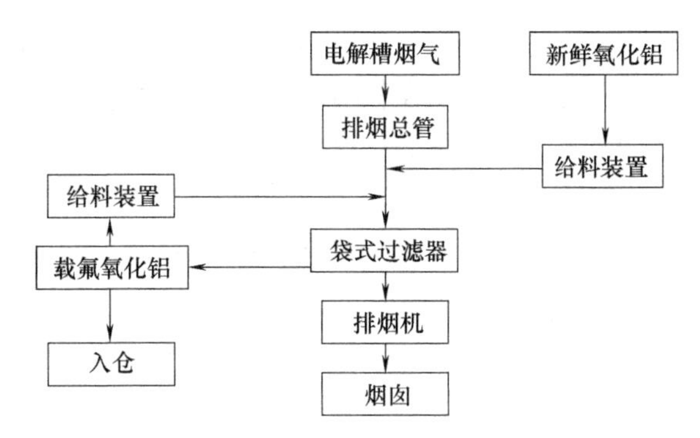

图 5-34 废气处理工艺流程

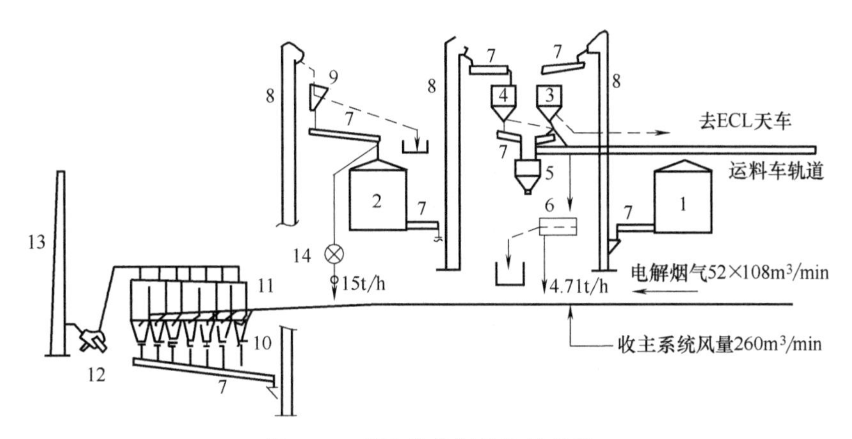

图 5-35 干法净化设备连接示意

1—8000t 氧化铝储仓；2—500t 循环氧化铝仓；3—30t 氧化铝日用仓；4—30t 含氟氧化铝仓；5—轨道运料车；6—电磁震动给料器；7—空气溜槽；8—斗式提升机；9—条筛；10—插板阀；11—袋式过滤器；12—排烟机；13—烟囱；14—回转给料器

（四）主要设备

废气处理装置主要包括集气和净化两部分。

1. 集气部分

（1）电解槽密闭罩由 38 块铝合金罩板组成；两个大面用 30 块斜坡式罩板密闭；两个小面共有 8 块罩板，其中 4 块为直角三角形罩板。电解槽罩板平面布置图、大面罩板剖面图，小面罩板配置分别如图 5-36～图 5-38 所示。

（2）排烟干管长 390m，每栋厂房有一条，它同 52 台电解槽的排烟支管相连接。为了使各槽之间等量排烟，排烟干管由 9 节变径管组成（管径为 ϕ606～2431mm，从远至近，由小变大）。

（3）等截面烟箱设在电解槽中间上方。为了达到均匀的排烟，在烟箱的四侧壁上开孔（孔径依距出口的远近距离由大变小），见图 5-39。

（4）排烟支管直径 ϕ600mm，它使电解槽上方的等截面排烟箱与厂房外的排烟干管相连，为了不使烟尘在支管内沉降积存，支管与干管连接的水平夹角为 42.10°。支管还装有气动控制的蝶阀，用于调节排烟量；此外，支管上还设有两段 ϕ600mm×300mm 的石棉管与电解槽绝缘。电解槽支烟管连接见图 5-40。

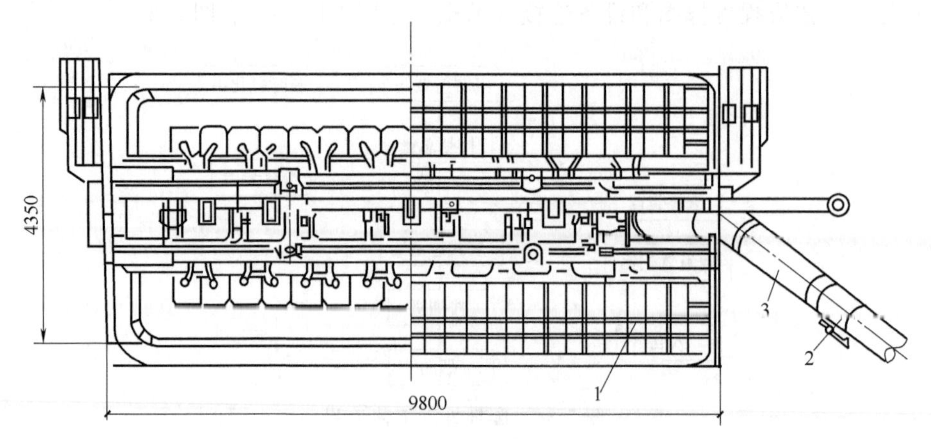

图 5-36 电解槽罩板平面布置

1—斜坡式罩板；2—气动蝶阀；3—支烟量

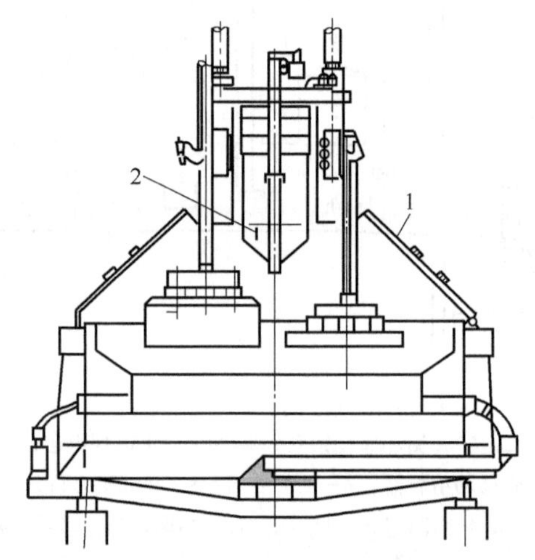

图 5-37 电解槽大面罩板剖面

1—斜坡式罩板；2—烟箱

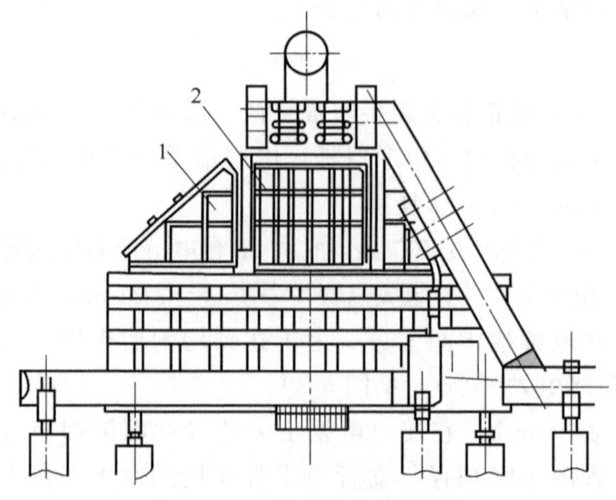

图 5-38 电解槽小面罩板配置

1—直角三角形罩板；2—拉门

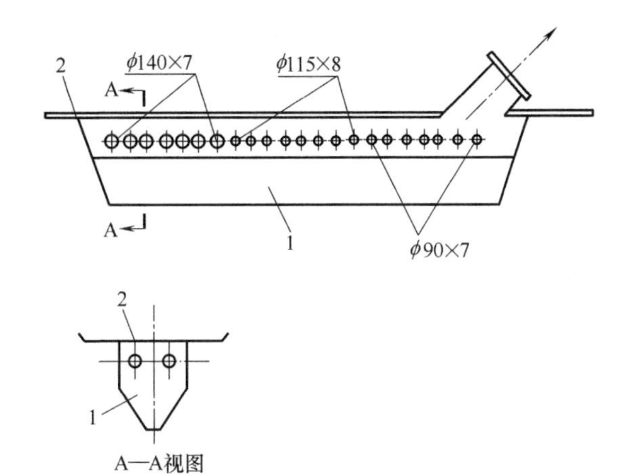

图 5-39 烟箱侧壁开孔示意（单位：mm）

1—烟箱；2—槽顶板

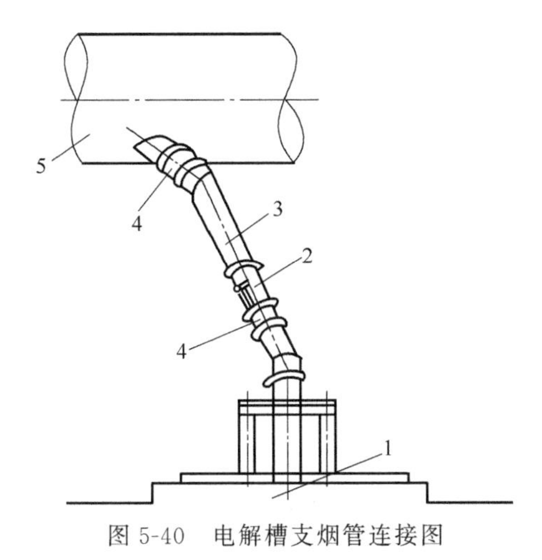

图 5-40 电解槽支烟管连接图

1—电解槽；2—气动蝶阀；3—支烟管；4—绝缘短管；5—主烟管

2. 净化部分

主要设备由三个部分组成：一是供料部分；二是净化和过滤部分；三是空气动力部分。主要设备如表 5-31 所列。

表 5-31 主要设备

设备名称		单位	数量	设计参数
供料部分	氧化铝储仓	座	2	容量 800t
	载氟氧化铝仓	座	2	容量 500t
	氧化铝日用仓	座	2	容量 30t
	载氟氧化铝日用仓	座	2	容量 30t
	斗式提升机	台	4	25t/h
	斗式提升机	台	4	40t/h
	冰晶石储仓	座	2	容量 30t
	氟化铝储仓	座	2	容量 15t
	电磁震动给料器	台	4	能力 5t/h
	回转给料器	台	4	能力 20t/h

续表

设备名称		单位	数量	设计参数
净化和过滤部分	袋式除尘器	台	56	1276.5m^2/台
	排烟机	台	8	压力 3950Pa 流量 2940m^3/min 功率 300kW
	烟囱	座	2	高度 35m
空气动力部分	无油空压机	台	4	压力 8kg/cm^2 流量(标态)11m^3/mm 功率 100kW
	压缩空气干燥器	台	4	入口压力 8kg/cm^2 流量(标态)11m^3/min
	高压鼓风机	台	6	压力 1050mmH_2O 流量 500m^3/min 功率 19kW

3. 工艺控制条件

工艺过程条件主要是控制电解槽的集气效率、氧化铝（含循环氧化铝）的加入量及布袋过滤器的阻力等：a. 电解槽的集气效率 98%，正常作业单槽排烟量 6000m^3/h，更换阳极时单槽排烟量加大到 15000m^3/h；b. 新鲜氧化铝加入量 18.84t/h；c. 循环氧化铝加入量 160t/h；d. 袋式过滤器阻力 1680～2000Pa。

（五）治理效果

干法净化效果包括三个方面：一是电解槽的集气效率；二是吸附净化效率；三是吨铝向大气排氟的总量。表 5-32 设计指标和交工验收的实测值。

表 5-32 中各项指标表明工程设计是成功的。

表 5-32 设计指标与交工验收实测值

项目名称	单位	设计指标	验收值
集气效率	%	98.0	98.21
净化效率	%	99.0	99.23
烟囱排氟浓度(标态)	mg/m^3	1.5	1.29
天窗排氟浓度(标态)	mg/m^3	0.5	0.48
烟囱排尘浓度(标态)	mg/m^3	3.0	1.49
天窗排尘浓度(标态)	mg/m^3	1.0	0.97
吨铝排氟量	kg	0.6	0.5

工程运行后运行情况基本良好。

（六）工程设计特点

1. 设计特点

① 用电解铝原料——氧化铝吸附电解过程中散发的氟化物，然后将载氟氧化铝返回电

解槽使用；

② 净化工艺流程短、设计合理，运行稳定、净化效率高，处理效果达到国家标准的要求；

③ 吸附反应采用管道化，比之其他吸附装置，具有阻力小，能耗低，易操作等特点；

④ 载氟氧化铝可直接回槽使用，每年回收的氟量，相当于电解消耗氟化盐含氟量的50%，经济效益好。

2. 设计经验

（1）净化系统排烟量的确定　一个净化系统包括两栋厂房104台槽的排烟量。一栋厂房52台电解槽的排烟量计算如下：

① 当52台电解槽全部密闭时，其设计排烟量为$52\times108m^3/min=5616m^3/min$。外加除尘系统风量$260m^3/min$，取值$5880m^3/min$。

② 当有取罩操作情况下，电解槽排烟量有如下考虑：a. 52台槽当中仅考虑两台取罩作业，单槽排烟量按$250m^3/min$计算；b. 其余50台槽全密闭状态，排烟量按$100m^3/min$计，另外再加上除尘系统风量$260m^3/min$，总排烟量为$(2\times250+50\times100+260)\ m^3/min=5760m^3/min$（小于$5880m^3/min$），故一个净化系统的排烟量为$2\times5880m^3/min=11760m^3/min$。

（2）袋式除尘器的选择　由图5-31知，一个净化系统设有两组净化回收装置，每组由一吸附管段和14台袋式除尘器组成。一个净化系统有28台袋式除尘器，两个净化系统共56台袋式除尘器。

每台除尘器内有320条滤袋，滤袋直径$\phi116mm$，长2515mm。每台除尘器的过滤面积为$276.5m^2$（滤料为聚酯针刺毛毡，每平方米重600g，厚度1.6mm）。

运行过程中可能有三种情况，三种情况下的设计参数如表5-33所列。

表5-33　袋式过滤器性能参数表

项目	28台运转时	26台运转时	24台运转时
额定过滤风量/(m^3/min)	420	452	500
过滤面积/m^2	276.5	276.5	276.5
过滤风速/(m/min)	1.52	1.64	1.81
清灰方式	脉冲反吹	脉冲反吹	脉冲反吹
烟气温度/℃	<100	<100	<100
反吹压力/MPa	0.7	0.7	0.7
反吹间隔/s	2～20	2～20	2～20
反吹宽度/ms	200	200	200
额定阻力/Pa	1647.5	1774.9	1961.2
入口含尘浓度/(g/m^3)	56	56	56

（3）排烟机的选择　一个净化系统设4台排烟机（见图5-41）。每台排烟机的排烟量为$2940m^3/min$。排烟管道系统阻力由两部分组成：一部分为管道阻力，计算结果为2088.8Pa；另一部分为袋式除尘器的阻力1775Pa，两者合计为3863.8Pa。确定排烟机参数如下：流量$2940m^3/min$；压力3873.6Pa；转速1470r/min；直联电动机功率300kW。

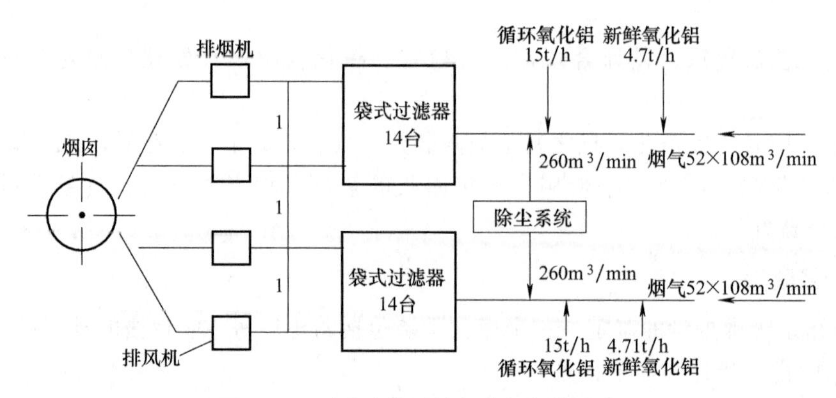

图 5-41 干法净化系统氧化铝加料示意

(4) 有害物浓度与氧化铝用量　烟气中氟的浓度与氟的散发量成正比，与排烟量成反比。设计参数如下：

$$\bar{C}=\frac{17.44\times 0.5\times 0.047\times 10^6}{108\times 60}=63(\mathrm{mg/m^3}) \tag{5-3}$$

式中　$\bar{C}$——电解槽烟气中氟化氢平均浓度；

17.44——吨铝烟气中全氟发生量，kg/t；

0.5——气氟占全氟的比值；

0.047——单槽每小时产铝量，t/h；

108——单槽设计排烟量，$\mathrm{m^3/min}$。

氧化铝用量原设计情况如图 5-41 所示。

当新鲜氧化铝 100％通过净化系统时，52 台槽投入吸附管道的氧化铝量为：

$$G_{新}=\frac{1.93\times 1.127\times 52}{24}=4.71(\mathrm{t/h}) \tag{5-4}$$

式中　$G_{新}$——52 台槽氧化铝小时用量；

1.93——每吨铝氧化铝消耗量，t/t；

1.127——单槽日产铝量，t/（d·槽）。

烟气中新鲜氧化铝的浓度：

$$C_{新}=\frac{4.71\times 10^6}{2\times 2940\times 60}=13.35(\mathrm{g/m^3}) \tag{5-5}$$

式中　2×2940——一栋厂房（半个净化系统）的排烟量，$\mathrm{m^3/min}$。

如图 5-41 所示，投入吸附管道的循环氧化铝数量为 15t/h，这时吸附管道中氧化铝总浓度为：

$$C_{总}=\frac{(4.71+15)\times 10^6}{2\times 2940\times 60}=55.87(\mathrm{g/m^3}) \tag{5-6}$$

(5) 吸附管段　吸附管段指主烟道末端，自新鲜氧化铝加料口至袋式过滤器入口的管段。在该管道的长度中完成氧化铝对烟气中氟化氢气体的吸附过程。

氧化铝吸附氟化氢的能力与氧化铝的物理和化学性质有关，特别是氧化铝的比表面积，比表面积大则吸附氟量亦大，吸附效率高。氧化铝比表面积（BET）与对氟的吸附净化效率关系曲线如图 5-42 所示。

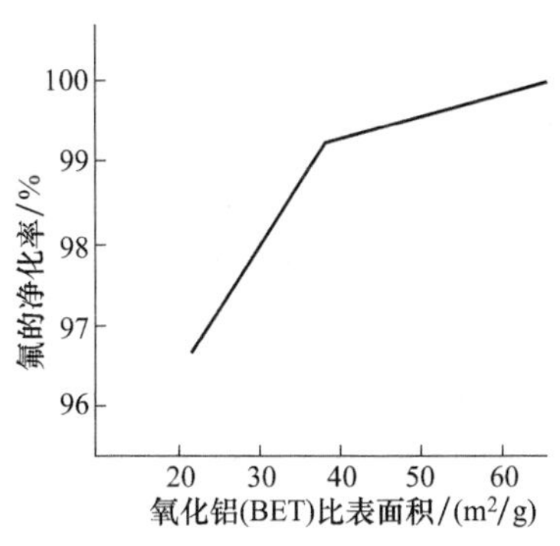

图 5-42 氧化铝比表面积与氟净化率关系曲线

当然，吸附效率除与氧化铝投入量多少有关外，还与气固两相接触的时间和气流状态有关。气固两相接触反应的时间取决于吸附管段长度和烟气流速的大小。吸附管段长 30m，烟气流速 18～20m/s，两相接触时间 1.5s。

(6) 有害物氟的排放量（设计参数） 由图 5-32 氟收支平衡图得知，电解槽在生产过程中，吨铝发生量为 17.8kg，电解槽的集气效率取 98%，散入车间并自厂房天窗排入大气的氟量（按每吨铝计）为：17.8×(1－0.98) ＝0.36(kg/t)。

一个系列共 4 栋厂房，从天窗排入大气的氟量为：

$$G_{天}=0.36\text{kg/t}\times9.4\text{t/h}=3.38\text{kg/h} \quad (5\text{-}7)$$

式中 9.4——全系列小时产铝量，t/h。

地面净化系统排放的氟量，当净化效率为 99%时，其吨铝排氟量为：

$$17.8\times0.98\times(1-0.99)=0.17(\text{kg/t})$$

全系列小时烟囱排氟量为：

$$G_{烟}=0.17\times9.4=1.6(\text{kg/h})$$

天窗和烟囱排氟总量为：

$$吨铝排氟量=0.36+0.17=0.53(\text{kg})$$

$$小时排氟量=0.53\times9.4=4.98(\text{kg})$$

3. 设计建议

① 为了稳定 98%的集气效率，在确定净化系统总排烟量时，要充分考虑实际生产作业中的各种不利因素，在设备选型上应留有余地。

② 在保证净化效率 99%的前提下，尽可能少用或不用循环氧化铝，降低固气比，减少阻力，提高系统风量，同时还可避免氧化铝粒子的进一步粉化。

第五节 水泥行业大气污染物协同控制技术

一、水泥行业主要污染现状

我国水泥行业的主要污染可归纳为以下 4 个方面。

① 粉尘：水泥生产过程中原、燃料和水泥成品储运，物料的破碎、烘干、粉磨、煅烧等工序产生的废气排放或外逸而引起的污染。

② 有害气体：主要是窑系统产生的 SO_2、NO_x、CO_2、HF 等。

③ 在协同处置废弃物，产生的总有机碳（TOC）、二噁英（PCDDs）和多氯二苯并呋喃（PCDFs）、重金属及其化合物、汞、氯化氢和氟化氢。

④ 废水、噪声和固体废物。

根据我国每年的水泥总产量推算，我国目前每年因水泥生产向大气排放的粉尘量约 350 万吨，排放量约占全国产业排放总量的 30%。其中，旋窑水泥厂 130 万吨，立窑水泥厂约 200 万吨。而对大气环境产生影响的废气中，还包括 SO_2、NO_x CO_2、HF 等，其中 SO_2 是因烧成系统的燃料含硫燃烧产生的；NO_2 是空气中的 N_2 在高温有氧燃烧条件下产生的；CO_2 是由水泥生产中 $CaCO_3$ 分解和煤炭燃烧而产生的；HF 是由于立窑厂采用萤石 CaF_2 矿化剂，在煅烧过程中产生的有害废气。据有关资料统计，近年来 NO_x、CO_2 污染呈加重趋势，在全国形成华中、西南、华东、华南多个酸雨区，尤其以华中酸雨区为重。我国水泥工业硫化物、氮氧化物等有害气体排放远高于国际先进技术水平。

我国水泥行业近些年废气污染排放量见表 5-34。

表 5-34 我国近年废气污染排放量

年份	烟粉尘排放量		SO_2 排放量		NO_x 排放量		CO_2 排放量	
	排放量/万吨	增长率/%	排放量/万吨	增长率/%	排放量/万吨	增长率/%	排放量/万吨	增长率/%
2006	515	−9.55	105.83	1.56	59.48		7.27	
2007	444	−13.7	94.83	−10.39	68.48	14.44	7.98	
2008	368	−17.03	86.37	−8.92	76.48	11.65	8.15	
2009	358	−0.97	88.7	1.03	87	11.37	9.7	

从表 5-34 中可以看出，氮氧化物排放量、随水泥总产量的增加而加大，我国水泥行业氮氧化物的排放占全国总排放量的 10%，居火力发电和汽车尾气排放之后的第三位；CO_2 的排放位于全国第二，占 12%；SO_2 占 5%。

二、水泥工业大气污染物控制技术

1. 粉尘排放控制技术与发展

环境保护部 2010 年项目《水泥工业污染防治最佳可行技术指南》中，对于粉尘排放控制最佳可行技术及其适用条件提出了具体要求见表 5-35。

表 5-35 粉尘排放具体要求

烟尘排放控制技术	除尘率/%	适用对象和条件
高效袋式除尘器	99.8～99.99	(1)适用于水泥矿山及水泥厂所有新、老生产线通风及热力设备除尘或除尘改造； (2)对特殊工艺(如处置废弃物等)的烟气除尘； (3)可去除烟气中的部分 SO_2、NO_x 及重金属
高效电除尘器	99.5～99.95	(1)可用于环境非敏感地区水泥厂新、老生产线窑头、窑尾设备除尘； (2)窑尾电除尘器的入口烟气比电阻应在 1×10^4～$5\times10^{11}\Omega\cdot cm$ 之间

续表

烟尘排放控制技术	除尘率/%	适用对象和条件
电袋复合式除尘器	99.8～99.99	(1)可用于水泥厂窑头、窑尾电除尘器改造,或新建水泥厂窑头、窑尾设备除尘; (2)可去除烟气中的部分 SO_2、NO_x 及重金属

其中，由于新标准的实施，使新型干法生产线中，全套袋除尘器趋势增多。另外，对现有大量的老电除尘器进行改造时主要的趋势是采用 3 个方案：

① 电除尘器全改为袋式除尘器；将原来的电除尘器全部拆除，在原地重新上 1 台袋式除尘器，要考虑风机增加全压；

② 电除尘器半改为袋式除尘器；保留电除尘器的壳体、灰斗、进出口喇叭及输灰系统，将顶盖、内部极板、极线及振打机构等拆除，再将脉冲袋式除尘器的内部花板、喷吹系统、滤袋、袋笼装上；

③ 电除尘器改为电袋组合除尘器；保留电除尘器的壳体、灰斗、进出口喇叭、输灰系统及第一电场，将二、三电场的顶盖、内部极板、极线及振打机构等拆除，再将脉冲袋式除尘器的内部花板、喷吹系统、滤袋、袋笼装上。

2. NO_x 排放控制技术及发展

水泥厂的氮氧化物已成为主要的废气污染源。如对于每条 5000t/d 熟料新型干法水泥生产线而言，企业每年需缴纳排污费 90 万～100 万元，其中，NO_x 排污费约占 85%，即每年 NO_x 排污费为 76 万～85 万元。其中，国内新型干法窑已达 80%，但水泥工业废气脱氮技术还未被列入议事日程。对于 SNCR 法和 SCR 法脱氮只是介绍国外理论和实践发展概况。这些技术如用于国内，不仅设备昂贵、运转费高、技术复杂，并在使用时 NH_3 易造成二次污染问题。

而目前欧美各国水泥工业在（新型干法）上采用 SNCR 法削减 NO_x 排放的大致共有 70 余台，其中德国就有 50 多台、占德国现有 PC 窑总数的 70%以上。德国在应用 SNRC 方面具有较多实践经验和研究成果。日本太平洋水泥熊谷工厂在氮氧化物控制方面，主要采取以下 3 种方式降低水泥窑氮氧化物的排放：a. 空气二级燃烧；b. 采用高效率的 TMP 燃烧器；c. 尾部添加尿素。

NO_x 排放控制最佳可行技术提出的要求见表 5-36。

表 5-36 NO_x 排放控制最佳可行技术

NO_x 排放控制最佳可行技术		减排水平
一次减排技术	采用低 NO_x 的燃烧器(减少燃料在高温区的停留时间)	5%～20%
	保持全窑系统稳定均衡运行(减少过剩空气量,确保喂料、喂煤量准确均匀稳定)	10%～50%
	分解炉阶段燃烧(使燃料先在空气不足的环境中燃烧、后在空气充分的环境中燃烧)	20%～50%
二次治理技术	SNCR 选择性非催化还原法(水泥厂在窑尾管道的某些部位喷入氨水或尿素等溶液,使之与烟气中的 NO_x 化合,并将其还原成 N_2 和 H_2O)。SCR 法在国外也开始使用	30%～85%

3. SO_2 排放控制技术

2008 年，中国非金属矿业 SO_2 排放约占全年工业 SO_2 排放总量的 9.2%，其中水泥行业占 5%，达 180 万吨。在环保部项目《水泥工业污染防治最佳可行技术指南》的编制工作中对 SO_2 排放控制最佳可行技术提出的要求见表 5-37。

表 5-37　SO_2 排放控制要求

SO_2 排放控制最佳可行技术		减排水平
一次减排技术	限制从配料系统投加的物料中的有机硫和无机硫化物硫总含量：≤0.028%。控制合适的硫碱比	
	使用袋式除尘器，通过袋式除尘器滤袋表面收集的碱性物质的吸收降低 SO_2 排放	
	优化燃烧器的设计（控制窑和预热器之间的硫循环）	
	采用窑磨（立磨）一体机运行和袋式除尘器	50%～70%
二次治理技术	吸收剂喷注法[在预热器 350～500℃区间、均匀喷入 $Ca(OH)_2$，控制合适的钙硫比，脱硫效果明显]	50%～70%

4. 氟化物污染的防治

熟料烧成过程产生的氟化物来自原料、燃料。有些黏土中含有氟，特别是目前我国部分立窑厂出于降低热耗的目的，以含氟矿物（萤石）掺入生料中，在烧成中大部分氟化物和 CaO、Al_2O_3 形成氟铝酸钙固熔于熟料中，极少部分随废气排出。防治氟化物污染的可靠办法是不用含氟化物高的物质作为原料，更不能采用萤石降低烧成温度而使用。

三、多污染物协同控制技术

我国对水泥行业粉尘（尤其是细颗粒物 $PM_{2.5}$）、SO_2、NO_2 多污染物排放协同控制管理的研究基础还比较薄弱。科研结果显示，含有挥发性有机化合物的细微颗粒物（$PM_{2.5}$）、SO_2、NO_2 等污染物不仅单独污染环境和危害人们的健康，而且是相互有关联的联合体污染物，除了作为一次污染物伤害人体健康外还会产生多种二次污染。例如，氮氧化物和硫化物是生成臭氧的重要污染物之一，也是形成区域细粒子污染和灰霾的重要原因，因此对该多污染物进行有效控制具有极其重要的现实意义。

首先，对水泥行业细颗粒物（$PM_{2.5}$）、SO_2、NO_2 污染排放特征、控制现状掌握不够，尤其是细颗粒物（$PM_{2.5}$）和 NO_2 产排污情况认识不足，导致近些年来排放没有降低。数次修改控制标准变化不大，远不能满足当前环境管理需要。

立足于对当前我国水泥行业高消耗、高污染的特点，选择典型水泥生产线，如 2500t/d 新型干法熟料生产线、5000t/d 新型干法熟料生产线，进行细颗粒物（$PM_{2.5}$）、SO_2、NO_2 排放类别、排放源、排放量等污染状况调查，修订在不同生产规模、工艺类别、装备技术水平和治理技术下的细颗粒物（$PM_{2.5}$）、SO_2、NO_2 产排放系数，具体内容：a. 提出水泥行业细颗粒物（$PM_{2.5}$）、SO_2、NO_2 多污染物协同控制的机理、定量效应；b. 开发适用、技术经济可行的多污染物协同综合减排技术；c. 提出多污染物协同控制的综合监管体系建设方案和技术政策，为开展水泥行业多污染物协同控制决策提供技术支撑。

第六节　耐火材料生产沥青烟气协同治理技术

耐火材料厂主要有焦油白云石车间及滑板油浸车间两个车间生产利用沥青，生产过程中产生大量沥青烟气，对操作环境和厂区大气环境造成污染。

① 焦油白云石车间是利用沥青作结合剂生产焦油砖和散状料，作为炼钢转炉炉衬用。在沥青熔解、搅拌、运输和成型时均产生沥青烟气。

② 滑板油浸车间是利用热沥青对滑板进行浸渍增加滑板的密实性。沥青熔解槽、热沥青储槽、滑板加热炉和冷却通廊等设备均产生沥青烟气。

一、污染物特点及其参数

1. 污染物特点

① 由于生产工艺都是间歇式工作，其沥青油雾的浓度是波动的，如搅拌机的生产是每次加入热料和冷粉料后，同时加入热沥青，搅拌均匀后放料，并送去成型，致使沥青烟气的浓度是变化的。

滑板油浸槽工作时，将已成型的滑板装入油浸槽，然后灌入热沥青，保温加压 2～3h 后卸油出砖（或板），当打开油浸槽盖时烟气中沥青雾浓度最大，其他时间沥青雾浓度较小。

② 由于沥青烟雾在管道内因温度降低易冷凝，净化系统的管道应设有一定坡度，坡度不小于 0.5%。为排出管道内的冷凝液，在每段管道的最低点应设排冷凝焦油装置。

③ 为使管道内冷凝下来的焦油流动性好，在管内下部或在管道外壁的下端设保温加热蒸汽管。为保证加热保温效果，风管外壁应加保温层。

2. 污染物参数

① 废气成分；沥青烟气。

② 废气温度：

焦油白云石车间

沥青熔解槽	40～60℃
热沥青储槽	40～60℃
搅拌机	40～60℃
振动成型机	30～45℃
压砖机	30～45℃
其他	20～40℃

滑板车间

沥青熔解槽	50～80℃
沥青储槽	50～80℃
油浸槽	50～80℃
滑板加热炉	320℃
滑板冷却通廊	200～280℃
滑板焙烧室	250℃

③ 油雾浓度：　300～1000mg/m^3

④ 系统中油雾平均浓度：　100～500mg/m^3

二、沥青烟气协同治理技术

自 20 世纪 70 年代开始研制采用粉料吸附法及白粉预涂法净化沥青烟气，并取得良好效果。

① 对于焦油白云石沥青烟气，由于工艺生产中有足够的粉料可利用，应优先采用粉料吸附法，粉料吸附沥青油雾后，可直接送回工艺粉料槽内，试验证明吸附沥青油雾的粉料不影响砖的质量，系统排出口沥青含量（标态）可保证小于 $10mg/m^3$。

回收粘油粉料的除尘器宜选用袋式除尘器，其负荷不宜过高。

② 自开始滑板生产后，滑板（刚玉或铝镁滑板）车间的沥青烟气，由于油浸工段距制粉工段较远，且其粉料量少，一般采用预涂白粉吸附法，白粉粘油后，采用燃烧法烧掉油污后重复使用。该净化装置净化效率高，排出口沥青物浓度低，运行稳定，但设备较粉料吸附法复杂。

③ 对于沥青烟气浓度不大的净化系统，可采用焦炭过滤器方法净化，如焦油白云石压砖机或振动成型的烟气净化等。

④ 在研制沥青烟气净化措施过程中，曾试验过静电除雾法、柴油及水吸附溶解法，均未获得满意效果。

吸附法中为提高吸附效果，沥青烟气温度以不超过 50℃为宜，由于烟气温度高，沥青烟气中的油气态状多，吸附效果差。温度低于 50℃后油气才能呈液雾状。为此，在烟气进入除尘器前一般应设冷却器，将烟气温度降到 50℃以下。

三、粉料吸附法治理搅拌机沥青烟气实例

某厂年产焦油白云石砖和散状料 1.5 万吨。

经破碎，筛分的颗粒料和粉料，将颗粒料加热至 200～300℃，与粉料一起加入搅拌机，并向搅拌机内加入冷粉料和热沥青，搅拌均匀进行成型。

1. 生产工艺流程

焦油白云石生产流程见图 5-43。焦油白云石生产中，通过搅拌机、沥青熔解槽、焦油白云石运输胶带机、振动成型机、压砖机和冷却通廊等处产生沥青烟气。

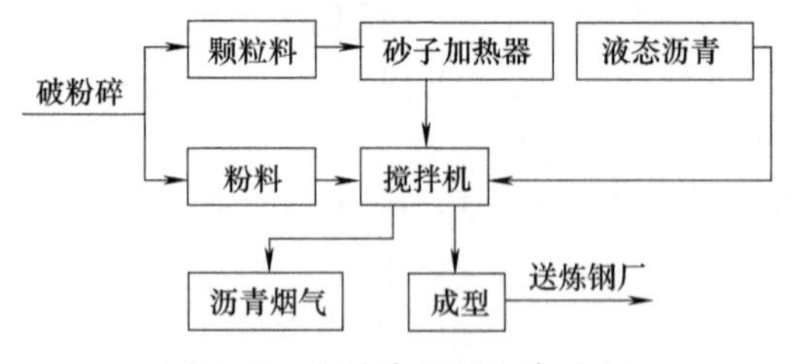

图 5-43 焦油白云石生产流程

废气性质为沥青物。烟气净化系统总风量为 $4000～8000m^3/h$，搅拌机抽风量为 $2500～3000m^3/h$。

2. 废气治理工艺流程

搅拌机沥青烟气净化系统见图 5-44。搅拌机产生的沥青烟气浓度（标态）约为 $1000mg/m^3$，由于烟气中含有粉尘，抽出烟气首先进入沉降箱，然后进入有蒸气夹套的管道，在该管道的始端用螺旋输送机加入吸附用粉料，粉料加入量（标态）按 $30～50g/m^3$ 加入，粉料在管道内吸附烟气中沥青雾。管道长度一般应大于 10m，烟气最后进入袋式除尘器，黏附焦油的

粉料从除尘器下部送入工艺粉料槽内。

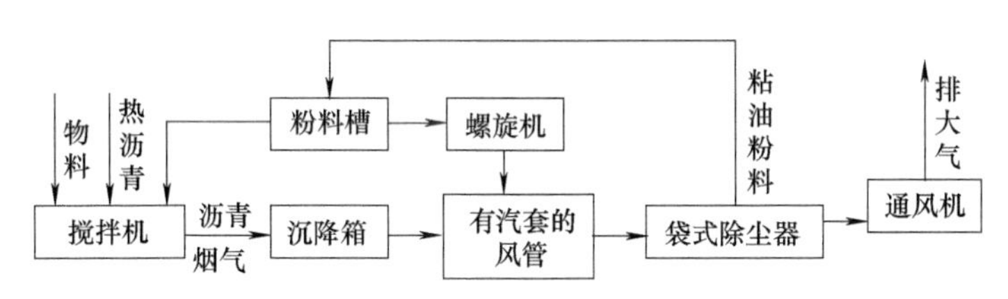

图 5-44 搅拌机沥青烟气净化系统

沥青烟气净化系统设备见表 5-38。

表 5-38 沥青烟气净化系统设备

序号	设备名称	规格	单位	台数	备注
1	脉冲除尘器	JMC-108 型	台	1	
2	离心通风机	C4-73-11,No5.5C	台	1	
3	螺旋输送机	ϕ150	台	1	配调速电机
4	粉尘沉降箱		台	1	

3. 治理效果

搅拌机沥青烟气净化效果测定如表 5-39 所列。

表 5-39 搅拌机沥青烟气净化效果测定

测定项目	次数	粉料加入量		净化沥青烟效率		
		kg/h	g/m³	入口浓度/(mg/m³)	出口浓度/(mg/m³)	净化效率/%
沥青烟气	1	750	112	162	0.256	99.84
	2	648	97	163.6	微量	100
	3	557	83	163.6	微量	100
	4	342	51	164.9	0.05	99.97
	5	198	29.6	163.6	微量	100
平均值				162.7	0.038	99.98
烟气温度/℃				40	30	

由表 5-39 可知，净化焦油的效率高达 99.98%，排出口焦油浓度小于 10mg/m³。

4. 经验

① 利用工艺生产中的粉料作吸附剂，吸附沥青烟雾后又送回工艺粉料槽，既利用生产过程中的原料又可使吸附剂取得充分的回收利用。

② 除尘器布置在粉料槽顶层，净化设备采用立体布置，使除尘器收回的粘油粉料可直接送入粉料槽内。

③ 向风管内加的吸附粉料的螺旋输送机设有事故声光信号，并与风机联锁，当螺旋输送机故障停机时系统风机即停止运转，以防焦油粘袋堵塞。

④ 螺旋输送机供粉料量需经精心调整，投产后供料量不宜任意改动，以免影响系统正常工作。

四、预喷涂吸附法治理油浸沥青烟气实例

某厂年产刚玉和铝碳滑板约5000t。

1. 生产工艺流程

滑板油浸生产工艺流程见图5-45。

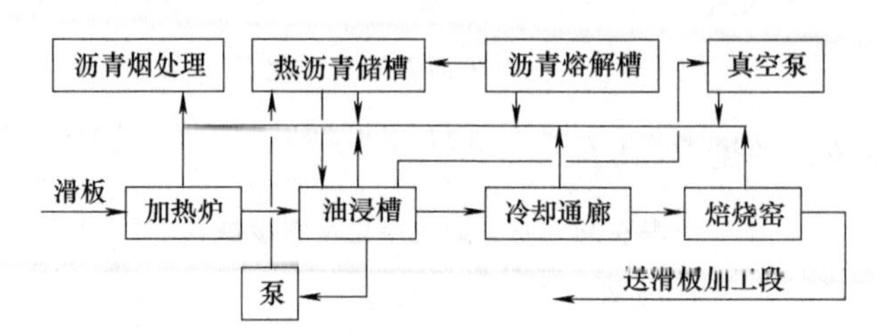

图5-45 滑板油浸生产工艺流程

主要生产原料：刚玉和铝碳滑板和沥青。

沥青烟气主要来源于沥青熔解槽、热沥青储槽，油浸槽、加热炉、冷却通廊、焙烧窑和真空泵等设备。烟气的性质为沥青物，烟气量为22000～30000m^3/h（不包括焙烧窑烟气量）。

2. 废气治理工艺流程（图5-46）

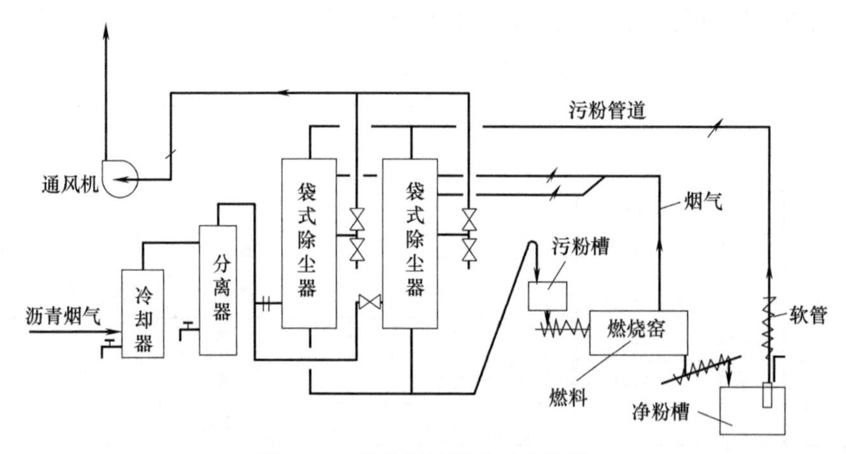

图5-46 沥青烟气净化工艺流程

系统中活性白粉吸附剂可循环使用，粘油后的污白粉从袋式除尘器收集后，通过刮板输送机送入燃烧窑燃烧，烧掉后的白粉再送入净白粉槽贮存。除尘器滤袋上，每涂一次白粉可工作3～5d。因此，本沥青烟气净化装置适用于没有粉料条件的沥青烟气净化。

为提高对沥青烟气净化效果，进入袋式除尘器前，烟气温度不宜高于50℃；使焦油呈雾滴状，烟温过高，焦油即呈气态，影响净化效果。

3. 设备

主要设备如表5-40所列。

表5-40 主要设备表

序号	设备名称	规格	单位	台数	备注
1,2	烟气冷却器,分离器	ϕ2000mm,ϕ1500mm	台	各1	

续表

序号	设备名称	规格	单位	台数	备注
3	袋式除尘器	约 $200m^2$	台	2	
4	刮板输送机	40×100	台	1	
5	燃烧窑	ϕ500×4000mm	台	1	
6	通风机	5000Pa×$2500m^3/h$	台	1	电机 P=45kW

4. 治理效果

滑板油浸沥青烟气净化系统从国外引进，净化效率高，投产后未测定，乙方设计保证值为排出口沥青物浓度<$10mg/m^3$。

有条件则应对每个沥青烟气抽出点的温度、风量进行一次标定，系统原设计未设烟气冷却器，投产后发现烟气温度过高（>50℃），增设了一段烟气冷却器。

第七节 碳素行业沥青烟气协同治理技术

一、废气来源和组成

制造碳素电极的主要原料有石油焦和沥青，经过配料，混捏成型和焙烧等工序，生产出各种制品，工艺流程如图 5-47 所示。

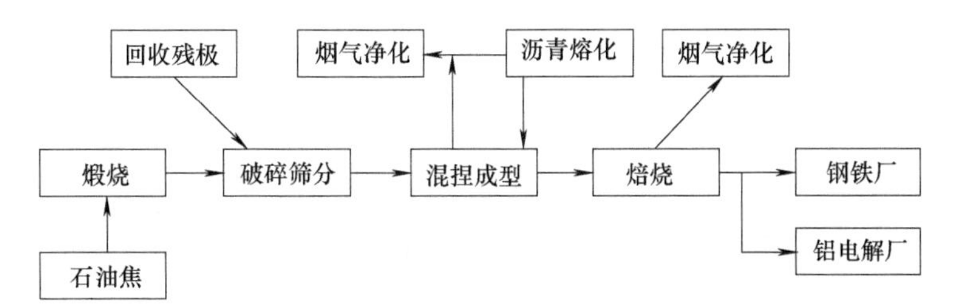

图 5-47 工艺流程

生制品焙烧工序的焙烧炉是主要污染源，排放的沥青烟含有 3,4-苯并芘等致癌物，受到人们关注。沥青熔化和混捏成型工序也产生少量沥青烟。

沥青烟气中焦油粒子是挥发冷凝物，其粒径范围在 0.1～1.0μm 之间，十分微细，高温时比电阻大，低温或掺有炭粉流动性不好。烟气成分见表 5-41。

表 5-41 废气来源及组成

名称	敞开炉	密闭炉	混捏成型
沥青焦油(标态)/(mg/m^3)	150	3000	3～10
粉尘(标态)/(mg/m^3)	150	100～300	
烟气温度/℃	150～250	140～160	
氟(标态)/(mg/m^3)	70		

二、沥青烟气协同治理技术

我国铝工业生产预焙阳极块多用敞开式焙烧炉，排放烟气温度高；粉尘多，焦油成分中轻馏分少。阳极配料中掺有22%的含氟的电解残极，所以烟气中还有HF这种有害气体；若采用干式电除尘器，捕集物的流动性不好，清理有困难，同时对氟也没有净化效率。目前国内有湿法捕集和干法吸附两种协同净化技术。

1. 湿法捕集协同净化技术

湿法阳极焙烧炉烟气净化系统工艺流程框图如图5-48所示。

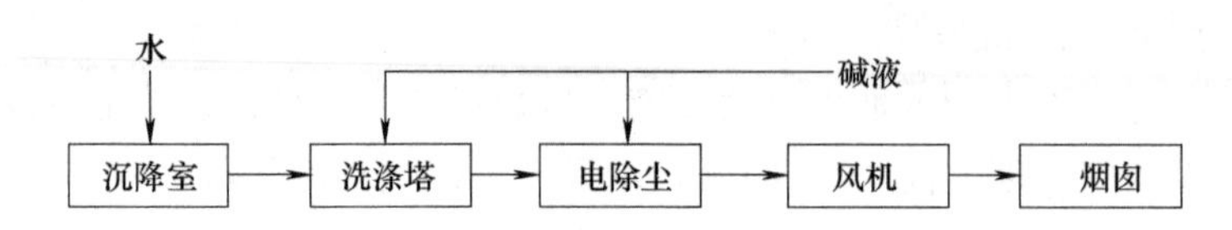

图5-48 湿法阳极焙烧炉烟气净化系统工艺流程

用稀NaOH溶液循环洗涤烟气中的HF和少量的SO_2，排出的洗涤液（含NaF和Na_2SO_4）用$CaCl_2$处理生成CaF_2和$CaSO_4$，再加PA-322絮凝剂使与焦油和粉尘一起沉淀过滤后（干渣含水50%）弃去。处理后排水中含氟25.4mg/L，焦油13.4mg/L（超标），与厂内其他废水混合后排出（可以符合国家排放标准）。

湿法的缺点是工艺流程比较复杂，需要有配套的水处理设施，pH值控制要求高，否则会引起设备腐蚀。

2. 干法吸附协同净化技术

干法净化技术工艺流程框图如图5-49所示。

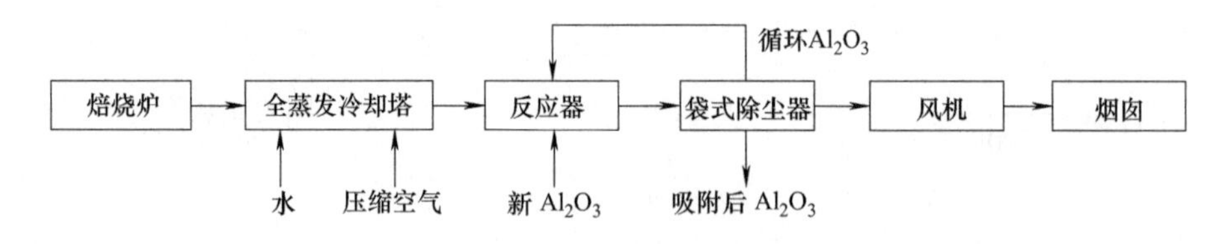

图5-49 干法净化技术工艺流程

工艺流程很简单，将Al_2O_3加入经全蒸发冷却塔降温后的烟气，吸附烟气中的氟和沥青焦油，用袋式除尘器做气固分离，吸附后Al_2O_3返回电解槽使用，净化后烟气排入大气。冷却水全蒸发，没有废水外排，由电解残极带来的氟被吸附后又送回电解使用，化害为利。同时水滴运动到塔壁前全蒸发掉，没有腐蚀问题。合同排放指标先进，远低于国家排放标准。

敞开式焙烧烟气治理，除上述提到的几种净化方法外，国外还有美国Alcoa公司的A-446法，它是对A-398法的完善，在流化床上增加降温措施，降温和吸附过程同时完成；比较紧凑，但系统能耗较高，操作控制水平要求也高，控制不好会“湿床”。综合比较可以看出，全蒸发冷却塔+Al_2O_3吸附的干法净化流程基本代表了当前国际水平。净化效率高，流程简单，无二次污染，是国内外发展趋势之一。

三、阳极焙烧烟气湿法协同净化实例

1. 生产工艺流程和烟气来源

生料包括石油焦、残极、生碎和煤沥青。通常配比为石油焦占48%、残极10%、生碎占25%、煤沥青为17%。生产工艺流程如图5-50所示。

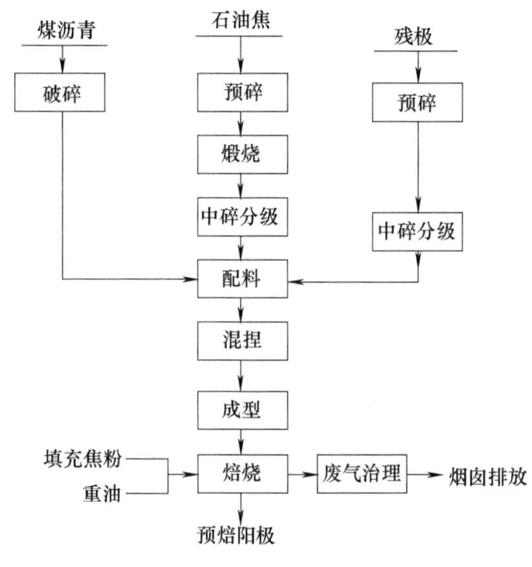

图5-50 预焙阳极生产工艺流程

废气中含有焦油、氟、硫和粉尘等有害成分，其主要来源于煤沥青、含氟残极、燃料重油和填充焦粉，当高温焙烧时其焦油、氟、硫和焦粉等在负压抽吸下随烟气一起进排气系统。

在焙烧炉生产时排出的烟气组分为CO_2 3.2%、O_2 17.2%、N_2 76.2%、H_2O 4.3%。

有害物组成和产生量见表5-42。

表5-42 有害物组成（标态）和产生量

有害物名称	组成/(mg/m³)	产生量/(kg/h)	有害物名称	组成/(mg/m³)	产生量/(kg/h)
焦油	51.6	4.374	硫	112.0	9.557
氟	72.0	6.106	粉尘	130.0	11.029

2. 废气处理工艺流程

废气处理工艺流程如图5-51所示。

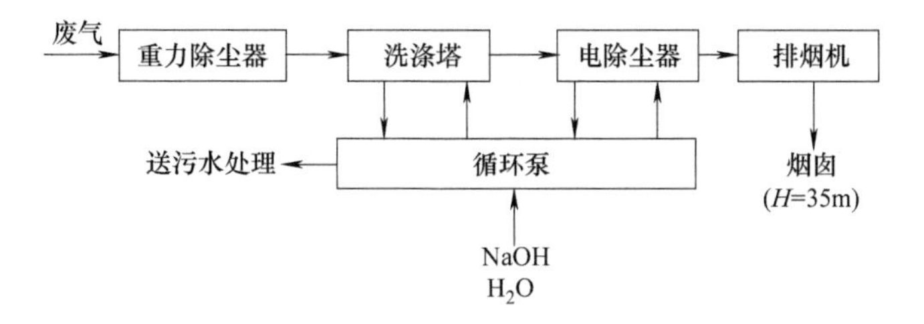

图5-51 废气处理工艺流程

3. 主要设备

主要设备及构筑物见表 5-43。

表 5-43 主要设备及构筑物

设备名称	数量	规格性能	设备名称	数量	规格性能
重力除尘器(长×宽×高)	2	6m×5.5m×5m	洗涤液引出泵	2	Q=0.35m³/min,H=39m
洗涤塔	2	ϕ5700mm×ϕ3800mm×25700mm	电除尘器给水泵	2	Q=50m³/h,H=50m
电除尘器	2	F=34.5m³	缓冲槽	2	ϕ2900mm×2950mm
排烟机(标态)	2	1728m³/min	NaOH 槽	2	ϕ2900mm×3050mm
循环泵	2	Q=7.5m³/min,H=42m	NaOH 注入泵	2	Q=5L/min,H=8m
洗涤塔给水泵	2	Q=0.5m³/min,H=10m	NaOH 循环泵	2	Q=0.3m/min,H=10m

上述设备表为两套净化系统的主要设备，生产时一套运行，另一套备用。整个净化系统露天配置。

4. 工艺控制条件

（1）温度 重力除尘器入口<300℃；电除尘器入口<80℃。

（2）负压 重力除尘器入口－2190Pa；洗涤塔入口－2430Pa；电除尘器入口－2750Pa；排烟机入口－3260Pa。

（3）洗涤液 pH 值 洗涤塔循环液 7.3；电除尘器给水液 8～9。

（4）电除尘器 电压 50～60kV；电流 340mA。

5. 处理效果

设计处理效率见表 5-44。

表 5-44 治理效果

有害物名称	入口浓度(标态)/(mg/m³)	排放浓度(标态)/(mg/m³)	净化效率/%
焦油	51.6	7.22	86.0
氟	72.0	1.15	98.4
硫	112.6	7.09	93.7
粉尘	130.0	9.11	93.0

净化效果很好，各项排放标准测净化效果见表 5-45。表 5-45 中所列数据为 4 个火焰系统生产时的实测值，其中粉尘入口浓度大大增加，这主要是由于焙烧炉长期运转局部破损所致。

表 5-45 净化设施实测效果

有害物名称	入口浓度(标态)/(mg/m³)	排放浓度(标态)/(mg/m³)	净化效率/%
焦油	45.7	1.37	97
氟	12.2	0.17	98.6
硫	80	1.61	98
粉尘	515	61.35	88

6. 工程设计特点

① 采用湿碱法吸收和电除尘器处理焙烧烟气中的焦油、氟、硫和粉尘，净化效率高，行之有效，但需设废水处理系统。

② 净化流程合理，配置紧凑。

③ 设备行动可靠，操作简单。

预焙阳极在焙烧过程中产生大量的沥青烟、氟、硫气体和粉尘，尤其是沥青烟，含有一定量的3,4-苯并芘等强致癌物质，经治理后减轻了对大气污染，清除了对人体的危害，具有很好的环境效益和社会效益。

四、阳极焙烧炉烟气干法净化实例

某铝厂炭素系统与电解系统160kA大型中间下料预焙槽配套建设，年产预焙组装阳极成品63000t。

1. 炭素生产工艺流程及沥青烟气来源

预焙阳极组装块工艺流程见图5-52。

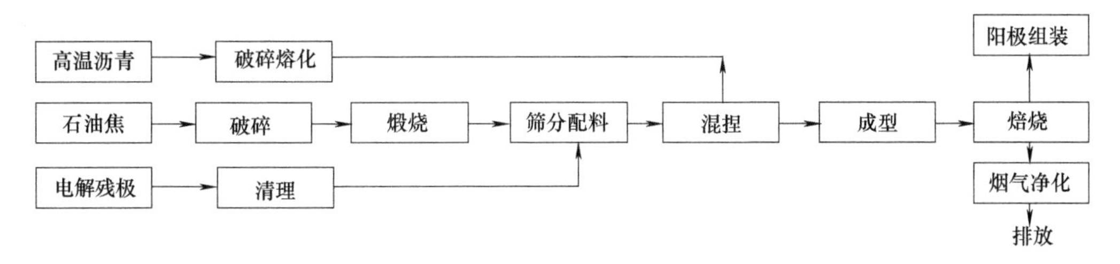

图5-52 预焙阳极生产工艺流程

生产大型预焙阳极，采用软化点为100℃±8℃的硬沥青作黏结剂，其用量占生制品重量的16%±2%，生块在高温焙烧过程中，沥青被分解成为含有沥青焦油和少量二氧化硫等有害成分的黄烟（即沥青烟气），除了一部分在焙烧炉火道内被烧掉外，其余的全部进入烟道。因碳阳极配入一定数量的含氟电解残极，则焙烧时将有氟化物逸出而进入烟气，在负压作用下填充料中的细小颗粒也被带入烟气中。

阳极焙烧炉烟气由沥青挥发物、氟化物、燃烧废气和粉尘四大部分组成。

2台54室敞开式焙烧炉，正常生产时为5个火焰系统，采用发生炉煤气作为燃料，煤气用量（标态）为1690m^3/t生阳极。检测结果表明，当焙烧开两个火焰系统时，烟气量（标态）在75000～87000m^3/h之间，开3个火焰系统时，烟气量（标态）在110000～165000m^3/h之间。据此推测，若5个火焰系统全部开时，焙烧实际烟气量将超过系统设烟量（标态）（125000m^3/h）。

2. 焙烧烟气处理工艺流程和设备

（1）焙烧烟气净化流程框图　见图5-53。

来自焙烧炉烟气进入冷却塔进行喷水雾化冷却，冷却后的烟气由塔底部排出进入反应器进行氧化铝吸附反应，吸附反应后的氧化铝由脉冲袋式除尘器进行气固分离。分离后的氧化铝一部分循环使用，另一部分经风动溜槽气力提升器提升到吸附氧化铝储槽，定期用槽车送电解使用，干净烟气由主排烟机抽走送入 18m 高烟囱排入大气，新鲜氧化铝由汽车槽车运来用压缩空气输送到新氧化铝储槽。

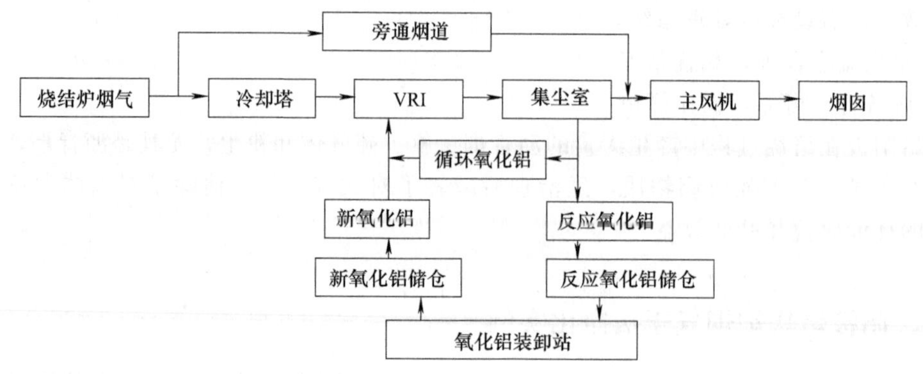

图 5-53 焙烧烟气净化流程

（2）主要设备 见表 5-46。

表 5-46 焙烧净化系统主要构筑物及设备一览

设备名称	规格型号	台数
冷却塔	ϕ1877mm×33285mm	1
袋式除尘器	ϕ111mm×3050mm，3200 袋 8 室	1
主排风机（标态）	85000m^3/h，电机 JS127-1260kW	3
空压机（标态）	150m^3/min，0.64MPa，电机 135kW	3
反应装置		4
程控器		2
新 Al_2O_3 储仓	150t ϕ5792mm×10165mm	1
反应后 Al_2O_3 储仓	150t ϕ5792mm×10165mm	1

3. 工艺控制条件

设计参数如下。

（1）烟气量 125000m^3/h。

（2）烟气温度 最高 350℃；正常平均 150℃。

（3）烟气中有害物含量 总含尘量（标态）150mg/m^3；总焦油量（标态）150mg/m^3；总氟化物量（标态）70mg/m^3。

（4）烟气出炉负压 1961～2452Pa。

（5）新鲜氧化铝消耗量 最大速度 5t/h；一般选择 2t/h。

（6）氧化铝性能要求 比表面积 26～37m^2/g；粒度>44μm 占 32%～46%；安息角 35°～39°。

（7）净化后烟气中有害排出浓度 总含尘量（标态）10mg/m^3；总焦油量（标态）3.0mg/m^3；总氟化物量（标态）1.0mg/m^3。

4. 处理结果

焙烧烟气干法净化系统设备运行可靠，技术先进，烟囱排出有害物浓度达到或低于设计值。在烟囱出口处用滤膜采气检测，膜片上见不着沥青烟气和粉尘的痕迹。

5. 净化系统主要经济指标

对焙烧烟气净化系统进行了负荷试车及性能考核。由于两台焙烧炉只有 3 个火焰系统生产，烟气中的有害浓度均高于设计值。在实际生产中，烟气温度一般在 70℃左右，最高达 120℃。粉尘浓度（标态）110～342mg/m^3，沥青焦油（标态）160～300mg/m^3、最高达 362mg/m^3，氟化物浓度（标态）10～15mg/m^3。在此情况下，净化后的排放物中，粉尘、沥青焦油及氟化物浓度接近设计值。净化后的气体中有害物浓度能符合排放标准。

6. 焙烧烟气净化系统的设计特点

焙烧烟气净化系统流程由烟气冷却、吸附反应、气固分离、氧化铝输送、自动控制五部分组成。

（1）烟气冷却　来自阳极焙烧炉的烟气首先进入蒸发冷却塔。冷却塔直径 5m，高 30m，塔顶装有 9 个喷嘴，计算机控制系统可根据焙烧烟气的温度和流量状况，自动选择和调整喷嘴喷水工作压力及喷水所需的压缩空气工作压力，使烟气温度降低到 88℃左右，以便保护过滤的布袋，也可使气态烃类化合物冷凝成焦油沥青颗粒，从而提高沥青烟气的净化效率。

（2）吸附反应　反应器是一种使氧化铝与烟气中有害成分充分接触吸附的低能耗反应器，与沸腾床、文丘里等同类反应器比较，在同等净化效率的前提下，阻力损失小（49～245Pa），氧化铝粉化率低（5%）。

反应器是由不锈钢制作的，由锥心空心圆筒和流态化元件组成，鼓入空气，使进入流态化区域的氧化铝处于沸腾状态，以满足新、旧氧化铝料的充分混合和向反应器喷射小孔输送氧化铝的目的，能较好地利用氧化铝颗粒的吸收表面。

（3）气固分离　气固分离设备采用高压脉冲袋式除尘器。气体经 VRI 净化后送往袋式除尘器。Pleno-Ⅳ有一 台分为四组八室的脉冲袋式除尘器进行分离过滤。两个除尘室为一组，配一个 VRI 反应器。每个除尘室有 400 个滤袋，规格为 ϕ114mm×3048mm，滤袋总数为 3200 个，滤袋材质为 ZLN-D-0.2 针刺滤气呢，最高使用温度为 135℃。

每个袋子的顶部都安装有特殊形状的文丘里管，由其中射出脉冲气流，定期吹落袋面的氧化铝。除尘器设有多孔板，使烟气分布均匀，设计滤袋气布比低，能保证除尘效率，并延长滤袋寿命。

（4）氧化铝输送　氧化铝系统具有平衡溢流管和虹吸管及密封的存储料斗，漏斗中存储的 Al_2O_3 可在新 Al_2O_3 中断时应急使用。通过氧化铝流态化分料箱，氧化铝均匀地分配给四个 VRI，给料器可以准确控制新氧化铝供给速率，调节孔板控制循环氧化铝加入量。

（5）自动控制　净化系统采用带图像显示的独立式 NEM12 型主控制盘，控制整个净化系统运行。全系统采用可编程序控制器进行自动、联锁控制、报警等，且配有 CPU 四点记录仪显示和记录喷水量，系统负压，塔进出口温度，对新氧化铝的给料量和风机电机的电流进行控制调节，其中最主要的是连续控制冷却塔出口温度和喷水量大小。

PLENO-Ⅳ干法净化技术，经三年运行实践未发现不良反应。该技术工艺和设备先进，自动化和连续化程度高，净化效率高，生产费用低，劳动定员少，又无二次污染，净化后的氧化铝可以直接返回电解槽生产使用。存在的问题：a. 烟囱高度仅为 18m，而邻近厂房高度大于 20m，当水平风速较大时排放的烟气不易扩散，甚至倒灌到厂房内；b. 烟道阀门不能完全密闭，当净化系统不能正常工作时烟气经旁通烟道直接排放，但仍不免有部分烟气通过冷却塔、VRL 及袋式除尘器，可能造成黏附或堵塞。

第八节 炼焦装煤烟尘协同减排技术

炼焦包括焦炉、熄焦、筛焦、储焦等工段。一般每个炉组由两座焦炉和一个煤塔组成。

炼焦除尘系统包括焦炉装煤、焦炉、推焦、干熄焦、筛焦、储焦、焦转运等除尘系统。由于炼焦装煤烟尘成分复杂，宜采用协同治理技术。

一、装煤烟尘的主要有害物质

装煤烟尘中的主要有害物是煤尘、荒煤气、焦油烟。烟气中还含有大量苯可溶物及苯并芘。其成分（标态）如下：

水蒸气	250～450mg/m^3
焦油气	80～120mg/m^3
硫化氢	6～30mg/m^3
氨	8～16mg/m^3
苯	10mg/m^3
粗苯	6～30mg/m^3
氢化物	1.0～2.5mg/m^3
硫化物	2.0～2.5mg/m^3
轻吡啶盐基	0.4～0.6mg/m^3
二氧化硫	1.25mg/m^3
苯并芘	0.0025mg/m^3
粉尘	662.5～1160mg/m^3

二、烟气参数

装煤烟尘控制时的烟气参数与装煤车的下煤设施及装煤上对烟尘预处理的措施有关。目前装煤车注煤有重力下煤及机械下煤两种。装煤时的烟尘有在车上燃烧与不燃烧两种，还有车上预洗涤与不预洗涤两种。装煤车排出口烟气参数见表5-47。

表5-47 装煤车排出口烟气参数

焦炉炭化室高度/m	烟气量(标态)/(m^3/h)		烟气含尘量(标态)/(g/m^3)		烟气温度/℃		接口压力/Pa	
	球面密封下煤嘴	套筒式下煤嘴	车上烟气洗涤	车上烟气不洗涤	车上烟气洗涤	车上烟气不洗涤	车上烟气洗涤	车上烟气不洗涤
7		45000～60000	2～3	8～10	75	250～300	1500	2000
6		40000～44000	2～3	8～10	75	250～300	1500	2000
5		35000～40000	2～3	8～10	75	250～300	1500	2000
4	216000～32000	30000～35000	2～3	8～10	75	250～300	1500	2000

注：表中数据为装煤车上烟气不燃烧的数据，“接口压力”是指装煤车上活动接管与地面除尘系统的自动阀门对接时的接口处压力。

通风机的风量按下式计算：

$$Q=Q_0\frac{273+t_1}{273}\times p_a-\frac{p_a}{(p_1+p_2)}a_1a_2 \tag{5-8}$$

式中 Q——风机风量，m^3/h；

Q_0——装煤车排出口烟气量（标态），m^3/h；

p_a——大气压力，MPa；

p_1——烟气中饱和水蒸气分压力，MPa；

p_2——风机入口烟气的真空度，MPa；

t_1——风机入口烟气温度，℃；

a_1——系统管道漏风系数；

a_2——除尘设备漏风系数。

三、烟尘协同控制净化流程

1. 烟尘控制的主要形式

① 装煤车采用球面密封结构的下煤嘴，装煤车上配备有烟气燃烧室，燃烧后的烟气在车上进行一段或两段洗涤净化后排出。其特征是全部除尘设备、通风机均设在装煤车上。

② 装煤烟气在车上燃烧并洗涤、降温后，用管道将烟气引到地面，在地面上再用两段文丘里洗涤器将烟气进一步洗涤净化，使外排烟尘浓度（标态）$<50mg/m^3$。

③ 装煤烟气燃烧后，于装煤车上掺冷风降温到300℃左右，再用管道将其引导到地面，经冷却后用袋式除尘器净化、排出。

④ 装煤时于装煤孔抽出的煤气在装煤车上混入大气后，用管道送到地面，经袋式除尘器净化后排出。

2. 装煤车上烟气燃烧后在地面用袋式除尘器净化的流程

烟尘控制的形式如图5-54所示。该系统是将装煤孔逸出的烟气用装煤车上的套罩捕集后，在装煤车上的燃烧室内燃烧，其烟气温度可达700～800℃，需在装煤车上掺入周围的冷空气，使其降温到300℃以下，再靠通风机的抽吸能力，送到地面进行冷却净化。

进入地面除尘系统的烟气携带有未燃尽的煤粒，烟气温度近300℃。因此在烟气进入袋式除尘器之前需进行灭火及冷却。

烟气冷却器形式及降温能力的确定，要依据袋式除尘器过滤材质的耐温程度选择。目前采用的烟气冷却器有：蒸发冷却器、板式或管式空气自然冷却器、板式或管式强制通风冷却器。板式或管式冷却器本身可兼作烟气中未燃尽煤粒的惯性灭火设备。设计时根据冷却器本身的质量及温度升高，按蓄热式冷却器的原则，计算烟气被冷却后的温度。这种冷却器被加热及被冷却的周期，按焦炉各炭化室装煤的间隔时间进行计算。

四、装煤除尘预喷涂技术

1. 预喷涂原理

装煤烟气中含有一定量的焦油，为此要采取必要的措施，防止烟气中的焦油黏结在布袋上，造成除尘系统不能正常工作。装煤烟气中焦油含量多少与煤的品种和装煤的方法有关，

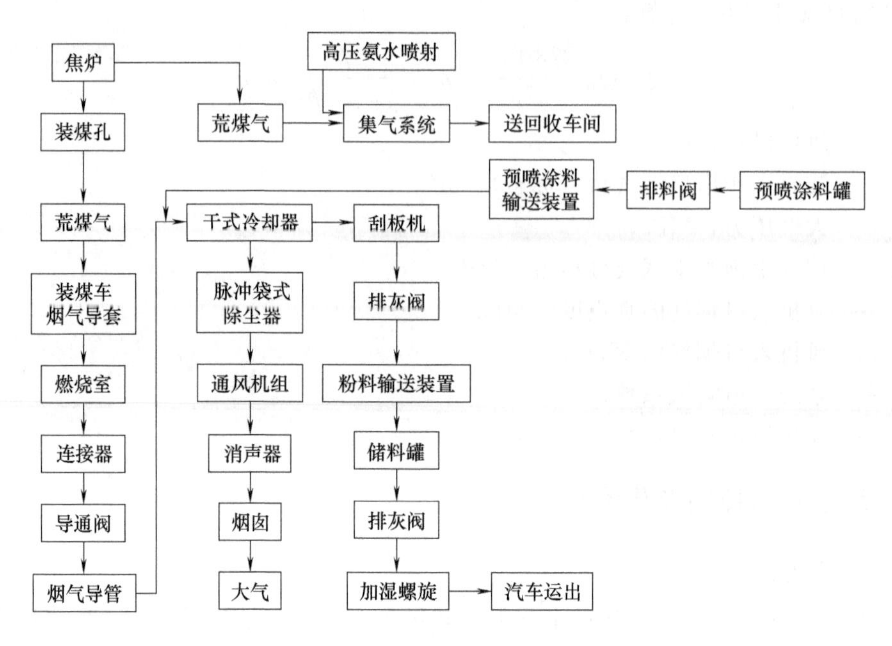

图 5-54　装煤烟气在地面干式净化的流程

一般在装煤的后期产生的烟气焦油含量大。如果除尘系统从装煤孔抽出的烟气量大，特别在后期在装煤过程收集的焦油量也大。捣固焦炉顶部导烟车收集的烟气中焦油量要大于普通顶装煤焦炉。

2. 预喷涂系统组成

根据预喷涂原理若在滤袋过滤前先糊上一层吸附层吸附焦油物质，可以防止焦油直接粘连布袋。工程上采用在进袋式除尘器的风管内喷涂焦粉，使预喷涂粉分布在除尘器滤袋的表面。由于焦粉取料容易，是一种很好的预喷涂粉料。预喷涂工作流程如图 5-55 所示。

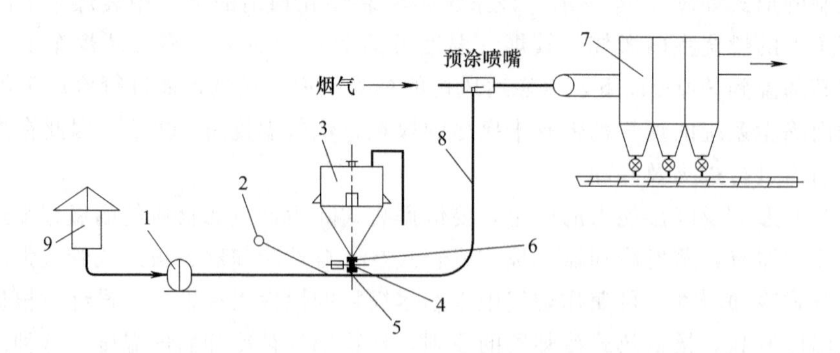

图 5-55　装煤除尘预喷涂工作流程

1—罗茨鼓风机；2—压缩空气管（备用）；3—预喷涂粉仓；4—回转给料阀；5—给料器；6—插板阀；7—袋式除尘器；8—输粉管；9—消声器

预喷涂系统主要由预喷涂粉仓、回转给料阀、给料器、鼓风机等部分组成，一般预喷涂设施设在除尘器附近，系统工作压力在 0.05MPa 左右。

该喷涂系统特点如下：a. 可以同时向进除尘器的风管内和除尘器内送粉；b. 采用带轴密封的星形卸灰阀锁气，给料装置、管道连接处要求密封严密；c. 气源采用罗茨鼓风机或压缩空气，一般压缩空气作为备用气源。

3. 预喷涂粉量计算

焦粉密度约 0.5t/m³，质量中位粒径为 50μm，除尘器表面平均一次喷涂厚度为 10～50μm，除尘器清灰次数与喷涂次数相同，即除尘器清灰后进行预喷涂。则每次喷涂用粉量按下式计算：

$$Q_0 = \frac{\rho \delta S}{\eta} \tag{5-9}$$

式中 Q_0——每次喷涂用粉量，t；

ρ——预喷涂粉的密度，t/m³；

δ——预喷涂层厚度，μm（与装煤几次喷涂一次和烟尘的含焦油量有关，一般取 10～50μm）；

S——袋式除尘器过滤面积；

η——预喷涂效率，通常取 $\eta=0.7$。

则每天喷涂量按下式计算：

$$Q = \frac{24 Q_0 n_c}{n t_j} \tag{5-10}$$

式中 Q——每天喷涂用粉量，t；

n_c——炭化室数，个；

n——预喷涂间隔装煤次数；

t_j——炭化室结焦时间，h。

五、烟尘控制净化的操作要求

对于通风机调速操作的要求如下。

① 由中央集中控制室控制联动操作通风机的调速运转及系统运行。

② 通风机调速动作的执行由装煤车上发送信号指令，其动作顺序是：首先开启固定风管上自动联通阀门的推杆，接着发出风机进入高速指令；上述推杆退回原位时（自动联通阀门关闭）发出风机进入低速的指令。

③ 一般情况下通风机应具备高速、低速两个运行状况。装煤烟尘控制系统风机只在焦炉装煤的过程中才使风机全速运转，其他时间风机维持全速的 1/4～1/3 运转。其运行曲线如图 5-56 所示。

④ 若采用液力耦合器作通风机的调速设备，液力耦合器的油温、油压均应参加系统连锁。

⑤ 通风机入口设电动调节阀门，用于风机调试及工况调整。主要包括：a. 全套装置应具备中央联动及机旁手动操作两种功能；b. 应设置系统主要部位的流体压力、温度、流量显示仪表，对通风机转数、电动机电流等参数要设计必要的显示、联锁、报警，有条件时宜将整个除尘系统在模拟盘上显示；c. 在通风机吸入侧管道上设能自动开启的阀门，当通风机吸入侧固定干管内负压提高时，该阀门应自动开启，以防系统进入通风机的风量减少，引起通风机喘振；d. 除尘器或通风机入口侧设防爆孔，防爆孔的位置应设在设备或管道的上部，以防爆炸时对周围人员造成伤害；e. 在通风机出口的排气筒附近设测尘用电源插座，

除尘器底层设电焊机电源插座，除尘器各平台上设除尘照明，并设手提灯照明的电源插座。

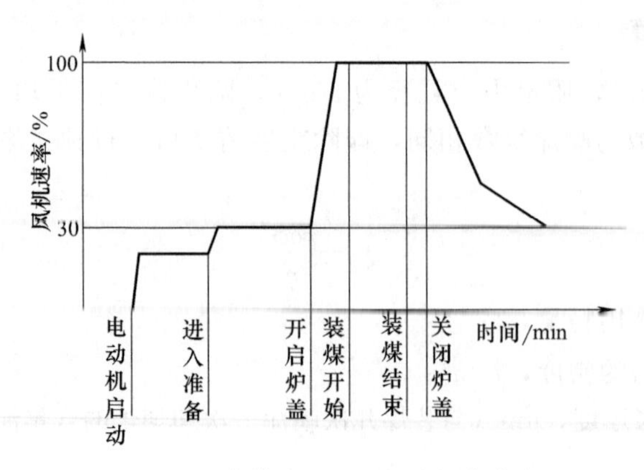

图 5-56 装煤除尘风机调速操作曲线

第六章

工业有机废气协同减排技术

工业有机废气的危害严重，所以有机废气协同减排意义重大。工业有机废气协同减排特点是可以用一种方法去除多种污染成分，亦可用几种方法去除多种污染物成分。

第一节 工业有机废气来源和处理

一、工业有机废气概念和分类

1. 工业有机废气概念

工业有机废气指工业过程排出的含挥发性有机化合物的气态污染物。废气中的挥发性有机化合物（VOCs）是指常温下以蒸气形式存在于空气中的一类有机物为挥发性有机物。具体说，是指在常温下饱和蒸气压大于71Pa，常压下沸点低于260℃的有机化合物；也有将常压下沸点低于100℃或25℃时饱和蒸气压大于133Pa的有机化合物称为挥发性有机物。

2. 工业有机废气分类

按挥发性有机化合物化学结构的不同，工业有机废气可分为烷类、芳香烃类、烯类、卤烃类、酯类、醛类、酮类及其他八类。挥发性有机化合物的主要成分有烃类、卤代烃、氧烃和氮烃，它包括苯系物、有机氯化物、氟里昂系列、有机酮、胺、醇、醚、酯、酸和石油烃化合物等。

VOCs排放源非常复杂，从大类上分，主要包括自然源和人为源，人为源包括移动源和固定源，固定源中又包括生活源和工业源等。常见的工业VOCs污染物分类见表6-1。

表6-1 常见的工业VOCs污染物分类

污染物种类	主要代表物
烃类	苯、甲苯、二甲苯、正己烷、石脑油、环己烷、甲基环己烷、二氧杂环己烷、稀释剂、汽油等
卤代烃	三氯乙烯、全氯乙烯、三氯乙烷、二氯甲烷、三氯苯、三氯甲烷、四氯化碳、氟里昂类等
醛酮类	甲醛、乙醛、丙烯醛、糠醛、丙酮、甲乙酮(MEK)、甲基异丁基甲酮(MIBK)、环己酮等
酯类	乙酸乙酯、乙酸丁酯、油酸乙酯等
醚类	甲醚、乙醚、甲乙醚、四氢呋喃(THF)等
醇类	甲醇、乙醇、异丙醇、正丁醇、异丁醇等

续表

污染物种类	主要代表物
聚合用单体	氯乙烯、丙烯酸、苯乙烯、醋酸乙烯等
酰胺类	二甲基甲酰胺(DMF)、二甲基乙酰胺等
腈(氰)类	氢氰酸、丙烯腈等

二、工业有机废气来源

工业有机废气主要来源于化工和石油化工、制药、包装印刷、造纸、涂料装饰、表面防腐、交通运输、电镀、纺织等行业排放的废气，包括各种烃类、卤代烃类、醇类、酮类、醛类、醚类、酸类和胺类等。这些污染物的排放不仅造成了资源的极大浪费，而且严重地污染了环境。在室内装饰过程中，挥发性有机化合物（VOCs）主要来自涂料和胶黏剂等。

工业源包括 4 个产污环节：VOCs 生产过程环节，VOCs 产品的储存、运输和营销环节，以 VOCs 为原料的工艺过程环节和含 VOCs 产品的使用过程环节。

1. 生产过程中的排放

VOCs 生产过程环节包括炼油与石化、有机化工等溶剂提炼或有机物产生的行业。

石油炼制和石油化工行业是指以石油和（或）天然气为原料，采用物理操作和化学反应相结合方法，生产各种石油产品和石化产品的加工行业。石油炼制是以石油为原料，加工生产燃料油、润滑油等产品的全过程。石油化工生产指对炼油过程提供的原料油气进行裂解及后续化学加工，生产以三烯（乙烯、丙烯、丁二烯）、三苯（苯、甲苯、二甲苯）为代表的基本化工原料、各种有机化学品、合成树脂、合成橡胶、合成纤维等的过程。

2. 储运过程中的排放

储存、运输和营销环节主要是油品、燃气、有机溶剂的储存、转运、配送和销售过程。

3. 工艺过程中的排放

以 VOCs 为原料的工艺过程环节包括众多行业，如涂料行业、合成材料行业、食品饮料行业、胶黏剂生产行业、日用品行业、农用化学品行业和轮胎制造行业等。

4. 使用过程中的排放

含 VOCs 产品的使用过程环节包括装备制造业涂装、半导体与电子设备制造、包装印刷、医药化工、塑料和橡胶制品生产、人造革生产、人造板生产、造纸行业、纺织行业、钢铁冶炼行业等。其中，装备制造业涂装涵盖所有涉及涂装工艺的行业，如机动车制造与维修、家具、家用电器、钢结构、金属制品、彩钢板、集装箱、造船、电器设备等众多行业。

典型装备制造业 VOCs 排放环节及主要 VOCs 如表 6-2 所列。

表 6-2　典型装备制造业 VOCs 排放环节及主要组分

典型行业	主要涂装工艺	表面预处理	涂装	干燥	主要 VOCs 组分
汽车零部件	空气喷涂	▲	●	●	甲苯、二甲苯、丁酮、甲乙酮
家电	静电、粉末	△	▲	▲	甲苯、二甲苯、乙醇、丁醇、丙酮、三氯乙烷、甲乙酮
金属制品	喷涂、辊涂、粉末	◇	▲	●	甲苯、二甲苯、丙醇、丁醇、甲基异丁酮
机械制造	空气喷涂静电	△	▲	●	甲苯、苯、甲乙酮、丁醇乙酸、乙酸乙酯、乙酸丁酯

续表

典型行业	主要涂装工艺	表面预处理	涂装	干燥	主要 VOCs 组分
乐器	空气喷涂手工	△	●	●	甲苯、苯、甲乙酮、丁醇、丙酮、乙酸乙酯、乙酸丁酯、乙醇
手机外壳	空气喷涂	◇	●	●	甲苯、二甲苯、异丙醇、丁醇、甲基异丁酮

注：△表示无；◇表示可能有；▲表示有；●表示严重。

5. 排放特点

工业 VOCs 排放具有以下特点。

① 排放强度大、浓度高、持续时间长，对局部空气质量的影响显著。

② 涉及的行业众多，工业生产过程中所排放的 VOCs 种类多，污染物种类和组成繁杂，性质差异大。常见的化合物种类有烃类（烷烃、烯烃和芳香烃）、酮类、酯类、醇类、酚类、醛类、胺类、腈（氰）类等有机化合物。

③ 在大多数情况下，生产工艺尾气中同时含有多种污染物。在大多数的行业中，气态污染物往往是以混合物的形式排放。例如，喷涂废气中通常含有苯系物（BTEX）和酮类、酯类等；印刷废气中通常含有苯类、酯类、酮类和醇类等；制药行业中通常含有酸性气体、普通有机物和恶臭气体等。

④ 不同的生产工艺所排放的工艺废气工况条件（浓度、流量、连续或间歇、温度、湿度、颗粒物等）复杂多样，不同行业、同一行业中的不同工序所排放的有机气体的温度和湿度具有很大的差异。如一般喷涂过程中所排放的为常温气体，而在化学化工、制药等行业所排放的往往为高温气体。在同一行业中，如汽车的喷涂线排放的为常温气体，而烘干线排放的则为高温气体。喷涂线漆雾经过水幕净化后会形成高湿度的废气，制药工业发酵罐尾气的湿度接近 100%。大多数情况下常温废气中往往掺杂一定量的颗粒物。装备制造业涂装工艺中会产生大量的漆雾颗粒物等。

⑤ VOCs 具有相对强的活性，是一种性质比较活泼的气体，导致它们在大气中既可以以一次挥发物的气态存在，又可以在紫外线照射下，在 PM_{10} 颗粒物中发生无穷无尽的变化，再次生成为固态、液态或二者并存的二次颗粒物，且参与反应的这些化合物寿命还相对较长；可以随着风吹雨淋等天气变化，或者飘移扩散，或者进入水体和土壤，污染环境。

近年研究发现，$PM_{2.5}$ 与 VOCs 有直接关系。在 $PM_{2.5}$ 形成之前，作为前驱物的 VOCs，它们和 SO_2、NO_x 生成的硫酸盐、硝酸盐一起，在光的作用下发生一系列的光化学反应，生成以 $PM_{2.5}$ 细小颗粒物为主的霾。当大气相对湿度超过 90%且温度较低时，就形成了雾，于是就产生了雾霾。雾在气温升高时容易消散，但是，霾却会长期飘浮在大气中。近些年，低浓度、高毒性的 VOCs 在 $PM_{2.5}$ 中的比例上升，因而使细粒子污染渐趋于严重。

三、工业有机废气处理原则

工业有机废气处理原则主要包括以下几项：

① 处理工程应按照国家相关法律法规、大气污染物排放标准和地方环境保护部门的要求设置在线连续监测设备。

② 处理工程应遵循综合处理、循环利用、达标排放、总量控制的原则。处理工艺设计应本着成熟可靠、技术先进、经济适用的原则，并考虑节能、安全和操作简便。

③ 处理工程应与生产工艺水平相适应。生产企业应把处理设备作为生产系统的一部分进行管理，处理设备应与产生废气的相应生产设备同步运转。

④ 经过处理后的污染物排放应符合国家或地方相关大气污染物排放标准的规定。

⑤ 处理工程在建设、运行过程中产生的废气、废水、废渣及其他污染物的处理与排放，应执行国家或地方环境保护法规和标准的相关规定，防止二次污染。

四、工业有机废气处理方法

根据具体工业有机废气的来源、组成、性质以及具体的处理要求，可以选用不同的处理方法。对工业有机废气处理的基本方法大致上可分为图 6-1 所示的几大类：

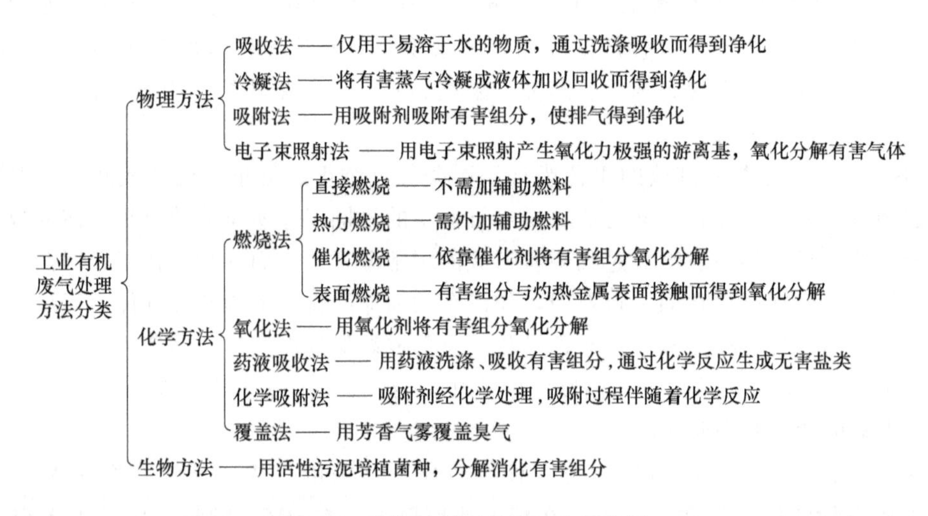

图 6-1 废气处理（处置）方法分类

有机废气处理方法特点比较如表 6-3 所列。主要特点列于表 6-4 中。

表 6-3 处理的方法特点比较

处理技术	适用范围	优点	缺点
吸收法	大气量、高浓度、温度低和压力高 VOCs	VOCs 处理效率高，处理气量大，工艺成熟	高温废气需降温，压力低时，净化效率低；消耗吸收剂且吸收剂需回收，易形成二次污染
吸附法	大气量、低浓度、净化要求高 VOCs	可处理复杂组分 VOCs，应用范围广，净化率很高	吸附剂昂贵，且需再生；运行费用高
燃烧法	成分复杂、高浓度、小气量	能有效去除各种可燃 VOCs，工艺简单、效率高	设备易腐蚀、消耗燃料、投资运行成本高、操作安全性差、易产生二次污染
冷凝法	高浓度、高沸点、小气量单组分	对高浓度单组分废气的处理费用低，回收率高（80%～90%）	工艺复杂；对复杂组分及中等和高挥发性的组分回收率低，处理低浓度废气费用高
膜分离法	高浓度、小气量和有较高回收价值 VOCs	流程简单、回收率高、能耗低、无二次污染	设备投资费用高
臭氧分解法	低浓度、小气量 VOCs	对 VOCs 可氧化分解彻底，净化率高	能耗高，处理费用高，对人体和周围环境可能造成危害；处于实验研究阶段

续表

处理技术	适用范围	优点	缺点
电晕法	低浓度广范围的VOCs	处理效率高、运行费用低，特别对芳香烃的去除效率高	对高浓度VOCs处理效率一般；还停留在实验室阶段
生物法	中低浓度、大气量的可生物降解的VOCs	适用范围广，处理效率高，工艺简单，投资运行费用低，无二次污染	对高浓度、生物降解性差及难生物降解的VOCs去除率低

表 6-4 各种净化处理方法特点

对比项目	净化方法						
	吸收法		吸附法		燃烧法		冷凝法
	水洗涤	药液洗涤	活性炭不再生或取出再生	活性炭蒸汽再生	催化燃烧	热力燃烧	
适用范围	固体漆雾粒子、某些无机及有机溶剂气体(亲水性)。大中小风量皆宜	无机气体及部分亲水性有机溶剂，蒸气、恶臭。大中小风量皆宜	低浓度有机溶剂蒸气及某些无机气体，高温、高湿下需降温去水分。只宜较小风量	中低浓度有机溶剂蒸气，不适用于高沸点气体。只宜中小风量	有机溶剂蒸气及恶臭物质，废气中含有使催化剂中毒物质时不适用。低浓度、间歇生产不适用	有机溶剂蒸气及恶臭物质。只适宜中小风量	有机溶剂蒸气，高浓度，小风量适用
温度/℃	常温	常温	<50	<50	>100	>100	<100
质量浓度/(mg/m^3)	<数百	数百～数千	<数百	<数百	2000～8000	>数千	>20000
空塔速度(m/s)	1～3	1～2(板式塔)	0.1～0.5	0.1～0.5	0.5～0.7	2～4	—
废热回收	—	—	—	—	可	可	—
装置阻力/kPa	≤0.5	2～3	1～1.5	1～1.5	≥1	≥0.2	≤0.3
净化效率/%	70～98	85～99	>90	>90	>95	>98	30～50
二次污染或后处理	漆雾和废水需定期处理	废水定期处理，污泥、渣脱水等处理	再生时，会产生少量含溶剂的冷凝水	再生时会产生少量含溶剂的冷凝水	尾气中NO_x、SO_x均较低，能达标	尾气中NO_x、SO_x因燃料而异	—
特点	不同装置效率差别很大，作为两级处理设备的前处理装置时，要求尽可能高的净化效率；无爆炸、燃烧危险	正确选择塔型和吸收剂是关键；为稳定净化效率，加药宜自动化	结构简易，定期换炭，处理烘干废气时，需冷却降温；过滤处理喷漆室废气时，需脱水、除漆雾	有实效的回收装置较多，负荷变动时影响较小；应防止生成过氧化物	催化剂价高，低温、低浓度时预热量大，应防止过高浓度以确保催化剂寿命；应防止停电时的各种事故，负荷变动大时，不能适应	燃烧器易腐蚀，净化效率较高，负荷波动，仍可保持稳定的高效	设备较庞大，冷却水温低时效率高；常用作其他处理设备的前处理装置
经济性	初投资较小，运行费较低	初投资中等，运行费用稍高	初投资较小，低温低浓度下运行经济	初投资大，低温及中低浓度下运行经济	初投资大，运行费较高，高温高浓度且能回收余热时经济	初投资大，运行费高，高温、高浓度能回收余热时经济	初投资大，回收溶剂有使用价值时经济
备注	—	宜设pH计自控加药计量装置	—	也可用惰性气体或热空气再生	起燃温度较低(220～300℃)	起燃温度较高(600～800℃)	—

第二节 吸附法净化工业有机废气

吸附是一种固体表面现象，固体表面由于存在着一种未平衡的分子间引力称为化学键，而使通过的气体被吸引并保持在固体表面上的现象，称为吸附。

具有吸附作用的固体称为吸附剂。吸附剂大多采用比表面积较大的多孔性固体，活性炭、硅胶、天然沸石、活性白土等是常用的吸附剂。

吸附是气相中的某些成分在固体表面（吸附剂）被浓缩的一种现象。这种现象可以分为物理吸附与化学吸附。一般来说，物理吸附是低于饱和蒸气浓度或在高于沸点（凝结温度）下发生的凝结现象，而化学吸附则是与化学反应作用一样的化学亲和力作用于被吸附物质与吸附剂之间产生的吸附现象。

活性炭与分子筛均为多孔材料，具有巨大的内表面，也就是具有较大的吸附容量。每克活性炭的总表面积可达 500～1000m^2。活性炭适宜吸附有机溶剂蒸气，对苯类吸附的效果最为明显。活性炭一般将椰壳、果壳或焦炭等原料经过碳化、活化而制成。商业化的活性炭有粒状活性炭和活性炭纤维两种，它们的吸附原理和工艺流程完全相同。

分子筛是一种人工合成的沸石为多孔型硅酸盐骨架结构，Si、Al_2O_3 为主要成分。其内部孔径整齐划一，就像筛子一样，能选择性地吸附小于某个尺寸的分子。分子筛是离子型的吸附剂，对极性分子、不饱和有机物具有一定的吸附能力。

吸附剂所具有的较大的比表面对废气中所含的 VOCs 等有机气体发生吸附，此吸附多为物理吸附，过程可逆；吸附达饱和后可以用水蒸气脱附，再生的活性炭循环使用。

当 VOCs 浓度小于 5000×10^{-6} 时，宜采用炭吸附法，吸附饱和后的炭用蒸气脱附。炭吸附法的费用，取决于含 VOCs 物流的流量和浓度。是否回收炭所吸附的 VOCs 主要由经济因素决定，对流量大和含有有价值 VOCs 的物流则应考虑回收。对流量大的物流，需在现场设置脱附单元；对流量小的物流，吸附后的炭可运送到集中脱附装置进行处理，但运输过程中被吸附的 VOCs 容易逸出而造成二次污染。

上述脱附方法均存在一个问题：产生的废液不易循环使用，可能造成污染，需进行处理。能与活性炭发生反应的 VOCs 会发生聚合反应的 VOCs 和大分子高沸点的有机物，不宜用该法回收。

一、吸附原理

1. 吸附作用

吸附作用是一种或数种物质的原子、分子或离子附着在另一种物质表面上的过程。吸附过程就是在两相界面上的扩散过程。在涂装废气净化体系中，主要涉及的是气-固类型的吸附作用。处于固相和气相界面的固体表面分子，因具有表面能而使两相分子之间具有物理的、化学的亲和力，致使气体中的有害成分在固相表面被浓缩。此固相被称为吸附剂，被吸附浓缩的物质称为吸附质。

吸附可分为物理吸附和化学吸附，其特点列于表 6-5 中。

表 6-5 物理吸附和化学吸附对比

对比项目	物理吸附	化学吸附
反应推动力	范德华力——分子间吸引力，较弱	未饱和化学键力——化学反应力，较强
产生条件	如适当选择物理条件（温度、压力、浓度），任何固体—流体之间都可发生	仅发生在有化学亲和力的固体—流体之间
被吸附质	非选择性	选择性
吸附热	8.37～33.5kJ/(g·mol)，相当于凝聚热	一般处于 41.82～125.45kJ/(g·mol)，相当于反应热
可逆性	可逆、不稳定	不可逆、稳定
吸附速度	快	慢（因需要活化能）
温度影响	低温吸附量大	较高温度下吸附量大
作用范围	与表面覆盖程度无关，可多层吸附	随覆盖程度的增加而减弱，只能单层吸附
等温线特点	吸附量随平衡压力（浓度）正比上升	关系较复杂
等压线特点	吸附量随温度升高而下降（低温吸附、高温解吸）	在一定温度下才能吸附（低温不吸附，高温有一个吸附极大点）

吸附过程中会放出吸附热。相反，将吸附质从吸附剂中解吸出来时要吸收热量。吸附热是吸附质和吸附剂之间的一个特征值，其大小可表示吸附的强弱。

活性炭对各种有机溶剂蒸气和几种气体的吸附热列于表 6-6 中。

表 6-6 活性炭对有机溶剂蒸气及气体的吸附热

吸附质	分子式	温度/℃	吸附量/(g/g)	吸附热		吸附质	分子式	温度/℃	吸附量/(g/g)	吸附热	
				kJ/mol	kJ/kg					kJ/mol	kJ/kg
氩	Ar	20	—	17.6	440.55	氨	NH_3	20	0.012	45.2	2658.82
一氧化碳	CO	20	0.001	41.0	1464.29			20	0.023	40.6	2388.24
		20	0.002	36.8	1314.29			20	0.028	39.8	2341.18
		20	0.004	29.5	1053.57	四氯化碳	CCl_4	0	0.31	64.0	416.09
二氧化碳	CO_2	20	0.005	31.0	704.55			50	0.31	64.5	419.34
		20	0.01	28.9	656.82	氯仿	$CHCl_3$	0	0.24	60.7	508.55
		20	0.02	27.4	622.73			50	0.24	60.7	508.55
		20	0.03	25.1	570.45	二氯甲烷	CH_2Cl_2	25	0.17	53.6	631.33
		20	0.04	23.9	543.18	氯甲烷	CH_3Cl	25	0.10	38.5	763.13
二硫化碳	CS_2	25	0.15	52.3	688.16	苯	C_6H_6	0	0.16	61.5	788.46
水蒸气	H_2O	−15	0.036	46.5	2583.33			50	0.10	38.5	763.13
		0	0.036	41.8	2322.22			25	0.16	65.7	842.31
		40	0.036	38.9	2161.11	氯乙烷	C_2H_5Cl	0	0.13	50.2	778.86
		80	0.036	34.7	1927.77	碘乙烷	C_2H_5I	25	0.31	58.6	375.88
		128	0.036	30.1	1672.22	乙醇	C_2H_5OH	0	0.092	62.8	1365.22
氮	N_2	20	0.00032	34.9	1246.43	正丙烷	$n\text{-}C_3H_8$	20	0.005	47.7	1084.09
		20	0.003	19.5	696.43			20	0.04	38.3	870.45
氨	NH_3	20	0.0045	55.3	3252.94	氯代正丙烷	$n\text{-}C_3H_7Cl$	25	0.16	62.8	800.51

续表

吸附质	分子式	温度/℃	吸附量/(g/g)	吸附热		吸附质	分子式	温度/℃	吸附量/(g/g)	吸附热	
				kJ/mol	kJ/kg					kJ/mol	kJ/kg
异丙醇	i-C_3H_7OH	25	—	68.6	1143.33	丙酮	C_3H_6O	25	—	61.5	1060.34
正丙醇	n-C_3H_7OH	25	0.12	68.6	1143.33	乙醇	C_2H_5OH	25	—	65.3	1419.57
	$(CH_3)_2CO$	25	0.12	61.5	1060.34	乙烷	C_2H_6	20	0.005	33.3	1110
氯代正丁烷	n-C_4H_9Cl	25	0.19	64.5	697.67			20	0.01	33.1	1103.33
甲烷	CH_4	20	0.002	26.4	1650	甲酸乙酯			20	0.03	30.4
		20	0.01	21.4	1337.5	溴乙烷	C_2H_5Br	25	0.22	58.2	533.95
		20	0.03	19.1	1193.75	$HCOOC_2H_5$	0	—	60.61	818.86	
乙烯	C_2H_4	20	0.03	29.0	1035.71	汽油	—	0	—	50.16	627
甲醇	CH_3OH	25	—	58.2	1818.75	氯代异丙烷	i-C_3H_7Cl	0	—	54.76	697.64
正丁烷	n-C_4H_{10}	20	0.03	48.6	837.93	丙醇	$CH_3(CH_2)_2OH$	0	—	68.55	1142.40
乙醚	$(C_2H_5)_2O$	0	0.15	64.9	877.03	2-氯丁烷	$CH_3CHClC_2H_5$	0	—	60.20	650.83
		25	0.15	61.5	831.08	2-氯-2-甲基丙烷	$(CH_3)_3CCl$	0	—	56.85	614.46

废气浓度越高，由吸附放热引起的固定床活性炭床层中温度升高越快，而吸附能力下降，因此要采取安全措施。

2. 吸附平衡

吸附剂和吸附质接触达到一定时间吸附和解吸速度相等，即达到吸附平衡。

废气通过一定厚度的吸附剂层，随着时间推移，慢慢地向吸附器出口移动。这一正在进行吸附的部分称为吸附作用层，它的前、后分别是吸附饱和部分和未吸附部分。当此吸附作用层移动到未吸附部分开始泄漏有机溶剂蒸气时这个点称为穿透点，此时就应对吸附剂进行解吸。

【例 6-1】 废气量 $3600m^3/h$，排气温度 $t_a=30℃$，排气压力 $p_a=200Pa$（$20mmH_2O$）。废气质量分数 $c_0=120\times10^{-6}$，其中甲苯为 40×10^{-6}，二甲苯为 80×10^{-6}。

（1）求排气中溶剂成分的排放量 ω；

（2）求有效吸附量 q_e 和设计使用的吸附量 q_e'；

（3）求活性炭的填充量 G 和有效使用时间（穿透时间）t_B；

（4）计算阻力。

解：（1）查得甲苯分子量 $M_1=92$，二甲苯 $M_2=106$，溶剂成分平均分子量为

$$M_\omega=\frac{(92\times40)}{120}+\frac{(106\times80)}{120}=101.3$$

$$\omega=V\times\left(\frac{c_0}{10^6}\right)\times\left(\frac{M_\omega}{22.4}\right)\times\left(\frac{273}{273+t_a}\right)$$

$$=3600\times\left(\frac{120}{10^6}\right)\times\left(\frac{101.3}{22.4}\right)\times\left(\frac{273}{273+30}\right)=1.76(kg/h)$$

（2）求有效吸附量 q_e 和设计使用的吸附量 q_e'

用小型柱子装入活性炭试得吸附作用层高度 $z_a=0.05m$。在入口质量分数 $c_0=12\times10^{-5}$，出口质量分数 $c=5\times10^{-6}$ 及空塔速度 $v=0.25m/s$ 时，测得平衡吸附量为 $q_0=0.31kg/kg$ 吸附剂。取活性炭填充层高度 $z=0.8m$。则有效吸附量为

$$q_e = q_o\left(1-\frac{z_a}{2z}\right) = 0.31\left(1-\frac{0.05}{2\times0.8}\right) = 0.30(\text{kg/kg 吸附剂})$$

考虑到实际使用条件及炭层的劣化，取设计使用的吸附量为

$$q'_e = 0.8q_e = 0.8\times0.3 = 0.24(\text{kg/kg 吸附剂})$$

（3）当 $v=0.25\text{m/s}$ 时，吸附器截面积

$$A=\frac{V}{v}=\frac{3600}{3600\times0.25}=4(\text{m}^2)$$

取活性炭的填充密度 $\rho=410\text{kg/m}^3$，则其填充量为

$$G=Az\rho=4\times0.80\times410=1300(\text{kg})$$

这些炭所能吸附的溶剂蒸气质量为

$$q=Gq'_e=1300\times0.24=312(\text{kg})$$

有效使用时间

$$t_B=\frac{q}{\omega}=\frac{312}{1.76}=177(\text{h})$$

如实际涂装工作时间平均每天为 4h，每月平均工作 22d，则活性炭的交换间隔为

$$177\text{h}/(4\text{h}\times22\text{d})=2 \text{ 个月}$$

即每隔 2 个月解吸一次。

（4）阻力计算

查图 6-2，得活性炭层压力损失为 784Pa，计算管路压力损失为 1000Pa，则风机所需压头应是

$$\Delta p=1.1\times(784+1000)\approx1960(\text{Pa})$$

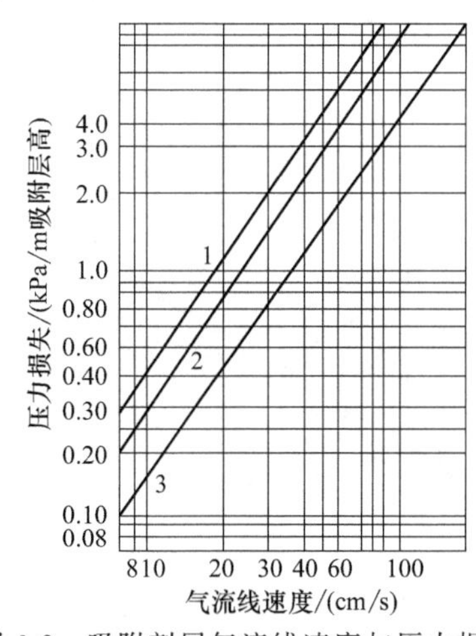

图 6-2 吸附剂层气流线速度与压力损失

1—活性炭 4～8 目；2—活性炭 4～6 目；3—球状活性炭 3～7mm

二、吸附装置

吸附装置按再生方式区分有非再生型、取出再生型和蒸汽再生型等，前两种方式的吸附有效期应超过 3 个月才较为合理。

吸附装置按结构和运行方式又可区分为固定床、移动床、流化床、流动床和蜂轮浓缩机等。目前，排风净化处理应用固定床形式较为普遍，流动床用作脱臭处理低浓度（$\leqslant1\times10^{-5}$）有害气体时以单层为好，炭层厚度可取 0.15～0.30m；当有害气体浓度$>1\times10^{-5}$时通常采用多层流动床，此时每层静置高度可取 10～20mm。

处理小风量低温低浓度有机废气可使用一般的活性炭吸附法。处理小风量高温高浓度有机废气可采用燃烧法。对于大风量低浓度低温有机废气，则可用蜂窝轮吸附，然后再用少量热空气进行解吸，解吸出来的浓缩气被送入后处理装置（催化燃烧或活性炭吸附）氧化分解成无害的 CO_2 和 H_2O，或作为溶剂加以回收。

蜂窝轮浓缩净化装置原理见图 6-3。待处理的有机废气先进入过滤器（卷绕式或固定式）预处理，使废气中的含尘质量浓度低于 $0.1mg/m^3$，然后进入蜂窝轮。蜂窝轮材料最早是采用纤维状活性炭作成厚度为 0.2mm 左右的纸，将其折叠成呈 1.8mm 等边三角形的瓦楞，裁成一定尺寸，两层瓦楞纸之间衬以隔片以形成气流通道。将其卷粘装配成鼠笼形就成为蜂窝轮芯子（内表面积可高达 $1330m^2/m^3$）。此种材料如用于吸附酮类溶剂，由于产生很大吸附热而容易着火，不安全。因此，近期改用沸石或陶瓷纤维等为基材。由于通过蜂窝轮的面风速为 1.5～2.0m/s，因此体形小，结构紧凑，质量轻。蜂窝轮回转速度仅为 1～4r/h，所以运转平稳，机械故障少。通过蜂窝轮的压力损失，见图 6-4。由于压力损失不大，可用低转速风机，噪声也就低。在处理高沸点有害气体时，会使蜂窝轮材料劣化，因此宜用活性炭做预处理。

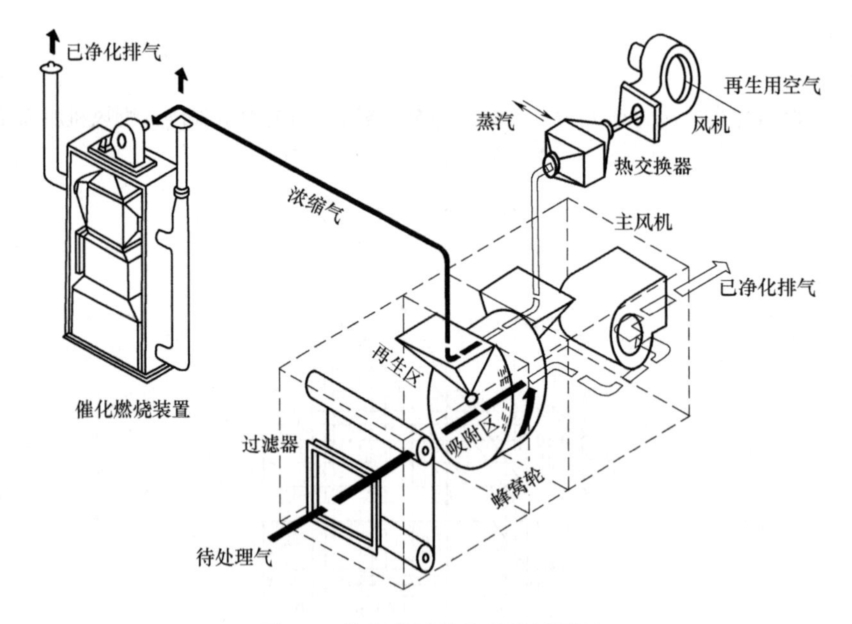

图 6-3 蜂窝轮浓缩净化装置原理

蜂窝轮回转速度与有害气体去除率的关系，见图 6-5。

有害气体经蜂窝轮吸附区净化后由主风机排入大气。蜂窝轮吸附区慢速回转到再生区，用少量热风进行解吸，将有害物从蜂窝轮基材中脱出，同时达到了浓缩的目的。浓缩倍数极限值按浓缩气质量分数控制在爆炸下限（LEL）的 1/4 即 2500×10^{-6} 来考虑。有害气体入口质量分数与浓缩倍数关系如下：

入口质量分数		浓缩比	
	30×10^{-6}～80×10^{-6}		20 倍
	100×10^{-6}～150×10^{-6}		15 倍
	200×10^{-6}		10 倍
	300×10^{-6}		7 倍

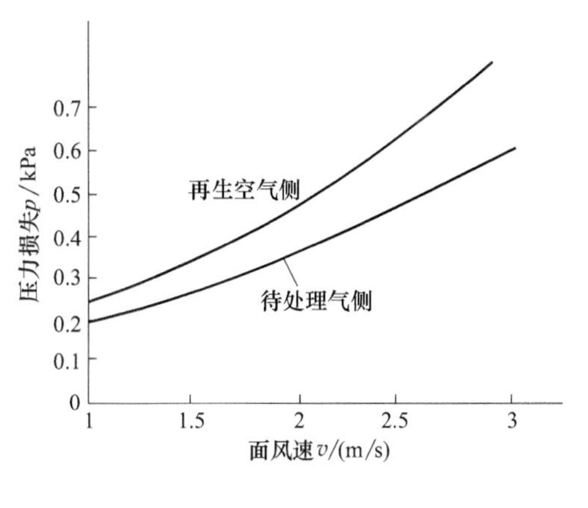

图 6-4 蜂窝轮的压力损失

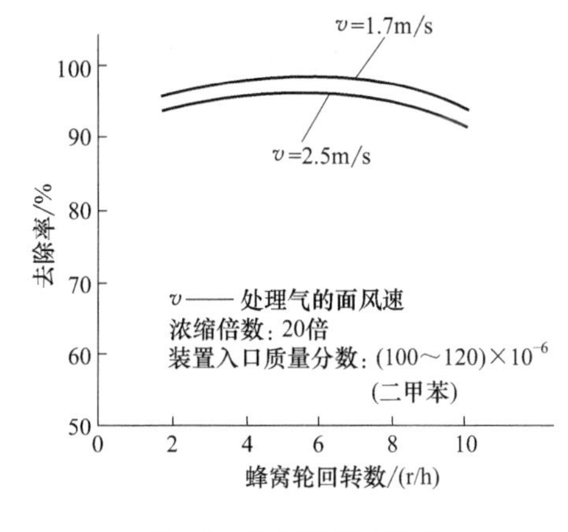

图 6-5 蜂窝轮的去除率

脱附所用热空气的温度一般为 100～130℃。浓缩气的后处理装置根据具体情况，可分别采取活性炭装置回收溶剂或催化燃烧装置回收余热加热再生用空气。

图 6-6 为利用蜂窝状活性炭固定床和催化燃烧装置组合成的吸附浓缩催化燃烧流程图。

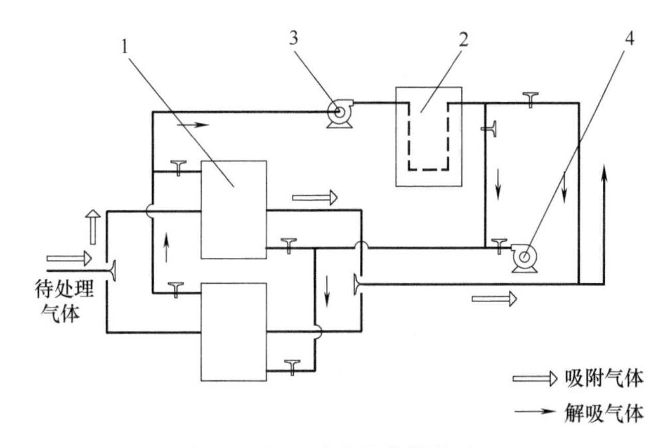

图 6-6 解吸浓缩催化燃烧流程

1—解吸床；2—催化燃烧室；3—脱附风机；4—补充空气风机

该装置采用双气路连续运行，两个吸附床交替使用。待处理气体在吸附床内被吸附，达到饱和时即停止吸附操作，然后用热气流将吸附质从炭层中解吸出来，使炭得到再生。解吸下来的吸附质已被浓缩几十倍，送往催化燃烧室氧化分解成为 CO_2 和 H_2O（水蒸气），一部分排入大气，另一部分送往解吸床，用于活性炭解吸再生。当有机吸附质质量分数达到 2000×10^{-6} 以上时即可维持自燃而不需外加热能。一个吸附床在吸附，另一个吸附床在脱附，交替操作。此种装置适宜于低浓度且无回收价值的有机废气处理。

该装置对三苯及恶臭的净化效率为 92%～99%。

该装置已有 $1000m^3/h$、$5000m^3/h$、$10000m^3/h$、$15000m^3/h$ 系列定型产品。

吸附装置的运行经济性与废气质量分数有关。通常在采用固定床时，质量分数$(100\sim2000)\times10^{-6}$，设计再生回收装置；质量分数$<100\times10^{-6}$，不设计再生回收装置。在常温、$500\times10^{-6}$ 以下时，蒸气再生合理，再高时更为优越；在高温，500×10^{-6} 以上时，燃烧法的经济性优于蒸气再生型。当废气质量分数$<300\times10^{-6}$ 时，采用浓缩吸附的蜂轮净化机；

当废气质量分数>300×10^{-6} 时，则可采用流动床吸附装置。

活性炭对有机溶剂蒸气的平衡吸附量见图 6-7。

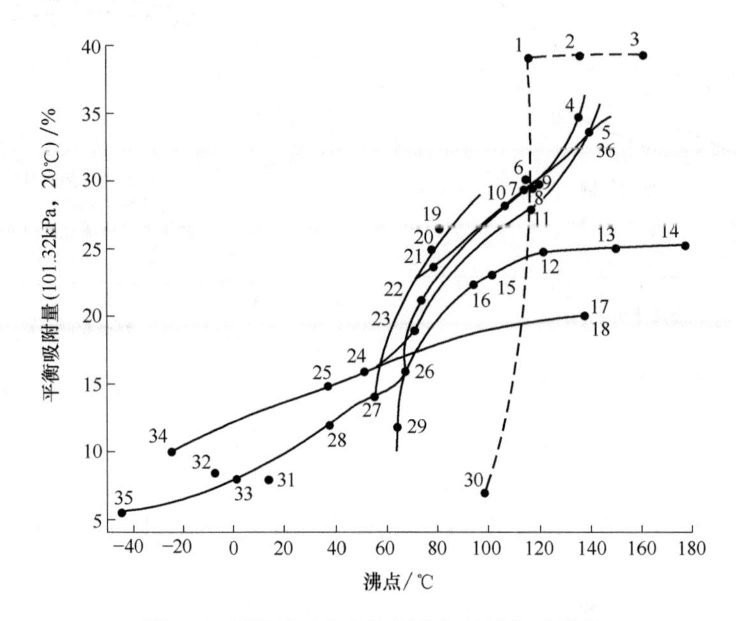

图 6-7 活性炭对有机溶剂蒸气的平衡吸附量

1—乙酸；2—丙酸；3—丁酸；4—戊醇；5—二甲苯；6—丁醇；7—二乙酮；8—乳酸；9—甲基异丁酮；10—甲苯；11—乙酸异丁酯；12—辛烷；13—壬烷；14—癸烷；15—乙酸丙酯；16—庚烷；17—丙烯酸；18—丁醚；19—异丙醇；20—甲乙酮；21—苯；22—乙醇；23—乙酸乙酯；24—乙酸甲酯；25—乙醚；26—己烷；27—丙酮；28—戊烷；29—甲醇；30—甲酸；31—丁炔；32—丁烯；33—丁烷；34—甲醚；35—丙烷；36—乙酸异戊酯

蜂窝状活性炭具有优良的吸附性能和空气动力特性，因而适用于大风量、低浓度的有机废气的净化处理。其主要特性列于表 6-7 中，阻力与比速关系见图 6-8。

表 6-7 蜂窝状活性炭的特性

主要成分	活性炭	主要成分	活性炭
规格/mm	50×50×100	吸苯量/%	≥30
壁厚/mm	0.5～0.6	抗压强度/MPa	正压≥0.8 侧压≥0.3
容积密度/(g/mL)	0.38～0.42		
比表面积/(m^2/g)	≥700		

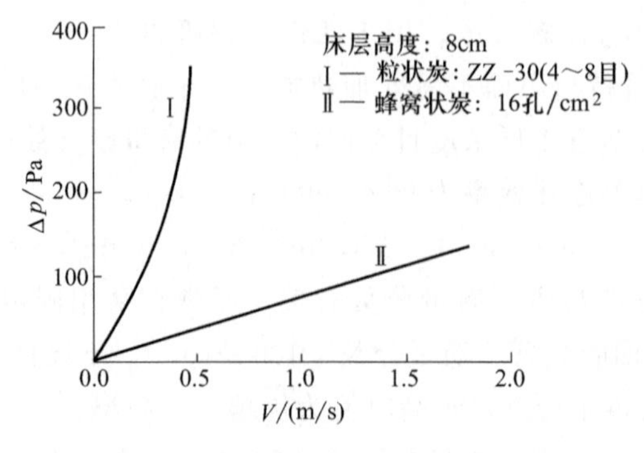

图 6-8 蜂窝状活性炭阻力与比速关系

三、活性炭解吸再生

活性炭在达到吸附饱和后，必须进行解吸再生以恢复其吸附性能；使其能重复使用的方法称为再生。如果活性炭用量很少而又不具备再生条件或难以再生，则可不考虑再生，但必须加以妥善处置。

活性炭的再生质量主要由两方面来评价：一是吸附容量能保持或接近原来水平；二是活性炭不应过多耗损。

吸附容量是分子量的函数。从表 6-8 知，摩尔容积越小，即分子量越小，沸点越低，吸附容量越小，越容易解吸再生。

表 6-8 有机溶剂蒸气的摩尔容积和沸点

名称	分子式	摩尔容积/(mL/mol)	沸点/℃
2,6-二甲基-4-庚酮	$[(CH_3)_2CHCH_2]_2CO$	207	168
2-乙基己醇	$C_4H_9CH(C_2H_5)CH_2OH$	194	185
松节油	$C_{10}H_{16}$	184	149
乙酸丁酯	$CH_3COOC_4H_9$	152	129
己醛	$CH_3(CH_2)_4CHO$	141	128
4-甲基-2-戊酮	$CH_3COCH_2CH(CH_3)_2$	141	117
1,1,2-三氯-1,2,2-三氟乙烷	FCl_2CCClF_2	120	48
甲苯	$C_6H_5CH_3$	118	111
二乙基胺	$(C_2H_5)_2NH$	112	56
丁酸	$CH_3(CH_2)_2COOH$	108	164
苯酚	C_6H_5OH	105	182
三氯乙烯	$Cl_2C=CHCl$	98	87
苯	C_6H_6	95	80
2-丙醇	$(CH_3)_2CHOH$	84	82
丙酮	$(CH_3)_2CO$	74	56
丙烷	$CH_3CH_2CH_3$	74	44
丙烯醛	$CH_2=CHCHO$	67	94
二硫化碳	CS_2	66	81
乙醇	CH_3CH_2OH	61	142
乙醛	CH_3CHO	56	37

四、工艺设计注意事项

① 在进行工艺路线选择之前，根据废气中有机物的回收价值和处理费用进行经济核算，优先选用回收工艺。

② 治理工程的处理能力应根据废气的处理量确定，设计风量宜按照最大废气排放量的120%进行设计。

③ 吸附装置的净化率不得低于 90%。

④ 应根据废气的来源、性质（温度、压力、组分）及流量等因素进行综合分析后选择

工艺路线。

⑤ 当废气中的有机物不宜回收时，宜采用热气流再生工艺。脱附产生的高浓度有机气体采用催化燃烧或高温焚烧工艺进行销毁。

⑥ 当废气中的有机物浓度高且易于冷凝时，宜先采用冷凝工艺对废气中的有机物进行部分回收后再进行吸附净化。

⑦ 连续稳定产生的废气可以采用固定床、移动床（包括转轮吸附装置）和流化床吸附装置，非连续产生或浓度不稳定的废气宜采用固定床吸附装置。当使用固定床吸附装置时宜采用吸附剂原位再生工艺。

⑧ 当废气中的有机物具有回收价值时，可根据情况选择采用水蒸气再生、热气流（空气或惰性气体）再生或降压解吸再生工艺。脱附后产生的高浓度气体可根据情况选择采用降温冷凝或液体吸收工艺对有机物进行回收。

⑨ 当废气产生点较多、彼此距离较远时应适当分设多套收集系统。

⑩ 当废气中颗粒物含量超过 $1mg/m^3$ 时应先采用过滤或洗涤等方式进行预处理。

⑪ 当废气中含有吸附后难以脱附或造成吸附剂中毒的成分时，应采用洗涤或预吸附等预处理方式处理。

⑫ 当使用水蒸气再生时，水蒸气的温度宜低于 140℃。

⑬ 当使用热空气再生时，对于活性炭和活性炭纤维吸附剂，热气流温度应低于 120℃；对于分子筛吸附剂，热气流温度宜低于 200℃。含有酮类等易燃气体时，不得采用热空气再生。脱附后气流中有机物的浓度应严格控制在其爆炸极限下限的 25%以下。

⑭ 解吸气体的后处理可采用冷凝回收、液体吸收、催化燃烧或高温焚烧等方法。应根据废气中有机物的组分、回收价值和处理成本等选择后处理方法。

⑮ 采用液体吸收法处理解吸气体时，吸收液中有机物的平衡分压应低于废气中有机物的平衡分压。液体吸收后的尾气不能达标排放时应引入吸附装置进行再次吸附处理。

五、活性炭吸附法净化工业有机废气实例

【例 6-2】 某汽车制造厂涂装车间面漆涂装生产线流平室排风中含有二甲苯溶剂等废气，排风量为 $3000m^3/h$，排风温度为 20℃，浓度为 $1000mg/m^3$。生产为两班制。采用双罐式颗粒状活性炭吸附罐净化排放的废气并回收其中的二甲苯溶剂。

（1）净化工艺流程见图 6-9。

（2）基本设计计算

① 吸附罐直径 D：取通过气流速度 $v=0.5m/s$，得 $D=1.457m$，取 1.5m。

② 活性炭装填量 $G_{炭}$：取炭层厚度为 $l=0.5m$，炭填充（松）密度取 $500kg/m^3$，则得 $G_{炭}=440kg$。

③ 吸附周期（即吸附持续时间）τ：炭层对二甲苯的平均动活性取 17%，脱附后残留吸附量为 1%。按照净化率达 $\eta=95\%$即排放浓度为 $50mg/m^3$ 的要求

$$\tau=\frac{G_{炭}(A_{终}-A_{初})}{vS(C_0-C_{残})}=\frac{440\times(0.17-0.01)}{30\times0.785\times(1.5)^2\times(0.001-0.00005)}\text{min}$$

$$=617\text{min}=10.3\text{h}$$

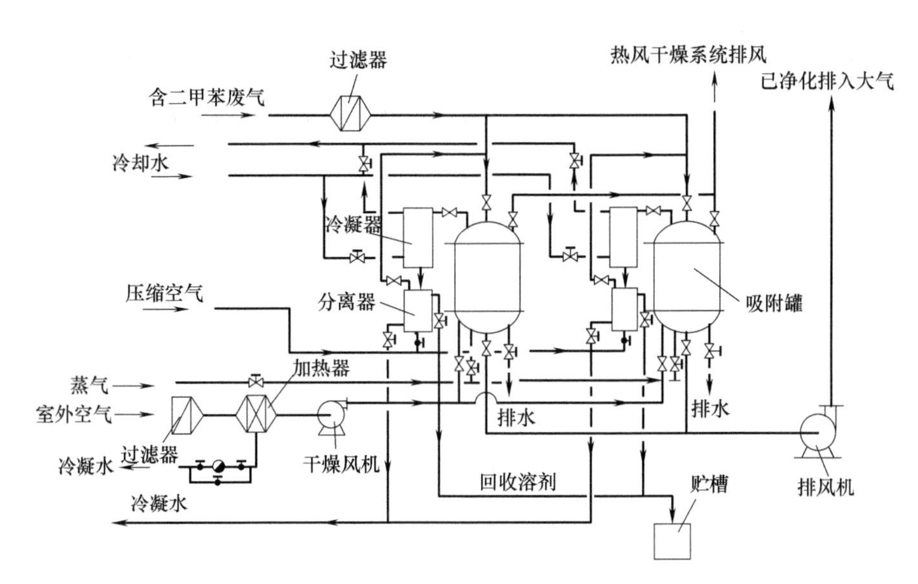

图 6-9 固定床活性炭吸附工艺流程

④ 根据计算，每小时回收的溶剂量为 2.82kg，则脱附所需蒸气量为 M＝2.82×(3～5kg 汽/kg 溶剂)＝8.46～14.1kg/h，加上整个吸附装置的热损失，总的蒸气消耗量约 100kg/h。

⑤ 冷却水温差取 Δt＝5℃，则所需循环水量为 13t/h。

⑥ 废气过滤器及干燥空气过滤器均按通过气速 1.5m/s 计算，则废气过滤器所需过滤面积 0.56m^2；而当干燥空气量为 1500m^3/h 时则所需过滤面积为 0.28m^2。

⑦ 设干燥用空气由－20℃加热到 80℃，则需消耗蒸汽约 80kg/h。

⑧ 冷凝器所需面积为 4.42m^2。

(3) 设备选型

① 排风机；GJ8-^Z_J 型离心风机，3600m^3/h，3200Pa，2900r/min，配套电动机 5.5kW。

② 干燥风机：CQ19-^Z_J 型离心风机，2000m^3/h，200Pa，2900r/min，配套电动机 2.2kW。

③ 干燥空气加热器：S_2-12-30 型（双排），蒸气压力取 0.2MPa。

④ 排风过滤器；LWP-D 型，2 个并联安装。

⑤ 干燥空气过滤器：LWP-D 型，单个。

⑥ 冷凝器：D400×1500mm，热交换面积为 4.56m^2。

⑦ 活性炭罐：D1500×2000mm。

第三节 燃烧法净化工业有机废气

一、燃烧法分类

大多数有机溶剂废气燃烧后，99%以上可以被氧化分解为无害的 CO_2 和水汽，并释放出大量可以回用的燃烧热。

燃烧法一方面要消耗能源，另一方面又可回用热能，因此适用于浓度较高的连续工作烘干室废气的净化。

燃烧法有热力燃烧和催化燃烧两大类。其燃烧条件的基本区别列于表 6-9 中。

表 6-9 热力燃烧与催化燃烧的燃烧条件比较

项目	催化燃烧	热力燃烧
处理温度/℃	200～400	600～800
燃烧状态	催化氧化,无明火,仅与催化剂接触	在高温火焰中滞留一定时间
空速/(m/h)	15000～25000	7500～12000
滞留时间/s	0.24～0.14	0.50～0.30

利用高浓度的可燃有害废气当作燃料的燃烧方式称为直接燃烧，通常在 1100℃以上温度下进行。此时不需外加燃料，完全燃烧后的产物应是 CO_2、N_2 和水汽。

催化燃烧由于起燃温度低，因此可以比热力燃烧节约 20%～40%的燃料费用。当催化剂寿命大于 2000h 时，催化燃烧运行费就低于热力燃烧。催化燃烧无明火，因此较为安全。空速高，滞留时间较短，因此燃烧室较紧凑。空速提高了，催化剂容量就减少，就会降低氧化率，就势必要提高反应温度，增加能耗。因此，必须针对不同催化剂选择合理的空间速度 v_s 值。

可用催化燃烧法处理的物质列于表 6-10 中。

表 6-10 催化燃烧法适用物质

物质类别	物质名称
烃类	苯乙烯、苯、甲苯、二甲苯、乙烷等
酮类	丙酮、甲乙酮、甲基异丁基甲酮等
醇类	甲醇、乙醇、丙醇等
醛类	乙醛、甲醛、丙烯醛等
酸类	甲酸、乙酸、丁酸等
氮化物	氨、三甲胺、硝基苯、丙烯腈、氰化氢等(高浓度时需后处理)
氯化物	氯、氯苯等(高浓度时需后处理)
硫化物	甲基硫醇、硫化氢、硫化甲乙基硫醇等(高浓度时需后处理)
其他	乙酸乙酯、煤油、苯酚、甲酚、醚、一氧化碳等

二、热力燃烧净化

热力燃烧有三要素，即分解温度、滞留时间和湍流混合。烧毁不同组分的反应温度和滞留时间列于表 6-11。

燃烧三要素互相关联。延长滞留时间将会增大燃烧室长度，提高反应温度会引起辅助燃料的增加，因而以改进湍流混合来强化燃烧过程是最为经济的。湍流混合可由高速气流移动和内部挡板绕流而形成，此处气流速度可取 10m/s 左右。

表 6-11 反应温度和滞留时间

废气净化程度	滞留时间/s	反应温度/℃
烃类化合物(HC 焚烧掉 90%以上)	0.3～0.5	590～680
烃类化合物+CO(HC+CO 焚烧掉 90%以上)	0.3～0.5	680～820
臭味(焚烧掉 50%～90%)	0.3～0.5	540～650
臭味(焚烧掉 90%～99%)	0.3～0.5	590～700
臭味(焚烧掉 99%以上)	0.3～0.5	650～820
烟和缕烟、白烟(缕烟消除)	0.3～0.5	430～540
HC+CO(焚烧掉 90%以上)	0.3～0.5	680～820
黑烟(炭粒和可燃粒)	0.7～1.0	760～1100

利用锅炉作为直接燃烧的优缺点列于表 6-12 中。

表 6-12 锅炉用作直接燃烧的优缺点

优点	缺点
(1)不需高昂的设备投资; (2)具有产汽与净化废气双重效用; (3)净化燃烧不需要辅助燃料; (4)如废气组分含有一定热值,还可节约部分燃料	(1)废气量过大则燃料消耗量增加; (2)锅炉炉膛易被弄脏; (3)由于要净化废气,锅炉始终要点火运行; (4)废气量过大时,系统压降大,易引起反压; (5)要求有两台以上的锅炉互为备用

典型的热力燃烧装置示于图 6-10。废气进入热交换器装置进行预热，然后流向燃烧室。在燃烧室内有机废气进行转化，净化气体流向热交换器，并将热量传给未净化的废气，最后由烟囱排出。该类装置适用于废气浓度低于 25%爆炸下限，而氧在混合气体中的浓度又在 15%以上的氧化转化过程。表 6-13 中所列为未净化的废气在热力燃烧后的有机污染物及其浓度。排气中的残余有机碳质量浓度和 CO 质量浓度分别见图 6-11、图 6-12；图 6-11、图 6-12 中曲线上标注的数字对应表 6-13 中的序号。

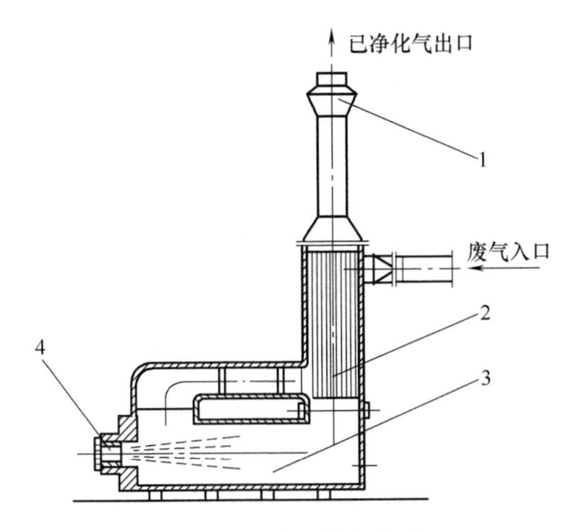

图 6-10 热力燃烧装置

1—烟囱；2—热交换器；3—燃烧室；4—烧嘴

表 6-13　有机污染物及其废气质量浓度

序号	有机污染物名称	废气质量浓度/(g/m^3)
1	焚烧垃圾和污泥时恶臭气体中的含碳量	0.11～0.14
2	邻苯二甲酸二辛酯	1.3
3	二甲基甲酰胺	6.0～8.0
4	乙酸乙酯	9.2
5	乙酸甲酯	17.0
6	正庚烷	4.9
7	甲基异丁基酮	5.0

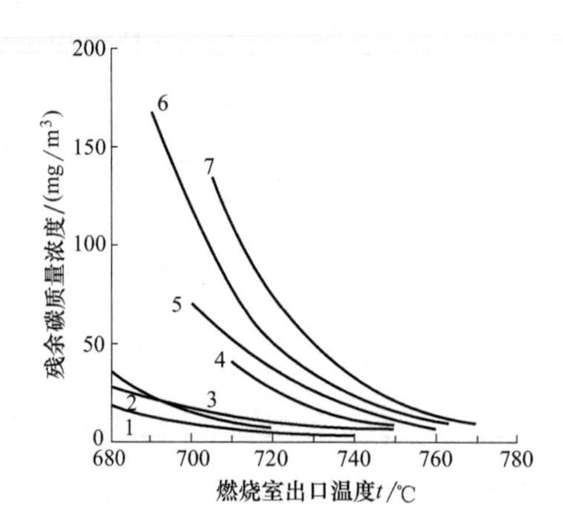

图 6-11　残余有机碳质量浓度与燃烧室出口处温度 t 的关系曲线

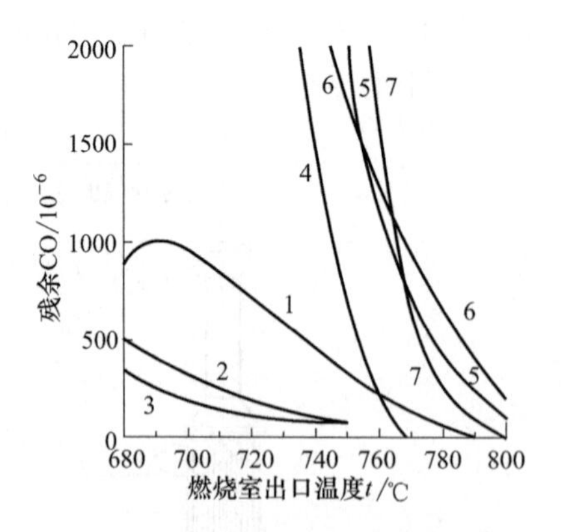

图 6-12　残余 CO 与燃烧室出口温度 t 的关系曲线

大多数烃类化合物和有机溶剂，同样的爆炸下限（LEL）浓度所含的热值是接近或相等的，每 1%LEL 约合热值 18.84kJ/m^3。如果完全燃烧，热值全部释放并用于使废气本身升温，则每 1%LEL 可使废气升温 15.3℃。

一般应将废气中可燃物质的浓度控制在 25%LEL 以下，以防止爆炸或回火。

几种有机蒸气与空气混合的爆炸极限可由下式计算：

$$B=\frac{100}{\frac{a}{B_1}+\frac{b}{B_2}+\frac{c}{B_3}+\cdots} \tag{6-1}$$

式中 B——几种有机蒸气与空气混合的爆炸极限；

B_1、B_2、B_3——每个组分的爆炸极限；

a、b、c——各组分在几种蒸气混合物中的含量，%。

混合组分的分子燃烧热可由下式计算：

$$Q=\frac{N_1Q_1+N_2Q_2+\cdots+N_nQ_n}{100} \tag{6-2}$$

式中 Q——混合组分的分子燃烧热，kJ/mol；

N_1、N_2、…、N_n——组分的混合比；

Q_1、Q_2、…、Q_n——各组分的分子燃烧热，kJ/mol。

爆炸下限与分子燃烧热之间的（近似）关系式如下：

$$CQ\approx 4600 \tag{6-3}$$

式中 C——爆炸下限，%；

Q——分子燃烧热，kJ/mol。

【例 6-3】 用热力燃烧法净化有机废气，需从 120℃升温至 760℃，用天然气为辅助燃料，以废气助燃，使用 80%过量助燃废气（即 $n=1.8$）。废气所含组分的热值忽略不计，含氧量与空气相同。试估算每净化 1000m³/h（20℃，101325Pa）废气需用的天然气量，助燃废气与旁通废气各占百分比为多少？

解：

（1）1000m³/h 废气升温（120→760℃）所需热量查表得：120℃时，比热容 $c_p=1.01$kJ/(kg·℃)；760℃时，比热容 $c_p=1.15$kJ/(kg·℃)。取算术平均值

$$c_p=\frac{1.01+1.15}{2}\text{kJ/(kg·℃)}=1.08\text{kJ/(kg·℃)}$$

又查表，空气 120℃时密度为 0.898kg/m²，则所需热量为

$$\begin{aligned}Q_1&=1000\text{m}^3/\text{h}\times 0.898\text{kg/m}^3\times(760-120)℃\times 1.08\text{kJ/(kg·C)}\\&=620000\text{kJ/h}\end{aligned}$$

（2）天然气用废气助燃至 760℃的净有效热

查表 6-14，得天然气发热量为 35300kJ/m²，所需计算空气量为 9.52m³/m³，产生燃气为 10.5m²/m³，燃气密度为 1.24kg/m³，比热容 $c_p=1.15$kJ/(kg·℃)。

天然气用废气助燃至 760℃的净有效热应是从发热量中扣除将燃气升温到 760℃所耗热量，而补回已使助燃废气（理论计算空气量部分）升温所提供的热量。

天然气有效热为：

$$\begin{aligned}Q_2&=35300-10.5\times 1.24\times(760-120)\times 1.15+9.52\times 0.898\times(760-120)\times 1.08\\&=35300-9585+5910\\&=31625(\text{kJ/m}^3)\end{aligned}$$

（3）每净化 1000m³/h 废气所需天然气量

$$L_t=\frac{620000}{31625}=19.6(\text{m}^3/\text{h})$$

（4）助燃废气量

$$L_{zh}=19.6\times9.52\times1.8=336(m^3/h)$$

占总废气量的33.6%。

（5）旁通废气量

$$L_p=1000-336=644(m^3/h)$$

占总废气量的66.4%。

表6-14 燃料的燃烧计算数据

燃料形态	序号	燃料名称	燃料热值 $Q_{低}$ (kJ/m³)(气体) (kJ/kg)(固、液)	空气过剩系数 $K=1$ 时的燃料计算数据				
				需用空气量 L_0 /(m³/m³)	产生燃气量 V_0 /(m³/m³)	密度 ρ /(kg/m³)	$w(CO_2/\%)$	$w(H_2O/\%)$
气体	1	高炉煤气	3730	0.72	1.57	1.42	25	3
	2	发生炉煤气	4770	0.95	1.76	1.34	18.5	11
	3	发生炉煤气	5694	1.20	2.01	1.29	18	12
	4	高炉焦炉混合煤气	5024	1.05	1.89	1.36	20	19
	5		5860	1.26	2.08	1.34	19	11.5
	6		6700	1.45	2.27	1.32	17.5	13
	7		7540	1.68	2.48	1.30	16	14.5
	8		8370	1.88	2.68	1.28	14.5	16
	9		9210	2.09	2.88	1.27	14	17.5
	10	焦炉煤气	17080	4.06	4.76	1.20	7	24
	11	天然气	35300	9.52	10.5	1.24	9	18
固体	12	扎赉诺尔褐煤	19850	5.12	5.78	1.32	16	14
	13	鹤岗烟煤	25370	6.67	7.02	1.37	17	7.5
	14	淮南烟煤	24970	6.66	7.06	1.36	17	8.0
	15	抚顺烟煤	27800	7.21	7.55	1.36	17.5	7.2
	16	大同烟煤	29685	7.98	8.32	1.37	17	7.0
	17	阳泉烟煤	27780	7.32	7.66	1.39	18	6.0
液体	18	重油	39650	10.44	11.05	1.31	11	15

注：1. 空气过剩系数为燃烧时所用空气量与理论计算空气量之比。

2. m³ 系指在20℃，1.01×10^5Pa条件下1m³ 的体积。

3. $Q_{低}$ 为低数值。

利用锅炉或加热炉进行直接燃烧时应考虑下列几点：

① 废气中所需净化的组分应是可燃的。

② 废气量不能过大，否则会如同过量空气那样导致热效率的降低。

③ 废气中的含氧量应与燃烧所需的空气含氧量相当，以保证燃烧充分。含氧量大于18%时，可进行完全燃烧；含氧量小于18%时应另外补入空气。不完全燃烧会产生焦油、树脂等热分解物而弄脏传热面。

三、锅炉直接燃烧法净化实例

某厂干燥窑含烃类化合物废气治理来取燃烧法净化。干燥窑设计参数如下。

热风烘干温度：60～80℃。

排风量：175m³/min（60℃），送风量为排风量的86%，窑内呈负压。

废气成分及浓度，列于表 6-15。设计浓度按 3000×10^{-6} 考虑。废气组分的物理参数如表 6-16 所列。

表 6-15 废气成分和浓度 单位：10^{-6}

溶剂种类	D 型录音带	AD 型录音带	VHS 型录像带
丁酮	1970	2030	1170
4-甲基-2-戊酮	710	730	240
甲苯	830	860	1130
环己酮			440
合计	3510	3620	2980

表 6-16 废气组分物理参数

参数	丁酮	4-甲基-2-戊酮	甲苯	环己酮
分子量	72.1	100.16	92.13	98.14
相对密度(20℃)	0.8047	0.8004	0.8669	0.9504
沸点/℃	79.57	115.9	110.625	155.65
爆炸下限(LEL)/%	1.81	1.34	1.27	1.32
蒸气密度(空气=1)	2.41	3.45	3.14	3.38
发火点/℃	515	458	552	520～580
燃烧热/(kJ/mol)	2434	3516.9	3912	3511.5

废气爆炸下限列于表 6-17。各种型号的 $LEL_{混}$ 均处于标准规定的 25%LEL 值以下，比较安全。

表 6-17 废气爆炸下限

磁带型号	$LEL_{混}$/%	废气浓度相当于 $LEL_{混}$ 的百分比/%
D	1.548	22.67
AD	1.544	23.45
VHS	1.451	20.53

废气燃烧热经计算，求得 D 型及 AD 型时为 3005kJ/mol；VHS 型时为 3244kJ/mol。

1. 方案论证

磁浆添加剂中含硅，如采用催化燃烧会引起催化剂中毒，根据使用经验，寿命只有半个月左右，最差的只有 2～3d，即使用碱洗再生也不能超过 3 次。

如采用热力燃烧，温度需提到 760℃以上，则废气中发热量不足，需添加辅助燃料。

(1) 采用专用焚烧炉　热平衡计算如下：

① 废气加热到燃烧温度（标态）(50℃→760℃，10500m^3/h)　　−9697600kJ/h

② 燃烧装置本身热损失　　−969800kJ/h

③ 有机废气燃烧热值（按最低浓度计，$\eta=99\%$）　　−4543700kJ/h

④ 排气与废气换热（50℃→370℃）　　−4142400kJ/h

−1981300kJ/h

辅助燃料采用重油，其有效热值为 37400kJ/kg。

重油消耗量为 $W=\dfrac{1981300}{37400}=53$ (kg/h)，考虑 10%安全系数，则为 53kg/h×10%＝58.3kg/h。

自焚烧炉排出的高温烟气进入废热锅炉生产蒸气，然后再进入板式换热器预热废气，回收大部分热量后排放大气。

为了减少重油消耗，不设废热锅炉，而进一步提高废气预热温度，除起动时外可不需要重油助燃。废气由 50℃→500℃，排放烟气由 160℃→280℃。

此方案投资高昂，且需消耗相当数量的重油。

（2）采用现有燃煤锅炉　将废气用作锅炉一次进风，炉膛温度 1000℃以上，通过时间 2s 以上，能完全满足 760℃及 0.5s 的有机废气燃烧条件。废气中有机溶剂蒸气浓度＜25％LEL，因此比较安全。此外，在安全性方面还采取了如下几项措施：a. 将原有鼓风机改为防爆型；b. 输送废气的风机设置两台，其中一台备用，且均为防爆型；c. 风机入口前设阻火器、风量自动控制及指示、浓度自动控制及指示以及报警装置。

超过设计浓度即自动从室外进入新风进行稀释。

为使鼓入锅炉进风室的废气不致泄漏到锅炉房内，在灰斗室内排风，以保持其中 −20Pa 的负压，排风量为 $605m^3/h$。

净化工艺流程见图 6-13。

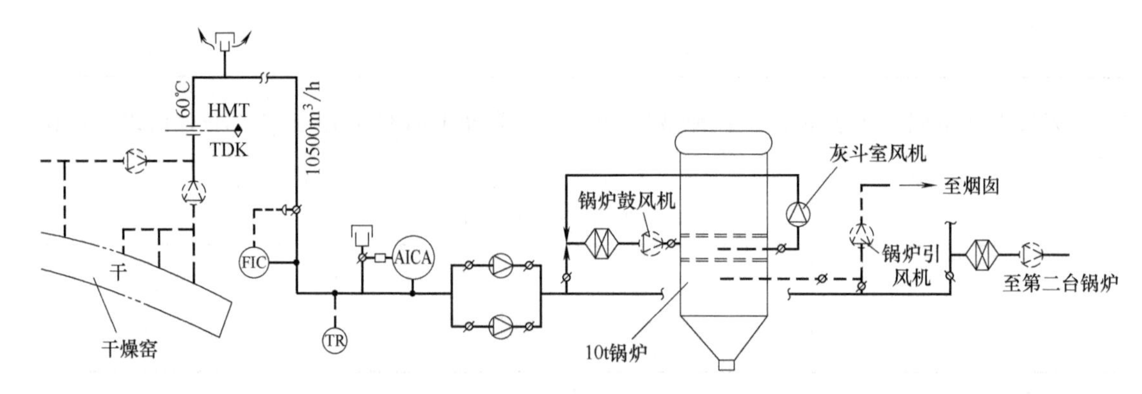

图 6-13　净化工艺流程（标态）

2. 结论

上述两种方案论证的结果列于表 6-18。显而易见，采用现有锅炉直接燃烧，无论在运行安全可靠性上、经常运行费用和一次投资以及建设进度方面都是比较合理的，因此决定采取此方案予以实施。

表 6-18　两种方案比较

比较条件	专用焚烧炉	10t/h 燃煤锅炉	备注
焚烧条件	760℃、0.5s，η＝99％	以一次风进入炉膛，1000℃、约 2.5s，η＞99％	
热能利用	燃烧热用于产生蒸气和废气预热，但利用不充分	燃烧热全部用于产生蒸气	
燃料消耗	需消耗 58.3kg/h 辅助燃料	锅炉节煤约 200kg/h	
动力消耗	排废气主风机功率大，45kW，燃烧用辅助风机 2.2kW	原排烟风机功率较小，增加排风机 11kW、保持灰斗室负压用风机 1.1kW	
安全卫生	无泄漏、设备露天安装，卫生条件好	增加锅炉房内换气，并防止废气自进风室逸入锅炉房	采取灰斗排风保持负压
管道系统	较远距离输送为减少热损失管道需保温	比焚烧炉时，管道长 100m，可不保温	

续表

比较条件	专用焚烧炉	10t/h 燃煤锅炉	备注
运行管理	操作人员应具备专业知识	操作人员应具备专业知识	
操作人员	增加专职管理人员	可由锅炉司炉工兼任	
运行费用	需消耗重油，风机安装功率 47.2kW，运行费用大于锅炉焚烧	可节煤，风机 12.1kW，运行费用低于用焚烧炉时	不计锅炉本身风机耗电费用
投资概算	焚烧炉等投资约为利用燃煤锅炉的 10 倍(引进设备)	锅炉和管道系统改造仅为焚烧炉的约 10%费用	不包括监控仪表费用
建设进度	要引进专用焚烧炉、废热锅炉、空气预热器等设备，设计、制造、安装周期长	仅需改造现有锅炉，建设进度快	

四、催化燃烧净化

催化燃烧是用催化剂使废气中可燃物质在较低温度下氧化分解的净化方法。

催化燃烧的条件或操作特性，首先决定于催化剂床层的条件与特性，同时与所处理废气中的烃类化合物种类、浓度、温度和流体力学状态有关。

1. 催化剂分类

催化燃烧所使用的催化剂可分为以贵金属和过渡金属为主要成分两大类。贵金属主要有铂、钯，其载体多采用氧化铝，也可用天然沸石等；这类催化剂在较低温度时活性高，对各种成分选择性小，具有高活性，但价格高昂。过渡金属有铜、铬、锰、钴、镍等的氧化物经过活化而制成的催化剂，活性较低，耐磨和耐热性差，但价格较低。

此外，还有稀土金属催化剂。

催化剂形状有板条状、颗粒状、蓬体球状和蜂窝状等多种。图 6-14 为各种催化剂对苯和甲苯的催化氧化比较试验曲线。图 6-15 为 $Pt-Al_2O_3$ 粒状催化剂对各种烃类化合物的氧化转化率曲线。

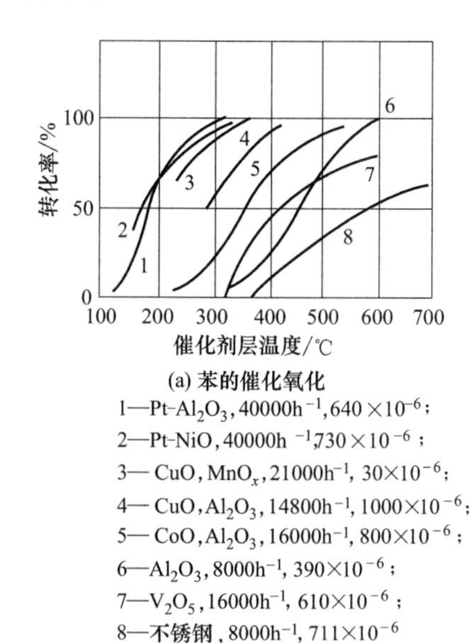

(a) 苯的催化氧化

1—$Pt-Al_2O_3$，$40000h^{-1}$，640×10^{-6}；
2—Pt-NiO，$40000h^{-1}$，730×10^{-6}；
3—CuO，MnO_x，$21000h^{-1}$，30×10^{-6}；
4—CuO，Al_2O_3，$14800h^{-1}$，1000×10^{-6}；
5—CoO，Al_2O_3，$16000h^{-1}$，800×10^{-6}；
6—Al_2O_3，$8000h^{-1}$，390×10^{-6}；
7—V_2O_5，$16000h^{-1}$，610×10^{-6}；
8—不锈钢，$8000h^{-1}$，711×10^{-6}

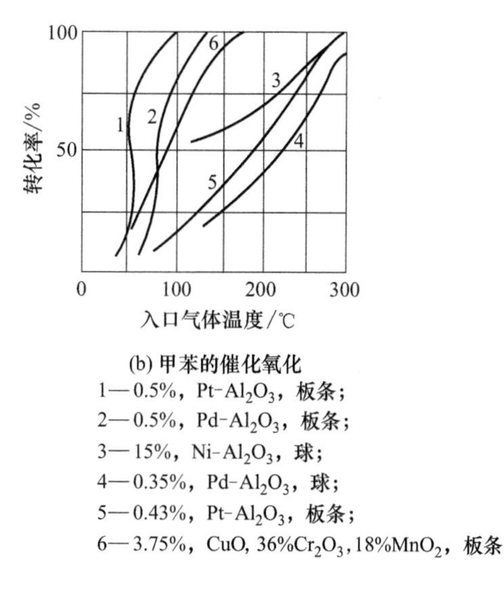

(b) 甲苯的催化氧化

1—0.5%，$Pt-Al_2O_3$，板条；
2—0.5%，$Pd-Al_2O_3$，板条；
3—15%，$Ni-Al_2O_3$，球；
4—0.35%，$Pd-Al_2O_3$，球；
5—0.43%，$Pt-Al_2O_3$，板条；
6—3.75%，CuO，36%Cr_2O_3，18%MnO_2，板条

图 6-14 各种催化剂的催化氧化比较曲线

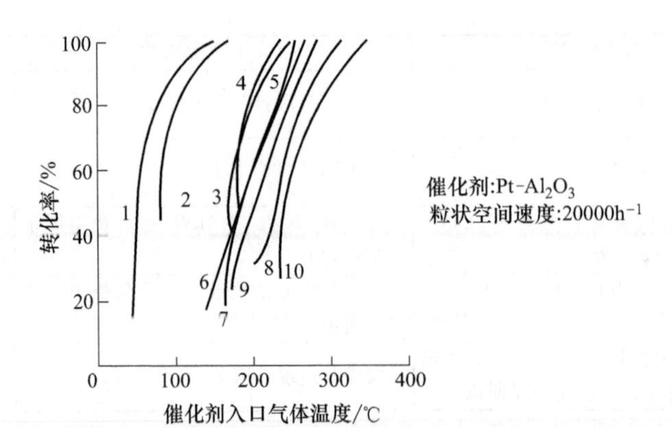

图 6-15 Pt-Al_2O_3 粒状催化制对各种烃类化合物的氧化转化率

1—甲醇；2—甲醛；3—二甲苯；4—丁醇；5—苯；6—甲乙酮；

7—甲基异丁基甲酮；8—异丙醇；9—乙酸乙酯；10—乙酸

几种催化剂的性能比较列于表 6-19 中。

表 6-19 几种催化剂的性能比较

项目	铂系列		铁、锰系列
	蜂窝状	球状	球状
空间速度/h^{-1}	40000	20000	5000～10000
线速度/(m/s)	2.0～2.5	0.4～0.8	0.4～0.8
压力损失/kPa	0.40～0.50（催化剂层高 20cm）	0.80～1.50（催化剂层高 15cm）	0.80～2.0（催化剂层高 15cm）
耐热温度/℃	600～650	600～650	500～650
催化剂粉化	无	视使用场合而定	视使用场合而定
催化剂堵塞	无	易产生	易产生

注：1. 空间速度 $v_s=\dfrac{\text{处理废气量}(m^3/min)\times60(min/h)\times1000(L/m^3)}{\text{催化剂量}(L)}(h^{-1})$。

2. 线速度 $v_1=\dfrac{\text{处理废气量}(m^3/min)}{\text{催化剂层断面积}(m^2)\times60(s/min)}(m/s)$。

催化剂活性因可燃成分种类而异。对于 HC，含碳原子越多，越容易被氧化分解，即：

a. 支链烃＞直链烃；b. 带有三键的烃＞带有双键烃＞饱和烃；c. 碳数多的＞碳数少的，$C_n>\cdots>C_3>C_2>C_1$；d. 脂肪族化合物＞酯环族化合物＞芳香族化合物。

如含碳数相同，则活性按下列顺序：三键的＞双键的＞烷烃＞酯环化合物＞芳香族。

所以在烃类化合物中最难氧化的是甲烷。

2. 影响催化剂层操作特性的因素

(1) 空间速度和反应温度　空间速度提高了，所需催化剂量就减少，就会降低转化率，就必然要提高反应温度以维持应有的转化率，因此必须合理选择经济的空间速度 v_s 值。图 6-16、图 6-17 为铂镍带状催化剂对苯催化氧化的空间速度与反应温度的关系。图 6-16 中，催化剂为 Pt-Ni，苯浓度 700×10^{-6}。

(2) 烃类化合物浓度的影响　烃类化合物浓度越高，则氧化反应温度也越高。溶剂蒸气浓度不同，反应热也不同。其引起温升的关系见图 6-18。

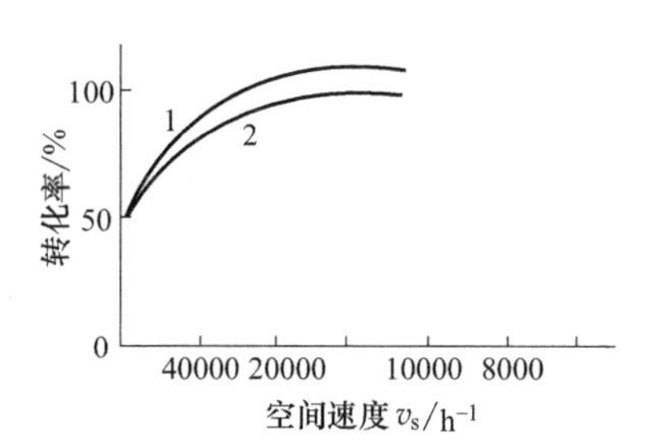

图 6-16 空间速度与转化率的关系

1—催化剂床层温度 350℃；2—催化剂床层温度 250℃

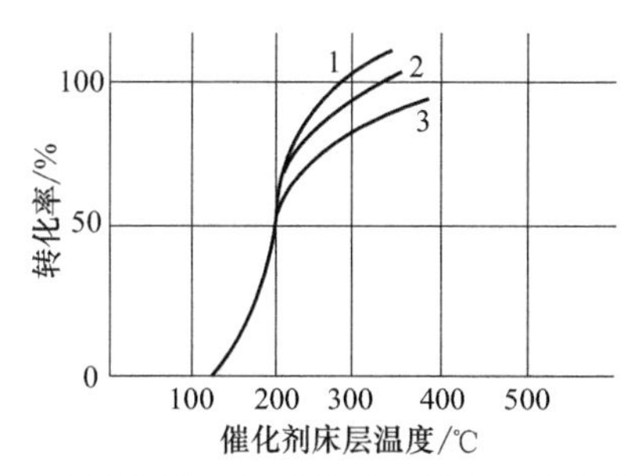

图 6-17 不同空间速度下的反应温度与转化率的关系

1—v_s=8000h^{-1}；2—v_s=16000h^{-1}；3—v_s=40000h^{-1}

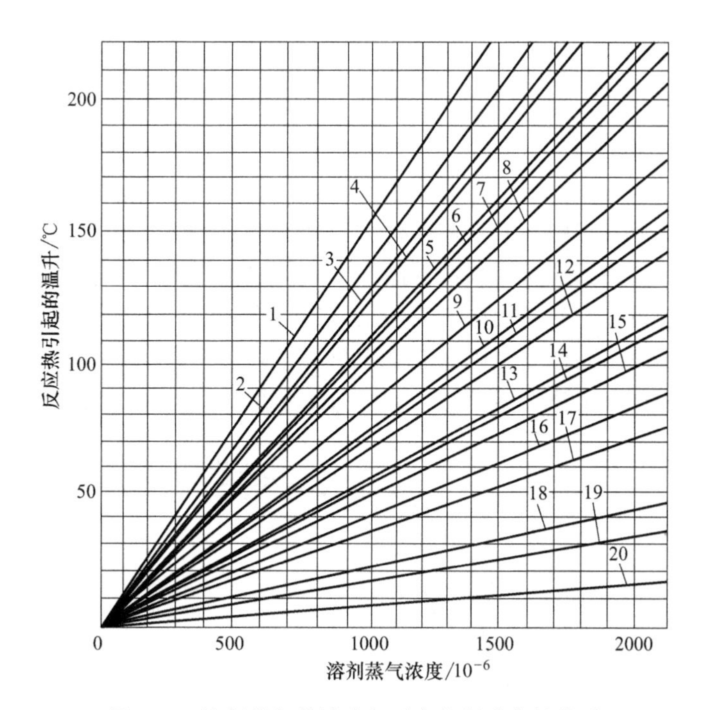

图 6-18 溶剂蒸气的浓度与反应热温升高的关系

1—二甲苯；2—戊基乙酸；3—甲苯；4—环己烷；5—丁基乙酸；6—苯；7—甲基异己酮；8—酚醛；9—乙醚；10—甲乙酮；11—三乙基胺；12—乙基乙酸；13—甲基乙酸；14—丙酮；15—丙烯醛；16—乙醇；17—乙醛；18—甲醇；19—甲醛；20—一氧化碳

大体上，每1%LEL浓度约放出18.84kJ/m^3的氧化反应热。如废气比热容为1.26kJ/(m^3·C)，则由此而引起的温升为15℃左右。如考虑到转化率为$\eta=90\%$，则10%LEL的温升为135℃，25%LEL为337.5℃。由此可按不同催化剂所需的起燃温度确定经济合理的入口废气浓度和预热温度。

(3) 废气中H_2O和CO_2的影响　废气中的H_2O和CO_2作为带电子体，会使催化剂层表面产生吸附现象，从而起到抑制可燃组分的氧化分解作用。所以，必须提高其氧化温度才能完成原来在较低温度下即可完成的氧化过程。

(4) 造成催化剂劣化和中毒的因素

① 热年龄和过热烧结。热年龄主要指催化剂微孔结构的改变和活性外层的剥蚀、消耗及蒸发。这是一种在正常操作条件下缓慢钝化的过程。如预热烧嘴火焰直接触及催化剂层，或废气浓度过高以致温升过高，都会加速这种钝化过程而缩短催化剂寿命。另外，如发生过热烧结，则可导致催化剂活性骤然下降，甚至完全丧失活性。

以氧化铝为载体的催化剂，在高温下运行会加快劣化。Pt-Al_2O_3，在750～800℃条件下短时间内即劣化，在680～700℃下劣化时间为1年，<590℃时劣化时间为3～5年。

② 覆盖与污塞。覆盖与污塞主要指催化剂表面被冷凝的有机物质或无机颗粒所遮盖，以致阻碍了废气与催化剂表面接触。

涂装废气中往往含有漆雾、尘埃、焦油和高分子热分解物等，应采取过滤、洗涤、冷凝和预燃烧等前处理方法将其去除。

③ 引起催化剂中毒的物质。废气中的化学成分与催化剂的活性成分会形成化合物或合金，而使催化剂中毒。这些化学成分主要有P、Bi、As、Sb、Hg（强毒性)、Sn、Zn、Pb（低毒性)。它们在高温下，与Cu、Fe及Pt形成合金。在600℃以下，多数是金属氧化物覆盖催化剂表面而成为劣化的主要形态。

Sn、Zn、Pb在540℃以下毒性弱，温度增高则毒性增大。为此，当废气采用催化燃烧净化法时，工艺和处理系统中不能采用磷化方法处理金属表面，也不宜采用含铅、锌的涂料（多发生在底漆施工时)，并应避免采用易破损的玻璃水银温度计和镀锌铁皮风道。

硫及卤素化合物可导致暂时性中毒，除去后即可恢复活性。对于化学性中毒，低浓度时提高预热温度即可解决，高浓度时则会完全劣化，必须更换。

催化剂劣化与转化率下降关系见图6-19（HC浓度10%LEL，Pt-Al_2O_3催化剂)。

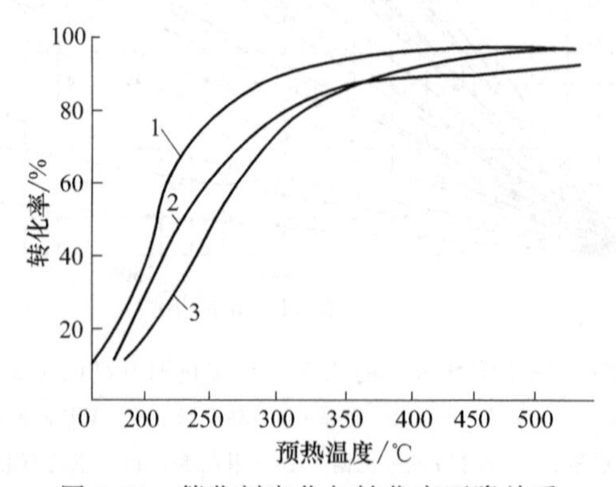

图6-19　催化剂劣化与转化率下降关系

1—初期活性；2—构造性中毒（表面积减少25%)；

3—化学性中毒（活性均匀减少50%)

铂系催化剂的中毒劣化形态和解决途径列于表6-20中。

表6-20 催化剂中毒形态及解决途径

中毒类别	中毒形态	预防措施	中毒催化剂的处理
暂时性中毒	物理性覆盖与污塞（尘埃、泥土和锈）	用过滤器作为前处理	氧化铁尘可用草酸浸洗，洗涤剂不含磷
	物理性吸附（焦油、高分子物质）	用冷凝器作为前处理，气态导入，维持反应始末温度	将温度渐升至550～600℃，经2～3h烧却
	硫、卤化合物（Br_2、Cl_2、F_2、I_2、S等）	选定合适的温度	从发生源除去污染物
永久性中毒	化学性中毒（Hg、Pb、Sn、Sb、As、P、Bi、Zn）	用吸附装置作为前处理	更换
	构造性中毒（半融化状态），高温下表面活性降低且混入金属后生成低熔点合金	控制运行温度不超过700℃	更换

3. 催化燃烧的特点

催化反应工程在化工、石油化工生产中已得到广泛的应用。在环境工程中催化技术也是极有成效的。在空气污染控制工程中，对于有机废气、臭味等可采用催化燃烧的方法进行净化。催化燃烧法适用于连续排放的废气，且从节能考虑，排气的浓度和温度最好较高。

催化燃烧的特点如下：

① 在催化剂的作用下，使挥发性有机化合物（VOCs）氧化成 CO_2 和 H_2O；

② 废气需预热至200～400℃；

③ 操作简便，净化效率稳定，所需外加的能量比直接燃烧法要少，但当浓度较低时耗能比吸附法多。所以，当排气浓度较低时适合将催化燃烧与吸附结合起来使用以达到高效节能的效果。

4. 工艺流程

催化燃烧工艺流程如图6-20所示。

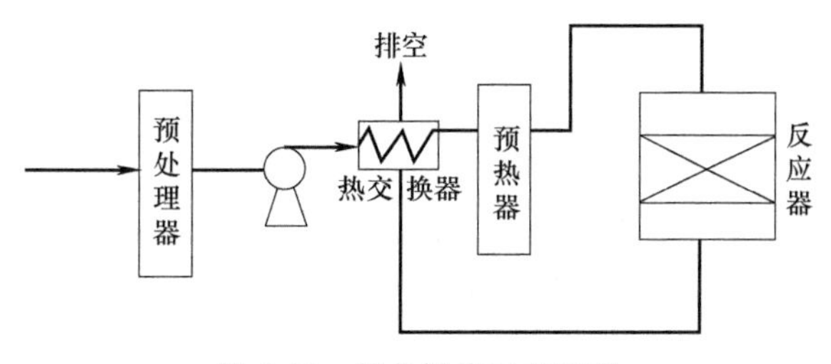

图6-20 催化燃烧工艺流程

催化燃烧的启动有的采用电加热，有的则采用燃烧加热（见图6-21），由于这种工艺需要添加燃料气体，故采用电加热的较多。

5. 主要设备

（1）预热器 国内一般采用电加热，加热管直径一般为12mm、14mm、16mm、18mm不等，长度可定做；另外，有条件的地方可以采用煤气等不含硫的燃料燃烧加热。

（2）换热器 一般均采用管壳式，为了防止热膨胀造成设备损坏，最好使用浮头式。现今常用的还有蓄热式热交换器。

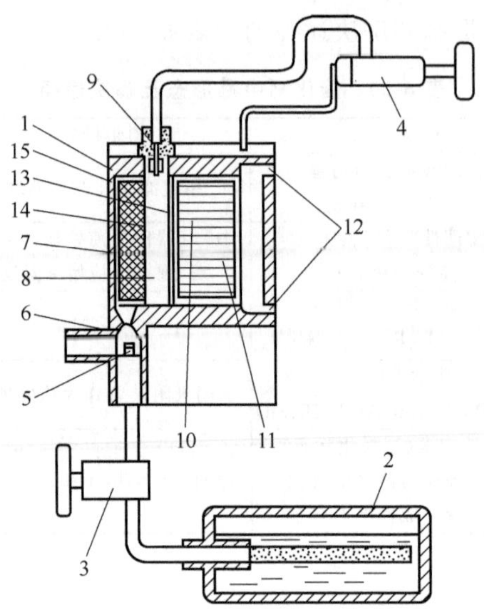

图 6-21 催化燃烧装置的整体结构

1—燃烧器；2—燃料箱；3—开闭阀；4—点火装置；
5—气体喷嘴；6—喷射器；7—直筒状的混合部；
8—着火部；9—点火火花塞；10—燃烧室；
11—催化剂；12—排气口；13—侧面的开口部；
14—火焰口；15—催化剂网

（3）催化反应器 一般采用气-固相的催化反应器，反应器可设计成不同的形状，其中以方形最多，催化剂应采用阻力较小，有一定强度的蜂窝状陶瓷为载体。为了便于装卸，应做成抽屉式结构。

为了外观上的简洁，可以将预热器、换热器和催化反应器组合在一起，形成一个产品化的集成装置，如图 6-22 所示，使用者只需接上进出气路即可。

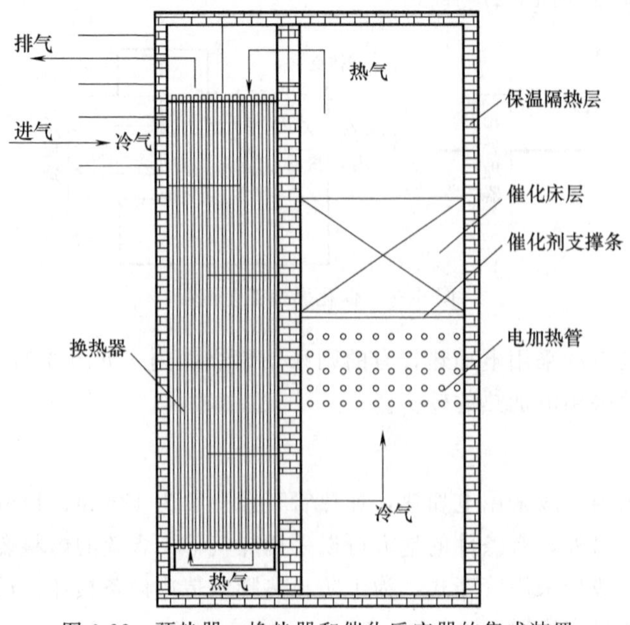

图 6-22 预热器、换热器和催化反应器的集成装置

（4）风机　为保护风机，最好将风机置于催化反应器前，但有时因为有气体的循环使用导致进气温度较高，如进风温度超过 80℃，必须采用高温风机。

6. 参数计算

（1）催化剂使用体积（V_R）

$$V_R = Q/W_{sp} \tag{6-4}$$

式中　Q——废气流量，m^3/h；

W_{sp}——空间速度，h^{-1}，其取值与催化剂的性能有关。

（2）停留时间（t）

$$t = \frac{\varepsilon V_R}{Q} \tag{6-5}$$

式中　V_R——催化剂体积，m^3；

ε——催化床空隙率，%。

（3）固定床阻力（Δp）计算　气流通过颗粒层固定床的流动阻力，可用欧根（Ergun）的等温流动阻力公式估算：

$$\Delta p = f \cdot \frac{H}{d_s} \cdot \frac{\rho v^2 (1-\varepsilon)}{\varepsilon^3} \tag{6-6}$$

其中摩擦阻力系数为：$f = (150/Re) + 1.75$

雷诺数为：$$Re = \frac{d_s v \rho}{\mu(1-\varepsilon)}$$

式中　H——床高，m；

v——空床速度，m/s；

ρ——气体密度，kg/m^2；

d_s——颗粒的平均直径，m；

ε——床层空隙率，%；

μ——气体黏度，Pa·s。

（4）床层截面积和高度的计算

$$D_r = \sqrt{\frac{Q_0}{3600 \times \frac{\pi}{4} v_m}} \tag{6-7}$$

式中　D_r——反应器直径，m；

Q_0——需处理的废气量，m^3/h；

v_m——空床速度，m/s。

反应器直径 D_r 经确定后，催化剂床层高度由下式计算：

$$L = \frac{v_R}{(1-\varepsilon)\frac{\pi}{4} D_r^2} \tag{6-8}$$

式中　v_R——催化剂床层体积，m^3；

L——催化剂床层高度，m；

ε——催化剂床层空隙率，m^3/m^2。

实际上，在催化床内的流动参数沿床层是变化的，固需根据实际变化的程度，采用不同的计算方法来修正。

（5）电加热管功率计算　加热功率按下式计算：

$$N = Qc_p(T_2 - T_1)K/3600 \tag{6-9}$$

式中　N——加热总功率，kW；

Q——处理风量，m^3/h；

c_p——废气比热容，$kJ/(m^3 \cdot ℃)$；

T_2——预热后废气温度，℃；

T_1——预热前废气温度，℃；

K——安全系数，可取1.2。

管状加热管等间距排列，间距一般为50mm，加热段应做好隔热保温措施，保温层厚度通常为100mm。保温层前后均用不锈钢包裹。

【例6-4】 采用催化燃烧法净化含有甲苯的涂装废气。废气量$1000m^3/h$，质量浓度$500mg/m^3$，温度100℃。求催化剂用量及加热功率。

解：

（1）催化剂体积　根据催化剂的转化效率，空间速度与预热温度曲线按照所需要的转化放率确定。取空间速度$v_s = 10000h^{-1}$，预热温度300℃，则催化剂体积

$$V = \frac{L}{v_s} = \frac{1000m^3/h}{10000h^{-1}} = 0.1m^3 = 100L$$

（2）预热功率　由于废气浓度低，比热容可按空气考虑。100℃时$c_{pt_1} = 1.009kJ/(kg \cdot ℃)$，300℃时$c_{pt_2} = 1.047kJ/(kg \cdot ℃)$。

$$\bar{c}_p = \frac{1.009 + 1.047}{2} = 1.03[kJ/(kg \cdot ℃)]$$

气体升温所需功率

$$P_1 = \frac{\bar{c}_p L \rho (t_2 - t_1)}{3600} = \frac{1.03 \times 1000 \times 1.205 \times (300 - 100)}{3600} = 68.95(kW)$$

根据$0.1m^3$催化剂床屉，算出催化燃烧室钢板质量500kg。催化剂填充密度取0.7kg/L，则其质量为70kg；查钢板比热容为$0.48kJ/(kg \cdot ℃)$，催化剂比热容为$0.84kJ/(kg \cdot ℃)$，则催化剂室升温预热所需热量为

$$Q_1 = 500 \times 0.48 \times (300 - 20) = 67400(kJ)$$

催化剂升温预热所需热量为

$$Q_2 = 70 \times 0.84 \times (300 - 20) = 16410(kJ)$$

如在60min内预热到催化起燃温度t_2，热损失按10%计，则所需预热功率为

$$P_2 = \frac{(Q_1 + Q_2) \times 1.1}{3600} = 25.6(kW)$$

催化燃烧装置所需预热功率P为

$$P = P_1 + P_2 = 68.95 + 25.6 = 94.55(kW)$$

（3）空气换热器计算　$500mg/m^3$质量浓度约等于1%LEL，燃烧后可使排气升温15.3℃。燃烧后的温度$t_3 = 300 + 15.3 = 315.3(℃)$。此为换热器热流体进口温度，冷流体进口温度为室温。根据此参数，按气-气换热器加以计算、设计。

(4) 正常运转耗热功率　正常运转时，废气经换热器加热后将由温度 t_1 提高到 t_1'。如换热效率 $\eta=0.5$，则

$$t_1'=\eta(t_3-t_1)+t_1=0.5(315.3-100)+100=207.65(℃)$$

由 t_1' 加热到预热温度 t_2 所需热量为

$$Q_3=1.205\times1000\times1.036\times(300-207.65)=115310\text{kJ/h}=32(\text{kW})$$

7. 工艺设计注意事项

① 治理工程的处理能力应根据废气的处理量确定，设计风量宜按照最大废气排放量的120%进行设计。

② 催化燃烧装置的净化效率不得低于97%。

③ 应根据废气来源、性质（温度、压力、组分）及流量等因素进行综合分析后选择工艺路线。

④ 在选择催化燃烧工艺时应进行热量平衡计算。当废气中所含的有机物燃烧后所产生的热量可以维持催化剂床层自持燃烧时，应采用常规催化燃烧工艺；当废气中所含的有机物燃烧后所产生的热量不能够维持催化剂床层自持燃烧时，宜采用蓄热催化燃烧工艺。

⑤ 当废气产生点较多、彼此距离较远时应适当分设多套收集系统。

⑥ 预处理设备应根据废气的成分、性质和污染物的含量进行选择。

⑦ 进入催化燃烧装置前废气中的颗粒物含量高于 10mg/m^3 时，应采用过滤等方式进行预处理。

⑧ 催化剂的工作温度应低于700℃，并能承受900℃短时间高温冲击。设计工况下催化剂使用寿命应大于8500h。

⑨ 设计工况下蓄热式催化燃烧装置中蓄热体的使用寿命应大于24000h。

⑩ 催化燃烧装置的设计空速宜大于 10000h^{-1}，但不应高于 40000h^{-1}。

⑪ 进入燃烧室的气体温度应达到气体组分在催化剂上的起燃温度，混合气体按照起燃温度最高的组分确定。

⑫ 催化燃烧装置的压力损失应低于2kPa。

⑬ 治理后产生的高温烟气宜进行热能回收。

⑭ 催化燃烧装置应进行整体保温，外表面温度不应高于60℃。

⑮ 当催化燃烧后产生二次污染物时应采取吸收等方法进行处理后达标排放。

⑯ 治理设备应具备短路保护和接地保护功能，接地电阻应小于4Ω。

⑰ 在催化燃烧装置附近应设置消防设施。

⑱ 风机、电机和置于现场的电气仪表等应不低于现场的防爆等级。

8. 工程应用

某船厂集装箱分厂有两个喷漆生产车间，油漆采用环氧富锌底漆，稀释剂采用二甲苯溶剂，故有机废气的主要成分是甲苯、二甲苯，废气浓度为 300mg/m^3（设计值）。每个车间有4个排气口，每个排气口的风量为 $30000\text{m}^3/\text{h}$，废气总量为 $240000\text{m}^3/\text{h}$（两个车间不同时工作），对于这种浓度低、风量大的情况，该厂选用了四套吸附浓缩-催化燃烧装置如图6-23所示。使用多年其运行情况良好。

该工艺由于先采用活性炭浓缩，减少了要燃烧的废气量，使后续的催化燃烧设备规模变

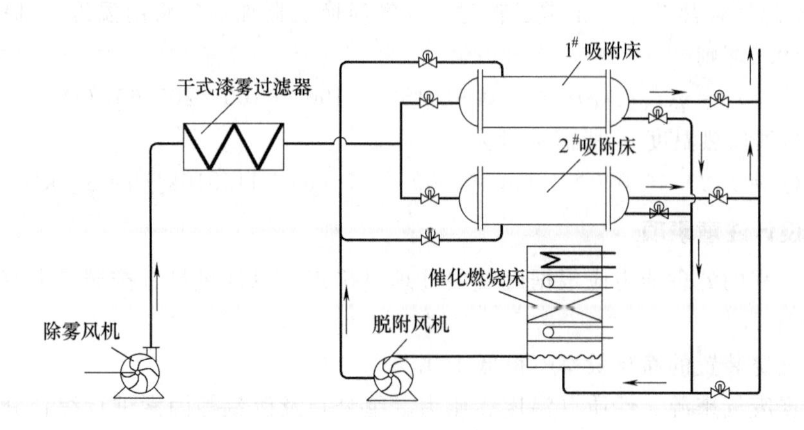

图 6-23 吸附浓缩-催化燃烧装置

小，降低了设备投资。尽管被处理的有机物浓度低，但经浓缩后废气浓度可以达到自燃状态（1500×10^{-6}）以上，所以催化燃烧装置所需外加热源的功率仅为 45kW，使用时间为 45～50min，同时活性炭脱附热源来自燃烧废气，因此运行费用较低。

表 6-21 的监测结果表明，废气出口浓度低于 55.18mg/m^3（三苯总量），符合国家及地方排放标准。

表 6-21 有机废气处理前后监测结果 单位：mg/m^3

序号	采样点	处理前			处理后		
		甲苯	二甲苯	三苯总量	甲苯	二甲苯	三苯总量
1	1#	11.14	95.37	106.52	5.20	49.97	55.18
2	2#	3.71	25.55	29.26	1.56	15.12	16.69
3	3#	11.04	69.71	80.74	5.55	37.45	43.00
4	4#	6.66	53.88	60.54	3.82	42.14	45.96

五、转轮浓缩-催化氧化工艺处理有机废气实例

1. 有机废气产生源及特征

有机废气主要来源于印刷机废气和干式复合机废气（含油墨槽和烘箱废气），其中主要污染物为无组织排放的乙酸正丙酯、乙酸乙酯、丁酮、异丙醇、甲苯、二甲苯等，风量高达 200000m^3/h，废气浓度不稳定，最高浓度可达 1000mg/m^3。

2. 工艺流程

采用沸石转轮浓缩-催化氧化工艺，工艺流程如图 6-24 所示。

无组织废气经吸风罩收集后，进入多级过滤器除尘、除水，再进入转轮的吸附区除去 VOCs 组分，洁净废气直接通过烟囱排放至大气。脱附区经热风脱附得到高浓度、低风量的有机废气，进入催化氧化炉，在贵金属铂钯催化剂的作用下快速氧化去除 VOCs，氧化作用产生的热量可大大降低氧化炉所用的能耗。

系统主要管道采用不锈钢材质，紧凑美观，集成度高，占地面积小。

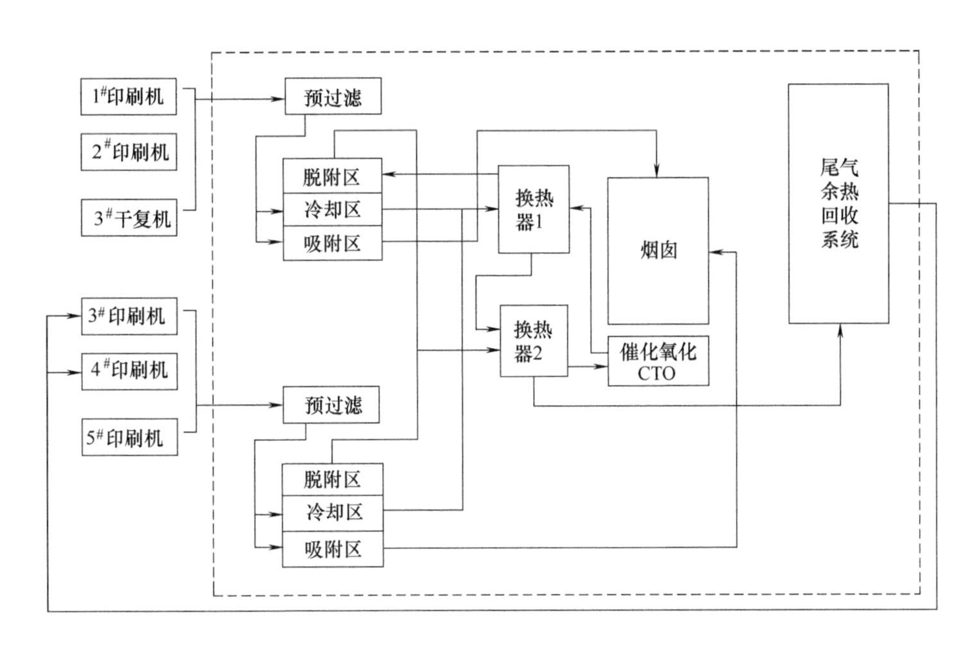

图 6-24 印刷厂 VOCs 转轮浓缩-催化氧化工艺流程示意

3. 转轮的优势

（1）采用优质沸石 包括：a. 采用的高品质沸石具有丰富的多孔性结构和极强的疏水性，可有效吸附苯系物、醇类，酯类等多种 VOCs 组分；b. 耐高温，寿命长；c. 利用沸石的不可燃和耐高温的性能，可用较高的温度脱附高沸点 VOCs 物质，避免了有机组分在转轮上残留聚合的情况，延长转轮的使用寿命，并保证系统在使用过程中安全稳定；d. 低压损，低能耗。

（2）合理的设计 转轮的蜂窝状结构有助于空气快速通过，产生的阻力小，非常适用于大风量、低浓度废气浓缩，浓缩倍率最高可达 20 倍，同时降低了系统运行的能耗损失。

（3）精细的制造工艺，保证了设备的优质。

4. 工程运行情况及主要经济指标

系统运行稳定，净化效率高，催化氧化炉的处理效率高达 99%，排放满足《印刷业大气污染物排放标准》（DB 31/872—2015）的要求。装置配有 PLC 控制系统，自动化程度高。

六、热量回收利用技术

燃烧净化炉热量的回收利用有以下 3 个方面途径。

① 用于预热燃烧炉入口的冷废气。可用管壳式热交换器、回转式或循环式蓄热器、热管等热回收装置，以此节省部分辅助燃料。

② 热净化气部分再循环，回入送来废气的烘炉或其他设备，再次作为工作气体。

③ 将废热利用于其他生产和生活设施。可以直接用热的废气来制热，也可用于热交换器来加热水、油以至融盐等热载体，还可用于锅炉来生产蒸汽、热水以至动力。

燃烧法的热量利用途径综合于图 6-25。

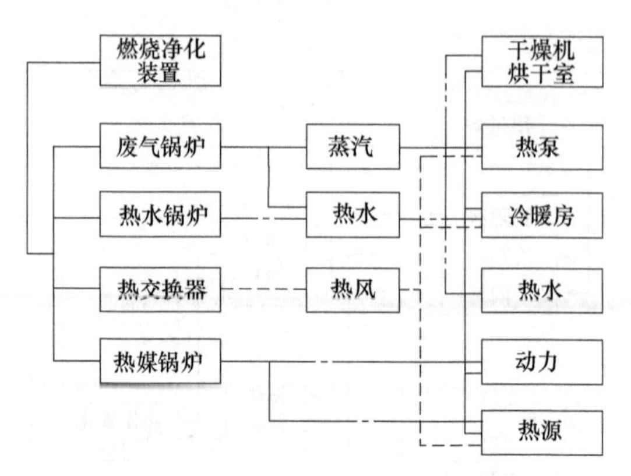

图 6-25 燃烧法热量利用途径

采用热力燃烧时，适宜的热回收率可按表 6-22 采用，其热量回收利用流程示于图 6-26（排热回收方式）。

表 6-22 溶剂蒸气浓度与热回收率

溶剂蒸气浓度	热回收率/%	采用热交换器类型
<5% LEL	80	回转再生式
10% LEL	60	壳管式
15% LEL	45	壳管式
25% LEL	宜将余热用于系统以外的其他场所	

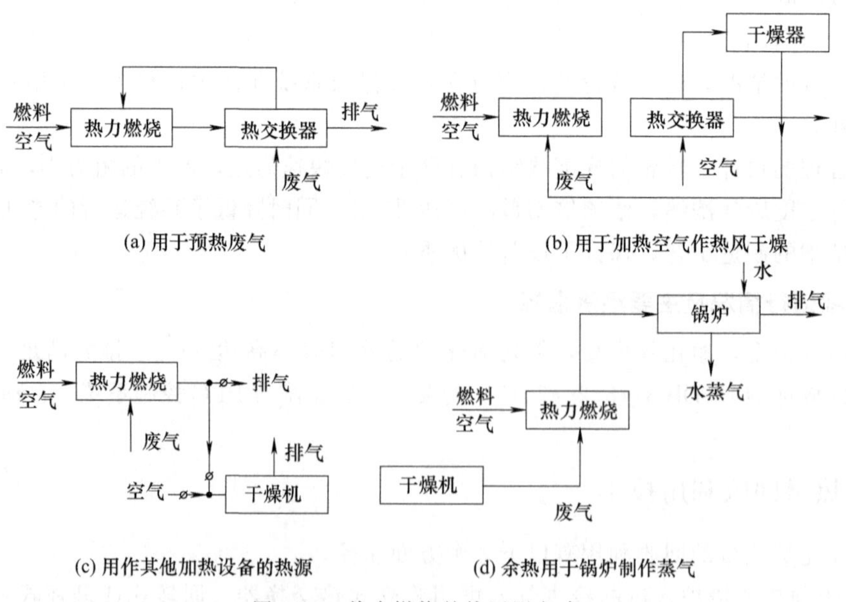

图 6-26 热力燃烧的热回用方式

采用催化燃烧时，热量回收利用途径见图 6-27。

图 6-27 中，图 6-27(a) 为常规流程。适用于质量浓度大于 $4200mg/m^3$ 左右（按甲苯计），温度又低于催化燃烧氧化反应所需的起燃温度的有机废气。由于能自燃，所以只需引燃燃料，而不需助燃燃料。

图 6-27(b) 为消耗助燃热能，回收催化热能的流程。适合于浓度不高的有机废气，需要助燃燃料及预热室，由换热器产生的热风或热水可用作采暖和生活方面。图 6-27(c) 为消耗引燃热能，回收催化热能的流程。适用于某些高浓度、大风量（质量浓度>4200mg/m³、风量 5000～10000m³/h）的场合，回收的热能可供加热室外新风作采暖用或加热热水作生活用。

(a) 常规流程

(b) 消耗助燃热能，回收催化热能流程

(c) 消耗引燃热能，回收催化热能流程

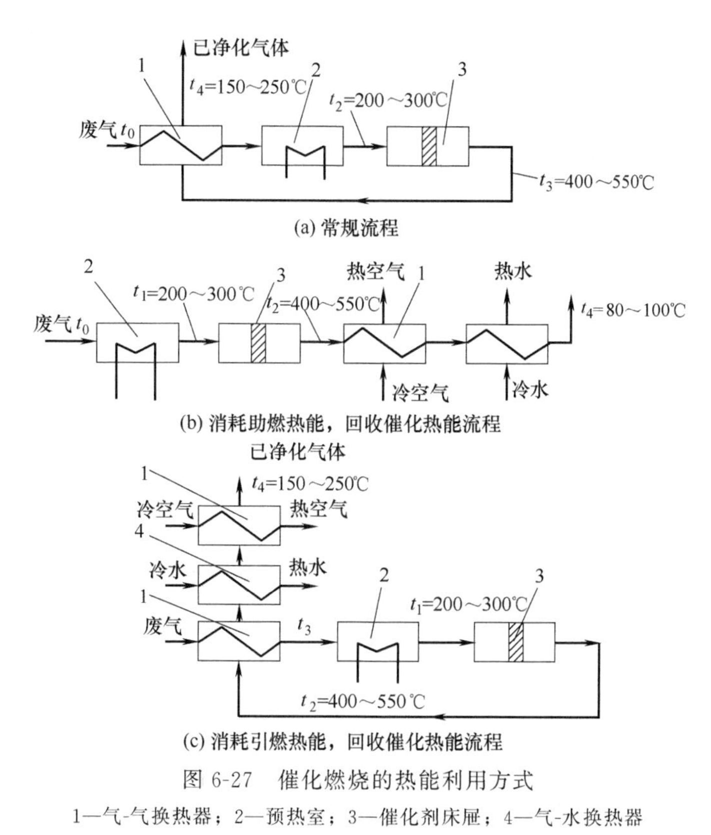

图 6-27 催化燃烧的热能利用方式

1—气-气换热器；2—预热室；3—催化剂床层；4—气-水换热器

第四节 生物法净化工业有机废气

一、生物法分类和工作机理

1. 分类

利用微生物分解恶臭成分、使其无臭化的方法称为生物法。其分类大致可如图 6-28 所示。

- 生物脱臭法
  - 吸收型
    - 气相分散型——活性污泥法
    - 液相分散型
      - 生物循环型——洗涤法
      - 生物固定型——固定床
        - 槽
        - 多孔质
        - 海绵
  - 吸附型——生物固定型——吸附材料合用法

图 6-28 生物脱臭法分类

生物固定型是将分解臭气成分的微生物载体固定，利用载体填充层，使恶臭气体通过时进行生物学脱臭。吸收型是使吸水性、含水率高的载体保持水分，依靠其与恶臭气体接触进行吸收兼生物分解。多孔陶瓷、海绵吸收臭气即属于这种情况。吸附型是采用特殊的吸附材料作载体，使其能保持适度必要的水分，以培育微生物，进行吸附兼生物分解。

2. 工作机理

臭气成分被微生物分解的过程可以认为是：a. 臭气成分被附着微生物的载体或在悬液中被吸附、吸收的过程；b. 臭气成分在微生物近旁扩散从而被微生物捕捉的过程；c. 臭气成分在微生物体外或体内被分解无臭化的过程。对于填充层生物脱臭装置，其作用机理尚可细分为：a. 臭气成分溶解吸收于微生物表面的水膜及黏液层；b. 被溶解吸收的成分在表面生物膜上由微生物分解；c. 分解了的物质固定在填充层上；d. 所固定的物质向喷洒水中溶出；e. 固定在填充层内的物质被微生物溶解；f. 由微生物分解的生成物向喷洒水中转移及向空气中散发。

以上这些反应是协同进行的，微生物满布于填充层内，菌种繁多，具有多种生物特性，对恶臭成分有相当强的选择性。由于其增殖力、新陈代谢能力极强，通过连锁分解能使臭气物质低分子化、无臭化。

3. 选用参数

生物固定型和土壤脱臭法的选用参数列于表 6-23。

表 6-23 生物固定型和土壤脱臭法选用参数

型式		通气速度 v_1/(m/s)	空间速度 v_s/h^{-1}	接触时间 t_s/s
生物固定型	吸收型	0.2～0.4	180～360	10～20
	吸附型	0.1～0.15	225～450	8～16
土壤脱臭法		0.005	45	80

活性污泥法的恶臭物质负荷限值列于表 6-24。

表 6-24 活性污泥法的恶臭物质负荷限值

恶臭物质	恶臭物质入口极限	处理条件		负荷限值
	质量分数/10^{-6}	MLSS 质量分数/10^{-6}	曝气强度/[$m^3/(m^3 \cdot h)$]	/[g/(kgMLSS·d)]
硫化氢	540	12100	10	15
硫化甲基	260	16000	10	10
三甲胺	3480	5000	12	530
乙胺	1870	5000	12	220
氨	100	13500	12	长时间留存，使脱臭不良

注：MLSS 表示混合液悬浮固体。

二、活性污泥法

活性污泥法，就是以生活污水为微生物营养液，加以曝气，对恶臭成分起到吸收分解作用从而达到脱臭目的的。

此法用于处理壳型铸造浇注、开箱、落砂过程中产生的大量以氨、苯酚、甲醛、乙二醇、福尔马林等为代表的恶臭成分有极好效果。微生物经过 7 昼夜驯化，在苯酚为 10g/(kgMLSS·d)，甲醛 20g/(kgMLSS·d)的污泥负荷中脱臭，在曝气强度为 $50m^3/(m^3 \cdot h)$左右、MLSS 质量浓度为 3000×10^{-6} 左右的情况下连续 80h，脱臭效率 $\eta\geqslant99\%$。恶臭成分中的氨用水洗涤即可去除。

处理 $1000m^3/min$ 的风量，需 $700m^3$ 以上曝气槽。

三、填充式生物脱臭系统

1. 脱臭系统组成

填充式生物脱臭系统示意于图 6-29。其由填充式生物脱臭塔、除沫器、风机和活性炭吸附塔或土壤脱臭设备所组成。系统的主体是填充式生物脱臭塔，用作固定脱臭微生物的载体采用多孔陶瓷，洒水装置是用来洗净由脱臭反应所生成的反应生成物（硫酸）等，除沫器的作用是脱除气流中所夹带的雾滴水分，避免其进入风机和活性炭吸附塔中。设在系统末端的活性炭吸附塔用来脱除在生物脱臭塔内难以去除的、残存极微量的难生物分解性臭气成分。

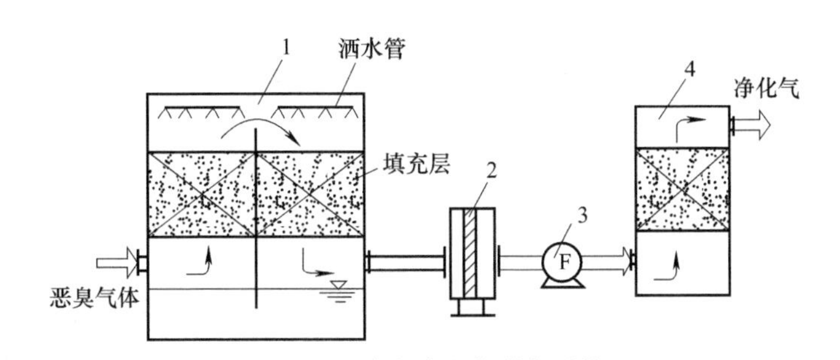

图 6-29 填充式生物脱臭系统

1—填充式生物脱臭塔；2—除沫器；3—风机；4—活性炭吸附塔

2. 脱臭反应机理

硫类臭气如硫化氢、甲硫醇等进入脱臭塔后，在与填充载体接触的同时溶解于载体表面的水分中；在被固定于载体表面的硫化菌吸附后，依靠生物反应被氧化成硫酸（见图 6-30）。

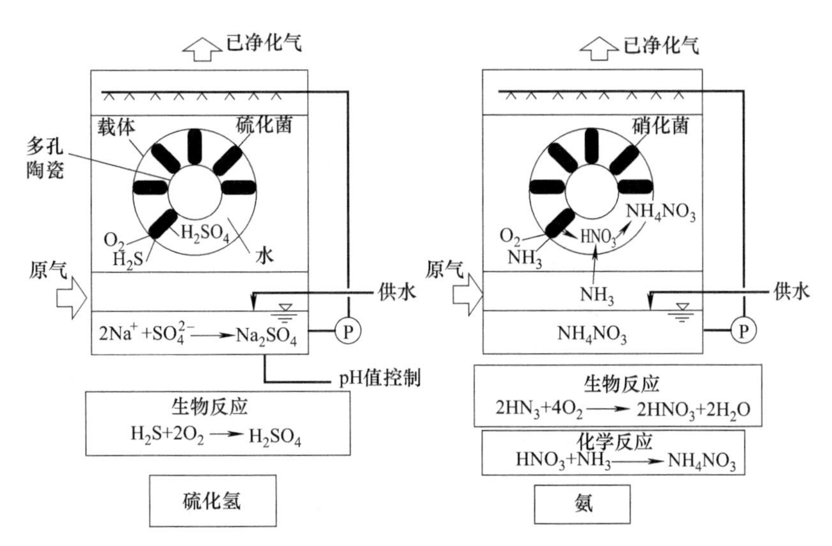

图 6-30 填充式生物脱臭塔反应机理

生成的硫酸积聚在填充层内会降低 pH 值，妨害微生物反应。向填充层洒水，一方面是补充水分，另一方面更重要的是将生成的硫酸从填充层中清洗排除出去。

氨类臭气如氨、三甲胺等则依靠硝化菌被氧化分解成亚硝酸、硝酸，其与原气体中的 NH_3 化合生成硝酸铵。填充层 pH 值不会下降。为了防止生成的盐浓度升高而妨害微生物活性，也采取向填充层洒水的方法将生成的硝酸铵从填充层中清洗排除出去。

3. 载体应具备的物理性能

主要包括：a. 与臭气的接触面积要大；b. 载体具有大的内空隙；c. 微生物保持量大；d. 载体形状应便于清洗排除掉脱臭生成物；c. 压力损失要低；f. 载体强度高、牢固，应能制成半永久性的元件。

表 6-25 所列的填充载体可以较好地满足上述物理性能。

表 6-25 填充载体规格

项目	规格	项目	规格
材质	多孔陶瓷	填充相对密度	0.20
形状	圆柱体	气孔率/%	83
代表尺寸	12mm×20mm($\phi \times l$)	吸水率/%	200

4. 臭气物质的去除特性

（1）硫类臭气物质

① 混合臭气的去除特性。硫化氢、甲硫醇混合臭气各成分的去除特性示于图 6-31。由图 6-31 知，硫化氢在填充层下部入口处即开始被去除，而到即将完全被去除时甲硫醇才开始被去除。由于这两种臭气不是同步分解，甲硫醇在水中的溶解度比硫化氢小得多，因硫化氢氧化分解而使填充层内保持水的 pH 值下降。如采用砂滤水代替自来水作洒水用水，则可抑制 pH 值下降，使甲硫醇去除起始点移向填充层入口方向，以提高去除性能。

② 盐浓度的影响。采用循环洒水方式，在连续运行的同时，循环水中的盐（Na_2SO_4）的质量浓度上升。为了维持其高的生物活性，必须补充水以保持一定的盐浓度。当硫酸离子质量浓度超过 50g/L，去除性能下降；加入补充水使质量浓度稀释到 10g/L 以下，则去除性能即恢复。因此，为了避免妨害生物活性，循环水中盐浓度必须控制在 6%（硫酸离子的质量浓度 40g/L）以下。

③ 防止单体硫的析出。处理高浓度硫化氢臭气，在填充载体表面上会析出单体硫而使脱臭性能下降。单体硫是生物氧化反应的中间产物，其析出机理如图 6-32 所示。

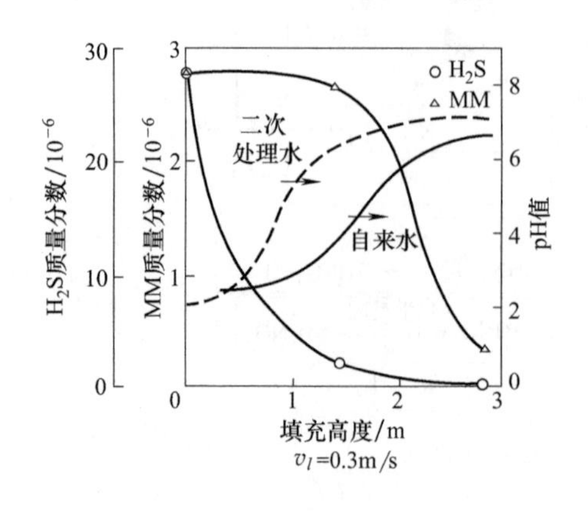

图 6-31 混合臭气的去除特性

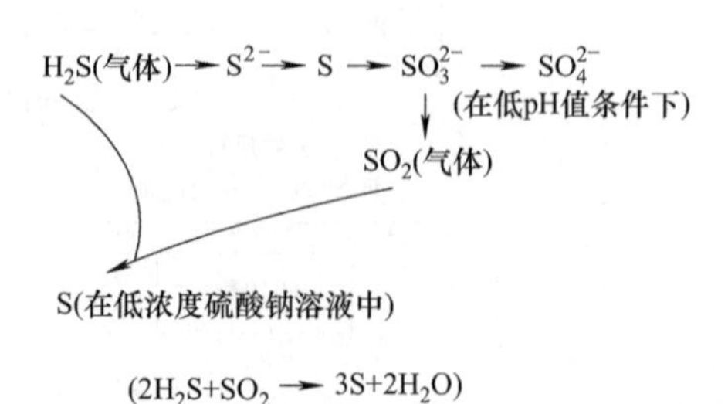

图 6-32 单体硫析出机理

采用砂滤水循环洒水方式，水中盐浓度应控制在2%～4%。在控制了SO_2发生及其与H_2S反应的情况下，可以防止单体硫析出。为了防止产生SO_2，要控制填充层pH值下降，增加洒水频度。

（2）氨

① 氨的去除特性。由于氨在水中的溶解度非常高，与硫类臭气物质相比，高浓度的氨可在较短的接触时间内被去除。在仅为5s（$v_s=720h^{-1}$）的接触时间内，250mg/L质量浓度的氨即可去除到检出界限以下。此时，循环水的pH几乎保持在中性。

流入氨的负荷与循环水中生成的无机氮呈比率关系。流入氨的负荷大于3mol/(m^2·h)时循环水完全呈亚硝酸型。因此，应考虑到流入的高负荷会妨害硝酸菌的生物活性。

② 盐浓度的影响。盐质量浓度上升，硝化率下降。在采用循环洒水的情况下，循环水中氨氮浓度必须控制在1000mg/L以下，即盐浓度约为0.5%。

四、生物法处理有机废气工程实例

某制药有限公司主要以中药材及植物资源为基础，以先进的提取技术及管理水平为依托，生产芦丁、原料药、食品添加剂、医药中间体、化妆品原料的综合性植物提取厂家。该公司的制药污水处理站排放出大量的恶臭异味VOCs。

根据厂家的要求，青岛某环保公司采用生物法对该恶臭异味VOCs进行了有效的治理，取得了良好的效果。

其化学过程描述如下：

$$恶臭组分+生物体\longrightarrow CO_2+H_2O+生物体$$

进气设计浓度：硫化氢15mg/m^3；氨气30mg/m^3；臭气浓度20000倍。

出气设计浓度：硫化氢1.5mg/m^3；氨气3mg/m^3；臭气浓度2000倍。

污水处理系统所散发的恶臭异味VOCs，生物处理VOCs是以VOCs成分作为生物体内的能源，只要使微生物与VOCs成分相接触，就可以完成氧化和分解过程。与物化处理VOCs法相比，微生物生长适宜的温度一般为20～30℃，接近常温，因此生物处理VOCs过程一般不需加热，不仅可节省能源和资源，而且处理成本也比较低廉。

其制药污水处理站的处理工艺为：

进水→调节池→UASB→一级好氧→二级接触氧化池→沉淀池→出水

在污水池的调节池、厌氧池、污泥池等部位由于废水本身的成分和厌氧环境，异味明显，为了响应国家环保要求，该环保公司对该污水站的建构筑物的开口加盖密闭，收集臭气并处理。本项目整体密闭加盖投影面积约为500m^2，其中调节池采用反吊膜加盖密闭工艺，接触氧化池、沉淀池、污泥池采用玻璃钢盖板密封，所有臭气通过管道收集后集中输送到生物除臭装置区进行处理。总臭气量为4500m^3/h。选用生物洗涤法除臭工艺，工艺流程如下：

恶臭异味VOCs散发点密闭罩→废气收集管道→风机→生物洗涤处理→排气筒

主要技术特点如下。

① 投资成本低，由于掌握了生物填料和微生物增殖的关键技术，实现了生物处理装置的国产化，投资仅为进口同类产品的1/3～1/2。

② 运行成本低，良好的微生物菌种筛选驯化增殖技术，一次培养成功后无需后期频繁

投加工程菌，本菌种以污染物为食物，无需投加昂贵的营养液，极大降低了运行费用。

③ 运行管理方便、自动化程度高，减少了巡检人员的工作量。

④ 生物除臭装置缓冲容量大，能自动调节废气浓度高峰值，而微生物能始终正常工作，耐冲击负荷的能力很强。这一点是生物除臭设备有别于其他方法的优势。

目前该技术已在煤化工、石油化工、印染、啤酒、屠宰、淀粉、市政污水、垃圾渗滤液、行业污水处理系统中得到应用。

第五节 液体吸收法净化工业有机废气

液体吸收法是以液体为吸收剂（溶剂），通过洗涤吸收装置使废气中的有害成分（溶质）为液体所吸收，从而达到净化目的的一种废气处理方法。

液体吸收法用于涂装废气净化处理时，既可单独使用也可作为一种前处理措施与其他措施组合使用。

使用液体吸收法时，为了提高吸收率，最重要的是要使气液两相充分接触，因而吸收剂、吸收装置和液气比的合理选择是关键。

一、吸收方式分类

吸收可分为物理吸收和化学吸收两大类。

（1）物理吸收　物理吸收是使有害成分物理地溶解于吸收剂中的一种吸收过程。为使吸收剂能循环使用，可用各种物理的分离方法——减压、惰性气体解吸、分馏、萃取、结晶等，使吸收剂得到再生。

（2）化学吸收　化学吸收是靠有害成分与吸收剂之间发生化学反应而生成新的物质。在这种情况下，为使吸收剂循环使用，必须采取逆反应、电解等化学分离方法才能使吸收剂得到再生。

在大多数场合下，有机废气的液体吸收法净化处理属于物理吸收过程。此时，正确地判别过程属于气膜控制还是液膜控制，对正确地进行设备设计、选型是必要的。通常，被吸收成分在液相中的溶解度很大时，吸收阻力主要集中在气膜，称为气膜控制的吸收过程；被吸收成分在液相中的溶解度很小时，吸收阻力主要集中在液膜，称为液膜控制的吸收过程。吸收过程性质可用下列无因次式加以判别：

$$f=\left(\frac{\gamma_A}{M_A}\right)\cdot\frac{1}{pK} \tag{6-10}$$

式中　γ_A——在气体实际温度和压力下，被吸收成分的重度，kg/m^3；

M_A——被吸收成分的分子量；

p——总压力，系指大气压（1 大气压＝101325Pa）；

K——溶解度系数，$kg\cdot mol/(m^3\cdot Pa)$。

按上式求得的值$<5\times10^{-4}$时，则吸收过程属于气膜控制；值>0.2时，属于液膜控制；处于上述两值之间时，则气、液膜两方面的阻力均有相当影响。

二、吸收剂选用原则

吸收剂选用原则主要有：a. 被吸收成分的溶解度越高，其吸收速率越快，则所需吸收剂的量就越少；b. 热稳定性好，低蒸汽压，不挥发（吸收剂损耗少）；c. 化学稳定性好，对装置材质无腐蚀性（否则需增加防腐蚀措施从而使投资增高）；d. 无臭、无毒、不燃；e. 低黏度，否则会影响气液接触效果，而使吸收效率下降；f. 容易分离、再生；g. 价格低、货源广。

吸收剂和吸收对象废气成分的关系见图 6-33。

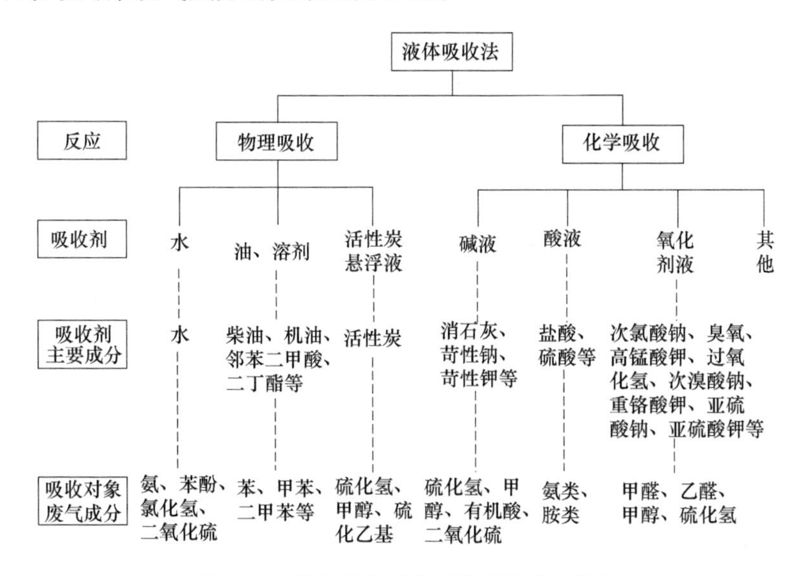

图 6-33 吸收剂和吸收对象废气成分关系

三、吸收装置的选用原则

在选用吸收装置时需要考虑的因素是结构简单、处理能力大、吸收效率高、阻力小和操作弹性大等。此外，尚应考虑物料和吸收过程的特点。对气膜控制的吸收过程，一般宜采用填料塔之类的液相分散型装置；对液膜控制的吸收过程，一般宜采用板式塔之类的气相分散型装置。即在符合必需的液气比前提下，如果吸收是由气膜控制时则应选择气膜物质移动系数大的装置；如果吸收为液膜控制时，则应选择液膜物质移动系数大的装置。一般化学吸收过程通常属于气膜控制。

吸收装置的分类列于表 6-26 中。

表 6-26 吸收装置分类

装置名称	气液分散方式	气膜物质移动系数	液膜物质移动系数
填料塔	液相分散型	中	中
喷淋塔		小	小
旋风洗涤塔		中	小
文氏管洗涤器		大	中
水力过滤器		中	中
泡钟罩塔	气相分散型	小	中
喷射洗涤器		中	中
气泡塔		小	大
气泡搅拌槽		中	大

各种吸收装置性能比较列于表 6-27 中。

表 6-27 吸收装置性能比较

装置名称	气体			粉尘			液滴	雾粒	烟
	有害物		吸收时伴有	5μm		≤5μm	>10μm	≤10μm	<1μm
	溶解度大	溶解度小	化学反应	低浓度	高浓度				
填料塔(逆流)	○	○	○	○	×	×	○	△	×
填料塔(顺流)	▲	△	○	○	×	×	○	△	×
填料塔(交叉流)	○	△	○	○	×	×	○	△	×
旋风洗涤器	△	×	△	▲	▲	×	○	×	×
文氏管洗涤器	△	×	△	○	○	○	○	○	○
喷淋塔	△	×	△	△	△	×	▲	×	×
喷射洗涤器	△	×	△	○	○	○	○	○	▲

注：×—不合适；○—净化效率 η=95%～99%；▲—净化效率 η=85%～95%；△—净化效率 η=75%～85%。

各种吸收装置的技术经济比较列于表 6-28 中。

表 6-28 各种吸收装置的技术经济比较

装置名称	液气比/(L/m³)	空塔速度/(m/s)	压力损失/Pa	100m³/min		设备费比较(以填料塔为 1)	备注
				用电量/kW	耗水量/(t/h)		
填料塔	1.0～10	0.3～1.0	(1～4m) 500～2000	1.4～5.4	6.0～60	1	拉西环、鲍尔环、波纹、丝网等填料
湍球塔	2.7～3.8	0.5～6.0	每段 400～1200	1.15～3.45	16～23	1	此为填料塔的一种特型
喷淋塔	0.1～1.0	0.2～1.0	200～900	0.54～2.4	0.6～6.0	0.8	
旋风洗涤器	0.5～5.0	1.0～3.0	50～3000	1.3～8.0	3.0～30	1.1	
文氏管洗涤器	0.3～1.2	喉口 30～100	3000～9000	8.0～24	1.8～7.2	2.5	
喷射洗涤器	10～100	喷口 20～50	约 200	约 5.4	60～600	2.5	
泡钟罩塔	—	—	3000～6000	2.7～3.4	1.8～30	0.8～2.0	此为板式塔的一种
水力过滤器	—	—	600～800	1.6～2.1	6.0～60	4	

四、适用技术实例——喷淋-曝气一体化除臭装置

① 气体可调节（变频与内循环风阀双组合）。因为恶臭气体输出可调，与处理能力平衡后，即可排放。因有多种组合工艺手段、使治臭可靠能达标排放。

② 喷淋水浴曝气方式相结合，能高效地空气氧化、溶解、吸收恶臭气体与废气，起到两塔（洗涤与水浴塔）协同，双重除臭功效，去除率可提高 1 倍。

③ 通过曝气法向水中补充氧气或臭氧、化学药剂等多种除臭方式，使气/水达到国家环保排放标准，使硫化氢、氨气等达到排放标准，可节约传统水处理方式的巨大投资。可添加各种生物与化学除臭剂、可针对性选择准确有效的科学除臭方式，适合多种行业使用。

④ 与传统渗滤液处理方法结合：作为前置曝气、溶氧、生化处理工艺，降低 COD、BOD 等指标、减轻沉淀、絮凝、硝化、MBR 及污泥处理工艺负担，而高效节能处理恶臭液体达标排放、具有占地小、经济性好的最新复合水处理方法。

⑤ 与外接设备结合，可单独作为好氧生物除臭塔进行除臭。

⑥ 可与光氧/高能/低温等离子等多种方式组合，达到节能高效的除臭消毒灭菌目的。

⑦ 手动与智能化（PLC 自动控制）：可通过在线实时检测，运用物联网信息技术，也可通过手机和电脑进行远程监控（预选）。

⑧ 净化系统组成如图 6-34 所示。

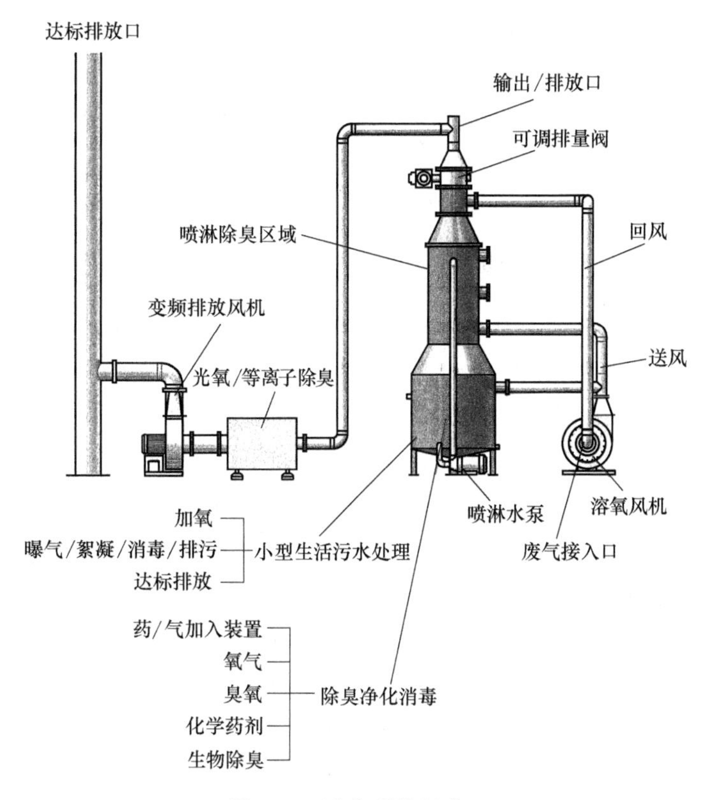

图 6-34 净化系统组成

⑨ 污水处理运行原理：首先高压风机向曝气系统水中输入溶氧空气，由于气体的扬升作用，塔内液体开始上下反复循环，把污泥搅碎、溶氧氧化，无沉积排放一般需 2～3h/t，即可达标排放，如果用化学法 10min 即可排放。臭气经后级深层氧化塔进一步消除，达到一举两得的节能减排目标。

⑩ 设备选型参数：见表 6-29。

表 6-29 除臭塔设备选型参数

设备型号	处理风量/(m^3/h)	规格尺寸/mm		进出口尺寸直径 Φ/mm	循环风机		喷淋泵功率/kW
		直径 Φ	高度 H		功率/kW	风压/Pa	
GC-SQ-1000	1000	800	3500	200	2～2.5	>2000	0.3
GC-SQ-2000	2000	1000	3500	250	2～2.5	>2000	0.3
GC-SQ-3000	3000	1200	3750	300	2～2.5	>2000	0.5
GC-SQ-5000	5000	1350	3750	350	2～2.5	>2000	0.5
GC-SQ-10000	10000	1850	4200	500	3～4	>2500	0.7
GC-SQ-15000	15000	2000	4500	700	3～4	>2500	0.7

续表

设备型号	处理风量/(m^3/h)	规格尺寸/mm		进出口尺寸直径Φ/mm	循环风机		喷淋泵功率/kW
		直径Φ	高度H		功率/kW	风压/Pa	
GC-SQ-20000	20000	2400	5000	700	3～4	>2500	0.8
GC-SQ-25000	25000	2600	5000	800	5～6	>3000	0.8
GC-SQ-30000	30000	2800	5500	900	5～6	>3000	1
GC-SQ-40000	40000	3500	6000	1000	5～6	>3000	1

注：1. 不同工艺组合和气体介质特性，设备尺寸较参数表会有出入，此表仅供参考；2. 溶氧风机根据不同型号选配高压/罗茨风机（>2000Pa）；3. 材质为PP；4. 除臭塔自带内循环曝气风机，与主排放风机串联；5. 根据臭气浓度用变频风机调节总风量。

五、工业有机废气协同治理技术实例

味精生产产生的大气污染物主要来源于尾液综合利用，当采用喷浆造粒制取复合肥时将会产生废气，其中含有颗粒物和气溶胶型挥发性/半挥发性有机废气，废气产生量（标态）为20000～25000m^3/t复合肥，其中水蒸气（含少量有机物）（标态）为50～70g/m^3废气。

1. 技术原理

该技术采用多级洗涤和静电分离的处理方法，其流程为：气溶胶烟气的文丘里洗涤、一级喷淋塔洗涤、二级喷淋塔洗涤、静电处理器处理，其中文丘里洗涤去除烟气中的燃煤颗粒并降低烟气温度；喷淋塔洗涤去除残余的燃煤颗粒和大颗粒液滴，继续降低烟气温度；气溶胶静电处理器实现将气溶胶烟气有效分离，最终实现达标排放。

当给废气离子净化器内部电场输入高压直流电时，从电晕极线（阴极）不断发射自由电子与周围的气体分子碰撞，使气体分子电离成正负离子，这些离子与烟气中的酸雾粒子碰撞，使雾离子荷电，荷电后的酸雾离子在电场力的作用下向电极性相反的电极移动，到达电极后释放出电荷而沉淀在电极上，因重力作用流入器底被除去。

2. 工艺简介

喷浆造粒烟气处理的主要工艺流程如图6-35所示。

图6-35 喷浆造粒烟气处理工艺流程

3. 适用条件

该技术适用于喷浆造粒制取复合肥过程产生的废气治理。

4. 环境经济效益

该技术能实现挥发性/半挥发性有机化合物（VOCs/SVOCs）去除效率95%以上，颗粒物去除率99%以上。该技术主要消耗为电能，无其他消耗；以味精工业一台$10\times10^4m^3/h$风量造粒机计算：需要气溶胶处理器160kW·h/套（两台80kW·h/台气溶胶处理器）。

该工艺在某味精企业实施，效果理想，去除烟气异味，挥发性/半挥发性有机化合物（VOCs/SVOCs）的去除可达标排放已经通过国家专家组验收。在该味精企业100多米的大烟囱冒着淡淡的白烟，与未经处理的烟气相比，现在的烟不仅淡，而且飘扬 20m 左右便全部散净，厂区周围也没有以前那种刺鼻焦煳气味。

第六节 光催化净化工业有机废气

光催化是常温深度反应技术。光催化氧化可在室温下将水、空气和土壤中有机污染物完全氧化成无毒无害的产物，而传统的高温焚烧技术则需要在极高的温度下才可将污染物摧毁，即使用常规的催化、氧化方法亦需要几百摄氏度的高温。

从理论上讲，只要半导体吸收的光能不小于其带隙能，就足以激发产生电子和空穴，该半导体就有可能用作光催化剂。常见的单一化合物光催化剂多为金属氧化物或硫化物，如 TiO_2、ZnO、ZnS、CdS 及 PbS 等。这些催化剂各自对特定反应有突出优点，具体研究中可根据需要选用，如 CdS 半导体带隙能较小，跟太阳光谱中的近紫外光段有较好的匹配性能，可以很好地利用自然光能，但它容易发生光腐蚀，使用寿命有限。相对而言，TiO_2 的综合性能较好，是最广泛使用和研究的单一化合物光催化剂。

一、光催化净化机理

半导体粒子具有能带结构，一般由填满电子的低能价带（Valance Band，VB）和空的高能导带（Conduction Band，CB）构成，价带和导带之间存在禁带。当用能量等于或大于禁带宽度（也称带隙，E_g）的光照射半导体时，价带上的电子（e^-）被激发跃迁到导带，在价带上产生空穴（h^+），并在电场作用下分离并迁移到粒子表面。光生空穴因具有极强的得电子能力，而具有很强的氧化能力，将其表面吸附的 OH^- 和 H_2O 分子氧化成—OH，而—OH 几乎无选择地将有机物氧化，并最终降解为 CO_2 和 H_2O。也有部分有机物与 h^+ 直接反应，而迁移到表面的 e^- 则具有很强的还原能力。整个光催化反应中，—OH 起着决定性作用。半导体内产生的电子-空穴对存在分离/被俘获与复合的竞争，电子与空穴复合的概率越小，光催化活性越高（见图 6-36）。

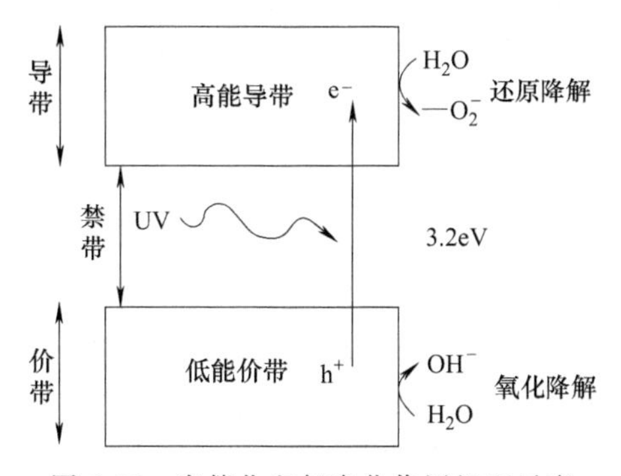

图 6-36 光催化空气净化作用机理示意

$$TiO_2 + h\nu \longrightarrow e^- + h^+ \qquad h^+ + OH^- \longrightarrow —OH$$

$$e^- + O_2 \longrightarrow —O_2^- \qquad —O_2^- + H^+ \longrightarrow HO_2$$

$$2HO_2 \longrightarrow O_2 + H_2O_2$$

半导体粒子尺寸越小，电子与空穴迁移到表面的时间越小，复合的概率越小；同时粒子尺寸越小，比表面越大，越有利于反应物的吸附，从而增大反应概率。故目前光催化反应研究绝大部分集中在粒子尺寸极小的纳米级（10～100nm）半导体，甚至量子级（约 10nm）半导体，是纳米材料应用的一个重要方面。

二、提高光催化反应效率的途径

提高光催化反应能力的途径主要是对光催化剂以及对反应条件进行改进。改进的方式如下。

1. 在半导体表面负载贵金属

在 TiO_2 表面沉积适量的贵金属，如 Pt、Pd 等，有利于光生电子和空穴的有效分离及降低还原反应（质子的还原，溶解氧的还原）的超电压，从而大大提高了催化剂活性。

2. 半导体的金属离子掺杂

掺杂过渡金属或 3 价金属离子，可在半导体表面引入缺陷位置或改变结晶度，既可能成为电子或空穴的陷阱而延长其寿命，也可能成为复合中心反而加快复合过程。最近的研究还表明，采用离子注入法对 TiO_2 进行铬、钒等离子的掺杂，可将激发光的波长范围扩大到可见光区（移至 600nm 附近）。首先用计算机程序计算了激发的 TiO_2 表面的电子密度，采用 3 价离子能减少处于光子激发态的 TiO_2 的电子密度，故能增强量子效应，增加空穴密度。

3. 半导体的表面敏化

将光活性化合物通过化学或物理吸附吸附于光催化剂表面，可以扩大激发波长范围，增加光催化反应的效率。

4. 复合半导体

复合半导体可分为半导体-绝缘体复合及半导体-半导体复合，绝缘体大都起载体的作用。二元复合半导体中两个半导体之间的能级差别能使电荷有效分离。

5. 半导体与黏土交联

发现，在无机层状化合物的层间或沸石分子筛的微孔中，应用化学反应生成具有纳米级粒子特征的半导体簇合物，制得的以无机微孔晶体为主体，半导体纳米簇合物为客体的复合材料具有较高的光催化活性和选择性。

6. 表面酸化

半导体表面酸性对其光催化性有很大影响，因为羟基化半导体表面与酸性有较大的关系。当 TiO_2 与 SiO_2、Al_2O_3、ZrO_2 等绝缘体复合时，绝缘体大都起着载体的作用，不仅能提高 TiO_2 的比表面积、孔隙率和热稳定性，而且能提高其表面酸性。

目前光催化剂开发的热点主要是：a. 非二氧化钛半导体材料的研究；b. 混合/复合半导体材料的开发研究；c. 掺杂二氧化钛催化剂；d. 催化剂的表面修饰；e. 制备方法和处理途径的探索等。

对光催化反应条件的改进有改进光辐射，充分利用光能。污染物与催化剂的充分接触，如图 6-37 所示，将 TiO_2 颗粒负载在玻璃纤维棉上。图 6-37(a) 所示方式明显较其他两种方式要好。

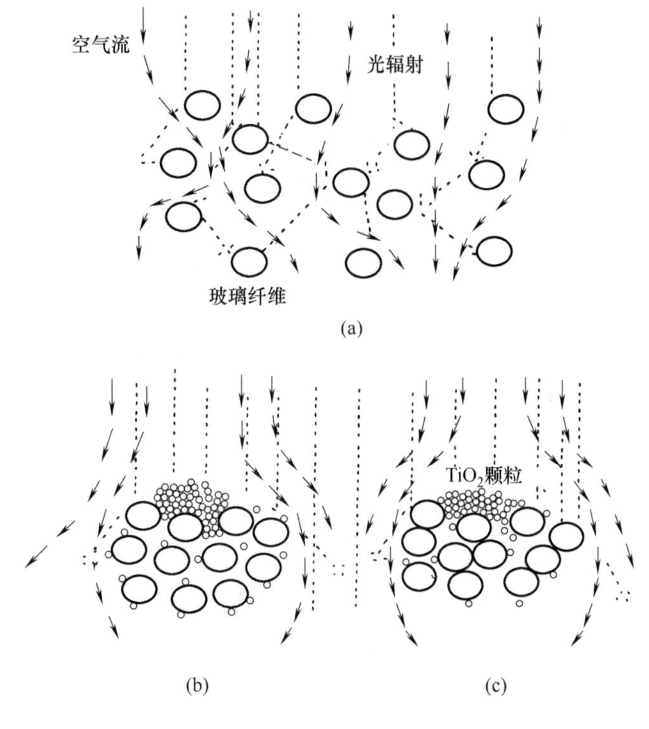

图 6-37 污染物与催化剂接触比较

三、光催化反应器的设计

一般反应器的模型与设计，其基础在于描述反应速度方程、连续性方程、能量和动量诸方程。发生于光化学反应器的现象同样可以分解成反应、传质、传热、动量传递来进行处理。光化学反应器模型与传统反应器模型间的最大差别在于需建立辐射能量衡算式以确定反应器内辐射能量分布。

影响反应器内辐射能量分布的主要因素包括：a. 反应器的几何形状；b. 反应器光学厚度；c. 光源与反应器间的相互位置；d. 辐射波长；e. 反应体系中多相存在的影响；f. 反应器的混合特征。

对于光化学反应过程而言，反应速率取决于局部体积能量吸收速率（LVREA），而LVREA取决于反应器内辐射能分布，因此确定反应器内辐射能分布是建立光化学反应器模型所必须解决的关键问题。LVREA是空间位置的函数，反应速率与LVREA密切相关，必然也是空间位置的函数。辐射能分布的非均匀性是光化学反应器的固有特征。

在催化净化装置的设计中，光源的位置、种类以及与催化剂组合的优化是一项复杂而困难的工作，还必须解决的问题是气固的良好接触（传质）与气阻间的矛盾，光能传播到所有的催化剂表面以及光的利用率等，因此固定化光催化剂必须对反应器的几何结构予以特别关注。

1. 光源与催化剂的配置

紫外光与催化剂配置形式如图 6-38 所示。

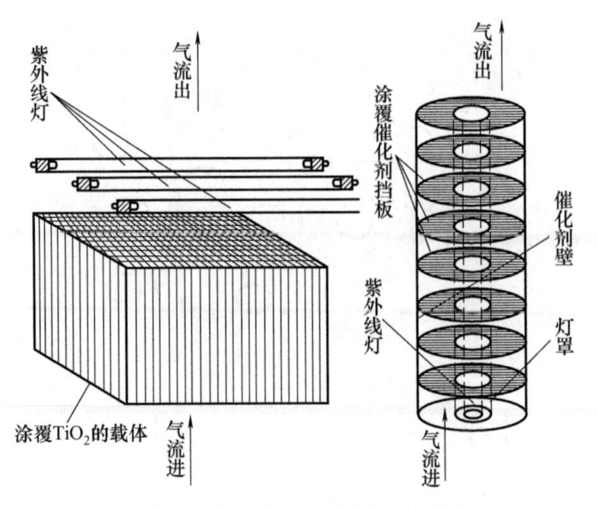

图 6-38 紫外光与催化剂配置形式

2. 反应器形式与工程应用

光化学反应器是光催化过程的核心设备。用于气固相光催化氧化过程的反应器需在高体积流量下操作，同时要保证反应物、催化剂与入射光能充分接触。目前常见的光化学反应器有流化床反应器（图 6-39）和固定床反应器（图 6-40）。

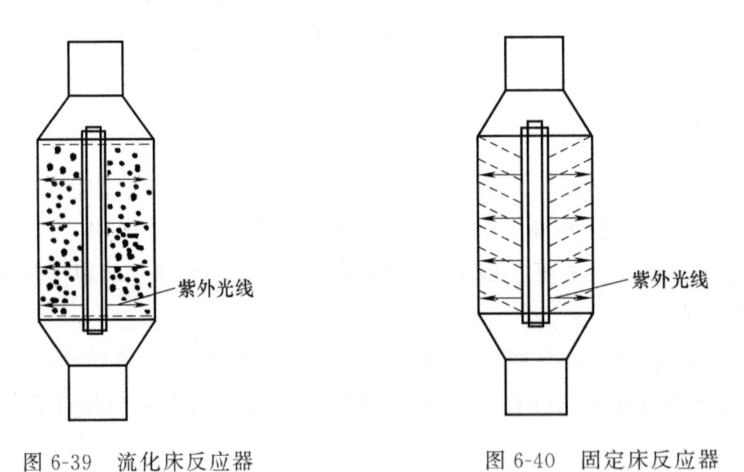

图 6-39 流化床反应器

图 6-40 固定床反应器

3. 工程应用实例

在 1998 年美国马里兰州的 Indian Head 海军陆战队中心安装了 FSEC（Florida Solar Energy Center）设计的 1110m^3/h 光催化污染控制器。此工程由 Trojan Technologies，INnc. of Longon，Ontario，Canada 承建。FSEC 的设计是用在海军的推进剂退火炉上的。光催化反应器由两个相同的反应仓组成，每个均能处理 1110m^3/h 的气量。所处理的污染气体中含有硝化甘油蒸气和其他从推进剂颗粒退火操作中散发的物质。

废气进入光催化污染控制仓内，到达并充满 A 反应箱的底部；再进入石英管外部与催化剂载体之间的辐射环面。废气通过催化剂筒体时和具有活性光催化剂充分接触，从而被降解。部分处理后的废气通过 A 反应箱顶部的出口孔被排出。其余的气体通过导管流入 B 反应箱，运行方式和 A 反应箱一样，处理后的气体排入大气。

由冷却空气压缩机提供冷却剂给反应器中的64个低压水银蒸气灯。

FSEC光催化反应器采用低价高效的低压水银灯作为紫外线光源。独特的设计和较小的挡光使得FSEC光催化反应器具有均匀的光催化剂表面辐射、良好的催化剂活性和表面活性物种浓度。这也使得光催化工艺的效率达到最大，其结构示意如图6-41所示。

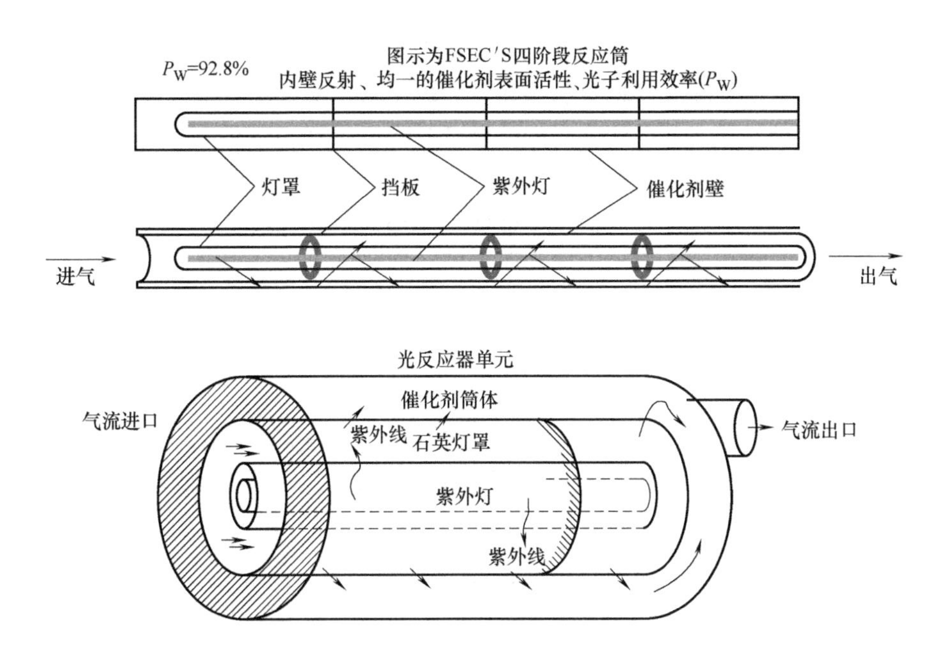

图6-41 FSEC光催化反应器

FSEC的光催化工艺采用可拆卸的组件，独特的设计使安装和运行费用减到最低程度。需要购买低压水银灯和光催化反应箱。

FSEC光催化反应器能被广泛地运用于环境和工业两大领域：被VOCs污染的土壤和地下水的环境修复与工业废气治理。

四、协同净化应用实例

1. 催化方法与其他方法的联用

由于单一污染物存在浓度很低，低浓度下污染物的光催化降解速率较慢，并且光催化氧化分解污染物要经过许多中间步骤，生成有害中间产物。为了克服这些不足，可采用光催化与吸附或臭氧氧化分解组合方法。例如，采用光催化与吸附组合方法处理挥发性有机化合物(VOCs)，可利用活性炭的吸附能力使VOCs浓集到一特定环境，从而提高了光催化氧化反应速率，而且可以吸附中间副产物使其进一步被光催化氧化，达到完全净化的目的。此外，由于被吸附的污染物在光催化剂的作用下参与氧化反应，因此有可能通过光催化剂与活性炭的结合，使活性炭经光催化氧化而去除吸附的污染物后得以再生，从而延长使用周期。目前此项技术尚处于探索阶段，有关活性炭与光催化剂的组合方式以及吸附光催化机理还不是十分清楚。如活性炭与TiO_2或将TiO_2与活性炭混合后成型的方法，也有研究者用TiO_2的前驱体与活性炭的前驱体相混合，再一起炭化、活化的方法制备复合体。不过，现有复合体制备方法都不同程度地使TiO_2光催化活性下降。

光催化氧化与臭氧氧化组合是使臭氧进入光催化反应装置，臭氧作为一种强氧化剂与紫外线激发的光催化氧化协同作用，具有分解有机污染物、灭菌和除臭等高效率的净化作用。臭氧-光催化的联合作用可以减少臭氧用量，可以增加·OH的产生量，从而提高光催化效率；还可以去除一些在单独一种方法无法分解的有机物。目前，臭氧-光催化技术的研究还主要集中在液相中有机物的去除，对空气中污染物的去除报道还少见。此技术还有很多未明之处，并且由于臭氧本身也是一种污染物，它会产生臭味，会腐蚀所接触到的物体，过高的浓度还会对人体健康带来危害，因此臭氧投加量的控制也非常重要。

研究者开始将光催化技术与电化学等外加场进行耦合研究，以期达到1＋1＞2的协同效果，研究发现，外加场的存在对TiO_2的光催化活性有不同程度的提高，甚至存在二者的协同效应。主要有电化学辅助光催化、超声波辅助光催化、微波辅助光催化等。

可将微波场引入到在太阳光或紫外线光照下的光催化反应中。光催化反应器中使用太阳光或波长为187～400nm的紫外线光照，同时在光催化反应器中使用频率为2.54～40GHz的微波。图6-42为受污染空气净化流程示意。

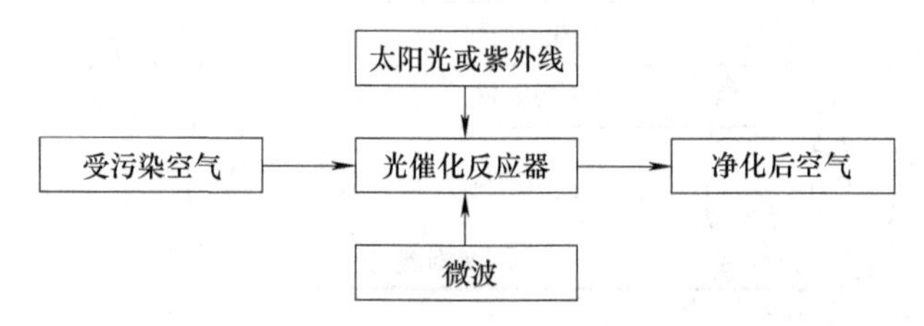

图6-42　受污染空气净化流程示意

2. 多功能废气处理机

GC-SHC系列多功能组合废气处理机，针对近几年在焚烧垃圾、餐厨垃圾发酵、污泥等固废除臭、工业废气处理、工厂净化消烟、除尘除味等多种工况中，针对单一使用一种除臭方法出现的一些误区与问题做了重大改进，采用组合模块的设计方式进行合理组合，优化选配或中途添加改善。针对多种恶臭环境进行治理，尤适用于餐厨垃圾生化处理机除臭。

（1）除臭系统组成　如图6-43所示。

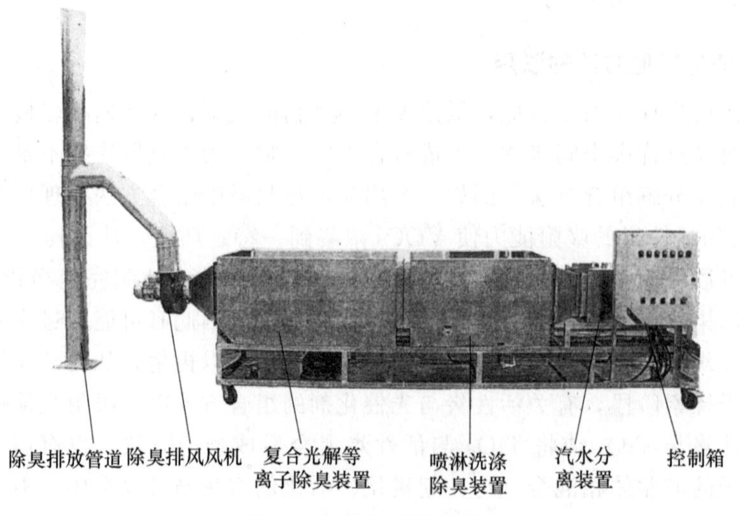

图6-43　除臭系统组成

根据废气工况、成分类别、尘粉大小、油雾浓度进行合理搭配或任意模块组合，达到准确、节能、安全、合理、有效的光机化电的科学组合方法、科学除臭。

因其为模块结构，可纵向与横向空间多种组合，可适应不同风量、不同浓度及不同颗粒粉尘的工况需求。

(2) 功能模块工作原理　见图 6-44。

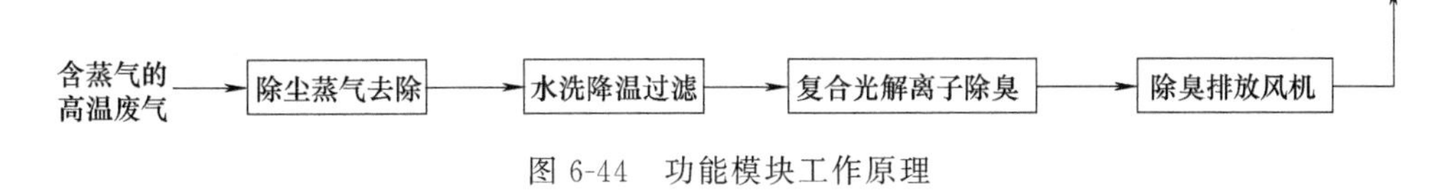

图 6-44　功能模块工作原理

① 汽水分离装置（除尘蒸气去除）见图 6-45。其机理为离心甩干蒸气与尘分离，达到降温除尘功能：a. 可满足下游洗涤除臭段与光氧等离子段的温度、湿度要求；b. 可减少或不用排水的无水降温，节水节能明显；c. 可除臭设备小型化以满足生化机的空间要求。针对废气中含有油烟、蒸气等工况进行预处理，动态拦截回收油烟、蒸气，是油烟净化、蒸气废气净化的最佳方式。

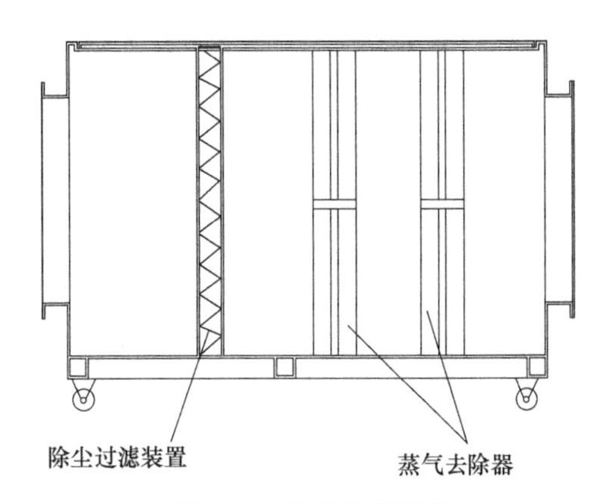

图 6-45　汽水分离装置

② 喷淋洗涤除尘除味装置（模块）见图 6-46。全不锈钢耐腐蚀材质，可根据不同的污染环境，使用专业配置洗涤除臭液作为洗涤空气的介质，既洗涤空气中的微颗粒物，又可去除空气中的细菌病毒异味。

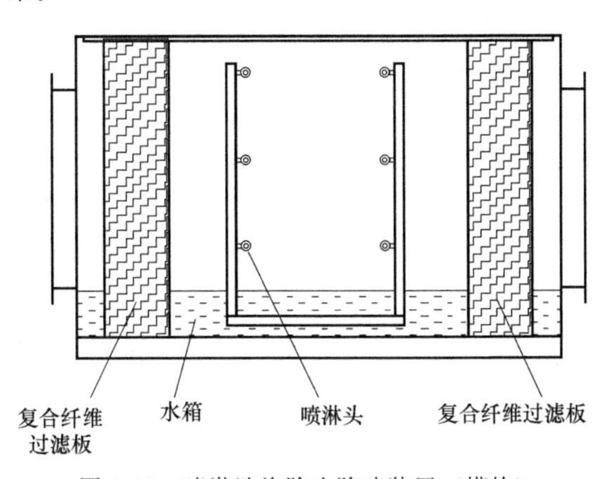

图 6-46　喷淋洗涤除尘除味装置（模块）

③ 复合光解等离子消毒除味装置（模块）见图 6-47。采用光解氧化技术与低温等离子技术相结合的消毒除臭除味技术原理。等离子体模块，在外加电场的作用下，通过高压、高频脉冲针尖放电形成非对称等离子体电场，使空气中大量等离子体之间逐级撞击，大量携能电子轰击污染物分子，产生电化学反应，使其电离、解离和激发，对有毒有害气体及活体病毒、细菌等进行快速降解，使复杂大分子污染物转变为简单小分子安全物质，或使有毒有害物质转变成无毒无害或低毒低害的物质；同时再利用不同波长的特种高能紫外光照射强化分解废气，产生多种 O_3、O·、·OH 等氧化元素，氧化分解各种有机、有害、恶臭等异味，从而使污染物得以降解去除，高效杀毒、灭菌、去异味、消烟、除尘，且无毒害物质产生。

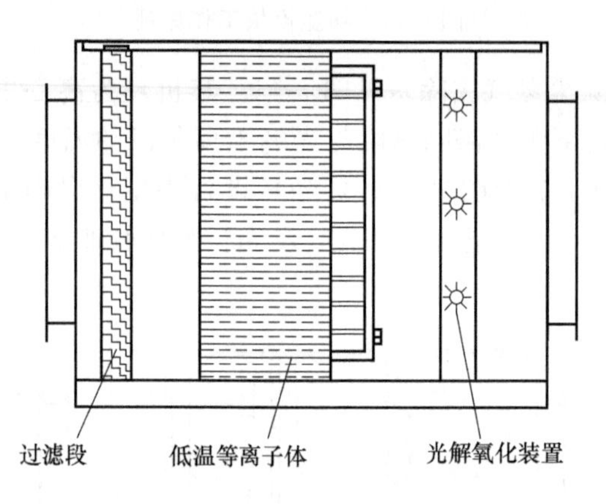

图 6-47 复合光解等离子消毒除味装置（模块）

（3）结构特点

① 模块结构，可纵向与横向空间多种组合，可适应不同风量、不同浓度及不同颗粒粉尘的工况需求。

② 适应多种除臭除味场所，可根据现场环境增加其他除臭措施。

（4）适用范围

① 适用所有工业有机废气、高浓度、恶臭、有毒、防疫灭菌排放领域；

② 更适合高温高湿除尘除恶臭的处理环境，例如焚烧餐厨垃圾、等离子焚烧炉、生活垃圾，恶臭气体处理；

③ 各种工业废气的针对性治理，例如餐厨与生活垃圾除臭，焚烧炉应急除臭设备；

④ 空气消毒除异味，室内恶臭消除与分解；

⑤ 垃圾中转站，垃圾转运中心，垃圾处理车间的消毒除臭除味；

⑥ 禽畜养殖场的防疫与消毒，冷藏、食品厂防腐；

⑦ 屠宰车间消毒除臭、空气净化。

第七节 等离子法净化工业有机废气

常见的产生等离子体的方法是气体放电。所谓气体放电是指通过某种机制使一个或几个电子从气体原子或分子中电离出来，形成的气体媒质称为电离气体，如果电离气体由外电场产生并形成传导电流，这种现象称为气体放电。根据放电产生的机理、气体的压强范围、电源性质以及电极的几何形状、气体放电等离子体主要分为以下几种形式，a. 辉光放电；b. 电晕放电；c. 介质阻挡放电；d. 射频放电；e. 微波放电。由于对诸如气态污染物的治理，一般要求在常压下进行，而能在常压（10^5Pa 左右）下产生低温离子体的只有电晕放电和介质阻挡放电两种形式。

对低温等离子体的作用机理研究认为是粒子非弹性碰撞的结果。低温等离子体内部富含电子、离子、自由基和激发态分子，其中高能电子与气体分子（原子）发生非弹性碰撞，将能量转换成基态分子（原子）的内能，发生激发、离解和电离等一系列过程，使气体处于活化状态。一方面打开了气体分子键，生成一些单分子和固体微粒；另一方面，又产生·OH、H_2O_2·等自由基和氧化性极强的 O_3，在这一过程中高能电子起决定性作用，离子的热运动只有副作用。

一、低温等离子体工作机理

低温等离子体在形成过程中，其电子能量可达到 1～20eV(11600～250000K)，因此，其具有较高的化学反应活性。低温等离子体在残余化学反应的过程从时间尺度可分为以下几个过程，对应的示意见图 6-48。

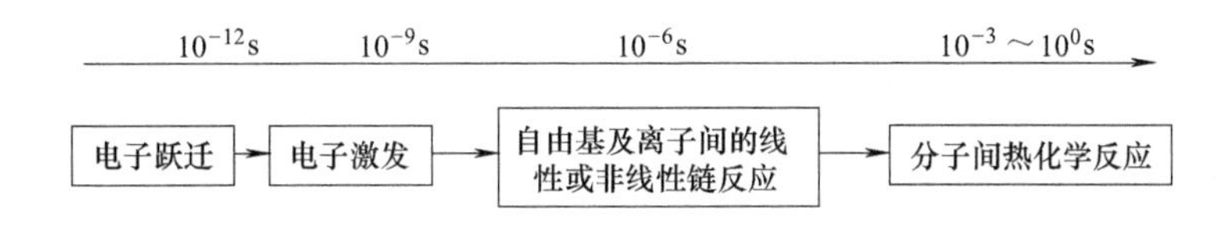

图 6-48 低温等离子体形成过程示意

① 第一步是皮秒级的电子跃迁，电子从基态跃迁到激发态。

② 第二步发生在纳秒级尺度。不同能量温度状态的电子通过旋转激发、振动激发、离解和电离等非弹性碰撞形式将内能传递给气体分子后，一部分以热量的形式散发掉，另一部分则用于产生自由基等活性离子。

③ 在形成自由基活性离子后，自由基及正负离子间会引发线性或非线性链反应，该反应发生在微秒级尺度。

④ 最后是由链反应导致的毫秒到秒量级的分子间发生热化学反应。

低温等离子体净化 VOCs 时，其主要的反应进程与之前所述一致。首先是高能电子与分子间碰撞反应引发活性自由基；而后，自由基会与有机气体分子结合反应，达到净化气体的目的。低温等离子体净化 VOCs 的作用机理根据目标污染物的差异而不同。卤代烃分子具有较强的极性，具有较强的吸电子能力，因此其易受到高能电子的攻击而降解；烃类 VOCs 化学性质相对活泼，其易与自由基结合而发生化学反应，但在高压放电过程中进行的化学反应主要是离子反应。反应的最终产物也因反应条件不同而异。在高温、高能量密度环境下处理低浓度有机气体时，氧化反应起到主导作用，最终的产物主要为 CO_2 和 H_2O；在低温、低能量密度下处理高浓度的有机气体时，生成产物的中间体更容易发生链加成反应而生成固态或者液态的有机物。因此，在净化 VOCs 过程中通过相关技术控制反应条件对于 VOCs 的处理至关重要。

二、影响等离子体净化效率的因素

常温常压下，低温等离子体对于 VOCs 的净化效率取决于电子能量分布、自由基的种类及扩散过程，以及自由基与气态污染物之间的反应过程。这三个过程对应的具体影响因素见图 6-49。

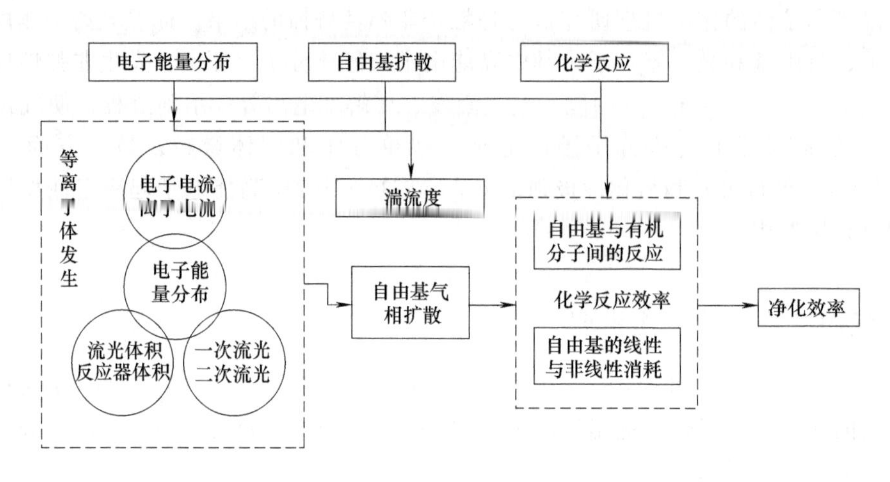

图 6-49　净化效率的主要影响因素

三、等离子体技术的协同工艺与应用

等离子体处理有机废气的典型工艺有脉冲电晕放电（PCR）治理技术、填充床式反应器（FPR）治理工艺、沿面放电和介质阻挡放电（DBD）治理工艺。工艺技术的核心是利用放电区域内产生的高能密度流光等离子体处理 VOCs 气体。早期 Van Veldhuizen、Penetrante 等研究认为这四种工艺在相同实验条件下处理废气时具有几乎相同的效果。但近年来的研究发现，对于不同的 VOCs 气体这几种放电方式的净化效率各有不同。Kim 与 Futamura 研究认为：在干燥条件下处理苯时，填充床式反应器（FPR）的治理效率最高，但当有水蒸气存在时，脉冲电晕放电技术治理效率最高。不同的处理技术都具备各自的技术特点。介质阻挡放电技术的优势是可以增加介质与气体间的接触面积，增加自由基的生成效率，但缺点是接触面间产生很大的场强，压降较大，不能满足大风量工业有机废气的治理。高功率脉冲电晕工艺可在反应器内建立起较大的等离子区域，在保证反应器内流光横贯高低压极的情况下，单个反应器的直径通常可达 30～35cm，可有效降低反应器的压降；并联多个反应器可提高处理风量，从而提高对大风量工业废气治理的适应性。但是由于反应器尺寸过大，对于有机废气的治理效率不高。近年来，利用等离子体技术与其他工艺技术联合治理 VOCs 成为该技术应用的新趋势。

1. 等离子体-吸附/吸收协同工艺

Yan 等采用线筒式电晕放电净化含硫恶臭气体，研究结果表明：在仅采用电晕放电净化该气体时，以 H_2S 的净化效率作为标准，当 H_2S 气体净化到 90％时电流放电的能量密度为 10.8J/L。当在该系统中加入活性炭吸附装置后，该能量密度下降至 4.0J/L。活性炭可以吸附经等离子体处理的残余废气及产生的副产物，使气态污染物在活性炭表面富集并引发二次化学反应，显著提高了净化效率，并降低了副产物的排出。黄立维等在线筒式反应器壁镀上

$Ca(OH)_2$ 涂层，对卤代烃净化过程中产生的卤酸、NO_x 等副产物具有较好的吸收作用。此外，有机气体的氧化产物大多是醛或羧酸等液相溶解度相对较高的物质，采用等离子体与吸收剂相结合的方法是一种可行的净化处理工艺。有研究利用等离子体对甲苯进行氧化，将生成的副产物进行碱液原位吸收，使等离子过程产生的 O_3、H_2O_2 等活性物质进入到液相中，增大了反应常数，并进一步氧化副产物，提高了活性物质的利用效率和有机气体的净化效率。

2. 等离子体-催化剂协同工艺

在实际应用中，采用单一的等离子体技术净化 VOCs 气体存在能耗高和副产物难以控制的问题，而单独采用催化氧化/还原技术又存在催化剂处理能力、催化剂使用浓度等条件的限制。将二者相结合，既可降低处理成本又可以延长催化剂的使用寿命和提高净化能力。相关的研究已发现等离子体-催化技术可产生协同效果，能耗仅是单独使用催化剂能耗的 1/5，有研究利用等离子体协同 Ag/TiO_2 催化剂填充反应器，研究其对苯及苯的衍生物净化效果。发现其净化效率明显提高，且有机副产物的生成量明显降低。在对苯的衍生物处理过程中，发现净化效率不再受气体停留时间的影响，仅与等离子体的能量密度有关；催化反应器中气体动力学规律从均相反应一级动力学关系向非均相反应的零级动力学关系转变。另有研究发现，在单独使用 Al_2O_3 催化剂时苯和甲苯的净化效率分别为 5% 和 24%，而采用等离子体协同 Al_2O_3 催化剂时的净化效率可分别提高到 52% 和 65%，说明等离子体-催化技术可以有效净化 VOCs 气体。

等离子体-催化技术采用的反应器可以分为一段式和两段式两种，两种反应器的结构与净化机制各不相同。

在一段式等离子体-催化反应器中，产生等离子体的电极位于外侧，催化剂置于两个电极之间。当电极放电时，等离子体在催化剂表面及内部孔隙结构中生成。通过改变电极的放电形式可以控制催化剂中等离子体的生成位置与传播方式。而催化剂表面的物理化学性质，如比表面积、表面金属含量等因素又可以影响等离子体放电的区域大小和强度。因此，在利用一段式等离子体-催化反应器净化 VOCs 气体时，选择具备特定物理化学性质的催化剂，同时控制电极的放电方式及强度对于提升 VOCs 气体的净化效率至关重要。一段式反应器协同作用明显，有较高的净化效率，是一种较为理想的工业废气治理技术，但一段式反应器催化剂失活问题较为突出，寿命较短。

相较一段式等离子体-催化反应器，两段式等离子体-催化反应器一般采用先等离子体后催化的方式，结构相对比较简单，VOCs 先通过等离子体技术进行净化，残余气体及产生的副产物共同进入催化装置，进行氧化还原反应。净化机理相对比较单一。常用的催化剂有重金属、过渡金属、γ-Al_2O_3、SiO_2、TiO_2 等物质及其所组成的复合催化剂。在两段式体系中，催化剂的使用寿命较长，适用于室内空气净化，但催化剂段的温度影响较为明显，较低的反应温度下 CO_2 的选择性较差，副产物较多，温度过高会导致催化剂失活。

四、低温等离子体净化设备

1. 设备工作原理

① 等离子体被称为物质第 4 形态，由电子、离子、自由基和中性粒子组成。低温等离子净化器是利用等离子体以每秒 300 万～5000 万次的速度反复轰击异味气体的分子，去激

活、电离、裂解废气中的各种成分，从而发生氧化等一系列复杂的化学反应，再经过多级净化，将有害物转化为洁净的空气释放至大自然。

② 采用高压发生器形成低温等离子体在平均能量约 5eV 的大量电子作用下，使通过净化器的苯、甲苯、二甲苯等有机废气分子转化成各种活性粒子，与活空气中的 O_2 结合生成 H_2O、CO_2 等低分子无害物质，使废气得到净化。经过长期的研究发现，当化学物质通过吸收能量（热能、光子能量、电离），可以使自身的化学性质变得更活跃甚至被裂解，当吸收的能量大于化学键能即可使化学键断裂，形成游离的带有能量的原子或基团，电子能级 8～11eV（3500～1600kJ/mol）等离子的作用下，一方面空气中的氧被裂解，然后组合产生臭氧，另一方面将污染物化学键断裂，使之形成游离态的原子或基团；同时产生的臭氧参与到反应过程中，使废气最终被裂解，氧化成简单的稳定的化合物 CO_2、H_2O、N_2 等。

2. 设备的性能特点

① 低温等离子设备属高新科技产品，自动化程度高，工艺简洁，操作简单，方便无需专人看管，只需做定期维护。

② 节能：运行费用低廉是低温等离子体核心技术之一，处理 5000m^3 臭气耗电量仅为 1kW·h。

③ 设备使用寿命长：设备由 304 不锈钢材料制作，抗氧化性强，在酸性气体中耐腐蚀，使用寿命长达 10 年以上。

3. 安装工艺流程

安装工艺流程如图 6-50 所示。

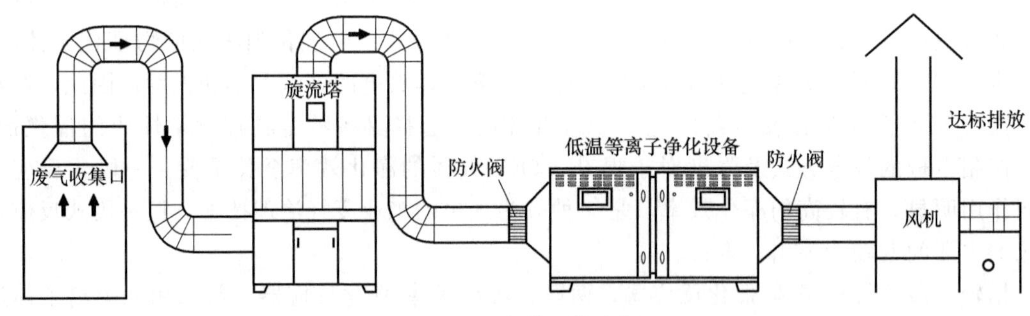

图 6-50　安装工艺流程

4. 在环境工程中的应用

随着工业经济的发展、石油、制药、印刷和涂料等行业产生的挥发性有机废气也日渐增多。这些废气不仅会在大气中停留较长的时间，还会扩散和飘移到较远的地方，给环境带来严重的污染。这些废气被吸入人体，直接对人体的健康产生极大的危害；另外，工业烟气的无控制排放使全球性的大气环境日益恶化，酸雨（主要来源于手工业排放的硫氧化物和氮氧化物）的危害引起了各国的重视，由于大气受污染而酸化，导致了生态环境的破坏、重大灾难频繁发生，给人类造成了巨大损失。因此选择一种经济、可行性强的处理方法势在必行。

5. 低温等离子体净化设备参数

低温等离子净化设备参数如表 6-30 所列。

表 6-30 低温等离子净化设备参数表

型号	建议处理风量/(m^3/h)	设备尺寸/mm	设备配置	功率/kW	电压/V	风阻/Pa
AHDLZ-5000	3000～7000	1000×1200×1140	主体采用304mm×1.5mm厚不锈钢板制作，配2组304蜂窝电场，1组1000W低温等离子电源，进出法兰口内尺寸880mm×880mm	1	220	≤350
AHDLZ-10000	7000～12000	1900×1200×1140	主体采用304mm×1.5mm厚不锈钢板制作，配4组304蜂窝电场，2组1000W低温等离子电源，进出法兰口内尺寸880mm×880mm	2	220	≤350
AHDLZ-15000	12000～17000	2800×1200×1140 1900×1200×1640	主体采用304mm×1.5mm厚不锈钢板制作，配6组304蜂窝电场，2～3组1000～1200W低温等离子电源，进出法兰口内尺寸880mm×880mm，880mm×1380mm	3	220	≤350
AHDLZ-20000	17000～22000	1900×1200×2140	主体采用304mm×1.5mm厚不锈钢板制作，配8组304蜂窝电场，4组1000W低温等离子电源，进出法兰口内尺寸880mm×1880mm	4	220	≤350
AHDLZ-25000	22000～27000	2800×1200×1640	主体采用304mm×1.5mm厚不锈钢板制作，配9组304蜂窝电场，3组1200W低温等离子电源，进出法兰口内尺寸880mm×1380mm	3.7	220	≤350
AHDLZ-30000	27000～32000	3700×1200×1640 2800×1200×2140	主体采用304mm×2.0mm厚不锈钢板制作，配12组304蜂窝电场，4～6组1000～1200W低温等离子电源，进出法兰口内尺寸880mm×1380mm、880mm×1880mm	6	220	≤350
AHDLZ-35000	32000～37000	2800×1200×2640	主体采用304mm×2.0mm厚不锈钢板制作，配15组304蜂窝电场，6组1000～1200W低温等离子电源，进出法兰口内尺寸880mm×2380mm	6.6	220	≤350
AHDLZ-40000	37000～45000	3700×1200×2140	主体采用304mm×2.0mm厚不锈钢板制作，配16组304蜂窝电场，8组1000W低温等离子电源，进出法兰口内尺寸880mm×1880mm	8.1	220～380	≤350
AHDLZ-50000	45000～55000	4600×1200×2140 3700×1200×2640	主体采用304mm×2.0mm厚不锈钢板制作，配20组304蜂窝电场，8～10组1000～1200W低温等离子电源，进出法兰口内尺寸880mm×1880mm、880mm×2380mm	10.2	220～380	≤350
AHDLZ-60000	55000～65000	5500×1200×2140	主体采用304mm×2.0mm厚不锈钢板制作，配24组304蜂窝电场，12组1000W低温等离子电源，进出法兰口内尺寸880mm×1880mm	12	220～380	≤350

五、光解等离子净化废气处理设备

GC-FGDL型复合光解等离子除臭系统，是在石英玻璃管-双屏蔽电极结构发展起来的新一代高稳定性且经济性的离子型废气处理设备，它们区别主要是在高压电源与发生器的结构区别：它去掉了石英屏蔽阻挡层，电极间直接对挥发性有机化合物废气进行电子轰击电离分解、节能、效率与可靠性明显提高。

后置UV复合多频光解照射进一步强化裂解氧化因子的量级、达到复合治理的高效目的，较DDBD屏蔽式低温等离子方式更具有优势。

本产品针对垃圾焚烧应急除臭、垃圾堆肥除臭、垃圾中转站除臭、污水污泥除臭、禽畜养殖场除臭、屠宰厂除臭以及其他工业废气处理的装置，集合了除尘过滤段、低温等离子除臭段、光氧消毒灭菌段等多种净化除臭装置的特点。采用综合除臭的设计理念，可与洗涤塔或电子净化除尘段配合使用，根据不同工况需要选择不同的净化除臭模块组合。

1. 工作原理

等离子体是物体固态、液态、气态的第四种物质形态，气体受外电场激发放电成为等离子体。低温等离子利用高能电子、自由基等活性粒子和废气中的污染物发生作用，使污染物分子在极短的时间内发生分解，污染物中的大分子团被击碎，长分子链被打断成为无害的短分子物质，达到降解污染物的目的，如图 6-51 所示。

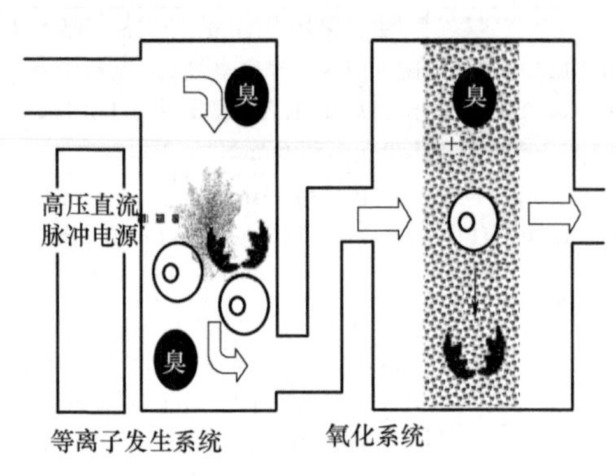

图 6-51 等离子净化工作原理

(1) 反应机理 其主要过程可通过以下反应式表达（XY 为污染物分子；e^- 为电子）

① 激发：$e^- + XY —— XY^+ + e^-$

② 中性离解：$e^- + XY —— X + Y + e^-$

③ 直接离子化：$e^- + XY —— XY^+ + 2e^-$

④ 离子化离解：$e^- + XY —— X + Y^+ + 2e^-$，$Y + X^+ + 2e^-$

⑤ 形成负离子：$e^- + XY —— XY^-$（电子吸附）

$$e^- + XY —— X + Y^-\text{（离解吸附）}$$

(2) 处理污染物原理 在外加电场的作用下，介质放电产生的大量携能电子轰击污染物分子，使其电离、解离和激发，然后便引发了一系列复杂的物理、化学反应，使复杂大分子污染物转变为简单小分子安全物质，或使有毒有害物质转变成无毒无害或低毒低害的物质，从而使污染物得以降解去除。

低温等离子技术能够有效去除硫化氢、氨、三甲胺、甲硫醇、甲硫醚、二硫化碳、苯乙烯、二甲二硫物质。分解羟基化合物、硫化物、酚类、醇类、胺类、脂肪酸等有毒有害物质，应用广泛。

UV 光解氧化是采用特定波长 UV 光的照射气体发生光化学反应，置于低温等离子段之后起到进一步净化的功能。通过特定光波的照射，使得空气中的分子被激化成为原子态、离子态或游离态，对硫化氢、氨类及其他有机物废气进行消除的功能。

2. 结构及技术特点

① 星点放电：发生量提高 10 倍以上，除味效果是普通电晕放电的 10 倍以上。在同等功率情况下成本下降 50%，可靠性及寿命增加 10 倍以上。

② 离子数高：离子数量可达 2×10^8 个/cm^3 以上，且数量可调。

③ 电源保护功能：低温等离子电源具有开路、短路等保护功能。

④ 所形成的电场为蜂窝状电场，会产生大量的高能电子对有机废气直接进行破坏。

⑤ 无玻璃介质、不怕轻度污染，便于维护保养，电极反应器需要清理时，只需抽出反应器进行维护保养即可。

⑥ 与双介质相比，电晕放电等离子设备更加经济。

⑦ 根据废气成分复杂工况：增加了特殊频谱 UV 光氧裂解手段使治理强度更加可靠。

⑧ 电极模块为组合抽拉式，方便拆装与清洗，用专用洗涤剂或超声波清洗机清洗，几分钟即可清洗完毕。

⑨ 适应性强，持久的净化功能，无需专人看管。可在气温−30～45℃区间正常工作。

⑩ 本设备无任何机械动作，自动化程度高，工艺简洁，操作简单，方便无需专人管理和日常维护，遇故障自动停机报警，只需作定期检查。

⑪ 设备组合性强："低温等离子体"产品质量轻，体积小，可按场地要求立放、卧放，可根据废气浓度、流量、成分进行串、并组合设计达到完全的废气净化。

⑫ 不锈钢外壳、设备使用寿命长：本设备由不锈钢材、环氧树脂等材料组成，抗氧化性强，使用寿命长达 15 年以上。

3. 适用范围

① 所有工业废气排放领域，可与其他功能模块组合使用，达到除臭除废、净化与消毒目的。

② 一切高浓度、恶臭、有毒、防疫灭菌领域中，工业废气处理、净化消毒。

③ 高浓度除臭除味领域、一般与喷淋洗涤配套使用，也可用于无人状态下的灭菌消毒。

④ 卫生防疫机构主要是实验室及其所管辖的公共场所（阻隔病毒传播，避免因环境污染中毒事件发生）。

⑤ 医院感染区，无人环境下的空气净化消毒，灭菌。

⑥ 垃圾中转站、垃圾转运中心、垃圾处理车间、污水处理厂的消毒除臭除味。

⑦ 禽畜养殖场的防疫与消毒；冷藏、食品厂防腐；屠宰车间消毒除臭空气净化。

4. 技术参数

等离子净化设备技术参数如表 6-31 所列。

表 6-31 等离子净化设备技术参数

型号	电源电压/(V/Hz)	适用风量/(m^3/h)	总功率/kW	外形尺寸(长×宽×高)/mm
GC-FGDL-02	220/50	2500	1.5	1500×650×650
GC-FGDL-05	220/50	5000	3.1	1500×1250×650
GC-FGDL-10	220/50	10000	4.1	2500×1250×1400
GC-FGDL-15	220/50	15000	6.3	2500×1250×2000
GC-FGDL-22	220/50	22000	8.9	2500×2300×2000
GC-FGDL-30	220/50	30000	13	3000×3000×2000
GC-FGDL-40	220/50	40000	16.4	3000×3000×2800
GC-FGDL-50	220/50	50000	20.8	3000×3000×3400

注：设备尺寸与参数以实际制作为准，此表仅供参考。

第八节 冷凝法净化工业有机废气

冷凝回收只适用于蒸气状态的有害物，多用于回收空气中的有机溶剂蒸气，并达到净化的目的。空气中所含有害蒸气浓度越高，冷凝回收净化越经济有效。冷凝回收常用作吸附、燃烧等设施的前处理，以减轻这些主体设备的负荷或预先回收可以利用的物质。液体吸收法其本身往往就伴有冷凝过程，因此几乎所有的气体洗涤装置都可视为接触冷凝设备。

一、冷凝法分类

从空气中凝结蒸气的方法有冷却法和加压法。以冷却方法使空气中的蒸气凝成液体，其极限就是冷却温度下的饱和蒸气压，其计算方法可采用式(6-11)。

$$\lg p_b=(\frac{-0.05223A}{T}+B)+\lg(0.13b) \tag{6-11}$$

式中 p_b——绝对温度 T 时的饱和蒸气压，kPa；

T——有机溶液的绝对温度，K；

A，B——常数，常见的有机溶液 A、B 值列于表 6-32。

表 6-32 常见有机溶剂的 *A* 和 *B* 值

有机溶剂名称	分子式	A	B
苯	C_6H_6	34.172	7.692
甲苯	$C_6H_5CH_3$	39.198	8.330
甲醇	CH_3OH	38.324	8.802
乙醇	C_2H_5OH	23.025	7.720
乙酸乙酯	$CH_3COOC_2H_5$	51.103	9.010
乙醚	$C_2H_5OC_2H_5$	46.774	9.136
乙酸甲酯	CH_3COOCH_3	46.150	8.715
氯甲烷	CH_3Cl	26.319	7.691
四氯化碳	CCl_4	33.914	8.004

某些有机溶液的饱和蒸气压和温度的关系，也可从图 6-52 查看。

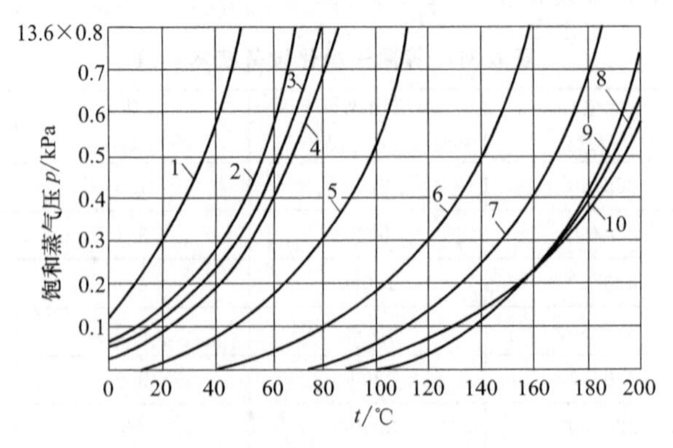

图 6-52 饱和蒸气压与温度关系

1—二硫化碳；2—丙酮；3—四氯化碳；4—苯；5—甲苯；6—松节油；7—苯胺；8—甲酚；9—硝基苯；10—硝基甲苯

对应于空气中有机蒸气饱和蒸气压下的温度即为该混合气体的露点温度。将其冷却到此温度以下，即将蒸气部分冷凝下来，成为液体溶剂加以回收，从而空气得到净化。

如已知混合气体在温度 t℃时所含有害蒸气分压 p，则空气中此蒸气浓度 c 可按下式计算：

$$c=\left(\frac{p}{760}\right)\times\left(\frac{273}{273+t}\right)\times\frac{1000}{22.4}M$$

$$c=\frac{2.176}{273+t}\cdot Mp \tag{6-12}$$

式中 c——空气中的有害蒸气质量浓度，g/m^3；

p——空气中的有害蒸气分压，kPa；

t——混合气体温度,℃；

M——有害蒸气的摩尔质量，g/mol。

冷凝回收的关键是冷却温度，冷却温度越低，则回收净化程度越高。

冷凝回收特别适用于处理含有大量水蒸气的高温度排气。由于水蒸气的凝结，可大大减少气体流量，减轻主体净化处理设备负荷。

二、冷凝操作流程

冷凝回收的冷却方法可分为采用表面冷凝器的间接冷却法和采用接触冷凝器的直接冷却法。

图 5-53 为电泳涂装烘干室高温排气处理流程图。排气中含有 60%以上的水蒸气，温度为 100℃左右，经表面冷却器间接冷却，水蒸气被凝结，不凝的有害气体则被风机抽送至燃烧炉进行最终净化处理，经冷凝操作后可使排气体积大为减少。

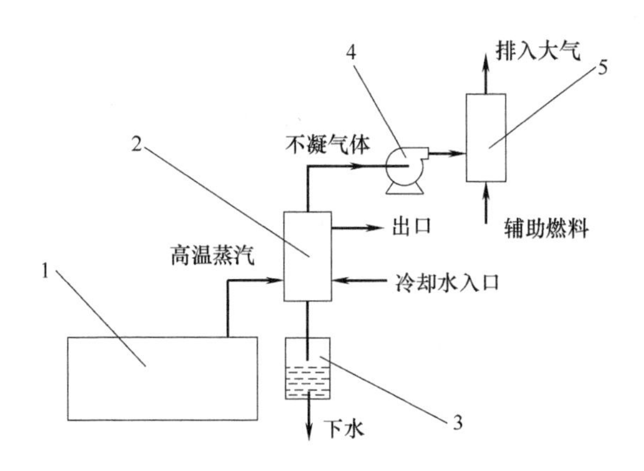

图 6-53　高温排气处理流程

1—烘干室；2—表面冷凝器；3—冷凝液储槽；
4—风机；5—燃烧净化炉

三、冷凝器装置

工业上常用的冷凝器，其分类及特征列于表 6-33。其结构示意见图 6-54。

表 6-33 常用冷凝器分类及特征

类型	分类	特征
管型	列管式	单位面积的传热面积大，是工业上最广泛使用的一种
	套管式	结构简单坚固，制造容易，可用于高压液体；传热面积小，用于小容量装置
	盘管式	蛇形管内壁无法清洗，因而管内只能通过不易结垢的流体，用于小型装置
	翅管式	为套管的一种特型，传热面积有所增加，但清洗较困难
	淋洒式	管外淋洒冷却水（也可用风冷），制造简单
板型	板式	有平板、波纹板等，多数为压力机加工成的薄传热板，可拆卸，易清洗
	螺旋板式	由压力机加工成的薄传热板，传热呈螺旋形
	夹套式	传热系数不大，但简单，多数用于小型装置

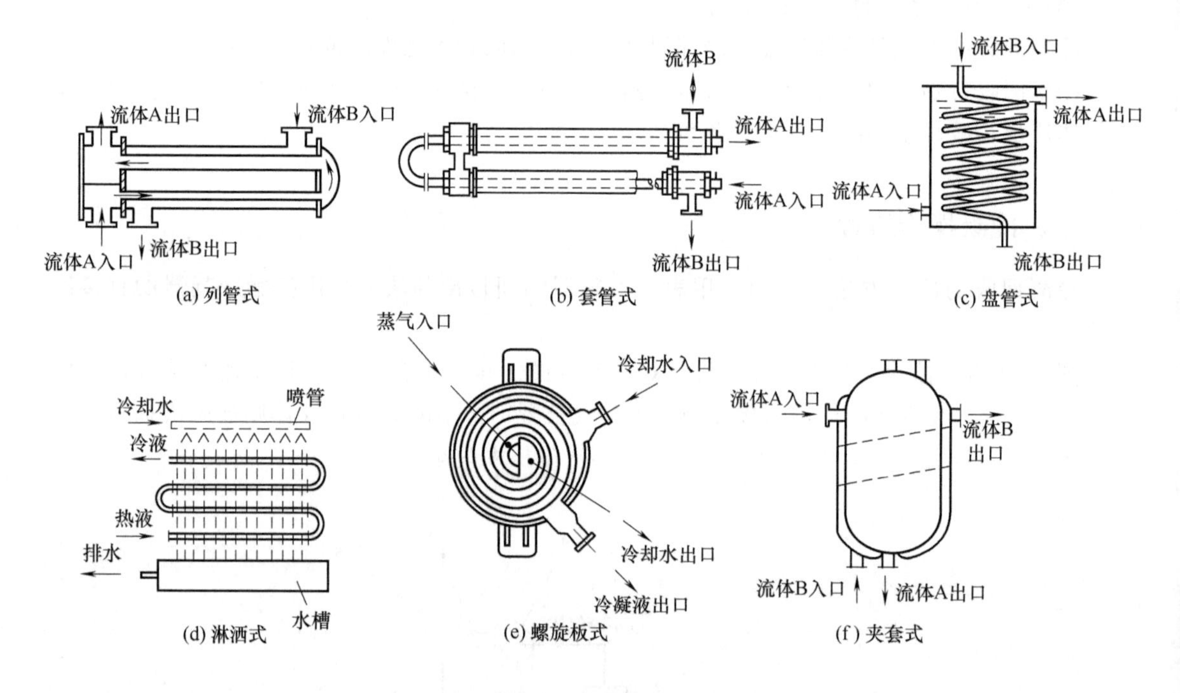

图 6-54 常用冷凝器结构示意

四、冷凝法净化有机废气实例

1. 工作原理

尼龙生产中含癸二腈废气由反应釜进入储槽时，温度约为 300℃，比癸二腈的沸点高出约 100℃。具有一定压力的水进入引射式净化器后，由于喉管处的高速流动造成真空，将高温的含癸二腈废气吸入净化器，并与喷入的水强烈混合，形成雾状，直接冷凝与吸收。冷凝后的癸二腈在循环液储槽上方聚集，可回收用于尼龙生产，下层含腈水可循环使用。

2. 工艺流程

直接冷凝法净化回收含癸二腈废气流程如图 6-55 所示。

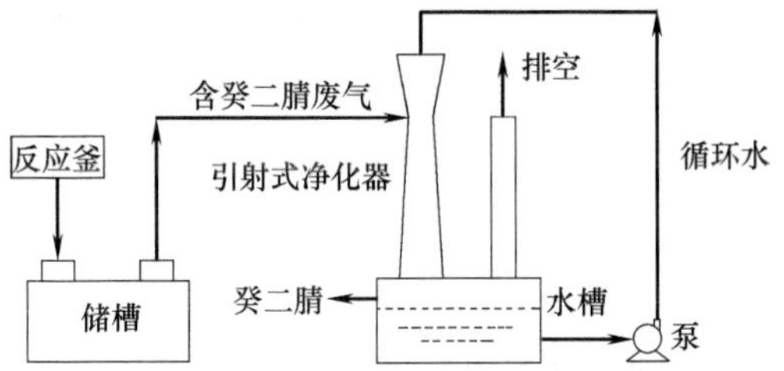

图 6-55 直接冷凝法净化回收癸二腈流程

3. 工艺操作技术指标

直接冷凝法回收癸二腈的工艺操作指标见表 6-34。

表 6-34 直接冷凝法净化回收癸二腈工艺操作指标

工艺条件					气流中癸二腈含量		净化率/%
气量/(m^3/h)	废气温度/℃	真空度/Pa	喷水量/(m^3/h)	喉口水流速/(m/s)	净化前/(mg/m^3)	净化后/(mg/m^3)	
300～400	300	0.533×10^5	60	50～70	75	1.12	98.5

第七章

其他烟气协同减排技术

本章介绍垃圾焚烧烟气、汽车排放污染物、二噁英、焊接烟气和餐饮业油烟的协同减排技术。

第一节 垃圾焚烧烟气协同减排技术

垃圾焚烧烟气协同减排技术是近年出现的处理垃圾的先进技术，垃圾焚烧烟气成分包括烟尘、酸性气体、氮氧化物和二噁英等，危害较大。垃圾焚烧烟气协同净化技术包括干法、半干法和湿法等。

一、生活垃圾焚烧炉

垃圾焚烧是一种城市垃圾进行高温热化学处理的技术，也是将城市垃圾实施热能利用的资源化的一种形式。将垃圾作为固体燃料送入炉膛内燃烧，在800～1000℃的高温条件下垃圾中的可燃组分与空气中的氧进行剧烈的化学反应，释放出热量并转化为高温的燃烧气和少量性质稳定的固定残渣。当垃圾有足够的热值时，垃圾能靠自身的能量维持自燃，而不用提供辅助燃料。垃圾燃烧产生的高温燃烧气可作为热能回收利用，性质稳定的残渣可直接填埋处置。经过焚烧处理，垃圾中的细菌、病毒能被彻底消灭，各种恶臭气体得到高温分解，烟气中的有害气体经处理达标后排放。因此，可以说焚烧处理是实现垃圾无害化、减量化和资源化的有效手段之一。

生活垃圾燃烧常见的几种垃圾焚烧炉见表7-1。

表 7-1 几种焚烧炉比较

项目	机械炉排式焚烧炉	流化床焚烧炉	回转窑式焚烧炉	熔融气化焚烧炉
焚烧原理	将生活垃圾供到炉排上，助燃空气从炉排下供给，垃圾在炉内分干燥、燃烧和燃尽带	垃圾从炉膛上部供给，助燃空气从下部鼓入，垃圾在炉内与流动的热砂接触进行快速燃烧	垃圾从一端进入且在炉内翻动燃烧，燃尽的炉渣从另一端排出	先将生活垃圾进行热解产生可燃性气体和固体残渣，然后进行燃烧和熔融，或将气化和熔融燃烧合为一体
应用	过去为应用最广的生活垃圾焚烧技术	20年前开始使用，目前几乎不再建设新厂	高水分的生活垃圾和热值低的垃圾常常采用	近年开始应用于美国、德国、日本等发达国家

续表

项目	机械炉排式焚烧炉	流化床焚烧炉	回转窑式焚烧炉	熔融气化焚烧炉
最大能力/(t/d)	1200	150	200	200
前处理	一般不需要	入炉前需粉碎到20cm以下	一般不要	因炉型而异，有的需干燥和粉碎
烟气处理	烟气含飞灰较高、除二噁英外，其余易处理	烟气中含有大量灰尘，烟气处理较难	烟气除二噁英外其余易处理	烟气除二噁英少，易处理
二噁英控制	燃烧温度较低，易产生二噁英	较易产生二噁英	较易产生二噁英	不易产生二噁英
炉渣处理设备	设备简单	设备复杂	设备简单	设备简单
燃烧管理	比较容易	难	比较容易	因炉型而异，有的难，有的容易
运行费	比较便宜	比较高	较低	比较高
维修	方便	较难	较难	较难
焚烧炉渣	需经无害化处理后才能被利用	需经无害化处理后才能被利用	需经无害化处理后才能被利用	炉渣已经高温消毒，可利用
减量比	10∶1	10∶1	10∶1	12∶1
减容比	37∶1	33∶1	40∶1	70∶1

二、垃圾焚烧烟气特性

城市垃圾焚烧时产生的烟气十分复杂。由于城市生活垃圾成分的复杂性、性质的多样性和不均匀性，焚烧过程中发生了许多不同的化学反应。产生的烟气中除过量的空气和二氧化碳外，还含有对人体和环境有直接或间接危害的成分，即生活垃圾焚烧烟气污染物。

城市生活垃圾燃烧烟气的成分、烟气量与生活垃圾的组分、燃烧方式、烟气处理设备等有关。可燃的生活垃圾基本上是有机物，有大量的碳、氢、氧、氮、硫、磷和卤素等元素。这些元素在燃烧过程中与空气中氧起化学反应，生成各种氧化物和部分元素的氢化物，从而成为垃圾燃烧烟气中的主要组成部分，例如：a. 有机碳在焚烧时其产物为CO_2气体；b. 有机物中的氢在焚烧时其产物为水蒸气，当有氟、氯等存在时也可能会生成卤化氢；c. 生活垃圾中的有机硫在焚烧时其产物为二氧化硫或三氧化硫；d. 生活垃圾中的有机磷在焚烧时其产物为五氧化二磷；e. 生活垃圾中的有机氮化物在焚烧时其产物为氮气和氮的氧化物；f. 生活垃圾中的有机氟化物在焚烧时其产物主要是氟化氢，如燃烧体系中氢的量不足以与所有的氟结合成氟化氢时可能会生成四氟化碳或二氟化碳（CF_2）；g. 生活垃圾中的有机氯化物在焚烧时其产物为氯化氢；h. 生活垃圾中的有机溴化物在焚烧时其产物为溴化氢及少量的溴气；i. 生活垃圾中的有机碘化物在焚烧时其产物为碘化氢及少量的元素碘；j. 生活垃圾中的重金属以及其他有毒有机物，在焚烧时其产物可为重金属氧化物和其他剧毒污染物如二噁英等。

这些物质的化学、物理性质及对人体或环境的危害程度各不相同，数量差异也较大，可将其分为颗粒物、酸性气体、重金属类和有机物类等，见表7-2。

表7-2 生活垃圾焚烧烟气中污染物的种类

序号	类别	污染物名称	表示符号
1	尘	颗粒物	
2	酸性气体	氯化氢 硫氧化物 氮氧化物 氟化氢 一氧化碳	HCl SO_x NO_x HF CO

续表

序号	类别	污染物名称	表示符号
3	重金属类	汞及其化合物 铅及其化合物 镉及其化合物 其他重金属及其化合物	Hg 和 Hg^{2+} Pb 和 Pb^{2+} Cd 和 Cd^{2+}
4	有机物类	二噁英 呋喃 其他有机物	PCDDs PCDFs

城市生活垃圾焚烧时其烟气成分特别复杂，与一般燃料燃烧时所产生的烟气在组分上有较大的区别，主要表现在 HCl 和 O_2 的浓度较高。表 7-3 列出生活垃圾燃烧烟气与一般燃料燃烧烟气组分的比较。

表 7-3　生活垃圾燃烧产生烟气组分与一般燃料燃烧时的比较（处理前）

成分		飞灰的质量浓度（标态）/(mg/m^3)	NO_x 的质量浓度/(mg/L)	SO_x 的质量浓度/(mg/L)	HCl 的质量浓度/(mg/L)
燃料	液化石油气	0～10	50～100	0	0
	低硫重油	50～100	90～105	100～300	0
	煤炭	100～25000	100～1000	500～3000	0～30
	生活垃圾	1000～5000	90～150	20～80	100～800

城市垃圾焚烧烟气中 HCl 高的主要原因，是城市生活垃圾中含有大量的塑料和橡胶废弃物，塑料中氯燃烧时几乎全部转变为 HCl。此外，城市生活垃圾中的可燃物在焚烧过程中所产生的产物进一步与垃圾中的有机物发生化学反应，或不同产物间进一步发生化学反应生成有毒有害物质，如二噁英、重金属化合物等。

三、烟气治理单项技术

焚烧烟气根据垃圾性质（组成成分、元素含量等）、焚烧方式而变化，垃圾与其他燃料燃烧烟气成分的比较，具有如下特点：

① 烟气中的氯化物和硫化物等含量高；

② 烟尘浓度高；

③ 烟气中含有重金属和二噁英等有害气体；

④ 燃烧过程中由于垃圾中的 Cl、S、F 和 H_2、O_2、H_2O 等发生化学反应产生酸性气体（HCl、HF、SO_2 等）。

1. 烟尘治理

烟尘含量与炉膛内的垃圾焚烧搅动程度有关。在燃烧过程结束后，一些较重尘粒进入底灰中，而另一些较轻的尘粒进入烟气中。对于全量焚烧炉尘量在烟气中的比例取决于烟气上升速度（也就是供风速度）。对于组合式焚烧系统、热解炉等，由于初燃室采用缺氧燃烧，供气量及气流速度比较低，因而烟气中含尘量也比较低。而流化床焚烧炉由于气流速度较大，烟尘量较大。

城市生活垃圾焚烧厂中除尘器主要为袋式除尘器和少量多管离心除尘器等。

2. 酸性气体治理

酸性气体包括 HCl、HF 和 SO_2 等。HCl、HF 是垃圾中的含氯、氟的塑料在焚烧过程中产生的，随着垃圾中这类塑料含量的增加，烟气中的 HCl、HF 含量也相应增加；烟气中的 SO_2 来自垃圾中的硫，垃圾中的硫含量比较低，一般低于0.2%。大量高温烟气一般通过锅炉进行热能回收（又称余热利用）。对于全量焚烧，经过热交换的烟气通常采用涤气器先去除酸性气体。涤气器包括湿法、干法和半干法三类。

① 湿法是将碱性药剂溶液喷入湿式洗涤塔内，在将烟气冷却到饱和温度的过程中，HCl、NO_2、SO_2 和碱性药剂产生化学反应而变成 NaCl、$NaNO_2$、Na_2SO_3 等。化学反应式如下：

$$NaOH + HCl \longrightarrow NaCl + H_2O$$

$$NaOH + SO_2 \longrightarrow Na_2SO_3 + H_2O$$

② 干法是指在除尘器前的烟道或者反应塔中喷入消石灰等碱性药制粉末，使其和烟气中的 HCl、SO_2 产生化学反应而变成 NaCl、$CaCl_2$ 和 Na_2SO_3，$CaSO_3$ 等颗粒，而这些颗粒将被除尘器除去。化学反应式如下：

$$Ca(OH)_2 + 2HCl \longrightarrow CaCl_2 + 2H_2O$$

$$Ca(OH)_2 + SO_2 \longrightarrow CaSO_3 + H_2O$$

③ 半干法是将消石灰等碱性药剂粉末调制成浆，再喷入反应塔中的除酸法。一般在除去 HCl 的同时会自动除去 SO_2。

3. NO_x 治理

氮氧化物（NO_x）：除燃料中的氮化合物外，燃烧温度过高会生成大量 NO_x。因此，为降低 NO_x 的排放，除应控制燃烧温度外一般需要采用加氨催化脱氮装置。

垃圾焚烧产生的氧化氮的95%以上是 NO，剩余的为 NO_x。除去 NO_x 的方法有以下几种。

（1）燃烧控制法　一般是通过低氧浓度燃烧，控制 NO_x 的产生，但要注意氧的浓度过低时易引起不完全燃烧，产生 CO 进而产生二噁英。因此，需应用高水平的自动燃烧控制技术来抑制 NO_x 的产生。

（2）无触媒脱氮法[1]　将尿素或氨水喷入焚烧炉内，通过下列反应而分解 NO_x

$$2NO + (NH_2)_2CO + \frac{1}{2}O_2 \longrightarrow 2N_2 + 2H_2O + CO_2$$

本法去除效率约30%，但喷入尿素过多时会产生氯化氨，烟囱的烟气会变紫。

（3）触媒脱氮法　在触媒表面有氨气存在的条件下，将 NO_x 还原成氮气。由于前段烟气处理的需要，烟气温度较低，所以一般使用200℃左右的低温触媒。

$$4NO + 4NH_3 + 2O_2 \longrightarrow 4N_2 + 6H_2O$$

$$NO_2 + NO + 2NH_3 \longrightarrow 2N_2 + 3H_2O$$

理论上可达100%反应效率，NO_x 除去效率也很高，但实际上一般为59%～95%。低温触媒比较昂贵，还要建造氨气等供应设备，所以选用前要仔细进行比较和研究。

（4）天然气再烧法　在焚烧炉一次燃烧室出口喷入天然气，形成还原性气氛，除去

[1] 触媒，目前一般指催化剂。

NO_x 之后，再喷入二次空气将未燃烟气完全燃烧。

本方法在除去 NO_x 的同时也有除去 CO 的效果。

4. 烃类化合物与一氧化碳的控制

未燃烧的烃类化合物（HC）与一氧化碳（CO）：只要燃烧温度与燃烧速度稳定，挥发分能够及时彻底燃烧，HC 与 CO 的排放易于得到有效的控制。但是，当橡胶、塑料等高挥发分物质进入炉内时会发生突然的高速燃烧，形成“喷出”现象，因而只能通过较大的过量空气系数及二次燃烧（后燃）方式确保挥发分的彻底燃烧。

5. 二噁英的控制

垃圾焚烧的二噁英的产生的主要原因：a. 垃圾中本身含有一定量的二噁英；b. 垃圾中塑料、橡胶以及与氯苯酚、氯苯、PCB（Poly Chlorinated Biphenyl）等结构相似的物质（称为前躯体）在炉内进行反应而生成二噁英；c. 在废气冷却过程中，前躯体等有机物变成二噁英，特别是在 250～400℃容易产生，称为 de novo 合成过程。

控制二噁英产生的最有效的方法是“3T”法：

① 温度（Temperature）：保持炉内温度在 800℃以上，最佳温度为 850～950℃，将二噁英在炉内完全分解。

② 时间（Time）：保证足够的炉内高温停留时间，一般要求 2s 以上。

③ 锅流（Turbulence）：优化炉型和二次空气的喷入方法，充分混合和搅拌烟气达到完全燃烧。

另外，在烟气处理过程中，尽量缩短 250～800℃温度区域的停留时间，降低除尘器前的烟气温度，避免二噁英再次产生。对已产生的二噁英可采取如下处理措施：a. 喷入粉末活性材料吸收二噁英；b. 设置触媒装置（分解器）分解二噁英；c. 设置活性炭塔吸附二噁英；d. 袋式除尘器选用催化滤料，协同减排二噁英。

四、垃圾焚烧炉烟气协同净化技术

由于垃圾焚烧炉及其污染物的特殊性，垃圾焚烧烟气应采用多组分协同处理技术，工艺流程及设备组成也是多种多样的，通常按大类划分为干法、半干法和湿法。其中，湿法处理工艺因存在腐蚀、堵塞、废液处理等次生环保问题已很少使用。

1. 干法协同净化技术

其工艺即为“急冷反应塔＋干法尾气处理设施＋高效袋式除尘器”的烟气协同治理工艺，是近些年在发达国家普遍采用，并逐渐在我国开发应用的综合处理工艺。具有工艺流程简单、运行安全可靠、维护管理方便的优点，除尘效率可达 99.9%，废气净化率可达 80%～90%。干法处理工艺流程如图 7-1 所示。

（1）急冷反应塔　急冷反应塔或称调温塔是确保下游处理设备安全高效运行所必需的烟气温度调制设备。焚烧炉燃烧段出口烟气温度高达 800～1000℃，经余热锅炉等尾部受热面后，理论上可降至 210℃左右。实际上，由于垃圾成分和热值的多变以及燃烧工况的不稳定性，致使出口烟气温度大幅度波动：最高可达 300℃以上，需要急冷降温；最低可达 150℃以下，需要适度升温。宜采用气-液双相雾化喷嘴，实现急冷降温，使烟气冷却到 200℃以下，满足烟气净化和滤料耐温要求。可在急冷反应塔中设电加热装置或混入热风，控制除尘

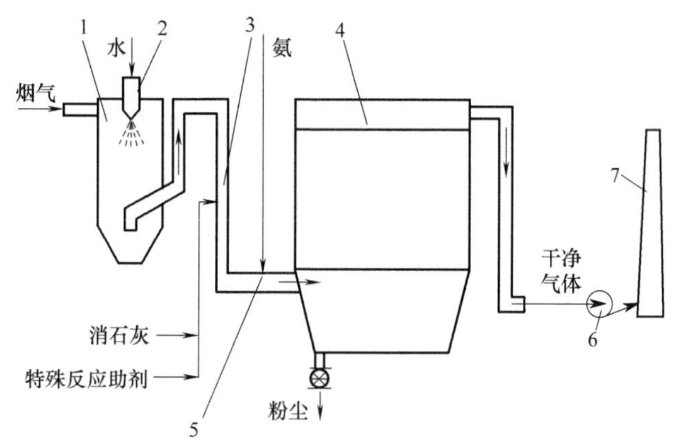

图 7-1 焚烧炉烟气干法处理工艺流程

1—急冷反应塔；2—雾化喷嘴；3—喷粉装置；
4—袋式除尘器；5—氨水喷嘴；6—风机；7—烟囱

器入口烟气温度不低于 150℃（高于烟气露点温度 15～20℃），避免结露糊袋以及排灰不畅。

(2) 尾气处理设施 尾气处理设施包括石灰粉末喷涂装置和氨水注入装置。消石灰粉尘作为脱酸剂，可直接喷入反应塔或喷入反应塔出口烟道，与烟气中 SO_2、HCl 接触反应生成 $CaSO_3$ 和 $CaCl_2$ 颗粒物，实现初步脱酸。如在消石灰粉中添加适量的反应助剂，可利用其微孔结构和保水性能提高脱除率并改善除尘器清灰性能。氨水作为脱硝剂在烟道内喷入，与烟气中 NO_x 接触反应，生成硝酸铵颗粒物，实现初步脱硝。如同时喷入适量的活性炭（或活性焦炭），可以提高脱除率。

(3) 袋式除尘器 袋式除尘器是垃圾焚烧烟气干法处理工艺流程中的末端装置。上游烟气中的含炭飞灰、脱酸剂、反应助剂以及反应生成物掺混一起被滤袋捕集，在滤袋表面形成一层粉尘层。粉尘层的疏松微孔结构，可以高效捕集各种粉尘、重金属以及二噁英颗粒物。粉尘层又是反应膜，利用其催化、吸附作用进一步分解、捕集 SO_x、HCl、NO_x、二噁英等有害气体。

粉尘层的疏松结构有利于提高透气性、降低过滤阻力并改善清灰剥离性能。在一次清灰后，大部分粉尘被剥离，仅残留一次粉尘层。工程实践表明：当控制袋式除尘器阻力在 1000Pa 左右稳定运行时，即使反复脉冲清灰，催化反应剂也不会从滤料完全剥离。

(4) 吸附剂移动床 吸附剂移动床是垃圾焚烧烟气干法处理流程的特殊处理设备，通常安装在袋式除尘器下游，用以深度处理 NO_x、二噁英等有害气体，以及重金属微粒，适用于要求十分严格的特殊场合。用活性焦炭作为催化吸附剂，在 150～200℃ 条件下具有使 NO_x 与 NH_3 进一步反应的深度脱硝能力。在活性焦炭中添加钛、钒、铂等催化剂，可以深度分解有机氯化物，脱除气雾状二噁英微粒。

吸附移动床处理工艺流程如图 7-2 所示。活性焦炭从上部加入，在移动床发生反应，随着吸附量的增加，活性焦炭的脱除率会有所降低，需要定期置换，在 300℃ 以上条件下加热再生。

2. 干法净化应用实例

某垃圾焚烧发电厂焚烧炉烟气采用干法处理工艺。

(1) 工艺流程 系统工艺流程如图 7-3 所示。

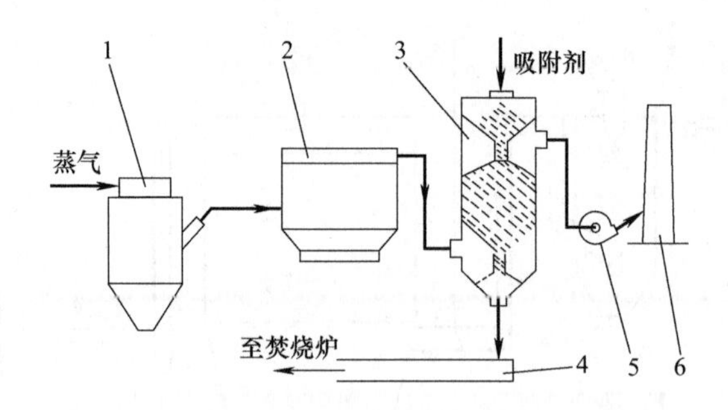

图 7-2 吸附移动床处理工艺流程

1—有害气体反应器；2—袋式除尘器；3—吸附移动床；
4—吸附剂传送带；5—引风机；6—烟囱

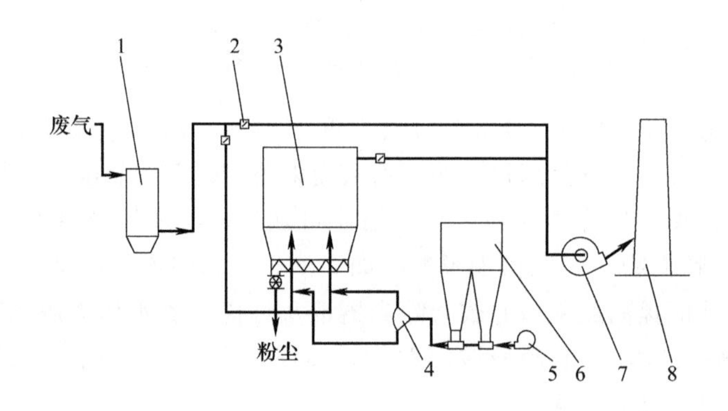

图 7-3 垃圾焚烧炉烟气干法处理工艺流程

1—急冷反应器；2—旁路阀；3—袋式除尘器；4—药剂喷入装置；
5—供药鼓风机；6—药剂储罐；7—引风机；8—烟囱

（2）设计参数 主要设计参数见表 7-4。

表 7-4 垃圾焚烧炉烟气干法处理系统设计参数

项目	设计参数及设备选型	备注
锅炉出口烟气量(标态)/(m^3/h)	66680	尾部设余热锅炉
烟气温度/℃	220	
急冷塔喷水量/(kg/h)	1730	
出口烟气量(标态)/(m^3/h)	69180	
出口烟气温度/℃	170	
消石灰喷入量/(kg/h)	104	
反应助剂添加量/(kg/h)	20	颗粒状化学矿物质
除尘器处理烟气量(标态)/(m^3/h)	70000	
除尘器选型	脉冲袋式除尘器	
滤料	PTFE 针刺毡	
设备阻力/Pa	1800	实测<1700

(3) 设计要点

① 利用急冷反应塔喷雾降温，严格控制出口烟气温度≤170℃，防止二噁英再聚合。

② 采用气-水双相雾化喷嘴和温、湿度控制装置，并在反应塔内设电加热器，自动控制除尘器入口烟气温、湿度。

③ 采用消石灰粉和反应助剂脱除酸性气体，吸附二噁英和重金属。用廉价的反应助剂代替活性炭与消石灰结合在滤袋表面形成反应膜，以更大的接触面和更充分的时间进行反应吸附，深度处理有害气体和颗粒物。每吨垃圾消耗消石灰量为7～10kg，反应助剂量为消石灰量的20%左右。

④ 采用强力清灰型脉冲袋式除尘器作为高效除尘净化设备，确保尾气达标排放。

该焚烧炉烟气干法除尘净化系统投运数年以来，至今运行正常，各种污染物的实测排放值见表7-5。

表7-5 垃圾焚烧炉烟气干法处理系统实测排放值(标态)

项目	实测排放平均值	限值(GB 18485—2001)
烟气黑度(林格曼级)	1	1
颗粒物浓度/(mg/m^3)	16.6	80
CO浓度/(mg/m^3)	(时均)29	150
NO_x浓度/(mg/m^3)	(时均)22	400
SO_2浓度/(mg/m^3)	(时均)18.5	260
HCl浓度/(mg/m^3)	(日均)6.1	75
HF浓度/(mg/m^3)	(日均)2～4	2～4
(Hg+Cd)浓度/(mg/m^3)	0.2	0.2
(Ni+As)浓度/(mg/m^3)	1	1
(Pb+Cr+Cu+Mn)浓度/(mg/m^3)	1.6	1.6
二噁英/(ng TEQ/m^3)	0.049	1.0

3. 半干法协同净化技术

其工艺即为“制浆+反应塔+袋式除尘器”的烟气协同治理工艺，其典型流程如图7-4所示。

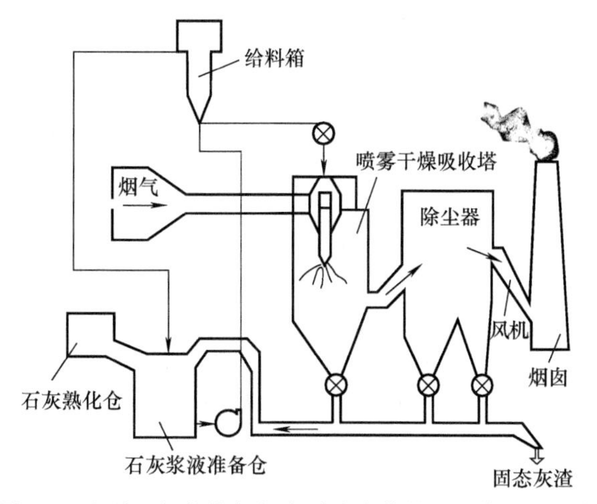

图7-4 生活垃圾焚烧烟气半干法净化处理工艺流程示意

半干法与干法的主要区别是用石灰浆液代替石灰粉，与适量的活性炭一起喷入反应塔，在塔内石灰浆与酸性气体发生碰撞反应，活性炭吸附反应生成物，与飞灰一起被袋式除尘器捕集，石灰浆中水分吸热蒸发，使烟气降温。半干法是介于干法和湿法之间的一种处理工艺，从袋式除尘器之后的流程和干法基本相同，具有净化效率高（可达 90%～99%）、不产生废水、脱酸吸附剂用量相对较少的优点，但易引起“糊袋”、“堵塞”，对系统控制及维护要求较高。

（1）制浆　需设置一套专门的制浆设备，消石灰粉在储槽内与水混合溶解，按酸性气体成分和含量确定浆液浓度和浆液量。

（2）反应塔　在反应塔顶设有特殊喷嘴，喷入石灰浆乳和活性炭，当烟气温度较高时还可增喷部分冷却水。石灰浆乳被喷嘴充分雾化，与酸性气体发生中和反应，反应生成物中较大颗粒沉落反应器底部集中排出，大部分随烟气被袋式除尘器捕集。根据出口烟气中酸性气体浓度，控制石灰浆液加入量，多余浆液经旁路回到石灰浆储槽，在管路内形成连续循环流动，避免浆液停留堵塞。根据出口烟气温度控制补充冷却水加入量，使塔内烟气温度保持在 140～150℃，适宜于脱酸反应，并高于烟气露点温度。

近年来，以旋转喷雾吸收塔为特征的半干法处理工艺在垃圾焚烧烟气治理工程中得到广泛应用。用旋转动态喷头代替固定喷嘴雾化石灰浆液，具有雾滴分布均匀、脱酸效率高的特点。

4. 半干法净化应用实例

某垃圾焚烧发电厂 400t/d 焚烧炉烟气采用半干法处理工艺。

（1）工艺流程　系统工艺流程如图 7-5 所示。

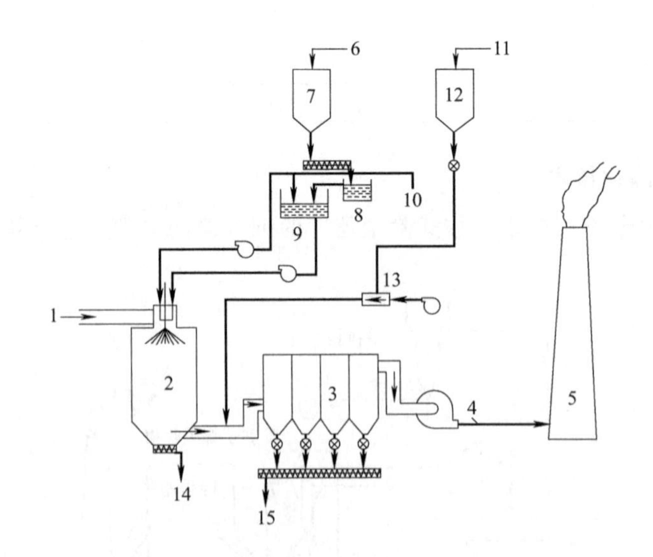

图 7-5　垃圾焚烧烟气旋转喷雾半干法处理流程

1—烟气；2—喷雾干燥吸收塔；3—袋式除尘器；4—引风机；5—烟囱；6—石灰；7—石灰仓；8—石灰熟化箱；9—石灰浆液制备箱；10—水；11—活性炭；12—活性炭仓；13—文丘里喷射器；14—塔底灰渣排出；15—飞灰排出

（2）设计参数　主要设计参数见表 7-6。

表 7-6 400t/d 焚烧炉烟气半干法处理系统设计参数（标态）

项目	设计参数及设备选型	附注
锅炉出口烟气量/(m^3/h)	82927	
烟气温度/℃	160～230	
烟气含湿量/%	27.37	
HCl 浓度/(mg/m^3)	19～1000	[O_2]-11%换算
SO_2 浓度/(mg/m^3)	214～820	[O_2]-11%换算
HF 浓度/(mg/m^3)	0.2～12	[O_2]-11%换算
NO_x 浓度/(mg/m^3)	320～400	
重金属浓度/(mg/m^3)	1.2～2.0	As、Cr、Co、Cu 等
二噁英浓度/(ng TEQ/m^3)	5.0	
除尘器处理气量/(m^3/h)	86700	150℃，－4000Pa
含尘浓度/(mg/m^3)	6897～12000	
除尘器选型	低压长袋脉冲，单列 4 室	在线清灰，离线检修
滤料	PTFE 基布，P84 面层针刺毡	耐温 230℃
滤袋规格/mm	ϕ150×6000	
滤袋数量/条	204×4	
过滤面积/m^2	2309	
过滤速度/(m/min)	0.97	
清灰方式	0.25Pa 在线脉冲，压差控制	
粉尘排放浓度/(mg/m^3)	<10	(实际)2.3～4.0
二噁英排放浓度/(ng TEQ/m^3)	0.1	0.018～0.041
设备阻力/Pa	1300～1800	

(3) 设计要点

① 采用旋转喷雾装置配设补充给水管雾化浆液，控制烟气温度。

② 选用专门设计的低压长袋脉冲袋式除尘器：单列 4 室结构，便于离线检修；采用 PTFE＋P84 针刺毡高端滤料，耐温防腐性能好；不锈钢丝、二节袋笼，室内换袋，可以降低漏风；入口设缓冲区，防止气流冲刷滤袋；灰斗保温，四壁设气动破拱器，防止堵灰；采用定压差控制、“跳跃加离散”在线脉冲清灰方式，有利于清灰均匀，压力稳定。

③ 设有热风循环和旁路系统，确保在开炉以及非正常炉况条件下除尘器安全稳定运行。

继该焚烧炉竣工投运后，经不断改进完善，之后已有多台 400t/d 垃圾焚烧炉采用旋转喷雾半干法处理工艺，处理效果更好，运行更可靠。

5. 安全运行保障措施

为确保垃圾焚烧炉在开炉、停炉以及其他非正常燃烧工况下袋式除尘器正常运行，系统设有热风循环、旁路等安全运行保障措施。

(1) 热风循环装置　热风循环装置由热风发生装置（燃气热风炉或电加热器）、风机、管路阀门等组成。在焚烧炉启动前，热风循环系统开始工作，将袋式除尘器箱体温度提高到设定限值（高于烟气露点温度），防止烟气冷凝结露，保护滤袋。在焚烧炉运行期间，当因燃烧工况不稳定箱体出现低温时也可及时启动热风系统，直至箱体温度提高到设定限值。

(2) 旁路装置　旁路装置由旁通管路阀门及气密风机等组成。在焚烧炉点火升温阶段打开旁路阀门，直至箱体温度上升到设定限值，旁通阀关闭，气密风机充气，确保旁通阀室不泄漏。在焚烧炉运行期间，若遇除尘器入口烟气温度高于或低于设定限值，也可自动开启旁通阀，确保袋式除尘器正常工作。

(3) 其他　箱体和灰斗防积灰措施，灰斗壁面倾角大于65°，四周设破拱器。箱体和灰斗壁面进行严格保温，灰斗四周还需设伴热管。

6. 湿法协同净化技术

城市生活垃圾焚烧烟气湿法净化处理工艺有多种组合形式，且各有特点。总的来说，湿法净化处理工艺具有污染物去除效率高、可以满足严格的排放标准，一次投资高，运行费用高，存在后续废水净化处理等特点。代表性的工艺流程如图7-6所示。

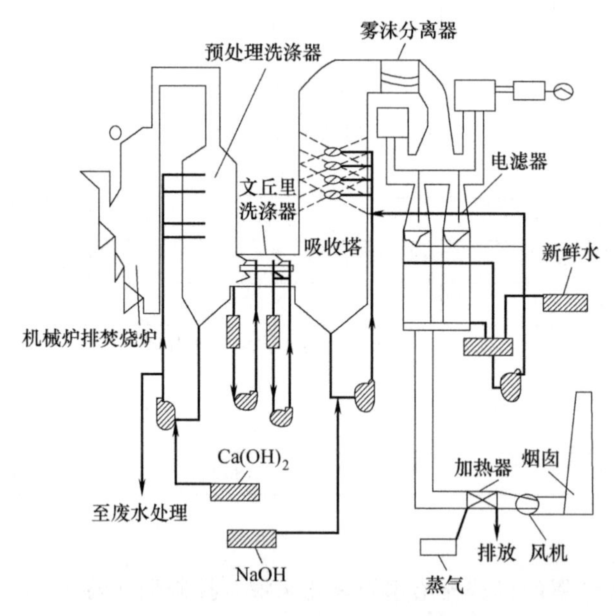

图7-6　生活垃圾焚烧烟气湿法净化处理工艺流程

工艺流程协同组合形式为预处理洗涤塔＋文丘里洗涤塔＋吸收塔＋电滤器。净化过程大致如下。

① 预处理洗涤器具有除尘、除去部分酸性气体污染物（如HCl、HF等）和降温的功能，粒度大的颗粒物在该单元得以净化，含有$Ca(OH)_2$的吸收液循环使用，并定期排放至废水处理设备经水力旋流器浓缩后进行处理，同时加入新鲜的$Ca(OH)_2$。

② 烟气经过处理后进入文丘里洗涤器，较细小的颗粒物在此单元内得以净化，并进一步去除其他污染物，文丘里洗涤器的吸收液可循环使用。

③ 烟气经文丘里洗涤器时，在较低的温度下可使有机类污染物得以净化处理。

④ 从吸收塔排出的烟气经过雾沫分离器后进入电滤单元，使亚微米级的细小颗粒物和其他污染物再次得以高净化处理，电滤单元由高压电极和文丘里管组成，低温饱和烟气在文丘里喉管处加速，其中的颗粒物在高压电极作用下带负电荷；随后与扩张管口处的正电性水膜相遇而被捕获，电滤单元的洗涤液定期排放并补充新鲜水。该工艺可使烟气中的污染物得

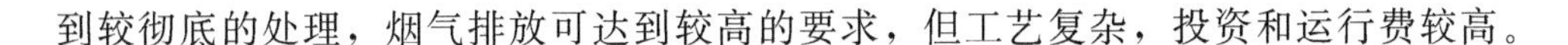

到较彻底的处理，烟气排放可达到较高的要求，但工艺复杂，投资和运行费较高。

五、医疗废物焚烧烟气协同净化

1. 焚烧工艺

医疗废物是指《国家危险废物品录》所列的 HW01、HW03 类废物，包括在对人和动物诊断、化验、处置、疾病防止等医疗活动和研究过程中产生的固态或液态废物。医疗废物携带病菌和恶臭，危害性更大，除了焚烧外还应采取高压灭菌、化学处理、微波辐射等多种无害化处理措施。医疗垃圾的焚烧工艺以热解焚烧为主，也可采用回转窑式焚烧炉。影响医疗废物焚烧的主要因素有停留时间、燃烧温度和湍流度。

（1）热解焚烧　热解焚烧炉属于二段焚烧炉，第一段废物热解、第二段热解产物燃烧，有分体式，也有竖式炉式。先将废物在缺氧和 600～800℃温度条件下进行热解，使其可燃物质分解为短链的有机废气和小分子量的烃类化合物，主要热解产物为 C、CO、H_2、C_nH_{2n}、C_nH_{2n+1}、HCl、SO_x 等，其中含有多种可燃气体。废物烧成灰渣，由卸排灰机构排入灰渣坑。热解尾气引入二燃室，在富氧和 800～1100℃高温条件下完全燃烧，确保尾气在此段逗留时间 2s 以上，使炭粒、恶臭彻底烧尽，二噁英高度分解，有效抑制尾气中的焦油、烟炱的生成以及有害气体含量。

热解焚烧炉的燃烧原理和工艺设计具有独创性：炉体为中空结构，预热空气或供应热水，回收余热；利用医疗废物热解产生的可燃气体进行二段燃烧，除在点火时需用少量燃油外，焚烧过程基本上不用任何燃料；对进炉废物无需进行剪切破碎等预处理。这些都是其他类型焚烧炉无与伦比的。

（2）回转焚烧　回转式焚烧炉来源于水泥工业回转室设计，但在尾部增设二次燃烧室，所以也属二段焚烧炉。废物进入回转窑，借助一次燃烧器和一次风，在富氧和 900～1000℃温度条件下，在连续回转湍动状态实现干燥、焚烧、烧尽，灰渣由窑尾排出。未燃尽的尾气进入二次燃烧室，借助二次燃烧器和二次风，在富氧和 900～1000℃温度条件下安全燃烧，确保尾气逗留时间 2s 以上，使炭粒、CO 彻底烧尽，二噁英高度分解，并抑制 NO_x 的合成。

回转焚烧炉最突出的优点：焚烧过程中物料处在不断地翻滚搅拌的运动状态，与热空气混合均匀，湍流度好，干燥、燃烧效率高，并且不会产生死角，对废物的适应性广。回转焚烧炉的缺点是占地面积较大，一次投资较高，另外对保温及密封有特殊要求，运行能耗较高，适宜用于 20t/d 以上的较大规模有毒废物焚烧。

2. 焚烧污染源协同处理工艺

医用废物焚烧烟气的污染物包括颗粒物、酸性气体、有机氯化物和重金属等，与生活垃圾焚烧烟气基本相同，只是成分更为复杂，二噁英的含量相对较高，重金属的种类相对更多，毒性及其危害性更为严重。

医用废物焚烧烟气中各种污染物的治理技术及其处理工艺流程也与生活垃圾焚烧烟气基本相同，几乎都采用以袋式除尘器为主体的干法、半干法多组分协同处理工艺。

3. 医疗垃圾焚烧炉尾气净化实例

医疗垃圾焚烧炉尾气成分取决于废物成分和燃烧条件。根据医疗废物的种类，本设计按焚烧炉尾气的污染成分包括粉尘、HCl、NO_x、SO_x、CO 和二噁英来设计。目前对于医疗垃圾焚烧炉尾气治理采取的工艺主要有湿法、半干法和干法。本项目采用干法去除有害气体。

(1) 工艺流程　采用“综合反应塔+袋式除尘”尾气治理工艺，这是国外医疗垃圾焚烧处理采用最多的除有害气体工艺。该工艺是用高压空气将消石灰、反应助剂和活性炭直接喷入综合反应器内，使药剂与废气中的有害气体充分接触和反应，达到除去有害气体的目的。为了提高干法对难以去除的一些污染物质的去除效率，反应助剂和活性炭随消石灰一起喷入，可以有效地吸收二噁英和重金属。综合反应塔与袋式除尘器组合工艺是各种垃圾焚烧厂尾气处理中常用的方法。该工艺优点为设备简单、管理维护容易、运行可靠性高、投资省、药剂计量准确、输送管线不易堵塞等。

综合考虑设备投资、运行成本以及操作的可靠程度，为确保医疗卫生废物焚烧排放的烟气中含有的各种污染物能达到《危险废物焚烧污染控制标准》(GB 8484)，干法反应塔+袋式除尘器的烟气净化系统是较为先进的。

综合反应塔+袋式除尘烟气净化系统工艺流程如图 7-7 所示。

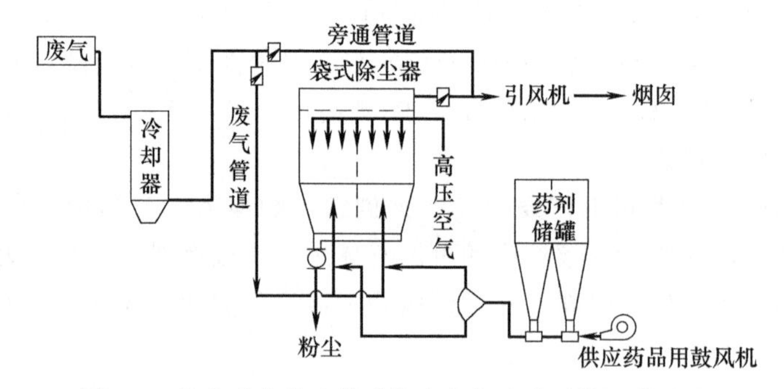

图 7-7　综合反应塔+袋式除尘烟气净化系统工艺流程

(2) 袋式除尘器的作用　袋式除尘器作用是用来除去废气中的粉尘等物质的装置，但用于医疗垃圾焚烧炉后的袋式除尘器，由于在气体中加入反应药剂和吸附剂，废气中的有害气体被反应吸附，然后通过袋式除尘器过滤而除去。

废气中的粉尘是通过滤袋的过滤而被除去的。首先是由粉尘在滤袋表面形成一次吸附层，随着吸附层的形成，废气中的粉尘在通过滤袋和吸附层时被除去；考虑到运行的可靠性，一次吸附层的粉尘量大致为 $100g/m^2$。

一般医疗垃圾焚烧炉的袋式除尘器过滤风速在 1.0m/min 以下。医疗垃圾焚烧炉废气中的重金属种类如表 7-7 所列，基本上可被袋式除尘器所除去，汞 (Hg) 的去除率略低些，这是由于汞的化合物作为蒸气存在的原因。

表 7-7　医疗垃圾焚烧炉烟气重金属含量及去除率

重金属	除尘器入口 $/(g/m^3)$	除尘器出口 $/(g/m^3)$	去除率 /%	重金属	除尘器入口 $/(g/m^3)$	除尘器出口 $/(g/m^3)$	去除率 /%
汞(Hg)	0.04	0.008	80	锌(Zn)	44	0.032	99.9
铜(Cu)	22	0.064	99.7	铁(Fe)	18	0.23	98.7
铅(Pb)	44	0.064	99.8	镉(Cd)	0.55	0.032	94.1
铬(Cr)	0.95	0.064	93.2				

袋式除尘器不单单是用来解决除尘问题，而作为气体反应器其用以处理工业废气中的有

害物质。我国2001年开始实施的《危险废弃物焚烧污染控制标准》(GB 18484—2001)规定：焚烧炉的除尘装置必须采用袋式除尘器，同时袋式除尘器也就起着反应器作用。

袋式除尘器的“心脏”是滤袋，国外采用的主要是玻璃纤维与PTFE混纺滤料。为提高其可靠性，袋式除尘器的滤袋可以选用P84耐高温针刺毡或玻璃纤维与PTFE混纺滤料；这种滤料比单一的玻璃纤维针刺毡、PPS滤料在耐酸、耐碱和抗水解性上更为可靠；使用温度可达到240℃以上。

医疗垃圾焚烧炉尾气经除尘后通过引风机排入大气。引风机的工作由炉膛的压力反馈信号控制，当炉膛内的负压小于$-3mmH_2O$时，引风机转速提高，使系统中的负压维持在一定水平之上；当炉膛内的负压过高时，引风机转速降低，以避免不必要的动力消耗。烟气经过上述净化系统处理后可确保达标排放。

对于1t/h的焚烧炉，袋式除尘器采用LPPW4-75型，过滤面积$300m^2$，过滤风速0.8m/min以下，系统阻力为1000～1200Pa，脉冲阀采用澳大利亚GOYEN公司进口产品，保证使用寿命5年以上；配置无油空气压缩机及相应的配件、PLC控制仪等。

(3) 控制系统　为了提高危险废物焚烧的自动化水平，有效地控制废物焚烧的全过程，最终达到废物的完全焚烧、安全正常生产的目的，整个焚烧系统采用集散型计算机控制系统。由中央控制室进行系统集中控制管理，并通过专用计算机形成控制器，对计量、车辆、燃烧等子系统进行分散控制，控制分散全场的不稳定性。从而提高整个系统的可靠性，同时也通过功能分散改善整个系统的可维护和扩展性。各焚烧设备和烟气处理装置进口、出口，均有温度、废气成分自动检测和反馈、负压检测、显示；燃烧器开、停信号显示；各种风机泵开、停信号显示；各类报警等。

(4) 医疗垃圾焚烧炉尾气处理脉冲袋式除尘器技术参数见表7-8。

表7-8　医疗垃圾焚烧炉尾气处理袋式除尘器技术参数

序号	项目	性能参数	其他要求	备注
1	除尘器型号规格	LPPW4-75	高温型	
2	除尘介质			医疗垃圾用
3	废气温度/℃	160～200		
4	数量/台	1		
5	含尘浓度/(mg/m^3)	除尘器入口	2000	
		除尘器出口	<20	国家标准为80
6	除尘器阻力/Pa	1500～1700		
7	除尘器室数/室	4		
8	过滤风速/(m/min)	<0.8		
9	过滤面积/m^2	300		
10	最大处理风量/(m^3/h)	15000		
11	除尘器耐压/Pa	-6000		
12	脉冲喷吹压力/MPa	0.5～0.7		
13	脉冲耗气量/(m^3/min)	0.22		

(5) 技术性能指标　主要包括：a. 排放尾气中二噁英浓度<0.1ng TEQ/m^3；b. 尾气

中粉尘浓度<0.01g/m^3；c. 尾气中氯化氢浓度<0.032g/m^3；d. 尾气中二氧化硫浓度<0.114g/m^3；e. 排放尾气中氮氧化物浓度<0.072g/m^3；f. 排放尾气中水银浓度<0.01g/m^3；g. 排放尾气中镉浓度<0.01g/m^3；h. 排放尾气中铅浓度<0.01g/m^3。

六、垃圾焚烧烟气净化新技术

以机械炉排垃圾焚烧炉为代表的传统垃圾焚烧法焚烧垃圾所产生的垃圾焚烧灰渣和烟气中均含有一定量的二噁英，且这些二噁英很难处理。为了能较彻底地扼制垃圾焚烧过程中二噁英的产生，开发了二噁英零排放城市生活垃圾气化熔融焚烧技术，并开始推广应用，与此相适应的垃圾焚烧烟气净化处理技术与传统的相比有所变化，整个工艺流程是在干法处理工艺的基础上改造演变而来，与传统的湿法和半干法工艺相比大为简化。

1. 烟气急冷技术

城市生活垃圾气化熔融焚烧技术由于在焚烧中喷入了固硫、固氯剂，大部分硫和氯与添加剂反应形成稳定的化合物进入熔融渣中。由于炉内焚烧温度高，垃圾中原有的二噁英已被分解，高温熔融焚烧炉中的熔融渣和焚烧烟气也很难重新合成二噁英，故从焚烧炉排出的高温烟气中二噁英的含量几乎为零。根据二噁英的形成机理可知，焚烧烟气在含有 HCl、二噁英前体物、O_2、$CuCl_2$ 和 $FeCl_3$ 粉体等物质并在适宜温度（400℃左右）的条件下极易形成二噁英。为了扼制焚烧烟气在烟气净化过程中二噁英的再形成，一般采用控制烟气温度办法。通常是当具有一定温度（此时温度保持不低于 500℃为宜）的焚烧烟气从余热锅炉中排出后采用急冷技术使烟气在 0.2s 以内急速冷却至 200℃以下（通常为 100℃左右），从而跃过二噁英易形成的温度区。与此相配套的设备为急冷塔。急冷塔的结构形式很多，通常为圆筒状水喷射冷却式，其结构示意如图 7-8 所示。

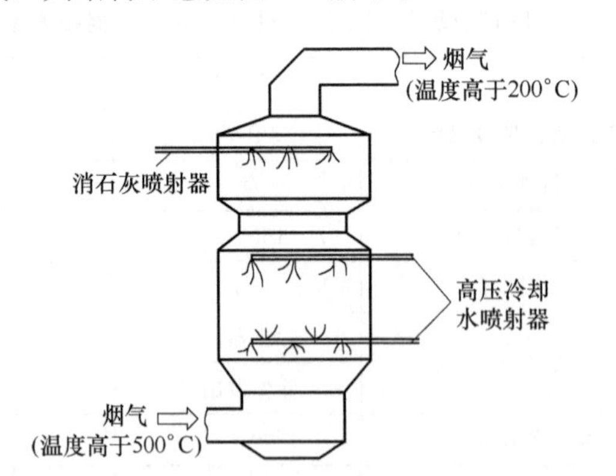

图 7-8 扼制二噁英生成的焚烧烟气急冷塔结构示意

2. 活性炭喷射吸附技术

活性炭具有极大的比表面积和极强的吸附能力等优点。即使是少量的活性炭，只要与烟气均匀混合和充分接触，就能达到很高的吸附净化效率。近年来，随着环保标准的日益严格，为确保 Hg 等重金属和二噁英的零排放化（极低的排放标准），城市生活垃圾焚烧厂烟气处理净化系统中常常采用活性炭喷射吸附的辅助净化技术。目前有两种常用方法：一种是在袋式除尘器之前的管道内喷射入活性炭，使烟气进入袋式除尘器之前就能与活性炭充分混合和接触，将烟气中的有害物吸附掉，进入除尘器内与其他未被吸附的固态颗粒物一道被除尘器所捕获；另一种则是在烟囱之前附设活性炭吸附塔，对烟气中的有害物质进行进一步的吸附净化处理。两种烟气净化工艺流程分别如图 7-9 和图 7-10 所示。

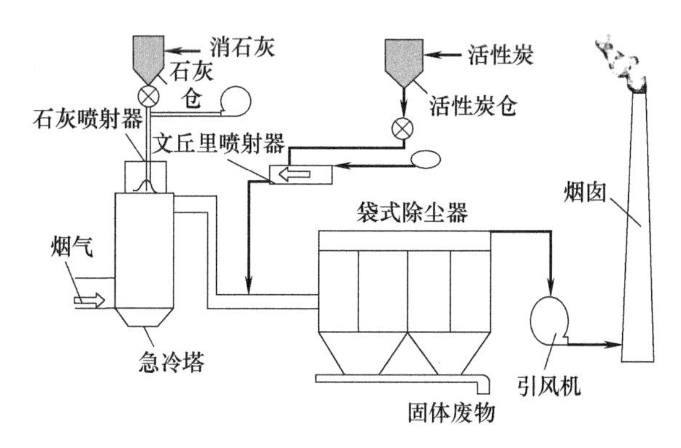

图 7-9 袋式除尘器前管道喷射活性炭吸附烟气净化工艺流程示意

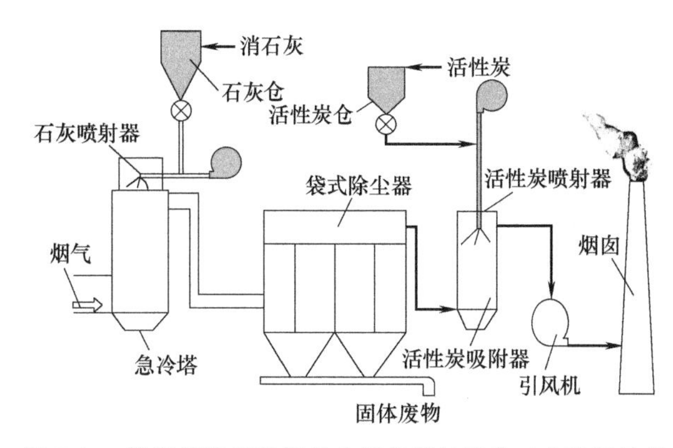

图 7-10 附设活性炭吸附反应塔的烟气净化工艺流程示意

3. 水泥窑协同焚烧生活垃圾技术

随着我国城市化进程的加快和人民生活水平的提高，城市生活垃圾的产生量迅速增加，在城市生活垃圾无害化处理的卫生填埋、堆肥、焚烧三种方式中，2010 年卫生填埋占 85.08%，焚烧为 10.20%。近些年虽大力发展垃圾焚烧处理方式，所占比例仍无明显增加，以现有工业协同处理废物技术逐渐成为处理生活垃圾的新视点。现有工业处理固体废物不仅能消除废弃物对环境的污染，而且能为现有工业提供原料和燃料。水泥工业对固体废物的处理所具有的环境友好性和投资及运行费用的经济性已为世界各国公认。

（1）城市垃圾的来源 一般来说，将城市生活垃圾分为轻质可燃物、厨余物、无机物三类，其中，轻质可燃物是指纸张、树叶、塑料、织物、竹木等质量较轻、热值较高的有机物；厨余物是指果、皮、剩菜、骨头等厨房垃圾，含水量大；无机物包括金属、玻璃、灰渣等，一般不可燃烧。由于我国的生活习惯和能源结构，城市生活垃圾中厨余物和渣土含量较大，二者合计占比达到 90%左右；而美国、德国、法国上述二者的占比基本在 40%以下。厨余物的占比大，决定了生活垃圾的水分含量大；渣土占比大，决定了生活垃圾中惰性物质占比大，燃烧困难。我国生活垃圾中厨余垃圾含量高，决定了我国生活垃圾水分含量高于发达国家。

水泥窑特别是现代化的新型干法水泥生产线协同处置工业废料、生活垃圾和多数危险废弃物时，水泥混凝土生命周期环境评价维持不变，对其周围自然生态环境的安全性没有不良影响，同时还能替代（节省）一部分天然化石燃料（煤），相应地减少了二氧化碳排放，协同全社会妥善消纳一定数量的废弃物。它是目前认为非常有效的一种垃圾处理方法。

（2）焚烧生活垃圾现状

① 国外现状。以前国外城市生活垃圾处理办法概况，以填埋为主，焚烧为辅，堆肥较少；但是在加权平均的概念上，国外生活垃圾回收利用的比例占到 19%，焚烧的比例占到 22%。欧盟在处理城市生活垃圾方面有过几次转变：刚开始是以填埋和焚烧为主，焚烧后的灰渣也被填埋；20 世纪 90 年代后期相继发生了几起垃圾填埋场渗透液泄漏事故，于是他们修订并大幅提高了填埋场的防渗漏标准和技术规范；这样经历了 6～8 年，欧盟发现他们所采取补救措施成本太高，收效不大，且不能根治二次污染的隐患；经过慎重而痛苦的反思和论证，2007 年至今德国、英国等终于相继做出了新决策，不再新建可燃废物与城市生活垃圾填埋场和焚烧炉厂；今后所有新产生的可燃废物和垃圾都要采取其他的更安全更经济的方法，尽可能地全部即时处置，一步到位，消纳干净，不留后患，尽量少用或不用填埋场和焚烧炉。同时对水泥工业消纳可燃废物与城市生活垃圾的前景也颇为看好。

② 国内现状。我国城市生活垃圾既有与国外不同的地方，又包含了经济发展阶段的特点，并且具有区域性的特征。因此处理城市垃圾，必须考虑种种特点，因地制宜，因时制宜。我国垃圾组分中大部分是水分和灰渣，以及部分轻质可燃物，在这些污染物中目前人们议论得最多的是二噁英类物质，尤其以四氯二苯并二噁英（TCDD）为甚，其毒性相当于氰化钾的 1000 倍。二噁英有多种合成方式，不论哪种合成方式都必须具备一些条件，即低温、潮湿、缺氧、停留时间短、不完全燃烧等。我国采用的是干法水泥窑处理。由于水泥窑的固有特点，回转窑体较长，具备从 200℃到 2000℃的多种温度环境，能够处理燃点不同的垃圾；气体最高温度达到 1700℃，且在窑内停留 6～10s，可以较为彻底地消灭二噁英（要有效消解二噁英，必须在 850℃以上的高温下停留 2s 以上）；水泥窑中气体湍流度（雷诺数）达到 100000 级别，燃烧充分，可预防新的二噁英的生成。

经过充分调研及分析比较，认为将国外先进的生活垃圾气化技术与新型水泥干法窑相结合是处理城市生活垃圾的最佳途径。

（3）典型工艺系统组成　新型干法水泥窑协同处置城市生活垃圾，是用水泥窑烧成系统代替垃圾焚烧处理工艺的焚烧和尾气净化系统。该处置方式典型工艺主要包括供料、垃圾气化、灰渣处理、除氯四部分，核心环节是垃圾气化和灰渣处理。

① 垃圾气化。垃圾进入气化炉内与流化砂混合、沸腾，部分垃圾燃烧产生热量保持流化砂的温度为 500～550℃；另一部分垃圾气化，生成可燃气体送到水泥窑分解炉内进一步燃烧，彻底分解有害物质。气化炉气化垃圾产生的烟气通过管道送入水泥窑分解炉内进一步焚烧分解有害物质。烟气中二噁英等有害物质在分解炉高温、足够的停留时间及碱性物料环境中分解、固化，达到彻底无害化的目的。

② 灰渣处理系统。气化炉内垃圾的不燃物灰渣从炉底排出，采用水冷设备将温度从 500℃降到 300℃以下，分离出铁、铝金属后，最终剩下的块状灰渣用作水泥生产的原料。

③ 除氯系统。在水泥窑窑尾烟室处设置除氯系统，抽取部分含氯、粉尘气体通过冷却系统急冷后用除尘设备回收粉尘，减小对水泥窑运行及产品质量的影响。此环节无大气污染物排放，无固体废物产生，且充分利用了垃圾的热值，实现了垃圾的减量化、无害化、资源化。

（4）技术特点

① 对垃圾适应性好，处理彻底。系统内设置一系列破碎、均化、计量、喂入设备，城市生活垃圾通过密闭垃圾运输车送入，不需分选，对生活垃圾的适应性很强。

此种处理方式是能够将垃圾彻底消灭的方法：将垃圾充分焚烧，利用其热值；灰渣本身又变成原料的一部分。由于该水泥窑系统的负压和全封闭特点，废气以及处理中产生的气体不容易溢出，反而在负压的作用下不断被吸入回转窑，在高温下彻底消解。垃圾废液可以在窑尾用高压打入窑内，高温处理掉。

② 资源化程度高，节能减排效果好。垃圾焚烧产生的热量可替代部分水泥窑燃料，减少燃料燃烧产生的二氧化碳排放；炉渣可替代部分水泥原料，游离态铁、铝等金属可分别回收，资源化程度高。采用气化炉技术，气化时空气消耗量小，产生废气量少，对水泥生产影响小，能源利用率高。

③ 处理流程简洁，处理垃圾方式灵活。利用水泥窑烧成系统代替垃圾焚烧处理工艺的尾气净化系统，简化了处理流程，降低了相应投资。水泥厂可以在生活垃圾处理的各个环节参与进去，可以直接与市政环卫部门协调，将所有生活垃圾交予水泥厂处理；也可以在设立垃圾分拣站的基础上，只参与处理分拣出来的轻质可燃物；也可以在垃圾处理的后端，在给予一定补贴的情况下参与处理垃圾焚烧厂的灰渣。

④ 降低垃圾处理投资、运行和监督成本。城市垃圾从收集、分拣、运输、焚烧、灰渣和燃烧废气处置等各环节，投资、运行和监督均耗资巨大。灵活利用水泥窑协同处置生活垃圾，可有效节约各环节的投资、运行和监督的成本。取得的环保突破——高效处理二噁英水泥窑系统的分解炉内温度高（近900℃），垃圾气化气体燃烧时间充足（7s以上），气化炉中产生的二噁英在分解炉中能够完全分解；气体与高温、高细度、高浓度、高吸附性、高均匀性分布的水泥碱性物料充分接触，有利于吸收氯离子，控制氯源，再加上离开气化炉后的气体有个急冷的环节（250℃），可以避免二噁英类物质的二次生成。

⑤ 问题。在处理技术上还需要有更为完善的地方，还需要往低污染、高效率、高环保的方向做研究。

水泥窑协同处理城市垃圾是符合循环经济和可持续发展的内在要求的新型垃圾处理方法。该处理方法虽然目前还有许多困难和问题，但其应用潜力十分巨大，必将成为垃圾处理行业发展中一个新的亮点，给国家和社会带来良好的环境效益、社会效益和经济效益。

（5）技术应用

① 该技术已在四川某水泥生产线上运用，项目通过了安徽省科技厅组织的相关技术鉴定，并获得多项国家技术专利。

② 该技术在海螺安徽铜陵水泥厂5000t/d生产线上投入使用，设计产量为处理城市生活垃圾300t/d。该系统的运行为我国城市生活垃圾的处理探索出一条新的思路。

第二节 汽车排放污染物协同减排技术

汽车类型不同，排放的污染物也相差很多，以下介绍汽油车和柴油车排放污染物的协同净化技术。

一、汽车排放的污染物

1. 汽车排放的空气污染物种类

《环境空气质量标准》(GB 3095—2012) 规定的10个环境空气污染物中的二氧化硫、总悬浮颗粒物、颗粒物（PM_{10}）、颗粒物（$PM_{2.5}$）、氮氧化物、二氧化氮、一氧化碳、臭氧、苯并［a］芘共9种污染物存在于汽车排气之中。汽车排放的空气污染物可以分为气体污染物和颗粒物两大类。气体污染物成分相当复杂，其主要来源有3个：

① 由汽车排气管排放的气体污染物，主要有害成分是CO、烃类化合物和NO_x（主要指NO和NO_2），CO_2是排气管排放的主要气体成分之一，它是碳氢燃料燃烧的最终产物，一般不被视为空气污染物，但从气体温室效应的角度看CO_2属于大气污染物；

② 从汽车的燃料供给系统中直接散发出的烃类化合物即蒸发排放物，其主要成分是燃油中低沸点的轻质成分；

③ 从发动机曲轴箱通气孔或润滑油系统的开口处排放到大气中的物质，常称为曲轴箱污染物，其成分包括通过活塞与气缸密封面以及活塞环端隙等处泄漏入曲轴箱的气缸中的未燃混合气、燃烧产物和部分燃烧的燃油等以及很少一部分润滑油蒸气。

颗粒物指由内燃机排气管排出的微粒，其成分最为复杂，由多种多环芳烃、硫化物和固体炭等组成。汽油车排放的污染物主要为由排气管排放的气体污染物、蒸发排放物和曲轴箱污染物，柴油车排放的污染物主要为排气管排放的气体污染物和颗粒物。

2. 烃类化合物

汽车排放的烃类化合物主要来自汽车排气、燃料蒸发和曲轴箱泄漏三种不同途径，其主要成分是燃料燃烧的产物、燃烧中间产物、燃料和润滑油蒸汽等。燃料和润滑油通常由多种烃类化合物和添加剂等组成，故其蒸气成分繁杂。内燃机燃烧过程是在高温、高压条件下进行的，故排气中的烃类化合物含有裂解产物等燃烧的中间产物。可见，烃类化合物的组成极为复杂，因此对烃类化合物的种类及危害的研究和分析十分困难。汽车烃类化合物排放成分中有多种烷烃C_nH_{2n+2}、环烷烃C_nH_{2n}、烯烃C_nH_{2n}、炔烃C_nH_{2n-2}、芳香族化合物和含氧化合物醛、醇、醚类及酮类等。其中，烷烃有100多种，1～37个碳原子的直链烃最多；多环芳香烃有200多种；醚、醇、酮和醛的数量在十几种到几十种不等。烃类化合物中含有1～10个碳原子的挥发性烃类化合物通常在大气中以气相存在。

3. 微粒排放物

汽车的微粒排放物主要指柴油车排气排放的颗粒物PM，PM由数百种以上的有机成分和无机成分组成。PM的元素分析结果表明，其主要由C、H、O、N、S五种元素和灰分等组成，PM中的C、H、O、N和S五种组成元素的比例随柴油机种类和工况而变化，表7-9列出了炭黑和柴油机排放微粒的元素组成，可见柴油机排放微粒与炭黑相比氢和氧元素含量较高。

表7-9 炭黑和柴油机排放微粒的元素组成（质量百分数） 单位：%

项目	C	H	O	N	S	灰分
炭黑	95.3	0.7	2.1	<0.3	1.0	≈0
柴油机微粒	90.4	4.40	2.77	0.24	0.79	—

二、汽油机内减排技术

1. 汽油机机内净化的主要措施

汽油发动机的理想燃烧是指混合气完全燃烧，汽车的排放物应为二氧化碳（CO_2）、氮气（N_2）和水（H_2O）。但汽油发动机在实际工作过程中，混合气燃烧往往是不完全的，燃烧生成物除了以上三种之外，还有烃类化合物（HC）、一氧化碳（CO）、氮氧化合物（NO_x）、铅化物以及二氧化硫等，这几种排放物会对大气环境造成污染、对人体造成危害。

汽油机机内净化措施如下。

① 改善点火系统。采用新的电控点火系统和无触点点火系统，提高点火能量和点火可靠性，对点火正时实行最佳调节，以改善燃烧过程，降低有害排放物的含量。

② 积极开发分层充气及均质稀燃的新型燃烧系统。目前，美国、日本、德国等国已开发出了不少新型燃烧系统，其净化性能及中、小负荷时的经济性均较好。

③ 选用结构紧凑和面容比较小的燃烧室，缩短燃烧室狭缝长度，适当提高燃烧室壁温，以削弱缝隙和壁面对火焰传播的阻挡与淬熄作用，可以降低烃类化合物和 CO 的排放量。采用 4 气门或 5 气门结构，组织进气涡流、滚流或挤流，并兼用电控配气定时、可变进气流通截面等可变技术，可以有效地改善发动机的动力性、经济性和排气净化性能。

④ 采用废气再循环控制。废气再循环是目前控制车用发动机 NO_x 排放的常用和有效措施。

⑤ 电控汽油喷射技术、电控点火技术、稀燃分层燃烧技术、涡轮增压中冷技术等机内净化技术。

发动机的使用工况与排放性能密切相关。作为车用发动机，应选择有害排放物较低，而且动力性和经济性又较好的工况为常用工况。因此，在汽车中就需要使用电子控制系统，它可根据驾驶员对车速的要求及路面状况的变化，对发动机转速和负荷进行优化控制。

2. 柴油机的机内净化措施

柴油机是通过把柴油高压喷入已压缩到温度很高的空气中迅速混合、自燃而工作的。油气混合不像汽油机那么均匀，总有部分燃料不能完全燃烧，分解为以炭为主体的微粒。同时，由于混合气不均匀，在燃烧过程中局部温度很高，并有过量空气，导致氮氧化物（NO_x）的大量生成。相对于汽油机而言，柴油机由于过量空气系数比较大，一氧化碳（CO）和烃类化合物（HC）排放量要低得多，但普通的燃油供给系统使柴油机具有致癌作用的微粒排放量比汽油机大几十倍甚至更多。因此，控制柴油机排放物的重点就在于降低柴油机的 NO_x 和微粒（包括炭烟）排放。

表 7-10 对车用柴油机和汽油机的排放进行了比较。

表 7-10 柴油机与汽油机排放污染物的比较

有害成分	柴油机	汽油机
微粒/(g/m^3)	0.15～0.30	0.005
CO/%	0.05～0.50	0.10～6.00
烃类化合物/10^{-6}	200～1000	2000
NO_x/10^{-6}	700～2000	2000～4000

就燃烧过程来比较，柴油机远比汽油机复杂得多，因而可用于控制有害物生成的燃烧特性参数也远比汽油机复杂得多，这使得寻求一种兼顾排放、热效率等各种性能的理想放热规律成了柴油机排放控制的核心问题。为达到此目的，研究理想的喷油规律、理想的混合气运动规律以及与之匹配的燃烧室形状是必需的。

然而，降低柴油机 NO_x 排放和微粒排放之间往往存在着矛盾。一般有利于降低柴油机 NO_x 的技术都有使微粒排放增加的趋势，而减少微粒排放的措施又可能将使 NO_x 排放升高。

二、车用汽油机排气协同减排技术

机内净化技术以改善发动机燃烧过程为主要内容，对降低排气污染起到了较大作用，但其效果有限，且不同程度地给汽车的动力性和经济性带来负面影响。随着排放要求的日趋严格，改善发动机工作过程的难度越来越大，能统筹兼顾动力性、经济性和排放性能的发动机将越来越复杂，成本也急剧上升。因此，世界各国都先后开发包括能净化多种污染物的催化转化器在内的各种机外协同净化技术。

1. 三元催化转化器

三元催化转化器是目前应用最多的车用汽油机排气后处理净化技术。当发动机工作时，废气经排气管进入催化器，其中，氮氧化物与废气中的一氧化碳、氢气等还原性气体在催化作用下分解成氮气和氧气；而烃类化合物和一氧化碳在催化作用下充分氧化，生成二氧化碳和水蒸气。三元催化转化器的载体一般采用蜂窝结构，蜂窝表面有涂层和活性组分，与废气的接触表面积非常大，所以其净化效率高，当发动机的空燃比在理论空燃比附近时三元催化剂可将 90%的烃类化合物和一氧化碳及 70%的氮氧化物同时净化，因此这种催化器被称为三元催化转化器。目前，电子控制汽油喷射加三元催化转化器已成为国内外汽油车排放控制技术的主流。

三元催化转化器的基本结构如图 7-11 所示，它由壳体、垫层、陶瓷载体和催化剂四部分组成。通常把催化剂涂层部分或载体和涂层称为催化剂。

2. 三元催化剂

（1）三元催化剂的组成　三元催化剂是三元催化转化器的核心部分，它决定了三元催化转化器的主要性能指标，其组成如图 7-12 所示。

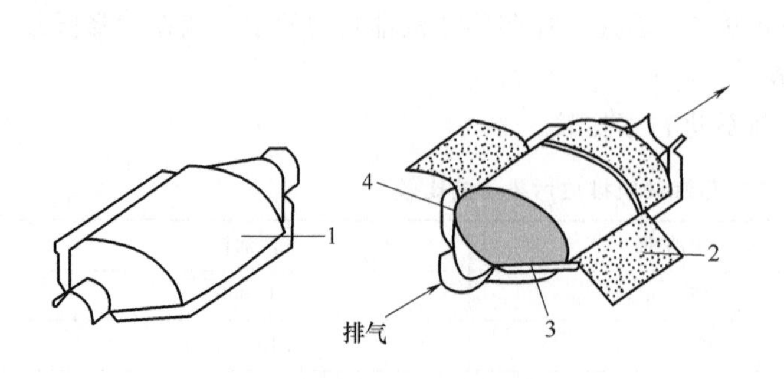

图 7-11　三元催化转化器的基本结构

1—壳体；2—垫层；3—催化剂；4—陶瓷载体

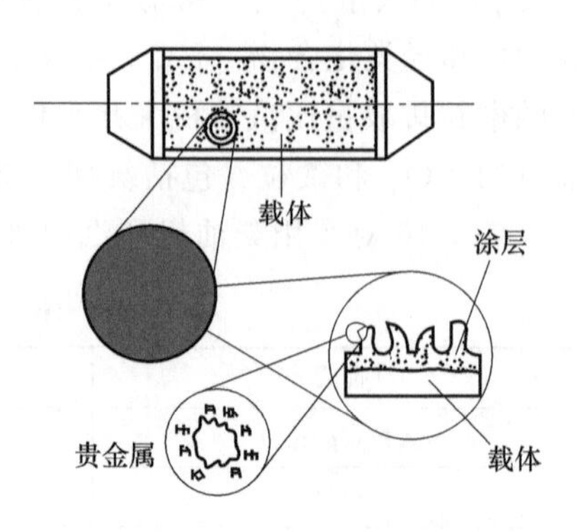

图 7-12　三元催化剂的组成

1）载体。蜂窝状整体式载体具有排气阻力小、机械强度大、热稳定性好和耐冲击等优良性能，故能被广泛用作汽车催化剂的载体。目前，市场上销售的汽车排气净化催化剂商品均采用蜂窝状整体式载体，其基质有两大类，即堇青石陶瓷和金属，前者约占90%，后者约占10%。

汽车用蜂窝陶瓷载体一般用堇青石制造，它是一种铝镁硅酸盐陶瓷，其化学组成为$2Al_2O_3 \cdot 2MgO \cdot 5SiO_2$，熔点在1450℃左右，在1300℃左右仍能保持足够的弹性，以防止在发动机正常运转时发生永久变形。一般认为堇青石蜂窝载体的最高使用温度为1100℃左右。为增大蜂窝陶瓷载体的几何面积，并降低其热容量和气流阻力，载体采用的孔隙度已从早期的47孔/cm^2到62孔/cm^2再到93孔/cm^2，孔壁厚也由0.3mm到0.15mm再到0.1mm。因此，在不增加催化转化器体积的情况下，使单位体积的几何表面积由2.2m^2/L增加到2.8m^2/L再到3.4m^2/L，从而大大提高了净化效率。

2）涂层。由于蜂窝陶瓷载体本身的比表面积很小，不足以保证贵金属催化剂充分分散，因此常在其壁上涂覆一层多孔性物质，以提高载体的比表面积，然后再涂上活性组分。多孔性的涂层物质常选用Al_2O_3与SiO_2、MgO、CeO_2或ZrO_2等氧化物构成的复合混合物。理想的涂层可使催化剂有合适的比表面积和孔结构，从而改善催化剂的活性和选择性，保证助催化剂和活性组分的分散度和均匀性，提高催化剂的热稳定性。同时还可节省贵金属活性组分的用量，降低催化剂生产成本。

对于蜂窝金属载体，涂底层的方法并不适用，而是通常采用刻蚀和氧化的方法在金属表面形成一层氧化物，然后在此氧化物表面上浸渍具有催化活性的物质。

3）活性组分。汽车尾气净化用催化剂以铑（Rh）、铂（Pr）、钯（Pd）三种贵金属为主要活性组分，此外还含有铈（Ce）、镧（La）等稀土元素作为助催化剂。

① 铑：铑是三元催化剂中催化氮氧化物还原反应的主要成分。它在较低的温度下还原氮氧化物为氮气，同时产生少量的氨具有很高的活性。所用的还原剂可以是氢气也可以是一氧化碳，但在低温下氢气更易反应。氧气对此还原反应影响很大，在氧化型气氛下氮气是唯一的还原产物；在无氧的条件下低温时和高温时主要的还原产物分别是氨气和氮气。但当氧浓度超过一定计量时，氮氧化物就不能再被有效地还原。此外，铑对一氧化碳的氧化以及烃类的水蒸气重整反应也有重要的作用。铑可以改善一氧化碳的低温氧化性能。但其抗毒性较差，热稳定性不高。在汽车催化转化器中，铑的典型用量为0.1～0.3g。

② 铂：铂在三元催化剂中主要起催化一氧化碳和烃类化合物的氧化反应的作用。铂对一氧化氮有一定的还原能力，但当汽车尾气中一氧化碳的浓度较高或有二氧化硫存在时，它没有铑有效。铂还原氮氧化物的能力比铑差，在还原性气氛中很容易将氮氧化物还原为氨气。铂还可促进水煤气反应，其抗毒性能较好。铂在三元催化剂中的典型用量为1.5～2.5g。

③ 钯：钯在三元催化剂中主要用来催化一氧化碳和烃类化合物的氧化反应。在高温下它会与铂或铑形成合金，由于钯在合金的外层会抑制铑的活性的充分发挥。此外，钯的抗铅毒和硫毒的能力不如铂和铑，因此全钯催化剂对燃油中的铅和硫的含量控制要求更高。但钯的热稳定性较高，起燃活性好。

在汽车尾气净化用三元催化剂中，各个贵金属活性组分的作用是相互协同的，这种协同作用对催化剂的整体催化效果十分重要。

④ 助催化剂：助催化剂是加到催化剂中的少量物质，这种物质本身没有活性，或者活

性很小，但能提高活性组分的性能——活性、选择性和稳定性。车用三元催化剂中常用的助催化剂有氧化镧和氧化铈，它们具有多种功能，储存及释放氧，使催化剂在贫氧状态下更好地氧化一氧化碳和烃类化合物，以及在过剩氧的情况下更好地还原氮氧化物；稳定载体涂层，提高其热稳定性，稳定贵金属的高度分散状态；促进水煤气反应和水蒸气重整反应；改变反应动力学，降低反应的活化能，从而降低反应温度。

（2）三元催化剂的劣化机理　三元催化剂的劣化机理是一个非常复杂的物理、化学变化过程，除了与催化转化器的设计、制造、安装位置有关外，还与发动机燃烧状况、汽油和润滑油的品质及汽车运行工况等使用过程有着非常密切的关系。影响催化剂寿命的因素主要有四类，即热失活、化学中毒、机械损伤以及催化剂结焦。在催化剂的正常使用条件下，催化剂的劣化主要是由热失活和化学中毒造成的。

① 热失活。热失活是指催化剂由于长时间工作在850℃以上的高温环境中，涂层组织发生相变、载体烧熔塌陷、贵金属间发生反应、贵金属氧化及其氧化物与载体发生反应而导致催化剂中氧化铝载体的比表面积急剧减小、催化剂活性降低的现象。高温条件在引起主催化剂性能下降的同时，还会引起氧化铈等助催化剂的活性和储氧能力的降低。

引起热失活的原因主要有 3 种：a. 发动机失火，如突然制动、点火系统不良、进行点火和压缩试验等，使未燃混合气在催化器中发生强烈的氧化反应，温度大幅度升高，从而引起严重的热失活；b. 汽车连续在高速大负荷工况下行驶、产生不正常燃烧等，导致催化剂的温度急剧升高；c. 催化器安装位置离发动机过近。催化剂的热失活可通过加入一些元素来减缓，如加入锆、镧、钕、钇等元素可以减缓高温时活性组分的长大和催化剂载体比表面积的减小，从而提高反应的活性。另外，装备了车载诊断系统（OBD）的现代发动机，也使催化剂热失活的可能性大为降低。

② 化学中毒。催化剂的化学中毒主要是指一些毒性化学物质吸附在催化剂表面的活性中心不易脱附，导致尾气中的有害气体不能接近催化剂进行化学反应，使催化转化器对有害排放物的转化效率降低的现象。常见的毒性化学物主要有燃料中的硫、铅以及润滑油中的锌、磷等。

③ 机械损伤。机械损伤是指催化剂及其载体在受到外界激励负荷的冲击、振动乃至共振的作用下产生磨损甚至破碎的现象。催化剂载体有两大类：一类是球状、片状或柱状氧化铝；另一类是含氧化铝涂层的整体式多孔陶瓷体。它们与车上其他零件材料相比，耐热冲击、抗磨损及抗机械破坏的性能较差，遇到较大的冲击力时容易破碎。

④ 催化剂结焦。结焦是一种简单的物理遮盖现象，发动机不正常燃烧产生的炭烟都会沉积在催化剂上，从而导致催化剂被沉积物覆盖和堵塞，不能发挥其应有作用，但将沉积物烧掉后又可恢复催化剂的活性。

3. 三元催化转化器的净化原理

三元催化器的净化原理是将理论比附近的烃类化合物氧化为 H_2O 和 CO_2，CO 氧化为 CO_2，NO 还原为 N_2，三元催化转化器净化原理示意如图 7-13 所示。即由还原性成分的（烃类化合物、CO、H_2）和氧化性成分（NO、O_2）的化学反应产生无害成分（H_2O、CO_2、N_2），因此三元催化氧化系统的还原性气体和氧化性气体的量的平衡是最重要的条件。这些气体组成的平衡如果被破坏，即使用高活性的三效催化剂也将排出不能除去的多余有害成分。三元催化器中发生的化学反应见表 7-11。

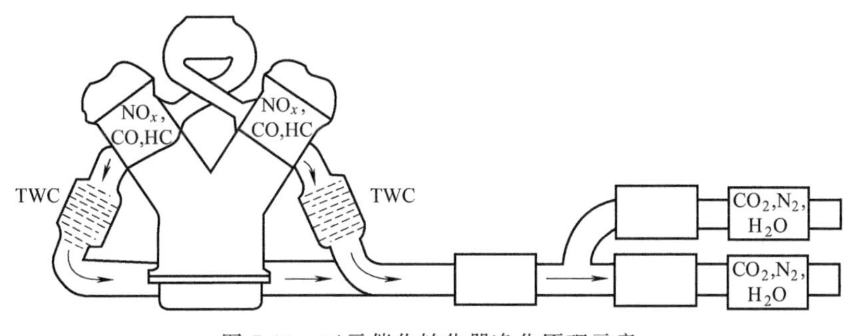

图 7-13 三元催化转化器净化原理示意

表 7-11 三元催化器中发生的化学反应

CO、HC 的氧化反应	$2CO+O_2 \longrightarrow 2CO_2$ $CO+H_2O \longrightarrow CO_2+H_2$ $2C_xH_y+\frac{2x+1}{2y}O_2 \longrightarrow yH_2O+2xCO_2$
NO 的还原反应	$2NO+CO \longrightarrow 2CO_2+N_2$ $2NO+2H_2 \longrightarrow 2H_2O+N_2$ $2C_xH_y+\frac{2x+1}{2y}NO \longrightarrow \frac{1}{2y}H_2O+xCO_2+(x+\frac{1}{4y})N_2$
其他反应	$2H_2+O_2 \longrightarrow 2H_2O$ $5H_2+2NO \longrightarrow 2NH_3+2H_2O$

四、车用柴油机排气协同减排技术

随着柴油机在汽车中的应用日益广泛以及排放法规日趋严格，在对柴油机进行机内净化的同时必须进行后处理净化。柴油机与同等功率的汽油机相比，微粒和 NO_x 是排放中两种最主要的污染物，尤其是微粒排放是汽油机的 30～80 倍。柴油机微粒能够长时间悬浮在空中，严重污染环境，影响人类健康。柴油机排放控制技术已经成为柴油机行业的研究重点，其研究具有巨大的社会效益和经济效益。仅靠机内净化方法很难使柴油机的微粒排放满足新的排放法规，必须采用微粒后处理技术。针对柴油机排气中含有的大量微粒，研制开发柴油机微粒捕集器成为柴油机后处理的热点。降低 NO_x 排放是研究的另一热点，各种催化还原净化技术应运而生。此外，借鉴汽油机的氧化催化技术，开发适用于柴油机的氧化催化转化器，降低微粒中的可溶性有机物（SOF）以及净化柴油机排放的 CO 和烃类化合物。今后，柴油机后处理净化方法的研究重点是结合机内净化措施使柴油机排放的微粒和 NO_x 同时减少。

1. 协同去除炭颗粒与 NO_x 催化剂技术

同时去除炭颗粒与 NO_x 催化剂技术（DPNR）也称为协同技术或联用技术，它是将炭颗粒与 NO_x 的独立净化技术联合使用，从而在同一装置中达到同时净化炭颗粒和 NO_x 的效果。国外已经开发了许多类型的车用柴油机四效催化转化装置，即以联用技术为主，将 HC、CO 和微粒氧化技术与 NO_x 还原技术相结合。四效催化转化器是由稀燃 NO_x 催化剂和柴油颗粒过滤器两种技术或者由稀燃 NO_x 催化剂和柴油氧化催化剂两种技术综合为一体的组合装置。

2. 微粒过滤滤料

柴油机排气微粒过滤器（Diesel Particulate Filter，DPF）是目前公认的最为有效的微粒净化设备。DPF 安装在柴油机排气管上，捕集效率主要受到微粒粒径、过滤体微孔孔径、排气流速及气流温度等因素影响。随着工作时间的增长，过滤体内堆积的微粒增多，发动机的背压将上升，影响柴油机的正常工作，需用燃烧等方法将这些微粒除去，即过滤体的再生。DPF 的关键技术是过滤材料及其再生方法的选择和应用。

过滤材料的结构与性能对整个微粒捕集系统的性能（如压力降、过滤效率、强度、传热和传质特性等）有很大的影响。DPF 对过滤材料的要求是高的微粒过滤效率、低的排气阻力、高的机械强度和抗振动性能，并且还需具备抗高温氧化性、耐热冲击性与耐腐蚀性。其中，高的过滤效率与低的排气阻力是相互矛盾的，选择材料时要综合考虑这两方面的性能。

目前国内外研究和应用的过滤材料有陶瓷基、金属基和复合基三大类。

（1）陶瓷基过滤材料　其通常由氧化物或碳化物组成，具有多孔结构，在 7000℃下能保持热稳定，比表面积大于 $1m^2/g$，主要结构包括蜂窝陶瓷、泡沫陶瓷及陶瓷纤维材料。

蜂窝陶瓷常用热膨胀系数低、造价低廉的堇青石（$2MgO \cdot 2Al_2O_3 \cdot 5SiO_2$）制成，这种材料开发最早，使用最广，有壁流式、泡沫式等多种结构。目前，在微粒捕集器过滤体上研究使用较多的是壁流式蜂窝陶瓷，NGK、Corning 与 JM 等公司生产的微粒捕集器主要采用这种材料。壁流式蜂窝陶瓷具有多孔结构，相邻两个孔道中，一个孔道入口被堵住，另一个孔道出口被堵住，壁流式蜂窝陶瓷如图 7-14 所示。这种结构迫使排气从入口敞开的进气孔道进入，穿过多孔的陶瓷壁而进入相邻的出口敞开的排气孔道，而微粒就被过滤在进气孔道的壁面上，这种微粒捕集器对微粒的过滤效率可达 90%以上。可溶性有机成分 SOF（主要是高沸点烃类化合物）也能被部分捕集。近年来在制造技术上取得明显的突破，蜂窝陶瓷壁厚减薄，开口横截面积增大，从而降低了压力损失，扩大了使用范围。壁流式蜂窝陶瓷的技术指标见表 7-12。壁流式蜂窝陶瓷受温度影响较大，排气温度较低时沉积在壁面的烃类化合物成分将在排气温度升高时重新挥发出来并排向大气，造成二次污染。若采用热再生，热导率小的堇青石容易受热不均而局部烧熔或破裂，为此，人们研究改性堇青石、莫来石以及 SiC 等新型材料来弥补这一缺陷。其中，SiC 以其更好的热稳定性和更高的热导系数越来越受到重视，它具有良好的力学性能，散热均匀，解决了热再生难的问题，但较大的热膨胀系数使它在高温下易开裂。

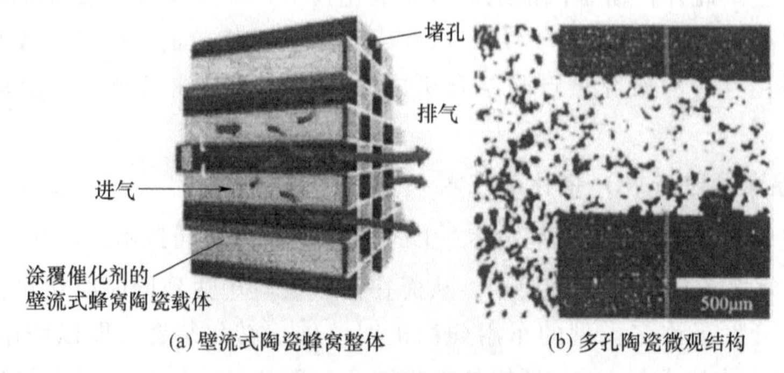

(a) 壁流式陶瓷蜂窝整体　(b) 多孔陶瓷微观结构

图 7-14　壁流式蜂窝陶瓷

表 7-12 壁流式蜂窝陶瓷的技术指标

指标项目	单位	指标取值	指标项目	单位	指标取值
主晶相含量	%	≥85	吸水率	%	20～40
孔数	个/ft^2	100～400	热膨胀系数	10^{-6}/℃	1.0～2.0
壁厚	mm	0.2～0.6	熔化温度	℃	1340
开孔面积	%	60～80	抗压强度	MPa	轴向(≤12)径向(≤4)
容重	g/cm^3	0.4～0.6	比表面积	m^2/g	≤1
气孔率	%	25～50	气孔大小	mm	柱形(≤ϕ240×240) 方形(≤200×200×250)
微孔平均孔径	μm	2～40			

注：1ft=0.3048m，下同。

泡沫陶瓷与蜂窝陶瓷相比，可塑性大大增强，孔隙率大（80%～90%），且孔洞曲折，泡沫陶瓷的显微结构如图 7-15 所示。泡沫陶瓷的这种结构可改善反应物的混合程度，有利于表面反应；它的热膨胀系数各向同性，具有更好的热稳定性。因此，近些年被用作柴油机排气微粒的过滤材料，需解决捕集效率较低及烟灰吹除难等问题。泡沫陶瓷的工作原理主要是深层过滤，部分颗粒物渗入多孔结构中，有利于颗粒物与催化剂的接触。氧化锆增强的氧化铝（ZTA）是一种人类广泛研究的泡沫陶瓷材料，相对于堇青石等其他陶瓷材料，ZTA 基本上不与催化剂发生反应，因而更可取。催化剂一般为 Cs_2O、MoO_3、V_2O_5 和 Cs_2SO_4 的低熔共晶混合物，沉积在泡沫陶瓷表面，可将炭烟的起燃温度降低到 375℃，有利于过滤材料的再生。

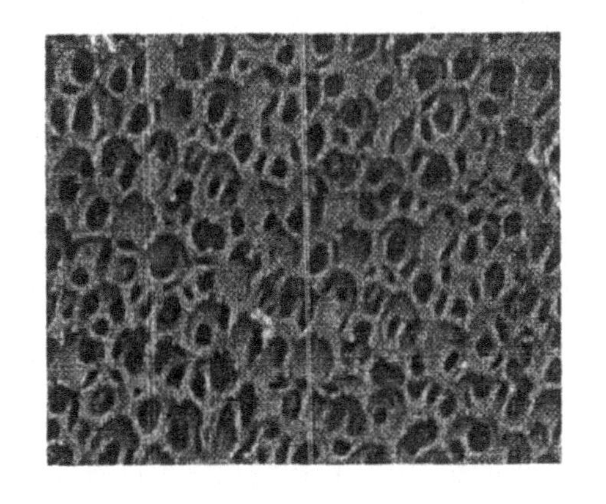

图 7-15 泡沫陶瓷的显微结构

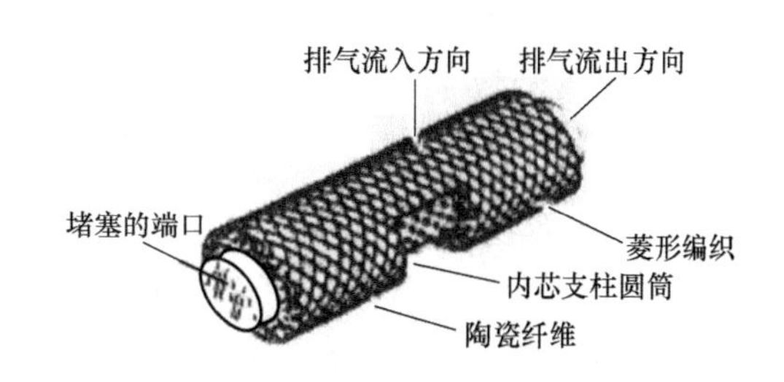

图 7-16 陶瓷纤维毡过滤体结构

陶瓷纤维材料不受固体尺寸的限制，给过滤体的孔形状和孔分布提供了广泛的选择余地，通过改变各种设计参数可使应用效果最佳。陶瓷纤维毡具有高度表面积化的特点，过滤体内纤维表面全是有效过滤面积，过滤效率可高达 95%，陶瓷纤维毡过滤体结构如图 7-16 所示。美国 3M 公司生产的微粒捕集器采用该材料，它能承受再生时的较高温度。但陶瓷纤维是一种脆性的耐高温材料，生产工艺较复杂且易损坏。

（2）金属基过滤材料　金属基过滤材料的强度、韧性、导热性等方面有陶瓷无法比拟的优势。铁铬铝（Fe-Cr-Al）是一种耐热耐蚀高性能合金，具有热容小、升温快的特点，有利于排气微粒快速起燃，且抗机械振动和高温冲击性能高，近年来受到广泛重视。用它制造的壁流式蜂窝体，与同等尺寸的堇青石蜂窝体相比壁厚可减小 1/3，大大降低了压力损失，已成功地应用在三元催化转化器上。但构成金属蜂窝体的箔片表面平滑，不是多孔材料，过滤效率较低，在柴油机微粒捕集器方面应用较少。目前，研究较多的结构形式主要是泡沫合金、金属丝网及金属纤维毡。

（3）复合基过滤材料　由于陶瓷基过滤材料与金属基过滤材料都有不可避免的缺陷，目前正在研究复合基增强型过滤材料，且主要集中在纤维毡结构上。为了解决在再生过程中燃烧引起的局部过热导致过滤材料熔融破裂或残留烟灰黏附在过滤材料上使微粒捕集器失效的问题，NHK Spring 公司发明了一种新型过滤材料，这种过滤体的单元由叠层金属纤维毡和氧化铝纤维毡组成。金属纤维毡材料是 Fe-18Cr-3Al，最高耐热温度达到 1100℃，氧化铝纤维毡材料是 $70Al_2O_3$-$30SiO_2$，最高耐热温度达到 1400℃，从排气入口到出口，叠层纤维毡的密度越来越大，保证了微粒的均匀捕获，过滤效率可达到 80%～90%，同时还能起到消声器的作用。

3. NO_x 机外净化技术

由于机内净化控制不能完全净化 NO_x 排放，采取机外控制技术很有必要。NO_x 的机外净化技术主要是催化转化技术。由于柴油机的富氧燃烧使得废气中含氧量较高，这使得利用还原反应进行催化转化比汽油机困难。例如，在汽油机上使用三元催化转化器，其有效净化条件是过量空气系数大约为 1。若空气过量时，作为 NO_x 还原剂的 CO 和烃类化合物便首先与氧反应；空气不足时，CO、烃类化合物不能被氧化。显然，用三元催化转化器降低 NO_x 的技术在柴油机上是不适用的。降低柴油机 NO_x 排放的机外净化技术主要有吸附催化还原法、选择性非催化还原、选择性催化还原和等离子辅助催化还原。

（1）NO_x 吸附催化还原　由于柴油机尾气中含有较多的氧气，使得仅用汽油机上的三元催化器不能有效净化柴油机尾气中的 NO_x，并且在一般柴油机中无法实现吸附性催化剂再生所需要的浓混合气状态，所以 NO_x 吸附器最初只用于直喷式汽油机（GDI）和稀燃汽油机，后来才逐渐研究用于柴油机。吸附催化还原是基于发动机周期性稀燃和富燃工作的一种 NO_x 净化技术，吸附器是一个临时存储 NO_x 的装置，具有 NO_x 吸附能力的物质有贵金属和碱金属（或碱土金属）的混合物。当发动机正常运转时处于稀燃阶段，排气处于富氧状态，NO_x 被吸附剂以硝酸盐（MNO_3，M 表示碱金属）的形式存储起来。

$$NO+\frac{1}{2}O_2 \longrightarrow NO_2$$

$$NO_2+MO \longrightarrow MNO_3$$

当吸附达到饱和时也需要再生吸附器使其能够继续正常工作，吸附器的再生可通过柴油机周期性的稀燃和富燃工况进行，也可通过人为调整发动机的工作状况，使其产生富燃条件，使硝酸盐分解释放出 NO_x，NO_x 再与 HC 和 CO 在贵金属催化器下被还原为 N_2（c、h 分别表示碳和氢的原子数）。

$$MNO_3 \longrightarrow NO+\frac{1}{2}O_2+MO$$

$$NO+CO \longrightarrow \frac{1}{2}N_2+CO_2$$

$$(2c+\frac{1}{2}h)NO+C_cH_h \longrightarrow (c+\frac{1}{4}h)N_2+\frac{1}{2}hH_2O+cCO_2$$

（2）NO_x 选择性非催化还原　选择性非催化还原也称为 SNCR（Selective Non Catalytic Reduction），它的原理是在高温排气中加入 NH_3 作为还原剂，与 NO_x 反应后生成 N_2 和 H_2O，其总量反应式如下：

$$4NO+4NH_3+O_2 \longrightarrow 4N_2+6H_2O$$
$$NO+2NH_3+NO_2 \longrightarrow 2N_2+3H_2O$$

从反应式可以看出，O_2 在这一反应过程中是不可缺少的，或者说，比起在化学计量比工作的汽油机来说，这种催化反应更适合于富氧工作的柴油机。SNCR 方法的优点是可以省去价格昂贵的催化剂。

由于这个温度范围的制约，SNCR 技术虽然在发电厂脱硝中获得了广泛的应用，但在柴油机中应用有困难。考虑到柴油机燃烧膨胀过程的温度范围跨过上述 1100～1400K 的有效区间，有人曾选择压缩上止点后 60℃左右的时刻向柴油机缸内喷射氨水，以获得明显降低 NO_x 的效果，并已在低速大功率船用柴油机上应用。

(3) NO_x 选择性催化还原　选择性催化还原也叫 SCR（Selective Catalytic Reduction）方法，SCR 转化器的催化作用具有很强的选择性，NO_x 的还原反应被加速，还原剂的氧化反应则受到抑制。选择性催化还原系统的还原剂可用各种氨类物质或各种烃类化合物：氨类物质包括氨气（NH_3）、氨水（$NH_3 \cdot H_2O$）和尿素[$(NH_2)_2CO$]；烃类化合物则可通过调整柴油机燃烧控制参数使排气中的烃类化合物增加，或者向排气中喷入柴油或醇类燃料（甲醇或乙醇）等方法获得。催化剂一般用 V_2O_5-TiO_2、Ag-Al_2O_3，以及含有 Cu、Pt、Co 或 Fe 的人造沸石（Zeolite）等。这种系统的工作温度范围为 250～500℃，其总的反应式如下：

$$4NO+4NH_3+O_2 \longrightarrow 4N_2+6H_2O$$
$$6NO+4NH_3 \longrightarrow 5N_2+6H_2O$$
$$2NO_2+4NH_3+O_2 \longrightarrow 3N_2+6H_2O$$
$$6NO_2+8NH_3 \longrightarrow 7N_2+12H_2O$$

当温度过低时，NO_x 还原反应不能有效进行；温度过高不仅会造成催化转化器过热损伤，而且还会使还原剂直接氧化而造成较多的还原剂消耗和新的 NO_x 生成。有关总量反应式如下：

$$7O_2+4NH_3 \longrightarrow 4NO_2+6H_2O$$
$$5O_2+4NH_3 \longrightarrow N_2O+6H_2O$$
$$2O_2+2NH_3 \longrightarrow 4N_2O+3H_2O$$
$$3O_2+4NH_3 \longrightarrow 4N_2+6H_2O$$

与其他催化方法一样，使用 SCR 降低 NO_x 要求柴油含硫量越低越好。因为硫会通过 $S \longrightarrow SO_2 \longrightarrow SO_3 \longrightarrow NH_4HSO_4$ 或者 $(NH_4)_2SO_4$ 的途径生成硫酸氢铵或硫酸铵，它们沉积在催化剂表面上会使其失活。

以氨水作为还原剂的 SCR 系统，可以降低柴油机 NO_x 排放 95%以上，但柴油机需要一套复杂的控制还原剂喷射量的系统。对于柴油机来说，用氨水作为还原剂并不合适，因为氨的气味会使人感到难受。以尿素作为还原剂比直接用氨水方便。尿素的水溶液在高于 200℃时产生 NH_3，即：

$$(NH_2)_2CO+H_2O \longrightarrow 2NH_3+CO_2$$

以尿素作为还原剂的 SCR 系统，已在发电厂和固定式柴油机上得到应用。一般认为，在货车用柴油机上也将有很好的应用前景。

对于轿车柴油机来说，从使用的方便性出发，希望可用燃油中的烃类化合物作为还原剂，有如下反应式：

$$4NO+4CH+3O_2 \longrightarrow 2N_2+4CO_2+2H_2O$$

研究表明，Cu-ZSM-5催化剂在氧化气氛中也能有效地促进烃类化合物和NO_x的反应，将这种催化剂装在实际柴油机上并在排气中添加烃类化合物时，可获得40%～50%的NO_x净化率。这种催化剂的最高转化率出现在400℃左右，随温度的进一步升高，作为还原剂的烃类化合物因氧化被大量消耗，使得NO_x转化率开始下降。同时，还存在高空速时NO_x的转化率下降以及抗水蒸气中毒性能不理想等问题，目前尚未达到实用化程度。

（4）用等离子辅助催化还原　目前，利用低温等离子辅助烃类化合物的选择性催化还原系统降低NO_x排放是研究的另一热点。根据等离子的特点，较多采用二级系统，如图7-17所示。等离子技术是指由电子、离子、自由基和中性粒子等组成的导电性流体，整体保持电中性。离子、激发态分子、原子和自由基等都是化学活性极强的物种，首先利用这些活性物种把NO和烃类化合物氧化为NO_2和部分氧化的高选择性含氧烃类化合物类还原剂，然后再在催化剂作用下促使新产生的高选择性活性物种还原NO_2，生成无害的N_2。

催化剂主要有贵金属、分子筛催化剂和金属氧化物等体系。试验分析证明，等离子体辅助催化有3个主要作用。

① 等离子体氧化过程是部分氧化。也就是说NO氧化为NO_2；但不能进一步把NO_2氧化为酸；烃类化合物部分氧化，但不能把烃类化合物完全氧化为H_2O和CO_2，而部分氧化的含氧烃类化合物化合物在催化剂作用下能更有效地还原NO_x。

② 等离子体氧化是有选择性的。也就是说，等离子体把NO氧化为NO_2，而不能把SO_2氧化为SO_3，这使得等离子体辅助催化过程比传统稀燃NO_x催化转化技术对燃料硫含量的要求低。

③ 等离子体可以改变NO_x的组成，即先将N氧化为NO_2，再利用一种新型催化剂将NO_2还原为N_2，比传统稀燃NO_x催化剂将NO还原为N_2具有较高的可靠性和氧化活性。

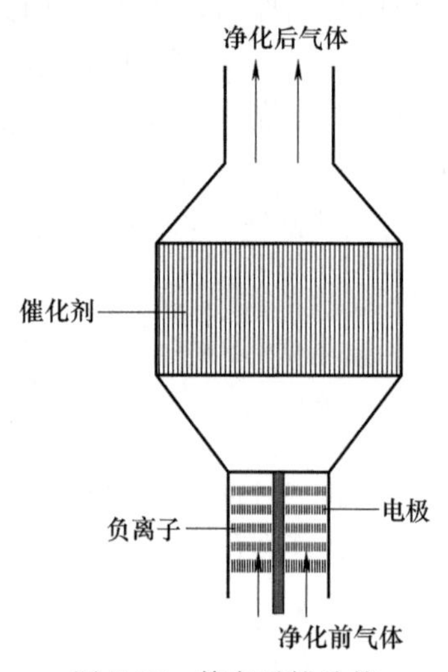

图7-17　等离子辅助催化还原NO_x二级系统

NO_x最高转化效率可达到35%～70%。一种新型催化剂和净化后气体等离子体系统的协同作用机制，有望实现更高的NO_x转化率。但是，该系统中烃类化合物的转化效率极低，因此，还需要辅助装置用来去除烃类化合物和部分未氧化的CO。等离子体辅助催化还原NO_x技术不论在实验室还是在应用中都处于迅速发展之中。

催化剂用低温等离子体技术处理柴油机排气污染时，可减少NO_x、PM、烃类化合物的排放，被认为是一种很有发展前途的后处理技术。而最初等离子体技术主要用来处理微粒的排放，现在该项技术研究的重点是NO_x处理，但因在稀燃排气中等离子放电主要是氧化反应，单独用等离子体对NO_x还原没有效果，但对微粒捕集有较好的效果。等离子体增强催化剂选择性，对柴油机排气中的NO_x和微粒有很好的净化效果。还有一个优点是对燃料含硫量几乎没有要求，可在相对低的温度下运行。Delphi、Caterpillar等公司已经利用等离子体和催化剂系统开发出NO_x和微粒后处理系统，可用于柴油轿车、重型车。

4. 氧化催化转化器

由于柴油机排气含氧量较高，可用氧化催化转化器（Oxidization Catalytic Converter，

OCC）进行处理，消耗微粒中的可溶性有机成分 SOF 来降低微粒排放，同时也降低烃类化合物和 CO 的排放。氧化催化转化器采用沉积在面容比很大的载体表面上的催化剂作为催化剂元件，降低化学反应的活化能，让发动机排出的废气通过，使消耗烃类化合物和 CO 的氧化反应能在较低的温度下很快地进行，使排气中的部分或大部分烃类化合物和 CO 与排气中残留的 O_2 化合，生成无害的 CO_2 和 H_2O。柴油机用氧化催化剂原则上可与汽油机的相同，常用的催化反应效果较好的催化剂是由铂（Pt）系、钯（Pd）系等贵金属和稀土金属构成。用有多孔的氧化铝作为催化剂载体的材料并做成多面体形粒状（直径一般为 2～4mm）或是蜂窝状结构。尽管柴油机排气温度低，微粒中的炭烟难以氧化，但氧化催化剂可以氧化微粒中的大部分 SOF（SOF 可下降 40％～90％），降低微粒排放，也可使柴油机的 CO 排放降低 30％左右，烃类化合物排放降低 50％左右。此外，氧化催化转化器可净化多环芳烃（PAH）50％以上，净化醛类达 50％～100％，并能够减轻柴油机的排气臭味。虽然氧化催化转化器对微粒的净化效果远远不如微粒捕集器，但由于烃类化合物的起燃温度较低（在 170℃以下就可再生），所以氧化催化转化器不需要昂贵的再生系统，投资费用较低。

催化转化器的催化转化效率极大地依赖于柴油中的硫含量和排气温度。普通柴油中硫含量较高，硫燃烧后生成 SO_2，在过量空气系数不变时排气中的 SO_2 浓度基本上与柴油含硫量成正比。SO_2 经氧化催化转化器氧化后变成 SO_3，然后生成硫酸盐，成为微粒的一部分。氧化催化效果越好，硫酸盐生成越多，甚至达到无氧化催化转化器时的 10 倍，因此，当柴油机采用普通高硫柴油时，大负荷时由于排气温度高，催化氧化强烈，硫酸盐的增加不但抵消了 SOF 减小的效果，甚至反而使总微粒上升。因此，只有用低硫柴油才能保证氧化催化的效果，氧化催化转化器降低微粒排放的效果如图 7-18 所示。

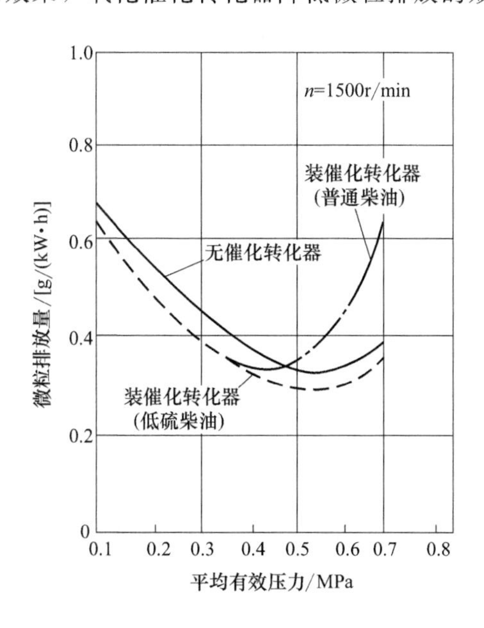

图 7-18 氧化催化转换器降低微粒排放的效果（过量空气系数 φ_a＝1.3～10）

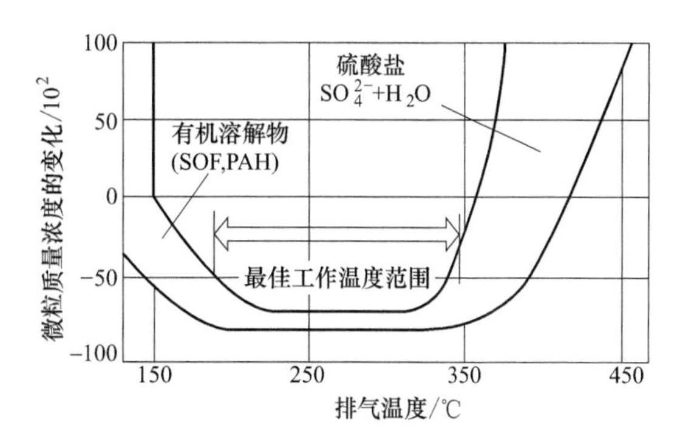

图 7-19 柴油机使用氧化催化转化器时，排气温度对微粒排放量的影响

催化剂的表面活性作用是利用排气热量激发的，图 7-19 表示柴油机使用氧化催化转化器时，排气温度对微粒排放量的影响。从图 7-19 可以看出，当排气温度低于 150℃时，催化剂基本上不起作用。随着负荷增加，排气温度升高，CO 和烃类化合物净化率也增加，同时

由于 SOF 被氧化，使微粒排放下降。只要不超过催化剂允许的最高温度，净化反应便能顺利进行。为了保证催化剂有足够的温度，应尽量使氧化催化转化器安装在靠近排气歧管处。但是，随着温度的升高，当排气温度高于 350℃后，由于硫酸盐大量生成，反而使微粒排放增加。所以，柴油机氧化催化器的最佳工作温度范围是 200～350℃，仅靠调整发动机工况很难控制排气温度总在这一最佳范围内。因此，减少柴油中的硫含量就成了十分重要的问题。

5. 低温等离子柴油机四效催化技术

目前国内外汽车业均比较热衷于低温等离子体与催化剂协同降低柴油机尾气排放技术，欧美和日本对此项技术研究开展得比较早而且也相对成熟，在反应机理和应用方面都有显著的成果。低温等离子与催化剂协同催化转化技术可以分为 3 类：a. 低温等离子体反应腔与催化剂载体布置在同一空间；b. 催化剂载体布置在低温等离子体余晖区；c. 低温等离子体反应腔与催化剂载体分开布置。第 1 类属于一级系统，后两类属于二级系统。低温等离子与催化剂协同催化转化装置具体形式很多，按机械结构划分主要有填充床式、线板式、平板式以及复合式等。

低温等离子体和催化剂协同处理有害气体是一种全新概念的尾气后处理技术。等离子体场产生高能活性粒子使反应无需加热即可发生，而且降低了催化剂选择对燃料低含硫量的依赖性。但是至今尚无一个系统能真正意义上有效去除有害排放物，并且大多数系统都受到燃料含硫量的限制，导致系统工作的可靠性差。

第三节 二噁英协同减排技术

人类对二噁英的认识始于 20 世纪初，但当时仅知其是无用的和有害的，并未足够重视。20 世纪 30 年代后，随着工业化进程的加快，有机氯农药、塑料使用量及废物焚烧量增加，二噁英的污染事件经常出现，使二噁英及其治理成为全球关注的热点。

一、二噁英的定义和特点

1. 二噁英的定义

二噁英类是 PCDDs（多氯代二苯二噁英）和 PCDFs（多氯代二苯呋喃）的总称，简称 PCDD/Fs。二噁英不是单一物质，是多氯代二苯类聚集体。

2. PCDD/Fs 的特点

呈固体、熔点高，对热稳定（850℃以上才会被破坏），对酸、碱、氧化剂稳定，难溶于水，易溶于脂肪和大部分有机溶剂，是无色无味的脂溶性物质。

PCDD/Fs 在环境中具有以下 4 个共同特征。

(1) 热稳定性　PCDD/Fs 极其稳定，加热到 800℃才降解，然而要大量破坏时温度需要超过 1000℃。

(2) 低挥发性　这些化合物的蒸气压极低，因而除了气溶胶颗粒吸附外在大气中分布较少，而在地面可以持续存在。

(3) 脂溶性　极具亲脂性，辛烷/水的分配系数的对数值在 6 左右。因而在食物链中，

PCDD/Fs 可以通过脂质发生转移和生物富集。

(4) 环境中稳定性高　尽管紫外线可以很快破坏 PCDD/Fs，但在大气中由于主要吸附于气溶胶颗粒而可以抵抗紫外线。PCDD/Fs 一旦进入土壤，对理化因素和生物降解都具有抵抗作用，平均半衰期约为 9 年，因而可在环境中持续存在。

3. PCDD/Fs 的毒性

由于二噁英类具有稳定的化学性质，高亲脂性，故易于在环境中积累，并通过皮肤或肠胃被人或动物吸收而造成危害。二噁英毒性十分大，是氰化物的 130 倍、砒霜的 900 倍，有“世纪之毒”之称，国际癌症研究中心将其列为人类一级致癌物。

二噁英是目前已知化合物中毒性最大的物质之一，进入人体后不能降解和排出。其不仅是致癌物质，而且具有生物毒性、免疫毒性和内分泌毒性，对人的致死量为微克级。一般二噁英的含量为痕量，检测十分困难。1988 年，北大西洋公约组织的现代社会挑战委员会(Committee on the Challenges of Modern Socicty) 制定了一套二噁英毒性评级制度，把毒性当量系数改称为国际毒性当量系数，即 I-TEFs。

二噁英 (Dioxin) 是非人为生产、没有任何用途伴随存在于各种环境介质的一类环境持续存在的污染物。因其毒性极高，世界卫生组织规定人体暂定每日允许摄入量为 1～4pg/kg 体重，由于公众对环境污染问题的广泛关注，对其研究已成为当今环境研究领域的前沿课题。

二、二噁英的来源

1. 生成途径

一般认为二噁英的来源包括：垃圾焚烧，冶金工业的热处理过程，木材或生物质燃烧，含氯芳香族工业产品（如杀虫剂、除草剂等）的生产，纺织品和皮革染色，纸浆的氯气漂白，汽车（燃用以二氯乙烷为溶剂的高辛烷值含四乙基铅汽油）尾气和废油提炼等。此外，森林天然火灾、田间秸秆焚烧、居民家庭火灾等也会产生少量二噁英。

到目前为止，PCDD/Fs 的生成机理尚未研究清楚，这主要是由于 PCDD/Fs 是一种痕量物质，检测数据的可信度和实时性均无法保证，使得研究工作具有相当的难度。尽管如此，通过对大量实验以及现场调研数据的总结，一般认为 PCDD/Fs 通过以下 3 条途径生成：

① 前驱物通过气-气均相反应合成；

② 前驱物如多氯酚 (Polychlorinated Phenols，PCPs)、多氯苯 (Polychloro Benzene，PeBz)、多氯联苯 (Polychlorinated Biphenyls，PCBs) 等通过催化作用（例如铜元素）异相合成；

③ 飞灰中颗粒炭、氯等通过气-固或者固-固反应“从头合成”(De Novo)。

2. 排放特征

由于国情不同，各国钢铁行业二噁英排放占总体二噁英排放量的比重不同。例如，德国和澳大利亚以金属冶炼为主，奥地利以木材燃烧为主，而我国大气中的二噁英则主要来自钢铁和其他金属生产，我国各行业二噁英排放量比例分布如图 7-20 所示。

钢铁企业的二噁英污染：英钢联对 5 个烧结厂废气的二噁英进行了测试，废气总毒当

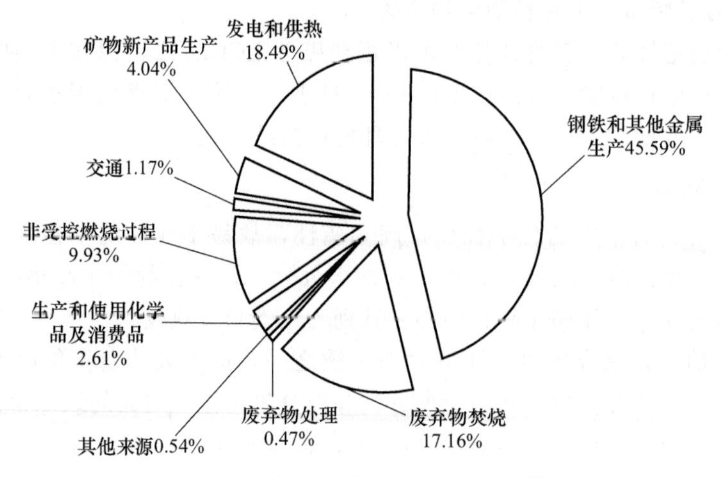

图 7-20　中国二噁英排放行业分布❶

量为 0.28～4.4ng I-TEQ/m^3，平均值为 1.9ng I-TEQ/m^3。英国环境局规定的新工厂的排放标准为 1ng I-TEQ/m^3，英国 Corus 公司的研究表明这些二噁英极可能是在火焰峰前的烧结床中形成的。反应温度在 250～450℃之间；而且与原料中烃类化合物含量有关，烃类化合物含量高，则废气中挥发性有机碳含量高，生成的二噁英也增加；与烧结返矿有关。在烧结过程中采用废气循环、改善料层条件（如加抑制剂）等都能二噁英的产生。向烧结料中加入少量尿素可以有效减少二噁英排放，至少减少 50%。

电炉也是二噁英产生的重要部位。在欧洲二噁英是一项硬性控制指标，在冶金系统的主要监控点是烧结和电炉，如果达不到标准则必须立即停产。

日本、欧洲对钢铁厂的 SO_x、NO_x 的污染问题都已解决，当前的重点是减少 CO_2 的排放，控制粉尘中的 Pb、Zn 等重金属和烟气中二噁英的排放。

中国二噁英的主要来源之一可以认为是氯碱生产的废渣。中国二噁英的其他来源可能还有染料化工、有机氯化工、纸浆漂白等行业。来自垃圾焚烧、化工副产品和冶金废弃物的二噁英还没有调查和统计数据发表。

随着垃圾焚烧炉在世界各国的日益发展，其释放的烟气不仅有微颗粒和 SO_2，还有汞等重金属，而且还有二噁英/呋喃致癌物质。开始在欧洲，然后在北美，最后是日本，都相应地采取对二噁英/呋喃的治理措施，要求二噁英/呋喃的排放量（标态）控制在 0.01ng TEQ/m^3 以下。

三、催化滤料协同净化技术

在过去的多年里，国际众多公司开发了所谓的具有催化作用的滤袋，其基本思想就是用特殊的催化剂来过滤有害物质，使二噁英/呋喃在滤袋表面发生化学分解反应，并将其清除。其中美国 W.L Gore&Associates 公司开发了一种系统，用的就是 RemediaTM 过滤袋的概念。

与此同时，几家日本制造商，如三菱重工、日立公司，开发了他们自己的具有催化作用

❶ 数据来源：《中华人民共和国履约〈关于持久性有机污染物的斯德哥尔摩公约〉国家行动计划》、吕亚辉等《中国二噁英排放清单的国际比较研究》。

的滤袋，同时日本早在1990年就开始使用了这样的系统，它用的是第二代Tefaire®针刺毡加上催化剂，这是继美国戈尔公司Remedia™后的另一种催化滤料。

1. 工作机理

美国Gore公司开发了一种催化过滤覆膜滤料用于过滤垃圾焚烧炉烟气时清除二噁英，该覆膜滤料命名为Remedia®。

通过将TiO_2-V_2O_5-WO_3催化剂通过特殊工艺附着在滤膜上，使得烟气中二噁英捕集下来并进行分解。

一种集催化分解与布袋除尘于一身的新技术——催化过滤系统（见图7-21）。

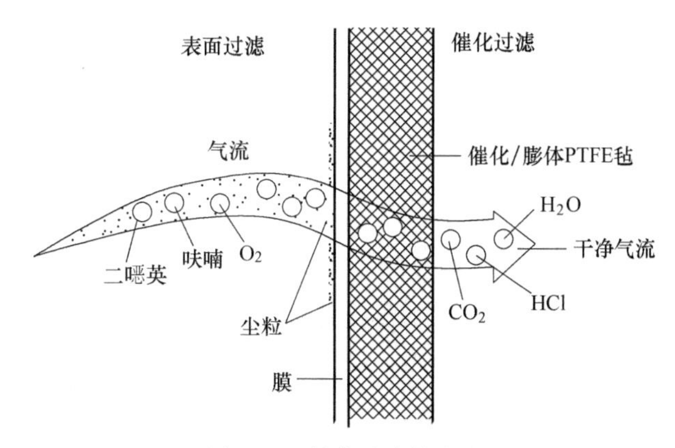

图7-21 催化过滤的流程

1997年美国Gore公司申请了世界第一个催化滤料专利W0 97/06877。这种过滤装置采用的是具有纤维结构的膨体聚四氟乙烯纤维，在这种纤维节点上附有催化颗粒，催化剂并入了聚四氟乙烯的水分散体中。针刺毡的纤网刺入Gore的膨体聚四氟乙烯Rastex®基布上，由于针刺毡的结构比较疏松，可确保过滤过程中压降低，同时许多小微粒能够植入很大的表面积，使得其催化活性得到提高。

这种滤料可以用于振动式、反吹风式和脉冲喷吹式的袋式除尘器，其聚四氟乙烯纤维的使用温度可高达250～260℃，可过滤0.5～100μm的微粒直径，通常过滤颗粒直径<40μm，最好是在15μm以下。合适的填料应该是贵金属（如金、银、钯和铑），也可以是非贵金属，如金、铜、铁、钒、钴、锰和钨的各种各样的氧化物。过滤器的容量达到30%～90%，混合物在聚四氟乙烯纤维的快速搅拌中凝固；然后材料用润滑剂处理，如矿油精、乙二醇和压出胶，挤出物在规定时间内会很快被拉紧，拉伸的长度是原来长度的2～100倍最为合适，推荐使用伸长率35%～41%。成型之后，材料被针刺在毛毡上，然后把材料切开，切成许多条带，再拿到纹钉滚筒（有原纤维组织的）做成由纤维束形成的纱线，一旦薄膜被纤化就会形成由随机的、相互联系的纤维组成的格子。这种结构是一种开放式的结构，这种结构由于在纹钉滚筒上的高速旋转所以具有很高的比表面积。催化滤料制作流程如图7-22所示。

SEM催化剂填满ePTFE薄膜的催化/ePTFE薄膜（图7-23），ePTFE薄膜的表面过滤可以起到以下作用：a. 控制细尘粒；b. 保护催化剂，过滤期间催化剂不损耗；c. 减少吸附设备；d. 减少压力损失。

催化剂/ePTFE纤维毡见图7-24。

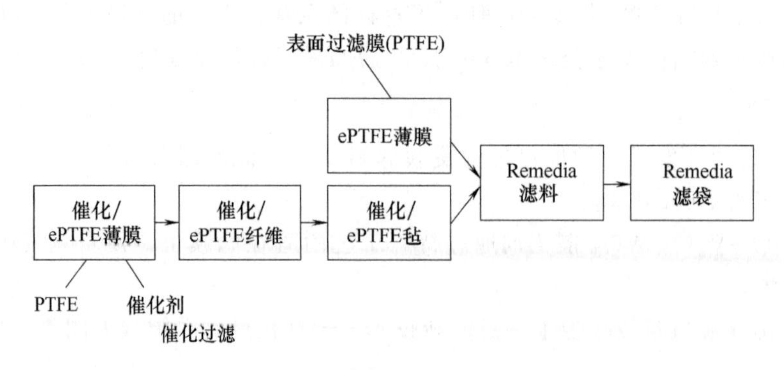

图 7-22 催化滤料的制作流程

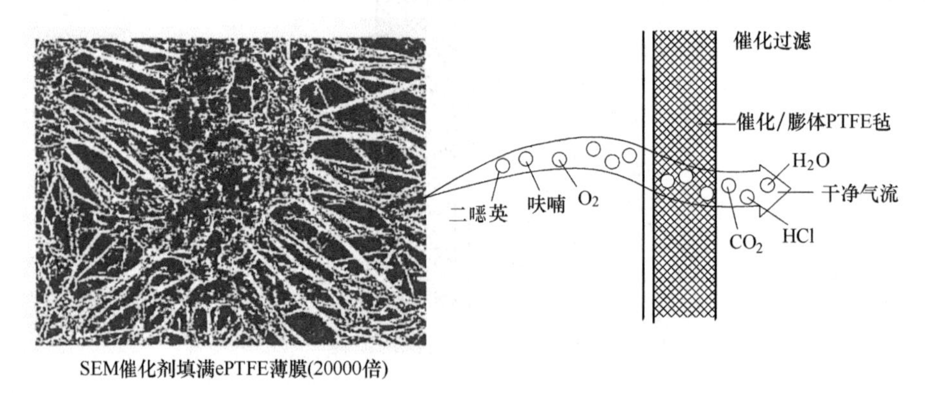

图 7-23 ePTFE 薄膜的表面过滤

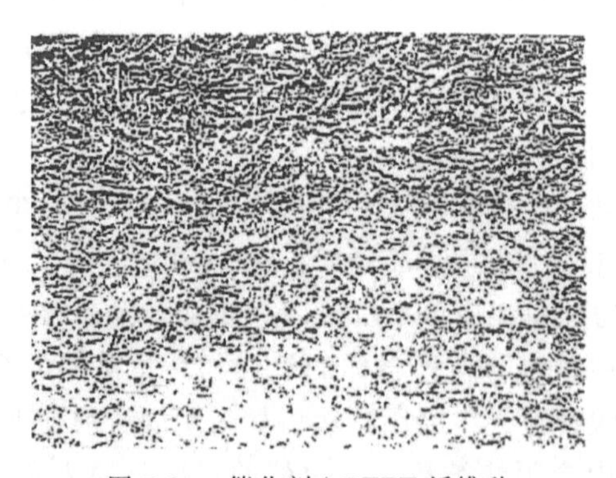

图 7-24 催化剂/ePTFE 纤维毡

2. Remedia 催化过滤器的优越性

① Remedia 催化过滤器与吸附作用的对比如图 7-25 所示。

② Remedia 催化过滤器与催化反应塔的对比如图 7-26 所示。

3. 应用条件

Roland Weber 等也进行了催化剂 V_2O_5-WO_3-TiO_2 对二噁英、多氯芳香烃、多氯联苯的催化净化研究，反应流程见图 7-27。他们所采用的两种催化剂在 150℃以上对 PCDD/Fs 的分解率高于 98%，但当温度在 150℃以下时催化剂对毒物只是起吸附作用，而无多大分解

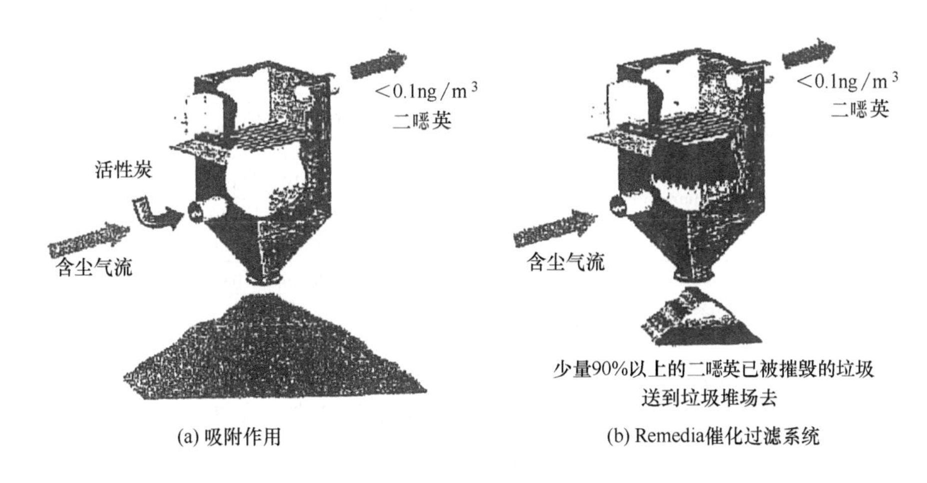

图 7-25 Remedia 催化过滤器与吸附作用的对比（标态）

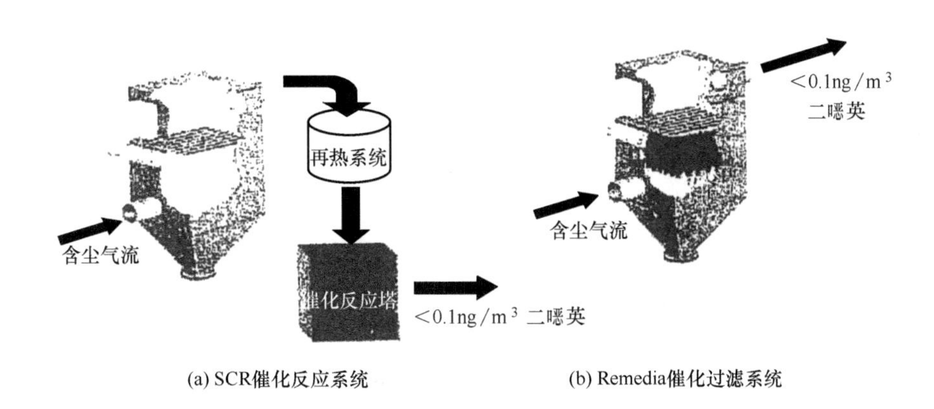

图 7-26 Remedia 催化过滤器与催化反应塔的对比（标态）

效果。使用该法分解毒物的产物是 CO_2、H_2O 和 HCl 等。Roland 还发现，对于以上催化剂分解二噁英来说，在催化剂组分中适度增加钒的含量有利于加强催化分解作用。Per Liljelind，Yan liu，Pietro Tundo 等进行了类似的研究，见表 7-13。

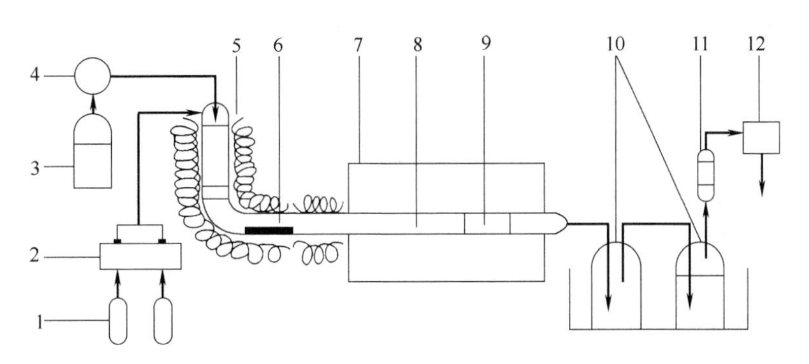

图 7-27 SCR 催化分解 PCDD/Fs 反应流程

1—O_2/N_2 气源；2—流量控制器；3—水；4—泵；5—预热系统；6—化合物蒸滤；7—炉；8—高温反应器；9—催化床；10—洗气瓶；11—活性炭过滤；12—气量计

表 7-13 催化法去除有毒物质

催化剂	反应器	毒物	有毒物质去除情况	去除机理
Ti/V 氧化物	SDDS (shell dedioxin system)	PCDD/Fs	82%(100℃)	吸附
			100%(150℃,8000h^{-1})	催化
			100%(230℃,40000h^{-1})	催化
MnO_x/TiO_2	Tubular quartz glass Fixed bed reactor	CB (chlorobenzenze)	100%(400℃)	催化氧化
MnO_x/Al_2O_3			60%(400℃),100%(500℃)	催化氧化
MnO_x/SiO_2			50%(400℃),100%(500℃)	催化氧化
Pt/C	Three- neeked water jacketed reactor	2,4,8-TCDF	80%(标准大气压,50℃,180min)	吸附-催化
Pd/C			100%(标准大气压,50℃,94min)	吸附-催化

此外，加入吸附、催化分解剂可赋予袋式过滤材料以新的功能。非织布滤材表面采用含有催化剂的活性炭纤维作素材，所用催化剂是粒度为几个埃的金或氧化铁，它们分散在活性炭纤维上，可吸附烟道气中的二噁英，并催化分解。烟道气中 99%的二噁英可被分解成无害物质。日本住友化学工业公司提出，在非织造布滤材表面涂上熟石灰，中和吸附烟道气中的氯化氢，反应生成的氯化钙在高温下被活化，能将烟道气中二噁英的去除效率提高到 90%以上，使高度无害化处理和低成本处理有希望得到实施。该法实质上是新式（具有复合功能）过滤材料的开发和利用。

4. 应用实例

（1）Imog 市政垃圾焚烧炉见图 7-28。

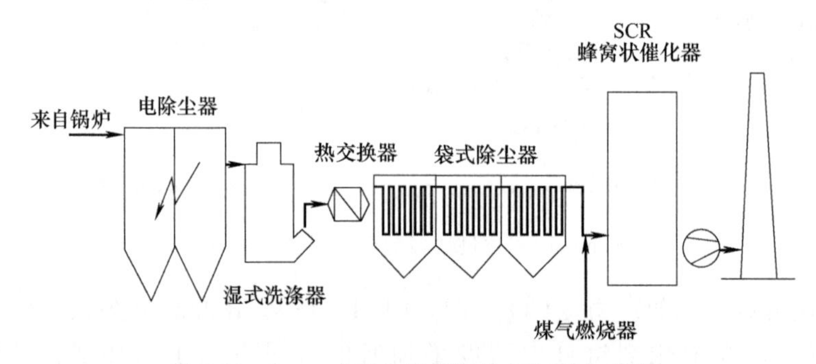

图 7-28 Imog 市政垃圾焚烧炉烟气净化系统

图 7-28 所示的装置中，其装置形式为市政垃圾焚烧炉，1 条线；装置地点在比利时；流程为炉子→锅炉→电除尘器→湿式洗涤器→预热器→袋式除尘器→NO_x 催化反应塔→烟囱；装置数量为 2 台；Remedia D/F 过滤器的数量为 2 套；加料量为 5t/套；总烟气量（湿，标态）为 100000m^3/h；烟气温度为 180～200℃；过滤面积为 2460m^2；安装时间为 2000 年 2 月。

安装 Remedia 以前：开始，粉状活性炭（PAC）加到湿式洗涤器中去，以控制 PCDD/Fs。但是，它难以维持 PCDD/Fs 污染物（标态）低于 0.1ng TEQ/m^3 的限制。

安装 Remedia 以后：用 Remedia 催化滤袋过滤器替代 PAC 控制 PCDD/Fs，袋式除尘器进口的 PCDD/Fs 浓度（标态）范围为 1.2～2.6ng TEQ/m^3，出口浓度大大低于调整后的规定。Remedia 系统进行后表明，进口的 PCDD/Fs 清除率＞99%。

Imog 的结果：a. 二噁英进入袋式除尘器为 99.4%气态；b. 催化净化效率＞99.4%；c. 尘粒排放量（标态）＜0.6mg/m^3；d. 每周袋式除尘器的灰尘量从 6700kg 降低到 1.5kg。

（2）法国 Thonon-les-Bains 市政垃圾焚烧炉见图 7-29。

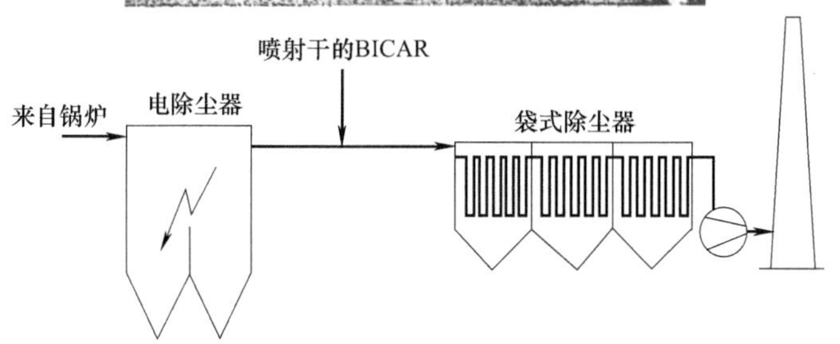

图 7-29 Thonon-les-Bains 市政垃圾焚烧炉烟气净化系统

流程描述：炉排炉→锅炉→ESP→干式吸收系统（BICAR 喷雾）→袋式除尘器→烟囱 Ronaval。

Thonon-les-Bains 设计参数：装置形式为市政垃圾焚烧炉，1 条线；容量为 120t/d；烟气量（标态）为 $35000m^3/h$；烟气温度为 180～2200℃；过滤面积为 $1050m^2$；安装时间为 2000 年 4 月。

Thonon 催化过滤结果如下：

① 安装 Remedia 以前：低温会产生腐蚀，温度提高到 200℃将引进活性炭火烧，BICAR 消耗量减少 20%～30%。

② 安装 Remedia 以后：二噁英总量的测量（标态）远低于规定要求的 $0.1ng\ TEQ/m^3$，除尘器清灰间隔时间为以前采用 PTFE/P84 混合滤袋的 1/10，BICAR®消耗量减少 20%～30%。

5. 催化过滤技术特点

① 颗粒物去除效率高，排放浓度（标态）甚至可以达到 $1mg/m^3$；

② PCDD/Fs 去除率高达 98%～99 %（固态去除率可以达到 99%以上、气态去除率可以达到 97%以上），排放烟气中的 PCDD/Fs（标态）可远低于 $0.1ng\ TEQ/m^3$；

③ 可以不需要喷入吸附剂，不需要改造现有袋式除尘设备，只需要更换滤袋；

④ 阻力小，28 次/d 清灰时为 1500Pa；

⑤ ePTFE 薄膜滤袋抗腐蚀性强，适用于各种酸性烟气；

⑥ 滤袋寿命长，可以达 4～5 年。

四、催化分解技术与装置

1. 催化分解机理

TiO_2 加紫外光催化分解技术对 PCDD/Fs 具有很高的去除率，同时还能协同分解烟气中 55%左右的 NO_x。其机理是：TiO_2 在紫外光照射下能产生氧化性极强的羧基自由基（·OH），对所的有机物几乎无一例外都能氧化成 CO_2 和 H_2O，且分解率高、降解速度快，

最终生成物是 CO_2 和 H_2O 等无害物，处理彻底、不存在二次污染。

2. 二噁英催化分解器

（1）工作原理

由 Ebara 公司所生产二噁英催化分解器，采用催化剂在较低温度区（≤200℃）分解去除废气中的二噁英，同时加入氨选择性催化还原氮氧化物。化学反应如下：

分解还原 TCDD 的反应　$C_{12}H_4Cl_4O_2+11O_2 \longrightarrow 12CO_2+4HCl$

选择性催化还原 NO 的反应　$4NO+4NH_3 \longrightarrow N_2+6H_2O$

为了操作稳定，该系统置于除尘器之后。二噁英去除流程如图 7-30 所示。

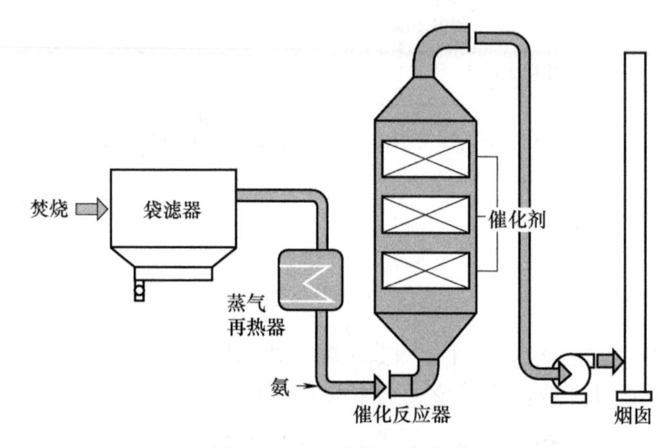

图 7-30　二噁英去除流程

（2）分解器的特点

① 由于传统的 SCR 在较低温度区（≤200℃）催化剂能增加反应活性，所以该法也采用催化剂，这样在较低的温度下就能更好地处理二噁英。

② 由于分解去除反应在低温区，所以用于再次加热的蒸气量减少，甚至有可能设计不用再次加热装置的体系。

③ 使用适合的蜂窝状催化剂，不易造成堵塞。

二噁英的去除率与温度的关系如图 7-31 所示，在低温（160～180℃），SV 值为 3000～4000$m^3/(m^3 \cdot h)$ 时分解率约为 90%。

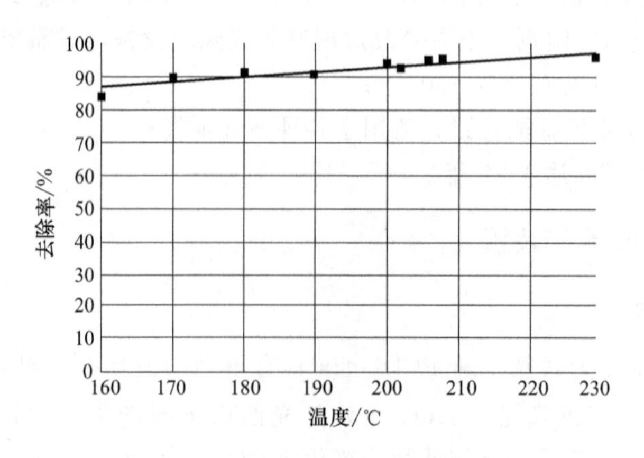

图 7-31　二噁英去除率与温度的关系

NO_x 脱除率与温度的关系如图 7-32 所示，在低温区，NO_x 脱除率趋于降低，因此，为了提高 NO_x 脱除率，SV 值要根据实际温度有所调整。

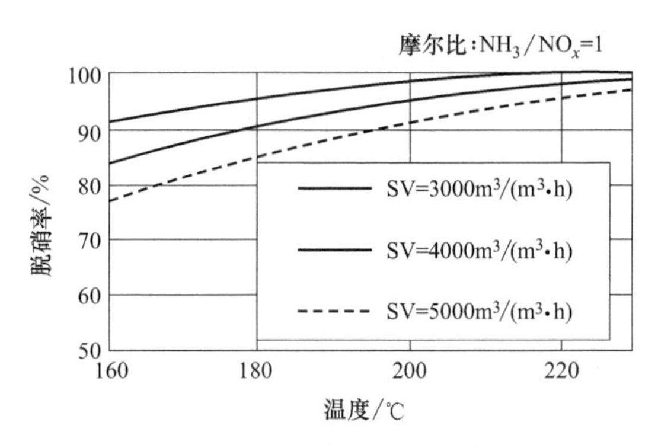

图 7-32 脱硝率与温度的关系

该催化分解器可以应用在废物焚烧产生的废气处理，气化器和金属熔炉厂排放的废气处理，熔灰厂排放的废气处理。

3. TSK 催化分解二噁英装置

（1）结构

TSK 催化剂脱附出二噁英系统由高活性的催化剂和专门的侧流式反应器组成，该反应器简称 LCR。LCR 系统由气体管道和催化剂板层构成（见图 7-33），气体经过只在反应器一段开口的气体管道进入，再通过薄的催化剂板层，最后进入只在反应器另一端开口的管道排出。

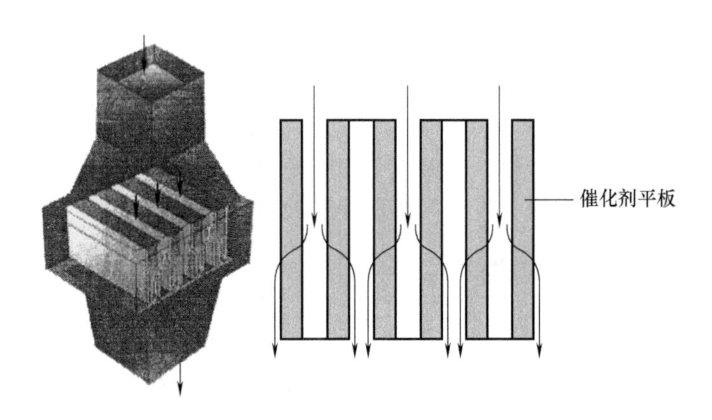

图 7-33 TSK 催化分解二噁英装置

（2）特点

① 二噁英的裂解率高。TSK 催化剂脱附出的二噁英效率超过 99%，即使二噁英的浓度非常高，也有可能达到严格的排放标准。

② 可使用的温度范围大。温度在 160～380℃内可获得高的分解率，所以可以不考虑废气处理中常采用的冷却加热等设备。

③ 催化剂寿命长。一般来讲，该系统可以维持 3 年或更长时间，因此可以减小催化剂的更新率。

④ 节省面积。因 TSK 催化剂内表面积大，安装催化剂所需的空间比其他类型的要小，此外对气流方向没有限制。

（3）性能

① 温度。图 7-34 表明，温度取决于 TSK 催化剂，该催化剂比起蜂窝状的催化剂能更好地破坏二噁英结构，而且在大约 150℃时该催化剂可达到 95％的处理效率。

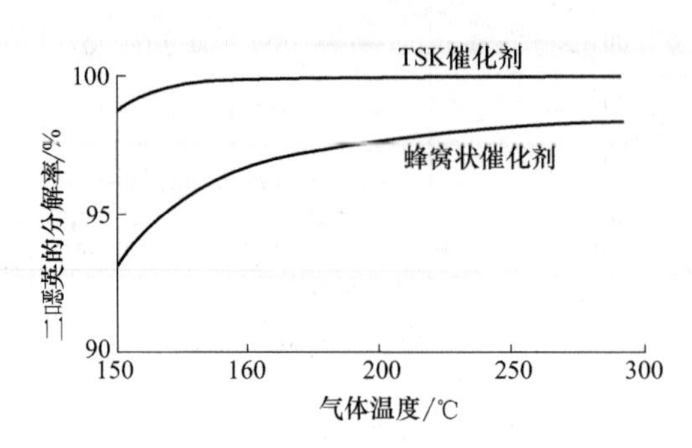

图 7-34　气体温度与二噁英分解率的关系

② 空速。在 3000～12000h^{-1} 范围内空速对分解率的影响不大。

③ 压降。TSK 催化剂是粒状的，催化剂板层厚度为 100mm 压降 0.5kPa。如果允许压降的体积比催化剂体积小，板层厚可以设计成 20～65mm，那么反应器尺寸会增大一些，但催化剂体积不变。

（4）应用　这种二噁英净化装置可以用于焚烧厂处理市政废物、工业废物和来自化工厂的废气，还有很好的脱氮性能，所以可用来协同脱去氮和二噁英。

第四节　焊接烟气协同减排技术

焊接烟气的特点是发生量量小、尘源点分散、危害较大。以下介绍焊接烟尘特点及等离子体净化电焊烟尘装置和焊烟净化机组的协同净化技术。

一、焊接方法分类和有害物

1. 焊接方法分类

焊接方法的分类是根据在工艺过程中施加的温度、压力、使用的能源及保护方式不同确定的。焊接分为熔焊、压焊和钎焊三类。

① 熔焊是利用局部加热的方法，将焊件接合处加热到熔化状态，互相融合，冷凝后彼此结合成整体。

② 压焊是在焊接时无论对焊件加热与否都施加一定的压力，使两个接合面紧密接触，促进原子间的结合，以获得两个焊件之间的牢固连接。

③ 钎焊是焊件本身不熔化，而是利用比焊件熔点低的钎料受热熔化后流入焊件接头间隙，冷凝后使焊件连成整体。

2. 焊接过程产生的有害物

焊接生产中产生的有害因素可分为物理的和化学的两大类：物理因素有焊接弧光、高频电磁波、热辐射、噪声及放射线等；化学因素有焊接烟尘和有害气体。

(1) 焊接产生烟尘　一般焊接生产以手工电弧焊所占的比例最大，产生的有害物也较多；其次为气体保护焊。焊接烟尘的粒径在0.01～0.4μm范围内，而以0.1μm左右的居多。

不同类型焊条的发尘量有很大差别，其与药皮类型、氧化的强弱、氟化物类型、药皮厚度、焊条直径、电流大小等因素有关。

钢材焊接和热切割时产生的烟尘，主要成分为氧化铁，其占烟尘总量的33%～56%；其次为氧化硅，占10%～20%；还有氧化钙、氧化锰、氧化铅、氧化钛、氧化镁等。

四种类型电焊条发尘量列于表7-14，常用的结507、结422电焊条烟尘分散度列于表7-15，气体保护焊的发尘量见表7-16。气体保护焊的有害气体发生量见表7-17。

表7-14　四种类型电焊条发尘量

焊条类型	发尘量/(g/kg)
钛钙型	6.3～7.2
低氢型	8.9～15.6
锰　型	10.2～18.3
低氢高锰型	30.4

表7-15　电焊条烟尘分散度　　单位：%

电焊条牌号	≤2μm	2～4μm	4～6μm	6～10μm	≥10μm
结507	81.5	12.0	4.5	1.5	0.5
结422	73.5	18.5	5.5	1.5	1.0

表7-16　CO_2气体保护焊的发尘量

施焊条件			熔化1kg焊丝产生的烟尘量/g	发尘量/(g/min)
焊丝直径/mm	焊接电流/A	电弧电压/V		
1.0	190	22	4.62	0.23
1.2	190	22	7.00	0.35
1.2	315	29	9.30	0.84
2.0	315	29	11.40	0.92
2.0	415	34	13.50	1.62

表7-17　气体保护焊的有害气体发生量

施焊条件			熔化1kg焊丝产生的有害气体量/g		
焊丝直径/mm	焊接电流/A	电弧电压/V	CO	NO_2	O_3
1.0	190	22	3.85	0.056	0.006
1.2	190	22	4.19	0.180	0.016
1.2	300	30	2.00	0.173	0.012
2.0	300	30	2.55	0.070	—
2.0	400	34	1.41	0.090	—

(2) 焊接产生有害气体　焊接生产时产生的有害气体主要有氮氧化物、臭氧、一氧化碳和二氧化碳；当焊条药皮中加入氟化物时尚会产生氟化氢气体。焊接生产时产生的烟尘和有害气体质量浓度见表7-18、表7-19。

表 7-18 气体保护焊的烟尘及有害气体质量浓度

施焊条件			CO/(mg/m^3)		CO_2/%		NO/(mg/m^3)		NO_2/(mg/m^3)		O_3/(mg/m^3)		焊接烟尘/(mg/m^3)	
焊丝直径/mm	焊接电流/A	电弧电压/V	呼吸带	浓烟中	呼吸带	浓烟中	呼吸带	浓烟中	呼吸带	浓烟中	呼吸带	浓烟中	呼吸带	浓烟中
1.0～1.2	250～300	24～34	95	178	0.028	0.18	1.76	5.14	1.49	2.59	0.55	3.83	20.4	116.3
2.0～2.5	370～550	38～40	70	250	0	0.16	1.17	7.19	1.77	3.48	0.20	3.31	7.4	124.2
4.5	700	37～48	150	440	0.031	0.31	2.22	6.71	2.22	6.11	0.40	2.00	7.0	342

表 7-19 低温系软钎料焊接时产生的有害成分

类别	有害成分	发生源处的质量浓度	上升烟中的质量浓度（距发生源 25cm）
低温系软钎料钎焊（350℃加热）	蒎烯	236×10^{-6}	9×10^{-6}
	三乙醇胺	26×10^{-6}	1.2×10^{-6}
	HCl	2.6×10^{-6}	0.3×10^{-6}
	铅	0.10mg/m^3	<0.02mg/m^3
	镉	0.36mg/m^3	0.03mg/m^3
低温系软钎料钎焊（250℃加热）			距发生源 20cm
	甲醛	0.25×10^{-6}	0.04×10^{-6}
	酚	6.70×10^{-6}	0.10×10^{-6}
	二乙醇胺	1.9×10^{-6}	0.20×10^{-6}
	HCl	0.4×10^{-6}	$<0.1\times10^{-6}$
	CO	$<5\times10^{-6}$	—
	铅	0.029mg/m^3	
	镉	0.004mg/m^3	
	蒎、烯	40×10^{-6}	7×10^{-6}

3. 改善焊接作业空气环境的工艺措施

（1）采用无烟尘或少烟尘的焊接工艺　用摩擦焊代替电弧焊。推广电阻焊的应用范围，并促使其向大功率、高参数方向发展，可焊接的截面也在不断扩大。对于水平位置的焊接（角接、对接及环缝焊）采用埋弧焊。在中、厚板上使用电渣焊。

（2）开发和使用低尘和低毒焊接材料　开发低尘型碱性焊条和气体保护堆焊用合金焊丝。减少焊条药皮中钾和钠含量以降低焊条毒性。在解决电弧稳定性、保证焊缝机械性能、避免产生焊缝缺陷的前提下，积极进行各项开发研究推广使用工作。

（3）提高焊接过程机械化、自动化程度　对大批量重复性生产的产品设计程控焊接生产自动线。对筒体内外缝、环缝的焊接采用自动焊装置，在焊接机头上配备电视摄像机。焊工可在筒体外荧光屏上观察焊接全过程并进行操纵，使其完全避开了烟尘和高温。

采用多关节型弧焊机器人解决在管板上堆焊纯铜时的焊接烟尘和高温作业的恶劣操作条

件。采用程序控制可搬移式机器人焊接多间隔式的箱形结构。

目前，国际上焊接机器人不但用于电阻焊，也用于电弧焊、操纵钨极氩弧焊、熔化极氩弧焊和CO_2保护焊，并正在研制具有视觉、触觉和听觉的人工智能型新一代机器人。

提高机械化、自动化程度不仅可使焊工远离污染源，而且也为有效地排除焊接烟尘创造了条件。

二、等离子体净化电焊烟尘装置

焊接烟尘为污染环境的公害之一，研究焊接烟尘防治措施日益迫切。目前国内外采取的措施有局部通风全面通风、个体防护、研制低尘低毒焊条、改进焊接工艺等。焊接作业是一个小冶金的过程，熔池处焊条及母材处于约5000℃高温，产生金属蒸气、金属氧化物烟尘。烟尘粒径0.04～2μm，常用的除尘方法对此效果差，且装置占地面积大、可移动性差、能耗高。

1. 装置的工作原理

电弧焊在过热-蒸发-氧化-冷凝的物理过程中先形成直径0.01～0.4μm的“一次粒子”并悬浮在空气中。因其带有静电和磁性，几十个或几百个一次粒子迅速聚集，形成“二次粒子”。在窄脉冲电晕放电中产生的高能电子使气体电离成正、负离子，并被分别吸向异性的针、板电极。同时，由于高压脉冲上升沿陡峭，电子瞬间加速，而离子几乎不加速。在这种放电等离子体中，电子温度特别高，可形成大量的激发态分子，各种极富于反应的自由基将会引发气体分子电离。气体电离后电场分布不同引起离子浓度差，导致离子扩散，把电荷传给粉尘粒子，使粉尘颗粒荷电。在这种情况下产生的电流主要由电子漂移形成，而离子漂移速度≪电子漂移速度，在窄脉冲期间离子电流可忽略，所以这种放电能量利用率很高。

2. 降尘过程

具体降尘过程见图7-35。高压脉冲电使针状电极周围形成电晕等离子区，大量正负离子在单一电场作用下向相异的电极移动。由于电焊烟尘绝大多数直径小于0.1μm，因此扩散荷电起重要作用，荷电粉尘在脉冲电场作用下向平行板状电极移动而被捕集。

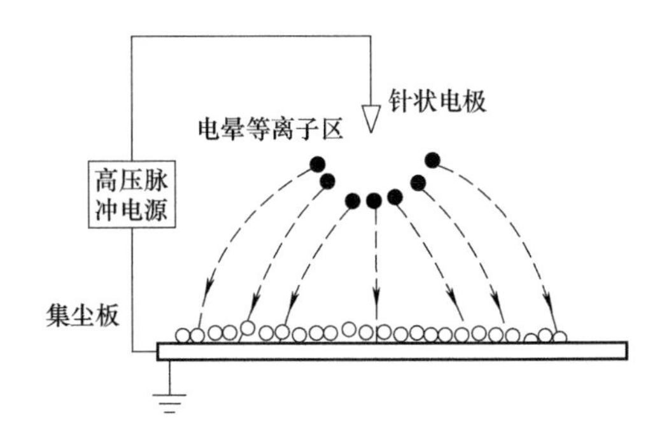

图7-35 电晕等离子体荷电降尘过程

在荷电过程中，离子一方面在扩散方程的作用下向粒子方向移动，另一方面又在静电作用下反向逆流。

3. 荷电装置结构

电晕放电等离子体净化电焊烟尘的荷电装置如图 7-36 所示，采用尖-板式放电结构电场极不均匀，特点是电场强度高、起晕电压低、结构简单，可产生大量等离子体，提高了离子荷电数，使离子和尘粒混合得更均匀，增大了尘粒和离子碰撞荷电的机会。

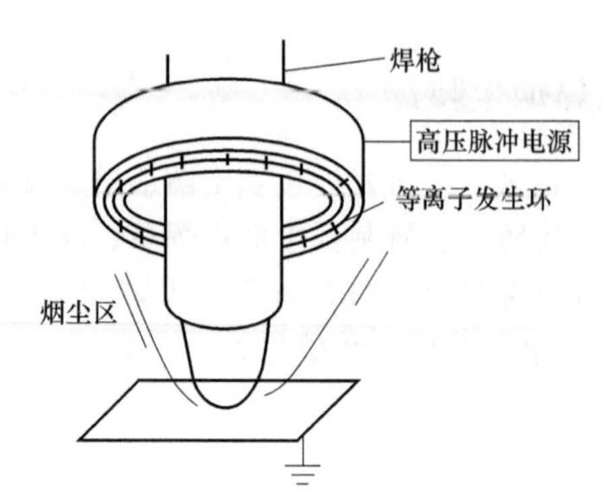

图 7-36　电晕等离子体荷电装置结构示意

工作时聚四氟材料发生环上的电压高达 12kV，与针状电极应绝缘良好。针状电极与发生环的沟槽间采用环氧树脂密封，防止爬电、漏电等现象。

从荷电机理可知高效除尘要求场强高，脉冲前沿短，驱动电压低。陈刚等设计的脉冲电源，如图 7-37 所示。其研制的高压窄脉冲电源系统改善了高压荷电系统的性能，稳定性好、抗网络波动性强、调节范围宽，在电网波动 20%时能正常工作。

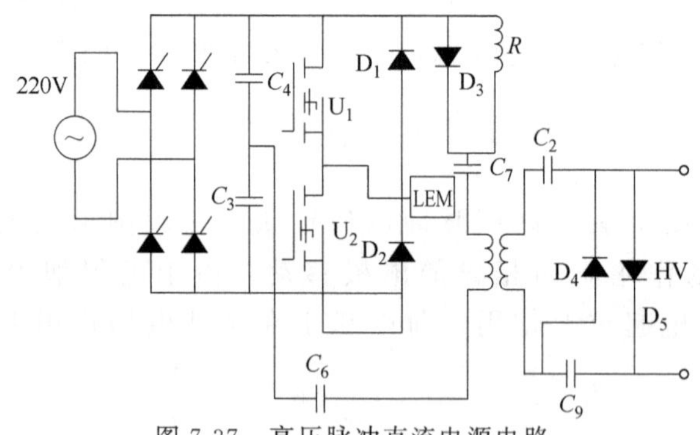

图 7-37　高压脉冲直流电源电路

三、焊烟协同净化机组

焊烟协同净化机组由吸嘴、软管、净化装置、风机等组成，可分为手提式和小车式两种。大多数小型机组，排风量为 100～3000m^3/h，见表 7-20。

表 7-20　移动式焊烟净化机组技术参数

技术参数	CK-1600 型	803 型	静电烟气净化机	840,841	PT-1000 型
外形尺寸/mm	—	—	—	810×225×410	700×924×1035
风量/(m^3/h)	240	210	—	163	1088
风压/Pa	7000	5000	—	真空度 21700	资用压力 1040

续表

技术参数	CK-1600 型	803 型	静电烟气净化机	840,841	PT-1000 型
功率/kW	1.60	1.0	静电过滤耗电 30～50W	1.0	0.75
质量/kg	—	—	—	15.7	—
噪声/dB(A)	—	—	—	75	78
滤材	(1)泥炭床；(2)Al_2O_3颗粒浸渍$KMnO_3$	(1)灭火器；(2)高效纸滤	(1)预滤；(2)双级静电；(3)后滤	三级协同过滤	专用滤筒
清灰方式	更换	更换	更换、清洗	其中 841 型有自动停闭、清灰信号指示功能	取出清灰
研制或生产单位	瑞典	瑞典	意大利 CORAL 公司	瑞典 Lectrostatic 公司	美国 Donaldson 公司
备注	见图 7-38	见图 7-39	见图 7-40		见图 7-41

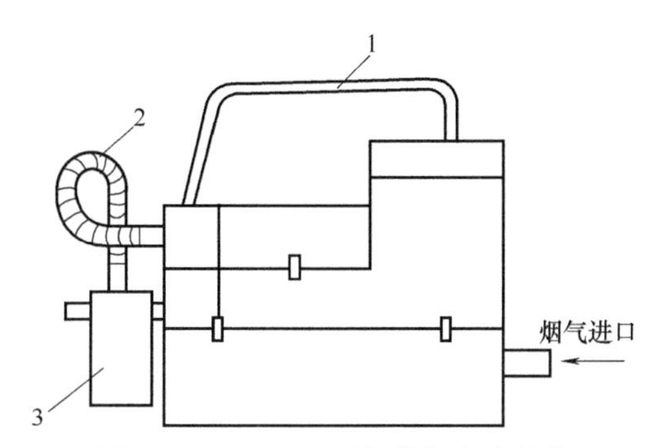

图 7-38 CK-1600 型焊接烟尘净化器

1—握手；2—软管；3—气体过滤器

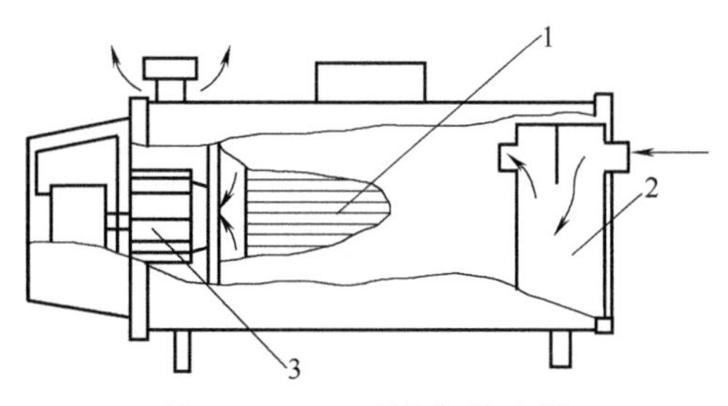

图 7-39 803 型烟气除尘器

1—纸过滤器；2—灭火器；3—风机

焊烟协同净化机组，可以减少车间内通风、热损耗，其集烟箱内，通常具有四级过滤装置。

一级：火花熄灭器，防止火花进入后级过滤层，烧损滤料。

二级：初中效过滤器，一般采用无纺布，集尘量大。

三级：中高效过滤器，一般采用丙纶或纸过滤器或双区静电过滤器。

四级：有毒气体净化器，可采用分子筛、活性炭纤维等吸附材料。

此外，用于电子行业钎焊作业的焊烟净化机组可采用表 7-21 中所推荐的设备。

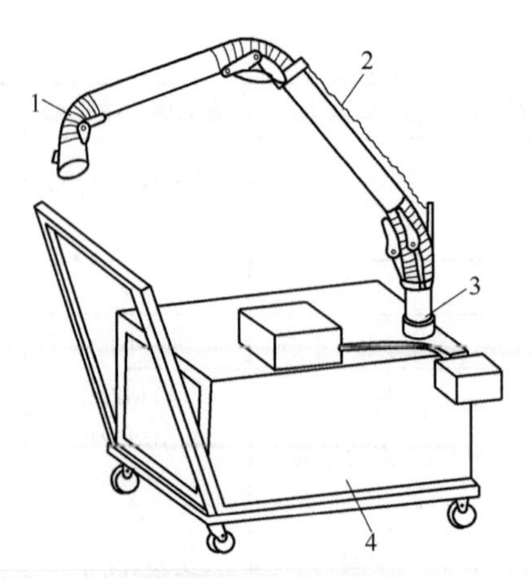

图 7-40 静电烟气净化机

1—活动关节；2—弹簧；3—旋转接头；4—本体

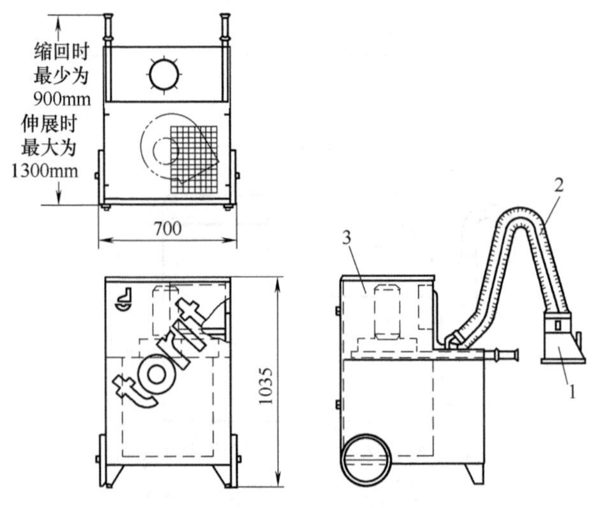

图 7-41 PT-1000 型净化机

1—吸嘴；2—自衡管；3—本体

表 7-21 钎焊专用焊烟净化机组

技术参数	型号			
	Air EX	Comb EX	Pro 15	Multi VAC
净化效率/%	99.97	99.97	99.97	99.97
高度/mm	280	400	650	660
直径/mm	ϕ210	ϕ255	宽 330	长×宽(890×700)
质量/kg	1.8	13	23	110
活性过滤面积/dm^2	90	三级过滤	三级过滤	三级过滤
噪声/dB(A)	42	36～44.5	48	65
工作压力/Pa	$(3\sim8)\times10^5$	电压 120/230V，50/60Hz	电压 230V，单相 120V，50/60Hz	电压 208/240V，50/60Hz，单相
吸风接出软管/mm	ϕ4～6	吸风量 $10m^3/h$ 及 $30m^3/h$	吸风量 $43m^3/h$ ϕ50	吸风量 $800\sim1200m^3/h$ ϕ160
功率/W	—	100	600	2200

续表

技术参数	型号			
	Air EX	Comb EX	Pro 15	Multi VAC
备　注	备初、细两级过滤层和气体净化层，接出软管1.5m，ϕ4.2mm。吸口与烙铁组成一体，放在操作者旁不妨碍	三级净化过滤，可接1～2个烙铁，放在操作者旁不妨碍，接出～1.5m，ϕ32mm软管	最大真空度为17940Pa，可手动或自动调节真空度。可服务于15把烙铁同时工作	最大真空度为3550Pa。可手动或自动调节真空度。可服务于15个吸风点
产品制造单位	瑞典Lectrostatic公司			

第五节 饮食业油烟协同净化技术

目前在城市大气污染源中，饮食业油烟污染和工业污染源及汽车尾气污染一并成为主要的污染源。

一、饮食业油烟定义

饮食业油烟指食物烹饪和食品加工过程中挥发的油脂、有机质及热氧化和热裂解产生的混合物。饮食业排放的污染物为气溶胶，其中含有食用油及食品在高温下的挥发性化合物，由食用油和食品的氧化、裂解、水解而聚合形成的醛类、酮类、链烷类和链烯类、多环芳烃等氧化、裂解、水解、聚合的环化产物，成分非常复杂，有近百种化合物。饮食业油烟中包括气体、液体、固体三相，液固相颗粒物的粒径一般$<10\mu m$，液固相颗粒混合物的黏着性强，大部分不溶于水，且极性小。

根据国标《饮食业油烟净化排放标准》编制课题组实测统计数据，饮食业油烟排放浓度为$1.68 \sim 31.9 mg/m^3$。

二、吸附-催化一体化油烟净化装置

1. 工作原理

油烟吸附-催化协同净化工作原理主要分为三步：第一步是吸附过程，油烟被吸附剂吸附；第二步是脱附，油烟达到一定浓度后脱附进入催化转化器；第三步是油烟物质在转化器被催化转化成无害的CO_2和H_2O。

2. 设备结构

装置结构示意如图7-42所示。

该装置的工作过程包括进气、隔油、吸附、脱附和催化转化以及排气五个工序。使用时，厨房油烟先经隔油网截留大部分的油粒和固体、液体杂质，以减轻后续工序的负荷，并防止吸附剂被堵塞。隔油处理后被吸附剂吸附，吸附剂采用特殊的有较高性能的物质，单位质量吸附剂有很大的吸附容量，且该吸附剂有较长的吸附周期。当吸附剂达到饱和时，将吸附在吸附剂上的油烟物质进行脱附，进入催化转化器。在催化转化器中，含油烟气体进行催化进化，转化为二氧化碳和水，转化过程中放出的热量维持其所需的催化温度及完成催化转化反应后吸附剂的再生热能，净化后的气体通过导流管和排气管直接排到大气中。

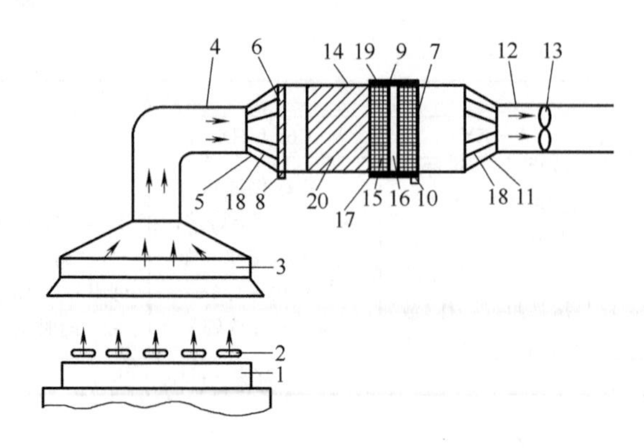

图 7-42 一种吸附-催化一体化油烟净化装置

1—厨房灶台；2—灶炉；3—风罩；4—进气管；5—导流管；6—隔油网；7—催化转化器；8—集油槽；9—加热保温层；10—开关；11—导流管；12—排气管；13—变频抽风机；14—壳体；15—蜂窝陶瓷载体；16—气体通道；17—电热丝；18—导流；19—玻璃棉；20—吸附剂载体

3. 技术特点

① 可以安装在厨房原有的抽油烟机的风管和烟道内，也可以直接利用原有的风机，安装十分简便。

② 利用吸附剂吸附油烟，在通过催化转化器处理，除油烟率可达 90%以上，并达到国家最新的厨房油烟排放标准。

③ 油烟经处理后可以直接排出，油烟物质被催化转化成二氧化碳和水，不会产生二次污染，彻底解决了油烟对大气的污染问题。

④ 结构简单，体积适当，压降不高，结构紧凑，工作噪声低，运行维护方便，安装、拆卸及清洗均很容易。

⑤ 运行费用低，非常适合家用或者中、小型酒店、餐厅使用。

此外，图 7-43 是一种吸附-催化式油烟抽排净化装置。

三、复合等离子体油烟净化器

在我国传统的煎、炒、烹、炸过程中会产生大量的油烟，据有关部门分析测算，油烟中含有大量对人体及大气环境有害的物质。目前，国内外油烟处理措施主要有惯性分离设备、静电沉积设备、过滤设备及洗涤设备等。以上各种方法虽然在油烟对大气的污染问题上解决了一定问题，但都存在着各自的不足及潜在的二次污染问题。由于厨房排烟中同时含有气、液、固三态污染物质，无论哪种方法捕集下来的物质黏度都很大，会降低设备的处理效率。

1. 工作机理

复合等离子体油烟净化器的机理是：等离子体中含有大量极性相反的离子，可以附着在油滴上，有效地促使油滴凝聚从而易于捕集，空间放电产生的等离子体含有大量活性很强的游离基团，如·OH、·O、HO_2·以及强氧化剂 O_3 可以有效地氧化油烟中的氧态有害成分。用低温等离子体处理油烟的反应过程为：细小油滴→荷电凝聚→沉降或捕集；气态有害物质→氧化或分解→沉降或捕集。

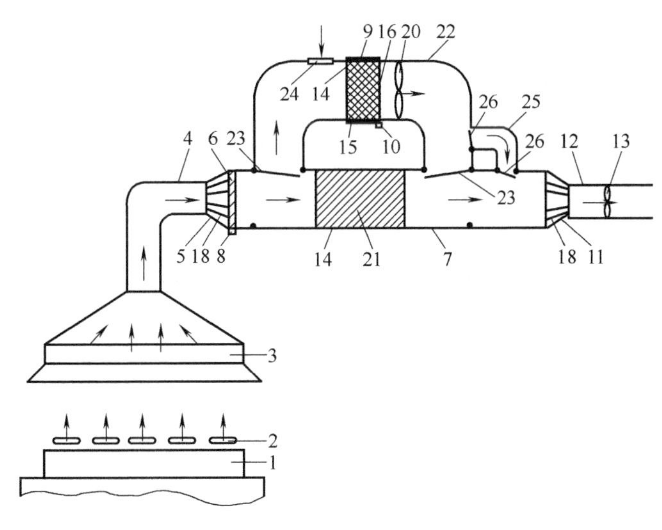

图 7-43 一种吸附-催化式油烟抽排净化装置

1—厨房灶台；2—灶炉；3—风罩；4—进气管；5—导流管；6—隔油网；7—主管道；8—抽屉式集油槽；9—加热保温层；10—开关；11—导流管；12—排气管；13—抽风机；14—内壳；15—蜂窝陶瓷载体；16—催化转化器；17—电热丝（图中未示出）；18—导流板；19—玻璃棉（图中未示出）；20—辅助抽风机；21—载体；22—旁通管；23—双向开关；24—进气口；25—排气管；26—单向开关

2. 复合等离子体油烟净化器组成

其结构是由壳体、均流体、油雾凝聚及有害气体分解段、旋流分离体四部分组成（图7-44）。壳体是一个将均流体、等离子体发生器及旋流体结合在一起的封闭箱体，壳体的左侧是进风口，右端顶部是出风口，下部是集油箱；均流体位于壳体内前端部，进风口处，为两块相平行，并与壳体底部、顶部平行的直角形百叶窗板，两块板分别固定在壳体侧壁上，左端与进风口相连，右端盲死，将壳体内前端部分割成3个空间：油雾凝聚及有害气体分解段位于均流体两块板与壳体内壁形成的上、下两个空间处，两个等离子发生器分别固定在壳体上、下内壁上；旋流体位于壳体内右端部由两个分别由多个直径不等的同心圆组成的圆柱筒构成，顶端与出风口相连，下端与集油箱相连。当含油雾烟气通过进风口进入净化器后，

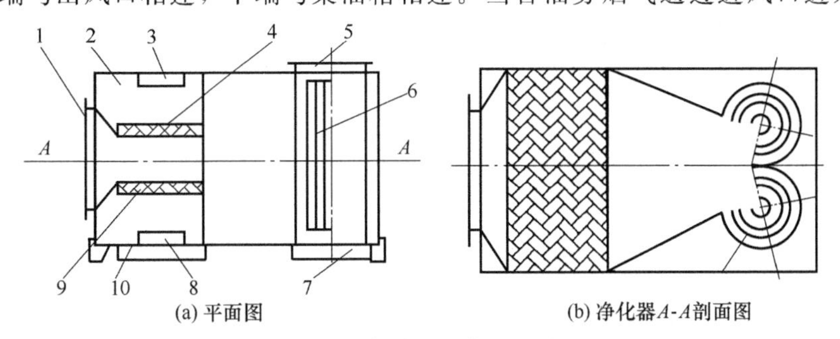

图 7-44 复合等离子体油烟净化器

1—进风口；2—空间；3、8—电极；4、9—百叶窗板；5—出风口；6—圆柱筒；7—集油箱；10—壳体

首先通过均流体，去除大的油雾颗粒，降低由于烹饪过程中产生的不均匀油雾深度对凝聚及分解段的效率波动，使发生器的寿命更长，效率更高。当含油雾烟气进入油雾凝聚及有害气体分解段后，在等离子发生器空间放所产生的低温等离子作用下，将油雾颗粒凝聚后采用机械方法将其捕捉，同时有害气体被氧化分解，异味被除去，旋风分离器是改变已经凝聚的大颗粒油雾的运动方向，使之聚合在旋流体壁上，并在重力的作用下流入集油箱被收集。

3. 主要技术特点

复合等离子体油烟净化器主要特点在于正常工作过程中其阻力接近于零。采用的除油及除异味的机理不同于过滤式净化器，故整机阻力基本不随时间的长短而改变，目前其除油率均高于80%以上，除异味达70%以上，发生器最大选用功率不大于50W。由于发生器本身及凝聚氧化段不粘油，避免了静电除油极板、极线粘油所导致的效率下降问题。

四、紫外灯油烟净化装置

中国科学院大气物理研究所针对京津冀大气霾污染及控制策略研究发现，北京地区餐饮排放占 $PM_{2.5}$ 来源的14.1%。

在我国，厨房主要采用滤网、运水烟罩和静电吸附技术对油烟进行处理，这三种技术难以从根本上消除油污，存在二次污染，使得厨房排烟管道成为火灾高发区。为根除餐厨烟道火灾隐患，研制成功了紫外汞齐灯油烟净化装置。

1. 工作机理

通过光解作用，高能紫外光子可以破坏分子中的化学键，将其分解为不会对环境造成影响的成分。波长185nm的真空紫外辐射通过直接光解分解有机物分子；大自然也是通过这样的方式来净化空气中的污染物。紫外辐射有许多作用，例如分解工业废气中的有害物质，分解油烟中的油脂，减少油烟中的气味，WSY-1长寿命紫外汞齐灯油烟净化装置，是利用紫外线C波段，发出UV-C185～254nm的紫外光线来分解在烹调中产生的油烟。185～254nm的紫外线发出的光子能量分别为472kJ/mol和647kJ/mol，能产生 O_3，并可切断绝大多数的分子结合，油烟中的有机分子结合被高强度的光能切断、氧化，能把油污分解到单分子层以下。

UV和 O_3 具有强大的氧化分解包括恶臭在内的有机分子的能力，UV/O_3 其相乘作用在空气净化处理中发挥巨大威力，从而将油烟分解成 CO_2 和 H_2O 等易挥发性物质。异味也随之消除，能起到防火，杀菌以及消除异味的作用。

2. 工艺流程

WSY-1长寿命紫外汞齐灯油烟净化装置工作流程见图7-45。

3. 技术特点

(1) 油烟净化率高　净化率98%以上，且可长期保持极高的油烟净化率。测试表明，半年后本产品的油烟净化率仍高达98%。

(2) 功效长久　科学的配置和精湛的技术，使得本产品可以连续3年以上无故障运行，其中紫外汞齐灯使用寿命更可高达16000h以上。

(3) 无污染　利用紫外汞齐灯产生的臭氧和紫外线将油烟分解成无害气体，可达标直排，也不会产生异味；同时除了电能以外，没有其他消耗，不会像其他技术那样产生二次

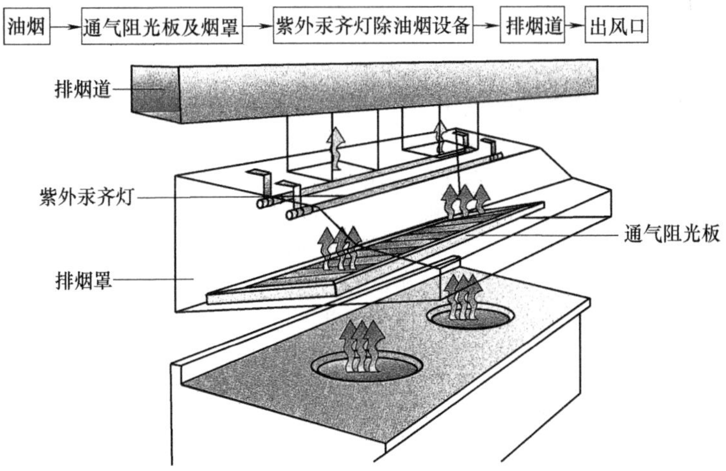

油烟→通气阻光板及烟罩→紫外汞齐灯除油烟设备→排烟道→出风口

排烟道
紫外汞齐灯
通气阻光板
排烟罩

图 7-45 紫外汞齐灯油烟净化装置工作流程

污染。

(4) 无火灾隐患 油烟净化率 98%以上，排烟管道内油污积存量少于 1%，从根本上解除了烟道火灾隐患，达到主动式防火的目的。

(5) 安装便捷 对老旧厨房可以技改，不需改变原有排烟设备及厨房的结构，新厨房可按环境条件自由组装。

(6) 无噪声 采用光解方式对油烟进行处理，只在工作过程中产生极少的热量，没有任何的噪声污染。

(7) 免清洗 油烟净化率 98%以上，排烟管道内油污积存量少于 1%，不需要定期清洗，也无需后续服务，不会产生后续服务费用。

4. 工程应用实例

某市教委餐厅油烟净化改造 项目。灶台长度约 7m，原来使用运水烟罩来净化油烟，不但净化效果差而且因风阻大，致使排烟困难，特别是后续服务工作特别繁重，如每天需清掉浮在水上的油垢，定期清洗油罩、风机和风道等。排风烟道很长而无法清洗，火灾隐患加大，安装 WSY-1 紫外汞齐灯油烟净化装置后，经环保部门专业检测，油烟净化率达 98% $PM_{2.5}$ 净化率达到 90%，苯系物净化率达到 90%。

参考文献

[1] 王纯，张殿印．废气处理工程技术手册．北京：化学工业出版社，2013.

[2] 张殿印，王纯．除尘工程设计手册．3版．北京：化学工业出版社，2018.

[3] 王纯，张殿印．除尘工程技术手册．北京：化学工业出版社，2016.

[4] 刘伟东，张殿印，陆亚萍．除尘工程升级改造技术．北京：化学工业出版社，2014.

[5] 王纯，张殿印．除尘设备手册．北京：化学工业出版社，2009.

[6] 张殿印，王海涛．除尘设备与运行管理．北京：冶金工业出版社，2012.

[7] 张殿印，王纯．除尘器手册．2版．北京：化学工业出版社，2015.

[8] 张殿印，顾海根，肖春．除尘器运行维护与管理．北京：化学工业出版社，2015.

[9] 张殿印，王纯，俞非漉．袋式除尘技术．北京：冶金工业出版社，2008.

[10] 张殿印，王纯．脉冲袋式除尘器手册．北京：化学工业出版社，2011.

[11] 杨建勋，张殿印．袋式除尘器设计指南．北京：机械工业出版社，2012.

[12] 张殿印，王海涛．袋式除尘器管理指南——安装、运行与维护．北京：机械工业出版社，2013.

[13] 刘瑾，张殿印，陆亚萍．袋式除尘器配件选用手册．北京：化学工业出版社，2016.

[14] 张殿印，申丽．工业除尘设备设计手册．北京：化学工业出版社，2012.

[15] 王冠，安登飞，庄剑恒，等．工业炉窑节能减排技术．北京：化学工业出版社，2015.

[16] 王纯，张殿印．工业烟尘减排与回收利用．北京：化学工业出版社，2014.

[17] 俞非漉，王海涛，王冠，等．冶金工业烟尘减排和回收利用．北京：化学工业出版社，2014.

[18] 王海涛，王冠，张殿印．钢铁工业烟尘减排和回收利用技术指南．北京：冶金工业出版社，2012.

[19] 岳清瑞，张殿印．钢铁工业三废综合利用技术．北京：化学工业出版社，2015.

[20] 张殿印，梁文艳，李惊涛．钢铁废渣再生利用技术．北京：化学工业出版社，2015.

[21] 左其武，张殿印．锅炉除尘技术．北京：化学工业出版社，2010.

[22] 张殿印，张学义．除尘技术手册．北京：冶金工业出版社，2002.

[23] 王绍文，张殿印，徐世勤，等．环保设备材料手册．北京：冶金工业出版社，1992.

[24] 张殿印，陈康．环境工程入门．2版．北京：冶金工业出版社，1999.

[25] 张殿印．环保知识400问．3版．北京：冶金工业出版社，2004.

[26] 张殿印，姜凤有，冯玲．袋式除尘器运行管理．北京：冶金工业出版社，1993.

[27] 张殿印，高华东，肖春．冶炼废渣再生利用技术．北京：化学工业出版社，2017.

[28] 张殿印，李惊涛．冶金烟气治理新技术手册．北京：化学工业出版社，2018.

[29] 高华东，肖春，张殿印．细颗粒物净化过滤材料与应用．北京：化学工业出版社，2018.

[30] 刘瑾，张殿印．袋式除尘器工艺优化设计．北京：化学工业出版社，2020.

[31] 通商产业省公安保安局．除尘技术．李金昌，译．北京：中国建筑工业出版社，1977.

[32] 王晶，李振东．工厂消烟除尘手册．北京：科学普及出版社，1992.

[33] 刘后启，窦立功，张晓梅，等．水泥厂大气污染物排放控制技术．北京：中国建材工业出版社，2007.

[34] 乌索夫，等．工业气体净化与除尘器过滤器．李悦，徐图，译．哈尔滨：黑龙江科学技术出版社，1984.

[35] 吴忠标．大气污染控制工程．北京：化学工业出版社，2001.

[36] 国家环境保护局．钢铁工业废气治理．北京：中国环境科学出版社，1992.

[37] 马建立．绿色冶金与清洁生产．北京：冶金工业出版社，2008.

[38] 休曼．工业气体污染控制系统．华译网翻译公司，译．北京：化学工业出版社，2007.

[39] 焦永道．水泥工业大气污染治理．北京：化学工业出版社，2007.

[40] 《工业锅炉房常用设备手册》编写组．工业锅炉房常用设备手册．北京：机械工业出版社，1995.

[41] 杨飏．二氧化硫减排技术与烟气脱硫工程．北京：冶金工业出版社，2004.

[42] 杨飏．烟气脱硫脱硝净化工程技术与设备．北京：化学工业出版社，2013.

[43] 周益辉，曾毅夫．钢铁行业烧结烟气脱硫脱硝联合治理技术．中国环保产业，2013（12）：38-41.

[44] 邢芳芳，姜琪，等．钢铁工业烧结烟气多污染物协同控制技术分析．环境工程，2014，75-78.

[45] 毛志伟．水泥行业大气污染物协同控制技术与管理的探讨．中国水泥，2011（9）：47-51.

[46] 陶晖．以袋式除尘为核心的大气污染协同控制技术．2017 水泥工业污染防治最佳使用技术研讨会会议文集，2017：7-15.
[47] 胡勇，李秀峰．火电厂锅炉烟气脱硫脱硝协同控制技术研究进展和建议．江西化工，2011（2）：27-31.
[48] 桂本，王辉，等．燃煤电站烟气污染物协同治理技术．中国电业，2014（10）：5-9.
[49] 林清，张旭耀．试论火电厂锅炉烟气脱硫脱硝协同控制技术．科学中国人，2016（1）：24.
[50] 赵毅，郝润龙，等．同时脱硫脱硝脱汞技术研究概述．中国电力，2013（10）：155-158.
[51] 李启良，柏源，等．应对新标准燃煤电厂多污染物协同控制技术研究，电力科技与环保，2013，29（3）：6-9.
[52] 高继贤，刘静，翟尚鹏，等．活性焦（炭）干法烟气净化技术的应用进展．化工进展，2011，30（5）：1097-1105.
[53] 高翔，吴祖良，杜振，等．烟气中多种污染物协同脱除的研究．环境污染与防治，2009，31（12）：84-90.
[54] 李兰廷，吴涛，梁大明，等．活性焦脱硫脱硝脱汞一体化技术．煤质技术，2009（3）：46-49.
[55] 乔惠萍．TiO_2 光催化氧化脱硫脱硝研究．科技信息，2010（35）：705.
[56] 翟尚鹏，刘静，杨三可，等．活性焦烟气净化技术及其在我国的应用前景．化工环保，2016，26（3）：204-208.
[57] 中国环境保护产业协会脱硫脱硝委员会．我国脱硫脱硝行业 2016 年发展综述．中国环保产业，2017（12）：5-18.
[58] 国家环境保护局．有色冶金工业废气治理．北京：中国环境科学出版社，1993.
[59] 朱廷钰，李玉然．烧结烟气排放控制技术及工程应用．北京：冶金工业出版社，2015.
[60] 郭俊，马果骏，阎冬，等．论燃煤烟气多污染物协同治理新模式．电力科技与环保，2012，28（3），13-16.
[61] 王国鹏．太钢烧结烟气脱硫脱硝用热气再生系统实践．中国冶金，2011，21（11）：19-21.
[62] 顾兵，何申富，姜创业．SDA 脱硫工艺在烧结烟气脱硫中的应用．环境工程，2013，31（2）：53-56.
[63] 李庭寿．烧结烟气综合治理探讨．冶金环境保护，2014（3）：2-8.
[64] 鲁健．烧结烟气特点及处理技术的发展趋势．冶金环境保护，2014（3）：11-15.
[65] 申明强，王党谋，姜林．邯钢 $400m^2$ 烧结烟气脱硫工艺设计与应用．冶金环境保护，2014（3）：33-34.
[66] 邱正秋，黎建明，王建山，等．攀钢烧结烟气脱硫技术应用现状分析．冶金环境保护，2014（3）：35-40.
[67] 郑艾军，杨柳，曲士宝，等．宣钢 $360m^2$ 烧结机石灰石-石膏脱硫系统生产实践 [J]．冶金环境保护，2014（3）：41-44.
[68] 宋福伟．浅谈烧结烟气脱硫生产实践．冶金环境保护，2014（3）：54-58.
[69] 李鹏飞，俞飞漉，朱晓华．烧结烟气同时脱硫脱硝技术研究．冶金环境保护，2012（4）：3-6.
[70] 冷廷双．首钢矿业公司 $360m^2$ 烧结机烟气脱硫系统．冶金环境保护，2012（4）：7-11.
[71] 孟繁刚．烧结烟气余热用于有机胺脱硫解吸的可能性分析与研究．冶金环境保护，2012（4）：17-19.
[72] 胡绍伟．钢铁产业二噁英的产生与减排．冶金环境保护，2012（4）：34-37.
[73] 张传秀，马兆辉．生活垃圾焚烧二噁英的协同减排．冶金环境保护，2012（4）：53-58.
[74] 周立荣，高春波．我国燃煤锅炉汞减排工艺措施探讨．中国环保产业，2013（11）：52-58.
[75] 林欢．烟气高效脱硫协同除尘技术．中国环保产业，2010（5）：30-33.
[76] 北京有色冶金设计研究总院，等．重有色金属冶炼设计手册．北京：冶金工业出版社，1996.
[77] 张殿印，王冠，肖春，等．除尘工程师手册．北京：化学工业出版社，2020.
[78] 许居鹓. 机械工业采暖通风与空调设计手册．北京：机械工业出版社，2007.
[79] 郭丰年，徐天平．实用袋滤除尘技术．北京：冶金工业出版社，2015.
[80] 高博，等．新型脱硫除尘一体化设备概述．中国环保产业，2018（3）：32-35.
[81] 江得厚，王贺岑，董雪峰，等．燃煤电厂 $PM_{2.5}$ 及汞控制技术探讨．中国环保产业，2013（10）：38-45.
[82] 陈盈盈，王海涛．焦炉装煤车烟气净化节能改造．环境工程，2008（5）：38-40.
[83] 毛艳明，等．水泥窑协同处理城市生活垃圾方案分析对比．新世纪水泥导报，2014（3）：12-18.
[84] 周兴求．大气污染控制设备．北京：化学工业出版社，2004.
[85] 邱兆文．汽车节能减排技术．北京：化学工业出版社，2015.
[86] 梁文俊，等．低温等离子体大气污染控制技术及应用．北京：化学工业出版社，2017.